21世纪数学规划教材

数学基础课系列

2nd Edition

微分几何（第二版）

Differential Geometry

陈维桓　编著

U0231235

北京大学出版社
PEKING UNIVERSITY PRESS

图书在版编目 (CIP) 数据

微分几何 / 陈维桓编著 . — 2 版 . —北京 : 北京大学出版社 , 2017. 8
ISBN 978-7-301-28654-8

Ⅰ. ①微… Ⅱ. ①陈… Ⅲ. ①微分几何—高等学校—教材 Ⅳ. ① O186.1

中国版本图书馆 CIP 数据核字 (2017) 第 194737 号

书　　名	微分几何 (第 2 版)
	WEIFEN JIHE
著作责任者	陈维桓　编著
责任编辑	尹照原　邱淑清
标准书号	ISBN 978-7-301-28654-8
出版发行	北京大学出版社
地　　址	北京市海淀区成府路 205 号　100871
网　　址	http://www.pup.cn　新浪微博: @ 北京大学出版社
电子信箱	zpup@pup.cn
电　　话	邮购部 62752015　发行部 62750672　编辑部 62752021
印 刷 者	三河市博文印刷有限公司
经 销 者	新华书店
	890 毫米 ×1240 毫米　A5　14.125 印张　407 千字
	2006 年 6 月第 1 版
	2017 年 8 月第 2 版　2023 年 7 月第 7 次印刷
定　　价	60.00 元

第 2 版前言

这次第 2 版对本书做了一次全面的修正, 并且添加了第六章的 §6.6, §6.7 和 §6.8, 把原来的 §6.6 改成 §6.9. 所添加的三节主要是引进大范围的抽象曲面 (二维黎曼流形) 的概念, 并且在抽象曲面上系统地展开它的几何学, 也就是独立地、以内在的方式讲述内蕴微分几何.

作为本科生的"微分几何"课, 可以把 §6.6, §6.7 和 §6.8, 以及第七章作为选讲内容, 也可以供学生自学用. 这部分内容对于学生进一步了解内蕴微分几何有很大的帮助, 也为学生今后学习后续的微分几何课程有帮助.

陈维桓

2017 年 5 月于北京大学

前　　言

本书是基础数学专业本科课程“微分几何”的教科书，它的前身是我在 1990 年编写出版的《微分几何初步》. 自从《微分几何初步》问世以来, 北京大学数学学院一直以该书作为“微分几何”课程的教材, 我亲自讲授该书也有十多年了. 经过长期的教学实践, 我们感到该书条理性强, 简明扼要, 节奏明快, 重点突出, 取材和体例都很适用于教学的需要. 同时, 该书也受到许多兄弟院校同行的好评, 并且被采用为“微分几何”课程的教材或教学参考书. 因此, 该书在 1995 年获得教育部优秀教材一等奖. 但是, 该书出版 15 年以来, 微分几何课的教学改革已经取得很多进展, 在教学实践中也积累了更多的经验, 因此有必要在此基础上编写新的教科书. 有幸的是, 我们关于编写新的微分几何教科书的打算被列入教育部“十五”教材规划. 本书就是在这种背景下完成的.

由于《微分几何初步》的取材和体例是成功的, 因此这本《微分几何》仍然采用同样的取材原则和体例, 但是在文字上是全部重新写过的, 并且在内容方面吸收了教学改革和教学实践的新鲜经验. 大体上说, 新的教科书与《微分几何初步》相比较有以下几点改变:

1. 加强了曲线的切触阶的叙述, 增添了密切球面的计算 (§2.6).

2. 增设了新的一节论述存在对应关系的曲线偶, 特别是详细解说了关于 Bertrand 曲线的理论 (§2.7).

3. 增添了正则曲面上在不同的参数表示重叠的部分参数变换的计算 (§3.1), 这为今后要学习的微分流形理论提供了具体的模型.

4. 对曲面在一点的切空间重新作了解释, 特别是说明自变量的微分 du, dv 作为切空间上的线性函数的意义 (§3.2).

5. 重新叙述了保角对应的充分必要条件的证明, 增加了等温参数系存在性的证明 (§3.5).

6. 增加了包络的概念, 具体地计算了单参数平面族的包络面, 并说明了它与可展曲面的关系 (§3.6).

7. 通过直接导出法曲率表达式的方式来引进主曲率和主方向的概念, 使得概念的引入更加自然 (§4.2).

8. 引进了指数映射和法坐标系的概念, 并且改进了关于测地极坐标系的叙述 (§6.3).

9. 增添了洛伦兹空间中的伪球面理论和负常曲率曲面模型 (§6.4).

10. 增加了大范围的 Gauss-Bonnet 定理的证明 (§6.6).

11. 全面改写了第七章, 特别是关于外形式、外微分式、外微分的叙述, 使得这些内容更便于初学者接受. 在第七章中还增加了大范围 Gauss-Bonnet 定理用外微分法的证明 (§7.5), 增加了在微分几何中外微分法的应用举例 (§7.6).

12. 全面改写了附录. 在附录中删除了关于张量概念的叙述, 重新给出一阶偏微分方程组的可积条件的证明, 增加了系数为复解析函数的一次微分式的积分因子存在性的证明, 增加了自共轭线性变换的特征值和特征向量的有关结论, 并且编写了数学软件包 MATHEMATICA 的使用入门和用 MATHEMATICA 做微分几何课的几个课件.

13. 我们还增添了一些习题, 并在书末增加了习题解答和提示.

由此可见, 我们对于第四章和第五章改动比较少. 实际上, 我们认为在《微分几何初步》中关于曲面论基本定理的证明是十分清晰的, 读者也很容易理解证明的步骤和方法, 关键是一阶偏微分方程组的可积条件, 在曲面的情形该条件就成为 Gauss-Codazzi 方程. 原书的这两章的叙述是简明扼要的, 是明白易懂的, 因此在新的书中没有做大的变动. 但是, 在教学实践中, 我们感到关于一阶偏微分方程组的可积条件的证明可以用读者更加容易接受的方式来叙述, 因此采用另一种更加直接的证明. 以上所有的变动都来自教学实践, 目的是使新的教科书更加贴近读者, 便于读者的理解和使用.

"微分几何" 课的主要内容是三维欧氏空间中曲线和曲面的理论, 基本上是在 Gauss 的年代已经完成的, 距今已经有 150 年的历史. 因此, 关于该课程如何进行教学改革, 一直有不同的意见. 大家所关心的问题往往是: 开设该课程是否是必要的? 它能否包括在别的课程里? 它的内容如何现代化? 等等. 目前在我国虽然大多数综合大学和师范大学数学系把 "微分几何" 课列入了教学计划, 但是有的把它作为选修课, 而不是必修课, 结果是许多数学系本科毕业生没有学过 "微分几何" 课. 我们认为, 尽管 "微分几何" 课的内容是经典的, 但是它所传授的数学思想和观念仍然是重要的, 应该作为数学系学生的必修课. 事实上, "微分几何" 课大体上安排在 "解析几何" "高等代数" 和 "数学分析" 之后, 是本科学生在结束基础课学习后首次遇到的一门综合性比较强的课程. 首先, 在这门课里要系统地运用解析几何的知识, 要运用微积分的工具, 特别是要用线性代数知识去处理问题, 因此 "微分几何" 课是运用这三大基础课知识的理想场所. 一般来说, 会用学过的知识去解决问题能够使学生的成就感油然而生, 从而激发起更大的学习兴趣. 另外, "微分几何" 课作为几何课, 是以培养学生的空间想象能力和直觉能力为课程的主要任务, 而空间想象能力和直觉能力是创造的源泉之一, 特别是通过 "微分几何" 课的学习, 学生对于空间观念的了解和理解将会提高到一个新的水平. 再有, 目前计算机在各种领域中的应用越来越普及, 几何造型和几何变换的知识需要被更多的人所掌握, 这也是 "微分几何" 课的任务之一. 因此, 我们认为在大学数学系 "微分几何" 课不仅不能削弱, 并且需要进一步加强, 经典内容的价值决不能被忽略.

"微分几何" 课不仅是要介绍描述曲线和曲面的形状的方法、各种曲率的概念, 更重要的是要让学生知道什么是决定曲线和曲面形状的完全不变量系统, 也就是说曲线论和曲面论的基本定理应该是 "微分几何" 课的重点. Gauss-Codazzi 方程尽管是 "微分几何" 课中比较繁杂的内容, 但是它是课程的重要组成部分, 是理论性比较强的部分, 不能回避它.

曲线和曲面的整体性定理是微分几何中漂亮的结果, 但是它们的证明方法相对来说比较专门一点, 因此不应该成为本科生的 "微分几何" 课的内容. 我们选择 "活动标架和外微分法" 作为本书的最后一章. 原因很简单, 因为活动标架和外微分法是 20 世纪由大几何学家 Elie

Cartan 发展起来的方法, 后来由几何大师陈省身发扬光大, 炉火纯青地、成功地用于微分几何的研究. 现在, 外微分式和外微分已经成为现代数学的很有用的工具, 在“微分几何”课中介绍和普及这方面知识是适宜的. 在**周学时为 4** 的情况下, 我们经常把第一章到第七章全部内容作为课程的内容, 对于有经验的教员来说完成这样的教学计划并不很困难. 因为在第七章, 除了引进新的方法以外, 并没有新的几何概念, 所以学生在学习的时候一方面是“温故知新”, 一方面在用新的方法观察已知的问题, 会激发起更大的学习兴趣. 当然, 如果**周学时是 3**, 则只能把第一章到第六章作为课程的内容, 而第七章供学生自己进一步学习使用. 根据我自己的教学实践证明, 低年级学生是能够接受“活动标架和外微分法”的, 而本书所做的改进应该使学生学起来感到更加容易.

本书附录介绍微分方程的几个定理的想法是为了加强本书的自足性. 大学基础数学本科的“微分方程”课差不多和“微分几何”课是同时开设的. 另外, 在“微分方程”课中, 关于一次微分式的积分因子往往侧重于在特殊情形下寻求它的方法, 而不是它的存在性; 关于一阶偏微分方程的可积条件的证明却常常是被忽略的. 但是这两件事在微分几何中是非常重要的, 所以我们给出了完整的证明. 在教学时间有限的情况下, 教员不必讲授这些内容, 但是需要讲清楚它们的意义, 然后留给学生自学. 关于系数为复解析函数的一次微分式的积分因子存在性是证明曲面上存在等温坐标系的关键, 考虑到现有文献很难找到它的初等证明, 因此本书的附录是这方面文献的必要补充. 自共轭线性变换是线性代数中的重要理论, 它在微分几何课程中的应用是引人注目的, 为了方便读者起见, 在附录中简单地介绍了我们要用到的有关自共轭线性变换的主要概念和结果.

本书另一个附录是关于用 MATHEMATICA 做微分几何课件. MATHEMATICA 是功能十分强大的数学软件包. 我们在“微分几何”课的教学改革中, 曾经用 MATHEMATICA 显示曲面的图形, 特别是展示从悬链面到正螺旋面的等距变形, 收到很好的效果. 由于 MATHEMATICA 兼有数值计算、符号演算和图形显示的功能, 对于像“微积分” 和 “微分几何” 这样综合性比较强的课程, 它是十分有用的辅助工具. 我曾经在文科学生的 “高等数学” 课中用一小时讲解 MATHEMATICA 的基本使用方法, 然后安排一定的上机时间, 结合课程让学生在计算机上学习微积分, 收到良好的效果. 现在, 我们在附录中介绍用 MATHEMATICA 做微分几何课件, 目的也是供学生自学, 通过学生自己动手学习更多的数学知识和几何知识. 如果学生有条件使用 MATHEMATICA 软件包, 则在 “微分几何” 课中可以做很多课件. 曾经有一位本科学生在 “微分几何” 课后用 MATLAB 编写了一个程序来判断两个给定的二次微分形式是否满足 Gauss-Codazzi 方程, 他在递给我看的时候表露出来的兴奋心情至今令人难忘. MATHEMATICA 不仅是学习数学的辅助工具, 也是研究数学的辅助工具. 我们的附录应该被看成是学习该软件的初等入门.

我们在本书的最后附加了部分习题的解答和提示, 目的是提高本书的可用性. 微分几何的证明题往往比较困难, 我们的重点是给出证明题的提示. 如果读者熟悉 MATHEMATICA 的话, 计算题在原则上都可以通过该软件来做.

根据我们在北京大学教学的经验, “微分几何” 的后继课应该是 “微分流形” , 一般安排在大学 4 年级开设. 原因是, “微分流形” 课的主要教学目标是扩大空间的观念, 并且学习如何处理局部定义的数学对象和整体定义的数学对象之间的关系, 学习光滑流形上的微积分, 这对学生进入现代数学的学习是十分重要的. 该课程的教材可用本书的参考文献 [2].

在本书的写作过程中, 作者得到北京大学数学科学学院、北京大学研究生院、北京大学教材建设委员会、北京大学出版社以及国家自然科学基金 (项目号: 10271004) 的支持和资助, 作者在此向他们表示衷心的感谢. 北京大学数学学院的多位老师曾经用《微分几何初步》讲授过 “微分几何” 课, 特别是王长平教授和莫小欢教授现在主持 “微分几何” 课的教学, 对《微分几何初步》提供了不少意见和建议, 我对北京大学和兄弟院校的各位老师使用该书、并且提出宝贵的意见表示衷心的感谢.

本书完成之后, 北京大学出版社特别邀请李兴校教授审读一遍, 在此我对他的认真、负责的工作表示感谢. 最后, 作者对本书责任编辑邱淑清同志和刘勇同志的卓有成效的辛勤工作和一贯的支持表示深切的谢意. 限于作者的水平, 本书中的不足之处肯定是存在的, 诚恳地希望读者能不吝指正.

陈维桓

2005 年 6 月于北京大学

目　录

绪　论

这是本书的开篇. 本书是 “微分几何” 课程的教材. 在这里我们打算简要地介绍本课程的主要内容和教学目标.

几何学是数学中最古老的一门学科. 如果从欧几里得的《几何原本》(*Elements*) 算起, 至今已有两千三百多年的历史, 而且该学科长盛不衰, 其内涵一直在不断地延展之中, 以至于现在人们很难确切地回答 “什么是几何学?” 的问题.

相传几何学起源于古埃及尼罗河泛滥后为整修土地而产生的测量法. 它的英文名称 “geometry” 是由 “geo” 和 “metry” 组成的, 其意义就是 “土地测量” . 在 1607 年利玛窦和徐光启把欧几里得的 *Elements* 合译成中文, 定名为《几何原本》, “几何学” 的中文译名由此而得, 它十分形象地表现了 “geometry” 的原始的 “大小” 含义.

Thales (约公元前 625 年到 547 年) 曾经利用两个三角形的全等性质做过间接的测量工作. Pythagoras(约公元前 580 年到 500 年) 学派给出了直角三角形的边长之间的关系, 这种关系 (勾三、股四、弦五) 在我国汉朝人撰写的《周髀算经》中以周公姬旦与商高问答的形式也有记述. 但是几何学逐渐发展成理论的数学应该是在它从古埃及传到希腊之后. 哲学家 Plato (约公元前 429 年到 348 年) 确立了今天几何学中的定义、公设、公理、定理等概念. 古希腊数学所追求的是从少数几个原始的假定 (定义、公设、公理) 出发, 经过逻辑推理, 得到一系列命题, 由此积累了相当丰富的数学知识. 约在公元前 300 年前后, 欧几里得把当时古希腊所能得到的全部数学知识组织成一个严密的逻辑系统, 写成了《几何原本》. 这是人类思想史上的一件大事, 是人类理性思维的第一个成功范例, 是数学的公理化方法的先驱, 其影响远远超越数学学科本身. 从此, “几何学” 成为 “逻辑推理系统” 的代名词.

在古希腊时代,《几何原本》代表了数学的全部. 在欧几里得的

《几何原本》中所研究的最主要的几何图形是三角形和四边形等所谓的直线形, 以及最简单的曲线 —— 圆. 在这里, 所谓的几何图形已经遵循《几何原本》的定义, 即 "点是没有部分的", "线有长无宽" 等, 这就是说在讲到几何图形时已经运用了数学中的 "抽象" 手段. 例如: 三角形的边只有长度, 没有宽度; 三角形的顶点是两条邻边的公共点, 它没有大小. 关于单个的三角形, 最主要的问题是如何确定它的形状和大小, 而不计它在空间中位于何处. 对此我们有判断两个三角形全等的定理: 若三边对应相等、或两边及其夹角对应相等、或两角及其夹边对应相等, 则这两个三角形全等. 至于确定圆的形状和大小比较简单, 只要用一个量就可以了, 即有相同半径的任意两个圆有相同的形状和大小.

恩格斯在《自然辩证法》和《反杜林论》中对数学产生的历史、发展的动力及其应用和作用都有精辟的论述, 他给数学下了一个最恰当的最有概括性的定义. 他说: "数学的研究对象是现实世界中的数量关系和空间形式." 这就是说, "数" 和 "形" 是数学的两大基本概念, 整个数学是围绕这两个基本概念的演变而发展的, 同时也是通过这两个基本概念应用到各个不同的领域中去的. "几何学" 当然是侧重于 "形" 的数学分科. 但是, "空间形式" 和 "数量关系" 两者是密切相关而不可分隔的. 特别是在 17 世纪, 笛卡儿和费马发明了坐标系, 从此可以把数与数之间的关系描写为图形, 反过来可以把图形表示成数与数之间的关系. 这样, 按照坐标系把图形化为数与数之间关系的问题进行研究的数学分科就称为解析几何学. 在古希腊时代 Apollonius (约公元前 262 年到公元前 190 年) 等人曾经系统地研究过圆锥曲线的性质, 然而, 在解析几何学中圆锥曲线恰好能够作为二次曲线的理论进行系统的代数处理. 于是, 解析几何学把一次曲线 (直线)、一次曲面, 以及二次曲线 (圆锥曲线)、二次曲面作为主要的研究对象. 解析几何学的研究范围与初等几何学相比已经有很大的拓广, 除了研究圆和球以外, 还要研究椭圆、抛物线、双曲线和椭球面、椭圆抛物面、双曲抛物面、单叶双曲面、双叶双曲面等等. 要确定这种曲线和曲面的形状和大小, 只要从它上面的点的坐标所满足的方程式的系数构造出若干代数表达式, 当两条二次曲线或两个二次曲面全等时, 相应的代数表达式便是相同的, 反之亦然. 我们通常把这些代数表达式称为二次曲线或二次曲面的 (代数) 不变量, 其意义是它们只依赖于二次曲线或二次曲面的形状及其大小, 与它们在平面上或空间中的位置无关, 同时也与平面上或空间中所选取的坐标系无关.

笛卡儿和费马的坐标法将变数引进了数学, 从而将运动引进了数学, 因此为微积分的发明创造了必要的环境和条件. 微积分要解决的首要问题是求曲线的切线斜率, 以及曲线所围区域的面积, 所以微积分在它产生的时刻就是和解决几何问题联系在一起的. 作为微积分在几何学中的应用, 微分几何学应运而生, 它的主要内容是研究如何描述空间中一般曲线和曲面的形状, 以及寻求确定曲线、曲面的形状及其大小的完全不变量系统. 对于三维欧氏空间中的一条光滑曲线, 用它的参数方程的若干次微商构造适当的代数表达式或它的积分可以得到它的弧长、曲率和挠率, 它们刻画了曲线的形状和大小, 并且两条曲线能够在一个刚体运动下彼此重合的充分必要条件是它们的弧长相同, 并且曲率和挠率作为弧长的函数也对应地相同. 因此, 弧长、曲率和挠率构成了空间曲线的完全不变量系统. 关于空间中的曲面, 情况比较复杂一点. 与曲线的弧长相对应的是曲面的第一基本形式 (一个正定的二次微分形式), 通常称为曲面的度量形式, 它可以用来计算曲面上曲线的长度、两个切向量的夹角和曲面上一块区域的面积等. 描写曲面的形状还需要另一个二次微分形式, 称为曲面的第二基本形式. 这两个基本形式合在一起构成了曲面的完全不变量系统, 空间中两个曲面能够在一个刚体运动下彼此重合的充分必要条件是它们在经过一个参数变换之后有相同的第一基本形式和第二基本形式.

对微分几何学做出过杰出贡献的数学家有 Euler (1707—1783) 和 Monge (1746—1818), 但是他们的工作主要限于如何描写和刻画曲面的形状. 比如, Euler 发现曲面在任意一点处的法曲率 $\kappa_n = \mathrm{II}/\mathrm{I}$ 是切方向的函数, 它在两个彼此正交的切方向上分别取到它的最大值和最小值, 称为曲面在该点的两个主曲率. 曲面在任意一点沿任意一个切方向的法曲率能够用主曲率表示出来, 该公式现在称为 Euler 公式.

对微分几何学做出划时代贡献的是 Gauss (1777—1855), 他在 1827 年发表的《关于一般曲面的研究》中发现曲面的第一基本形式和第二基本形式不是彼此独立的, 他所导出的在曲面的第一基本形式和第二基本形式之间的关系式现在称为曲面的 Gauss 方程. 根据 Gauss 方程得知: 曲面在任意一点的两个主曲率的乘积仅与曲面的第一基本形式有关, 而与曲面的第二基本形式无关. 现在, 人们把曲面在任意一点的两个主曲率的乘积称为曲面在该点的 Gauss 曲率. Gauss 的这个惊人的发现意味着: 如果在平面区域上给定一个正定的二次微分形式 (称为度量形式), 构成一个抽象曲面, 则这个抽象曲面便有一定的弯曲性质, 其弯曲性质是由给定的度量形式决定的, 即该曲面的 Gauss 曲率.

在 Gauss 的时代之前, 关于欧几里得的《几何原本》中的第五公设 (或与其等价的平行公理: 在平面上经过直线外一点可作、并且只能作一条直线与已知直线平行) 是否独立于其他公设已经经历了长期的争论和讨论, 人们试图从欧几里得的《几何原本》中的其余公设导出第五公设, 均遭失败. Gauss 已经认识到可以用别的平行公理, 例如假设经过直线外一点有一束直线与已知直线不相交, 代替欧几里得的平行公理, 所得的几何系统仍然是相容的. 这个发现率先由罗巴切夫斯基 (1792—1856) 和 Bolyai(1802—1860) 各自独立发表, 后人称这种几何学为非欧几何学. Gauss 在《关于一般曲面的研究》中的上述结果在更深的层次上说明, 非欧空间与欧氏空间的实质区别在于空间具有不同的度量形式, 从而具有不同的弯曲性质. 欧氏空间是平直的 (Gauss 曲率为零), 而非欧空间是负常弯曲的 (Gauss 曲率是负常数). Gauss 的这个惊人的发现开创了一个新时代: 过去微分几何所研究的是欧氏空间中的曲线和曲面的弯曲性质, 而现在赋予度量形式的空间本身就是微分几何的研究对象. 人们把 Gauss 开创的只赋予度量形式的曲面论称为曲面的内蕴几何学. 他的这个思想后来被 Riemann (1826—1866) 进一步阐明. Riemann 认识到度量形式是加在流形上的一种结构, 而同一个流形可以有众多不同的度量结构. 现在人们把指定了一个度量结构的 n 维流形称为 n 维 Riemann 流形, Riemann 流形上的几何学称为黎曼几何学 (参看参考文献 [5]). 到目前为止, Riemann 流形是数学中关于弯曲空间的一种最成功的表述.

本书作为"微分几何"课程的教材, 其主要内容是研究三维欧氏空间的曲线和曲面的一般理论, 重点是如何描述曲线和曲面的形状, 并且给出在空间中确定曲线、曲面的形状及其大小的完全不变量系统. 此外, 本书还要介绍 Gauss 关于曲面的内蕴微分几何.

空间中曲线和曲面的参数方程是由 Euler 引进的, 现在常用向量函数来表示. 曲线和曲面的不变量是通过它们的参数方程的若干次微商借助于代数运算得到的, 因此向量分析自然是本课程的主要工具. 本课程是数学专业大学本科阶段首次综合性地系统运用解析几何学、线性代数和数学分析基础知识的场所, 它对于培养数学人才的意义和作用是不言而喻的. 另外, 它的内容在实践中仍然有广泛的应用.

在 20 世纪 40 年代发展起来的 Cartan 的活动标架和外微分法显示了它的强大生命力, 已经成为微分几何学的有力工具. 我们在本书还要介绍 Cartan 的活动标架和外微分法在曲面论中的初步应用, 这对于读者了解微分几何学的现状有好处.

总之, 本课程的主要内容尽管是经典的, 但是它展示给读者的数学思想和数学方法, 以及为读者提供的运用数学基础知识的场所, 对于培养全面的数学人才无疑是十分重要的. 本课程是别的课程所不能替代的.

第一章　预 备 知 识

我们知道, 一元函数 $y = f(x)$ 的图像是一条曲线, 二元函数 $z = f(x, y)$ 的图像是一张曲面. 但是, 把曲线和曲面表示成参数方程则更加便利于研究, 这种表示方法首先是由 Euler 引进的. 例如, 在空间中取定笛卡儿直角坐标系之后一条曲线可以表示为三个一元函数

$$x = x(t), \quad y = y(t), \quad z = z(t).$$

在向量的概念出现之后, 空间中的一条曲线可以自然地表示为一个一元向量函数

$$\boldsymbol{r} = \boldsymbol{r}(t) = (x(t), y(t), z(t)).$$

因此, 向量函数是本课程的基本工具.

在本章, 我们首先要复习解析几何中已经学习过的向量代数知识, 以及介绍向量函数相加、向量函数与函数相乘、向量函数的点乘和叉乘的求导法则. 在三维欧氏空间中标架是建立坐标系的基础, 而且我们将来要把曲线和曲面与紧附在曲线和曲面上的标架族联系起来, 用标架族的变化状态来刻画曲线和曲面的弯曲情况. 因此在本章我们还要介绍三维欧氏空间中标架的概念, 为在三维欧氏空间中研究曲线和曲面做好准备.

§1.1　三维欧氏空间中的标架

通常把我们所处的空间称为三维欧氏空间. 确切地说, 所谓的三维欧氏空间 E^3 是一个非空的集合, 其中的元素称为“点”, 任意两个不同的点唯一地决定了连接它们的直线, 不在一条直线上的任意三个不同的点唯一地决定了通过这三点的平面, 而且在 E^3 中存在不共面

的四个点. 另外, 过直线外任意一点能够作、并且只能作一条直线与已知直线平行. 最后这个断言就是欧氏几何的平行公理.

任意两个点 $A, B \in E^3$ 都可以连接成一条直线段 AB. 指定 A 为起点、B 为终点的线段 AB 称为有向线段, 记作 $\overrightarrow{AB}$. 设 $\overrightarrow{AB}$ 和 $\overrightarrow{CD}$ 是两条有向线段, 如果 $ABDC$ 成为一个平行四边形, 则称这两条有向线段是相等的, 记为

$$\overrightarrow{AB} = \overrightarrow{CD}.$$

所有相等的有向线段的集合称为一个向量. 因此, 在三维欧氏空间 E^3 中, 一个向量可以表示为 E^3 中的一条有向线段, 而相等的有向线段所代表的是同一个向量. 以后, 我们经常用黑斜体单个字母, 或者用带箭头的单个字母表示向量.

按照 "三角形法则", 可以定义向量的加法如下: 设 $\boldsymbol{a}, \boldsymbol{b}$ 是两个向量, 并且假定它们用有向线段 $\overrightarrow{AB}$ 和 $\overrightarrow{BC}$ 来表示, 则连接 A 和 C 的有向线段 $\overrightarrow{AC}$ 就代表向量 $\boldsymbol{a}+\boldsymbol{b}$. 我们把起点和终点相同的有向线段的集合称为零向量, 记为 $\mathbf{0}$, 于是任意一个向量与零向量之和为该向量自身, 即

$$\boldsymbol{a} + \mathbf{0} = \boldsymbol{a}.$$

另外, 若向量 $\boldsymbol{a}$ 用有向线段 $\overrightarrow{AB}$ 来表示, 并且把有向线段 $\overrightarrow{BA}$ 所代表的向量记为 $-\boldsymbol{a}$, 于是

$$\boldsymbol{a} + (-\boldsymbol{a}) = \mathbf{0}.$$

我们把向量 $-\boldsymbol{a}$ 称为 $\boldsymbol{a}$ 的反向量. 容易验证, 向量的加法遵循下面的运算法则:

(1) $\boldsymbol{a}+\boldsymbol{b}=\boldsymbol{b}+\boldsymbol{a}$;

(2) $(\boldsymbol{a}+\boldsymbol{b})+\boldsymbol{c}=\boldsymbol{a}+(\boldsymbol{b}+\boldsymbol{c})$.

在三维欧氏空间 E^3 中还规定线段 AB 的长度是点 A 到点 B 的距离, 记为 $|AB|$, 并对于任意三点 A, B, C, 下面的三角形不等式成立:

$$|AB| + |BC| \geqslant |AC|.$$

向量 $\boldsymbol{a}$ 的长度 $|\boldsymbol{a}|$ 定义为代表它的有向线段 $\boldsymbol{a} = \overrightarrow{AB}$ 的长度. 这样, 向量 $\boldsymbol{a}$ 与实数 c 的乘积 $c \cdot \boldsymbol{a}$ 可以定义为与 $\boldsymbol{a}$ 平行的向量, 当 $c > 0$ 时

$c\cdot\boldsymbol{a}$ 与 $\boldsymbol{a}$ 同向, 当 $c<0$ 时 $c\cdot\boldsymbol{a}$ 与 $\boldsymbol{a}$ 反向, 并且 $c\cdot\boldsymbol{a}$ 的长度 $|c\cdot\boldsymbol{a}|$ 是 $\boldsymbol{a}$ 的长度 $|\boldsymbol{a}|$ 的 $|c|$ 倍; 当 $c=0$ 时, $c\cdot\boldsymbol{a}=\boldsymbol{0}$. 容易验证, 向量与实数的乘法遵循下面的运算法则:

(1) $\lambda(\boldsymbol{a}+\boldsymbol{b})=\lambda\boldsymbol{a}+\lambda\boldsymbol{b}$;

(2) $(\lambda+\mu)\boldsymbol{a}=\lambda\boldsymbol{a}+\mu\boldsymbol{a}$;

(3) $(\lambda\mu)\boldsymbol{a}=\lambda(\mu\boldsymbol{a})$,

其中 λ,μ 是任意的实数.

向量 $\boldsymbol{a}$ 和 $\boldsymbol{b}$ 的点乘 $\boldsymbol{a}\cdot\boldsymbol{b}$ 定义为实数

$$\boldsymbol{a}\cdot\boldsymbol{b}=|\boldsymbol{a}|\cdot|\boldsymbol{b}|\cdot\cos\angle(\boldsymbol{a},\boldsymbol{b}).$$

很明显, 向量的点乘遵循下面的运算法则:

(1) $\boldsymbol{c}\cdot(\boldsymbol{a}+\boldsymbol{b})=\boldsymbol{c}\cdot\boldsymbol{a}+\boldsymbol{c}\cdot\boldsymbol{b}$;

(2) $(\lambda\boldsymbol{a})\cdot\boldsymbol{b}=\lambda(\boldsymbol{a}\cdot\boldsymbol{b})$;

(3) $\boldsymbol{a}\cdot\boldsymbol{b}=\boldsymbol{b}\cdot\boldsymbol{a}$.

由此可见,

$$|\boldsymbol{a}|^2=\boldsymbol{a}\cdot\boldsymbol{a}\geqslant 0,$$

并且上面的等号成立的条件是 $\boldsymbol{a}=\boldsymbol{0}$. 另外, 向量 $\boldsymbol{a}$ 和 $\boldsymbol{b}$ 垂直的充分必要条件是

$$\boldsymbol{a}\cdot\boldsymbol{b}=0.$$

当向量 $\boldsymbol{a}$ 和 $\boldsymbol{b}$ 平行时, 规定它们的叉乘为零向量. 当 $\boldsymbol{a}$ 和 $\boldsymbol{b}$ 不平行时, 规定向量 $\boldsymbol{a}$ 和 $\boldsymbol{b}$ 的叉乘 $\boldsymbol{a}\times\boldsymbol{b}$ 是与已知向量 $\boldsymbol{a}$ 和 $\boldsymbol{b}$ 都垂直的一个向量, 其长度等于向量 $\boldsymbol{a}$ 和 $\boldsymbol{b}$ 所张成的平行四边形的面积, 即

$$|\boldsymbol{a}\times\boldsymbol{b}|=|\boldsymbol{a}|\cdot|\boldsymbol{b}|\sin\angle(\boldsymbol{a},\boldsymbol{b}),$$

并且它和 $\boldsymbol{a},\boldsymbol{b}$ 构成右手系. 容易验证, 向量的叉乘遵循下面的运算法则:

(1) $\boldsymbol{c}\times(\boldsymbol{a}+\boldsymbol{b})=\boldsymbol{c}\times\boldsymbol{a}+\boldsymbol{c}\times\boldsymbol{b}$;

(2) $(\lambda\boldsymbol{a})\times\boldsymbol{b}=\lambda(\boldsymbol{a}\times\boldsymbol{b})$;

(3) $\boldsymbol{a}\times\boldsymbol{b}=-\boldsymbol{b}\times\boldsymbol{a}$.

根据定义, 向量 $\boldsymbol{a}$ 和 $\boldsymbol{b}$ 平行的充分必要条件是

$$\boldsymbol{a} \times \boldsymbol{b} = \boldsymbol{0}.$$

在 E^3 中取定不共面的 4 个点, 把其中一点记作 O, 把另外 3 点分别记为 A, B, C, 于是得到由一点 O 和 3 个不共面的向量 $\overrightarrow{OA}, \overrightarrow{OB}, \overrightarrow{OC}$ 构成的图形 $\{O; \overrightarrow{OA}, \overrightarrow{OB}, \overrightarrow{OC}\}$. 这样的一个图形称为 E^3 中的一个标架, 其中点 O 称为该标架的原点. 在 E^3 中取定一个标架 $\{O; \overrightarrow{OA}, \overrightarrow{OB}, \overrightarrow{OC}\}$ 之后, 则空间 E^3 中的任意一点 p 可以唯一地表示为 3 个有序的实数 (x, y, z). 事实上, 从点 p 出发可以作唯一的一个平面与平面 OBC 平行, 它和直线 OA 有唯一的交点, 记为 p_1, 那么向量 $\overrightarrow{Op_1}$ 与 $\overrightarrow{OA}$ 共线, 于是有实数 x, 使得 $\overrightarrow{Op_1} = x\,\overrightarrow{OA}$. 同理, 从点 p 出发可以作唯一的一个平面与平面 OAC 平行, 它和直线 OB 有唯一的交点, 记为 p_2, 从点 p 出发可以作唯一的一个平面与平面 OAB 平行, 它和直线 OC 有唯一的交点, 记为 p_3, 并且有实数 y, z, 使得 $\overrightarrow{Op_2} = y\,\overrightarrow{OB}, \overrightarrow{Op_3} = z\,\overrightarrow{OC}$, 那么

$$\overrightarrow{Op} = \overrightarrow{Op_1} + \overrightarrow{Op_2} + \overrightarrow{Op_3} = x\,\overrightarrow{OA} + y\,\overrightarrow{OB} + z\,\overrightarrow{OC}. \tag{1.1}$$

因此, 在 E^3 中取定标架 $\{O; \overrightarrow{OA}, \overrightarrow{OB}, \overrightarrow{OC}\}$ 之后, 点 p 和有序的 3 个实数构成的组 (x, y, z) 是一一对应的, 该数组称为点 p 关于已知标架 $\{O; \overrightarrow{OA}, \overrightarrow{OB}, \overrightarrow{OC}\}$ 的坐标.

设 $\{O; \boldsymbol{i}, \boldsymbol{j}, \boldsymbol{k}\}$ 是 E^3 的一个标架, 并且 $\boldsymbol{i}, \boldsymbol{j}, \boldsymbol{k}$ 是彼此垂直的、构成右手系的 3 个单位向量, 于是

$$\boldsymbol{i} \cdot \boldsymbol{i} = \boldsymbol{j} \cdot \boldsymbol{j} = \boldsymbol{k} \cdot \boldsymbol{k} = 1, \quad \boldsymbol{i} \cdot \boldsymbol{j} = \boldsymbol{i} \cdot \boldsymbol{k} = \boldsymbol{j} \cdot \boldsymbol{k} = 0, \tag{1.2}$$

并且

$$\boldsymbol{i} \times \boldsymbol{j} = \boldsymbol{k}, \quad \boldsymbol{j} \times \boldsymbol{k} = \boldsymbol{i}, \quad \boldsymbol{k} \times \boldsymbol{i} = \boldsymbol{j}. \tag{1.3}$$

这样的标架称为**右手单位正交标架**, 在本书简称为**正交标架**. 由正交标架给出的坐标系称为笛卡儿直角坐标系. 在笛卡儿直角坐标系下, 设向量 $\boldsymbol{a}$ 和 $\boldsymbol{b}$ 的分量分别是 (x_1, y_1, z_1) 和 (x_2, y_2, z_2), 则

$$\begin{aligned} \boldsymbol{a} \cdot \boldsymbol{b} &= (x_1\boldsymbol{i} + y_1\boldsymbol{j} + z_1\boldsymbol{k}) \cdot (x_2\boldsymbol{i} + y_2\boldsymbol{j} + z_2\boldsymbol{k}) \\ &= x_1x_2 + y_1y_2 + z_1z_2, \end{aligned}$$

$$
\begin{aligned}
\boldsymbol{a}\times\boldsymbol{b} &= (x_1\boldsymbol{i}+y_1\boldsymbol{j}+z_1\boldsymbol{k})\times(x_2\boldsymbol{i}+y_2\boldsymbol{j}+z_2\boldsymbol{k})\\
&= (x_1y_2-x_2y_1)(\boldsymbol{i}\times\boldsymbol{j})+(y_1z_2-y_2z_1)(\boldsymbol{j}\times\boldsymbol{k})\\
&\quad +(z_1x_2-z_2x_1)(\boldsymbol{k}\times\boldsymbol{i})\\
&= \left(\begin{vmatrix} y_1 & z_1\\ y_2 & z_2\end{vmatrix}, \begin{vmatrix} z_1 & x_1\\ z_2 & x_2\end{vmatrix}, \begin{vmatrix} x_1 & y_1\\ x_2 & y_2\end{vmatrix}\right).
\end{aligned}
\tag{1.4}
$$

设点 A, B 的坐标分别是 (x_1,y_1,z_1) 和 (x_2,y_2,z_2), 则线段 AB 的长度是

$$
|AB|=\sqrt{\overrightarrow{AB}\cdot\overrightarrow{AB}}=\sqrt{(x_2-x_1)^2+(y_2-y_1)^2+(z_2-z_1)^2}. \tag{1.5}
$$

因此, 通常我们把三维欧氏空间 E^3 写成 $\mathbb{R}^3$, 并把 $\mathbb{R}^3$ 中的向量 (x,y,z) 的长度直接定义为 $\sqrt{x^2+y^2+z^2}$. 事实上, 这样的 $\mathbb{R}^3$ 是三维欧氏空间 E^3 在取定了一个正交标架 $\{O;\boldsymbol{i},\boldsymbol{j},\boldsymbol{k}\}$ 之后的具体表现形式. 为简单起见, 我们经常把三维欧氏空间理解为上面所说的 $\mathbb{R}^3$.

现在我们来考察由 E^3 中全体正交标架所构成的集合. 设 $\{O;\boldsymbol{i},\boldsymbol{j},\boldsymbol{k}\}$ 是在 E^3 中的一个固定的正交标架, 则 E^3 中的任意一个正交标架 $\{p;\boldsymbol{e}_1,\boldsymbol{e}_2,\boldsymbol{e}_3\}$ 可以如下来确定:

$$
\begin{cases}
\overrightarrow{Op}=a_1\boldsymbol{i}+a_2\boldsymbol{j}+a_3\boldsymbol{k},\\
\boldsymbol{e}_1=a_{11}\boldsymbol{i}+a_{12}\boldsymbol{j}+a_{13}\boldsymbol{k},\\
\boldsymbol{e}_2=a_{21}\boldsymbol{i}+a_{22}\boldsymbol{j}+a_{23}\boldsymbol{k},\\
\boldsymbol{e}_3=a_{31}\boldsymbol{i}+a_{32}\boldsymbol{j}+a_{33}\boldsymbol{k}.
\end{cases}
\tag{1.6}
$$

因为 $\boldsymbol{e}_i$ 是彼此正交的单位向量, 所以

$$
\boldsymbol{e}_i\cdot\boldsymbol{e}_j=\sum_{k=1}^{3}a_{ik}a_{jk}=\delta_{ij}=\begin{cases}1, & i=j,\\ 0, & i\neq j.\end{cases} \tag{1.7}
$$

由于 $\boldsymbol{e}_1,\boldsymbol{e}_2,\boldsymbol{e}_3$ 构成右手系, 所以

$$
\boldsymbol{e}_1\times\boldsymbol{e}_2=\boldsymbol{e}_3,
$$

因而 $\boldsymbol{e}_1,\boldsymbol{e}_2,\boldsymbol{e}_3$ 的混合积

$$
(\boldsymbol{e}_1,\boldsymbol{e}_2,\boldsymbol{e}_3)=(\boldsymbol{e}_1\times\boldsymbol{e}_2)\cdot\boldsymbol{e}_3=\boldsymbol{e}_3\cdot\boldsymbol{e}_3
$$

$$= \begin{vmatrix} a_{11} & a_{12} & a_{13} \\ a_{21} & a_{22} & a_{23} \\ a_{31} & a_{32} & a_{33} \end{vmatrix} = 1. \tag{1.8}$$

命

$$\boldsymbol{a} = (a_1, a_2, a_3),$$

$$A = \begin{pmatrix} a_{11} & a_{12} & a_{13} \\ a_{21} & a_{22} & a_{23} \\ a_{31} & a_{32} & a_{33} \end{pmatrix}, \tag{1.9}$$

则 (1.7) 和 (1.8) 式说明 A 是其行列式为 1 的正交矩阵, 即 $A \in \mathrm{SO}(3)$. 在取定的一个正交标架 $\{O; \boldsymbol{i}, \boldsymbol{j}, \boldsymbol{k}\}$ 下, E^3 中的任意一个正交标架 $\{p; \boldsymbol{e}_1, \boldsymbol{e}_2, \boldsymbol{e}_3\}$ 与矩阵对 (a, A) 是一一对应的, 因此 E^3 中的全体正交标架的集合可以与集合 $E^3 \times \mathrm{SO}(3)$ 等同起来. 注意到正交矩阵的条件 (1.7) 式是矩阵元素 $a_{ij} (1 \leqslant i, j \leqslant 3)$ 所满足的 6 个关系式

$$\begin{aligned} (a_{11})^2 + (a_{12})^2 + (a_{13})^2 &= 1, \\ (a_{21})^2 + (a_{22})^2 + (a_{23})^2 &= 1, \\ (a_{31})^2 + (a_{32})^2 + (a_{33})^2 &= 1, \\ a_{11}a_{21} + a_{12}a_{22} + a_{13}a_{23} &= 0, \\ a_{11}a_{31} + a_{12}a_{32} + a_{13}a_{33} &= 0, \\ a_{21}a_{31} + a_{22}a_{32} + a_{23}a_{33} &= 0. \end{aligned}$$

因此, 其行列式为 1 的正交矩阵的集合 SO(3) 有 3 个自由度, 因而 $E^3 \times \mathrm{SO}(3)$ 是一个 6 维的空间.

在 E^3 中两个不同的正交标架给出了两个不同的笛卡儿直角坐标系. 设 $\{O; \boldsymbol{i}, \boldsymbol{j}, \boldsymbol{k}\}$ 和 $\{p; \boldsymbol{e}_1, \boldsymbol{e}_2, \boldsymbol{e}_3\}$ 是 E^3 中的两个正交标架 (见图 1.1), 它们的关系由 (1.6) 式给出. 假定点 q 关于 $\{O; \boldsymbol{i}, \boldsymbol{j}, \boldsymbol{k}\}$ 的坐标是 (x, y, z), 关于 $\{p; \boldsymbol{e}_1, \boldsymbol{e}_2, \boldsymbol{e}_3\}$ 的坐标是 $(\tilde{x}, \tilde{y}, \tilde{z})$, 则一方面有

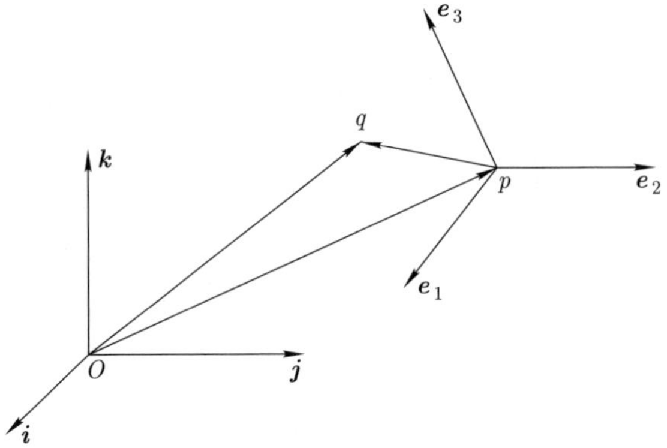

图 1.1 坐 标 变 换

$$\overrightarrow{Oq} = x\boldsymbol{i} + y\boldsymbol{j} + z\boldsymbol{k} = (x, y, z) \cdot \begin{pmatrix} \boldsymbol{i} \\ \boldsymbol{j} \\ \boldsymbol{k} \end{pmatrix},$$

另一方面有

$$\begin{aligned} \overrightarrow{Oq} &= \overrightarrow{Op} + \overrightarrow{pq} \\ &= (a_1, a_2, a_3) \cdot \begin{pmatrix} \boldsymbol{i} \\ \boldsymbol{j} \\ \boldsymbol{k} \end{pmatrix} + (\tilde{x}, \tilde{y}, \tilde{z}) \cdot \begin{pmatrix} \boldsymbol{e}_1 \\ \boldsymbol{e}_2 \\ \boldsymbol{e}_3 \end{pmatrix} \\ &= (a + (\tilde{x}, \tilde{y}, \tilde{z}) \cdot A) \cdot \begin{pmatrix} \boldsymbol{i} \\ \boldsymbol{j} \\ \boldsymbol{k} \end{pmatrix}. \end{aligned}$$

因此, 点 q 在两个不同的笛卡儿直角坐标系 $\{O; \boldsymbol{i}, \boldsymbol{j}, \boldsymbol{k}\}$ 和 $\{p; \boldsymbol{e}_1, \boldsymbol{e}_2, \boldsymbol{e}_3\}$ 下分别有坐标 (x, y, z) 和 $(\tilde{x}, \tilde{y}, \tilde{z})$, 它们满足如下的关系式:

$$(x, y, z) = a + (\tilde{x}, \tilde{y}, \tilde{z}) \cdot A, \tag{1.10}$$

即

$$\begin{cases} x = a_1 + a_{11}\tilde{x} + a_{21}\tilde{y} + a_{31}\tilde{z}, \\ y = a_2 + a_{12}\tilde{x} + a_{22}\tilde{y} + a_{32}\tilde{z}, \\ z = a_3 + a_{13}\tilde{x} + a_{23}\tilde{y} + a_{33}\tilde{z}. \end{cases} \tag{1.10$'$}$$

正交标架的重要性还在于它能够用来表示欧氏空间 E^3 中刚体的运动. 所谓刚体运动原是物理学中的一个概念. 如果一个物体在空间中的运动不改变它的形状及其大小, 只改变它在空间中的位置, 那么该物体的这种运动称为刚体运动. 要确定一个刚体在 E^3 中的位置, 只要确定在该刚体上不共线的三个点的位置就行了, 而刚体上其他的点可以通过它到已知的三个点的距离、以及所成的三个向量构成右手系还是左手系来确定. 但是, 在 E^3 中正交标架 $\{p;\boldsymbol{e}_1,\boldsymbol{e}_2,\boldsymbol{e}_3\}$ 是由点 p 和两个彼此正交的单位向量 $\boldsymbol{e}_1,\boldsymbol{e}_2$ 决定的, 它们恰好相当于空间中不共线的三个点. 这样, 在刚体上安装一个正交标架, 则这个标架在空间中的位置代表了这个刚体的位置. 如果把空间和刚体捆绑在一起, 把刚体在空间中的运动看作空间自身在空间中的刚体运动, 则这是空间 E^3 到它自身的一个变换, 这个变换保持该空间中任意两点之间的距离不变.

设在刚体上安装的正交标架是 $\{p;\boldsymbol{e}_1,\boldsymbol{e}_2,\boldsymbol{e}_3\}$. 假定它在初始位置时该标架与空间中取定的正交标架 $\{O;\boldsymbol{i},\boldsymbol{j},\boldsymbol{k}\}$ 重合, 经过刚体运动 σ 达到了现在的位置, 那么空间中的任意一点 q 在刚体运动 σ 下变成了像点

$$\tilde{q} = \sigma(q),$$

它关于标架 $\{p;\boldsymbol{e}_1,\boldsymbol{e}_2,\boldsymbol{e}_3\}$ 的相对位置与 q 关于 $\{O;\boldsymbol{i},\boldsymbol{j},\boldsymbol{k}\}$ 的相对位置是一样的. 若设

$$\overrightarrow{Oq} = (x,y,z)\cdot\begin{pmatrix}\boldsymbol{i}\\ \boldsymbol{j}\\ \boldsymbol{k}\end{pmatrix},$$

则显然地有

$$\overrightarrow{p\tilde{q}} = (x,y,z) \cdot \begin{pmatrix} \boldsymbol{e}_1 \\ \boldsymbol{e}_2 \\ \boldsymbol{e}_3 \end{pmatrix},$$

所以

$$\begin{aligned} \overrightarrow{O\tilde{q}} &= \overrightarrow{Op} + \overrightarrow{p\tilde{q}} \\ &= (a + (x,y,z) \cdot A) \cdot \begin{pmatrix} \boldsymbol{i} \\ \boldsymbol{j} \\ \boldsymbol{k} \end{pmatrix}. \end{aligned}$$

这就是说，像点 $\tilde{q} = \sigma(q)$ 关于 $\{O; \boldsymbol{i}, \boldsymbol{j}, \boldsymbol{k}\}$ 的坐标是

$$(\tilde{x}, \tilde{y}, \tilde{z}) = a + (x,y,z) \cdot A, \tag{1.11}$$

即

$$\begin{cases} \tilde{x} = a_1 + a_{11}x + a_{21}y + a_{31}z, \\ \tilde{y} = a_2 + a_{12}x + a_{22}y + a_{32}z, \\ \tilde{z} = a_3 + a_{13}x + a_{23}y + a_{33}z. \end{cases} \tag{1.11$'$}$$

因此，如果把正交标架 $\{O; \boldsymbol{i}, \boldsymbol{j}, \boldsymbol{k}\}$ 变到 $\{p; \boldsymbol{e}_1, \boldsymbol{e}_2, \boldsymbol{e}_3\}$ 的刚体运动同时把点 $q = (x,y,z)$ 变到点 $\tilde{q} = (\tilde{x}, \tilde{y}, \tilde{z})$(它们分别是点 q 和 $\tilde{q}$ 关于正交标架 $\{O; \boldsymbol{i}, \boldsymbol{j}, \boldsymbol{k}\}$ 的坐标)，则 $(\tilde{x}, \tilde{y}, \tilde{z})$ 与 (x,y,z) 之间的关系恰好是由 (1.11) 式给出的. 注意到公式 (1.11) 和公式 (1.10) 有很大的相似性，但是它们的意义却是完全不同的. 这种在公式上的相似性说明刚体运动在某种意义上可以看作一种坐标变换 (参看图 1.2). 具体地说，(1.11) 式可以解读为把点 $\tilde{q}$ 在标架 $\{p; \boldsymbol{e}_1, \boldsymbol{e}_2, \boldsymbol{e}_3\}$ 下的坐标 (x,y,z) 变换为在标架 $\{O; \boldsymbol{i}, \boldsymbol{j}, \boldsymbol{k}\}$ 下的坐标 $(\tilde{x}, \tilde{y}, \tilde{z})$ 的公式.

我们可以把上面的讨论总结成下面的定理:

定理 1.1 E^3 中的刚体运动把一个正交标架变成一个正交标架；反过来，对于 E^3 中的任意两个正交标架，必有 E^3 的一个刚体运动把其中一个正交标架变成另一个正交标架.

如前面所说，刚体运动可以看作空间 E^3 到它自身的、保持任意两点之间的距离不变的变换. 空间 E^3 到它自身的、保持任意两点之间的

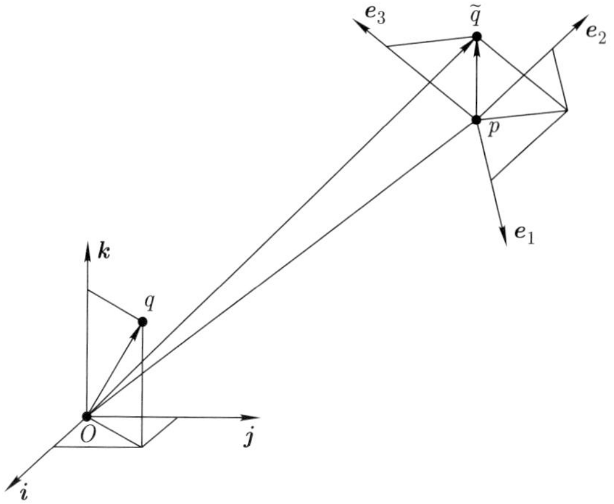

图 1.2 刚 体 运 动

距离不变的变换称为**等距变换**. 刚体运动是一种等距变换. 容易证明, 等距变换把共线的三个点变为共线的三个点, 并且保持它们的分比不变, 进而可以证明等距变换是如 (1.11) 式给出的线性变换, 但是此时只能证明其中的矩阵 A 是正交矩阵, 而不要求它的行列式的值是正的. 因此, 等距变换把单位正交标架变成一个单位正交标架, 但是可能把右手系变成左手系. 换句话说, 刚体运动是保持右手系不变的等距变换, 而等距变换或者是一个刚体运动, 或者是一个刚体运动与关于某个平面的反射的合成.

在空间 E^3 中取定笛卡儿直角坐标系之后, 几何图形就能够用坐标来表达, 几何图形固有的性质自然也可以用坐标来表达, 但是所表达的性质应该与笛卡儿直角坐标系的取法无关. 反过来, 如果几何图形的一个用笛卡儿直角坐标表示的量与笛卡儿直角坐标系的取法无关, 则这个量应该是几何图形所固有的量; 另外, 这个量在几何图形的刚体运动下是保持不变的. 我们所研究的就是几何图形的这种不变量.

除了正交标架以外, 我们还经常使用仿射标架. 所谓的仿射标架是指空间中的一个点 p 和在该点的三个不共面的向量 $\boldsymbol{e}_1, \boldsymbol{e}_2, \boldsymbol{e}_3$ 组成的图形 $\{p; \boldsymbol{e}_1, \boldsymbol{e}_2, \boldsymbol{e}_3\}$, 但是对该图形不要求这三个向量有单位正交的

性质. 命

$$g_{ij} = \boldsymbol{e}_i \cdot \boldsymbol{e}_j, \qquad 1 \leqslant i, j \leqslant 3, \tag{1.12}$$

我们把 (g_{ij}) 称为仿射标架 $\{p; \boldsymbol{e}_1, \boldsymbol{e}_2, \boldsymbol{e}_3\}$ 的度量系数. 空间 E^3 的刚体运动把仿射标架变成仿射标架, 并且保持它的度量系数不变, 保持标架的定向不变. 反过来, 对于 E^3 中任意两个有相同度量系数的、成右手系的仿射标架, 必有 E^3 中的一个刚体运动把其中一个仿射标架变成另一个仿射标架. 很明显, E^3 中的全体仿射标架的集合可以等同于 $E^3 \times \mathrm{GL}(3)$, 其中 $\mathrm{GL}(3)$ 表示非退化的 3×3 矩阵的集合. 因此, E^3 中的全体仿射标架构成一个 12 维的空间.

§1.2 向 量 函 数

由三维欧氏空间 E^3 中的全体向量组成的空间称为三维欧氏向量空间. 在给定了一个正交标架 $\{O; \boldsymbol{i}, \boldsymbol{j}, \boldsymbol{k}\}$ 之后, 该空间等同于由有序的三个实数的组构成的空间 $\mathbb{R}^3$. 设有 $\mathbb{R}^3$ 中的三个向量

$$\begin{aligned} \boldsymbol{a} &= (a_1, a_2, a_3), \\ \boldsymbol{b} &= (b_1, b_2, b_3), \\ \boldsymbol{c} &= (c_1, c_2, c_3), \end{aligned} \tag{2.1}$$

则 $\boldsymbol{a}$ 和 $\boldsymbol{b}$ 的点乘 (以后也称为**内积**, 或**数量积**) 是

$$\boldsymbol{a} \cdot \boldsymbol{b} = |\boldsymbol{a}| \cdot |\boldsymbol{b}| \cdot \cos \angle(\boldsymbol{a}, \boldsymbol{b}) = a_1 b_1 + a_2 b_2 + a_3 b_3; \tag{2.2}$$

$\boldsymbol{a}$ 和 $\boldsymbol{b}$ 的叉乘 (以后也称为**向量积**) 是

$$\boldsymbol{a} \times \boldsymbol{b} = \left(\begin{vmatrix} a_2 & a_3 \\ b_2 & b_3 \end{vmatrix}, \begin{vmatrix} a_3 & a_1 \\ b_3 & b_1 \end{vmatrix}, \begin{vmatrix} a_1 & a_2 \\ b_1 & b_2 \end{vmatrix} \right). \tag{2.3}$$

因此 $(\boldsymbol{a} \times \boldsymbol{b}) \perp \boldsymbol{a}$, $(\boldsymbol{a} \times \boldsymbol{b}) \perp \boldsymbol{b}$; 向量 $\boldsymbol{a}, \boldsymbol{b}$ 和 $\boldsymbol{a} \times \boldsymbol{b}$ 构成右手系, 并且

$$|\boldsymbol{a} \times \boldsymbol{b}| = |\boldsymbol{a}| \cdot |\boldsymbol{b}| \cdot \sin \angle(\boldsymbol{a}, \boldsymbol{b}). \tag{2.4}$$

$\boldsymbol{a},\boldsymbol{b}$ 和 $\boldsymbol{c}$ 的**混合积**是

$$(\boldsymbol{a},\boldsymbol{b},\boldsymbol{c})=(\boldsymbol{a}\times\boldsymbol{b})\cdot\boldsymbol{c}=\begin{vmatrix}a_1 & a_2 & a_3\\ b_1 & b_2 & b_3\\ c_1 & c_2 & c_3\end{vmatrix}, \tag{2.5}$$

它的几何意义是由向量 $\boldsymbol{a},\boldsymbol{b}$ 和 $\boldsymbol{c}$ 所张成的平行六面体的有向体积.

所谓的向量函数是指从它的定义域到 $\mathbb{R}^3$ 中的映射, 也就是三个有序的实函数. 设有定义在区间 $[a,b]$ 上的向量函数

$$\boldsymbol{r}(t)=(x(t),y(t),z(t)),\quad a\leqslant t\leqslant b.$$

如果 $x(t),y(t),z(t)$ 都是 t 的连续函数, 则称向量函数 $\boldsymbol{r}(t)$ 是连续的; 如果 $x(t),y(t),z(t)$ 都是 t 的连续可微函数, 则称向量函数 $\boldsymbol{r}(t)$ 是连续可微的. 向量函数 $\boldsymbol{r}(t)$ 的导数和积分的定义与数值函数的导数和积分的定义是相同的, 即

$$\begin{aligned}\left.\frac{\mathrm{d}\boldsymbol{r}}{\mathrm{d}t}\right|_{t=t_0}&=\lim_{\Delta t\to 0}\frac{\boldsymbol{r}(t_0+\Delta t)-\boldsymbol{r}(t_0)}{\Delta t}\\&=\lim_{\Delta t\to 0}\left(\frac{x(t_0+\Delta t)-x(t_0)}{\Delta t},\frac{y(t_0+\Delta t)-y(t_0)}{\Delta t},\right.\\&\qquad\left.\frac{z(t_0+\Delta t)-z(t_0)}{\Delta t}\right)\\&=(x'(t_0),y'(t_0),z'(t_0)),\quad t_0\in(a,b),\end{aligned}\tag{2.6}$$

$$\begin{aligned}\int_a^b\boldsymbol{r}(t)\mathrm{d}t&=\lim_{\lambda\to 0}\sum_{i=1}^{n}\boldsymbol{r}(t_i')\Delta t_i\\&=\left(\int_a^b x(t)\mathrm{d}t,\int_a^b y(t)\mathrm{d}t,\int_a^b z(t)\mathrm{d}t\right),\end{aligned}\tag{2.7}$$

其中 $a=t_0<t_1<\cdots<t_n=b$ 是区间 $[a,b]$ 的任意一个分割, $\Delta t_i=t_i-t_{i-1}$, $t_i'\in[t_{i-1},t_i]$, 并且 $\lambda=\max\{\Delta t_i;i=1,\cdots,n\}$. 这就是说, 向量函数的求导和积分归结为它的分量函数的求导和积分, 因此向量函数的可微性和可积性归结为它的分量函数的可微性和可积性.

定理 2.1 假定 $\boldsymbol{a}(t), \boldsymbol{b}(t), \boldsymbol{c}(t)$ 是三个可微的向量函数, 则它们的内积、向量积和混合积的导数有下面的公式:

(1) $(\boldsymbol{a}(t)\cdot\boldsymbol{b}(t))' = \boldsymbol{a}'(t)\cdot\boldsymbol{b}(t) + \boldsymbol{a}(t)\cdot\boldsymbol{b}'(t)$;

(2) $(\boldsymbol{a}(t)\times\boldsymbol{b}(t))' = \boldsymbol{a}'(t)\times\boldsymbol{b}(t) + \boldsymbol{a}(t)\times\boldsymbol{b}'(t)$;

(3) $(\boldsymbol{a}(t), \boldsymbol{b}(t), \boldsymbol{c}(t))' = (\boldsymbol{a}'(t), \boldsymbol{b}(t), \boldsymbol{c}(t)) + (\boldsymbol{a}(t), \boldsymbol{b}'(t), \boldsymbol{c}(t)) + (\boldsymbol{a}(t), \boldsymbol{b}(t), \boldsymbol{c}'(t))$.

上述定理的证明是直接的, 留给读者自己完成. 下面的定理给出了具有特殊性质的向量函数所满足的条件, 以后会经常用到.

定理 2.2 设 $\boldsymbol{a}(t)$ 是一个处处非零的连续可微的向量函数, 则

(1) 向量函数 $\boldsymbol{a}(t)$ 的长度是常数当且仅当 $\boldsymbol{a}'(t)\cdot\boldsymbol{a}(t) \equiv 0$.

(2) 向量函数 $\boldsymbol{a}(t)$ 的方向不变当且仅当 $\boldsymbol{a}'(t)\times\boldsymbol{a}(t) \equiv \boldsymbol{0}$.

(3) 如果向量函数 $\boldsymbol{a}(t)$ 与某一个固定的方向垂直, 那么

$$(\boldsymbol{a}(t), \boldsymbol{a}'(t), \boldsymbol{a}''(t)) \equiv 0.$$

反过来, 如果上式成立, 并且处处有 $\boldsymbol{a}'(t)\times\boldsymbol{a}(t) \neq \boldsymbol{0}$, 那么向量函数 $\boldsymbol{a}(t)$ 必定与某一个固定的方向垂直.

证明 (1) 因为

$$\frac{\mathrm{d}}{\mathrm{d}t}|\boldsymbol{a}(t)|^2 = \frac{\mathrm{d}(\boldsymbol{a}(t)\cdot\boldsymbol{a}(t))}{\mathrm{d}t} = 2\boldsymbol{a}'(t)\cdot\boldsymbol{a}(t),$$

所以 $|\boldsymbol{a}(t)|^2$ 是常数, 当且仅当 $\boldsymbol{a}'(t)\cdot\boldsymbol{a}(t) \equiv 0$.

(2) 如果向量函数 $\boldsymbol{a}(t)$ 的方向不变, 则有一个固定的单位向量 $\boldsymbol{b}$, 使得向量函数 $\boldsymbol{a}(t)$ 能够写成

$$\boldsymbol{a}(t) = f(t)\cdot\boldsymbol{b},$$

其中 $f(t) = \boldsymbol{a}(t)\cdot\boldsymbol{b}$ 是处处非零的连续可微函数, 因此

$$\boldsymbol{a}'(t) = f'(t)\cdot\boldsymbol{b}, \quad \boldsymbol{a}'(t)\times\boldsymbol{a}(t) \equiv \boldsymbol{0}.$$

反过来, 设 $\boldsymbol{a}'(t)\times\boldsymbol{a}(t) \equiv \boldsymbol{0}$, 命 $\boldsymbol{b}(t) = \boldsymbol{a}(t)/|\boldsymbol{a}(t)|$, $|\boldsymbol{b}(t)| = 1$. 我们要证明 $\boldsymbol{b}(t)$ 是常向量函数. 因为 $\boldsymbol{b}(t)$ 的长度是 1, 故由 (1) 可知,

$\boldsymbol{b}'(t)\cdot\boldsymbol{b}(t)\equiv 0$, 即 $\boldsymbol{b}'(t)\cdot\boldsymbol{a}(t)\equiv 0$. 由 $\boldsymbol{b}(t)$ 的定义得知

$$\boldsymbol{a}(t)=f(t)\boldsymbol{b}(t),$$

其中 $f(t)=|\boldsymbol{a}(t)|$ 处处不为零, 故

$$\boldsymbol{a}'(t)=f'(t)\boldsymbol{b}(t)+f(t)\boldsymbol{b}'(t),$$
$$\boldsymbol{a}'(t)\times\boldsymbol{a}(t)=f(t)\boldsymbol{b}'(t)\times\boldsymbol{a}(t)=\mathbf{0},$$

因此 $\boldsymbol{b}'(t)\times\boldsymbol{a}(t)=\mathbf{0}$, 即 $\boldsymbol{b}'(t)$ 与 $\boldsymbol{a}(t)$ 共线, 假设

$$\boldsymbol{b}'(t)=\lambda(t)\boldsymbol{a}(t).$$

由于 $\boldsymbol{b}'(t)\cdot\boldsymbol{a}(t)\equiv 0$, 故

$$\boldsymbol{b}'(t)\cdot\boldsymbol{a}(t)=\lambda(t)\boldsymbol{a}(t)\cdot\boldsymbol{a}(t)=\lambda(t)f^2(t)\equiv 0,$$

于是 $\lambda(t)\equiv 0$, 即

$$\boldsymbol{b}'(t)\equiv\mathbf{0},$$

故 $\boldsymbol{b}(t)$ 是常向量, 所以向量函数 $\boldsymbol{a}(t)$ 的方向不变.

(3) 设有单位常向量 $\boldsymbol{b}$, 使得 $\boldsymbol{a}(t)\cdot\boldsymbol{b}\equiv 0$. 对此式求导数得到

$$\boldsymbol{a}'(t)\cdot\boldsymbol{b}\equiv 0,\quad \boldsymbol{a}''(t)\cdot\boldsymbol{b}\equiv 0,$$

因此向量 $\boldsymbol{a}(t),\boldsymbol{a}'(t),\boldsymbol{a}''(t)$ 都落在 $\boldsymbol{b}$ 的正交补空间内, 即对于任意的 t, 向量 $\boldsymbol{a}(t),\boldsymbol{a}'(t),\boldsymbol{a}''(t)$ 是共面的, 于是

$$(\boldsymbol{a}(t),\boldsymbol{a}'(t),\boldsymbol{a}''(t))\equiv 0.$$

反过来, 假定上面的式子成立, 则

$$(\boldsymbol{a}(t)\times\boldsymbol{a}'(t))\cdot\boldsymbol{a}''(t)\equiv 0.$$

已经假设 $\boldsymbol{a}'(t)\times\boldsymbol{a}(t)\neq\mathbf{0}$, 于是可以命

$$\boldsymbol{b}(t)=\boldsymbol{a}'(t)\times\boldsymbol{a}(t),$$

则
$$\boldsymbol{b}'(t)=\boldsymbol{a}''(t)\times\boldsymbol{a}(t),$$
因而
$$\begin{aligned}\boldsymbol{b}(t)\times\boldsymbol{b}'(t)&=\boldsymbol{b}(t)\times(\boldsymbol{a}''(t)\times\boldsymbol{a}(t))\\&=(\boldsymbol{b}(t)\cdot\boldsymbol{a}(t))\boldsymbol{a}''(t)-(\boldsymbol{b}(t)\cdot\boldsymbol{a}''(t))\boldsymbol{a}(t)\\&=(\boldsymbol{a}(t),\boldsymbol{a}'(t),\boldsymbol{a}''(t))\boldsymbol{a}(t)\equiv\boldsymbol{0},\end{aligned}$$
根据 (2), 向量函数 $\boldsymbol{b}(t)$ 有确定的方向. 命 $\boldsymbol{b}_0=\boldsymbol{b}(t)/|\boldsymbol{b}(t)|$, 则 $\boldsymbol{b}_0$ 是单位常向量, 并且
$$\boldsymbol{a}(t)\cdot\boldsymbol{b}_0=\frac{\boldsymbol{a}(t)\cdot\boldsymbol{b}(t)}{|\boldsymbol{b}(t)|}\equiv 0.$$
证毕.

第二章　曲　线　论

在本章, 我们要给出在 E^3 中刻画曲线形状的几何不变量, 即曲线的弧长、曲率和挠率, 这些量可以用坐标来表示, 但是它们与空间 E^3 中的笛卡儿直角坐标系的选择是无关的, 并且当曲线在空间 E^3 中作刚体运动时这些量也是保持不变的. 最后, 我们要证明这三个量构成了空间曲线的完全不变量系统, 即给出了曲率和挠率作为弧长的函数, 则在空间 E^3 中除了位置以外唯一地确定了一条曲线以给定的函数为它的曲率和挠率, 这就是所谓的曲线论基本定理. 在方法上至为重要的是, 在空间曲线的每一点依附了一个正交标架, 称为 Frenet 标架. 当点在曲线上运动时, Frenet 标架跟着一起运动, 而且它的运动状态正好刻画了曲线的形状特征.

§2.1　正则参数曲线

在本节我们对所要研究的曲线做一些假定. 在直观上, E^3 中的一条曲线是指 E^3 中的一个点随时间的变化而运动时所描出的轨迹. 换言之, E^3 中的一条曲线 C 是从区间 $[a,b]$ 到 E^3 中的一个连续映射, 记为

$$p:[a,b]\to E^3, \tag{1.1}$$

称为参数曲线. 在 E^3 中取定一个正交标架 $\{O;\boldsymbol{i},\boldsymbol{j},\boldsymbol{k}\}$, 则曲线 C 上的点 $p(t)(a\leqslant t\leqslant b)$ 和向量 $\overrightarrow{Op(t)}$ 是等同的. 命 $\boldsymbol{r}(t)=\overrightarrow{Op(t)}$, 则 $\boldsymbol{r}(t)$ 可以用标架向量 $\boldsymbol{i},\boldsymbol{j},\boldsymbol{k}$ 表示为

$$\boldsymbol{r}(t)=x(t)\boldsymbol{i}+y(t)\boldsymbol{j}+z(t)\boldsymbol{k}. \tag{1.2}$$

这样, 映射 (1.1) 等价于三个实函数 $x(t),y(t),z(t)$. 因此, 我们通常在

固定的笛卡儿直角坐标系 $\{O;\boldsymbol{i},\boldsymbol{j},\boldsymbol{k}\}$ 下把曲线 C 直接记成

$$\boldsymbol{r}(t)=(x(t),y(t),z(t)),\quad t\in[a,b],\tag{1.3}$$

其中 t 是曲线的参数, (1.3) 式称为曲线 C 的参数方程.

由导数的定义可知,

$$\boldsymbol{r}'(t)=\lim_{\Delta t\to 0}\frac{\boldsymbol{r}(t+\Delta t)-\boldsymbol{r}(t)}{\Delta t}=(x'(t),y'(t),z'(t)).\tag{1.4}$$

如果坐标函数 $x(t),y(t),z(t)$ 是连续可微的, 则称曲线 $\boldsymbol{r}(t)$ 是连续可微的. 这个概念与笛卡儿直角坐标系的取法无关.

导数 $\boldsymbol{r}'(t)$ 有明显的几何意义. $\boldsymbol{r}(t+\Delta t)-\boldsymbol{r}(t)$ 表示从点 $\boldsymbol{r}(t)$ 到点 $\boldsymbol{r}(t+\Delta t)$ 的有向线段, 因此

$$\frac{\boldsymbol{r}(t+\Delta t)-\boldsymbol{r}(t)}{\Delta t}$$

代表经过点 $\boldsymbol{r}(t)$ 和点 $\boldsymbol{r}(t+\Delta t)$ 的割线 l 的方向向量. 当 $\Delta t\to 0$ 时, 割线 l 的极限位置就是曲线在点 $\boldsymbol{r}(t)$ 的切线. 如果 $\boldsymbol{r}'(t)\neq\boldsymbol{0}$, 则 $\boldsymbol{r}'(t)$ 是该曲线在点 $\boldsymbol{r}(t)$ 的切线的方向向量, 称为该参数曲线的切向量 (见

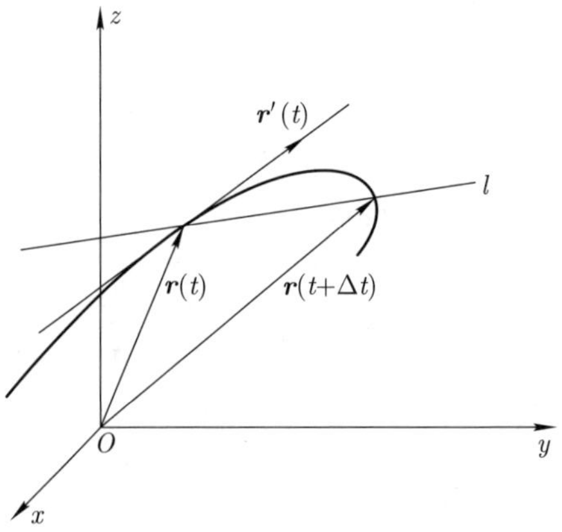

图 2.1 曲线的切线

图 2.1). 此时, 曲线在点 $\boldsymbol{r}(t)$ 的切线是完全确定的, 这样的点称为曲线的正则点. 曲线在正则点的切线方程是

$$\boldsymbol{X}(u)=\boldsymbol{r}(t)+u\boldsymbol{r}'(t), \tag{1.5}$$

其中 t 是固定的, u 是切线上点的参数, $\boldsymbol{X}(u)$ 是从原点 O 指向切线上参数为 u 的点的有向线段.

这样, 我们所研究的参数曲线 $\boldsymbol{r}(t)$ 要满足下面两个条件:

(1) $\boldsymbol{r}(t)$ 至少是自变量 t 的三次以上连续可微的向量函数 (因为曲线的几何不变量涉及 $\boldsymbol{r}(t)$ 的三次导数);

(2) 处处是正则点, 即对于任意的 t 有 $\boldsymbol{r}'(t)\neq\boldsymbol{0}$.

这样的参数曲线称为**正则参数曲线**. 我们还把参数增大的方向称为该参数曲线的**正向**, 因此 $\boldsymbol{r}'(t)$ 正好指向曲线的正向.

当然, 曲线的参数方程的表达式与空间 E^3 中笛卡儿直角坐标系的选取有关. 另外, 在固定的笛卡儿直角坐标系下, 曲线的参数方程的参数还容许做一定的变换. 为了保证正则参数曲线所满足的两个条件在参数变换下保持不变, 则要求参数的变换 $t=t(u)$ 满足下面两个条件:

(1) $t(u)$ 是 u 的三次以上连续可微函数;

(2) $t'(u)$ 处处不为零.

实际上, 在参数变换 $t=t(u)$ 下, 曲线的参数方程成为 $\boldsymbol{r}(t(u))$, 为简单起见仍然把它记为 $\boldsymbol{r}(u)$. 当 $t(u)$ 是 u 的三次以上的连续可微函数时, $\boldsymbol{r}(t(u))$ 自然是 u 的三次以上的连续可微函数. 另外, 根据求导的链式法则,

$$\boldsymbol{r}'(u)=\frac{\mathrm{d}}{\mathrm{d}u}\boldsymbol{r}(t(u))=\boldsymbol{r}'(t(u))\cdot t'(u).$$

在 $\boldsymbol{r}'(t)\neq\boldsymbol{0}$ 的情况下, $\boldsymbol{r}'(u)\neq\boldsymbol{0}$ 的充分必要条件是 $t'(u)\neq 0$. 如上的参数变换在正则参数曲线之间建立了一种等价关系, 等价的正则参数曲线被看作是同一条曲线. 由全体等价的正则参数曲线构成的集合称为一条正则曲线.

如果对于容许的参数变换还要求 $t'(u)>0$, 则这种容许的参数变换保持曲线的定向不变. 如果一条正则参数曲线只容许做保持定向的

参数变换, 则这样的正则参数曲线的等价类被称为是一条有向的正则曲线.

例 1 圆螺旋线 $\boldsymbol{r}(t)=(a\cos t, a\sin t, bt)$, 其中 a,b 是常数, $a>0$.

一个动点一边绕 z 轴作半径为 a 的匀速圆周运动, 一边沿 z 轴方向做匀速直线运动, 该点所描出的轨迹 (见图 2.2) 即

$$\boldsymbol{r}(t)=(a\cos t, a\sin t, 0)+(0,0,bt).$$

由于

$$\boldsymbol{r}'(t)=(-a\sin t, a\cos t, b),\quad |\boldsymbol{r}'(t)|^2=a^2+b^2>0,$$

所以这是一条正则参数曲线.

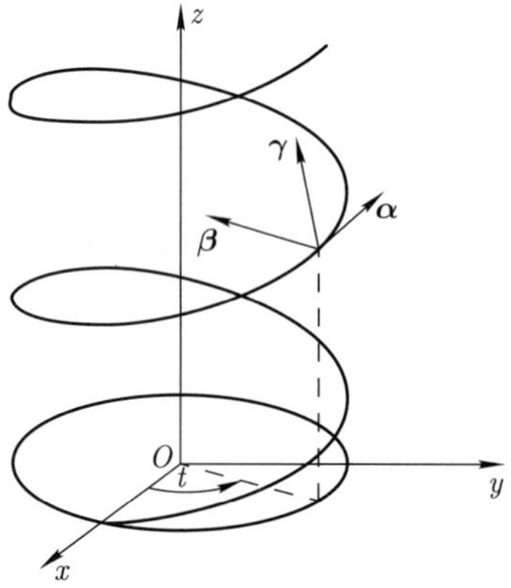

图 2.2 圆 螺 旋 线

例 2 半三次曲线 $\boldsymbol{r}(t)=(t^3,t^2)$ (见图 2.3).

这是平面上的一条连续可微的参数曲线, 但是 $\boldsymbol{r}'(t)=(3t^2,2t)$, 因此 $\boldsymbol{r}'(0)=(0,0)$, 故它不是正则的参数曲线. 从图形上可以看到, 该曲线在 $t=0$ 处有一个尖点. 这就是说, 有尖点的曲线也可能用连续可微的参数方程来表示, 参数方程的连续可微性与曲线在直观上的光滑性是两个不同的概念. 曲线在直观上的光滑性应该描述为它的切方向 (即它的单位切向量) 是连续变动的. 对于本例的曲线, 当 t 从零的负

侧趋于零时, 曲线的正向切线是 y 轴, 但是与 y 轴正向相反; 而当 t 从零的正侧趋于零时, 曲线的正向切线仍然是 y 轴, 并且其指向相同. 因此, 该曲线虽然在非正则点有确定的切线, 但是切线的正方向在 t 经过 0 时有 180° 的转动.

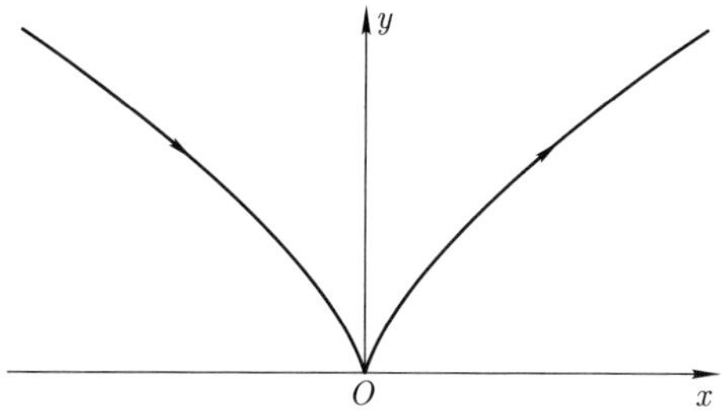

图 2.3 半三次曲线

在非正则点其切线不确定的连续可微参数曲线的例子也有, 例如

$$\boldsymbol{r}(t)=\begin{cases}(-t^2,t^2), & t\leqslant 0,\\ (t^2,t^2), & t>0.\end{cases}$$

$t=0$ 是这条曲线的非正则点, 在该处切线不确定, 而正向切线在经过该非正则点时要转动 90°. 但是, 对于正则参数曲线而言, $\boldsymbol{r}'(t)$ 是连续的, 并且处处不为零, 因此曲线的正向切线是随参数 t 连续变动的, 这样的曲线在直观上是光滑的.

用参数方程表示曲线是从 Euler 开始的. 曲线还能够用坐标之间的函数关系来表示, 例如

$$y=y(x),\quad z=z(x). \tag{1.6}$$

不过, 这只是参数方程的一种特殊情形, 即可以把 x 作为曲线的参数, 记成

$$\boldsymbol{r}(x)=(x,y(x),z(x)). \tag{1.7}$$

如上表示的参数曲线必定是正则的, 因为在此时有

$$\boldsymbol{r}'(x)=(1,y'(x),z'(x))\neq\boldsymbol{0}.$$

正则参数曲线在每一点的附近都能够表示成如 (1.7) 式的形式. 例如, 在 $\boldsymbol{r}'(t)=(x'(t),y'(t),z'(t))\neq\boldsymbol{0}$ 时, 不妨假定在点 t_0 有 $x'(t_0)\neq 0$, 则存在 $\varepsilon>0$ 使得函数 $x(t)$ 在区间 $(t_0-\varepsilon,t_0+\varepsilon)$ 上有反函数, 记为 $t=t(x)$. 于是参数方程 $\boldsymbol{r}(t)=(x(t),y(t),z(t))$ 经过参数变换 $t=t(x)$ 成为

$$\boldsymbol{r}(t(x))=(x,y(t(x)),z(t(x))),$$

这正是如 (1.7) 式的表达式.

曲线还能够用坐标的隐式方程来表示. 例如, 一条曲线是两个联立方程

$$\begin{cases} f(x,y,z)=0, \\ g(x,y,z)=0 \end{cases} \tag{1.8}$$

的解 (x,y,z) 的集合, 其中 $f(x,y,z)$ 和 $g(x,y,z)$ 是两个已知的连续可微函数. 在直观上, 这两个方程分别代表两张曲面, 而所考虑的曲线是这两张曲面的交线. 如果这条曲线的参数方程是 $\boldsymbol{r}(t)=(x(t),y(t),z(t))$, 将其代入方程组 (1.8) 得到恒等式

$$\begin{cases} f(x(t),y(t),z(t))\equiv 0, \\ g(x(t),y(t),z(t))\equiv 0. \end{cases}$$

将上面的方程对 t 求导, 得到

$$\begin{cases} \dfrac{\partial f}{\partial x}\cdot x'(t)+\dfrac{\partial f}{\partial y}\cdot y'(t)+\dfrac{\partial f}{\partial z}\cdot z'(t)=0, \\ \dfrac{\partial g}{\partial x}\cdot x'(t)+\dfrac{\partial g}{\partial y}\cdot y'(t)+\dfrac{\partial g}{\partial z}\cdot z'(t)=0, \end{cases} \tag{1.9}$$

这意味着切向量 $\boldsymbol{r}'(t)=(x'(t),y'(t),z'(t))$ 平行于向量

$$\left(\frac{\partial f}{\partial x},\frac{\partial f}{\partial y},\frac{\partial f}{\partial z}\right)\times\left(\frac{\partial g}{\partial x},\frac{\partial g}{\partial y},\frac{\partial g}{\partial z}\right).$$

若上面的向量积不为零, 即矩阵

$$\begin{pmatrix} \dfrac{\partial f}{\partial x} & \dfrac{\partial f}{\partial y} & \dfrac{\partial f}{\partial z} \\ \dfrac{\partial g}{\partial x} & \dfrac{\partial g}{\partial y} & \dfrac{\partial g}{\partial z} \end{pmatrix} \tag{1.10}$$

的秩为 2, 则由隐函数定理, 从方程组 (1.8) 可以解出其中两个坐标作为第三个坐标的函数. 例如, 当

$$\begin{vmatrix} \dfrac{\partial f}{\partial y} & \dfrac{\partial f}{\partial z} \\ \dfrac{\partial g}{\partial y} & \dfrac{\partial g}{\partial z} \end{vmatrix} \neq 0$$

时, 可解出

$$y = y(x), \quad z = z(x),$$

使得

$$\begin{cases} f(x, y(x), z(x)) \equiv 0, \\ g(x, y(x), z(x)) \equiv 0, \end{cases}$$

于是该曲线的参数方程是

$$\boldsymbol{r}(x) = (x, y(x), z(x)). \tag{1.11}$$

由此可见, 如果 $f(x, y, z)$ 和 $g(x, y, z)$ 是连续可微函数, $p = (x_0, y_0, z_0)$ 是方程组 (1.8) 的一个解, 并且矩阵 (1.10) 在点 p 的秩是 2, 则方程组 (1.8) 在点 p 的一个邻域内的解是经过点 p 的一条正则曲线.

习 题 2.1

1. 将一个半径为 r 的圆盘在 Oxy 平面上沿 x 轴作无滑动的滚动, 写出圆盘上与中心的距离为 $a(0 < a \leqslant r)$ 的一点随圆盘的滚动所描出轨迹的方程.

2. 求曲线 $\boldsymbol{r}(t) = (2\sin t, t, \cos t)$ 在点 $t = 0$ 和点 $t = \pi/2$ 的切线的方程.

3. 设空间 E^3 中一条正则参数曲线 C 的方程是 $\boldsymbol{r}(t)$, p 是曲线 C 外的一个固定点, 用 $\rho(t)$ 表示点 p 到点 $\boldsymbol{r}(t)$ 的距离. 证明: 如果函数 $\rho(t)$ 在 t_0 处达到它的极小值 (或极大值), 记 $q = \boldsymbol{r}(t_0)$, 则 $\overrightarrow{pq} \perp \boldsymbol{r}'(t_0)$.

4. 求曲线

$$\begin{cases} x^2+y^2+z^2=1, \quad z\geqslant 0,\\ x^2+y^2=x \end{cases}$$

的参数方程.

5. 设平面上一条正则参数曲线 C 的方程是 $\boldsymbol{r}(t)(a\leqslant t\leqslant b)$, 它与同一个平面上的一条直线 l 有公共点 $p=\boldsymbol{r}(t_0)(a<t_0<b)$, 并且该曲线除点 p 外全部落在直线 l 的同一侧, 证明: 直线 l 是曲线 C 在点 p 的切线.

6. 设空间 E^3 中一条正则参数曲线 $\boldsymbol{r}(t)$ 的切向量 $\boldsymbol{r}'(t)$ 与一个固定的方向向量 $\boldsymbol{a}$ 垂直, 证明: 该曲线落在一个平面内.

§2.2 曲线的弧长

设 E^3 中的一条正则曲线 C 的参数方程是 $\boldsymbol{r}=\boldsymbol{r}(t)$, $a\leqslant t\leqslant b$. 命

$$s=\int_a^b|\boldsymbol{r}'(t)|\mathrm{d}t, \tag{2.1}$$

则 s 是该曲线的一个不变量, 即它与空间 E^3 中的笛卡儿直角坐标系的选取无关, 也与该曲线的保持定向的容许参数变换无关. 前者是因为在笛卡儿直角坐标变换下 (参看第一章的 (1.10) 式), 切向量的长度 $|\boldsymbol{r}'(t)|$ 是不变的, 故 s 不变. 关于后者, 不妨设参数变换是

$$t=t(u),\quad t'(u)>0,\quad \alpha\leqslant u\leqslant\beta, \tag{2.2}$$

并且

$$t(\alpha)=a,\quad t(\beta)=b,$$

因此

$$\left|\frac{\mathrm{d}\boldsymbol{r}(t(u))}{\mathrm{d}u}\right|=\left|\frac{\mathrm{d}\boldsymbol{r}}{\mathrm{d}t}(t(u))\right|\cdot\frac{\mathrm{d}t}{\mathrm{d}u}. \tag{2.3}$$

根据积分的变量替换公式有

$$\int_a^b\left|\frac{\mathrm{d}\boldsymbol{r}(t)}{\mathrm{d}t}\right|\mathrm{d}t=\int_\alpha^\beta\left|\frac{\mathrm{d}\boldsymbol{r}}{\mathrm{d}t}(t(u))\right|\cdot\frac{\mathrm{d}t}{\mathrm{d}u}\mathrm{d}u$$

$$= \int_{\alpha}^{\beta} \left| \frac{\mathrm{d}\boldsymbol{r}(t(u))}{\mathrm{d}u} \right| \mathrm{d}u,$$

所以 s 与参数变换 (2.2) 是无关的.

不变量 s 的几何意义是该曲线段的长度. 事实上, 可以证明对于区间 $[a,b]$ 的任意一个分割 $a = t_0 < t_1 < \cdots < t_n = b$ (见图 2.4), 下面的极限成立:

$$\lim_{\lambda \to 0} \sum_{i=1}^{n} |\boldsymbol{r}(t_i) - \boldsymbol{r}(t_{i-1})| = \int_a^b |\boldsymbol{r}'(t)| \mathrm{d}t,$$

其中

$$\lambda = \max\{|\Delta t_i|; i = 1, \cdots, n\}.$$

显然, 上式左端的和式是顶点依次为 $\boldsymbol{r}(t_0), \boldsymbol{r}(t_1), \cdots, \boldsymbol{r}(t_n)$ 的折线的长度, 因此 $\displaystyle\int_a^b |\boldsymbol{r}'(t)| \mathrm{d}t$ 是将曲线不断地细分所得的折线的长度的极限, 也就是该曲线的长度, 称为该曲线的**弧长**.

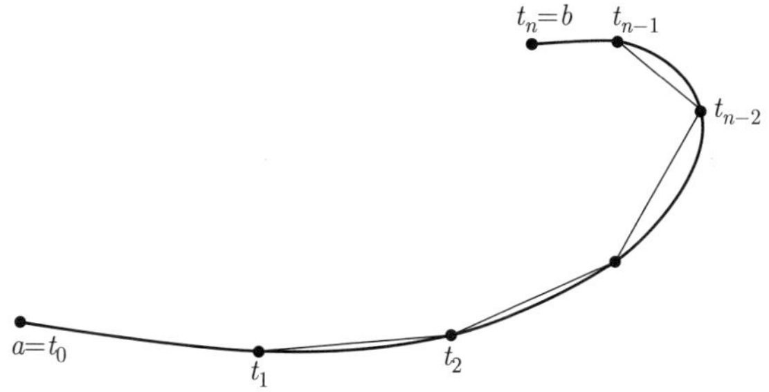

图 2.4 曲线的弧长

现在对于任意的 $a \leqslant t \leqslant b$ 命

$$s(t) = \int_a^t |\boldsymbol{r}'(t)| \mathrm{d}t, \tag{2.4}$$

则 $s(t)$ 是曲线 C 从 a 到 t 的弧长. 由于 $s(t)$ 是 t 的三次以上的连续可微函数, 并且

$$\frac{\mathrm{d}s(t)}{\mathrm{d}t} = |\boldsymbol{r}'(t)| > 0,$$

所以 (2.4) 式给出了曲线 C 的保持定向的容许参数变换. 换句话说, 我们总是可以把正则曲线的弧长作为它的参数, 这种参数称为曲线的**弧长参数**. 弧长参数由曲线本身确定到至多差一个常数 (这反映了量度曲线长度的起点不同), 与表示曲线的笛卡儿直角坐标系的选取无关, 与曲线原来的参数的取法也无关. 由 (2.4) 式得到

$$\mathrm{d}s = |\boldsymbol{r}'(t)|\mathrm{d}t, \tag{2.5}$$

从 (2.3) 式可知 $\mathrm{d}s$ 也是曲线的不变量, 称为曲线的**弧长元素**.

注意到积分 (2.4) 往往不能够用显式来表示, 也就是说要显式地写出弧长函数的表达式往往是不可能的, 因此判定已知参数 t 何时是弧长参数是十分重要的.

定理 2.1 设 $\boldsymbol{r} = \boldsymbol{r}(t)(a \leqslant t \leqslant b)$ 是 E^3 中的一条正则曲线, 则 t 是它的弧长参数的充分必要条件是 $|\boldsymbol{r}'(t)| \equiv 1$.

证明 因为 $\dfrac{\mathrm{d}s}{\mathrm{d}t} = |\boldsymbol{r}'(t)|$, 当 t 是它的弧长参数 s 时, $\mathrm{d}s = \mathrm{d}t$, 所以由 (2.5) 式得知 $|\boldsymbol{r}'(t)| \equiv 1$. 反之亦然. 证毕.

上述定理的几何意义是: 曲线以弧长为参数的充分必要条件是它的切向量场是单位切向量场.

习 题 2.2

1. 求下列曲线在指定范围内的弧长:

(1) $\boldsymbol{r}(t) = (\cosh t, \sinh t, t)$, $-1 \leqslant t \leqslant 1$;

(2) $\boldsymbol{r}(t) = (\sin^2 t, \sin t \cos t, \log \cos t)$, $[0, t_0]$;

(3) $\boldsymbol{r}(t) = \big(t + a^2/t, t - a^2/t, 2a \log(t/a)\big)$, 在曲线与 x 轴的交点和参数为 t_0 的点之间;

(4) 曳物线 $\boldsymbol{r}(t) = (\cos t, \log(\sec t + \tan t) - \sin t)$, $[0, t_0]$;

(5) 曲线 $y = x^2/2a, z = x^3/6a^2$ 在原点 $O(0,0,0)$ 和点 $p(x_0, y_0, z_0)$ 之间.

2. 求下列曲线的单位切向量场:

(1) $\boldsymbol{r}(t) = (\cos^3 t, \sin^3 t, \cos 2t)$;

(2) $\boldsymbol{r}(t)=(3t,3t^2,2t^3)$.

3. 设曲线 C 是下面两个柱面的交线:

$$\frac{x^2}{a^2}-\frac{y^2}{b^2}=1,\quad x=a\cosh\frac{z}{a},\quad a,b>0\text{是常数}.$$

求曲线 C 从点 $(a,0,0)$ 到点 (x_0,y_0,z_0) 的弧长.

4. 证明: 曲线 $x^2=3y$, $2xy=9z$ 的切向量和某个固定的方向成定角. 确定这个固定的方向和该角的大小.

5. 求曲线 $\boldsymbol{r}(t)=\left(t^3/3,t^2/2,t\right)$ 上其切线平行于平面 $x+3y+2z=0$ 的点.

6. 求曲线 $\boldsymbol{r}(t)$, 使得它经过点 $\boldsymbol{r}(0)=(1,0,-5)$, 并且其切向量场是 $\boldsymbol{r}'(t)=(t^2,t,\mathrm{e}^t)$.

§2.3 曲线的曲率和 Frenet 标架

设曲线 C 的方程是 $\boldsymbol{r}(s)$, 其中 s 是曲线的弧长参数. 根据上一节的定理 2.1 知道, $\boldsymbol{r}'(s)$ 是曲线 C 的单位切向量场. 命

$$\boldsymbol{\alpha}(s)=\boldsymbol{r}'(s). \tag{3.1}$$

下面我们要研究如何刻画曲线的弯曲程度. 从直观上看, $\boldsymbol{\alpha}(s)$ 是曲线 C 在 s 处的方向向量, 因此当一点沿曲线以单位速率前进时, 方向向量转动的快慢反映了曲线的弯曲程度, 而方向向量 $\boldsymbol{\alpha}(s)$ 转动的快慢恰好是用 $\left|\dfrac{\mathrm{d}\boldsymbol{\alpha}}{\mathrm{d}s}\right|$ 来衡量的.

定理 3.1 设 $\boldsymbol{\alpha}(s)$ 是曲线 $\boldsymbol{r}(s)$ 的单位切向量场, s 是弧长参数, 用 $\Delta\theta$ 表示切向量 $\boldsymbol{\alpha}(s+\Delta s)$ 和 $\boldsymbol{\alpha}(s)$ 之间的夹角, 则

$$\lim_{\Delta s\to 0}\left|\frac{\Delta\theta}{\Delta s}\right|=\left|\frac{\mathrm{d}\boldsymbol{\alpha}}{\mathrm{d}s}\right|. \tag{3.2}$$

证明 把曲线 C 上所有的单位切向量 $\boldsymbol{\alpha}(s)$ 平行移动, 使它们的起点都放在原点 O 处, 则这些切向量的端点便描出单位球面上的一条曲线, 于是切向量 $\boldsymbol{\alpha}(s+\Delta s)$ 和 $\boldsymbol{\alpha}(s)$ 之间的夹角 $\Delta\theta$ 是在单位球面上

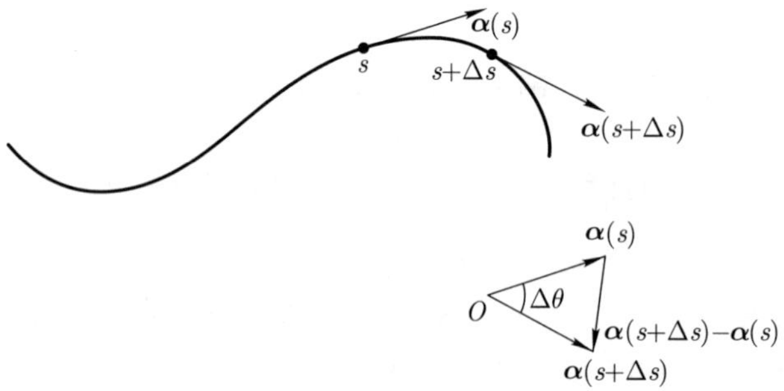

图 2.5 曲线方向向量的转动

从 $\boldsymbol{\alpha}(s+\Delta s)$ 到 $\boldsymbol{\alpha}(s)$ 的大圆弧的弧长 (见图 2.5), 而 $|\boldsymbol{\alpha}(s+\Delta s)-\boldsymbol{\alpha}(s)|$ 正好是该角所对的弦长, 所以

$$\begin{aligned}\left|\frac{\mathrm{d}\boldsymbol{\alpha}}{\mathrm{d}s}\right| &= \lim_{\Delta s\to 0}\frac{|\boldsymbol{\alpha}(s+\Delta s)-\boldsymbol{\alpha}(s)|}{|\Delta s|}\\ &= \lim_{\Delta s\to 0}\frac{2\left|\sin\dfrac{\Delta\theta}{2}\right|}{|\Delta s|}\\ &= \lim_{\Delta s\to 0}\left|\frac{\Delta\theta}{\Delta s}\right|.\end{aligned}$$

证毕.

定义 3.1 设曲线 C 的方程是 $\boldsymbol{r}(s)$, 其中 s 是曲线的弧长参数. 命

$$\kappa(s)=\left|\frac{\mathrm{d}\boldsymbol{\alpha}}{\mathrm{d}s}\right|=|\boldsymbol{r}''(s)|, \tag{3.3}$$

称 $\kappa(s)$ 为曲线 $\boldsymbol{r}(s)$ 在 s 处的**曲率**, 并且称 $\dfrac{\mathrm{d}\boldsymbol{\alpha}}{\mathrm{d}s}$ 为该曲线的**曲率向量**.

定理 3.2 曲线 C 是一条直线当且仅当它的曲率 $\kappa(s)\equiv 0$.

证明 设直线 C 的参数方程是 $\boldsymbol{r}(s)=\boldsymbol{r}_0+\boldsymbol{\alpha}_0 s$, 其中 $\boldsymbol{\alpha}_0$ 是该直线的方向向量. 因此, $\boldsymbol{r}'(s)=\boldsymbol{\alpha}_0, \boldsymbol{r}''(s)=\boldsymbol{0}$, 故 $\kappa(s)=|\boldsymbol{r}''(s)|\equiv 0$. 上面的推导是可逆的, 即 $\kappa(s)\equiv 0$ 蕴涵着 $\boldsymbol{r}(s)=\boldsymbol{r}_0+\boldsymbol{\alpha}_0 s$. 证毕.

把曲线 C 的单位切向量 $\boldsymbol{\alpha}(s)$ 平行移动到原点 O, 其端点所描出

的曲线称为曲线 C 的**切线像**, 它的参数方程是

$$\boldsymbol{r} = \boldsymbol{\alpha}(s), \tag{3.4}$$

一般说来, s 不再是曲线的切线像的弧长, 而切线像的弧长元素是

$$\mathrm{d}\tilde{s} = \left|\frac{\mathrm{d}\boldsymbol{\alpha}}{\mathrm{d}s}\right|\mathrm{d}s = \kappa(s)\mathrm{d}s, \tag{3.5}$$

所以

$$\kappa(s) = \frac{\mathrm{d}\tilde{s}}{\mathrm{d}s}. \tag{3.6}$$

这就是说, 曲线的曲率 $\kappa(s)$ 是曲线的切线像的弧长元素与曲线的弧长元素之比.

因为 $|\boldsymbol{\alpha}(s)| = 1$, 根据第一章的定理 2.2, $\boldsymbol{\alpha}(s)\cdot\boldsymbol{\alpha}'(s) = 0$, 即 $\boldsymbol{\alpha}(s)\perp \boldsymbol{\alpha}'(s)$, 所以 $\boldsymbol{\alpha}'(s)$ 是曲线 C 的一个法向量. 如果

$$\kappa(s) \neq 0,$$

则向量 $\boldsymbol{\alpha}'(s)$ 有完全确定的方向, 将这个方向的单位向量记为 $\boldsymbol{\beta}(s)$, 称其为曲线 C 的**主法向量**. 于是, 曲率向量 $\boldsymbol{\alpha}'(s)$ 可以表示为

$$\boldsymbol{\alpha}'(s) = \kappa(s)\boldsymbol{\beta}(s). \tag{3.7}$$

曲线的单位切向量 $\boldsymbol{\alpha}(s)$ 和主法向量 $\boldsymbol{\beta}(s)$ 唯一地确定了曲线的第二个法向量

$$\boldsymbol{\gamma}(s) = \boldsymbol{\alpha}(s) \times \boldsymbol{\beta}(s), \tag{3.8}$$

称其为曲线的**次法向量**. 这样, 在正则曲线上曲率 $\kappa(s)$ 不为零的点有一个完全确定的右手单位正交标架 $\{\boldsymbol{r}(s);\boldsymbol{\alpha}(s),\boldsymbol{\beta}(s),\boldsymbol{\gamma}(s)\}$, 它与表示曲线的笛卡儿直角坐标系的选取无关, 也不受曲线作保持定向的容许参数变换的影响, 称为曲线在该点的 **Frenet 标架**.

如上所述, 曲线在 $\kappa(s) = 0$ 的点, Frenet 标架是没有定义的. 如果在一个区间 $(s_0 - \varepsilon, s_0 + \varepsilon)$ 内有 $\kappa(s) \equiv 0$, 则该曲线段是一条直线. 对于直线而言, 通常取它的两个彼此正交的法向量 $\boldsymbol{\beta},\boldsymbol{\gamma}$, 而且使

$\boldsymbol{\alpha}, \boldsymbol{\beta}, \boldsymbol{\gamma}$ 构成右手系, 然后让它们沿直线作平行移动, 这样得到的标架场 $\{\boldsymbol{r}(s); \boldsymbol{\alpha}, \boldsymbol{\beta}, \boldsymbol{\gamma}\}$ 可以被看作是直线的 Frenet 标架场. 如果 s_0 是曲率 $\kappa(s)$ 的孤立零点, 则情形就变得十分复杂了. 在 s_0 的两侧, 曲线的曲率 $\kappa(s)$ 不为零, 所以有确定的 Frenet 标架场. 如果在 $s \to s_0 \pm 0$ 时, 它们的极限是同一个, 则可以把该极限定义为 Frenet 标架场在 s_0 处的值, 这就是说 Frenet 标架场可以延拓到 $\kappa(s)$ 的孤立零点 s_0. 如果在 $s \to s_0 \pm 0$ 时, Frenet 标架场的极限不是同一个, 则 Frenet 标架场不能够延拓到 $\kappa(s)$ 的孤立零点 s_0.

在曲率 $\kappa(s)$ 处处不为零的正则曲线上有内在地确定的 Frenet 标架场, 这样一来, E^3 中的正则曲线便成为在 E^3 内由全体右手单位正交标架构成的 6 维空间中的一条曲线. 这种看法有基本的重要性. 事实上, 在下一节我们会知道, 在给定了描写曲线形状的全部几何不变量之后, 从 E^3 内由全体右手单位正交标架所构成的 6 维空间中来看, 曲线所满足的微分方程是一个一阶常微分方程组.

在曲率 $\kappa(s)$ 不为零的点, Frenet 标架 $\{\boldsymbol{r}(s); \boldsymbol{\alpha}(s), \boldsymbol{\beta}(s), \boldsymbol{\gamma}(s)\}$ 的三根轴分别称为曲线的**切线**, **主法线**和**次法线**; 三个坐标面分别称为曲线的**法平面** (以 $\boldsymbol{\alpha}$ 为法向量的平面), **从切平面** (以 $\boldsymbol{\beta}$ 为法向量的平面) 和**密切平面**(以 $\boldsymbol{\gamma}$ 为法向量的平面), 它们的方程分别为

法平面: $(\boldsymbol{X} - \boldsymbol{r}(s)) \cdot \boldsymbol{\alpha}(s) = 0$,

从切平面: $(\boldsymbol{X} - \boldsymbol{r}(s)) \cdot \boldsymbol{\beta}(s) = 0$,

密切平面: $(\boldsymbol{X} - \boldsymbol{r}(s)) \cdot \boldsymbol{\gamma}(s) = 0$,

其中 $\boldsymbol{X}$ 是相应的平面上的动点的向径.

下面叙述曲线的曲率和 Frenet 标架的计算方法. 如果曲线 $\boldsymbol{r} = \boldsymbol{r}(s)$ 以 s 为弧长参数, 则曲线的曲率和 Frenet 标架可以根据定义直接计算. 实际上,

$$\begin{aligned} \boldsymbol{\alpha}(s) &= \boldsymbol{r}'(s), \\ \kappa(s) &= |\boldsymbol{\alpha}'(s)| = |\boldsymbol{r}''(s)|. \end{aligned} \tag{3.9}$$

如果 $\kappa(s) \neq 0$, 则由 (3.7) 式得到

$$\boldsymbol{\beta}(s) = \frac{\boldsymbol{r}''(s)}{|\boldsymbol{r}''(s)|}, \tag{3.10}$$

因此

$$\boldsymbol{\gamma}(s) = \boldsymbol{\alpha}(s) \times \boldsymbol{\beta}(s) = \frac{\boldsymbol{r}'(s) \times \boldsymbol{r}''(s)}{|\boldsymbol{r}''(s)|}. \tag{3.11}$$

如果曲线的方程是 $\boldsymbol{r} = \boldsymbol{r}(t)$, t 不是弧长参数, 则

$$\frac{\mathrm{d}s}{\mathrm{d}t} = |\boldsymbol{r}'(t)|,$$

故

$$\boldsymbol{\alpha}(t) = \frac{\boldsymbol{r}'(t)}{|\boldsymbol{r}'(t)|}, \quad \boldsymbol{r}'(t) = |\boldsymbol{r}'(t)| \cdot \boldsymbol{\alpha}(t). \tag{3.12}$$

将 (3.12) 式的第二式关于 t 再一次求导得到

$$\begin{aligned} \boldsymbol{r}''(t) &= \frac{\mathrm{d}|\boldsymbol{r}'(t)|}{\mathrm{d}t}\boldsymbol{\alpha}(t) + |\boldsymbol{r}'(t)| \cdot \frac{\mathrm{d}\boldsymbol{\alpha}(t)}{\mathrm{d}s} \cdot \frac{\mathrm{d}s}{\mathrm{d}t} \\ &= \frac{\mathrm{d}|\boldsymbol{r}'(t)|}{\mathrm{d}t}\boldsymbol{\alpha}(t) + |\boldsymbol{r}'(t)|^2 \cdot \kappa(t)\boldsymbol{\beta}(t), \end{aligned}$$

所以

$$\begin{aligned} \boldsymbol{r}'(t) \times \boldsymbol{r}''(t) &= |\boldsymbol{r}'(t)|^3 \cdot \kappa(t)(\boldsymbol{\alpha}(t) \times \boldsymbol{\beta}(t)) \\ &= |\boldsymbol{r}'(t)|^3 \cdot \kappa(t)\boldsymbol{\gamma}(t), \end{aligned}$$

由此得到

$$\begin{aligned} &\kappa(t) = \frac{|\boldsymbol{r}'(t) \times \boldsymbol{r}''(t)|}{|\boldsymbol{r}'(t)|^3}, \\ &\boldsymbol{\gamma}(t) = \frac{\boldsymbol{r}'(t) \times \boldsymbol{r}''(t)}{|\boldsymbol{r}'(t) \times \boldsymbol{r}''(t)|}, \\ &\boldsymbol{\beta}(t) = \boldsymbol{\gamma}(t) \times \boldsymbol{\alpha}(t) = \frac{|\boldsymbol{r}'(t)|}{|\boldsymbol{r}'(t) \times \boldsymbol{r}''(t)|}\boldsymbol{r}''(t) - \frac{\boldsymbol{r}'(t) \cdot \boldsymbol{r}''(t)}{|\boldsymbol{r}'(t)| \cdot |\boldsymbol{r}'(t) \times \boldsymbol{r}''(t)|}\boldsymbol{r}'(t). \end{aligned} \tag{3.13}$$

例 1 求圆螺旋线 $\boldsymbol{r} = (a\cos t, a\sin t, bt)$ 的曲率和它的 Frenet 标架, 其中 a, b 是常数, 且 $a > 0$ (参看图 2.2).

解 对圆螺旋线的参数方程求导数得到

$$\begin{aligned}\boldsymbol{r}'(t)&=(-a\sin t, a\cos t, b),\\ \boldsymbol{r}''(t)&=(-a\cos t, -a\sin t, 0),\\ \boldsymbol{r}'(t)\times\boldsymbol{r}''(t)&=(ab\sin t, -ab\cos t, a^2),\end{aligned}$$

因此

$$\kappa(t)=\frac{|\boldsymbol{r}'(t)\times\boldsymbol{r}''(t)|}{|\boldsymbol{r}'(t)|^3}=\frac{a}{a^2+b^2},$$

并且

$$\boldsymbol{\alpha}(t)=\frac{\boldsymbol{r}'(t)}{|\boldsymbol{r}'(t)|}=\left(-\frac{a}{\sqrt{a^2+b^2}}\sin t, \frac{a}{\sqrt{a^2+b^2}}\cos t, \frac{b}{\sqrt{a^2+b^2}}\right),$$

$$\boldsymbol{\gamma}(t)=\frac{\boldsymbol{r}'(t)\times\boldsymbol{r}''(t)}{|\boldsymbol{r}'(t)\times\boldsymbol{r}''(t)|}=\left(\frac{b}{\sqrt{a^2+b^2}}\sin t, -\frac{b}{\sqrt{a^2+b^2}}\cos t, \frac{a}{\sqrt{a^2+b^2}}\right),$$

$$\boldsymbol{\beta}(t)=\boldsymbol{\gamma}(t)\times\boldsymbol{\alpha}(t)=(-\cos t, -\sin t, 0).$$

因为

$$\frac{\mathrm{d}s}{\mathrm{d}t}=|\boldsymbol{r}'(t)|=\sqrt{a^2+b^2},\quad s=\sqrt{a^2+b^2}t,$$

顺便得到该圆螺旋线以弧长 s 为参数的参数方程是

$$\boldsymbol{r}=\left(a\cos\frac{s}{\sqrt{a^2+b^2}}, a\sin\frac{s}{\sqrt{a^2+b^2}}, \frac{bs}{\sqrt{a^2+b^2}}\right).$$

例 2 求曲线 C

$$\begin{cases}x^2+y^2+z^2=1,\\ x^2+y^2=x\end{cases}$$

在 $(0,0,1)$ 处的曲率 κ 和 Frenet 标架.

解 曲线 C 是球面和圆柱面的交线, 由两部分组成. 我们所考虑的点落在上半球面内. 解此题的方法有两种. 一种方法是把该曲线在点 $(0,0,1)$ 的邻域内的部分用参数方程表示出来, 然后按照例题 1 的办法进行计算. 例如, 我们可以把该曲线用参数方程表示为

$$\boldsymbol{r}(t)=\left(\frac{1}{2}+\frac{1}{2}\cos t, \frac{1}{2}\sin t, \sqrt{\frac{1}{2}-\frac{1}{2}\cos t}\right),$$

点 $(0,0,1)$ 对应于参数 $t=\pi$. 但是, 有时候用参数方程表示两个曲面的交线比较复杂, 涉及解函数方程. 因此, 我们在此介绍第二种方法.

假定曲线的参数方程是

$$\boldsymbol{r}(s)=(x(s),y(s),z(s)),$$

其中 s 是弧长参数, 并且 $s=0$ 对应于点 $(0,0,1)$. 因此, 函数 $x(s),y(s),z(s)$ 满足下列方程组:

$$\begin{cases} x^2(s)+y^2(s)+z^2(s)=1, \\ x^2(s)+y^2(s)-x(s)=0, \\ (x'(s))^2+(y'(s))^2+(z'(s))^2=1. \end{cases} \tag{3.14}$$

将上式中的前两式关于 s 求导得到

$$\begin{cases} x(s)x'(s)+y(s)y'(s)+z(s)z'(s)=0, \\ 2x(s)x'(s)+2y(s)y'(s)-x'(s)=0, \end{cases} \tag{3.15}$$

再令 $s=0$ 得到

$$z'(0)=0, \quad x'(0)=0,$$

故 $(y'(0))^2=1$. 不妨取 $y'(0)=1$, 则

$$\boldsymbol{\alpha}(0)=\boldsymbol{r}'(0)=(0,1,0). \tag{3.16}$$

将 (3.14) 式的第三式和 (3.15) 式关于 s 再次求导得到

$$\begin{cases} x'(s)x''(s)+y'(s)y''(s)+z'(s)z''(s)=0, \\ x(s)x''(s)+y(s)y''(s)+z(s)z''(s)=-1, \\ x(s)x''(s)+y(s)y''(s)+(x'(s))^2+(y'(s))^2=\dfrac{1}{2}x''(s). \end{cases} \tag{3.16$'$}$$

令 $s=0$ 得到

$$y''(0)=0, \quad z''(0)=-1, \quad x''(0)=2,$$

即

$$\boldsymbol{r}''(0)=(2,0,-1). \tag{3.17}$$

由定义得知

$$\kappa(0)= |\boldsymbol{r}''(0)|=\sqrt{5},$$

$$\boldsymbol{\beta}(0)=\frac{\boldsymbol{r}''(0)}{|\boldsymbol{r}''(0)|}=\left(\frac{2\sqrt{5}}{5},0,\frac{-\sqrt{5}}{5}\right),$$

$$\boldsymbol{\gamma}(0)= \boldsymbol{\alpha}(0)\times\boldsymbol{\beta}(0)=\left(-\frac{\sqrt{5}}{5},0,\frac{-2\sqrt{5}}{5}\right).$$

习 题 2.3

1. 求下列曲线的曲率:

(1) $\boldsymbol{r}(t)=\left(at,a\sqrt{2}\log t,\frac{a}{t}\right),\ a>0$;

(2) $\boldsymbol{r}(t)=(3t-t^3,3t^2,3t+t^3)$;

(3) $\boldsymbol{r}(t)=(a(t-\sin t),a(1-\cos t),bt),\ a>0$;

(4) $\boldsymbol{r}(t)=(\cos^3 t,\sin^3 t,\cos 2t)$.

2. 求下列曲线的密切平面方程:

(1) $\boldsymbol{r}(t)=(a\cos t,a\sin t,bt),\ a^2+b^2\neq 0$;

(2) $\boldsymbol{r}(t)=(a\cos t,b\sin t,\mathrm{e}^t)$, 在 $t=0$ 处, 其中 $ab\neq 0$.

3. 求曲线

$$\begin{cases}x+\sinh x=y+\sin y,\\ z+\mathrm{e}^z=(x+1)+\log(x+1)\end{cases}$$

在 $(0,0,0)$ 处的曲率和 Frenet 标架.

4. 求曲线

$$\begin{cases}x^2+y^2+z^2=9,\\ x^2-z^2=3\end{cases}$$

在 $(2,2,1)$ 处的曲率和密切平面方程.

5. 证明: 曲线 $\boldsymbol{r}(t)=(3t,3t^2,2t^3)$ 的切线和次法线的夹角平分线的方向向量是常向量.

6. 设曲线的参数方程是

$$\boldsymbol{r}(t)=\begin{cases}(\mathrm{e}^{-\frac{1}{t^2}},t,0), & t<0,\\(0,0,0), & t=0,\\(0,t,\mathrm{e}^{-\frac{1}{t^2}}), & t>0.\end{cases}$$

证明: 这是一条正则参数曲线, 并且在 $t=0$ 处的曲率为零. 求这条曲线在 $t\neq 0$ 处的 Frenet 标架场, 并且考察 Frenet 标架在 $t\to 0^+$ 和 $t\to 0^-$ 时的极限. 这两个极限是不同的.

7. 证明: 若一条正则曲线在各点的切线都经过一个固定点, 则它必定是一条直线.

8. 证明: 若一条正则曲线在各点的法平面都经过一个固定点, 则它必定落在一个球面上.

9. 求圆螺旋线的切线和一个垂直于圆螺旋线的轴的固定平面的交点的轨迹.

§2.4 曲线的挠率和 Frenet 公式

在上一节已经说过, 曲线在一点的切线和主法线所张的平面是曲线的密切平面, 它的法向量是曲线的次法向量 $\boldsymbol{\gamma}$. 如果曲线本身落在一个平面内, 则该平面就是曲线的密切平面, 于是它的法向量 $\boldsymbol{\gamma}$ 是常向量. 如果曲线不是平面曲线, 则 $\boldsymbol{\gamma}$ 必定不是常向量 (参看本节的定理 4.1). 根据定理 3.1, 单位切向量 $\boldsymbol{\alpha}$ 关于弧长参数 s 的导数的长度 $|\boldsymbol{\alpha}'(s)|$ 反映了曲线的切线方向转动的快慢; 同理, 次法向量 $\boldsymbol{\gamma}$ 关于弧长参数 s 的导数的长度 $|\boldsymbol{\gamma}'(s)|$ 反映了曲线的密切平面方向转动的快慢, 因而它刻画了曲线偏离平面曲线的程度, 反映了曲线扭曲的程度, 即曲线的 "挠率".

因为 $\boldsymbol{\gamma}(s)$ 是单位向量场, 故 $\boldsymbol{\gamma}'(s)\perp\boldsymbol{\gamma}(s)$. 此外,

$$\boldsymbol{\gamma}=\boldsymbol{\alpha}\times\boldsymbol{\beta},\quad \boldsymbol{\alpha}'(s)//\boldsymbol{\beta}(s),$$

所以

$$\boldsymbol{\gamma}'(s)=\boldsymbol{\alpha}'(s)\times\boldsymbol{\beta}(s)+\boldsymbol{\alpha}(s)\times\boldsymbol{\beta}'(s)=\boldsymbol{\alpha}(s)\times\boldsymbol{\beta}'(s),$$

这说明 $\boldsymbol{\gamma}'(s) \perp \boldsymbol{\alpha}(s)$. 于是 $\boldsymbol{\gamma}'(s)$ 必定是与 $\boldsymbol{\beta}(s)$ 共线的, 不妨设

$$\boldsymbol{\gamma}'(s) = -\tau\boldsymbol{\beta}(s), \tag{4.1}$$

因此

$$\tau(s) = -\boldsymbol{\gamma}'(s) \cdot \boldsymbol{\beta}(s), \tag{4.2}$$

并且

$$|\tau(s)| = |\boldsymbol{\gamma}'(s)|. \tag{4.3}$$

定义 4.1 设 $\boldsymbol{\beta}(s)$ 和 $\boldsymbol{\gamma}(s)$ 分别是曲线 C 的主法向量和次法向量, 其中 s 是曲线的弧长参数, 则 $\tau(s) = -\boldsymbol{\gamma}'(s) \cdot \boldsymbol{\beta}(s)$ 称为曲线 C 的**挠率**.

定理 4.1 设曲线 C 不是直线, 则它是平面曲线当且仅当它的挠率为零.

证明 必要性已经在本节开头的讨论中阐明了, 在这里只要证明充分性就行了.

设曲线 C 的参数方程是 $\boldsymbol{r} = \boldsymbol{r}(s)$, s 是弧长参数, 并且 $\kappa(s) \neq 0, \tau(s) \equiv 0$. 此时, 曲线有确定的 Frenet 标架 $\{\boldsymbol{r}(s); \boldsymbol{\alpha}(s), \boldsymbol{\beta}(s), \boldsymbol{\gamma}(s)\}$, 并且

$$\boldsymbol{\gamma}'(s) = -\tau(s) \cdot \boldsymbol{\beta}(s) \equiv 0,$$

因此 $\boldsymbol{\gamma}(s) = \boldsymbol{\gamma}_0 =$ 常向量. 但是

$$0 = \boldsymbol{r}'(s) \cdot \boldsymbol{\gamma}(s) = \boldsymbol{r}'(s) \cdot \boldsymbol{\gamma}_0 = \frac{\mathrm{d}}{\mathrm{d}s}(\boldsymbol{r}(s) \cdot \boldsymbol{\gamma}_0),$$

所以

$$\begin{gathered} \boldsymbol{r}(s) \cdot \boldsymbol{\gamma}_0 = \text{常数} = \boldsymbol{r}(s_0) \cdot \boldsymbol{\gamma}_0, \\ (\boldsymbol{r}(s) - \boldsymbol{r}(s_0)) \cdot \boldsymbol{\gamma}_0 = 0. \end{gathered} \tag{4.4}$$

这说明曲线 $\boldsymbol{r} = \boldsymbol{r}(s)$ 落在经过点 $\boldsymbol{r}(s_0)$、以常向量 $\boldsymbol{\gamma}_0$ 为法向量的平面内. 证毕.

根据曲率、挠率和 Frenet 标架的定义, 我们已经有下面的公式:

$$\begin{aligned} \boldsymbol{r}'(s) &= \boldsymbol{\alpha}(s), \\ \boldsymbol{\alpha}'(s) &= \kappa(s)\boldsymbol{\beta}(s), \\ \boldsymbol{\gamma}'(s) &= -\tau(s)\boldsymbol{\beta}(s). \end{aligned} \tag{4.5}$$

Frenet 标架 $\{\boldsymbol{r}(s);\boldsymbol{\alpha}(s),\boldsymbol{\beta}(s),\boldsymbol{\gamma}(s)\}$ 是随着点在曲线 $\boldsymbol{r}(s)$ 上的运动而运动的, 而 $\boldsymbol{r}'(s),\boldsymbol{\alpha}'(s),\boldsymbol{\gamma}'(s)$ 分别给出 Frenet 标架的原点 $\boldsymbol{r}(s)$ 和标架向量 $\boldsymbol{\alpha}(s),\boldsymbol{\gamma}(s)$ 的运动公式, 要获得整个 Frenet 标架的运动公式, 只要求出 $\boldsymbol{\beta}'(s)$ 就行了. 由于 $\{\boldsymbol{r}(s);\boldsymbol{\alpha}(s),\boldsymbol{\beta}(s),\boldsymbol{\gamma}(s)\}$ 是空间 E^3 的一个标架, 所以 $\boldsymbol{\beta}'(s)$ 总可以表示成 $\boldsymbol{\alpha}(s),\boldsymbol{\beta}(s),\boldsymbol{\gamma}(s)$ 的线性组合, 不妨设

$$\boldsymbol{\beta}'(s) = a\boldsymbol{\alpha}(s) + b\boldsymbol{\beta}(s) + c\boldsymbol{\gamma}(s). \tag{4.6}$$

将上式分别与 $\boldsymbol{\alpha}(s),\boldsymbol{\beta}(s),\boldsymbol{\gamma}(s)$ 作点乘, 并且利用 $\boldsymbol{\alpha}(s),\boldsymbol{\beta}(s),\boldsymbol{\gamma}(s)$ 的单位正交性, 我们有

$$\begin{aligned} &a = \boldsymbol{\beta}'(s)\cdot\boldsymbol{\alpha}(s) = -\boldsymbol{\beta}(s)\cdot\boldsymbol{\alpha}'(s) = -\kappa(s), \\ &b = \boldsymbol{\beta}'(s)\cdot\boldsymbol{\beta}(s) = 0, \\ &c = \boldsymbol{\beta}'(s)\cdot\boldsymbol{\gamma}(s) = -\boldsymbol{\beta}(s)\cdot\boldsymbol{\gamma}'(s) = \tau(s), \end{aligned}$$

所以

$$\boldsymbol{\beta}'(s) = -\kappa(s)\boldsymbol{\alpha}(s) + \tau(s)\boldsymbol{\gamma}(s). \tag{4.7}$$

把 (4.5) 和 (4.7) 式合并起来, 便得到 Frenet 标架 $\{\boldsymbol{r}(s);\boldsymbol{\alpha}(s),\boldsymbol{\beta}(s),\boldsymbol{\gamma}(s)\}$ 沿曲线 C 运动的公式

$$\begin{cases} \boldsymbol{r}'(s) = \boldsymbol{\alpha}(s), \\ \boldsymbol{\alpha}'(s) = \kappa(s)\boldsymbol{\beta}(s), \\ \boldsymbol{\beta}'(s) = -\kappa(s)\boldsymbol{\alpha}(s) + \tau(s)\boldsymbol{\gamma}(s), \\ \boldsymbol{\gamma}'(s) = -\tau(s)\boldsymbol{\beta}(s). \end{cases} \tag{4.8}$$

上述公式称为 **Frenet 公式**, 是曲线论中最重要、最基本的公式, 由法国数学家 Serret 和 Frenet 分别在 1851 年和 1852 年发表 (他们给出的

是切线、主法线、次法线的方向余弦的导数公式). Frenet 公式中的后三个方程可以写成矩阵的形式

$$\begin{pmatrix} \boldsymbol{\alpha}'(s) \\ \boldsymbol{\beta}'(s) \\ \boldsymbol{\gamma}'(s) \end{pmatrix} = \begin{pmatrix} 0 & \kappa(s) & 0 \\ -\kappa(s) & 0 & \tau(s) \\ 0 & -\tau(s) & 0 \end{pmatrix} \cdot \begin{pmatrix} \boldsymbol{\alpha}(s) \\ \boldsymbol{\beta}(s) \\ \boldsymbol{\gamma}(s) \end{pmatrix}. \tag{4.9}$$

在上面的公式中系数矩阵是反对称矩阵, 这不是 Frenet 标架的导数所特有的. 一般地, 沿曲线定义的任意一个单位正交标架场的导数公式的系数矩阵都是反对称的.

熟练地运用 Frenet 公式对于研究曲线的性质是十分要紧的. 下面以球面上曲线的特征性质为例来说明这一点.

定理 4.2 设曲线 $\boldsymbol{r}=\boldsymbol{r}(s)$ 的曲率 $\kappa(s)$ 和挠率 $\tau(s)$ 都不为零, s 是弧长参数. 如果该曲线落在一个球面上, 则它的曲率和挠率必满足关系式

$$\left(\frac{1}{\kappa(s)}\right)^2 + \left(\frac{1}{\tau(s)}\frac{\mathrm{d}}{\mathrm{d}s}\left(\frac{1}{\kappa(s)}\right)\right)^2 = \text{常数}. \tag{4.10}$$

证明 假定曲线 $\boldsymbol{r}=\boldsymbol{r}(s)$ 落在一个球面上, 该球面的球心是 $\boldsymbol{r}_0$, 半径是 a, 则有关系式

$$(\boldsymbol{r}(s)-\boldsymbol{r}_0)^2 = a^2. \tag{4.11}$$

将上式两边对于 s 求导, 得到

$$\boldsymbol{\alpha}(s)\cdot(\boldsymbol{r}(s)-\boldsymbol{r}_0) = 0,$$

故 $(\boldsymbol{r}(s)-\boldsymbol{r}_0)$ 是曲线的法向量. 不妨设

$$\boldsymbol{r}(s)-\boldsymbol{r}_0 = \lambda(s)\boldsymbol{\beta}(s)+\mu(s)\boldsymbol{\gamma}(s), \tag{4.12}$$

将上式对于 s 求导并且利用 Frenet 公式得到

$$\begin{aligned}\boldsymbol{\alpha}(s) = &-\lambda(s)\kappa(s)\boldsymbol{\alpha}(s)+(\lambda'(s)-\mu(s)\tau(s))\boldsymbol{\beta}(s)\\ &+(\lambda(s)\tau(s)+\mu'(s))\boldsymbol{\gamma}(s).\end{aligned}$$

因此比较等式两边的系数得到

$$\lambda(s)\kappa(s)=-1,\quad \lambda'(s)=\mu(s)\tau(s),\quad \mu'(s)=-\lambda(s)\tau(s), \tag{4.13}$$

于是

$$\lambda(s)=-\frac{1}{\kappa(s)},\quad \mu(s)=\frac{\lambda'(s)}{\tau(s)}=-\frac{1}{\tau(s)}\frac{\mathrm{d}}{\mathrm{d}s}\left(\frac{1}{\kappa(s)}\right). \tag{4.14}$$

将 (4.14) 式代入 (4.12) 式得到

$$\boldsymbol{r}(s)-\boldsymbol{r}_0=-\frac{1}{\kappa(s)}\boldsymbol{\beta}(s)-\frac{1}{\tau(s)}\frac{\mathrm{d}}{\mathrm{d}s}\left(\frac{1}{\kappa(s)}\right)\boldsymbol{\gamma}(s), \tag{4.15}$$

因此根据关系式 (4.11) 得到

$$\left(\frac{1}{\kappa(s)}\right)^2+\left(\frac{1}{\tau(s)}\frac{\mathrm{d}}{\mathrm{d}s}\left(\frac{1}{\kappa(s)}\right)\right)^2=a^2.$$

证毕.

注记 将 (4.14) 式代入 (4.13) 的第二式便得到

$$\frac{\tau(s)}{\kappa(s)}+\frac{\mathrm{d}}{\mathrm{d}s}\left(\frac{1}{\tau(s)}\frac{\mathrm{d}}{\mathrm{d}s}\left(\frac{1}{\kappa(s)}\right)\right)=0. \tag{4.16}$$

如果 $\kappa(s)$ 不是常数, 则 (4.16) 式也能够通过 (4.10) 式求导直接得到.

最后我们要给出曲线的挠率的计算公式. 设曲线的参数方程是 $\boldsymbol{r}=\boldsymbol{r}(t)$, 则由上一节的公式 (3.11)—(3.13) 得到

$$\begin{aligned}
&\frac{\mathrm{d}s}{\mathrm{d}t}=|\boldsymbol{r}'(t)|,\\
&\boldsymbol{\alpha}(t)=\frac{\boldsymbol{r}'(t)}{|\boldsymbol{r}'(t)|},\\
&\boldsymbol{\gamma}(t)=\frac{\boldsymbol{r}'(t)\times\boldsymbol{r}''(t)}{|\boldsymbol{r}'(t)\times\boldsymbol{r}''(t)|},\\
&\boldsymbol{\beta}(t)=\frac{|\boldsymbol{r}'(t)|}{|\boldsymbol{r}'(t)\times\boldsymbol{r}''(t)|}\boldsymbol{r}''(t)-\frac{\boldsymbol{r}'(t)\cdot\boldsymbol{r}''(t)}{|\boldsymbol{r}'(t)|\cdot|\boldsymbol{r}'(t)\times\boldsymbol{r}''(t)|}\boldsymbol{r}'(t).
\end{aligned} \tag{4.17}$$

将 $\gamma(t)$ 对于 t 求导, 并且利用 Frenet 公式得到

$$-\tau(t)\boldsymbol{\beta}(t)\cdot\frac{\mathrm{d}s}{\mathrm{d}t}=\frac{\boldsymbol{r}'(t)\times\boldsymbol{r}'''(t)}{|\boldsymbol{r}'(t)\times\boldsymbol{r}''(t)|}+\frac{\mathrm{d}}{\mathrm{d}t}\left(\frac{1}{|\boldsymbol{r}'(t)\times\boldsymbol{r}''(t)|}\right)\cdot(\boldsymbol{r}'(t)\times\boldsymbol{r}''(t)),$$

再将上式两边用 (4.17) 式中的 $\boldsymbol{\beta}(t)$ 作点乘便得到

$$\tau(t)=\frac{(\boldsymbol{r}'(t),\boldsymbol{r}''(t),\boldsymbol{r}'''(t))}{|\boldsymbol{r}'(t)\times\boldsymbol{r}''(t)|^2}. \tag{4.18}$$

如果 t 是弧长参数 s, 则 (4.18) 式成为

$$\tau(s)=\frac{(\boldsymbol{r}'(s),\boldsymbol{r}''(s),\boldsymbol{r}'''(s))}{|\boldsymbol{r}''(s)|^2}. \tag{4.19}$$

定理 4.3　曲线 $\boldsymbol{r}=\boldsymbol{r}(t)$ 是一条平面曲线的充分必要条件是

$$(\boldsymbol{r}'(t),\boldsymbol{r}''(t),\boldsymbol{r}'''(t))\equiv 0. \tag{4.20}$$

这是定理 4.1 和 (4.18) 式的直接推论, 并且包括曲线是直线段的情形在内. 证明留给读者完成.

习　题　2.4

1. 计算习题 2.3 的第 1 题中各曲线的挠率.

2. 求习题 2.3 的第 3 题中的曲线在点 $(0,0,0)$ 处的挠率.

3. 假定曲线 $\boldsymbol{r}=\boldsymbol{r}(s)$ 的挠率 τ 是一个非零的常数, s 是弧长参数, 求曲线

$$\tilde{\boldsymbol{r}}(s)=\frac{1}{\tau}\boldsymbol{\beta}(s)-\int\boldsymbol{\gamma}(s)\mathrm{d}s$$

的曲率和挠率.

4. 假定 $\boldsymbol{r}=\boldsymbol{r}(s)$ 是以 s 为弧长参数的正则参数曲线, 它的挠率不为零, 曲率不是常数, 并且下面的关系式成立:

$$\left(\frac{1}{\kappa(s)}\right)^2+\left(\frac{1}{\tau(s)}\frac{\mathrm{d}}{\mathrm{d}s}\left(\frac{1}{\kappa(s)}\right)\right)^2=\text{常数},$$

证明该曲线落在一个球面上.

5. 证明: 若一条正则曲线的曲率处处不是零, 并且它在各点的密切平面都经过一个固定点, 则它必定落在一个平面上.

6. 设 $\boldsymbol{r}=\boldsymbol{r}(s)$ 是以 s 为弧长参数的正则参数曲线, 它的 Frenet 标架是 $\{\boldsymbol{r}(s);\boldsymbol{\alpha}(s),\boldsymbol{\beta}(s),\boldsymbol{\gamma}(s)\}$, 试求沿曲线定义的向量场 $\boldsymbol{\rho}(s)$, 使得

$$\boldsymbol{\alpha}'(s)=\boldsymbol{\rho}(s)\times\boldsymbol{\alpha}(s),\quad \boldsymbol{\beta}'(s)=\boldsymbol{\rho}(s)\times\boldsymbol{\beta}(s),\quad \boldsymbol{\gamma}'(s)=\boldsymbol{\rho}(s)\times\boldsymbol{\gamma}(s).$$

7. 求曲线

$$\boldsymbol{r}(t)=\left(\frac{(1+t)^{\frac{3}{2}}}{3},\frac{(1-t)^{\frac{3}{2}}}{3},\frac{t}{\sqrt{2}}\right),\quad -1<t<1$$

的曲率、挠率和 Frenet 标架场.

8. 设正则参数曲线 $\boldsymbol{r}=\boldsymbol{r}(t)$ 的 Frenet 标架是 $\{\boldsymbol{r}(t);\boldsymbol{\alpha}(t),\boldsymbol{\beta}(t),\boldsymbol{\gamma}(t)\}$, 证明:

$$(\boldsymbol{\alpha}(t),\boldsymbol{\alpha}'(t),\boldsymbol{\alpha}''(t))\cdot(\boldsymbol{\gamma}(t),\boldsymbol{\gamma}'(t),\boldsymbol{\gamma}''(t))=\varepsilon\cdot|\boldsymbol{\alpha}'(t)|^3\cdot|\boldsymbol{\gamma}'(t)|^3,$$

其中 $\varepsilon=\operatorname{sign}(\tau(t))$.

9. 设 $\boldsymbol{r}=\boldsymbol{r}(s)$ 是以 s 为弧长参数的正则参数曲线, 其挠率 $\tau(s)>0$. 作曲线 $\tilde{C}$:

$$\tilde{\boldsymbol{r}}(s)=\int_{s_0}^{s}\boldsymbol{\gamma}(t)\mathrm{d}t,$$

证明: $\tilde{\kappa}(s)=\tau(s),\tilde{\tau}(s)=\kappa(s)$.

10. 设 $\boldsymbol{r}(t)$ 是单位球面上经度为 t、纬度为 $\dfrac{\pi}{2}-t$ 的点的轨迹, 求它的参数方程, 并计算它的曲率和挠率.

11. 设 $\{\boldsymbol{r}(t);\boldsymbol{e}_1(t),\boldsymbol{e}_2(t),\boldsymbol{e}_3(t)\}$ 是沿曲线 $\boldsymbol{r}(t)$ 定义的一个单位正交标架场, 假定

$$\boldsymbol{e}_i'(t)=\sum_{j=1}^{3}\lambda_{ij}(t)\boldsymbol{e}_j(t),\quad 1\leqslant i\leqslant 3.$$

证明: $\lambda_{ij}(t)+\lambda_{ji}(t)=0, i,j=1,2,3$.

§2.5 曲线论基本定理

根据前面各节的讨论, 我们已经知道正则参数曲线的弧长参数、曲率和挠率都是与曲线的保持定向的容许参数变换无关的. 实际上, 弧长参数的不变性在 §2.2 中已经作过讨论, 而曲率和挠率是通过曲线的参数方程关于弧长参数的各阶导数作适当的代数运算 (点乘和叉乘等) 得到的, 它们同样不依赖曲线上参数的选择. 很明显, 这三个量与欧氏空间 E^3 中的笛卡儿直角坐标系的选取也是无关的. 实际上, 这三个量的计算公式是用曲线的向量形式的参数方程给出的, 该事实本身就蕴涵着它们不依赖空间的笛卡儿直角坐标系的选取. 此外, 在 §1.1 已经解释过, 欧氏空间 E^3 上的刚体运动在某种意义上相当于空间的笛卡儿直角坐标系的变换, 因此当曲线在空间中经受一个刚体运动时, 曲线的弧长、曲率和挠率是不变的. 反过来说, 如果在空间 E^3 中有两条曲线, 它们的曲率和挠率表示成弧长参数的函数分别是相同的, 则这两条曲线的形状是相同的. 这个论断可以叙述成下面的基本定理.

定理 5.1 设 $\boldsymbol{r}=\boldsymbol{r}_1(s)$ 和 $\boldsymbol{r}=\boldsymbol{r}_2(s)$ 是 E^3 中两条以弧长 s 为参数的正则参数曲线, 如果它们的曲率处处不为零, 并且它们的曲率和挠率分别相等, 即 $\kappa_1(s)=\kappa_2(s)$, $\tau_1(s)=\tau_2(s)$, 则有 E^3 中的一个刚体运动 σ, 它把曲线 $\boldsymbol{r}=\boldsymbol{r}_1(s)$ 变为曲线 $\boldsymbol{r}=\boldsymbol{r}_2(s)$.

证明 由于这两条曲线的曲率处处不为零, 因此沿这两条曲线有完全确定的 Frenet 标架. 假定它们在 $s=0$ 处的 Frenet 标架分别是 $\{\boldsymbol{r}_1(0);\boldsymbol{\alpha}_1(0),\boldsymbol{\beta}_1(0),\boldsymbol{\gamma}_1(0)\}$ 和 $\{\boldsymbol{r}_2(0);\boldsymbol{\alpha}_2(0),\boldsymbol{\beta}_2(0),\boldsymbol{\gamma}_2(0)\}$. 因为它们都是右手单位正交标架, 故由第一章的定理 1.1, 在 E^3 中有一个刚体运动 σ 把后一个标架变成前一个标架. 不妨把第二条曲线经过刚体运动 σ 得到的像仍然记为 $\boldsymbol{r}=\boldsymbol{r}_2(s)$, 那么曲线 $\boldsymbol{r}=\boldsymbol{r}_1(s)$ 和 $\boldsymbol{r}=\boldsymbol{r}_2(s)$ 在对应点仍旧有相同的曲率和挠率, 并且在 $s=0$ 处有相同的 Frenet 标架. 我们要证明

$$\boldsymbol{r}_1(s)=\boldsymbol{r}_2(s),\quad \forall s.$$

为此, 首先定义函数

$$f(s)=(\boldsymbol{\alpha}_1(s)-\boldsymbol{\alpha}_2(s))^2+(\boldsymbol{\beta}_1(s)-\boldsymbol{\beta}_2(s))^2$$

$$+(\boldsymbol{\gamma}_1(s)-\boldsymbol{\gamma}_2(s))^2, \tag{5.1}$$

且由假设得知 $f(0)=0$. 对函数 $f(s)$ 直接求导, 并且注意到 $\kappa_1(s)=\kappa_2(s), \tau_1(s)=\tau_2(s)$, 则得

$$\begin{aligned}
\frac{1}{2}\frac{\mathrm{d}f(s)}{\mathrm{d}s} &= (\boldsymbol{\alpha}_1(s)-\boldsymbol{\alpha}_2(s))\cdot(\kappa_1(s)\boldsymbol{\beta}_1(s)-\kappa_2(s)\boldsymbol{\beta}_2(s)) \\
&\quad +(\boldsymbol{\beta}_1(s)-\boldsymbol{\beta}_2(s))\cdot(-\kappa_1(s)\boldsymbol{\alpha}_1(s)+\kappa_2(s)\boldsymbol{\alpha}_2(s)) \\
&\quad +(\boldsymbol{\beta}_1(s)-\boldsymbol{\beta}_2(s))\cdot(\tau_1(s)\boldsymbol{\gamma}_1(s)-\tau_2(s)\boldsymbol{\gamma}_2(s)) \\
&\quad +(\boldsymbol{\gamma}_1(s)-\boldsymbol{\gamma}_2(s))\cdot(-\tau_1(s)\boldsymbol{\beta}_1(s)+\tau_2(s)\boldsymbol{\beta}_2(s)) \\
&= \kappa_1(s)(\boldsymbol{\alpha}_1(s)-\boldsymbol{\alpha}_2(s))\cdot(\boldsymbol{\beta}_1(s)-\boldsymbol{\beta}_2(s)) \\
&\quad -\kappa_1(s)(\boldsymbol{\beta}_1(s)-\boldsymbol{\beta}_2(s))\cdot(\boldsymbol{\alpha}_1(s)-\boldsymbol{\alpha}_2(s)) \\
&\quad +\tau_1(s)(\boldsymbol{\beta}_1(s)-\boldsymbol{\beta}_2(s))\cdot(\boldsymbol{\gamma}_1(s)-\boldsymbol{\gamma}_2(s)) \\
&\quad -\tau_1(s)(\boldsymbol{\gamma}_1(s)-\boldsymbol{\gamma}_2(s))\cdot(\boldsymbol{\beta}_1(s)-\boldsymbol{\beta}_2(s)) \equiv 0,
\end{aligned}$$

故 $f(s)=f(0)=0$, 即

$$\boldsymbol{\alpha}_1(s)=\boldsymbol{\alpha}_2(s), \quad \boldsymbol{\beta}_1(s)=\boldsymbol{\beta}_2(s), \quad \boldsymbol{\gamma}_1(s)=\boldsymbol{\gamma}_2(s). \tag{5.2}$$

再定义函数

$$g(s)=(\boldsymbol{r}_1(s)-\boldsymbol{r}_2(s))^2, \quad g(0)=0, \tag{5.3}$$

则

$$\frac{1}{2}\frac{\mathrm{d}g(s)}{\mathrm{d}s}=(\boldsymbol{r}_1(s)-\boldsymbol{r}_2(s))\cdot(\boldsymbol{\alpha}_1(s)-\boldsymbol{\alpha}_2(s))\equiv 0,$$

所以 $g(s)=g(0)=0$, 即 $\boldsymbol{r}_1(s)=\boldsymbol{r}_2(s), \forall s$. 证毕.

定理 5.2 设 $\boldsymbol{r}=\boldsymbol{r}_1(t)$ 和 $\boldsymbol{r}=\boldsymbol{r}_2(u)$ 是 E^3 中两条正则参数曲线, 它们的曲率处处不为零. 如果存在三次以上的连续可微函数 $u=\lambda(t), \lambda'(t)\neq 0$, 使得这两条曲线的弧长函数、曲率函数和挠率函数之间有关系式

$$s_1(t)=s_2(\lambda(t)), \quad \kappa_1(t)=\kappa_2(\lambda(t)), \quad \tau_1(t)=\tau_2(\lambda(t)), \tag{5.4}$$

则有 E^3 中的一个刚体运动 σ, 它把曲线 $\boldsymbol{r}=\boldsymbol{r}_1(t)$ 变为曲线 $\boldsymbol{r}=\boldsymbol{r}_2(u)$, 即曲线 $\boldsymbol{r}=\boldsymbol{r}_2(\lambda(t))$ 是曲线 $\boldsymbol{r}=\boldsymbol{r}_1(t)$ 在刚体运动 σ 下的像.

这是定理 5.1 的直接推论, 证明留给读者自己完成.

在 §2.3 中已经知道, 在曲率 $\kappa(s)$ 处处不为零的正则曲线上有内在的、确定的 Frenet 标架场, 所以 E^3 中的曲线便变成在 E^3 的正交标架空间中的一条曲线. 而 §2.4 的 Frenet 公式正好是这个标架场的运动方程, 其系数恰好是曲线的曲率和挠率, 它们完全确定了曲线在空间中的形状. 我们的问题是: 给定了曲率和挠率作为弧长参数 s 的函数 $\kappa(s),\tau(s)$ 之后, 在空间 E^3 中是否存在正则参数曲线以给定的函数 $\kappa(s)$, $\tau(s)$ 为它的曲率和挠率? 根据上面的分析, 我们在 E^3 上由全体正交标架构成的 6 维空间中考虑, 于是 Frenet 公式成为现成的已知常微分方程组, 它的解是依赖参数 s 的一族正交标架, 其标架原点在 E^3 中描出的轨迹应该是我们所要的曲线, 而这族正交标架本身应该是曲线的 Frenet 标架场.

定理 5.3 设 $\kappa(s),\tau(s)$ 是在区间 $[a,b]$ 上两个任意给定的连续可微函数, 并且 $\kappa(s)>0$, 则在空间 E^3 中存在正则参数曲线 $\boldsymbol{r}=\boldsymbol{r}(s)$, $a\leqslant s\leqslant b$, 以 s 为弧长参数, 以给定的函数 $\kappa(s),\tau(s)$ 为它的曲率和挠率, 且这样的曲线在空间 E^3 中是完全确定的, 其差异至多为曲线在空间中的位置不同.

证明 定理 5.1 已经证明这样的曲线在空间 E^3 中确定到至多差一个位置的不同, 因此我们只要证明这样的曲线的存在性.

为了能够用和式表示方程组, 引进新的函数记号

$$\begin{pmatrix} a_{11}(s) & a_{12}(s) & a_{13}(s) \\ a_{21}(s) & a_{22}(s) & a_{23}(s) \\ a_{31}(s) & a_{32}(s) & a_{33}(s) \end{pmatrix} = \begin{pmatrix} 0 & \kappa(s) & 0 \\ -\kappa(s) & 0 & \tau(s) \\ 0 & -\tau(s) & 0 \end{pmatrix}, \tag{5.5}$$

并且用 $\boldsymbol{r},\boldsymbol{e}_1,\boldsymbol{e}_2,\boldsymbol{e}_3$ 记写成向量形式的未知函数, 每一个向量函数代表 3 个未知函数, 共 12 个未知函数. 考虑一阶常微分方程组

$$\begin{cases} \dfrac{\mathrm{d}\boldsymbol{r}}{\mathrm{d}s} = \boldsymbol{e}_1, \\ \dfrac{\mathrm{d}\boldsymbol{e}_i}{\mathrm{d}s} = \displaystyle\sum_{j=1}^{3} a_{ij}(s)\boldsymbol{e}_j, \quad 1 \leqslant i \leqslant 3. \end{cases} \tag{5.6}$$

这是由 4 个向量形式的线性齐次微分方程组成的方程组 (实际上有 12 个方程). 由于方程组的系数是连续可微函数, 根据常微分方程理论, 对于任意给定的一组初始值 $\boldsymbol{r}^0, \boldsymbol{e}_1^0, \boldsymbol{e}_2^0, \boldsymbol{e}_3^0$, 方程组 (5.6) 有唯一的一组解 $\boldsymbol{r}(s), \boldsymbol{e}_1(s), \boldsymbol{e}_2(s), \boldsymbol{e}_3(s)$, $a \leqslant s \leqslant b$, 满足初始条件

$$\boldsymbol{r}(s_0) = \boldsymbol{r}^0, \quad \boldsymbol{e}_i(s_0) = \boldsymbol{e}_i^0, \quad 1 \leqslant i \leqslant 3, \tag{5.7}$$

其中 s_0 是区间 $[a, b]$ 中任意固定的一点. 一般来说, 这样的解并不会满足我们的要求. 如果 $\boldsymbol{r} = \boldsymbol{r}(s)$ 是我们所要的曲线, 而 $\{\boldsymbol{r}(s); \boldsymbol{e}_1(s), \boldsymbol{e}_2(s), \boldsymbol{e}_3(s)\}$ 是曲线的 Frenet 标架, 则我们必须要求初始值 $\{\boldsymbol{r}^0; \boldsymbol{e}_1^0, \boldsymbol{e}_2^0, \boldsymbol{e}_3^0\}$ 是右手单位正交标架, 即它们要满足条件

$$\begin{cases} \boldsymbol{e}_i^0 \cdot \boldsymbol{e}_j^0 = \delta_{ij}, \quad 1 \leqslant i, j \leqslant 3, \\ (\boldsymbol{e}_1^0, \boldsymbol{e}_2^0, \boldsymbol{e}_3^0) = 1. \end{cases} \tag{5.8}$$

我们要证明, 当初始值满足条件 (5.8) 时, 方程组 (5.6) 满足初始条件 (5.7) 的解给出的 $\boldsymbol{r} = \boldsymbol{r}(s)$ 是一条正则曲线, 以 s 为弧长参数, 并以给定的函数 $\kappa(s), \tau(s)$ 为它的曲率和挠率. 为此, 首先证明这组解 $\{\boldsymbol{r}(s); \boldsymbol{e}_1(s), \boldsymbol{e}_2(s), \boldsymbol{e}_3(s)\}$ 是右手单位正交标架族. 命

$$g_{ij}(s) = \boldsymbol{e}_i(s) \cdot \boldsymbol{e}_j(s) - \delta_{ij}, \quad 1 \leqslant i, j \leqslant 3. \tag{5.9}$$

初始值所满足的条件 (5.8) 说明

$$g_{ij}(s_0) = 0, \quad 1 \leqslant i, j \leqslant 3. \tag{5.10}$$

将 (5.9) 式求导, 并且利用 $\boldsymbol{e}_i(s)$ 满足方程组 (5.6) 得到

$$\begin{aligned} \frac{\mathrm{d}g_{ij}(s)}{\mathrm{d}s} &= \frac{\mathrm{d}\boldsymbol{e}_i(s)}{\mathrm{d}s} \cdot \boldsymbol{e}_j + \boldsymbol{e}_i \cdot \frac{\mathrm{d}\boldsymbol{e}_j(s)}{\mathrm{d}s} \\ &= \sum_{k=1}^{3} (a_{ik}\boldsymbol{e}_k(s) \cdot \boldsymbol{e}_j(s) + a_{jk}\boldsymbol{e}_i(s) \cdot \boldsymbol{e}_k(s)), \end{aligned}$$

因为

$$a_{ij} + a_{ji} = 0,$$

故 $g_{ij}(s)$ 满足常微分方程组

$$\frac{\mathrm{d}g_{ij}(s)}{\mathrm{d}s} = \sum_{k=1}^{3}(a_{ik}g_{kj}(s) + a_{jk}g_{ik}(s)). \tag{5.11}$$

这是线性齐次方程组, 并且它在初始条件 (5.10) 下的解是唯一的, 所以 $g_{ij}(s)$ 只能是平凡解, 即

$$g_{ij}(s) \equiv 0, \quad 1 \leqslant i, j \leqslant 3, \tag{5.12}$$

也就是

$$\boldsymbol{e}_i(s) \cdot \boldsymbol{e}_j(s) = \delta_{ij}, \quad 1 \leqslant i, j \leqslant 3, \tag{5.13}$$

故 $\{\boldsymbol{r}(s); \boldsymbol{e}_1(s), \boldsymbol{e}_2(s), \boldsymbol{e}_3(s)\}$ 是单位正交标架. 这样, 向量 $\boldsymbol{e}_1(s), \boldsymbol{e}_2(s), \boldsymbol{e}_3(s)$ 的混合积 $(\boldsymbol{e}_1(s), \boldsymbol{e}_2(s), \boldsymbol{e}_3(s))$ 的值是 1 或者 -1. 由于条件 (5.8), $(\boldsymbol{e}_1(s_0), \boldsymbol{e}_2(s_0), \boldsymbol{e}_3(s_0)) = 1$, 故由解的连续性得到

$$(\boldsymbol{e}_1(s), \boldsymbol{e}_2(s), \boldsymbol{e}_3(s)) = 1, \tag{5.14}$$

所以 $\{\boldsymbol{r}(s); \boldsymbol{e}_1(s), \boldsymbol{e}_2(s), \boldsymbol{e}_3(s)\}$ 是右手单位正交标架族.

由方程 (5.6) 的第一式得知

$$\left|\frac{\mathrm{d}\boldsymbol{r}(s)}{\mathrm{d}s}\right| = |\boldsymbol{e}_1(s)| = 1,$$

故 $\boldsymbol{r}(s)$ 是正则参数曲线, s 是弧长参数, $\boldsymbol{\alpha}(s) = \boldsymbol{e}_1(s)$. 再由方程 (5.6) 的第二式得知

$$\frac{\mathrm{d}\boldsymbol{\alpha}(s)}{\mathrm{d}s} = \frac{\mathrm{d}\boldsymbol{e}_1(s)}{\mathrm{d}s} = \kappa(s)\boldsymbol{e}_2(s),$$

因此

$$\kappa(s) = \left|\frac{\mathrm{d}\boldsymbol{\alpha}(s)}{\mathrm{d}s}\right|, \quad \boldsymbol{\beta}(s) = \boldsymbol{e}_2(s),$$

即 $\kappa(s)$ 是曲线 $\boldsymbol{r} = \boldsymbol{r}(s)$ 的曲率, $\boldsymbol{e}_2(s)$ 是它的主法向量, 于是

$$\boldsymbol{\gamma}(s) = \boldsymbol{\alpha}(s) \times \boldsymbol{\beta}(s) = \boldsymbol{e}_1(s) \times \boldsymbol{e}_2(s) = \boldsymbol{e}_3(s).$$

由 (5.6) 式的最后一式得到

$$\tau(s)=-\frac{\mathrm{d}\boldsymbol{e}_3(s)}{\mathrm{d}s}\cdot\boldsymbol{e}_2(s)=-\frac{\mathrm{d}\boldsymbol{\gamma}(s)}{\mathrm{d}s}\cdot\boldsymbol{\beta}(s),$$

故 $\tau(s)$ 是曲线 $\boldsymbol{r}=\boldsymbol{r}(s)$ 的挠率. 证毕.

上面的定理说明, 函数 $\kappa(s)>0$ 与 $\tau(s)$ 在空间 E^3 中不计位置的差异唯一地确定了一条曲线, 因此它们可以看作是该曲线的方程, 称为曲线的**内在方程**, 或**自然方程**. 从曲线的自然方程得到参数方程的过程, 就是求解方程组 (5.6) 的过程. 一般说来, 该过程是比较难的. 如果知道方程组 (5.6) 的一个特解, 则定理 5.1 告诉我们, 其余的解都是上述特解在 E^3 的刚体运动下的像.

例 求曲率和挠率分别是常数 $\kappa_0>0,\tau_0$ 的曲线的参数方程.

解 已知圆螺旋线 $\boldsymbol{r}=(a\cos t,a\sin t,bt)(a>0,b$ 是常数) 的曲率和挠率分别是常数

$$\kappa=\frac{a}{a^2+b^2},\quad \tau=\frac{b}{a^2+b^2}.$$

取 a,b 使得

$$\frac{a}{a^2+b^2}=\kappa_0,\quad \frac{b}{a^2+b^2}=\tau_0,$$

也就是

$$a=\frac{\kappa_0}{\kappa_0^2+\tau_0^2},\quad b=\frac{\tau_0}{\kappa_0^2+\tau_0^2}.$$

根据定理 5.1, 曲率和挠率分别是常数 $\kappa_0>0,\tau_0$ 的曲线必定是圆螺旋线. 如果不计位置的差异, 则它的参数方程是

$$\boldsymbol{r}=\left(\frac{\kappa_0}{\kappa_0^2+\tau_0^2}\cos t,\frac{\kappa_0}{\kappa_0^2+\tau_0^2}\sin t,\frac{\tau_0 t}{\kappa_0^2+\tau_0^2}\right),$$

或者是

$$\left(\frac{\kappa_0}{\kappa_0^2+\tau_0^2}\cos\left(\sqrt{\kappa_0^2+\tau_0^2}s\right),\frac{\kappa_0}{\kappa_0^2+\tau_0^2}\sin\left(\sqrt{\kappa_0^2+\tau_0^2}s\right),\frac{\tau_0 s}{\sqrt{\kappa_0^2+\tau_0^2}}\right),$$

其中 s 是弧长参数.

习 题 2.5

1. 如果一条曲线的切向量与一个固定的方向交成定角, 则称该曲线为定倾曲线, 或一般螺线. 这种曲线可以看作是落在一个柱面上与直母线成定角的曲线. 证明: 一条曲率处处不为零的正则参数曲线是定倾曲线当且仅当它的挠率与曲率之比是常数.

2. 设 $\tau(s), \kappa(s) > 0$ 是两个连续可微函数, 满足关系式 $\tau(s) = c \cdot \kappa(s)$, c 是常数. 求曲线的参数方程 $\boldsymbol{r}(s)$, 使它的弧长参数是 s, 曲率是 $\kappa(s)$, 挠率是 $\tau(s)$.

3. 证明: 下列每一条曲线的曲率和挠率相等.

(1) $\boldsymbol{r}(t) = (a(3t - t^3), 3at^2, a(3t + t^3))$;

(2) $\boldsymbol{r}(t) = \left(t, \dfrac{t^2}{2a}, \dfrac{t^3}{6a^2}\right), a \neq 0$;

(3) $\boldsymbol{r}(t) = \left(t + \dfrac{a^2}{t}, t - \dfrac{a^2}{t}, 2a \log \dfrac{t}{a}\right), t, a > 0$.

4. 证明: 曲线

$$\boldsymbol{r}(t) = (t + \sqrt{3}\sin t, 2\cos t, \sqrt{3}t - \sin t)$$

和曲线

$$\boldsymbol{r}_1(u) = \left(2\cos\frac{u}{2}, 2\sin\frac{u}{2}, -u\right)$$

可以通过刚体运动彼此重合.

5. 证明: 曲线

$$\boldsymbol{r}(t) = (\cosh t, \sinh t, t)$$

和曲线

$$\boldsymbol{r}_1(u) = \left(\frac{\mathrm{e}^{-u}}{\sqrt{2}}, \frac{\mathrm{e}^{u}}{\sqrt{2}}, u + 1\right)$$

可以通过刚体运动彼此重合. 试求出这个刚体运动.

6. 证明: 曲线 $\boldsymbol{r} = \boldsymbol{r}(s)$ 的所有主法线都平行于一个固定平面当且仅当它是一般螺线.

7. 确定函数 $\varphi(t)$ 使得曲线 $\boldsymbol{r}(t) = (t, \sin t, \varphi(t))$ 的主法线都平行于 Oyz 平面.

§2.6 曲线参数方程在一点的标准展开

我们知道, 解析函数 $y=f(x)$ 在任意一点 x_0 的邻域内可以展开成收敛的幂级数. 如果函数 $y=f(x)$ 是光滑的, 即它有任意阶的导数, 则函数 $f(x)$ 可以表示成任意 n 次的一个多项式与一个余项之和, 该多项式的系数由 $f(x)$ 的直到 n 阶的各阶导数在 x_0 处的值决定, 并且余项在 $x\to x_0$ 时是比 $(x-x_0)^n$ 更高阶的无穷小量. 这样的展开式称为函数 $y=f(x)$ 的 Taylor 展开式, 它是原来函数的近似. 当然, 多项式函数比原来的函数简单, 它的性状更容易了解和描写. 正则曲线的参数方程是由三个可微函数组成的, 将 Taylor 展开式用到这三个函数上, 便能够得到一条多项式曲线来近似原来的曲线. 特别是, 在曲线的曲率和挠率都不为零的时候, 在一点的附近可以求得一条三次曲线, 它与原来的曲线在该点有相同的曲率、挠率和 Frenet 标架, 于是原曲线在该点附近的性状可以用这条近似曲线来模拟.

设 $\boldsymbol{r}=\boldsymbol{r}(s)$ 是一条以弧长 s 为参数的正则曲线, 它在 $s=0$ 处的 Taylor 展开式为

$$\boldsymbol{r}(s)=\boldsymbol{r}(0)+\frac{s}{1!}\boldsymbol{r}'(0)+\frac{s^2}{2!}\boldsymbol{r}''(0)+\frac{s^3}{3!}\boldsymbol{r}'''(0)+\boldsymbol{o}(s^3), \tag{6.1}$$

其中 $\boldsymbol{o}(s^3)$ 是余项, 满足条件

$$\lim_{s\to 0}\frac{|\boldsymbol{o}(s^3)|}{s^3}=0. \tag{6.2}$$

根据 Frenet 公式, 我们有

$$\begin{aligned}
\boldsymbol{r}'(0)&=\boldsymbol{\alpha}(0),\\
\boldsymbol{r}''(0)&=\kappa(0)\boldsymbol{\beta}(0),\\
\boldsymbol{r}'''(0)&=-\kappa^2(0)\boldsymbol{\alpha}(0)+\kappa'(0)\boldsymbol{\beta}(0)+\kappa(0)\tau(0)\boldsymbol{\gamma}(0),
\end{aligned} \tag{6.3}$$

于是 (6.1) 式成为

$$\begin{aligned}
\boldsymbol{r}(s)=\boldsymbol{r}(0)&+\left(s-\frac{\kappa_0^2}{6}s^3\right)\boldsymbol{\alpha}(0)+\left(\frac{\kappa_0}{2}s^2+\frac{\kappa_0'}{6}s^3\right)\boldsymbol{\beta}(0)\\
&+\frac{\kappa_0\tau_0}{6}s^3\boldsymbol{\gamma}(0)+\boldsymbol{o}(s^3),
\end{aligned}$$

其中 $\kappa_0=\kappa(0),\kappa_0'=\kappa'(0),\tau_0=\tau(0)$. 如果把曲线在 $s=0$ 处的 Frenet 标架 $\{\boldsymbol{r}(0);\boldsymbol{\alpha}(0),\boldsymbol{\beta}(0),\boldsymbol{\gamma}(0)\}$ 取作空间 E^3 的笛卡儿直角坐标系的标架, 则曲线在 $s=0$ 处附近的参数方程成为

$$\begin{cases} x=s-\dfrac{\kappa_0^2}{6}s^3+o(s^3),\\ y=\dfrac{\kappa_0}{2}s^2+\dfrac{\kappa_0'}{6}s^3+o(s^3),\\ z=\dfrac{\kappa_0\tau_0}{6}s^3+o(s^3). \end{cases} \tag{6.4}$$

上式称为曲线 $\boldsymbol{r}=\boldsymbol{r}(s)$ 在 $s=0$ 处的标准展开式.

当 $\kappa_0\tau_0\neq 0$ 时, 曲线的标准展开式中的坐标函数 $x(s),y(s),z(s)$ 作为 s 的无穷小量的主要部分分别是 $s,\dfrac{\kappa_0}{2}s^2$ 和 $\dfrac{\kappa_0\tau_0}{6}s^3$, 于是我们可以考虑一条新的曲线

$$\tilde{\boldsymbol{r}}(s)=\left(s,\frac{\kappa_0}{2}s^2,\frac{\kappa_0\tau_0}{6}s^3\right). \tag{6.5}$$

这是一条三次曲线, 而且参数 s 一般不是曲线 $\tilde{\boldsymbol{r}}(s)$ 的弧长参数, 但是在 $s=0$ 处有

$$\begin{aligned} &\tilde{\boldsymbol{r}}(0)=(0,0,0),\\ &\tilde{\boldsymbol{r}}'(0)=(1,0,0),\\ &\tilde{\boldsymbol{r}}''(0)=(0,\kappa_0,0),\\ &\tilde{\boldsymbol{r}}'''(0)=(0,0,\kappa_0\tau_0). \end{aligned}$$

由此不难看出, 曲线 $\boldsymbol{r}=\tilde{\boldsymbol{r}}(s)$ 在 $s=0$ 处的曲率是 κ_0, 挠率是 τ_0, 并且 Frenet 标架是 $\{\boldsymbol{r}(0);\boldsymbol{\alpha}(0),\boldsymbol{\beta}(0),\boldsymbol{\gamma}(0)\}$, 即它与原来的曲线 $\boldsymbol{r}=\boldsymbol{r}(s)$ 在 $s=0$ 处有相同的曲率、挠率和 Frenet 标架.

曲线 $\boldsymbol{r}=\tilde{\boldsymbol{r}}(s)$ 称为原曲线 $\boldsymbol{r}=\boldsymbol{r}(s)$ 在 $s=0$ 处的近似曲线, 它的性状反映了原曲线的性状. 例如: 它在密切平面上的投影是

$$x=s,\quad y=\frac{\kappa_0}{2}s^2,\quad z=0; \tag{6.6}$$

它在从切平面上的投影是

$$x=s,\quad y=0,\quad z=\frac{\kappa_0\tau_0}{6}s^3; \tag{6.7}$$

它在法平面上的投影是

$$x = 0, \quad y = \frac{\kappa_0}{2}s^2, \quad z = \frac{\kappa_0\tau_0}{6}s^3. \tag{6.8}$$

它们的图像如图 2.6 所示. 从图上可以见到, 曲线在 $s=0$ 处是穿过

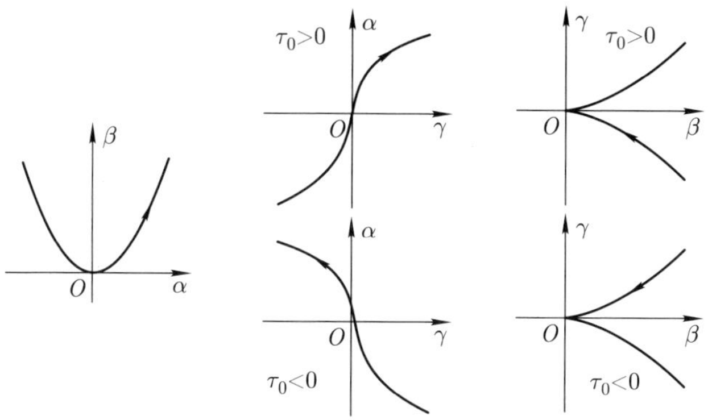

图 2.6 近似曲线在各坐标面的投影

曲线在该点的密切平面的. 密切平面的正定向是由次法向量 $\boldsymbol{\gamma}(0)$ 确定的. 当 $\tau_0>0$ 时, 曲线是从下而上地穿过密切平面的; 而当 $\tau_0<0$ 时, 曲线是从上而下地穿过密切平面的. 这就是挠率的正、负号的几何意义.

两条相交的曲线在交点附近的接近程度是用所谓的切触阶来刻画的. 设曲线 C_1 和 C_2 相交于点 p_0, 在 C_1 和 C_2 上各取一点 p_1 和 p_2, 使得曲线 C_1 在点 p_0 和 p_1 之间的弧长是 Δs, C_2 在点 p_0 和 p_2 之间的弧长也是 Δs, 若有正整数 n 使得

$$\lim_{\Delta s\to 0}\frac{|p_1p_2|}{(\Delta s)^n}=0, \qquad \lim_{\Delta s\to 0}\frac{|p_1p_2|}{(\Delta s)^{n+1}}\neq 0, \tag{6.9}$$

则称曲线 C_1 和 C_2 在交点 p_0 处有 n 阶**切触**.

定理 6.1 设曲线 $\boldsymbol{r}_1(s)$ 和 $\boldsymbol{r}_2(s)$ 都以 s 为它们的弧长参数, 且 $\boldsymbol{r}_1(0)=\boldsymbol{r}_2(0)$, 则它们在 $s=0$ 处有 n 阶切触的充分必要条件是

$$\boldsymbol{r}_1^{(i)}(0)=\boldsymbol{r}_2^{(i)}(0), \quad \forall 1\leqslant i\leqslant n; \qquad \boldsymbol{r}_1^{(n+1)}(0)\neq\boldsymbol{r}_2^{(n+1)}(0). \tag{6.10}$$

证明 实际上, 在条件 (6.10) 下, 由 Taylor 展开式得到

$$\boldsymbol{r}_1(s)-\boldsymbol{r}_2(s)=\frac{s^{n+1}}{(n+1)!}\left(\boldsymbol{r}_1^{(n+1)}(0)-\boldsymbol{r}_2^{(n+1)}(0)\right)+\boldsymbol{o}(s^{n+1}),$$

因此

$$\lim_{s\to 0}\frac{|\boldsymbol{r}_1(s)-\boldsymbol{r}_2(s)|}{s^n}=0,$$

$$\lim_{s\to 0}\frac{|\boldsymbol{r}_1(s)-\boldsymbol{r}_2(s)|}{s^{n+1}}=\frac{1}{(n+1)!}|\boldsymbol{r}_1^{(n+1)}(0)-\boldsymbol{r}_2^{(n+1)}(0)|\neq 0.$$

反之亦然. 证毕.

由此可见, 一条正则曲线与由它的 Taylor 展开式的前 $n+1$ 项之和给出的曲线在该点处至少有 n 阶切触. 正则曲线与它的切线至少有 1 阶切触, 与它在一点处的近似曲线在该点至少有 2 阶切触.

作为定理 6.1 的推论, 两条相交的正则曲线在交点处有 2 阶以上的切触的充分必要条件是, 这两条曲线相切、有相同的有向密切平面和相同的曲率. 实际上, 由定理 6.1, 两条相交的正则曲线在交点 $s=0$ 处有 2 阶以上的切触的充分必要条件是

$$\boldsymbol{r}_1(0)=\boldsymbol{r}_2(0),\quad \boldsymbol{r}_1^{(1)}(0)=\boldsymbol{r}_2^{(1)}(0),\quad \boldsymbol{r}_1^{(2)}(0)=\boldsymbol{r}_2^{(2)}(0),\tag{6.11}$$

前两式说明这两条曲线相切, 第三式意味着

$$\kappa_1(0)\boldsymbol{\beta}_1(0)=\kappa_2(0)\boldsymbol{\beta}_2(0),$$

即

$$\kappa_1(0)=\kappa_2(0),\quad \boldsymbol{\beta}_1(0)=\boldsymbol{\beta}_2(0).$$

对于曲线 $\boldsymbol{r}=\boldsymbol{r}(s)$ 上 $\kappa(s_0)>0$ 的点 $s=s_0$, 还可以在该点的密切平面上构造一条特殊的平面曲线, 即在 $\boldsymbol{r}(s_0)$ 处的密切平面上作以 $\boldsymbol{r}(s_0)+\boldsymbol{\beta}(s_0)/\kappa(s_0)$ 为中心、以 $1/\kappa(s_0)$ 为半径的圆周, 这个圆周与原曲线在 $s=s_0$ 处相切, 有相同的有向密切平面, 并且曲率是 $\kappa(s_0)$, 因此它与原曲线在点 $s=s_0$ 处有 2 阶以上的切触. 通常称这个圆周为曲线 $\boldsymbol{r}=\boldsymbol{r}(s)$ 在点 $s=s_0$ 处的**曲率圆**, 其圆心 $\boldsymbol{r}(s_0)+\boldsymbol{\beta}(s_0)/\kappa(s_0)$ 称为

曲线在 $s=s_0$ 处的**曲率中心**, 其半径 $1/\kappa(s_0)$ 称为曲线在 $s=s_0$ 处的**曲率半径**. 曲率圆形象地反映了曲线在一点处的弯曲程度.

若一条曲线 C 和一个曲面 Σ 相交, 同样能够用切触阶来刻画曲线和曲面的接近程度. 设交点是 p_0. 在曲线 C 上取一点 p_1, 把曲线 C 上从点 p_0 到点 p_1 的弧长记为 Δs, 把点 p_1 到曲面 Σ 的距离最近的点记为 p_2, 则当 (6.9) 式成立时, 称曲线 C 和曲面 Σ 的切触阶是 n. 如果 Σ 是以点 A 为中心、以 r 为半径、且与曲线 C 交于点 p_0 的球面, 于是点 p_2 恰好是线段 p_1A 与球面 Σ 的交点, 所以 $|p_1p_2|=|p_1A|-r$. 此外, $|p_1p_2|$ 和 $|p_1A|^2-r^2$ 作为 Δs 的无穷小量是同阶的, 因此在用 (6.9) 式求曲线和球面的切触阶时可以用 $|p_1A|^2-r^2$ 代替 $|p_1p_2|$. 下面, 我们来求与曲线 C 在一点处有最高阶切触的球面.

设曲线 C 的参数方程是 $\boldsymbol{r}=\boldsymbol{r}(s)$, s 是弧长参数, 它的曲率和挠率都不为零. 设球面 Σ 与曲线 C 在对应于参数 $s=0$ 的点 p_0 处相交, 用 $\{p_0;\boldsymbol{\alpha}_0,\boldsymbol{\beta}_0,\boldsymbol{\gamma}_0\}$ 记曲线 C 在点 p_0 的 Frenet 标架, 则球面 Σ 的球心 A 可以设为

$$\overrightarrow{p_0A}=a\boldsymbol{\alpha}_0+b\boldsymbol{\beta}_0+c\boldsymbol{\gamma}_0,\quad a^2+b^2+c^2=r^2, \tag{6.12}$$

其中 r 是球面 Σ 的半径. 把曲线 C 上的点 $\boldsymbol{r}(s)$ 记为 p, 则由 (6.4) 式得到

$$\begin{aligned}|pA|^2-r^2=&\left(s-\frac{\kappa_0^2}{6}s^3+o(s^3)-a\right)^2+\left(\frac{\kappa_0}{2}s^2+\frac{\kappa_0'}{6}s^3+o(s^3)-b\right)^2\\&+\left(\frac{\kappa_0\tau_0}{6}s^3+o(s^3)-c\right)^2-(a^2+b^2+c^2)\\=&-2a\left(s-\frac{\kappa_0^2}{6}s^3+o(s^3)\right)+\left(s-\frac{\kappa_0^2}{6}s^3+o(s^3)\right)^2\\&-2b\left(\frac{\kappa_0}{2}s^2+\frac{\kappa_0'}{6}s^3+o(s^3)\right)+\left(\frac{\kappa_0}{2}s^2+\frac{\kappa_0'}{6}s^3+o(s^3)\right)^2\\&-2c\left(\frac{\kappa_0\tau_0}{6}s^3+o(s^3)\right)+\left(\frac{\kappa_0\tau_0}{6}s^3+o(s^3)\right)^2,\end{aligned}$$

因此曲线 C 和球面 Σ 有 1 阶以上的切触的条件是 $a=0$. 在此条件

下, 上式成为

$$|pA|^2 - r^2 = s^2 - b\left(\kappa_0 s^2 + \frac{\kappa_0'}{3}s^3\right) - c\frac{\kappa_0\tau_0}{3}s^3 + o(s^3),$$

因此曲线 C 和球面 Σ 有 2 阶以上的切触的条件是

$$a = 0, \quad b = \frac{1}{\kappa_0}. \tag{6.13}$$

在此条件下, 上式成为

$$|pA|^2 - r^2 = -\frac{\kappa_0'}{3\kappa_0}s^3 - c\frac{\kappa_0\tau_0}{3}s^3 + o(s^3),$$

由此可见, 曲线 C 和球面 Σ 有 3 阶以上切触的条件是

$$a = 0, \quad b = \frac{1}{\kappa_0}, \quad c = -\frac{\kappa_0'}{\kappa_0^2\tau_0} = \frac{1}{\tau(s)}\left(\frac{1}{\kappa(s)}\right)'\Bigg|_{s=0}, \tag{6.14}$$

并且一般说来, 曲线 C 和球面 Σ 的最高切触阶只能是 3. 上面的结果可以叙述成如下的定理:

定理 6.2 $C: \boldsymbol{r} = \boldsymbol{r}(s)$ 是曲率和挠率都不为零的正则参数曲线, s 是弧长参数, 则在 s 处与曲线 C 有 3 阶以上切触的球面 Σ 的球心是

$$\boldsymbol{r}(s) + \frac{1}{\kappa(s)}\boldsymbol{\beta}(s) + \frac{1}{\tau(s)}\left(\frac{1}{\kappa(s)}\right)'\boldsymbol{\gamma}(s), \tag{6.15}$$

半径是

$$\sqrt{\left(\frac{1}{\kappa(s)}\right)^2 + \left(\frac{1}{\tau(s)}\left(\frac{1}{\kappa(s)}\right)'\right)^2}. \tag{6.16}$$

该球面称为曲线 C 在 s 处的**密切球面**, 其球心所在的直线

$$\boldsymbol{r} = \boldsymbol{r}(s) + \frac{1}{\kappa(s)}\boldsymbol{\beta}(s) + \lambda\boldsymbol{\gamma}(s) \tag{6.17}$$

是通过曲线 C 的曲率中心、垂直于密切平面的直线, 称为曲线 C 在 s 处的**曲率轴**.

最后我们要指出, 构造曲线的 Frenet 标架的过程正是曲线的参数方程逐次求导的过程. 实际上, Frenet 标架 $\{\boldsymbol{\alpha}(t), \boldsymbol{\beta}(t), \boldsymbol{\gamma}(t)\}$ 是 $\{\boldsymbol{r}'(t), \boldsymbol{r}''(t), \boldsymbol{r}'''(t)\}$ 经过 Schmidt 正交化得到的. $\boldsymbol{r}'(t)$ 决定了曲线的切线, 而曲线的曲率是曲线切线的方向关于弧长的变化率. $\boldsymbol{r}'(t), \boldsymbol{r}''(t)$ 决定了曲线的密切平面. 如果曲线的密切平面的方向不变, 则它必定是平面曲线. 如果该曲线不是平面曲线, 则它的密切平面的方向关于弧长的变化率是曲线的挠率, 它反映了曲线的扭曲程度. 很明显, 曲线方程的更高次导数仍然能够表示成 Frenet 标架向量的线性组合, 其系数是曲率 κ 和挠率 τ 及其各阶导数.

习 题 2.6

1. 求 (6.5) 式给出的 3 次曲线 $\tilde{\boldsymbol{r}}(s)$ 在 $s=0$ 处的曲率, 挠率和 Frenet 标架.

2. 作正则参数曲线 C 关于一张平面的对称曲线 C^*, 证明: 曲线 C 和 C^* 在对应点的曲率相同, 挠率的绝对值相同而符号相反.

3. 如果正则参数曲线的向径 $\boldsymbol{r}(s)$ 关于弧长参数 s 的 n 阶导数是

$$\boldsymbol{r}^{(n)}(s) = a_n(s)\boldsymbol{\alpha}(s) + b_n(s)\boldsymbol{\beta}(s) + c_n(s)\boldsymbol{\gamma}(s),$$

求它的 $n+1$ 阶导数.

4. 假设正则曲线 $\boldsymbol{r}=\boldsymbol{r}(s)$ 的曲率和挠率都不为零. 证明: 如果它在各点的密切球面的球心是一个固定点, 则它必定是一条球面曲线.

§2.7 存在对应关系的曲线偶

本节我们要研究存在一定的对应关系的曲线偶. 假定在正则参数曲线 $C_1 : \boldsymbol{r}=\boldsymbol{r}_1(t)$ 和正则参数曲线 $C_2 : \boldsymbol{r}=\boldsymbol{r}_2(u)$ 之间存在一个对应, 这个对应可以用参数 t 和 u 之间的一个对应来表示, 设为 $u=u(t)$. 如果 $u'(t)\neq 0$, 则 $u=u(t)$ 可以认为是曲线 C_2 的正则参数变换, 于是

曲线 C_1 和 C_2 之间的对应成为曲线 C_1 和 C_2 之间有相同参数的点之间的对应.

定义 7.1 如果在互不重合的曲线 C_1 和 C_2 之间存在一个对应, 使得它们在每一对对应点有公共的主法线, 则称这两条曲线为 **Bertrand 曲线偶**, 其中每一条曲线称为另外一条曲线的**侣线**, 或**共轭曲线**.

每一条平面曲线都有侣线, 构成 Bertrand 曲线偶. 事实上, 设 $\boldsymbol{r}=\boldsymbol{r}(s)$ 是在平面上的一条曲线, 以 s 为它的弧长参数. 于是, $\boldsymbol{r}'(s)$ 是曲线的单位切向量场, 因此

$$\boldsymbol{r}''(s)=\kappa(s)\boldsymbol{n}(s), \tag{7.1}$$

这里 $\boldsymbol{n}(s)$ 是沿曲线定义的法向量场. 命

$$\boldsymbol{r}_1(s)=\boldsymbol{r}(s)+\lambda\boldsymbol{n}(s), \tag{7.2}$$

其中 λ 是任意给定的一个非零实数, 则

$$\boldsymbol{r}_1'(s)=\boldsymbol{r}'(s)+\lambda\boldsymbol{n}'(s),$$

因此

$$\boldsymbol{r}_1'(s)\cdot\boldsymbol{n}(s)=\boldsymbol{r}'(s)\cdot\boldsymbol{n}(s)+\lambda\boldsymbol{n}'(s)\cdot\boldsymbol{n}(s)=0,$$

所以 $\boldsymbol{n}(s)$ 也是曲线 $\boldsymbol{r}_1(s)$ 的法向量场. 由此可见, 曲线 $\boldsymbol{r}(s)$ 和 $\boldsymbol{r}_1(s)$ 在对应点有相同的法线 (也是主法线). 因此, 寻求 Bertrand 曲线偶应该在空间挠曲线 (即挠率不为零的曲线) 中去找.

定理 7.1 设曲线 C_1 和 C_2 是 Bertrand 曲线偶, 则 C_1 和 C_2 的对应点之间的距离是常数, 并且 C_1 和 C_2 在对应点的切线成定角.

证明 设曲线 C_1 和 C_2 的参数方程分别是 $\boldsymbol{r}_1(s)$ 和 $\boldsymbol{r}_2(s)$, 并且曲线 C_1 和 C_2 之间的对应是有相同参数的点之间的对应, 而且 s 是曲线 C_1 的弧长参数. 用 $\{\boldsymbol{r}_1(s);\boldsymbol{\alpha}_1(s),\boldsymbol{\beta}_1(s),\boldsymbol{\gamma}_1(s)\}$ 表示曲线 C_1 的 Frenet 标架, 用 $\{\boldsymbol{r}_2(s);\boldsymbol{\alpha}_2(s),\boldsymbol{\beta}_2(s),\boldsymbol{\gamma}_2(s)\}$ 表示曲线 C_2 的 Frenet 标架, 但是参数 s 未必是曲线 $\boldsymbol{r}_2(s)$ 的弧长参数, 假定曲线 $\boldsymbol{r}_2(s)$ 的弧长参数是 $\tilde{s}$.

因为曲线 C_1 和 C_2 在对应点有相同的主法线, 故

$$\boldsymbol{r}_2(s)=\boldsymbol{r}_1(s)+\lambda(s)\boldsymbol{\beta}_1(s), \tag{7.3}$$

并且 $\boldsymbol{\beta}_1(s)=\pm\boldsymbol{\beta}_2(s)$. 利用 Frenet 公式, 对 (7.3) 式求导数得到

$$\begin{aligned}\boldsymbol{\alpha}_2(s)\frac{\mathrm{d}\tilde{s}}{\mathrm{d}s}&=\boldsymbol{\alpha}_1(s)+\lambda'(s)\boldsymbol{\beta}_1(s)+\lambda(s)(-\kappa_1(s)\boldsymbol{\alpha}_1(s)+\tau_1(s)\boldsymbol{\gamma}_1(s))\\&=(1-\lambda(s)\kappa_1(s))\boldsymbol{\alpha}_1(s)+\lambda'(s)\boldsymbol{\beta}_1(s)+\lambda(s)\tau_1(s)\boldsymbol{\gamma}_1(s).\end{aligned} \tag{7.4}$$

因为 $\boldsymbol{\beta}_1(s)=\pm\boldsymbol{\beta}_2(s)$, 所以

$$\boldsymbol{\alpha}_2(s)\cdot\boldsymbol{\beta}_2(s)\frac{\mathrm{d}\tilde{s}}{\mathrm{d}s}=\pm\lambda'(s)\boldsymbol{\beta}_1(s)\cdot\boldsymbol{\beta}_1(s)=0,$$

即 $\lambda'(s)=0$, $\lambda(s)=\lambda=$ 常数, 故

$$|\boldsymbol{r}_2(s)-\boldsymbol{r}_1(s)|=|\lambda(s)\boldsymbol{\beta}_1(s)|=|\lambda|.$$

对 $\boldsymbol{\alpha}_1(s)\cdot\boldsymbol{\alpha}_2(s)$ 求导得到

$$\frac{\mathrm{d}}{\mathrm{d}s}(\boldsymbol{\alpha}_1(s)\cdot\boldsymbol{\alpha}_2(s))=\kappa_1(s)\boldsymbol{\beta}_1(s)\cdot\boldsymbol{\alpha}_2(s)+\kappa_2(s)\boldsymbol{\alpha}_1(s)\cdot\boldsymbol{\beta}_2(s)\frac{\mathrm{d}\tilde{s}}{\mathrm{d}s}=0,$$

故曲线 C_1 和 C_2 在对应点的切线成定角. 证毕.

定理 7.2 设正则参数曲线 C 的曲率 κ 和挠率 τ 都不是零, 则存在另一条正则参数曲线 C_1, 使得曲线 C_1 和 C 成为 Bertrand 曲线偶的充分必要条件是, 存在常数 $\lambda\neq 0$ 和 μ, 使得

$$\lambda\kappa+\mu\tau=1.$$

证明 设曲线 C 有侣线 C_1, 它们的参数方程分别是 $\boldsymbol{r}(s)$ 和 $\boldsymbol{r}_1(s)$, 并且曲线 C 和 C_1 的对应是有相同参数的点之间的对应, 而且 s 是曲线 C 的弧长参数. 设 $\tilde{s}$ 是曲线 C_1 的弧长参数. 用 $\{\boldsymbol{r}(s);\boldsymbol{\alpha}(s),\boldsymbol{\beta}(s),\boldsymbol{\gamma}(s)\}$ 表示曲线 C 的 Frenet 标架, 则根据定理 7.1 的证明有

$$\boldsymbol{\alpha}_1(s)\frac{\mathrm{d}\tilde{s}}{\mathrm{d}s}=(1-\lambda\kappa(s))\boldsymbol{\alpha}(s)+\lambda\tau(s)\boldsymbol{\gamma}(s), \tag{7.5}$$

其中 $\lambda \neq 0$ 是常数, 因此

$$\left|\frac{\mathrm{d}\tilde{s}}{\mathrm{d}s}\right|^2 = (1-\lambda\kappa(s))^2 + (\lambda\tau(s))^2.$$

另一方面, $\boldsymbol{\alpha}(s)\cdot\boldsymbol{\alpha}_1(s) =$ 常数, 并且从 (7.5) 式得到

$$\boldsymbol{\alpha}(s)\cdot\boldsymbol{\alpha}_1(s)\frac{\mathrm{d}\tilde{s}}{\mathrm{d}s} = 1-\lambda\kappa(s),$$

所以

$$\frac{1-\lambda\kappa(s)}{\sqrt{(1-\lambda\kappa(s))^2+(\lambda\tau(s))^2}} = \text{常数},$$

故

$$\frac{1-\lambda\kappa(s)}{\tau(s)} = \mu = \text{常数},$$

即

$$\lambda\kappa(s) + \mu\tau(s) = 1.$$

反过来, 设正则参数曲线 C 的参数方程是 $\boldsymbol{r}(s)$, s 是弧长参数, 并且它的曲率 κ 和挠率 τ 满足关系式 $\lambda\kappa(s)+\mu\tau(s)=1$, 其中 $\lambda\neq 0$ 和 μ 是常数. 构作曲线 C_1, 使它的参数方程是

$$\boldsymbol{r}_1(s) = \boldsymbol{r}(s) + \lambda\boldsymbol{\beta}(s), \tag{7.6}$$

则

$$\begin{aligned}\boldsymbol{r}_1'(s) &= \boldsymbol{\alpha}(s) + \lambda(-\kappa(s)\boldsymbol{\alpha}(s) + \tau(s)\boldsymbol{\gamma}(s))\\ &= (1-\lambda\kappa(s))\boldsymbol{\alpha}(s) + \lambda\tau(s)\boldsymbol{\gamma}(s)\\ &= \mu\tau(s)\boldsymbol{\alpha}(s) + \lambda\tau(s)\boldsymbol{\gamma}(s),\end{aligned}$$

因此, 曲线 $\boldsymbol{r}_1(s)$ 的单位切向量是

$$\boldsymbol{\alpha}_1(s) = \frac{\mu}{\sqrt{\lambda^2+\mu^2}}\boldsymbol{\alpha}(s) + \frac{\lambda}{\sqrt{\lambda^2+\mu^2}}\boldsymbol{\gamma}(s).$$

若用 $\tilde{s}$ 记曲线 C_1 的弧长参数, 则

$$\begin{aligned}\frac{\mathrm{d}\boldsymbol{\alpha}_1(s)}{\mathrm{d}\tilde{s}}\frac{\mathrm{d}\tilde{s}}{\mathrm{d}s} &= \kappa_1(s)\boldsymbol{\beta}_1(s)\frac{\mathrm{d}\tilde{s}}{\mathrm{d}s}\\ &= \left(\frac{\mu}{\sqrt{\lambda^2+\mu^2}}\kappa(s) - \frac{\lambda}{\sqrt{\lambda^2+\mu^2}}\tau(s)\right)\boldsymbol{\beta}(s),\end{aligned}$$

所以 $\boldsymbol{\beta}_1(s) = \pm\boldsymbol{\beta}(s)$, C_1 和 C 成为 Bertrand 曲线偶. 证毕.

定义 7.2 如果在曲线 C_1 和 C_2 之间存在一个对应, 使得曲线 C_1 在任意一点的切线恰好是曲线 C_2 在对应点的法线, 则称曲线 C_2 是 C_1 的**渐伸线**, 同时称曲线 C_1 是 C_2 的**渐缩线** (参看图 2.7).

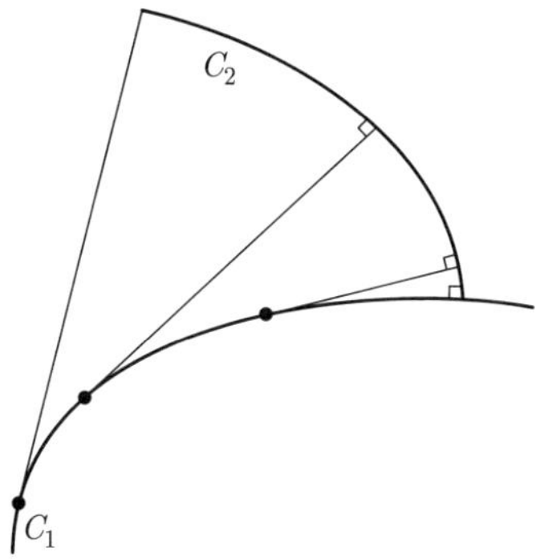

图 2.7 渐伸线和渐缩线

定理 7.3 设正则参数曲线 C 的参数方程是 $\boldsymbol{r}(s)$, s 是弧长参数, 则 C 的渐伸线的参数方程是

$$\boldsymbol{r} = \boldsymbol{r}(s) + (c - s)\boldsymbol{\alpha}(s), \tag{7.7}$$

其中 c 是任意的常数.

证明 设

$$\boldsymbol{r}_1(s) = \boldsymbol{r}(s) + \lambda(s)\boldsymbol{\alpha}(s) \tag{7.8}$$

是曲线 C 的渐伸线, 因此 $\boldsymbol{\alpha}(s)$ 应该是曲线 $\boldsymbol{r}_1(s)$ 的法向量. 对 (7.8) 式求导得到

$$\boldsymbol{r}_1'(s) = (1 + \lambda'(s))\boldsymbol{\alpha}(s) + \lambda(s)\kappa(s)\boldsymbol{\beta}(s),$$

将上式两边与 $\boldsymbol{\alpha}(s)$ 作点乘得到

$$1 + \lambda'(s) = \boldsymbol{r}_1'(s) \cdot \boldsymbol{\alpha}(s) = 0,$$

因此

$$\lambda(s) = c - s. \tag{7.9}$$

把 (7.9) 式代入 (7.8) 式便得到所要的结果. 证毕.

曲线的渐伸线可以看作该曲线的切线族的正交轨线, 而 (7.7) 式可以解释为: 将一条软线沿曲线放置, 把一端固定, 另一端慢慢离开原曲线, 并且把软线抻直, 使软线抻直的部分始终保持为原曲线的切线, 则这另一端描出的曲线就是原曲线的渐伸线.

定理 7.4 设正则参数曲线 C 的参数方程是 $\boldsymbol{r}(s)$, s 是弧长参数, 则 C 的渐缩线的参数方程是

$$\boldsymbol{r} = \boldsymbol{r}(s) + \frac{1}{\kappa(s)}\boldsymbol{\beta}(s) - \frac{1}{\kappa(s)}\left(\tan\int \tau(s)\mathrm{d}s\right)\boldsymbol{\gamma}(s). \tag{7.10}$$

证明 设

$$\boldsymbol{r}_1(s) = \boldsymbol{r}(s) + \lambda(s)\boldsymbol{\beta}(s) + \mu(s)\boldsymbol{\gamma}(s) \tag{7.11}$$

是曲线 C 的渐缩线, 那么 $\lambda(s)\boldsymbol{\beta}(s) + \mu(s)\boldsymbol{\gamma}(s)$ 应该是曲线 $\boldsymbol{r}_1(s)$ 的切向量. 对 (7.11) 式求导得到

$$\begin{aligned}\boldsymbol{r}_1'(s) = & (1 - \lambda(s)\kappa(s))\boldsymbol{\alpha}(s) + (\lambda'(s) - \mu(s)\tau(s))\boldsymbol{\beta}(s) \\ & + (\mu'(s) + \lambda(s)\tau(s))\boldsymbol{\gamma}(s),\end{aligned}$$

因此 $\lambda(s)\boldsymbol{\beta}(s) + \mu(s)\boldsymbol{\gamma}(s)$ 与 $\boldsymbol{r}_1'(s)$ 平行, 即

$$\lambda(s)\kappa(s) = 1, \quad \frac{\lambda'(s) - \mu(s)\tau(s)}{\lambda(s)} = \frac{\mu'(s) + \lambda(s)\tau(s)}{\mu(s)}. \tag{7.12}$$

从 (7.12) 式的第二式得到

$$\lambda'(s)\mu(s) - \mu'(s)\lambda(s) = (\lambda^2(s) + \mu^2(s))\tau(s),$$

因此

$$\frac{\mathrm{d}}{\mathrm{d}s}\arctan\left(\frac{\mu(s)}{\lambda(s)}\right) = -\tau(s),$$

故

$$\arctan\left(\frac{\mu(s)}{\lambda(s)}\right) = -\int \tau(s)\mathrm{d}s.$$

所以将上式和 (7.12) 式的第一式合起来得到

$$\lambda(s) = \frac{1}{\kappa(s)}, \quad \mu(s) = -\frac{1}{\kappa(s)}\tan\int \tau(s)\mathrm{d}s.$$

证毕.

习 题 2.7

1. 设 C 是挠率为非零常数的正则参数曲线, $\tilde{C}$ 是沿曲线 C 的次法线到曲线 C 的距离为常数 c 的点的轨迹, 求曲线 C 和 $\tilde{C}$ 在对应点的次法线之间的夹角.

2. 设曲线 C 的曲率为 κ, 挠率为 τ, $\tilde{C}$ 是沿曲线 C 的切线到曲线 C 的距离为常数 c 的点的轨迹, 求曲线 $\tilde{C}$ 的曲率 $\tilde{\kappa}$.

3. 设曲线 C 的曲率为 κ, 挠率为 τ, $\tilde{C}$ 是沿曲线 C 的次法线到曲线 C 的距离为常数 c 的点的轨迹, 求曲线 $\tilde{C}$ 的曲率 $\tilde{\kappa}$.

4. 假定曲率处处不为零的曲线 $C:\boldsymbol{r}=\boldsymbol{r}(s)$ 和曲线 $\tilde{C}:\ \tilde{\boldsymbol{r}}=\tilde{\boldsymbol{r}}(\tilde{s})$ 的点之间存在一个对应, 使得曲线 C 在每一点的主法线是曲线 $\tilde{C}$ 在对应点的次法线. 证明: 曲线 C 和 $\tilde{C}$ 在对应点之间的距离为常数, 记为 λ; 并且曲线 C 的曲率和挠率满足关系式

$$\kappa = \lambda(\kappa^2+\tau^2).$$

5. 设曲线 $\boldsymbol{r}=\boldsymbol{r}(s)$ 的曲率 $\kappa(s)$ 处处不为零. 求它的切线像 $\tilde{\boldsymbol{r}}=\boldsymbol{\alpha}(s)$ 的曲率 $\tilde{\kappa}$ 和挠率 $\tilde{\tau}$.

6. 设曲线 $\boldsymbol{r}=\boldsymbol{r}(s)$ 的曲率 $\kappa(s)$ 处处不为零. 求它的次法线像 $\tilde{\boldsymbol{r}}=\boldsymbol{\gamma}(s)$ 的曲率 $\tilde{\kappa}$ 和挠率 $\tilde{\tau}$.

7. 已知球面曲线 $\boldsymbol{\alpha}(t)$, 其中 t 是弧长参数.

(1) 求空间曲线 $\boldsymbol{r}(t)$, 使它的切线像是给定的球面曲线;

(2) 假定 $\boldsymbol{\alpha}(t)$ 是单位球面上的一个圆周, 求满足上述条件的空间曲线 $\boldsymbol{r}(t)$.

8. 证明: 圆螺旋线的渐伸线是落在与其轴线垂直的平面内的一条曲线, 并且它也是圆螺旋线所在圆柱面与该平面的交线的渐伸线.

§2.8 平面曲线

平面曲线可以看作挠率为零的空间曲线 (定理 4.1), 因此前面的讨论适用于平面曲线的情形. 但是平面曲线有它自身的特点, 因此本节只限于平面本身 (而不考虑外围的空间) 研究其中的曲线的弯曲性质.

在平面 E^2 的右手笛卡儿直角坐标系下, 曲线 $\boldsymbol{r}=\boldsymbol{r}(s)$ 可以表示为

$$\boldsymbol{r}(s)=(x(s),y(s)), \tag{8.1}$$

其中 s 是弧长参数, 因此它的单位切向量是

$$\boldsymbol{\alpha}(s)=(x'(s),y'(s)),\quad (x'(s))^2+(y'(s))^2=1. \tag{8.2}$$

因为 E^2 是有向平面, 故可以把 $\boldsymbol{\alpha}(s)$ 沿正向旋转 90° 得到唯一的一个与 $\boldsymbol{\alpha}(s)$ 垂直的单位向量 $\boldsymbol{\beta}(s)$, 很明显

$$\boldsymbol{\beta}(s)=(-y'(s),x'(s)). \tag{8.3}$$

这样, 沿平面曲线 $\boldsymbol{r}=\boldsymbol{r}(s)$ 有一个定义好的右手单位正交标架场 $\{\boldsymbol{r}(s);\boldsymbol{\alpha}(s),\boldsymbol{\beta}(s)\}$, 它在平面曲线的理论中所担当的角色相当于空间曲线的 Frenet 标架, 称为平面曲线的 Frenet 标架. 值得指出的是, 平面曲线的 Frenet 标架场 $\{\boldsymbol{r}(s);\boldsymbol{\alpha}(s),\boldsymbol{\beta}(s)\}$ 的确定只用到曲线参数方程的一阶导数, $\boldsymbol{\beta}(s)$ 是曲线的法向量, 它与曲线的主法向量可能差一个正负号.

由于 $\boldsymbol{\alpha}(s)$ 是单位向量场, 故有 $\boldsymbol{\alpha}(s)\perp\boldsymbol{\alpha}'(s)$, 所以 $\boldsymbol{\alpha}'(s)$ 是 $\boldsymbol{\beta}(s)$ 的倍数, 设为

$$\boldsymbol{\alpha}'(s)=\kappa_r(s)\boldsymbol{\beta}(s), \tag{8.4}$$

因此

$$\begin{aligned}\kappa_r(s) &= \boldsymbol{\alpha}'(s)\cdot\boldsymbol{\beta}(s) = -x''(s)y'(s)+y''(s)x'(s)\\ &= \begin{vmatrix} x'(s) & y'(s)\\ x''(s) & y''(s)\end{vmatrix}.\end{aligned} \tag{8.5}$$

我们把 $\kappa_r(s)$ 称为平面曲线 $\boldsymbol{r}=\boldsymbol{r}(s)$ 的**相对曲率**. 如果该曲线的曲率是 $\kappa(s)$, 则有

$$\kappa_r(s) = \pm\kappa(s),$$

其中 "+" 号表示曲线朝 $\boldsymbol{\beta}(s)$ 所指的方向弯曲, $\boldsymbol{\beta}(s)$ 恰好是曲线的主法向量, 而 "−" 号表示曲线朝 $\boldsymbol{\beta}(s)$ 所指的相反方向弯曲, 曲线的主法向量是 $-\boldsymbol{\beta}(s)$ (见图 2.8).

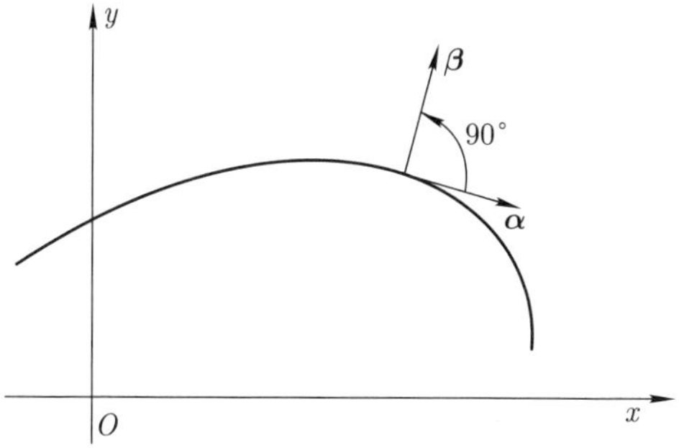

图 2.8 平 面 曲 线

平面曲线的 Frenet 标架的运动公式成为

$$\begin{cases} \boldsymbol{r}'(s) = \qquad \boldsymbol{\alpha}(s), \\ \boldsymbol{\alpha}'(s) = \qquad\qquad \kappa_r(s)\boldsymbol{\beta}(s), \\ \boldsymbol{\beta}'(s) = -\kappa_r(s)\boldsymbol{\alpha}(s). \end{cases} \tag{8.6}$$

平面曲线的曲率中心是 $\boldsymbol{r}(s)+\boldsymbol{\beta}(s)/\kappa_r(s)$, 这也是平面曲线的渐缩线的参数方程.

用 $\theta(s)$ 表示单位切向量 $\boldsymbol{\alpha}(s)$ 与 x 轴的正向所构成的角, 称为向量 $\boldsymbol{\alpha}(s)$ 的方向角. 方向角是一个多值函数, 但是在 s 的一个小范围内

总是可以取出函数 $\theta(s)$ 的一个连续分支. 此时

$$\boldsymbol{\alpha}(s)=(\cos\theta(s),\sin\theta(s)),\quad \boldsymbol{\beta}(s)=(-\sin\theta(s),\cos\theta(s)),\tag{8.7}$$

即

$$x'(s)=\cos\theta(s),\quad y'(s)=\sin\theta(s).\tag{8.8}$$

再求导得到

$$x''(s)=-\sin\theta(s)\cdot\theta'(s),\quad y''(s)=\cos\theta(s)\cdot\theta'(s),$$

因此

$$\kappa_r(s)=\frac{\mathrm{d}\theta(s)}{\mathrm{d}s}.\tag{8.9}$$

上面的式子清楚地说明了相对曲率 $\kappa_r(s)$ 的几何意义. 对于平面曲线来说, 曲线论基本定理成为下面的显式表达式

$$\begin{aligned}\theta(s)&=\theta(s_0)+\int_{s_0}^{s}\kappa_r(s)\mathrm{d}s,\\ x(s)&=x(s_0)+\int_{s_0}^{s}\cos\theta(s)\mathrm{d}s,\\ y(s)&=y(s_0)+\int_{s_0}^{s}\sin\theta(s)\mathrm{d}s.\end{aligned}\tag{8.10}$$

若平面曲线 $\boldsymbol{r}=\boldsymbol{r}(t)$ 的参数方程是

$$\boldsymbol{r}(t)=(x(t),y(t)),\tag{8.11}$$

其中 t 未必是弧长参数. 曲线的弧长元素是

$$\mathrm{d}s=|\boldsymbol{r}'(t)|\mathrm{d}t=\sqrt{(x')^2+(y')^2}\mathrm{d}t,\tag{8.12}$$

因此它的单位切向量是

$$\boldsymbol{\alpha}(t)=\frac{\boldsymbol{r}'(t)}{|\boldsymbol{r}'(t)|}=\left(\frac{x'}{\sqrt{(x')^2+(y')^2}},\frac{y'}{\sqrt{(x')^2+(y')^2}}\right),\tag{8.13}$$

法向量是

$$\boldsymbol{\beta}(t)=\left(-\frac{y'}{\sqrt{(x')^2+(y')^2}},\frac{x'}{\sqrt{(x')^2+(y')^2}}\right). \tag{8.14}$$

因此曲线 C 的相对曲率是

$$\begin{aligned}\kappa_r(t)&=\frac{\mathrm{d}\boldsymbol{\alpha}(t)}{\mathrm{d}s}\cdot\boldsymbol{\beta}(t)=\frac{\mathrm{d}t}{\mathrm{d}s}\cdot\boldsymbol{\alpha}'(t)\cdot\boldsymbol{\beta}(t)\\&=\frac{x'(t)y''(t)-x''(t)y'(t)}{\sqrt{((x')^2+(y')^2)^3}}.\end{aligned} \tag{8.15}$$

对于整条平面曲线 $\boldsymbol{r}=\boldsymbol{r}(s)(a\leqslant s\leqslant b)$ 而言, 也能取出其方向角的连续分支 $\theta(s)$. 事实上, 在每一点处单位切向量 $\boldsymbol{\alpha}(s)$ 的方向角确定到差 2π 的整数倍. 这样, 我们可以将区间划分得充分的小, 设为

$$a=s_0<s_1<\cdots<s_n=b,$$

使得在每一段小区间 $[s_i,s_{i+1}]$ 上, 方向角的连续分支 $\theta(s)$ 的变差不超过 π. 然后, 从区间 $[s_0,s_1]$ 的一个连续分支出发, 依次唯一地确定了各个区间 $[s_i,s_{i+1}]$ 上的连续分支 $\theta(s)$, 最终得到定义在整条曲线上的方向角连续分支 $\theta(s)$. 由此可见, 方向角的任意两个连续分支 $\theta(s)$ 和 $\tilde{\theta}(s)$ 之间差 2π 的一个整数倍, 即有整数 k, 使得

$$\tilde{\theta}(s)-\theta(s)=2k\pi.$$

由于左边是 s 的连续函数, 因此 k 只能是常数, 故一条平面曲线的方向角的总变差与连续分支的取法无关, 即

$$\tilde{\theta}(b)-\tilde{\theta}(a)=\theta(b)-\theta(a).$$

根据 (8.9) 式得知

$$\theta(b)-\theta(a)=\int_a^b\kappa_r(s)\mathrm{d}s. \tag{8.16}$$

如果 $\boldsymbol{r}=\boldsymbol{r}(s),a\leqslant s\leqslant b$ 是 E^2 上的一条光滑曲线, 并且

$$\boldsymbol{r}(b)=\boldsymbol{r}(a),\quad \boldsymbol{r}'(b)=\boldsymbol{r}'(a),\quad \boldsymbol{r}''(b)=\boldsymbol{r}''(a),\quad \cdots$$

则称它为光滑闭曲线. 如果 $\boldsymbol{r}=\boldsymbol{r}(s), a \leqslant s \leqslant b$ 是若干段光滑曲线首尾相接而成的, 并且 $\boldsymbol{r}(b)=\boldsymbol{r}(a)$, 则称它是分段光滑的闭曲线.

如果 $\boldsymbol{r}=\boldsymbol{r}(s), a \leqslant s \leqslant b$ 是 E^2 上的一条闭曲线, 并且对于任意的 $a \leqslant s_1<s_2<b$, 都有

$$\boldsymbol{r}(s_1) \neq \boldsymbol{r}(s_2),$$

则称该曲线是简单的. 简单闭曲线就是没有自交点的闭曲线.

对于连续可微的闭曲线

$$C: \boldsymbol{r}=\boldsymbol{r}(s), \quad a \leqslant s \leqslant b,$$

它的单位切向量 $\boldsymbol{\alpha}(s)$ 绕曲线转一圈回到起点时与原来的单位切向量重合, 因此方向角的总变差 $\theta(b)-\theta(a)$ 一定是 2π 的整数倍, 它与方向角连续分支 $\boldsymbol{\alpha}(s)$ 的选取无关. 命

$$i(C)=\frac{1}{2\pi}(\theta(b)-\theta(a)), \tag{8.17}$$

称为连续可微闭曲线 C 的**旋转指标**.

定理 8.1 若 C 是平面 E^2 上一条连续可微的简单闭曲线, 则它的旋转指标 $i(C)=\pm 1$.

这是曲线的大范围微分几何性质, 其直观意义是明显的, 但是它的证明不是很简单. 若 C 是分段光滑的简单闭曲线, 则曲线的方向角的总变差是

$$\theta(b)-\theta(a)=\int_a^b \kappa_r(s) \mathrm{d} s+\sum_i \theta_i, \tag{8.18}$$

这里 θ_i 是曲线在各个角点处的外角, $-\pi<\theta_i<\pi$, 即

$$\theta_i=\angle(\boldsymbol{\alpha}(s_i-0), \boldsymbol{\alpha}(s_i+0)), \tag{8.19}$$

其中 s_i 是曲线的角点所对应的参数, 曲线在每一段区间 (s_i, s_{i+1}) 上是连续可微的. 在上述意义下, 旋转指标定理对于分段连续可微的简单闭曲线仍然是成立的.

习 题 2.8

1. 求下列平面曲线的相对曲率 κ_r:

(1) 椭圆: $\boldsymbol{r}=(a\cos t, b\sin t)$, $a,b>0$ 是常数, $0\leqslant t<2\pi$;

(2) 双曲线: $\boldsymbol{r}=(a\cosh t, b\sinh t)$, $-\infty<t<\infty$;

(3) 抛物线: $\boldsymbol{r}=(t, at^2)$, $-\infty<t<\infty$;

(4) 摆线: $\boldsymbol{r}=(a(t-\sin t), a(1-\cos t))$, $0\leqslant t\leqslant 2\pi$;

(5) 悬链线: $\boldsymbol{r}=(t, a\cosh t)$, $-\infty<t<\infty$;

(6) 曳物线: $\boldsymbol{r}=(a\cos t, a\log(\sec t+\tan t)-a\sin t)$, $0\leqslant t<\pi/2$.

2. 设平面曲线在极坐标系下的方程是 $\rho=\rho(\theta)$, 其中 ρ 是极距, θ 是极角. 求曲线的相对曲率的表达式.

3. 假定 $y=f(x)$ 是定义在闭区间 $[a,b]$ 上的 2 次以上连续可微的函数, 且只在点 $a<x_1<x_2<b$ 上分别达到它的极大值和极小值, 因此它有拐点, 设为 $x_0\in(x_1,x_2)$. 试在该函数图像上指出相对曲率为正的部分和相对曲率为负的部分.

4. 已知平面曲线 C 满足微分方程

$$P(x,y)\mathrm{d}x+Q(x,y)\mathrm{d}y=0,$$

求它的相对曲率的表达式.

5. 已知平面曲线 C 的隐式方程是 $\Phi(x,y)=0$, 求它的相对曲率的表达式.

6. 已知曲线的相对曲率为

(1) $\kappa_r(s)=\dfrac{1}{1+s^2}$;

(2) $\kappa_r(s)=\dfrac{1}{1+s}$;

(3) $\kappa_r(s)=\dfrac{1}{\sqrt{1-s^2}}$,

其中 s 是弧长参数, 求各条平面曲线的参数方程.

7. 求第 1 题中各条平面曲线的曲率中心的轨迹.

8. 求下列曲线的渐伸线:

(1) 圆: $x^2+y^2=a^2$;

(2) 摆线: $\boldsymbol{r} = (a(t - \sin t), a(1 - \cos t))$, $0 \leqslant t \leqslant 2\pi$;

(3) 悬链线: $y = a \cosh x$.

第三章　曲面的第一基本形式

本章主要介绍 E^3 中正则参数曲面的基本概念, 以及外围空间 E^3 的欧氏内积在正则参数曲面上诱导的度量形式, 即曲面的第一基本形式. 在曲面上与度量性质有关的量都能够借助于曲面的第一基本形式进行计算. 第一基本形式是曲面参数的二次微分形式, 而曲面的参数容许作一定的变换. 我们要证明在曲面上能够选取适当的参数使得第一基本形式只含有参数微分的平方项, 从而使关于曲面的计算变得简单了, 这种参数系称为曲面的正交参数系. 最后我们在本章要研究能够与平面建立等距对应的曲面, 即可展曲面, 这类曲面有许多特别的性质.

§3.1　正则参数曲面

所谓的参数曲面 S 是指从 E^2 的一个区域 D (即 E^2 中的一个连通开子集) 到空间 E^3 的一个连续映射 $S:\ D\to E^3$. 若在 E^2 和 E^3 中分别建立了笛卡儿直角坐标系, 用 (u,v) 记 E^2 中点的坐标, 用 (x,y,z) 记 E^3 中点的坐标, 则参数曲面 S 的方程可以表示为

$$\begin{cases} x=x(u,v), \\ y=y(u,v), \qquad (u,v)\in D, \\ z=z(u,v), \end{cases} \tag{1.1}$$

或者写成向量方程的形式

$$\boldsymbol{r}=\boldsymbol{r}(u,v)=(x(u,v),y(u,v),z(u,v)). \tag{1.2}$$

对于本书要研究的曲面, 首先假定函数 $x(u,v),y(u,v),z(u,v)$ 有连续的 3 次以上的各阶偏导数.

自变量 u,v 称为曲面 S 的参数. 在曲面 S 上取定一点 p_0, $\overrightarrow{Op_0}=\boldsymbol{r}(u_0,v_0)$. 如果让参数 u 固定, $u=u_0$, 而让参数 v 变化, 则动点描出一

条落在曲面 S 上的曲线 $\boldsymbol{r}(u_0, v)$, 这条曲线称为在曲面 S 上经过点 p_0 的 v-曲线. 同理, 我们有曲面 S 上经过点 p_0 的 u-曲线 $\boldsymbol{r}(u, v_0)$, 或记成 $v = v_0$. 这样, 在参数曲面上经过每一点有一条 u-曲线和一条 v-曲线, 它们构成曲面上的**参数曲线网**. 在区域 D 上看, u-曲线和 v-曲线分别是 E^2 中的坐标曲线. 因此在直观上, 参数曲面 S 是把 E^2 中的区域 D 经过伸缩、扭曲等变形后放置到 E^3 中的结果, 此时 E^2 中的坐标曲线网就变成了曲面 S 上的参数曲线网. 这就是说, 从曲面 S 上看, (u, v) 可以作为曲面 S 上的点的坐标, 称为曲面上的**曲纹坐标** (见图 3.1).

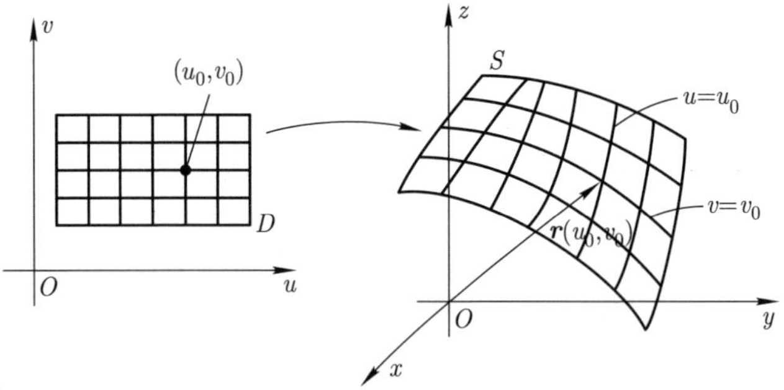

图 3.1 正则参数曲面

但是, 要使 (u, v) 真的能够具有曲面 S 上的点的坐标的功能, 必须要求在曲面 S 和区域 D 的点之间是一一对应的, 然而方程 (1.1) 本身并不能保证这一点. 为此, 需要在方程 (1.1) 上加一些正则性条件. 曲面 S 的参数曲线在点 p_0 的两个切向量是

$$\boldsymbol{r}_u(u_0, v_0) = \left.\frac{\partial \boldsymbol{r}}{\partial u}\right|_{(u_0, v_0)}, \quad \boldsymbol{r}_v(u_0, v_0) = \left.\frac{\partial \boldsymbol{r}}{\partial v}\right|_{(u_0, v_0)}, \tag{1.3}$$

如果 $\boldsymbol{r}_u(u_0, v_0), \boldsymbol{r}_v(u_0, v_0)$ 是线性无关的, 即 $\boldsymbol{r}_u \times \boldsymbol{r}_v|_{(u_0, v_0)} \neq \mathbf{0}$, 则称曲面 S 在点 p_0 是**正则的**. 今后我们所研究的曲面都是 3 次以上连续可微的、处处是正则点的参数曲面, 称为**正则参数曲面**.

设 $S: \boldsymbol{r} = \boldsymbol{r}(u, v), (u, v) \in D$ 是正则参数曲面. 对于任意一点

$(u_0, v_0) \in D$, 因为

$$\boldsymbol{r}_u \times \boldsymbol{r}_v|_{(u_0,v_0)} = \left(\frac{\partial(y,z)}{\partial(u,v)}, \frac{\partial(z,x)}{\partial(u,v)}, \frac{\partial(x,y)}{\partial(u,v)} \right)\bigg|_{(u_0,v_0)} \neq \mathbf{0}, \tag{1.4}$$

不妨设

$$\frac{\partial(x,y)}{\partial(u,v)}\bigg|_{(u_0,v_0)} \neq 0,$$

故由反函数定理得知, 存在点 (u_0, v_0) 在 D 内的邻域 U, 使得函数 $x = x(u,v), y = y(u,v)$ 在 U 上有反函数

$$u = u(x,y), \quad v = v(x,y),$$

即它们满足恒等式

$$x(u(x,y), v(x,y)) \equiv x, \quad y(u(x,y), v(x,y)) \equiv y.$$

这时,

$$z = z(u,v) = z(u(x,y), v(x,y)), \tag{1.5}$$

将上式右端仍旧记为函数 $z(x,y)$, 则曲面 S 的参数方程成为

$$\boldsymbol{r} = (x, y, z(x,y)), \tag{1.6}$$

于是区域 U 与曲面 $S|_U$ 之间的点的一一对应是由 $(u(x,y), v(x,y)) \leftrightarrow (x, y, z(x,y))$ 给出的.

上面的讨论还说明, 正则参数曲面在任意一点的某个邻域内总是可以表示成类似于 (1.5) 式的形式, 也就是说, 正则参数曲面在局部上必定可以看作一个二元连续可微函数的图像. 用 (1.5) 式给出曲面的方式称为 **Monge 形式**. 用 Monge 形式给出的曲面都是正则的, 因为函数 $z = z(x,y)$ 的图像的参数方程恰好是 (1.6) 式, 因此

$$\boldsymbol{r}_x = (1, 0, z_x), \quad \boldsymbol{r}_y = (0, 1, z_y),$$

于是

$$\boldsymbol{r}_x \times \boldsymbol{r}_y = \left(-\frac{\partial z}{\partial x}, -\frac{\partial z}{\partial y}, 1 \right) \neq \mathbf{0}. \tag{1.7}$$

当然, 正则参数曲面的参数容许作一定的变换. 设

$$\begin{cases} u = u(\tilde{u}, \tilde{v}), \\ v = v(\tilde{u}, \tilde{v}), \end{cases} \tag{1.8}$$

它们满足如下的条件:

(1) $u(\tilde{u}, \tilde{v}), v(\tilde{u}, \tilde{v})$ 都是 $\tilde{u}, \tilde{v}$ 的 3 次以上连续可微函数;

(2) $\dfrac{\partial(u, v)}{\partial(\tilde{u}, \tilde{v})} \neq 0$.

将上面的函数代入正则参数曲面的方程 (1.2) 得到

$$\begin{aligned} \boldsymbol{r} &= \boldsymbol{r}(u(\tilde{u}, \tilde{v}), v(\tilde{u}, \tilde{v})) \\ &= (x(u(\tilde{u}, \tilde{v}), v(\tilde{u}, \tilde{v})), y(u(\tilde{u}, \tilde{v}), v(\tilde{u}, \tilde{v})), z(u(\tilde{u}, \tilde{v}), v(\tilde{u}, \tilde{v}))), \end{aligned} \tag{1.9}$$

于是它作为 $\tilde{u}, \tilde{v}$ 的函数仍然是 3 次以上连续可微的, 并且

$$\begin{aligned} \boldsymbol{r}_{\tilde{u}} &= \boldsymbol{r}_u \frac{\partial u}{\partial \tilde{u}} + \boldsymbol{r}_v \frac{\partial v}{\partial \tilde{u}}, \\ \boldsymbol{r}_{\tilde{v}} &= \boldsymbol{r}_u \frac{\partial u}{\partial \tilde{v}} + \boldsymbol{r}_v \frac{\partial v}{\partial \tilde{v}}, \\ \boldsymbol{r}_{\tilde{u}} \times \boldsymbol{r}_{\tilde{v}} &= \frac{\partial(u, v)}{\partial(\tilde{u}, \tilde{v})} \cdot (\boldsymbol{r}_u \times \boldsymbol{r}_v) \neq \boldsymbol{0}. \end{aligned} \tag{1.10}$$

由此可见, 在经过如上的变量替换之后, 得到的仍然是正则参数曲面. 这就是说, 正则参数曲面的性质在满足条件 (1),(2) 的参数变换 (1.8) 下是保持不变的. 我们把满足条件 (1) 和 (2) 的参数变换 (1.8) 称为容许的参数变换.

我们还规定, 向量 $\boldsymbol{r}_u \times \boldsymbol{r}_v$ 所指的一侧为曲面的正侧. 因此, 参数 u, v 的次序决定了正则参数曲面的**定向**. 当参数 u, v 的次序颠倒时, 向量 $\boldsymbol{r}_u \times \boldsymbol{r}_v$ 就改变它的指向, 正则参数曲面的定向也随之颠倒. (1.10) 式还表明, 容许的参数变换 (1.8) 保持参数曲面的定向不变的充分必要条件是

$$\frac{\partial(u, v)}{\partial(\tilde{u}, \tilde{v})} > 0. \tag{1.11}$$

正则参数曲面的概念在应用中是十分方便、十分广泛的, 但是有的曲面却不能够用一张正则参数曲面来表示, 而是要把曲面分成若干块,

然后每一块用正则参数曲面来表示. 例如, 球面的方程是 $x^2+y^2+z^2=a^2$, 上半球面的参数方程是

$$z=\sqrt{a^2-x^2-y^2}, \quad x^2+y^2<a^2;$$

下半球面的参数方程则是

$$z=-\sqrt{a^2-x^2-y^2}, \quad x^2+y^2<a^2.$$

即使如此, 赤道上的点都还没有包含在内, 要研究球面在赤道上的点的附近的性质, 需要考虑球面上包含该点在内的一个区域的参数表示. 由此可见, 正则参数曲面只是表示曲面的一种手段, 正则曲面的概念本身尚需另外定义.

定义 1.1 设 S 是 E^3 的一个子集. 如果对于任意一点 $p\in S$, 必存在点 p 在 E^3 中的一个邻域 $V\subset E^3$, 以及 E^2 中的一个区域 U, 使得在 U 和 $V\cap S$ 之间能够建立一一的、双向都是连续的对应, 并且该对应 $\boldsymbol{r}:U\to V\cap S\subset E^3$ 本身是一个正则参数曲面

$$\boldsymbol{r}(u,v)=(x(u,v),y(u,v),z(u,v)), \quad (u,v)\in U,$$

则称 S 是 E^3 中的一张**正则曲面**, 简称为**曲面**.

如果曲面 S 有两个正则参数表示

$$\boldsymbol{r}_i:U_i\to V_i\cap S\subset E^3, \quad i=1,2,$$

使得 $V_1\cap V_2\cap S\neq\varnothing$, 那么在任意一点 $p\in V_1\cap V_2\cap S$ 的附近便有两组曲纹坐标 (u_1,v_1) 和 (u_2,v_2), 而且它们之间必定有容许的参数变换. 事实上, 设

$$\boldsymbol{r}_1(u_1,v_1)=(x_1(u_1,v_1),y_1(u_1,v_1),z_1(u_1,v_1)), \quad \forall(u_1,v_1)\in U_1,$$
$$\boldsymbol{r}_2(u_2,v_2)=(x_2(u_2,v_2),y_2(u_2,v_2),z_2(u_2,v_2)), \quad \forall(u_2,v_2)\in U_2,$$

那么在点 p 的附近有

$$\begin{aligned} x&=x_1(u_1,v_1)=x_2(u_2,v_2),\\ y&=y_1(u_1,v_1)=y_2(u_2,v_2),\\ z&=z_1(u_1,v_1)=z_2(u_2,v_2). \end{aligned} \tag{1.12}$$

对于函数 $x=x_1(u_1,v_1), y=y_1(u_1,v_1)$, 在正则性条件

$$\frac{\partial(x_1,y_1)}{\partial(u_1,v_1)}\neq 0$$

下, 由反函数定理得知, 在点 p 所对应的参数 (u_1^0,v_1^0) 的一个邻域内存在 3 次以上连续可微的反函数

$$u_1=f(x,y),\quad v_1=g(x,y), \tag{1.13}$$

它们满足恒等式

$$f(x_1(u_1,v_1),y_1(u_1,v_1))\equiv u_1,\quad g(x_1(u_1,v_1),y_1(u_1,v_1))\equiv v_1.$$

于是曲纹坐标 (u_1,v_1) 和 (u_2,v_2) 之间的变换是

$$u_1=f(x_2(u_2,v_2),y_2(u_2,v_2)),\quad v_1=g(x_2(u_2,v_2),y_2(u_2,v_2)). \tag{1.14}$$

很明显, u_1,v_1 是 u_2,v_2 的 3 次以上连续可微函数, 并且

$$\frac{\partial(u_1,v_1)}{\partial(u_2,v_2)}=\frac{\partial(f,g)}{\partial(x,y)}\cdot\frac{\partial(x_2,y_2)}{\partial(u_2,v_2)}=\frac{\partial(x_2,y_2)}{\partial(u_2,v_2)}\left(\frac{\partial(x_1,y_1)}{\partial(u_1,v_1)}\right)^{-1}\neq 0,$$

因此 (1.14) 是容许的参数变换. 由此可见, 在正则曲面上, 容许的参数变换是自然而然地出现的, 定义在正则曲面上的量应该是与它的正则参数表示无关的量. 如果在正则曲面的每一个正则参数表示下都定义了一个量, 而它们在如同 (1.14) 式给出的变换下是保持相等的, 则它们便在整个正则曲面上定义了一个完全确定的量. 我们要研究的定义在曲面上的量应该具有这种不变性.

如果在正则曲面的每一点的邻域内都能够选定一个正则参数表示, 使得在邻域重叠的部分其任意两组参数如同 (1.14) 式的变换都保持定向不变, 即保持不等式 $\dfrac{\partial(u_1,v_1)}{\partial(u_2,v_2)}>0$ 成立, 则称这样的正则曲面是**可定向的**.

在直观上看, 每一个正则参数曲面是一个开的曲面片, 它与 E^2 中的一个开区域是同胚的, 而正则曲面是把一片片正则参数曲面粘起来

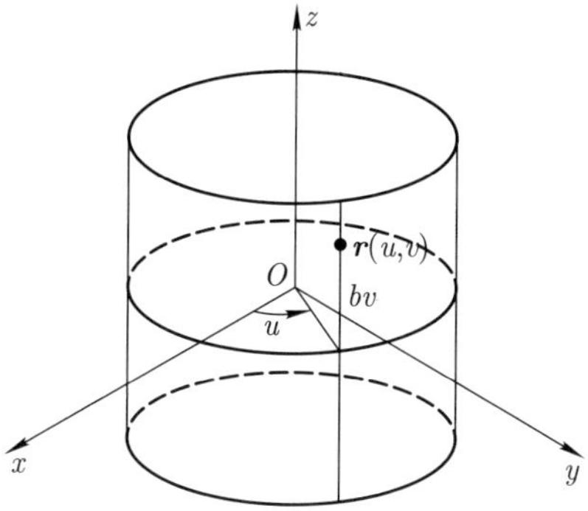

图 3.2 圆 柱 面

的结果. 在我们的课程中着重研究的就是正则参数曲面以及它在容许参数变换下的不变量.

例 1 圆柱面 $x^2+y^2=a^2$ (参看图 3.2).

圆柱面的一个正则参数表示是

$$\boldsymbol{r}=\boldsymbol{r}(u,v)=(a\cos u,a\sin u,bv), \tag{1.15}$$

其中 $a>0$ 和 b 是常数. 若规定 $-\pi<u<\pi$, $-\infty<v<\infty$, 则它所表示的是圆柱面上除去直线

$$x=-a,\quad y=0,\quad z=bv$$

后剩余的部分, 即它是圆柱面落在半空间 $\{(x,y,z)\in E^3: x>-a\}$ 内的部分. 若规定 $0<u<2\pi$, $-\infty<v<\infty$, 则它所表示的是圆柱面上除去直线

$$x=a,\quad y=0,\quad z=bv$$

后剩余的部分, 即它是圆柱面落在半空间 $\{(x,y,z)\in E^3: x<a\}$ 内的部分. 这两部分包含了圆柱面上所有的点. 如果把后面这部分圆柱面的参数表示的参数记为 $(\tilde{u},\tilde{v})$, 则在这两片曲面重叠的部分成为两个连

通区域, 其中有参数变换

$$\tilde{u}=\begin{cases}u, & 0<u<\pi,\\ u+2\pi, & -\pi<u<0,\end{cases}\qquad \tilde{v}=v.$$

很明显, 在重叠区域上有 $\dfrac{\partial(\tilde{u},\tilde{v})}{\partial(u,v)}=1>0$, 所以圆柱面是可定向曲面.

例 2 球面 $x^2+y^2+z^2=a^2$ (参看图 3.3).

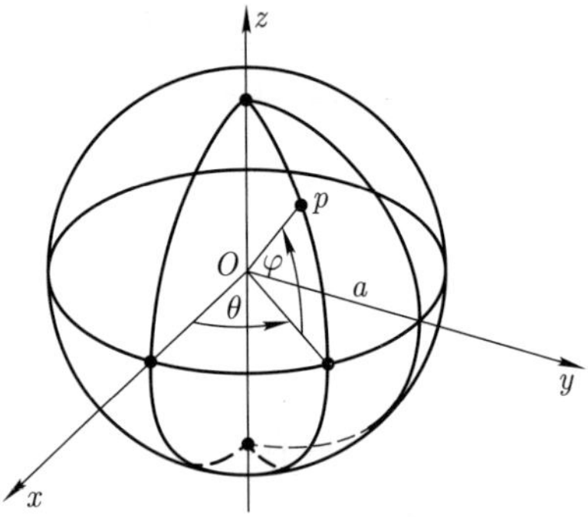

图 3.3 球 面

球面的常用的参数表示是

$$\boldsymbol{r}=\boldsymbol{r}(\theta,\varphi)=(a\cos\varphi\cos\theta, a\cos\varphi\sin\theta, a\sin\varphi), \tag{1.16}$$

其中 $a>0$ 是常数. 若规定 $-\pi<\theta<\pi, -\dfrac{\pi}{2}<\varphi<\dfrac{\pi}{2}$, 则方程 (1.16) 所表示的是球面上除去从北极到南极、经过点 $(-a,0,0)$ 的半个大圆周之后剩余的区域, 它是球面与 E^3 的开子集 $E^3\setminus\{(x,0,z): x\leqslant 0, -\infty<z<\infty\}$ 的交集.

思考题: 球面最少需要表示成几个正则参数曲面, 才能把球面上所有的点都包括进来?

例 3 旋转面.

圆柱面和球面都是旋转面的特例. 一般地, 假定 C 是坐标平面 Oxz 上的一条曲线, 它的参数方程是

$$x=f(v),\quad y=0,\quad z=g(v),\quad a\leqslant v\leqslant b, \tag{1.17}$$

并且设 $f(v)>0$, 则它绕 z 轴旋转一周所得的曲面就是旋转面, 其参数方程是

$$\boldsymbol{r}=\boldsymbol{r}(u,v)=(f(v)\cos u, f(v)\sin u, g(v)), \tag{1.18}$$

其中 $0\leqslant u\leqslant 2\pi$, $a\leqslant v\leqslant b$(参看图 3.4). 按照习惯, 我们把旋转面上的 u-曲线称为**纬线**(平行圆), 把 v-曲线称为**经线**.

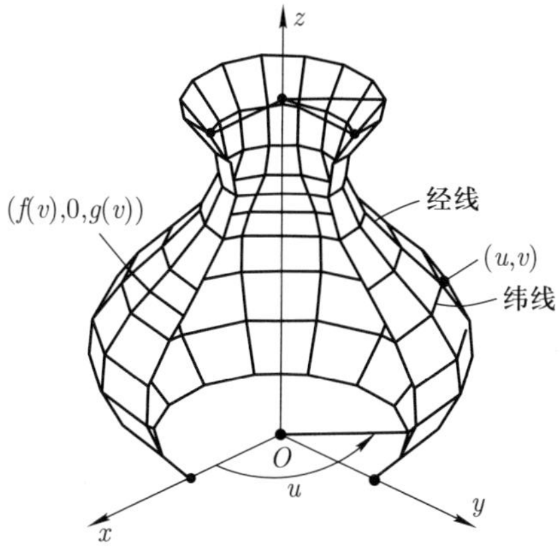

图 3.4 旋 转 面

当然, 按照我们关于参数曲面片的定义, 参数的取值范围是 $0<u<2\pi, a<v<b$. 此时去掉了经线 $u=0$. 如要包括这条经线在内, 则需要考虑同一个参数方程 (1.18), 参数的取值范围为 $-\pi<u<\pi, a<v<b$, 此时经线 $u=\pi$ 不在其中.

例 4 正螺旋面.

设直线 l 的初始位置与 x 轴重合, 然后让直线 l 一边绕 z 轴做匀速转动, 一边沿 z 轴方向做匀速直线运动, 则直线 l 在这两种运动的联合作用下所产生的曲面就是正螺旋面 (参看图 3.5). 很明显, 它的参数方程是

$$\boldsymbol{r}=\boldsymbol{r}(u,v)=(u\cos v, u\sin v, av), \tag{1.19}$$

其中 a 是非零常数, $-\infty<u<\infty$, $-\infty<v<\infty$. 它的 u-曲线是与 z 轴垂直、且与其相交的直线, 它的 v-曲线是圆螺旋线.

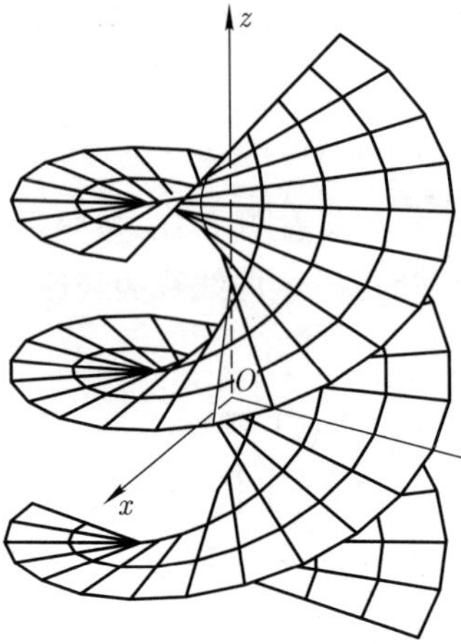

图 3.5 正 螺 旋 面

例 5 直纹面.

所谓的直纹面是指一条直线在空间中运动所产生的曲面, 或者说直纹面是单参数直线族所形成的曲面. 由此可见, 正螺旋面是直纹面, 圆柱面也是直纹面. 由于确定一条直线的方式通常是指定它所经过的一个点以及它的方向向量, 因此确定直纹面要有两个要素: 一条曲线 $\boldsymbol{r} = \boldsymbol{a}(u)$, 这是动直线上的一个固定点在时刻 u 的位置向量; 非零向量函数 $\boldsymbol{l}(u)$, 它是动直线在时刻 u 的方向向量. 所以该直线在时刻 u 经过点 $\boldsymbol{a}(u)$、以 $\boldsymbol{l}(u)$ 为方向向量, 故它的参数方程是

$$\boldsymbol{r} = \boldsymbol{r}(u,v) = \boldsymbol{a}(u) + v\boldsymbol{l}(u). \tag{1.20}$$

上式作为 u, v 的二元函数, 恰好是直纹面的参数方程. 曲线 $\boldsymbol{r} = \boldsymbol{a}(u)$ 称为直纹面的**准线**, 而 v-曲线 (直线, 即单参数直线族中的成员) 称为直纹面的**直母线**. 因为

$$\boldsymbol{r}_u(u,v) = \boldsymbol{a}'(u) + v\boldsymbol{l}'(u), \quad \boldsymbol{r}_v(u,v) = \boldsymbol{l}(u),$$

所以参数曲面 (1.20) 是正则曲面的充分必要条件是

$$\boldsymbol{r}_u \times \boldsymbol{r}_v = (\boldsymbol{a}'(u) + v\boldsymbol{l}'(u)) \times \boldsymbol{l}(u) \neq \boldsymbol{0}, \tag{1.21}$$

即 $\boldsymbol{a}'(u) \times \boldsymbol{l}(u)$ 和 $\boldsymbol{l}'(u) \times \boldsymbol{l}(u)$ 不能同时为零. 当然, 直纹面的准线 $\boldsymbol{r} = \boldsymbol{a}(u)$ 允许作如下的变换:

$$\boldsymbol{r} = \tilde{\boldsymbol{a}}(u) = \boldsymbol{a}(u) + \lambda(u)\boldsymbol{l}(u), \tag{1.22}$$

其中 $\lambda(u)$ 是一个连续可微的函数. 直母线的方向向量 $\boldsymbol{l}(u)$ 允许改变它的长度, 例如将它取成单位向量函数. 特别地, 通过准线的上述变换, 可以要求 $\boldsymbol{l}(u)$ 与新的准线是垂直的. 实际上, 只要在 (1.22) 式中取

$$\lambda(u) = -\frac{1}{|\boldsymbol{l}(u)|}\int_{u_0}^{u}\left(\boldsymbol{a}'(u) \cdot \frac{\boldsymbol{l}(u)}{|\boldsymbol{l}(u)|}\right)\mathrm{d}u \tag{1.23}$$

就行了. 此时,

$$\begin{aligned}
\tilde{\boldsymbol{a}}'(u) &= \boldsymbol{a}'(u) + \lambda'(u)\boldsymbol{l}(u) + \lambda(u)\boldsymbol{l}'(u),\\
\tilde{\boldsymbol{a}}'(u) \cdot \boldsymbol{l}(u) &= \boldsymbol{a}'(u) \cdot \boldsymbol{l}(u) + \lambda'(u)|\boldsymbol{l}(u)|^2 + \lambda(u)\boldsymbol{l}'(u) \cdot \boldsymbol{l}(u)\\
&= \boldsymbol{a}'(u) \cdot \boldsymbol{l}(u) + \lambda'(u)|\boldsymbol{l}(u)|^2 + \lambda(u)|\boldsymbol{l}(u)|(|\boldsymbol{l}(u)|)'\\
&= |\boldsymbol{l}(u)|\left(\boldsymbol{a}'(u) \cdot \frac{\boldsymbol{l}(u)}{|\boldsymbol{l}(u)|} + (\lambda(u)|\boldsymbol{l}(u)|)'\right) = 0.
\end{aligned}$$

如果方向向量 $\boldsymbol{l}(u)$ 已经是单位向量函数, 则 (1.23) 式有更加简单的形式

$$\lambda(u) = -\int_{u_0}^{u}\boldsymbol{a}'(u) \cdot \boldsymbol{l}(u)\mathrm{d}u. \tag{1.24}$$

如果方向向量 $\boldsymbol{l}(u)$ 有固定的指向, 即所有的直母线互相平行, 此时 $\boldsymbol{l}(u)$ 满足条件

$$\boldsymbol{l}(u) \times \boldsymbol{l}'(u) = \boldsymbol{0}, \tag{1.25}$$

则对应的直纹面称为**柱面**. 当所有的直母线都通过一个定点, 即存在连续可微函数 $\lambda(u)$, 使得

$$\boldsymbol{a}(u) + \lambda(u)\boldsymbol{l}(u) = \boldsymbol{r}_0(\text{常向量}), \tag{1.26}$$

则对应的直纹面称为**锥面**. 此时, 锥面的准线可以退化成定点 $\boldsymbol{r}_0$ 本身. 如果 $\boldsymbol{a}'(u) = \boldsymbol{l}(u)$, 则直母线是准线的切线, 或者说, 对应的直纹面是由曲线 $\boldsymbol{r} = \boldsymbol{a}(u)$ 的切线形成的曲面, 称为曲线 $\boldsymbol{r} = \boldsymbol{a}(u)$ 的**切线面**. 这三种特殊的直纹面有一些共同的特征, 我们将在 §3.6 进行详细的研究.

习 题 3.1

1. 写出椭球面、单叶双曲面、双叶双曲面、椭圆抛物面、双曲抛物面的参数方程, 并且把每一种曲面表示成若干正则参数曲面片, 使得它们包括了每一种曲面上的所有的点.

2. 在球面 $x^2+y^2+z^2=1$ 上, 命 $N=(0,0,1)$, $S=(0,0,-1)$. 对于赤道平面上的任意一点 $p=(u,v,0)$, 可以作唯一的一条直线经过 N, p 两点, 它与球面有唯一的交点, 记为 p'.

(1) 证明: 点 p' 的坐标是

$$x=\frac{2u}{u^2+v^2+1},\quad y=\frac{2v}{u^2+v^2+1},\quad z=\frac{u^2+v^2-1}{u^2+v^2+1},$$

并且它给出了球面上去掉北极 N 的剩余部分的正则参数表示, 它是球面与半空间 $\{(x,y,z)\in E^3: z<1\}$ 的交集;

(2) 求球面上去掉南极 S 的剩余部分的类似的正则参数表示, 它是球面与半空间 $\{(x,y,z)\in E^3: z>-1\}$ 的交集;

(3) 这两片正则参数曲面包括了球面上的所有的点, 求上面两个正则参数曲面片在其公共部分的参数变换;

(4) 证明球面是可定向曲面.

3. 考虑方程

$$\boldsymbol{r}=(u\cos v, u\sin v, \sqrt{k^2-u^2}),\quad k>0.$$

这表示一张什么曲面? 参数 u,v 的几何意义是什么?

4. 求由圆螺旋线的主法线所构成的曲面的参数方程. 这是一张什么曲面?

5. 写出单叶双曲面 $\dfrac{x^2}{a^2}+\dfrac{y^2}{b^2}-\dfrac{z^2}{c^2}=1$ 和双曲抛物面 $2z=\dfrac{x^2}{a^2}-\dfrac{y^2}{b^2}$ 作为直纹面的参数方程.

6. 已知空间中的四个点 $p_i(1\leqslant i\leqslant 4)$ 的坐标是 (x_i,y_i,z_i). 经过线段 p_1p_2 与 p_3p_4 上有相同分比的点作直线, 所有这样的直线构成一个直纹面, 写出这个直纹面的参数方程. 考察该直纹面是正则参数曲面的条件.

7. 求正螺旋面

$$\boldsymbol{r} = (u\cos v, u\sin v, bv), \quad b \neq 0$$

与圆柱面 $(x-a)^2+y^2=a^2$ 的交线的参数方程, 并求它的曲率和挠率.

8. 用若干正则参数曲面片表示 E^3 中的圆环面 $(\sqrt{x^2+y^2}-R)^2+z^2=r^2(0<r<R$ 是常数), 使它们包括了圆环面上的所有的点.

9. 设 $C: \boldsymbol{a}(u)=(3\cos u, 3\sin u, 0), 0\leqslant u\leqslant 2\pi$ 是一个圆周, 沿 C 有单位正交标架场 $\{\boldsymbol{a}(u); \boldsymbol{e}_1(u), \boldsymbol{e}_2(u), \boldsymbol{e}_3(u)\}$, 其中 $\boldsymbol{e}_1(u)=(\cos u, \sin u, 0), \boldsymbol{e}_2(u)=(-\sin u, \cos u, 0), \boldsymbol{e}_3(u)=(0,0,1)$. 考虑沿曲线 C 定义的方向向量 $\boldsymbol{l}(u)=\sin\dfrac{u}{2}\cdot\boldsymbol{e}_1(u)+\cos\dfrac{u}{2}\cdot\boldsymbol{e}_3(u)$, 于是可以定义曲面

$$\boldsymbol{r}(u,v)=\boldsymbol{a}(u)+v\boldsymbol{l}(u), \quad 0\leqslant u\leqslant 2\pi, \quad -1<v<1,$$

它可以看作沿曲线 C 移动、同时绕曲线 C 旋转的一条直线段扫出的曲面, 当该直线段沿曲线 C 走一圈时正好绕曲线 C 旋转了 $180°$. 这块曲面 S 称为 Möbius 带. 试将该曲面 S 用若干正则参数曲面片来表示, 使得它们包括了曲面 S 上的所有的点.

§3.2 切平面和法线

假定正则参数曲面 S 的参数方程是 $\boldsymbol{r}=\boldsymbol{r}(u,v)$. 在 §3.1 已经说过, (u,v) 是曲面 S 上的点的曲纹坐标, 因此曲面 S 上的任意一条连续可微曲线可以用参数方程

$$u=u(t), \quad v=v(t) \tag{2.1}$$

表示, 其中 $u(t), v(t)$ 都是 t 的连续可微函数. 它作为空间 E^3 中的曲线的参数方程是

$$\boldsymbol{r}=\boldsymbol{r}(u(t), v(t)). \tag{2.2}$$

定义 2.1 曲面 S 上经过点 p 的任意一条连续可微曲线在该点的切向量称为曲面 S 在点 p 的**切向量**.

根据定义, 曲面 S 上经过点 p 的 u-曲线和 v-曲线的切向量 $\boldsymbol{r}_u$ 和 $\boldsymbol{r}_v$ 都是曲面 S 在点 p 的切向量. 假定 p 是曲线 (2.1) 上对应于 $t=0$ 的点, 则曲线 (2.1) 在点 p 的切向量是

$$\begin{aligned}\left.\frac{\mathrm{d}\boldsymbol{r}(u(t),v(t))}{\mathrm{d}t}\right|_{t=0} &= \left.\left(\frac{\partial \boldsymbol{r}}{\partial u}\frac{\mathrm{d}u(t)}{\mathrm{d}t}+\frac{\partial \boldsymbol{r}}{\partial v}\frac{\mathrm{d}v(t)}{\mathrm{d}t}\right)\right|_{t=0}\\ &= \boldsymbol{r}_u\left.\frac{\mathrm{d}u(t)}{\mathrm{d}t}\right|_{t=0}+\boldsymbol{r}_v\left.\frac{\mathrm{d}v(t)}{\mathrm{d}t}\right|_{t=0}.\end{aligned} \tag{2.3}$$

这意味着曲面 S 在点 p 的切向量 $\left.\dfrac{\mathrm{d}\boldsymbol{r}(u(t),v(t))}{\mathrm{d}t}\right|_{t=0}$ 是切向量 $\boldsymbol{r}_u$ 和 $\boldsymbol{r}_v$ 的线性组合, 其组合系数恰好是 $\left.\dfrac{\mathrm{d}u(t)}{\mathrm{d}t}\right|_{t=0}$, $\left.\dfrac{\mathrm{d}v(t)}{\mathrm{d}t}\right|_{t=0}$. 反过来, 切向量 $\boldsymbol{r}_u$ 和 $\boldsymbol{r}_v$ 的任意一个线性组合 $a\boldsymbol{r}_u+b\boldsymbol{r}_v$, 其中 a,b 是任意的实数, 必定是曲面 S 的一个切向量. 事实上, 只要考虑曲面 S 上的连续可微曲线

$$u(t)=u_0+at, \quad v(t)=v_0+bt, \tag{2.4}$$

其中点 p 对应的参数是 (u_0,v_0), 则曲线 (2.4) 在点 p 的切向量是

$$\left.\frac{\mathrm{d}\boldsymbol{r}(u(t),v(t))}{\mathrm{d}t}\right|_{t=0}=a\boldsymbol{r}_u+b\boldsymbol{r}_v. \tag{2.5}$$

由此可见, 曲面 S 在点 p 的切向量就是点 p 的切向量 $\boldsymbol{r}_u,\boldsymbol{r}_v$ 的任意的线性组合.

对于正则参数曲面, $\boldsymbol{r}_u\times\boldsymbol{r}_v\neq\boldsymbol{0}$, 故切向量 $\boldsymbol{r}_u$ 和 $\boldsymbol{r}_v$ 是线性无关的, 因此曲面 S 在点 p (设点 p 对应的参数是 (u,v)) 的全体切向量构成一个二维向量空间, 这个向量空间称为曲面 S 在点 p 的**切空间**, 记为 T_pS. $\{\boldsymbol{r}_u,\boldsymbol{r}_v\}$ 是曲面 S 在点 p 的切空间 T_pS 的基底. 在空间 E^3 中经过点 p、由切向量 $\boldsymbol{r}_u,\boldsymbol{r}_v$ 张成的二维平面称为曲面 S 在点 p 的**切平面**(参看图 3.6), 它的参数方程是

$$\boldsymbol{X}(\lambda,\mu)=\boldsymbol{r}(u,v)+\lambda\boldsymbol{r}_u(u,v)+\mu\boldsymbol{r}_v(u,v), \tag{2.6}$$

其中 λ,μ 是切平面上动点的参数. 很明显, 该切平面的法向量是

$$\boldsymbol{n}(u,v)=\frac{\boldsymbol{r}_u(u,v)\times\boldsymbol{r}_v(u,v)}{|\boldsymbol{r}_u(u,v)\times\boldsymbol{r}_v(u,v)|}. \tag{2.7}$$

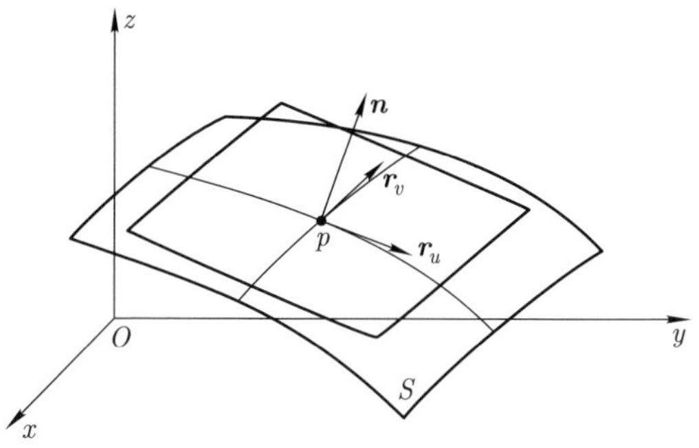

图 3.6 正则参数曲面的切平面

在空间 E^3 中经过点 p、以法向量 $\boldsymbol{n}(u,v)$ 为方向向量的直线称为曲面 S 在点 p 的**法线**, 它的参数方程是

$$\boldsymbol{X}(t)=\boldsymbol{r}(u,v)+t\boldsymbol{n}(u,v), \tag{2.8}$$

t 是法线上动点的参数.

由 (1.10) 式不难知道, 正则参数曲面 S 在点 p 的切空间、切平面、法线等概念在曲面的容许参数变换下是不变的, 因而与正则曲面的参数表示方式无关. 当容许参数变换保持定向时, 单位法向量 $\boldsymbol{n}(u,v)$ 的指向也是不变的; 当容许参数变换翻转定向时, 单位法向量 $\boldsymbol{n}(u,v)$ 则反转指向. 由此可见, 在可定向的正则曲面上存在连续可微的单位法向量场, 而且只有两个互为反转的单位法向量场. 确定取哪一个单位法向量场, 就是确定了该曲面的一个定向.

在正则参数曲面 $S:\boldsymbol{r}=\boldsymbol{r}(u,v)$ 上的每一点, 借助于它的参数方程定义了一个标架 $\{\boldsymbol{r}(u,v);\boldsymbol{r}_u(u,v),\boldsymbol{r}_v(u,v),\boldsymbol{n}(u,v)\}$, 称为该曲面上的**自然标架**. 这样, 正则参数曲面 $S:\boldsymbol{r}=\boldsymbol{r}(u,v)$ 不仅是依赖参数 (u,v) 的点的集合, 而且也是在 E^3 中依赖参数 u,v 的这些自然标架的集合, 即正则参数曲面不仅是在 E^3 中依赖两个参数的点集, 而被进一步看成依赖两个参数的标架族, 或者是从区域 $D\subset E^2$ 到 E^3 上的全体标架所构成的 12 维空间 (参看 §1.1) 的一个映射. 与研究正则参数曲线的情形相仿, 对正则参数曲面的研究也可以归结为对自然标架场的研究, 不过情况要复杂多了. 在第五章将给出自然标架场的运动公式.

设 $f(x,y,z)$ 是定义在 E^3 的一个区域 $\tilde{D}$ 上的连续可微函数. 当

$$\left(\frac{\partial f}{\partial x},\frac{\partial f}{\partial y},\frac{\partial f}{\partial z}\right)\neq \mathbf{0} \tag{2.9}$$

时, 函数 f 的等值面

$$f(x,y,z)=c \tag{2.10}$$

是 E^3 中的一个正则曲面. 事实上, 若设 p 是等值面上的一点, 对应的参数是 (x_0,y_0,z_0), 并且假定

$$\left.\frac{\partial f}{\partial z}\right|_p\neq 0,$$

则根据隐函数定理, 在 Oxy 平面上点 (x_0,y_0) 的一个邻域 D 内存在连续可微函数 $z=g(x,y)$, 使得对于任意的点 $(x,y)\in D$ 下式

$$f(x,y,g(x,y))=c$$

成立, 所以等值面 (2.10) 的参数方程是

$$\boldsymbol{r}(x,y)=(x,y,g(x,y)). \tag{2.11}$$

很明显, $\left(\frac{\partial f}{\partial x},\frac{\partial f}{\partial y},\frac{\partial f}{\partial z}\right)$ 是等值面 (2.10) 的法向量. 实际上, 若设 $x=x(t),y=y(t),z=z(t)$ 是等值面 (2.10) 上任意一条连续可微曲线 C 的参数方程, 则对于任意的 t 恒等地有

$$f(x(t),y(t),z(t))=c.$$

将上式对变量 t 求导得到

$$\frac{\partial f}{\partial x}\frac{\mathrm{d}x(t)}{\mathrm{d}t}+\frac{\partial f}{\partial y}\frac{\mathrm{d}y(t)}{\mathrm{d}t}+\frac{\partial f}{\partial z}\frac{\mathrm{d}z(t)}{\mathrm{d}t}=0, \tag{2.12}$$

这说明向量 $\left(\frac{\partial f}{\partial x},\frac{\partial f}{\partial y},\frac{\partial f}{\partial z}\right)$ 与曲线 C 的切向量 $\left(\frac{\mathrm{d}x(t)}{\mathrm{d}t},\frac{\mathrm{d}y(t)}{\mathrm{d}t},\frac{\mathrm{d}z(t)}{\mathrm{d}t}\right)$ 是正交的, 因而它与等值面 (2.10) 上任意一条连续可微曲线都是垂直的, 因此它必定是等值面 (2.10) 的一个法向量.

现在有必要对正则参数曲面 S 的参数方程 $\boldsymbol{r}=\boldsymbol{r}(u,v)$ 的微分 $\mathrm{d}\boldsymbol{r}(u,v)$ 作一些说明. 首先, $\boldsymbol{r}=\boldsymbol{r}(u,v)$ 的微分 $\mathrm{d}\boldsymbol{r}(u,v)$ 是关于参数 u,v 的微分 $\mathrm{d}u,\mathrm{d}v$ (也就是参数 u,v 的增量 $\Delta u,\Delta v$) 的线性表达式

$$\begin{aligned}\mathrm{d}\boldsymbol{r}(u,v)&=\boldsymbol{r}_u(u,v)\mathrm{d}u+\boldsymbol{r}_v(u,v)\mathrm{d}v\\&=\boldsymbol{r}_u(u,v)\Delta u+\boldsymbol{r}_v(u,v)\Delta v,\end{aligned}\tag{2.13}$$

当 $(\Delta u,\Delta v)\to(0,0)$ 时它是函数 $\boldsymbol{r}(u,v)$ 的增量 $\boldsymbol{r}(u+\Delta u,v+\Delta v)-\boldsymbol{r}(u,v)$ 作为无穷小量的线性的主要部分, 即 $\boldsymbol{r}(u+\Delta u,v+\Delta v)-\boldsymbol{r}(u,v)-\mathrm{d}\boldsymbol{r}(u,v)$ 是 $\rho=\sqrt{(\Delta u)^2+(\Delta v)^2}$ 的更高阶的无穷小量, 也就是

$$\lim_{\rho\to0}\frac{|\boldsymbol{r}(u+\Delta u,v+\Delta v)-\boldsymbol{r}(u,v)-\mathrm{d}\boldsymbol{r}(u,v)|}{\rho}=0.$$

另一方面, 微分表达式 (2.13) 告诉我们, $\mathrm{d}\boldsymbol{r}(u,v)$ 是 4 个自变量 u,v, $\mathrm{d}u,\mathrm{d}v$ 的函数, 它关于这组新的自变量 $\mathrm{d}u,\mathrm{d}v$ 是线性的, 这就是说, 它是切向量 $\boldsymbol{r}_u(u,v),\boldsymbol{r}_v(u,v)$ 的线性组合, 组合系数是自变量 $\mathrm{d}u,\mathrm{d}v$, 它们可以取任意的实数值. 由此可见, 在自变量 u,v 固定的时候, 也就是在曲面 S 上固定一点的情况下, 表达式 (2.13) 代表了曲面 S 在点 $\boldsymbol{r}(u,v)$ 处的任意一个切向量, 而 $\mathrm{d}u,\mathrm{d}v$ 正是该切向量在自然基底 $\{\boldsymbol{r}_u(u,v),\boldsymbol{r}_v(u,v)\}$ 下的分量, 因此它们是切空间 T_pS 上的线性函数. 为说明这一点, 先考察一下一般情形.

我们知道, 在一个 n 维线性空间 V 中取定了一个基底 $\{\boldsymbol{e}_1,\cdots,\boldsymbol{e}_n\}$, 则 V 中任意一个元素关于该基底的分量是线性空间 V 上的线性函数. 例如, 设

$$\boldsymbol{w}=w^1\boldsymbol{e}_1+\cdots+w^n\boldsymbol{e}_n,$$

用 f^i 表示取向量 $\boldsymbol{w}$ 在基底 $\{\boldsymbol{e}_1,\cdots,\boldsymbol{e}_n\}$ 下的第 i 个分量的函数, 即

$$f^i(\boldsymbol{w})=w^i,$$

则 f^i 是线性空间 V 上的线性函数. 事实上, 若有另一个元素 $\boldsymbol{z}\in V$,

$$\boldsymbol{z}=z^1\boldsymbol{e}_1+\cdots+z^n\boldsymbol{e}_n,$$

则

$$\boldsymbol{w}+\boldsymbol{z}=(w^1+z^1)\boldsymbol{e}_1+\cdots+(w^n+z^n)\boldsymbol{e}_n,$$

因此

$$f^i(\boldsymbol{w}+\boldsymbol{z})=w^i+z^i=f^i(\boldsymbol{w})+f^i(\boldsymbol{z}).$$

对于任意的实数 λ,

$$\lambda\cdot\boldsymbol{w}=(\lambda w^1)\boldsymbol{e}_1+\cdots+(\lambda w^n)\boldsymbol{e}_n,$$

因此

$$f^i(\lambda\cdot\boldsymbol{w})=\lambda w^i=\lambda\cdot f^i(\boldsymbol{w}).$$

这说明 f^i 是线性空间 V 上的线性函数.

由此可见, $\mathrm{d}u,\mathrm{d}v$ 是作为二维线性空间的切空间 T_pS 上的线性函数, 它们在切向量 $\boldsymbol{X}$ 上的值分别是该切向量 $\boldsymbol{X}$ 在自然基底 $\{\boldsymbol{r}_u(u,v),\boldsymbol{r}_v(u,v)\}$ 下的分量. 这就是说, 若设 $\boldsymbol{X}=X^1\boldsymbol{r}_u+X^2\boldsymbol{r}_v$, 则

$$\mathrm{d}u(\boldsymbol{X})=X^1,\quad \mathrm{d}v(\boldsymbol{X})=X^2.$$

在上述意义下, 曲面 S 在点 $\boldsymbol{r}(u,v)$ 处的切平面的方程成为

$$\boldsymbol{X}=\boldsymbol{r}(u,v)+\boldsymbol{r}_u(u,v)\mathrm{d}u+\boldsymbol{r}_v(u,v)\mathrm{d}v,$$

而 $\mathrm{d}u,\mathrm{d}v$ 成为切平面上动点的参数. 因此, 在已知正则参数曲面 S 的参数方程的前提下, 对于固定的 (u,v) 来说, $(\mathrm{d}u,\mathrm{d}v)$ 的每一个给定的值对应于由 (2.13) 式给出的一个确定的切向量, $(\mathrm{d}u,\mathrm{d}v)$ 是该切向量的分量或坐标. 此外, 我们还经常用比值 $\mathrm{d}u:\mathrm{d}v$ 表示曲面 S 上的一个切方向. 需要指出的是, 一般说来, 自然基底 $\{\boldsymbol{r}_u(u,v),\boldsymbol{r}_v(u,v)\}$ 不是单位正交的, 因而 $(\mathrm{d}u,\mathrm{d}v)$ 不是切向量在笛卡儿直角坐标系下的分量, 两个切向量的内积不能写成它们的对应的分量的乘积之和. 在下一节, 我们将具体地研究切向量的内积的表达式.

习 题 3.2

1. 证明: 一个正则参数曲面是球面的充分必要条件是, 它的所有法线都经过一个固定点.

2. 证明: 一个正则参数曲面是锥面的充分必要条件是, 它的所有切平面都经过一个固定点.

3. 证明: 一个正则参数曲面是旋转面的充分必要条件是, 它的所有法线都与一条固定的直线相交.

4. 假定在方程

$$\frac{x^2}{a-\lambda}+\frac{y^2}{b-\lambda}+\frac{z^2}{c-\lambda}=1$$

中, a,b,c 是常数, 并且 $a>b>c$, λ 是参数. 当 $\lambda\in(-\infty,c)$ 时, 方程给出一族椭球面; 当 $\lambda\in(c,b)$ 时, 方程给出一族单叶双曲面; 当 $\lambda\in(b,a)$ 时, 方程给出一族双叶双曲面. 证明: 经过空间中不在各坐标面上的任意一点有且只有分别属于这三族曲面的三个二次曲面, 并且它们沿交线是彼此正交的.

5. 设 S 是圆锥面 $\boldsymbol{r}=(v\cos u, v\sin u, v)$, C 是 S 上的一条曲线, 其方程是 $u=\sqrt{2}t, v=\mathrm{e}^t$.

(1) 将曲线 C 的切向量用 $\boldsymbol{r}_u,\boldsymbol{r}_v$ 的线性组合表示出来;

(2) 证明: C 的切向量平分了 $\boldsymbol{r}_u$ 和 $\boldsymbol{r}_v$ 的夹角.

6. 已知曲面的方程是

$$\boldsymbol{r}=(u\cos v, u\sin v, f(v)),$$

其中 $f(v)$ 是 v 的连续可微函数. 试将该曲面的方程表示成 Monge 形式 $z=F(x,y)$, 并且求它的切平面.

§3.3 第一基本形式

设有正则参数曲面 $S:\boldsymbol{r}=\boldsymbol{r}(u,v)$. 根据 §3.2 的讨论知道, 曲面 S 在每一点 $p\in S$ 处的切空间 T_pS 是由切向量 $\boldsymbol{r}_u(u,v),\boldsymbol{r}_v(u,v)$ 张成

的二维向量空间, 它是 $\mathbb{R}^3$ 的子空间. 因此, 当曲面 S 上的切向量作为 $\mathbb{R}^3$ 中的向量时可以求它们的长度和夹角. 换言之, 曲面 S 在任意一点的任意两个切向量的内积就是它们作为 $\mathbb{R}^3$ 中的向量的内积. 在前面已经说过, 曲面 S 在任意一点 $\boldsymbol{r}(u,v)$ 的任意一个切向量是

$$\mathrm{d}\boldsymbol{r}(u,v)=\boldsymbol{r}_u(u,v)\mathrm{d}u+\boldsymbol{r}_v(u,v)\mathrm{d}v, \tag{3.1}$$

其中 $(\mathrm{d}u,\mathrm{d}v)$ 是切向量 $\mathrm{d}\boldsymbol{r}(u,v)$ 在自然基底 $\{\boldsymbol{r}_u(u,v),\boldsymbol{r}_v(u,v)\}$ 下的分量. 一般说来, $\{\boldsymbol{r}_u(u,v),\boldsymbol{r}_v(u,v)\}$ 不是单位正交基底. 但是, 如果知道这个基底的度量系数, 则表示成 (3.1) 式的切向量与其自身的内积就能够表示成它的分量 $\mathrm{d}u,\mathrm{d}v$ 的二次型. 命

$$\begin{aligned}
E(u,v)&=\boldsymbol{r}_u(u,v)\cdot\boldsymbol{r}_u(u,v),\\
F(u,v)&=\boldsymbol{r}_u(u,v)\cdot\boldsymbol{r}_v(u,v)=\boldsymbol{r}_v(u,v)\cdot\boldsymbol{r}_u(u,v),\\
G(u,v)&=\boldsymbol{r}_v(u,v)\cdot\boldsymbol{r}_v(u,v),
\end{aligned} \tag{3.2}$$

它们就是基底 $\{\boldsymbol{r}_u(u,v),\boldsymbol{r}_v(u,v)\}$ 的度量系数, 称为曲面 S 的**第一类基本量**, 通常把它们写成一个对称矩阵的形式

$$\begin{pmatrix} E & F\\ F & G\end{pmatrix}. \tag{3.3}$$

很明显, $E(u,v)>0, G(u,v)>0$, 并且

$$\begin{aligned}
&E(u,v)G(u,v)-F^2(u,v)\\
&\quad=|\boldsymbol{r}_u(u,v)|^2\cdot|\boldsymbol{r}_v(u,v)|^2(1-\cos^2\angle(\boldsymbol{r}_u(u,v),\boldsymbol{r}_v(u,v)))>0
\end{aligned}$$

(因为 $\boldsymbol{r}_u(u,v),\boldsymbol{r}_v(u,v)$ 不共线), 因此 (3.3) 式是一个正定矩阵. 命

$$\begin{aligned}
\mathrm{I}&=\mathrm{d}\boldsymbol{r}(u,v)\cdot\mathrm{d}\boldsymbol{r}(u,v)\\
&=(\boldsymbol{r}_u(u,v)\mathrm{d}u+\boldsymbol{r}_v(u,v)\mathrm{d}v)\cdot(\boldsymbol{r}_u(u,v)\mathrm{d}u+\boldsymbol{r}_v(u,v)\mathrm{d}v)\\
&=E(u,v)(\mathrm{d}u)^2+2F(u,v)\mathrm{d}u\mathrm{d}v+G(u,v)(\mathrm{d}v)^2\\
&=(\mathrm{d}u,\mathrm{d}v)\begin{pmatrix} E & F\\ F & G\end{pmatrix}\begin{pmatrix}\mathrm{d}u\\ \mathrm{d}v\end{pmatrix},
\end{aligned} \tag{3.4}$$

则二次微分式 I 与正则参数曲面 S 的参数的选取是无关的, 称其为曲面 S 的**第一基本形式**.

事实上, 根据一次微分的形式不变性, 微分式 (3.1) 与正则参数曲面 S 的参数的选取无关, 因此 I 作为 $\mathrm{d}\boldsymbol{r}(u,v)$ 与其自身的内积当然与正则参数曲面 S 的参数的选取无关. 这个事实也能够从另一个方面进行解释.

假定正则参数曲面 $S:\boldsymbol{r}=\boldsymbol{r}(u,v)$ 有一个容许的参数变换

$$u=u(\tilde{u},\tilde{v}),\quad v=v(\tilde{u},\tilde{v}). \tag{3.5}$$

为方便起见, 把曲面 S 的新的参数方程仍旧记成

$$\boldsymbol{r}=\boldsymbol{r}(\tilde{u},\tilde{v})=\boldsymbol{r}(u(\tilde{u},\tilde{v}),v(\tilde{u},\tilde{v})), \tag{3.6}$$

那么根据求导的链式法则和一次微分的形式不变性, 我们有

$$\begin{aligned}\mathrm{d}\boldsymbol{r}&=\boldsymbol{r}_u(u,v)\mathrm{d}u+\boldsymbol{r}_v(u,v)\mathrm{d}v\\&=\boldsymbol{r}_u(u,v)\left(\frac{\partial u}{\partial\tilde{u}}\mathrm{d}\tilde{u}+\frac{\partial u}{\partial\tilde{v}}\mathrm{d}\tilde{v}\right)+\boldsymbol{r}_v(u,v)\left(\frac{\partial v}{\partial\tilde{u}}\mathrm{d}\tilde{u}+\frac{\partial v}{\partial\tilde{v}}\mathrm{d}\tilde{v}\right)\\&=\boldsymbol{r}_{\tilde{u}}(\tilde{u},\tilde{v})\mathrm{d}\tilde{u}+\boldsymbol{r}_{\tilde{v}}(\tilde{u},\tilde{v})\mathrm{d}\tilde{v},\end{aligned}$$

因此

$$\begin{aligned}\boldsymbol{r}_{\tilde{u}}(\tilde{u},\tilde{v})&=\boldsymbol{r}_u(u,v)\frac{\partial u}{\partial\tilde{u}}+\boldsymbol{r}_v(u,v)\frac{\partial v}{\partial\tilde{u}},\\\boldsymbol{r}_{\tilde{v}}(\tilde{u},\tilde{v})&=\boldsymbol{r}_u(u,v)\frac{\partial u}{\partial\tilde{v}}+\boldsymbol{r}_v(u,v)\frac{\partial v}{\partial\tilde{v}},\end{aligned} \tag{3.7}$$

并且

$$\begin{aligned}\mathrm{d}u&=\frac{\partial u}{\partial\tilde{u}}\mathrm{d}\tilde{u}+\frac{\partial u}{\partial\tilde{v}}\mathrm{d}\tilde{v},\\\mathrm{d}v&=\frac{\partial v}{\partial\tilde{u}}\mathrm{d}\tilde{u}+\frac{\partial v}{\partial\tilde{v}}\mathrm{d}\tilde{v}.\end{aligned} \tag{3.8}$$

将 (3.7) 和 (3.8) 式用矩阵表示, 则是

$$\begin{pmatrix}\boldsymbol{r}_{\tilde{u}}\\\boldsymbol{r}_{\tilde{v}}\end{pmatrix}=J\cdot\begin{pmatrix}\boldsymbol{r}_u\\\boldsymbol{r}_v\end{pmatrix},\quad(\mathrm{d}u,\mathrm{d}v)=(\mathrm{d}\tilde{u},\mathrm{d}\tilde{v})\cdot J, \tag{3.9}$$

其中

$$J=\begin{pmatrix}\dfrac{\partial u}{\partial \tilde{u}} & \dfrac{\partial v}{\partial \tilde{u}} \\ \dfrac{\partial u}{\partial \tilde{v}} & \dfrac{\partial v}{\partial \tilde{v}}\end{pmatrix}. \tag{3.10}$$

根据曲面 S 的第一类基本量的定义,

$$\begin{pmatrix}E & F \\ F & G\end{pmatrix}=\begin{pmatrix}\boldsymbol{r}_u \\ \boldsymbol{r}_v\end{pmatrix}\cdot(\boldsymbol{r}_u,\boldsymbol{r}_v), \tag{3.11}$$

因此

$$\begin{pmatrix}\tilde{E} & \tilde{F} \\ \tilde{F} & \tilde{G}\end{pmatrix}=\begin{pmatrix}\boldsymbol{r}_{\tilde{u}} \\ \boldsymbol{r}_{\tilde{v}}\end{pmatrix}\cdot(\boldsymbol{r}_{\tilde{u}},\boldsymbol{r}_{\tilde{v}})=J\cdot\begin{pmatrix}E & F \\ F & G\end{pmatrix}\cdot J^{\mathrm{T}}, \tag{3.12}$$

所以曲面 S 的第一类基本量的矩阵

$$\begin{pmatrix}\tilde{E} & \tilde{F} \\ \tilde{F} & \tilde{G}\end{pmatrix} \quad 和 \quad \begin{pmatrix}E & F \\ F & G\end{pmatrix}$$

差一个合同变换. 将 (3.12) 式展开则得

$$\begin{aligned}\tilde{E}&=E\left(\frac{\partial u}{\partial \tilde{u}}\right)^2+2F\frac{\partial u}{\partial \tilde{u}}\frac{\partial v}{\partial \tilde{u}}+G\left(\frac{\partial v}{\partial \tilde{u}}\right)^2,\\ \tilde{F}&=E\frac{\partial u}{\partial \tilde{u}}\frac{\partial u}{\partial \tilde{v}}+F\left(\frac{\partial u}{\partial \tilde{u}}\frac{\partial v}{\partial \tilde{v}}+\frac{\partial u}{\partial \tilde{v}}\frac{\partial v}{\partial \tilde{u}}\right)+G\frac{\partial v}{\partial \tilde{u}}\frac{\partial v}{\partial \tilde{v}},\\ \tilde{G}&=E\left(\frac{\partial u}{\partial \tilde{v}}\right)^2+2F\frac{\partial u}{\partial \tilde{v}}\frac{\partial v}{\partial \tilde{v}}+G\left(\frac{\partial v}{\partial \tilde{v}}\right)^2.\end{aligned} \tag{3.13}$$

将 (3.9) 式和 (3.12) 式代入下面的表达式得到

$$\begin{aligned}&\tilde{E}(\mathrm{d}\tilde{u})^2+2\tilde{F}\mathrm{d}\tilde{u}\mathrm{d}\tilde{v}+\tilde{G}(\mathrm{d}\tilde{v})^2\\ &=(\mathrm{d}\tilde{u},\mathrm{d}\tilde{v})\begin{pmatrix}\tilde{E} & \tilde{F} \\ \tilde{F} & \tilde{G}\end{pmatrix}\begin{pmatrix}\mathrm{d}\tilde{u} \\ \mathrm{d}\tilde{v}\end{pmatrix}\\ &=(\mathrm{d}\tilde{u},\mathrm{d}\tilde{v})J\cdot\begin{pmatrix}E & F \\ F & G\end{pmatrix}\cdot J^{\mathrm{T}}\begin{pmatrix}\mathrm{d}\tilde{u} \\ \mathrm{d}\tilde{v}\end{pmatrix}\\ &=(\mathrm{d}u,\mathrm{d}v)\begin{pmatrix}E & F \\ F & G\end{pmatrix}\begin{pmatrix}\mathrm{d}u \\ \mathrm{d}v\end{pmatrix}\\ &=E(\mathrm{d}u)^2+2F\mathrm{d}u\mathrm{d}v+G(\mathrm{d}v)^2,\end{aligned}$$

即二次微分式 I 与正则参数曲面 S 的参数的选取是无关的.

第一基本形式 I 的几何意义是切向量 $\mathrm{d}\boldsymbol{r}$ 的长度平方. 若在点 (u,v) 处有另一个切向量

$$\delta\boldsymbol{r}(u,v)=\boldsymbol{r}_u(u,v)\delta u+\boldsymbol{r}_v(u,v)\delta v, \tag{3.14}$$

它的分量是 $\delta u,\delta v$, 则切向量 $\mathrm{d}\boldsymbol{r}$ 和 $\delta\boldsymbol{r}$ 的内积是

$$\begin{aligned}\mathrm{d}\boldsymbol{r}\cdot\delta\boldsymbol{r}&=\frac{1}{2}[(\mathrm{d}\boldsymbol{r}+\delta\boldsymbol{r})^2-(\mathrm{d}\boldsymbol{r})^2-(\delta\boldsymbol{r})^2]\\&=E\mathrm{d}u\delta u+F(\mathrm{d}u\delta v+\mathrm{d}v\delta u)+G\mathrm{d}v\delta v.\end{aligned} \tag{3.15}$$

以后为方便起见, 有时把 (3.15) 式的右端表达式记成 $\mathrm{I}(\mathrm{d}\boldsymbol{r},\delta\boldsymbol{r})$. 因此

$$|\mathrm{d}\boldsymbol{r}|=\sqrt{E(\mathrm{d}u)^2+2F\mathrm{d}u\mathrm{d}v+G(\mathrm{d}v)^2}=\sqrt{\mathrm{I}(\mathrm{d}\boldsymbol{r},\mathrm{d}\boldsymbol{r})}, \tag{3.16}$$

并且

$$\begin{aligned}\cos\angle(\mathrm{d}\boldsymbol{r},\delta\boldsymbol{r})&=\frac{\mathrm{d}\boldsymbol{r}\cdot\delta\boldsymbol{r}}{|\mathrm{d}\boldsymbol{r}||\delta\boldsymbol{r}|}=\frac{\mathrm{I}(\mathrm{d}\boldsymbol{r},\delta\boldsymbol{r})}{\sqrt{\mathrm{I}(\mathrm{d}\boldsymbol{r},\mathrm{d}\boldsymbol{r})}\sqrt{\mathrm{I}(\delta\boldsymbol{r},\delta\boldsymbol{r})}}\\&=\frac{E\mathrm{d}u\delta u+F(\mathrm{d}u\delta v+\mathrm{d}v\delta u)+G\mathrm{d}v\delta v}{\sqrt{E(\mathrm{d}u)^2+2F\mathrm{d}u\mathrm{d}v+G(\mathrm{d}v)^2}\sqrt{E(\delta u)^2+2F\delta u\delta v+G(\delta v)^2}}.\end{aligned} \tag{3.17}$$

由此可见, 切向量 $\mathrm{d}\boldsymbol{r}$ 和 $\delta\boldsymbol{r}$ 彼此正交的充分必要条件是

$$E\mathrm{d}u\delta u+F(\mathrm{d}u\delta v+\mathrm{d}v\delta u)+G\mathrm{d}v\delta v=0. \tag{3.18}$$

定理 3.1 在正则参数曲面 $S:\ \boldsymbol{r}=\boldsymbol{r}(u,v)$ 上参数曲线网是正交曲线网的充分必要条件是 $F(u,v)\equiv 0$.

证明 由 (3.17) 式得知

$$\cos\angle(\boldsymbol{r}_u,\boldsymbol{r}_v)=\frac{\boldsymbol{r}_u\cdot\boldsymbol{r}_v}{|\boldsymbol{r}_u||\boldsymbol{r}_v|}=\frac{F}{\sqrt{EG}}, \tag{3.19}$$

因此 $\boldsymbol{r}_u\perp\boldsymbol{r}_v$ 当且仅当 $F(u,v)\equiv 0$. 证毕.

利用曲面的第一基本形式, 能够计算正则参数曲面上的曲线的弧长和区域的面积. 假定正则参数曲面 $S:\ \boldsymbol{r}=\boldsymbol{r}(u,v)$ 上的一条连续可微曲线的方程是

$$u=u(t),\quad v=v(t),\quad a\leqslant t\leqslant b,$$

则曲线的切向量是

$$\frac{\mathrm{d}\boldsymbol{r}(u(t),v(t))}{\mathrm{d}t}=\boldsymbol{r}_u\frac{\mathrm{d}u(t)}{\mathrm{d}t}+\boldsymbol{r}_v\frac{\mathrm{d}v(t)}{\mathrm{d}t},\tag{3.20}$$

因此由 (3.16) 式得知

$$\left|\frac{\mathrm{d}\boldsymbol{r}(u(t),v(t))}{\mathrm{d}t}\right|=\sqrt{E\left(\frac{\mathrm{d}u(t)}{\mathrm{d}t}\right)^2+2F\frac{\mathrm{d}u(t)}{\mathrm{d}t}\frac{\mathrm{d}v(t)}{\mathrm{d}t}+G\left(\frac{\mathrm{d}v(t)}{\mathrm{d}t}\right)^2}.$$

根据第二章的 (2.1) 式得到曲线的长度是

$$\begin{aligned}L&=\int_a^b|\boldsymbol{r}'(t)|\mathrm{d}t\\&=\int_a^b\sqrt{E\left(\frac{\mathrm{d}u(t)}{\mathrm{d}t}\right)^2+2F\frac{\mathrm{d}u(t)}{\mathrm{d}t}\frac{\mathrm{d}v(t)}{\mathrm{d}t}+G\left(\frac{\mathrm{d}v(t)}{\mathrm{d}t}\right)^2}\mathrm{d}t.\end{aligned}\tag{3.21}$$

现在假定正则参数曲面 $S:\ \boldsymbol{r}=\boldsymbol{r}(u,v)$ 定义在区域 $D\subset E^2$ 上. 考虑曲面上由参数曲线

$$u=u_0,\quad u=u_0+\Delta u,\quad v=v_0,\quad v=v_0+\Delta v$$

所围成的一小块, 其中 $\Delta u>0,\ \Delta v>0$, 它的面积近似地等于在点 $\boldsymbol{r}(u_0,v_0)$ 处的切平面上由向量 $(\Delta u)\boldsymbol{r}_u$ 和 $(\Delta v)\boldsymbol{r}_v$ 所张成的平行四边形的面积 (参看图 3.7), 而后者的面积是

$$\begin{aligned}|(\boldsymbol{r}_u\Delta u)\times(\boldsymbol{r}_v\Delta v)|&=|\boldsymbol{r}_u\times\boldsymbol{r}_v|\Delta u\Delta v\\&=|\boldsymbol{r}_u||\boldsymbol{r}_v|\sin\angle(\boldsymbol{r}_u,\boldsymbol{r}_v)\Delta u\Delta v\\&=\sqrt{EG-F^2}\Delta u\Delta v.\end{aligned}$$

命

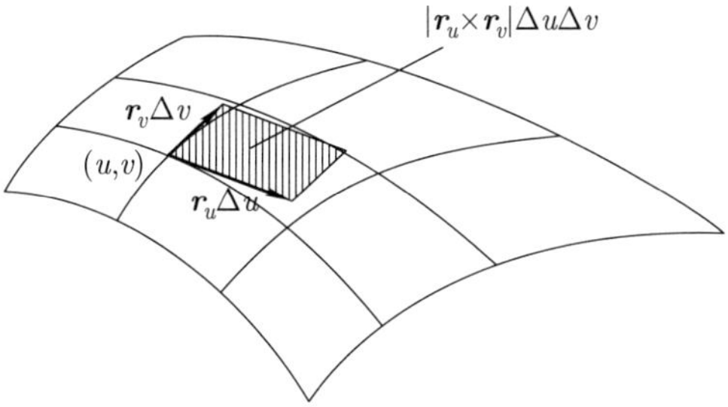

图 3.7 面 积 元 素

$$\mathrm{d}\sigma = \sqrt{EG-F^2}\mathrm{d}u\mathrm{d}v, \tag{3.22}$$

称 $\mathrm{d}\sigma$ 为曲面 S 的**面积元素**. 那么曲面 S 的面积是

$$A = \iint_D \sqrt{EG-F^2}\mathrm{d}u\mathrm{d}v. \tag{3.23}$$

根据重积分的变量替换法则以及第一类基本量的变换规律 (3.12), 不难知道, 上式的右端与曲面 S 上容许的参数变换是无关的.

事实上, 若有容许的参数变换 (3.5), 则曲面的参数方程成为

$$\boldsymbol{r} = \boldsymbol{r}(\tilde{u},\tilde{v}) \equiv \boldsymbol{r}(u(\tilde{u},\tilde{v}), v(\tilde{u},\tilde{v})), \quad \forall(\tilde{u},\tilde{v}) \in D.$$

根据重积分的变量替换法则, (3.23) 式右端的二重积分在变量替换 (3.5) 下成为

$$\iint_D \sqrt{EG-F^2}\mathrm{d}u\mathrm{d}v = \iint_{\tilde{D}} \sqrt{EG-F^2}\left|\frac{\partial u}{\partial \tilde{u}}\frac{\partial v}{\partial \tilde{v}} - \frac{\partial u}{\partial \tilde{v}}\frac{\partial v}{\partial \tilde{u}}\right|\mathrm{d}\tilde{u}\mathrm{d}\tilde{v}.$$

但是由 (3.12) 式得知

$$\det\begin{pmatrix}\tilde{E} & \tilde{F}\\ \tilde{F} & \tilde{G}\end{pmatrix} = \det J\cdot\det\begin{pmatrix}E & F\\ F & G\end{pmatrix}\cdot\det J^{\mathrm{T}},$$

即

$$\tilde{E}\tilde{G}-\tilde{F}^2 = (EG-F^2)\left(\frac{\partial u}{\partial \tilde{u}}\frac{\partial v}{\partial \tilde{v}} - \frac{\partial u}{\partial \tilde{v}}\frac{\partial v}{\partial \tilde{u}}\right)^2,$$

因此
$$\sqrt{\tilde{E}\tilde{G}-\tilde{F}^2}=\sqrt{EG-F^2}\left|\frac{\partial u}{\partial \tilde{u}}\frac{\partial v}{\partial \tilde{v}}-\frac{\partial u}{\partial \tilde{v}}\frac{\partial v}{\partial \tilde{u}}\right|.$$
所以
$$\iint_D \sqrt{EG-F^2}\mathrm{d}u\mathrm{d}v=\iint_{\tilde{D}}\sqrt{\tilde{E}\tilde{G}-\tilde{F}^2}\mathrm{d}\tilde{u}\mathrm{d}\tilde{v},$$
这就是说 (3.23) 式的右端与正则曲面 S 的正则参数表示无关.

例 1 求旋转面的第一基本形式.

解 由 §3.1 的例 3 得知, 旋转面的参数方程是
$$\boldsymbol{r}=\boldsymbol{r}(u,v)=(f(v)\cos u, f(v)\sin u, g(v)),$$
其中 $f(v)>0$. 因此
$$\boldsymbol{r}_u=(-f(v)\sin u, f(v)\cos u, 0),$$
$$\boldsymbol{r}_v=(f'(v)\cos u, f'(v)\sin u, g'(v)),$$
所以
$$E=\boldsymbol{r}_u\cdot\boldsymbol{r}_u=f^2(v),\ F=\boldsymbol{r}_u\cdot\boldsymbol{r}_v=0,\ G=\boldsymbol{r}_v\cdot\boldsymbol{r}_v=f'^2(v)+g'^2(v).$$
它的第一基本形式是
$$\mathrm{I}=f^2(v)(\mathrm{d}u)^2+(f'^2(v)+g'^2(v))(\mathrm{d}v)^2, \tag{3.24}$$
因此在旋转面上 u-曲线和 v-曲线构成正交参数曲线网.

例 2 求曲面上参数曲线的二等分角轨线所满足的微分方程.

解 设正则参数曲面 S 的参数方程是 $\boldsymbol{r}=\boldsymbol{r}(u,v)$, 它的第一基本形式是
$$\mathrm{I}=E(\mathrm{d}u)^2+2F\mathrm{d}u\mathrm{d}v+G(\mathrm{d}v)^2.$$
在基底 $\{\boldsymbol{r}_u,\boldsymbol{r}_v\}$ 下, u-曲线的方向向量是 $(1,0)$, v-曲线的方向向量是 $(0,1)$. 假定参数曲线的二等分角轨线的方向向量是 $(\mathrm{d}u,\mathrm{d}v)$, 则根据 (3.17) 式, 它与 u-曲线的夹角余弦是
$$\frac{E\mathrm{d}u+F\mathrm{d}v}{\sqrt{E}\sqrt{E(\mathrm{d}u)^2+2F\mathrm{d}u\mathrm{d}v+G(\mathrm{d}v)^2}},$$

它与 v-曲线的方向向量的夹角余弦是

$$\frac{F\mathrm{d}u+G\mathrm{d}v}{\sqrt{G}\sqrt{E(\mathrm{d}u)^2+2F\mathrm{d}u\mathrm{d}v+G(\mathrm{d}v)^2}}.$$

因此参数曲线的二等分角轨线的方向向量 $(\mathrm{d}u,\mathrm{d}v)$ 应该满足下列方程:

$$\frac{E\mathrm{d}u+F\mathrm{d}v}{\sqrt{E}}=\pm\frac{F\mathrm{d}u+G\mathrm{d}v}{\sqrt{G}},$$

由于 $EG-F^2>0$, 化简之后得到

$$(\sqrt{EG}\mp F)\frac{\mathrm{d}u}{\sqrt{G}}=\pm(\sqrt{EG}\mp F)\frac{\mathrm{d}v}{\sqrt{E}},$$
$$\sqrt{E}\mathrm{d}u\pm\sqrt{G}\mathrm{d}v=0. \tag{3.25}$$

上面的方程有一个直观的几何解释. u-曲线的单位切向量是 $\dfrac{\boldsymbol{r}_u}{\sqrt{E}}$, 而 v-曲线的单位切向量是 $\dfrac{\boldsymbol{r}_v}{\sqrt{G}}$, 所以它们的夹角的平分线的方向向量是 $\dfrac{\boldsymbol{r}_u}{\sqrt{E}}\mp\dfrac{\boldsymbol{r}_v}{\sqrt{G}}$, 即 $(\mathrm{d}u,\mathrm{d}v)=\left(\dfrac{1}{\sqrt{E}},\mp\dfrac{1}{\sqrt{G}}\right)$, 因此方程 (3.25) 成立.

习 题 3.3

1. 求下列曲面的第一基本形式:

(1) $\boldsymbol{r}=(u\cos v,u\sin v,f(v))$;

(2) $\boldsymbol{r}=(u\cos v,u\sin v,f(u)+av)$, 其中 a 是常数;

(3) $\boldsymbol{r}=(pu\cos v,qu\sin v,u^2(p\cos^2 v+q\sin^2 v))$, p,q 是常数.

2. 设球面的参数方程是 (参看习题 3.1 的第 2 题)

$$\boldsymbol{r}=\left(\frac{2au}{u^2+v^2+a^2},\frac{2av}{u^2+v^2+a^2},\frac{u^2+v^2-a^2}{u^2+v^2+a^2}\right),$$

求它的第一基本形式.

3. 求平面在极坐标系 (r,θ) 下的第一基本形式, 并且求平面上曲线 $r=r(\theta)$ 的弧长的表达式, 以及该曲线与曲线 $\theta=\theta_0$ (常数) 的夹角.

4. 在曲面

$$\boldsymbol{r}=(u\cos v, u\sin v, u^2/2)$$

上考虑经过原点 $O=(0,0,0)$ 的曲线 $v=ku^2$. 求该曲线从原点 O 到任意一点 $u=t$ 的弧长.

5. 设在曲面上一点 (u,v), 由微分 $\mathrm{d}u, \mathrm{d}v$ 的二次方程

$$P(u,v)(\mathrm{d}u)^2+2Q(u,v)\mathrm{d}u\mathrm{d}v+R(u,v)(\mathrm{d}v)^2=0$$

确定了在该点的两个切方向. 证明: 这两个切方向彼此正交的充分必要条件是函数 P, Q, R 满足方程

$$ER-2FQ+GP=0,$$

其中 E, F, G 是曲面的第一类基本量.

6. 在球面上求与经线相交成固定角的轨线的方程.

7. 考虑球面

$$\boldsymbol{r}=(a\cos u\cos v, a\cos u\sin v, a\sin u), \quad a>0$$

上的曲线 $u=v$. 求该曲线分别与曲线 $v=v_0$(常数) 和曲线 $u=u_0$(常数) 的夹角.

8. 已知曲面的第一基本形式为 $\mathrm{I}=(\mathrm{d}u)^2+(u^2+a^2)(\mathrm{d}v)^2$.

(1) 求曲线 $C_1: u+v=0$ 与 $C_2: u-v=0$ 的交角;

(2) 求曲线 $C_1: u=\dfrac{a}{2}v^2$, $C_2: u=-\dfrac{a}{2}v^2$ 和 $C_3: v=1$ 所围成的曲边三角形的各个边长和各个内角;

(3) 求曲线 $C_1: u=av$, $C_2: u=-av$ 和 $C_3: v=1$ 所围成的曲边三角形的面积.

§3.4 曲面上正交参数曲线网的存在性

在解析几何学中我们已经知道, 引进坐标系的目的是为了把几何问题代数化, 从而能够用代数或微积分的手段来研究几何问题. 另外,

选择适当的坐标系可以大大地简化几何图形的方程, 因此在解析几何学中需要用很多篇幅来讨论二次曲线和二次曲面的方程的标准型问题. 对于一般的正则参数曲面, 参数是它上面的曲纹坐标, 因此适当的坐标系首先应该是正交参数系, 此时 $F \equiv 0$, 于是曲面的第一基本形式可化为比较简单的形式

$$\mathrm{I} = E(\mathrm{d}u)^2 + G(\mathrm{d}v)^2. \tag{4.1}$$

于是, 我们遇到的首要问题是：在正则参数曲面片上是否存在正交参数系? 我们的答案是: 在正则曲面的每一点的某个邻域内一定有正交参数曲线网, 这是二维曲面所特有的性质. 此外, 在曲面上正交参数曲线网不是唯一的, 它的确定取决于在曲面上给定两个彼此正交的切向量场. 先叙述下面的引理.

引理 设 $f(u,v)$, $g(u,v)$ 是定义在区域 $D \subset E^2$ 上的两个不同时为零的连续可微函数. 则对于任意一点 $(u_0, v_0) \in D$, 必有它的一个邻域 $U \subset D$, 以及定义在 U 上的非零连续函数 $\lambda(u,v)$, 使得 $\lambda(u,v)$ 是一次微分式

$$\omega = f(u,v)\mathrm{d}u + g(u,v)\mathrm{d}v$$

的积分因子, 即在 U 上存在某个连续可微函数 $k(u,v)$, 使得

$$\lambda(u,v)(f(u,v)\mathrm{d}u + g(u,v)\mathrm{d}v) = \mathrm{d}k(u,v).$$

引理的证明参看附录 §1 的定理 1.2. 值得指出的是, 引理的结论只对含有两个变量的一次微分式才成立. 这就是本节的结论只适用于曲面情形的理由.

下面我们利用引理证明一个比正交参数系的存在性更一般的命题:

定理 4.1 假定在正则参数曲面 $S: \boldsymbol{r} = \boldsymbol{r}(u,v)$ 上有两个处处线性无关的连续可微的切向量场 $\boldsymbol{a}(u,v)$, $\boldsymbol{b}(u,v)$. 则对于每一点 $p \in S$, 必有点 p 的邻域 $U \subset S$, 以及在 U 上的新的参数系 $(\tilde{u}, \tilde{v})$, 使得新参数曲线的切向量 $\boldsymbol{r}_{\tilde{u}}$, $\boldsymbol{r}_{\tilde{v}}$ 分别与 $\boldsymbol{a}$, $\boldsymbol{b}$ 平行, 即 $\boldsymbol{r}_{\tilde{u}} /\!/ \boldsymbol{a}$, $\boldsymbol{r}_{\tilde{v}} /\!/ \boldsymbol{b}$.

证明 假定在自然基底 $\{\boldsymbol{r}_u, \boldsymbol{r}_v\}$ 下, 切向量场 $\boldsymbol{a}(u,v)$, $\boldsymbol{b}(u,v)$ 的

表达式是

$$\begin{aligned}\boldsymbol{a}(u,v)&=a_1(u,v)\boldsymbol{r}_u+a_2(u,v)\boldsymbol{r}_v,\\ \boldsymbol{b}(u,v)&=b_1(u,v)\boldsymbol{r}_u+b_2(u,v)\boldsymbol{r}_v,\end{aligned}\tag{4.2}$$

其中 $a_i(u,v),\ b_i(u,v)\ (i=1,2)$ 都是连续可微函数, 并且

$$A=\begin{vmatrix}a_1(u,v)&a_2(u,v)\\ b_1(u,v)&b_2(u,v)\end{vmatrix}\neq 0.\tag{4.3}$$

我们先对问题做一些分析. 如果有容许的参数变换

$$u=u(\tilde{u},\tilde{v}),\quad v=v(\tilde{u},\tilde{v}),\tag{4.4}$$

使得 $\boldsymbol{r}_{\tilde{u}}/\!/\boldsymbol{a},\ \boldsymbol{r}_{\tilde{v}}/\!/\boldsymbol{b}$, 则必有函数 $\lambda(u,v),\mu(u,v)$ 使得

$$\boldsymbol{r}_{\tilde{u}}=\lambda\boldsymbol{a},\quad \boldsymbol{r}_{\tilde{v}}=\mu\boldsymbol{b}.\tag{4.5}$$

用 (4.2) 式代入得到

$$\begin{aligned}\boldsymbol{r}_{\tilde{u}}&=\lambda a_1(u,v)\boldsymbol{r}_u+\lambda a_2(u,v)\boldsymbol{r}_v,\\ \boldsymbol{r}_{\tilde{v}}&=\mu b_1(u,v)\boldsymbol{r}_u+\mu b_2(u,v)\boldsymbol{r}_v.\end{aligned}\tag{4.6}$$

根据 (3.7) 式得到

$$J=\begin{pmatrix}\dfrac{\partial u}{\partial\tilde{u}}&\dfrac{\partial v}{\partial\tilde{u}}\\ \dfrac{\partial u}{\partial\tilde{v}}&\dfrac{\partial v}{\partial\tilde{v}}\end{pmatrix}=\begin{pmatrix}\lambda a_1(u,v)&\lambda a_2(u,v)\\ \mu b_1(u,v)&\mu b_2(u,v)\end{pmatrix}.\tag{4.7}$$

设 $u=u(\tilde{u},\tilde{v}),\ v=v(\tilde{u},\tilde{v})$ 的反函数是 $\tilde{u}=\tilde{u}(u,v),\ \tilde{v}=\tilde{v}(u,v)$, 即下面的恒等式成立:

$$u(\tilde{u}(u,v),\tilde{v}(u,v))\equiv u,\quad v(\tilde{u}(u,v),\tilde{v}(u,v))\equiv v.$$

将它们对 u,v 分别求导得到

$$\begin{aligned}&\frac{\partial u}{\partial\tilde{u}}\frac{\partial\tilde{u}}{\partial u}+\frac{\partial u}{\partial\tilde{v}}\frac{\partial\tilde{v}}{\partial u}=1,\quad \frac{\partial u}{\partial\tilde{u}}\frac{\partial\tilde{u}}{\partial v}+\frac{\partial u}{\partial\tilde{v}}\frac{\partial\tilde{v}}{\partial v}=0,\\ &\frac{\partial v}{\partial\tilde{u}}\frac{\partial\tilde{u}}{\partial u}+\frac{\partial v}{\partial\tilde{v}}\frac{\partial\tilde{v}}{\partial u}=0,\quad \frac{\partial v}{\partial\tilde{u}}\frac{\partial\tilde{u}}{\partial v}+\frac{\partial v}{\partial\tilde{v}}\frac{\partial\tilde{v}}{\partial v}=1,\end{aligned}$$

用矩阵表示则是

$$\begin{pmatrix} \dfrac{\partial \tilde{u}}{\partial u} & \dfrac{\partial \tilde{v}}{\partial u} \\ \dfrac{\partial \tilde{u}}{\partial v} & \dfrac{\partial \tilde{v}}{\partial v} \end{pmatrix} \cdot \begin{pmatrix} \dfrac{\partial u}{\partial \tilde{u}} & \dfrac{\partial v}{\partial \tilde{u}} \\ \dfrac{\partial u}{\partial \tilde{v}} & \dfrac{\partial v}{\partial \tilde{v}} \end{pmatrix} = \begin{pmatrix} 1 & 0 \\ 0 & 1 \end{pmatrix},$$

这就是说, 反函数的 Jacobi 矩阵是原函数的 Jacobi 矩阵之逆, 即

$$J^{-1} = \begin{pmatrix} \dfrac{\partial \tilde{u}}{\partial u} & \dfrac{\partial \tilde{v}}{\partial u} \\ \dfrac{\partial \tilde{u}}{\partial v} & \dfrac{\partial \tilde{v}}{\partial v} \end{pmatrix}.$$

因此

$$\begin{pmatrix} \dfrac{\partial \tilde{u}}{\partial u} & \dfrac{\partial \tilde{v}}{\partial u} \\ \dfrac{\partial \tilde{u}}{\partial v} & \dfrac{\partial \tilde{v}}{\partial v} \end{pmatrix} = \frac{1}{\lambda\mu A} \begin{pmatrix} \mu b_2(u,v) & -\lambda a_2(u,v) \\ -\mu b_1(u,v) & \lambda a_1(u,v) \end{pmatrix}, \tag{4.8}$$

其中 $A = a_1 b_2 - a_2 b_1$ 如 (4.3) 式所定义. 由此可见

$$\begin{aligned} \mathrm{d}\tilde{u} &= \frac{\partial \tilde{u}}{\partial u}\mathrm{d}u + \frac{\partial \tilde{u}}{\partial v}\mathrm{d}v = \frac{1}{\lambda A}(b_2 \mathrm{d}u - b_1 \mathrm{d}v), \\ \mathrm{d}\tilde{v} &= \frac{\partial \tilde{v}}{\partial u}\mathrm{d}u + \frac{\partial \tilde{v}}{\partial v}\mathrm{d}v = \frac{1}{\mu A}(-a_2 \mathrm{d}u + a_1 \mathrm{d}v). \end{aligned} \tag{4.9}$$

这表明, 如果满足条件 (4.5) 的参数变换 (4.4) 是存在的, 则必有函数 $\lambda(u,v), \mu(u,v)$, 使得

$$\frac{1}{\lambda A}(b_2 \mathrm{d}u - b_1 \mathrm{d}v), \quad \frac{1}{\mu A}(-a_2 \mathrm{d}u + a_1 \mathrm{d}v)$$

是全微分. 所以, 我们要考虑的问题就是一次微分式

$$\alpha = b_2 \mathrm{d}u - b_1 \mathrm{d}v \quad 和 \quad \beta = -a_2 \mathrm{d}u + a_1 \mathrm{d}v \tag{4.10}$$

的积分因子的存在性问题.

根据引理, 对于任意一点 $p \in S$, 存在点 p 的邻域 U 和定义在 U 上的处处非零的连续可微函数 ξ, η, 使得它们是一次微分式 α, β 的积

分因子, 即在 U 上存在连续可微函数 $\tilde{u}(u,v)$, $\tilde{v}(u,v)$ 满足条件

$$\begin{aligned}&\mathrm{d}\tilde{u}=\xi(b_2\mathrm{d}u-b_1\mathrm{d}v),\\&\mathrm{d}\tilde{v}=\eta(-a_2\mathrm{d}u+a_1\mathrm{d}v),\end{aligned}\tag{4.11}$$

于是

$$\begin{pmatrix}\dfrac{\partial\tilde{u}}{\partial u} & \dfrac{\partial\tilde{v}}{\partial u}\\ \dfrac{\partial\tilde{u}}{\partial v} & \dfrac{\partial\tilde{v}}{\partial v}\end{pmatrix}=\begin{pmatrix}\xi b_2(u,v) & -\eta a_2(u,v)\\ -\xi b_1(u,v) & \eta a_1(u,v)\end{pmatrix},\tag{4.12}$$

并且它的行列式等于 $\xi\eta(a_1b_2-a_2b_1)\neq 0$. 这说明 $\tilde{u}$, $\tilde{v}$ 是曲面 S 在邻域 U 内的新的参数. 根据前面的分析不难知道

$$\begin{pmatrix}\dfrac{\partial u}{\partial\tilde{u}} & \dfrac{\partial v}{\partial\tilde{u}}\\ \dfrac{\partial u}{\partial\tilde{v}} & \dfrac{\partial v}{\partial\tilde{v}}\end{pmatrix}=\frac{1}{\xi\eta(a_1b_2-b_1a_2)}\begin{pmatrix}\eta a_1 & \eta a_2\\ \xi b_1 & \xi b_2\end{pmatrix},$$

所以

$$\begin{aligned}\boldsymbol{r}_{\tilde{u}}&=\boldsymbol{r}_u\frac{\partial u}{\partial\tilde{u}}+\boldsymbol{r}_v\frac{\partial v}{\partial\tilde{u}}=\frac{1}{\xi(a_1b_2-b_1a_2)}(a_1\boldsymbol{r}_u+a_2\boldsymbol{r}_v)\\&=\frac{1}{\xi(a_1b_2-b_1a_2)}\boldsymbol{a},\end{aligned}$$

$$\begin{aligned}\boldsymbol{r}_{\tilde{v}}&=\boldsymbol{r}_u\frac{\partial u}{\partial\tilde{v}}+\boldsymbol{r}_v\frac{\partial v}{\partial\tilde{v}}=\frac{1}{\eta(a_1b_2-b_1a_2)}(b_1\boldsymbol{r}_u+b_2\boldsymbol{r}_v)\\&=\frac{1}{\eta(a_1b_2-b_1a_2)}\boldsymbol{b}.\end{aligned}$$

证毕.

定理 4.1 的意思是在曲面上存在局部适用的参数系, 使得参数曲线分别与预先给定的处处线性无关的切向量场相切 (即以已知的切向量场作为参数曲线的方向场). 但是, 一般来说, 要使已知的切向量场恰好是参数曲线的切向量场 (即 $\boldsymbol{r}_{\tilde{u}}=\boldsymbol{a}$, $\boldsymbol{r}_{\tilde{v}}=\boldsymbol{b}$) 是做不到的.

定理 4.2 在正则参数曲面 S: $\boldsymbol{r}=\boldsymbol{r}(u,v)$ 的每一点 $p\in S$, 必有点 p 的一个邻域 $U\subset S$, 以及在 U 上的新参数系 $(\tilde{u},\tilde{v})$, 使得新参数曲线的切向量 $\boldsymbol{r}_{\tilde{u}}$, $\boldsymbol{r}_{\tilde{v}}$ 是彼此正交的, 即 $(\tilde{u},\tilde{v})$ 是曲面 S 在 U 上的正交参数系.

证明 对正则参数曲面 S： $\boldsymbol{r}=\boldsymbol{r}(u,v)$ 的自然基底 $\{\boldsymbol{r}_u,\ \boldsymbol{r}_v\}$ 作 Schmidt 正交化如下: 命

$$\boldsymbol{e}_1=\frac{\boldsymbol{r}_u}{|\boldsymbol{r}_u|}=\frac{\boldsymbol{r}_u}{\sqrt{E}}, \tag{4.13}$$

再令

$$\boldsymbol{b}=\boldsymbol{r}_v+\lambda\boldsymbol{e}_1, \tag{4.14}$$

要求 $\boldsymbol{b}\cdot\boldsymbol{e}_1=0$. 因此

$$\lambda=-\boldsymbol{r}_v\cdot\boldsymbol{e}_1=-\frac{F}{\sqrt{E}}, \tag{4.15}$$

故

$$\boldsymbol{b}=\boldsymbol{r}_v-\frac{F}{\sqrt{E}}\boldsymbol{e}_1=\boldsymbol{r}_v-\frac{F}{E}\boldsymbol{r}_u.$$

这样

$$|\boldsymbol{b}|^2=G-\frac{F^2}{E}=\frac{EG-F^2}{E},$$

命

$$\boldsymbol{e}_2=\frac{\boldsymbol{b}}{|\boldsymbol{b}|}=\frac{1}{\sqrt{EG-F^2}}\left(-\frac{F}{\sqrt{E}}\boldsymbol{r}_u+\sqrt{E}\boldsymbol{r}_v\right), \tag{4.16}$$

则 $\{\boldsymbol{e}_1,\boldsymbol{e}_2\}$ 是曲面 S 上的单位正交标架场.

根据定理 4.1 在每一点 p 的一个邻域 U 内存在新的参数 $(\tilde{u},\tilde{v})$, 使得 $\boldsymbol{r}_{\tilde{u}}//\boldsymbol{e}_1$, $\boldsymbol{r}_{\tilde{v}}//\boldsymbol{e}_2$, 故 $(\tilde{u},\tilde{v})$ 是正交参数系. 证毕.

当然, 定理 4.2 只是一个存在性定理; 要在已知曲面上找出正交参数曲线网相当于在曲面上找两个彼此正交的切向量场 $\boldsymbol{a}$ 和 $\boldsymbol{b}$, 然后求 (4.10) 式给出的一次微分式 α,β 的积分因子. 一般来说, 前一件事是容易做到的, 如定理 4.2 的证明所示, 而后一件却不是一件容易的事. 尽管如此, 定理 4.2 仍然是十分重要的, 因为这个定理保证了在正则曲面上正交参数曲线网的存在性, 从而使得我们在理论上处理正则曲面的问题变得比较简单了.

习 题 3.4

1. 设空间曲线 $\boldsymbol{r}=\boldsymbol{r}(s)$ 以弧长 s 为参数, 曲率是 κ. 写出它的切线面的参数方程, 使得相应的参数曲线构成正交曲线网.

2. 改写曲面

$$\boldsymbol{r}=(u\cos v, u\sin v, u+v)$$

的参数方程, 使得它的参数曲线网是正交曲线网.

3. 求曲面

$$\boldsymbol{r}=(v\cos u-k\sin u, v\sin u+k\cos u, ku)$$

的参数曲线的正交轨线, 其中 $k>0$ 是常数.

§3.5 保长对应和保角对应

本节主要用来研究两个正则曲面之间保持第一基本形式不变的对应, 即所谓的保长对应. 首先, 我们讨论如何表示两个正则曲面之间的一个对应.

假定有两个正则参数曲面, 它们的参数方程分别是

$$\begin{aligned}S_1:\ \boldsymbol{r}&=\boldsymbol{r}_1(u_1,v_1),\quad (u_1,v_1)\in D_1,\\ S_2:\ \boldsymbol{r}&=\boldsymbol{r}_2(u_2,v_2),\quad (u_2,v_2)\in D_2,\end{aligned}$$

其中 D_1, D_2 是 E^2 中的两个区域. 因为 (u_i,v_i) 是正则曲面 S_i 的点的曲纹坐标, 所以从曲面 S_1 到 S_2 的一个映射表现为从区域 D_1 到 D_2 的一个映射. 换言之, 如果有映射 $\sigma: D_1\to D_2$, 表示为

$$u_2=f(u_1,v_1),\quad v_2=g(u_1,v_1), \tag{5.1}$$

则我们有从曲面 S_1 到 S_2 的映射 (仍记为 σ), 它把曲面 S_1 上的点 $\boldsymbol{r}_1(u_1,v_1)$ 映为曲面 S_2 上的点 $\boldsymbol{r}_2(f(u_1,v_1),g(u_1,v_1))$. 反过来, 正则参数曲面之间的映射都可以这样来表示 (实际上, 曲面 S_1 与区域 D_1 的点之间存在一一对应, 曲面 S_2 与区域 D_2 的点之间存在一一对应 (参

看 §3.1), 故从 S_1 到 S_2 的映射成为从 D_1 到 D_2 之间的映射). 这就是说, 正则参数曲面之间的一个对应表现为它们的参数区域之间的一个对应. 如果函数表达式 (5.1) 是连续可微的, 则称映射 $\sigma: S_1 \to S_2$ 是连续可微的. 根据曲面的容许参数变换的条件, 正则曲面之间的映射的连续可微性与曲面的容许参数的选择是无关的.

下面假定映射 $\sigma: S_1 \to S_2$ 是 3 次以上连续可微的. 首先要指出, 映射 σ 在每一点 $p \in S_1$ 诱导出从切空间 T_pS_1 到切空间 $T_{\sigma(p)}S_2$ 的一个线性映射 $\sigma_{*p}: T_pS_1 \to T_{\sigma(p)}S_2$, 称此映射为由映射 σ 在点 p 的切空间 T_pS 上诱导的**切映射**. 实际上, 若有曲面 S_1 上一条连续可微曲线

$$C_1: u_1 = u_1(t), \quad v_1 = v_1(t) \qquad (t_0 - \varepsilon < t < t_0 + \varepsilon), \tag{5.2}$$

则它在映射 σ 下映为曲面 S_2 上的一条连续可微曲线

$$\begin{aligned} C_2: u_2 = u_2(t) = f(u_1(t), v_1(t)), \quad v_2 = v_2(t) = g(u_1(t), v_1(t)) \\ (t_0 - \varepsilon < t < t_0 + \varepsilon). \end{aligned} \tag{5.3}$$

那么曲线 C_2 的切向量是

$$\begin{aligned} &\frac{\mathrm{d}}{\mathrm{d}t}\boldsymbol{r}_2(u_2(t), v_2(t)) \\ &\quad = \frac{\partial \boldsymbol{r}_2}{\partial u_2}\frac{\mathrm{d}u_2(t)}{\mathrm{d}t} + \frac{\partial \boldsymbol{r}_2}{\partial v_2}\frac{\mathrm{d}v_2(t)}{\mathrm{d}t} \\ &\quad = \frac{\partial \boldsymbol{r}_2}{\partial u_2}\left(\frac{\partial f(u_1, v_1)}{\partial u_1}\frac{\mathrm{d}u_1(t)}{\mathrm{d}t} + \frac{\partial f(u_1, v_1)}{\partial v_1}\frac{\mathrm{d}v_1(t)}{\mathrm{d}t}\right) \\ &\qquad + \frac{\partial \boldsymbol{r}_2}{\partial v_2}\left(\frac{\partial g(u_1, v_1)}{\partial u_1}\frac{\mathrm{d}u_1(t)}{\mathrm{d}t} + \frac{\partial g(u_1, v_1)}{\partial v_1}\frac{\mathrm{d}v_1(t)}{\mathrm{d}t}\right). \end{aligned} \tag{5.4}$$

假定 $p = \boldsymbol{r}_1(u_1(t_0), v_1(t_0))$, 命

$$\sigma_{*p}\left(\frac{\mathrm{d}}{\mathrm{d}t}\boldsymbol{r}_1(u_1(t), v_1(t))\bigg|_{t=t_0}\right) = \frac{\mathrm{d}}{\mathrm{d}t}\boldsymbol{r}_2(u_2(t), v_2(t))\bigg|_{t=t_0}, \tag{5.5}$$

则由 (5.4) 式得到

$$\begin{aligned}\sigma_{*p}&\left(\frac{\partial \boldsymbol{r}_1}{\partial u_1}\frac{\mathrm{d}u_1(t)}{\mathrm{d}t}+\frac{\partial \boldsymbol{r}_1}{\partial v_1}\frac{\mathrm{d}v_1(t)}{\mathrm{d}t}\right)\\&=\left(\frac{\partial \boldsymbol{r}_2}{\partial u_2}\frac{\partial f(u_1,v_1)}{\partial u_1}+\frac{\partial \boldsymbol{r}_2}{\partial v_2}\frac{\partial g(u_1,v_1)}{\partial u_1}\right)\frac{\mathrm{d}u_1(t)}{\mathrm{d}t}\\&\quad+\left(\frac{\partial \boldsymbol{r}_2}{\partial u_2}\frac{\partial f(u_1,v_1)}{\partial v_1}+\frac{\partial \boldsymbol{r}_2}{\partial v_2}\frac{\partial g(u_1,v_1)}{\partial v_1}\right)\frac{\mathrm{d}v_1(t)}{\mathrm{d}t}.\end{aligned}\tag{5.6}$$

由此可见, 由 (5.5) 式定义的映射 σ_{*p} 是线性映射, 并且

$$\begin{aligned}\sigma_{*p}\left(\frac{\partial \boldsymbol{r}_1}{\partial u_1}\right)&=\frac{\partial \boldsymbol{r}_2}{\partial u_2}\frac{\partial f(u_1,v_1)}{\partial u_1}+\frac{\partial \boldsymbol{r}_2}{\partial v_2}\frac{\partial g(u_1,v_1)}{\partial u_1},\\\sigma_{*p}\left(\frac{\partial \boldsymbol{r}_1}{\partial v_1}\right)&=\frac{\partial \boldsymbol{r}_2}{\partial u_2}\frac{\partial f(u_1,v_1)}{\partial v_1}+\frac{\partial \boldsymbol{r}_2}{\partial v_2}\frac{\partial g(u_1,v_1)}{\partial v_1},\end{aligned}$$

用矩阵表示则是

$$\sigma_{*p}\begin{pmatrix}\dfrac{\partial \boldsymbol{r}_1}{\partial u_1}\\\dfrac{\partial \boldsymbol{r}_1}{\partial v_1}\end{pmatrix}=\begin{pmatrix}\dfrac{\partial f(u_1,v_1)}{\partial u_1}&\dfrac{\partial g(u_1,v_1)}{\partial u_1}\\\dfrac{\partial f(u_1,v_1)}{\partial v_1}&\dfrac{\partial g(u_1,v_1)}{\partial v_1}\end{pmatrix}\begin{pmatrix}\dfrac{\partial \boldsymbol{r}_2}{\partial u_2}\\\dfrac{\partial \boldsymbol{r}_2}{\partial v_2}\end{pmatrix}.\tag{5.7}$$

对于 T_pS_1 中的任意一个切向量

$$\boldsymbol{X}=a\frac{\partial \boldsymbol{r}_1}{\partial u_1}+b\frac{\partial \boldsymbol{r}_1}{\partial v_1},\tag{5.8}$$

则有

$$\begin{aligned}\sigma_{*p}(\boldsymbol{X})&=a\left(\frac{\partial \boldsymbol{r}_2}{\partial u_2}\frac{\partial f(u_1,v_1)}{\partial u_1}+\frac{\partial \boldsymbol{r}_2}{\partial v_2}\frac{\partial g(u_1,v_1)}{\partial u_1}\right)\\&\quad+b\left(\frac{\partial \boldsymbol{r}_2}{\partial u_2}\frac{\partial f(u_1,v_1)}{\partial v_1}+\frac{\partial \boldsymbol{r}_2}{\partial v_2}\frac{\partial g(u_1,v_1)}{\partial v_1}\right)\\&=\left(a\frac{\partial u_2}{\partial u_1}+b\frac{\partial u_2}{\partial v_1}\right)\frac{\partial \boldsymbol{r}_2}{\partial u_2}+\left(a\frac{\partial v_2}{\partial u_1}+b\frac{\partial v_2}{\partial v_1}\right)\frac{\partial \boldsymbol{r}_2}{\partial v_2}.\end{aligned}\tag{5.9}$$

由此可见, 切映射 $\sigma_{*p}:T_pS_1\to T_{\sigma(p)}S_2$ 是同构的, 当且仅当矩阵

$$\begin{pmatrix}\dfrac{\partial u_2}{\partial u_1}&\dfrac{\partial v_2}{\partial u_1}\\\dfrac{\partial u_2}{\partial v_1}&\dfrac{\partial v_2}{\partial v_1}\end{pmatrix}=\begin{pmatrix}\dfrac{\partial f(u_1,v_1)}{\partial u_1}&\dfrac{\partial g(u_1,v_1)}{\partial u_1}\\\dfrac{\partial f(u_1,v_1)}{\partial v_1}&\dfrac{\partial g(u_1,v_1)}{\partial v_1}\end{pmatrix}$$

非退化, 即 Jacobi 行列式 $\left.\dfrac{\partial(u_2,v_2)}{\partial(u_1,v_1)}\right|_p \neq 0$.

定理 5.1 设 $\sigma: S_1 \to S_2$ 是从正则参数曲面 S_1 到正则参数曲面 S_2 的 3 次以上的连续可微映射. 如果在点 $p \in S_1$, 切映射 $\sigma_{*p}: T_pS_1 \to T_{\sigma(p)}S_2$ 是切空间 T_pS_1 和 $T_{\sigma(p)}S_2$ 之间的同构, 则有点 p 在 S_1 中的邻域 U_1 和点 $\sigma(p)$ 在 S_2 中的邻域 U_2, 以及相应的参数系 (u_1,v_1) 和 (u_2,v_2), 使得 $\sigma(U_1) \subset U_2$, 并且映射 $\sigma|_{U_1}$ 是由

$$u_2 = u_1, \quad v_2 = v_1 \tag{5.10}$$

给出的. 换言之, 在适当地选取曲面 S_1 和 S_2 上的参数系之后, 映射 $\sigma|_{U_1}$ 是从参数区域 U_1 到 U_2 的、有相同参数值的点之间的对应.

使映射 σ 能够由 (5.10) 式给出的参数系 (u_1,v_1) 和 (u_2,v_2) 称为在曲面 S_1 和 S_2 上关于映射 σ 的**适用参数系**.

证明 假定映射 σ 由

$$u_2 = f(u_1,v_1), \quad v_2 = g(u_1,v_1)$$

给出, 因为在点 p 有 $\left.\dfrac{\partial(u_2,v_2)}{\partial(u_1,v_1)}\right|_p \neq 0$, 因此上面的式子可以看作曲面 S_1 在点 p 的某个邻域 U_1 上的容许参数变换, 使得 (u_2,v_2) 成为曲面 S_1 在点 p 的某个邻域 U_1 内的参数系. 在这样的参数系下, 映射 σ 恰好是参数区域上的恒同映射. 证毕.

映射 $\sigma: S_1 \to S_2$ 还能够把 S_2 上的二次微分式拉回到 S_1 上, 成为 S_1 上的二次微分式. 假定 S_2 上的一个二次微分式 φ 的表达式是

$$\varphi = A(u_2,v_2)(\mathrm{d}u_2)^2 + 2B(u_2,v_2)\mathrm{d}u_2\mathrm{d}v_2 + C(u_2,v_2)(\mathrm{d}v_2)^2, \tag{5.11}$$

则在 (5.1) 式给出的映射 $\sigma: S_1 \to S_2$ 下, 将表达式 (5.1) 代入 (5.11) 式得到 S_1 上的一个二次微分式 $\sigma^*\varphi$ 如下:

$$\begin{aligned}\sigma^*\varphi = {} & A(f(u_1,v_1),g(u_1,v_1))\left(\frac{\partial f}{\partial u_1}\mathrm{d}u_1 + \frac{\partial f}{\partial v_1}\mathrm{d}v_1\right)^2 \\ & +2B(f(u_1,v_1),g(u_1,v_1))\left(\frac{\partial f}{\partial u_1}\mathrm{d}u_1 + \frac{\partial f}{\partial v_1}\mathrm{d}v_1\right)\end{aligned}$$

$$\cdot\left(\frac{\partial g}{\partial u_1}\mathrm{d}u_1+\frac{\partial g}{\partial v_1}\mathrm{d}v_1\right)$$

$$+C(f(u_1,v_1),g(u_1,v_1))\left(\frac{\partial g}{\partial u_1}\mathrm{d}u_1+\frac{\partial g}{\partial v_1}\mathrm{d}v_1\right)^2$$

$$=\tilde{A}(u_1,v_1)(\mathrm{d}u_1)^2+2\tilde{B}(u_1,v_1)\mathrm{d}u_1\mathrm{d}v_1+\tilde{C}(u_1,v_1)(\mathrm{d}v_1)^2, \tag{5.12}$$

其中

$$\begin{aligned}
\tilde{A}(u_1,v_1)&=A(f(u_1,v_1),g(u_1,v_1))\left(\frac{\partial f(u_1,v_1)}{\partial u_1}\right)^2\\
&\quad+2B(f(u_1,v_1),g(u_1,v_1))\frac{\partial f(u_1,v_1)}{\partial u_1}\frac{\partial g(u_1,v_1)}{\partial u_1}\\
&\quad+C(f(u_1,v_1),g(u_1,v_1))\left(\frac{\partial g(u_1,v_1)}{\partial u_1}\right)^2,\\
\tilde{B}(u_1,v_1)&=A(f(u_1,v_1),g(u_1,v_1))\frac{\partial f(u_1,v_1)}{\partial u_1}\frac{\partial f(u_1,v_1)}{\partial v_1}\\
&\quad+B(f(u_1,v_1),g(u_1,v_1))\left(\frac{\partial f(u_1,v_1)}{\partial u_1}\frac{\partial g(u_1,v_1)}{\partial v_1}\right.\\
&\quad\left.+\frac{\partial f(u_1,v_1)}{\partial v_1}\frac{\partial g(u_1,v_1)}{\partial u_1}\right)\\
&\quad+C(f(u_1,v_1),g(u_1,v_1))\frac{\partial g(u_1,v_1)}{\partial u_1}\frac{\partial g(u_1,v_1)}{\partial v_1},\\
\tilde{C}(u_1,v_1)&=A(f(u_1,v_1),g(u_1,v_1))\left(\frac{\partial f(u_1,v_1)}{\partial v_1}\right)^2\\
&\quad+2B(f(u_1,v_1),g(u_1,v_1))\frac{\partial f(u_1,v_1)}{\partial v_1}\frac{\partial g(u_1,v_1)}{\partial v_1}\\
&\quad+C(f(u_1,v_1),g(u_1,v_1))\left(\frac{\partial g(u_1,v_1)}{\partial v_1}\right)^2.
\end{aligned} \tag{5.13}$$

(5.13) 式和 (5.12) 式用矩阵表示则是

$$\begin{pmatrix}\tilde{A}(u_1,v_1) & \tilde{B}(u_1,v_1)\\ \tilde{B}(u_1,v_1) & \tilde{C}(u_1,v_1)\end{pmatrix}=J\begin{pmatrix}A(u_2,v_2) & B(u_2,v_2)\\ B(u_2,v_2) & C(u_2,v_2)\end{pmatrix}J^{\mathrm{T}}, \tag{5.14}$$

并且

$$\sigma^*\varphi = (\mathrm{d}u_1, \mathrm{d}v_1) \cdot \begin{pmatrix} \tilde{A} & \tilde{B} \\ \tilde{B} & \tilde{C} \end{pmatrix} \cdot \begin{pmatrix} \mathrm{d}u_1 \\ \mathrm{d}v_1 \end{pmatrix}$$
$$= (\mathrm{d}u_1, \mathrm{d}v_1) \cdot J \begin{pmatrix} A & B \\ B & C \end{pmatrix} J^{\mathrm{T}} \cdot \begin{pmatrix} \mathrm{d}u_1 \\ \mathrm{d}v_1 \end{pmatrix},$$

其中

$$J = \begin{pmatrix} \dfrac{\partial u_2}{\partial u_1} & \dfrac{\partial v_2}{\partial u_1} \\ \dfrac{\partial u_2}{\partial v_1} & \dfrac{\partial v_2}{\partial v_1} \end{pmatrix} = \begin{pmatrix} \dfrac{\partial f(u_1, v_1)}{\partial u_1} & \dfrac{\partial g(u_1, v_1)}{\partial u_1} \\ \dfrac{\partial f(u_1, v_1)}{\partial v_1} & \dfrac{\partial g(u_1, v_1)}{\partial v_1} \end{pmatrix}. \tag{5.15}$$

我们把 $\sigma^*\varphi$ 称为 S_2 上的二次微分式 φ 经过映射 $\sigma: S_1 \to S_2$ 拉回到 S_1 上的二次微分式.

定义 5.1 设 $\sigma: S_1 \to S_2$ 是从正则参数曲面 S_1 到正则参数曲面 S_2 的 3 次以上的连续可微映射. 如果在每一点 $p \in S_1$, 切映射 $\sigma_{*p}: T_pS_1 \to T_{\sigma(p)}S_2$ 都保持切向量的长度不变, 即对于任意的 $\boldsymbol{X} \in T_pS_1$ 都有 $|\sigma_{*p}(\boldsymbol{X})| = |\boldsymbol{X}|$, 则称 $\sigma: S_1 \to S_2$ 是从曲面 S_1 到曲面 S_2 的**保长对应**.

向量之间的内积和向量长度之间的关系是

$$\boldsymbol{a} \cdot \boldsymbol{b} = \frac{1}{2}(|\boldsymbol{a} + \boldsymbol{b}|^2 - |\boldsymbol{a}|^2 - |\boldsymbol{b}|^2),$$

既然保长对应 $\sigma: S_1 \to S_2$ 保持切向量的长度不变, 因此它必定保持切向量的内积不变, 即对于任意的 $\boldsymbol{X}, \boldsymbol{Y} \in T_pS_1$, 都有

$$\sigma_{*p}(\boldsymbol{X}) \cdot \sigma_{*p}(\boldsymbol{Y}) = \boldsymbol{X} \cdot \boldsymbol{Y}. \tag{5.16}$$

在 §3.2 已经说过, 曲面 S_1 在点 $\boldsymbol{r} = \boldsymbol{r}_1(u_1, v_1)$ 处的任意一个切向量可以用它的微分

$$\mathrm{d}\boldsymbol{r}_1(u_1, v_1) = \mathrm{d}u_1 \frac{\partial \boldsymbol{r}_1}{\partial u_1} + \mathrm{d}v_1 \frac{\partial \boldsymbol{r}_1}{\partial v_1}$$

来表示, 这里 $(\mathrm{d}u_1, \mathrm{d}v_1)$ 代表曲面 S_1 在点 $\boldsymbol{r} = \boldsymbol{r}_1(u_1, v_1)$ 处的任意一个切向量的分量. 假定映射 σ 由 (5.1) 式给出, 则根据 (5.7) 式有

$$\begin{aligned}
\sigma_{*p}(\mathrm{d}\boldsymbol{r}_1(u_1,v_1)) &= \sigma_{*p}\left((\mathrm{d}u_1, \mathrm{d}v_1)\begin{pmatrix} \dfrac{\partial \boldsymbol{r}_1}{\partial u_1} \\ \dfrac{\partial \boldsymbol{r}_1}{\partial v_1} \end{pmatrix}\right) \\
&= (\mathrm{d}u_1, \mathrm{d}v_1)\sigma_{*p}\begin{pmatrix} \dfrac{\partial \boldsymbol{r}_1}{\partial u_1} \\ \dfrac{\partial \boldsymbol{r}_1}{\partial v_1} \end{pmatrix} \\
&= (\mathrm{d}u_1, \mathrm{d}v_1)J\begin{pmatrix} \dfrac{\partial \boldsymbol{r}_2}{\partial u_2} \\ \dfrac{\partial \boldsymbol{r}_2}{\partial v_2} \end{pmatrix},
\end{aligned} \tag{5.17}$$

其中 J 由 (5.15) 式给出. 因此由 (5.12),(5.14) 式可知, σ 是保长对应的条件是

$$\begin{aligned}
|\mathrm{d}\boldsymbol{r}_1(u_1,v_1)|^2 &= |\sigma_{*p}(\mathrm{d}\boldsymbol{r}_1(u_1,v_1))|^2 \\
&= (\mathrm{d}u_1, \mathrm{d}v_1)J\begin{pmatrix} \dfrac{\partial \boldsymbol{r}_2}{\partial u_2} \\ \dfrac{\partial \boldsymbol{r}_2}{\partial v_2} \end{pmatrix} \cdot \left(\dfrac{\partial \boldsymbol{r}_2}{\partial u_2}, \dfrac{\partial \boldsymbol{r}_2}{\partial v_2}\right) J^{\mathrm{T}} \begin{pmatrix} \mathrm{d}u_1 \\ \mathrm{d}v_1 \end{pmatrix} \\
&= (\mathrm{d}u_1, \mathrm{d}v_1)J\begin{pmatrix} E_2(u_2,v_2) & F_2(u_2,v_2) \\ F_2(u_2,v_2) & G_2(u_2,v_2) \end{pmatrix} J^{\mathrm{T}} \begin{pmatrix} \mathrm{d}u_1 \\ \mathrm{d}v_1 \end{pmatrix} \\
&= \sigma^*(|\mathrm{d}\boldsymbol{r}_2(u_2,v_2)|^2),
\end{aligned} \tag{5.18}$$

即

$$\mathrm{I}_1 = \sigma^* \mathrm{I}_2,$$

这里 E_2, F_2, G_2 是曲面 S_2 的第一类基本量. 由此得到下面的定理.

定理 5.2 假定正则参数曲面 S_1 和 S_2 的第一基本形式分别是 I_1 和 I_2, 则 $\sigma: S_1 \to S_2$ 是从曲面 S_1 到曲面 S_2 的保长对应的充分必要条件是

$$\sigma^* \mathrm{I}_2 = \mathrm{I}_1. \tag{5.19}$$

换言之, 下面的公式成立:

$$\begin{pmatrix} E_1(u_1,v_1) & F_1(u_1,v_1) \\ F_1(u_1,v_1) & G_1(u_1,v_1) \end{pmatrix} = J \begin{pmatrix} E_2(u_2,v_2) & F_2(u_2,v_2) \\ F_2(u_2,v_2) & G_2(u_2,v_2) \end{pmatrix} J^{\mathrm{T}},$$

其中

$$J = \begin{pmatrix} \dfrac{\partial u_2}{\partial u_1} & \dfrac{\partial v_2}{\partial u_1} \\ \dfrac{\partial u_2}{\partial v_1} & \dfrac{\partial v_2}{\partial v_1} \end{pmatrix}.$$

如果将上面的式子展开, 我们便得到下面的等式:

$$\begin{aligned} & E_2(u_2,v_2)\left(\frac{\partial u_2}{\partial u_1}\right)^2 + 2F_2(u_2,v_2)\frac{\partial u_2}{\partial u_1}\frac{\partial v_2}{\partial u_1} \\ &\qquad +G_2(u_2,v_2)\left(\frac{\partial v_2}{\partial u_1}\right)^2 = E_1(u_1,v_1), \\ & E_2(u_2,v_2)\frac{\partial u_2}{\partial u_1}\frac{\partial u_2}{\partial v_1} + F_2(u_2,v_2)\left(\frac{\partial u_2}{\partial u_1}\frac{\partial v_2}{\partial v_1} + \frac{\partial u_2}{\partial v_1}\frac{\partial v_2}{\partial u_1}\right) \\ &\qquad +G_2(u_2,v_2)\frac{\partial v_2}{\partial u_1}\frac{\partial v_2}{\partial v_1} = F_1(u_1,v_1), \\ & E_2(u_2,v_2)\left(\frac{\partial u_2}{\partial v_1}\right)^2 + 2F_2(u_2,v_2)\frac{\partial u_2}{\partial v_1}\frac{\partial v_2}{\partial v_1} \\ &\qquad +G_2(u_2,v_2)\left(\frac{\partial v_2}{\partial v_1}\right)^2 = G_1(u_1,v_1). \end{aligned} \tag{5.20}$$

这是 (5.19) 式的等价形式. 在已知正则曲面 S_1 和 S_2 的第一基本形式的情况下,(5.20) 式实际上是寻求曲面 S_1 和 S_2 之间是否存在保长对应 $u_2 = u_2(u_1,v_1), v_2 = v_2(u_1,v_1)$ 的微分方程组. 但是, 这是一个非线性的一阶微分方程组, 要判断该方程组是否有解, 并且把解求出来自然是一件十分困难的事情. 以后我们要进一步研究保长对应的不变量 (参看第五章所叙述的 Gauss 的绝妙定理), 这对我们判断两个正则曲面是否能够建立保长对应起着重要的作用.

定理 5.3 在正则曲面 S_1 和 S_2 之间存在保长对应的充分必要条件是, 能够在曲面 S_1 和 S_2 上取适当的参数系, 都记成 (u,v), 并且在

这样的参数系下这两个曲面有相同的第一类基本量, 即

$$E_1(u,v)=E_2(u,v),\ F_1(u,v)=F_2(u,v),\ G_1(u,v)=G_2(u,v). \quad (5.21)$$

证明 如果 $\sigma: S_1\to S_2$ 是从曲面 S_1 到曲面 S_2 的保长对应, 则在每一点 $p\in S_1$ 处, 切映射 $\sigma_{*p}: T_pS_1\to T_{\sigma(p)}S_2$ 显然是非退化的. 因此由定理 5.1, 在曲面 S_1 和曲面 S_2 上能够取适当的参数系, 使得映射 σ 是曲面 S_1 和曲面 S_2 上有相同参数的点之间的对应, 把这适用的参数系记为 (u,v). 根据定理 5.2, $E_1=E_2, F_1=F_2, G_1=G_2$. 必要性得证. 定理的充分性是明显的. 证毕.

例 1 证明: 在螺旋面 $\boldsymbol{r}=(u\cos v, u\sin v, u+v)$ 和旋转双曲面 $\boldsymbol{r}=(\rho\cos\theta,\rho\sin\theta,\sqrt{\rho^2-1})$ $(\rho\geqslant 1, 0\leqslant\theta\leqslant 2\pi)$ 之间可以建立保长对应.

证明 直接计算螺旋面的第一基本形式得到

$$\mathrm{I}=2(\mathrm{d}u)^2+2\mathrm{d}u\mathrm{d}v+(u^2+1)(\mathrm{d}v)^2,$$

旋转双曲面的第一基本形式是

$$\tilde{\mathrm{I}}=\frac{2\rho^2-1}{\rho^2-1}\mathrm{d}\rho^2+\rho^2\mathrm{d}\theta^2.$$

先在螺旋面上作容许的参数变换, 使得参数系是正交的. 实际上, 将 I 的后面两项配平方得到

$$\mathrm{I}=\left(2-\frac{1}{u^2+1}\right)(\mathrm{d}u)^2+(u^2+1)\left(\frac{\mathrm{d}u}{u^2+1}+\mathrm{d}v\right)^2.$$

命

$$\tilde{u}=u,\quad \tilde{v}=\arctan u+v,$$

则

$$\mathrm{I}=\frac{2\tilde{u}^2+1}{\tilde{u}^2+1}\mathrm{d}\tilde{u}^2+(\tilde{u}^2+1)\mathrm{d}\tilde{v}^2.$$

将它与 $\tilde{\mathrm{I}}$ 相对照, 命

$$\rho=\sqrt{\tilde{u}^2+1},\quad \theta=\tilde{v},$$

则经过直接计算得到 $\mathrm{I}=\tilde{\mathrm{I}}$. 因此在这两个曲面之间能够建立保长对应, 该对应是

$$\rho=\sqrt{u^2+1},\quad \theta=\arctan u+v.$$

证毕.

本例题的解法带有观察和拼凑的成分, 但是它比直接求解方程组 (5.20) 要简单多了. 在知道 Gauss 曲率是保长对应的不变量之后, 通过计算两个曲面的 Gauss 曲率可以使拼凑有更加清晰的目标.

定义 5.2 设 $\sigma: S_1\to S_2$ 是从正则参数曲面 S_1 到正则参数曲面 S_2 的一一对应, 并且它和它的逆映射都是 3 次以上的连续可微映射. 如果在每一点 $p\in S_1$, 切映射 $\sigma_{*p}: T_pS_1\to T_{\sigma(p)}S_2$ 都保持切向量的夹角不变, 即对于任意的 $\boldsymbol{X},\boldsymbol{Y}\in T_pS_1$ 都有

$$\angle(\sigma_{*p}(\boldsymbol{X}),\sigma_{*p}(\boldsymbol{Y}))=\angle(\boldsymbol{X},\boldsymbol{Y}),\tag{5.22}$$

则称 $\sigma: S_1\to S_2$ 是从曲面 S_1 到曲面 S_2 的**保角对应**.

在初等平面几何学中, 所谓的相似三角形是指对应边成比例的三角形, 然而相似三角形的特征是对应角相等. 这就是说, 判断两个三角形的内角对应相等的问题可以转化为对应的三边边长是否成比例的问题. 下面的定理实际上就体现了这个原理.

定理 5.4 假定正则参数曲面 S_1 和 S_2 的第一基本形式分别是 I_1 和 I_2, 则 $\sigma: S_1\to S_2$ 是从曲面 S_1 到曲面 S_2 的保角对应的充分必要条件是, 在曲面 S_1 上存在正的连续函数 λ, 使得

$$\sigma^*\mathrm{I}_2=\lambda^2\mathrm{I}_1.\tag{5.23}$$

特别地, 如果 $\sigma: S_1\to S_2$ 是从曲面 S_1 到曲面 S_2 的保角对应, 则在曲面 S_1 和 S_2 上能够取适当的参数系, 都记成 (u,v), 使得在这样的参数系下这两个曲面的第一类基本量成比例, 即存在正的连续函数 λ, 使得

$$\begin{aligned}E_2(u,v)&=\lambda^2(u,v)E_1(u,v),\\F_2(u,v)&=\lambda^2(u,v)F_1(u,v),\\G_2(u,v)&=\lambda^2(u,v)G_1(u,v).\end{aligned}\tag{5.24}$$

证明 充分性是明显的. 如果 (5.23) 式成立, 则对于任意的 $p \in S_1$, $\boldsymbol{X}, \boldsymbol{Y} \in T_pS_1$ 都有 (参看 (3.17) 和 (5.12) 式)

$$\cos\angle(\boldsymbol{X},\boldsymbol{Y}) = \frac{\boldsymbol{X}\cdot\boldsymbol{Y}}{|\boldsymbol{X}||\boldsymbol{Y}|} = \frac{\mathrm{I}_1(\boldsymbol{X},\boldsymbol{Y})}{\sqrt{\mathrm{I}_1(\boldsymbol{X},\boldsymbol{X})}\sqrt{\mathrm{I}_1(\boldsymbol{Y},\boldsymbol{Y})}}, \tag{5.25}$$

$$\begin{aligned}\cos\angle(\sigma_{*p}(\boldsymbol{X}),\sigma_{*p}(\boldsymbol{Y})) &= \frac{\mathrm{I}_2(\sigma_{*p}(\boldsymbol{X}),\sigma_{*p}(\boldsymbol{Y}))}{\sqrt{\mathrm{I}_2(\sigma_{*p}(\boldsymbol{X}),\sigma_{*p}(\boldsymbol{X}))}\sqrt{\mathrm{I}_2(\sigma_{*p}(\boldsymbol{Y}),\sigma_{*p}(\boldsymbol{Y}))}} \\ &= \frac{\sigma^*\mathrm{I}_2(\boldsymbol{X},\boldsymbol{Y})}{\sqrt{\sigma^*\mathrm{I}_2(\boldsymbol{X},\boldsymbol{X})}\sqrt{\sigma^*\mathrm{I}_2(\mathrm{Y},\boldsymbol{Y})}},\end{aligned} \tag{5.26}$$

但是根据条件 (5.23) 有

$$\begin{aligned}\sigma^*\mathrm{I}_2(\boldsymbol{X},\boldsymbol{Y}) &= \lambda^2\mathrm{I}_1(\boldsymbol{X},\boldsymbol{Y}),\\ \sigma^*\mathrm{I}_2(\boldsymbol{X},\boldsymbol{X}) &= \lambda^2\mathrm{I}_1(\boldsymbol{X},\boldsymbol{X}),\\ \sigma^*\mathrm{I}_2(\boldsymbol{Y},\boldsymbol{Y}) &= \lambda^2\mathrm{I}_1(\boldsymbol{Y},\boldsymbol{Y}),\end{aligned}$$

因此由 (5.25),(5.26) 式得到

$$\angle(\sigma_{*p}(\boldsymbol{X}),\sigma_{*p}(\boldsymbol{Y})) = \angle(\boldsymbol{X},\boldsymbol{Y}).$$

反过来, 假定 $\sigma: S_1 \to S_2$ 是从曲面 S_1 到曲面 S_2 的保角对应, 则根据定义 σ 必定是一一对应, 故根据定理 5.1 在曲面 S_1 和 S_2 上能够取适用参数系, 都记成 (u,v), 使得在这样的参数系下 σ 是有相同参数值的点之间的对应, 即

$$\sigma(\boldsymbol{r}_1(u,v)) = \boldsymbol{r}_2(u,v),$$

其中 $\boldsymbol{r}_1(u,v), \boldsymbol{r}_2(u,v)$ 分别是曲面 S_1, S_2 的参数方程. 因此

$$\sigma_*\left(\frac{\partial\boldsymbol{r}_1(u,v)}{\partial u}\right) = \frac{\partial\boldsymbol{r}_2(u,v)}{\partial u}, \quad \sigma_*\left(\frac{\partial\boldsymbol{r}_1(u,v)}{\partial v}\right) = \frac{\partial\boldsymbol{r}_2(u,v)}{\partial v},$$

并且

$$\sigma_*\left(\frac{\partial\boldsymbol{r}_1(u,v)}{\partial u} + \frac{\partial\boldsymbol{r}_1(u,v)}{\partial v}\right) = \frac{\partial\boldsymbol{r}_2(u,v)}{\partial u} + \frac{\partial\boldsymbol{r}_2(u,v)}{\partial v}.$$

根据条件 (5.22) 则有

$$
\begin{aligned}
&\cos\angle\left(\frac{\partial \boldsymbol{r}_1(u,v)}{\partial u},\ \frac{\partial \boldsymbol{r}_1(u,v)}{\partial v}\right)=\cos\angle\left(\frac{\partial \boldsymbol{r}_2(u,v)}{\partial u},\frac{\partial \boldsymbol{r}_2(u,v)}{\partial v}\right),\\
&\cos\angle\left(\frac{\partial \boldsymbol{r}_1(u,v)}{\partial u}+\frac{\partial \boldsymbol{r}_1(u,v)}{\partial v},\frac{\partial \boldsymbol{r}_1(u,v)}{\partial u}\right)\\
&\qquad\qquad=\cos\angle\left(\frac{\partial \boldsymbol{r}_2(u,v)}{\partial u}+\frac{\partial \boldsymbol{r}_2(u,v)}{\partial v},\frac{\partial \boldsymbol{r}_2(u,v)}{\partial u}\right),\\
&\cos\angle\left(\frac{\partial \boldsymbol{r}_1(u,v)}{\partial u}+\frac{\partial \boldsymbol{r}_1(u,v)}{\partial v},\frac{\partial \boldsymbol{r}_1(u,v)}{\partial v}\right)\\
&\qquad\qquad=\cos\angle\left(\frac{\partial \boldsymbol{r}_2(u,v)}{\partial u}+\frac{\partial \boldsymbol{r}_2(u,v)}{\partial v},\frac{\partial \boldsymbol{r}_2(u,v)}{\partial v}\right),
\end{aligned}
$$

用 (3.17) 式代入得到

$$
\frac{F_1}{\sqrt{E_1G_1}}=\frac{F_2}{\sqrt{E_2G_2}}, \tag{5.27}
$$

$$
\frac{E_1+F_1}{\sqrt{E_1+2F_1+G_1}\sqrt{E_1}}=\frac{E_2+F_2}{\sqrt{E_2+2F_2+G_2}\sqrt{E_2}}, \tag{5.28}
$$

$$
\frac{F_1+G_1}{\sqrt{E_1+2F_1+G_1}\sqrt{G_1}}=\frac{F_2+G_2}{\sqrt{E_2+2F_2+G_2}\sqrt{G_2}}. \tag{5.29}
$$

将 (5.28), (5.29) 两式相除得到

$$
\frac{\sqrt{E_1}+\dfrac{F_1}{\sqrt{E_1}}}{\sqrt{G_1}+\dfrac{F_1}{\sqrt{G_1}}}=\frac{\sqrt{E_2}+\dfrac{F_2}{\sqrt{E_2}}}{\sqrt{G_2}+\dfrac{F_2}{\sqrt{G_2}}}.
$$

将上式展开, 并且用 (5.27) 式则得

$$
\begin{gathered}
\sqrt{E_1G_2}+\frac{F_1F_2}{\sqrt{E_1G_2}}=\sqrt{E_2G_1}+\frac{F_1F_2}{\sqrt{E_2G_1}},\\
(\sqrt{E_1G_2}-\sqrt{E_2G_1})\left(1-\frac{F_1}{\sqrt{E_1G_1}}\ \frac{F_2}{\sqrt{E_2G_2}}\right)=0,
\end{gathered}
$$

因此再用 (5.27) 式得到

$$
\begin{aligned}
&(\sqrt{E_1G_2}-\sqrt{E_2G_1})\left(1-\frac{F_1^2}{E_1G_1}\right)\\
&=(\sqrt{E_1G_2}-\sqrt{E_2G_1})\left(1-\cos^2\angle\left(\frac{\partial \boldsymbol{r}_1(u,v)}{\partial u},\frac{\partial \boldsymbol{r}_1(u,v)}{\partial v}\right)\right)=0.
\end{aligned}
$$

但是 S_1 是正则参数曲面, 切向量 $\dfrac{\partial \boldsymbol{r}_1(u,v)}{\partial u}, \dfrac{\partial \boldsymbol{r}_1(u,v)}{\partial v}$ 不共线, 故

$$
\cos^2\angle\left(\frac{\partial \boldsymbol{r}_1(u,v)}{\partial u},\frac{\partial \boldsymbol{r}_1(u,v)}{\partial v}\right)\neq 1,
$$

所以

$$
E_1G_2=E_2G_1,
$$

代入 (5.27) 式则得

$$
\frac{F_2}{F_1}=\frac{E_2}{E_1}=\frac{G_2}{G_1}=\lambda^2.
$$

证毕.

关于保角对应有下面的重要定理:

定理 5.5 任意一个正则参数曲面 S 的每一点 p, 都有一个邻域 U 可以和平面上的一个开区域建立保角对应. 换言之, 任意两个正则参数曲面在局部上都可以建立保角对应.

这是一个十分深刻的定理. 在曲面的参数方程是解析的情形, 首先是 Gauss 凭借着把实解析函数看作复解析函数的技巧, 利用两个变量的一次微分形式的积分因子的存在性 (参看附录 §1 的定理 1.7) 证明了这个定理. 当曲面的参数方程是光滑的情形, 证明比较复杂. 另外, 当曲面的参数方程有 2 阶以上的连续可微性时, 定理仍然成立, 陈省身曾经给出过一个比较简单的证明 (参看 S. S. Chern, Selected Papers, New York: Springer Verlag, 1981, p.217). 下面我们在曲面的参数方程是解析函数的假定下, 给出定理 5.5 的简要证明.

定理 5.5 的证明 假定正则参数曲面 S 的方程 $\boldsymbol{r}=\boldsymbol{r}(u,v)$ 是 u,v 的解析函数, 于是曲面的第一类基本量 E,F,G 都是 u,v 的解析函

数. 根据定理 4.2, 可以假定 (u,v) 给出曲面 S 的正交参数曲线网, 即 $F(u,v)=0$, 于是曲面 S 的第一基本形式成为

$$\mathrm{I}=E(\mathrm{d}u)^2+G(\mathrm{d}v)^2=(\sqrt{E}\mathrm{d}u+\sqrt{-1}\ \sqrt{G}\mathrm{d}v)(\sqrt{E}\mathrm{d}u-\sqrt{-1}\ \sqrt{G}\mathrm{d}v).$$

命

$$\omega=\sqrt{E}\mathrm{d}u+\sqrt{-1}\ \sqrt{G}\mathrm{d}v, \tag{5.30}$$

这是系数为复数值解析函数的一次微分式. 根据附录 §1 的定理 1.7, 在每一点 $p\in S$ 的一个充分小的邻域 U 内存在处处非零的复数值解析函数 $\lambda(u,v)$, 使得 $\lambda(u,v)\omega$ 成为某个复数值函数 $z(u,v)$ 的全微分, 即

$$\lambda(u,v)(\sqrt{E}\mathrm{d}u+\sqrt{-1}\ \sqrt{G}\mathrm{d}v)=\mathrm{d}z(u,v). \tag{5.31}$$

把函数 $z(u,v)$ 分解为实部和虚部, 设

$$z(u,v)=x(u,v)+\sqrt{-1}y(u,v), \tag{5.32}$$

则

$$\mathrm{I}=\omega\overline{\omega}=\frac{1}{|\lambda|^2}(\mathrm{d}x^2+\mathrm{d}y^2), \tag{5.33}$$

因此曲面 S 上点 p 的一个邻域与平面上的一个邻域是保角的, 保角对应由

$$x=x(u,v),\quad y=y(u,v) \tag{5.34}$$

给出. 证毕.

在曲面 S 上能够使第一基本形式表示成 (5.33) 式的参数系 (x,y) 称为**等温参数系**. 在曲面 S 上存在等温参数系是一个十分重要的事实, 它在实践中有很多应用. 球面的球极投影建立了球面与平面的保角对应 (参看习题 3.3 的第 2 题). 在绘制地图时为了保证各个国家的辖区形状不失真, 通常使用两种保角对应. 对于北极和南极地区, 常用球极投影; 对于极区以外的部分常用下面的例题所介绍的 Mercator 投影.

例 2 试建立球面和圆柱面之间的保角对应.

解 设 S 是半径为 a 的球面, $\tilde{S}$ 是半径为 a 的圆柱面, 它们的参数方程分别为

$$\boldsymbol{r}=(a\cos v\cos u, a\cos v\sin u, a\sin v),$$

$$\boldsymbol{r}=(a\cos\tilde{u}, a\sin\tilde{u}, a\tilde{v}).$$

经直接计算得到它们的第一基本形式分别为

$$\mathrm{I}=a^2\cos^2 v(\mathrm{d}u)^2+a^2(\mathrm{d}v)^2=a^2\cos^2 v\left((\mathrm{d}u)^2+\frac{1}{\cos^2 v}(\mathrm{d}v)^2\right),$$

$$\tilde{\mathrm{I}}=a^2\mathrm{d}\tilde{u}^2+a^2\mathrm{d}\tilde{v}^2=a^2(\mathrm{d}\tilde{u}^2+\mathrm{d}\tilde{v}^2).$$

命

$$\tilde{u}=u,\quad \tilde{v}=\int_0^v\frac{\mathrm{d}v}{\cos v}=\log\left|\tan\left(\frac{v}{2}+\frac{\pi}{4}\right)\right|,$$

则上面给出的映射 $\sigma: S\to\tilde{S}$ 是保角对应. 上述映射称为 Mercator 投影.

很明显, 圆柱面 $\tilde{S}$ 和平面是保长的, 球面通过 Mercator 投影和平面建立保角对应, 所以这种方法常用于描绘地图.

习 题 3.5

1. 证明: 在悬链面

$$\boldsymbol{r}=(a\cosh t\cos\theta, a\cosh t\sin\theta, at),\quad -\infty<t<\infty,\quad 0\leqslant\theta\leqslant 2\pi$$

和正螺旋面

$$\boldsymbol{r}=(v\cos u, v\sin u, au),\quad 0\leqslant u\leqslant 2\pi,\quad -\infty<v<\infty$$

之间存在保长对应.

2. 证明: 曲面

$$\boldsymbol{r}=(a(\cos u+\cos v), a(\sin u+\sin v), b(u+v))$$

能够和一个旋转面建立保长对应.

3. 证明: 平面到它自身的任意一个保长对应必定是平面上的一个刚体运动, 或刚体运动和关于一条直线的反射的合成.

4. 试建立旋转面

$$r = (f(u)\cos v, f(u)\sin v, g(u))$$

和平面的保角对应.

5. 试建立第 2 题中的曲面和平面的保角对应.

§3.6 可 展 曲 面

在 §3.1 的例 5 已经研究过一般的直纹面. 本节要研究一类特殊的直纹面, 它们恰好是和平面在局部上能够建立保长对应的曲面.

根据 §3.1, 一般的直纹面的参数方程可以写成 $\boldsymbol{r} = \boldsymbol{a}(u) + v\boldsymbol{l}(u)$, 其中 $\boldsymbol{l}(u) \neq \boldsymbol{0}$. 柱面、锥面和一条空间曲线的切线面都是特殊的直纹面 (参看图 3.8), 它们的参数方程分别是

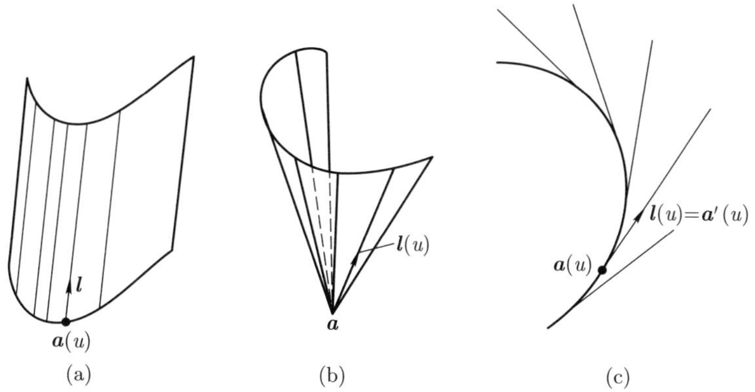

图 3.8 可 展 曲 面

柱面: $\boldsymbol{r} = \boldsymbol{a}(u) + v\boldsymbol{l}$, 其中 $\boldsymbol{l}$ 是非零常向量 (图 3.8(a)).

锥面: $\boldsymbol{r} = \boldsymbol{a} + v\boldsymbol{l}(u)$, 其中 $\boldsymbol{a}$ 是常向量 (图 3.8(b)).

切线面: $\boldsymbol{r} = \boldsymbol{a}(u) + v\boldsymbol{a}'(u)$(图 3.8(c)).

通过直接计算知道, 这些曲面的一个共同特征是: 当点沿着直母线运动时曲面的切平面是保持不变的, 即这种曲面的切平面构成依赖单个

参数的平面族. 我们以切线面为例求它的切平面族, 其余两种情形留给读者自己计算. 由切线面的方程得到

$$\begin{aligned}\boldsymbol{r}_u &= \boldsymbol{a}'(u) + v\boldsymbol{a}''(u),\\ \boldsymbol{r}_v &= \boldsymbol{a}'(u),\end{aligned}$$

所以

$$\boldsymbol{r}_u \times \boldsymbol{r}_v = -v\boldsymbol{a}'(u) \times \boldsymbol{a}''(u), \quad \boldsymbol{n} = \pm\frac{\boldsymbol{a}'(u) \times \boldsymbol{a}''(u)}{|\boldsymbol{a}'(u) \times \boldsymbol{a}''(u)|}.$$

因为切线面的单位法向量场 $\boldsymbol{n}$ 只依赖参数 u, 故切线面的法向量沿着直母线 ($u =$ 常数) 保持不变, 而且直母线又落在切线面的切平面上, 因此当点沿着直母线运动时切线面的切平面是保持不变的.

定义 6.1 设 S 是直纹面. 如果曲面 S 的切平面沿每一条直母线是不变的, 则称该直纹面是**可展曲面**.

前面的讨论说明, 柱面、锥面和一条空间曲线的切线面都是可展曲面. 下面的命题给出了一个直纹面是可展曲面的条件.

定理 6.1 设直纹面 S 的参数方程是 $\boldsymbol{r} = \boldsymbol{a}(u) + v\boldsymbol{l}(u)$, 则 S 是可展曲面的充分必要条件是, 向量函数 $\boldsymbol{a}(u), \boldsymbol{l}(u)$ 满足方程

$$(\boldsymbol{a}'(u), \boldsymbol{l}(u), \boldsymbol{l}'(u)) = 0. \tag{6.1}$$

证明 对直纹面 S 的参数方程求导数得到

$$\boldsymbol{r}_u = \boldsymbol{a}'(u) + v\boldsymbol{l}'(u), \quad \boldsymbol{r}_v = \boldsymbol{l}(u),$$

因此曲面 S 的法向量是

$$\boldsymbol{r}_u \times \boldsymbol{r}_v = (\boldsymbol{a}'(u) + v\boldsymbol{l}'(u)) \times \boldsymbol{l}(u).$$

如果 S 是可展曲面, 则在直母线上的任意两个不同点 (u, v_1) 和 (u, v_2), 其中 $v_1 \neq v_2$, 曲面 S 的法向量应该互相平行, 即

$$(\boldsymbol{a}'(u) + v_1\boldsymbol{l}'(u)) \times \boldsymbol{l}(u) /\!/ (\boldsymbol{a}'(u) + v_2\boldsymbol{l}'(u)) \times \boldsymbol{l}(u).$$

根据向量的双重向量积的公式

$$(\boldsymbol{a}\times\boldsymbol{b})\times\boldsymbol{c}=(\boldsymbol{a}\cdot\boldsymbol{c})\boldsymbol{b}-(\boldsymbol{b}\cdot\boldsymbol{c})\boldsymbol{a},$$

我们有

$$\begin{aligned}\boldsymbol{0}&=((\boldsymbol{a}'(u)+v_1\boldsymbol{l}'(u))\times\boldsymbol{l}(u))\times((\boldsymbol{a}'(u)+v_2\boldsymbol{l}'(u))\times\boldsymbol{l}(u))\\&=(\boldsymbol{a}'(u)+v_1\boldsymbol{l}'(u))\cdot((\boldsymbol{a}'(u)+v_2\boldsymbol{l}'(u))\times\boldsymbol{l}(u))\boldsymbol{l}(u)\\&=(\boldsymbol{a}'(u)+v_1\boldsymbol{l}'(u),\boldsymbol{a}'(u)+v_2\boldsymbol{l}'(u),\boldsymbol{l}(u))\boldsymbol{l}(u)\\&=(v_1-v_2)(\boldsymbol{a}'(u),\boldsymbol{l}(u),\boldsymbol{l}'(u))\boldsymbol{l}(u).\end{aligned}$$

由于 $(v_1-v_2)\boldsymbol{l}(u)\neq\boldsymbol{0}$, 所以上式末端的混合积为零, 即 (6.1) 式成立. 上面的论证过程是可逆的, 因此 (6.1) 式也是直纹面 S 为可展曲面的充分条件. 证毕.

在直纹面上可能会有两个不同的连续单参数直线族, 那么是否会出现这样的情况: 对其中一个连续单参数直线族, 条件 (6.1) 成立, 而对另一个连续单参数直线族, 条件 (6.1) 却不成立? 结论是: 这种情况是不会出现的. 原因是存在两个不同的连续单参数直线族的曲面只有单叶双曲面、双曲抛物面和平面这三种情况 (参看: D· 希尔伯特,S· 康福森著. 王联芳译. 直观几何 (上册). 北京: 人民教育出版社,1959 年. 第 16 页). 直接验证可知, 前两者都不是可展曲面. 另外, 直纹面在 §3.1 所提及的准线的变换和直母线方向向量的变换下, 条件 (6.1) 显然是不变的. 因此要判断一个直纹面是否为可展曲面, 只要就直纹面的一种参数表示进行检验就可以了.

定理 6.2 可展曲面在局部上是柱面、锥面和一条空间曲线的切线面, 或者是用这三种曲面以充分连续可微的方式沿直母线拼接的结果.

证明 设 S 是可展曲面, 它的参数方程是 $\boldsymbol{r}=\boldsymbol{a}(u)+v\boldsymbol{l}(u)$, 并且 $\boldsymbol{a}(u),\boldsymbol{l}(u)$ 满足条件 (6.1).

如果 $\boldsymbol{l}(u)\times\boldsymbol{l}'(u)\equiv\boldsymbol{0}$, 则由第一章的定理 2.2, 向量 $\boldsymbol{l}(u)$ 有确定的方向, 因此直母线互相平行, S 是一个柱面.

当 $\boldsymbol{l}(u)\times\boldsymbol{l}'(u)\neq\boldsymbol{0}$ 时, 可以假设在 u 的一个小区间内 $\boldsymbol{l}(u)\times\boldsymbol{l}'(u)$ 恒不为零, 于是向量 $\boldsymbol{l}(u)$ 和 $\boldsymbol{l}'(u)$ 在该区间内处处线性无关. 那么条件 (6.1) 意味着向量 $\boldsymbol{a}'(u)$ 和 $\boldsymbol{l}(u),\boldsymbol{l}'(u)$ 共面, 因而是它们的线性组合, 不妨设为

$$\boldsymbol{a}'(u)=\alpha(u)\boldsymbol{l}(u)+\beta(u)\boldsymbol{l}'(u). \tag{6.2}$$

现在让准线作变换

$$\boldsymbol{b}(u)=\boldsymbol{a}(u)+\lambda(u)\boldsymbol{l}(u), \tag{6.3}$$

要求 $\boldsymbol{b}'(u)//\boldsymbol{l}(u)$. 对 (6.3) 式求导, 并且用 (6.2) 式代入得到

$$\begin{aligned}\boldsymbol{b}'(u)&=\boldsymbol{a}'(u)+\lambda'(u)\boldsymbol{l}(u)+\lambda(u)\boldsymbol{l}'(u)\\&=(\alpha(u)+\lambda'(u))\boldsymbol{l}(u)+(\beta(u)+\lambda(u))\boldsymbol{l}'(u).\end{aligned}$$

取 $\lambda(u)=-\beta(u)$, 则

$$\boldsymbol{b}(u)=\boldsymbol{a}(u)-\beta(u)\boldsymbol{l}(u),\quad \boldsymbol{b}'(u)=(\alpha(u)-\beta'(u))\boldsymbol{l}(u). \tag{6.4}$$

如果 $\alpha(u)-\beta'(u)\equiv 0$, 则 $\boldsymbol{b}'(u)\equiv\boldsymbol{0}$, 于是 $\boldsymbol{b}(u)=\boldsymbol{b}_0$ 是常向量. 此时,

$$\boldsymbol{a}(u)-\beta(u)\boldsymbol{l}(u)=\boldsymbol{b}_0,$$

即直纹面 S 的直母线都通过一个定点 $\boldsymbol{b}_0$, 所以该直纹面是锥面

$$\boldsymbol{r}=\boldsymbol{b}_0+(v+\beta(u))\boldsymbol{l}(u). \tag{6.5}$$

当 $\alpha(u)-\beta'(u)\neq 0$ 时, 不妨设在 u 的一个小区间内 $\alpha(u)-\beta'(u)$ 恒不为零, 即向量函数 $\boldsymbol{b}'(u)$ 恒不为零, 故 $\boldsymbol{r}=\boldsymbol{b}(u)$ 是一条正则曲线. 此时, 曲面 S 的参数方程成为

$$\boldsymbol{r}=\boldsymbol{b}(u)+(v+\beta(u))\boldsymbol{l}(u)=\boldsymbol{b}(u)+\frac{v+\beta(u)}{\alpha(u)-\beta'(u)}\boldsymbol{b}'(u), \tag{6.6}$$

这说明曲面 S 是正则参数曲线 $\boldsymbol{r}=\boldsymbol{b}(u)$ 的切线面.

容易看出, 在函数 $\boldsymbol{l}(u)\times\boldsymbol{l}'(u)$, 或 $\alpha(u)-\beta'(u)$ 的例外零点, 正好是柱面、锥面和曲线的切线面沿直母线的拼接之处. 证毕.

可展曲面的另一个特征是它和平面在局部上可以建立保长对应. 在直观上, 柱面和锥面都能够在不作伸缩的情况下展开成平面, 正好体现了上面所述的特征. 它的逆命题也成立, 留待第五章再来证明.

定理 6.3 可展曲面在局部上可以和平面建立保长对应.

证明 我们只要证明柱面、锥面和曲线的切线面都可以和平面建立保长对应.

(1) 柱面. 设其参数方程为

$$\boldsymbol{r} = \boldsymbol{a}(u) + v\boldsymbol{l}_0, \tag{6.7}$$

不妨设 $|\boldsymbol{l}_0| = 1$. 首先作准线的变换

$$\boldsymbol{b}(u) = \boldsymbol{a}(u) + \lambda(u)\boldsymbol{l}_0, \tag{6.8}$$

使得 $\boldsymbol{b}'(u) \perp \boldsymbol{l}_0$. 为此对 (6.8) 式求导得到

$$\boldsymbol{b}'(u) = \boldsymbol{a}'(u) + \lambda'(u)\boldsymbol{l}_0,$$

所以

$$0 = \boldsymbol{b}'(u) \cdot \boldsymbol{l}_0 = \boldsymbol{a}'(u) \cdot \boldsymbol{l}_0 + \lambda'(u),$$

故只要取

$$\lambda(u) = -\boldsymbol{a}(u) \cdot \boldsymbol{l}_0.$$

此时, 该柱面的方程成为

$$\boldsymbol{r} = \boldsymbol{b}(u) + (v - \lambda(u))\boldsymbol{l}_0. \tag{6.9}$$

接着再作参数变换

$$\tilde{u} = \tilde{u}(u) = \int_{u_0}^{u} |\boldsymbol{b}'(u)| \mathrm{d}u, \quad \tilde{v} = v - \lambda(u), \tag{6.10}$$

使得 $\tilde{u}$ 是准线的弧长参数. 实际上, 此时柱面的方程成为

$$\boldsymbol{r} = \tilde{\boldsymbol{b}}(\tilde{u}) + \tilde{v}\boldsymbol{l}_0, \tag{6.11}$$

其中
$$\tilde{\boldsymbol{b}}(\tilde{u}(u)) = \boldsymbol{b}(u),$$
因此
$$\tilde{\boldsymbol{b}}'(\tilde{u}) \cdot \frac{\partial \tilde{u}}{\partial u} = \tilde{\boldsymbol{b}}'(\tilde{u}) \cdot |\boldsymbol{b}'(u)| = \boldsymbol{b}'(u), \quad |\tilde{\boldsymbol{b}}'(\tilde{u})| = 1.$$
综合起来, 柱面方程可表为 (6.11), 并且下述条件成立:
$$|\tilde{\boldsymbol{b}}'(\tilde{u})| = 1, \quad |\boldsymbol{l}_0| = 1, \quad \text{以及} \quad \tilde{\boldsymbol{b}}'(\tilde{u}) \cdot \boldsymbol{l}_0 = 0.$$
经计算容易得到曲面的第一基本形式是
$$\mathrm{I} = (\mathrm{d}\tilde{u})^2 + (\mathrm{d}\tilde{v})^2. \tag{6.12}$$
这正好是平面在笛卡儿直角坐标系下的第一基本形式, 所以柱面能够和平面建立保长对应, 该对应由 (6.10) 式给出.

(2) 锥面. 设它的参数方程为
$$\boldsymbol{r} = \boldsymbol{a}_0 + v\boldsymbol{l}(u), \tag{6.13}$$
其中 $\boldsymbol{a}_0$ 是常向量, 并且假设 $\boldsymbol{l}(u)$ 是单位向量, 即 $|\boldsymbol{l}(u)| = 1$. 作参数变换
$$\tilde{u} = \tilde{u}(u) = \int_{u_0}^{u} |\boldsymbol{l}'(u)|\,\mathrm{d}u, \quad \tilde{v} = v, \tag{6.14}$$
则曲面的参数方程成为
$$\boldsymbol{r} = \boldsymbol{a}_0 + \tilde{v}\tilde{\boldsymbol{l}}(\tilde{u}),$$
其中
$$\tilde{\boldsymbol{l}}(\tilde{u}(u)) = \boldsymbol{l}(u),$$
故
$$\tilde{\boldsymbol{l}}'(\tilde{u}) \cdot \frac{\mathrm{d}\tilde{u}(u)}{\mathrm{d}u} = \tilde{\boldsymbol{l}}'(\tilde{u}) \cdot |\boldsymbol{l}'(u)| = \boldsymbol{l}'(u),$$
于是 $|\tilde{\boldsymbol{l}}(\tilde{u})| = 1$, 并且 $|\tilde{\boldsymbol{l}}'(\tilde{u})| = 1$, 即 $\tilde{u}$ 是单位球面上的曲线 $\boldsymbol{r} = \tilde{\boldsymbol{l}}(\tilde{u})$ 的弧长参数. 这样, 锥面的第一基本形式成为
$$\mathrm{I} = \tilde{v}^2(\mathrm{d}\tilde{u})^2 + (\mathrm{d}\tilde{v})^2. \tag{6.15}$$

命

$$x=\tilde{v}\cos\tilde{u},\quad y=\tilde{v}\sin\tilde{u}, \tag{6.16}$$

则得

$$\mathrm{I}=(\mathrm{d}x)^2+(\mathrm{d}y)^2,$$

因此锥面 (6.13) 和平面是保长的, 该保长对应由 (6.16) 式给出.

(3) 切线面. 设 $C:\ \boldsymbol{r}=\boldsymbol{r}(s)$ 是 E^3 中一条正则参数曲线, s 是它的弧长参数, 故它的切线面的参数方程是

$$\boldsymbol{r}=\boldsymbol{r}(s)+t\boldsymbol{r}'(s)=\boldsymbol{r}(s)+t\boldsymbol{\alpha}(s), \tag{6.17}$$

这里 $\{\boldsymbol{r}(s);\boldsymbol{\alpha}(s),\boldsymbol{\beta}(s),\boldsymbol{\gamma}(s)\}$ 是曲线 C 的 Frenet 标架. 因此

$$\boldsymbol{r}_s=\boldsymbol{r}'(s)+t\kappa(s)\boldsymbol{\beta}(s),\quad \boldsymbol{r}_t=\boldsymbol{\alpha}(s), \tag{6.18}$$

其中 $\kappa(s)$ 是曲线的曲率. 所以

$$E=1+t^2\kappa^2,\quad F=1,\quad G=1,$$

切线面的第一基本形式是

$$\mathrm{I}=(1+t^2\kappa^2)(\mathrm{d}s)^2+2\mathrm{d}s\mathrm{d}t+(\mathrm{d}t)^2. \tag{6.19}$$

注意到在切线面的第一基本形式中不含有曲线 C 的挠率, 这就是说, 如果 C, C_1 是空间 E^3 中任意两条有相同的弧长参数和相同的曲率函数的正则参数曲线, 则它们的切线面必有相同的第一基本形式, 因此这两个切线面必定是保长的. 根据曲线论基本定理 (第二章的定理 5.3), 可以作一条平面曲线 C_1, 使它以 s 为弧长参数, 以 $\kappa(s)$ 为曲率函数, 而挠率为零, 那么它的切线面是平面的一部分. 由此可见, 曲线 C 的切线面能够和平面在局部上建立保长对应. 证毕.

可展曲面的切平面沿直母线是同一个, 因此可展曲面的切平面构成依赖一个参数的平面族, 而可展曲面本身可以看作与该平面族中每一个成员都相切的曲面. 这个概念可以作一些推广.

定义 6.2 设 $\{S_\alpha\}$ 是依赖参数 α 的一族正则曲面. 如果有一个正则曲面 S, 使得 S 上的每一点必定是曲面族 $\{S_\alpha\}$ 中的某个曲面 S_α 上的一点, 并且曲面 S 和 S_α 在该点有相同的切平面; 反过来, 曲面族 $\{S_\alpha\}$ 中的每一个成员必定与曲面 S 在某一点有相同的切平面, 则称曲面 S 是单参数曲面族 $\{S_\alpha\}$ 的**包络**.

根据上述定义, 可展曲面是单参数平面族的包络. 下面简要地介绍一下如何求单参数曲面族的包络. 假定单参数曲面族 $\{S_\alpha\}$ 由方程

$$F(x,y,z,\alpha)=0 \tag{6.20}$$

给出. 根据定义, $\{S_\alpha\}$ 的包络面 S 上的点 (x,y,z) 必定在某个 S_α 上, 对应的 α 记成 $\alpha(x,y,z)$, 于是点 (x,y,z) 还满足方程

$$F(x,y,z,\alpha(x,y,z))=0, \tag{6.21}$$

即上式对于包络面 S 上的点 (x,y,z) 是恒等式. 现在来考察曲面 S 和 S_α 相切的条件. 在曲面 S 上任意取一条曲线 C: $\boldsymbol{r}=(x(t),y(t),z(t))$, 因此将它的方程代入 (6.21) 式得到

$$F(x(t),y(t),z(t),\alpha(x(t),y(t),z(t)))=0.$$

将上面的恒等式对 t 求导得到

$$F_x\frac{\mathrm{d}x(t)}{\mathrm{d}t}+F_y\frac{\mathrm{d}y(t)}{\mathrm{d}t}+F_z\frac{\mathrm{d}z(t)}{\mathrm{d}t}+F_\alpha\frac{\mathrm{d}\alpha(t)}{\mathrm{d}t}=0,$$

其中

$$\alpha(t)=\alpha(x(t),y(t),z(t)).$$

由于曲面 S_α 的法向量是 (F_x,F_y,F_z), 而且曲面 S 和 S_α 相切, 所以

$$F_x\frac{\mathrm{d}x(t)}{\mathrm{d}t}+F_y\frac{\mathrm{d}y(t)}{\mathrm{d}t}+F_z\frac{\mathrm{d}z(t)}{\mathrm{d}t}=0,$$

于是对于包络面 S 上的任意一条曲线 C: $\boldsymbol{r}=(x(t),y(t),z(t))$ 都有

$$F_\alpha\frac{\mathrm{d}\alpha(t)}{\mathrm{d}t}=0.$$

因为

$$\frac{\mathrm{d}\alpha(t)}{\mathrm{d}t}=\alpha_x\frac{\mathrm{d}x(t)}{\mathrm{d}t}+\alpha_y\frac{\mathrm{d}y(t)}{\mathrm{d}t}+\alpha_z\frac{\mathrm{d}z(t)}{\mathrm{d}t},$$

所以当向量函数 $(\alpha_x,\alpha_y,\alpha_z)$ 处处不为零时在包络面 S 上通过每一点 (x,y,z) 都可以取曲线 C, 使得 $\dfrac{\mathrm{d}\alpha(t)}{\mathrm{d}t}\neq 0$, 因此包络面 S 上的点 (x,y,z) 除了满足恒等式 (6.21) 外, 还满足恒等式

$$F_\alpha(x,y,z,\alpha(x,y,z))=0. \tag{6.22}$$

由此可见, 单参数曲面族 $\{S_\alpha\}$ 的包络 S 上的点 (x,y,z) 满足方程组

$$\begin{cases}F(x,y,z,\alpha)=0,\\ F_\alpha(x,y,z,\alpha)=0.\end{cases} \tag{6.23}$$

将方程组 (6.23) 中的参数 α 消去, 得到判别曲面

$$\Phi(x,y,z)=0. \tag{6.24}$$

如果判别曲面是正则的, 而且给定的曲面族中的曲面在对应点也是正则的, 则能够证明该判别曲面是单参数曲面族 $\{S_\alpha\}$ 的包络. 事实上, 对于固定的 α 而言, 方程 (6.23) 的解是一条曲线, 称为特征线, 而判别曲面 (6.24) 恰好是由这些特征线生成的. 这样, 判别曲面上的点 (x,y,z) 必定落在某条特征线上, 将对应的参数记为 $\alpha(x,y,z)$, 它们适合方程 (6.21) 和 (6.22), 所以包络面落在判别曲面之内. 反过来, 能够证明判别曲面必属于包络面.

例 求单参数平面族

$$x\cos\alpha+y\sin\alpha-z\sin\alpha=1$$

的包络.

解 命

$$F(x,y,z,\alpha)=x\cos\alpha+y\sin\alpha-z\sin\alpha-1,$$

则

$$F_\alpha(x,y,z,\alpha)=-x\sin\alpha+y\cos\alpha-z\cos\alpha.$$

将方程组 $F=0,\ F_\alpha=0$ 中的参数 α 消去得到

$$x^2+(y-z)^2=1.$$

这是一张柱面, 属于可展曲面的一种. 写成参数方程的形式是

$$x=\cos u,\quad y=\sin u+v,\quad z=v.$$

习 题 3.6

1. 判断下列曲面中哪些是可展曲面? 哪些不是可展曲面? 说明理由.

(1) $\boldsymbol{r}=\left(u^2+\dfrac{v}{3},2u^3+uv,u^4+\dfrac{2u^2v}{3}\right)$;

(2) $\boldsymbol{r}=(\cos v-(u+v)\sin v,\sin v+(u+v)\cos v,u+2v)$;

(3) $\boldsymbol{r}=(a(u+v),b(u-v),2uv)$;

(4) $\boldsymbol{r}=(u\cos v,u\sin v,\sin 2v)$.

2. 考虑依赖两个参数的直线族

$$x=uz+v,\quad y=vz+\frac{u^3}{3},$$

其中 u,v 是直线族的参数.

(1) 求参数 u 和 v 之间的关系, 使得由此得到的单参数直线族是一个可展曲面的直母线族;

(2) 确定相应的可展曲面的类型.

3. 确定下列曲面是不是可展曲面?

(1) $xyz=k^3$;

(2) $xy=(z-k)^2$.

4. 证明: 单参数直线族

$$y=ux-u^3,\quad z=u^3y-u^6$$

生成一个可展曲面, 其中 u 是直线族的参数.

5. 证明: 由挠率不为零的正则曲线的主法线族和次法线族分别生成的直纹面都不是可展曲面.

6. 证明: 挠率不为零的正则曲线必有由其单参数法线族构成一个可展曲面.

7. 设曲线 $C: \boldsymbol{r}=\boldsymbol{r}(s)$ 的 Frenet 标架为 $\{\boldsymbol{r}(s);\boldsymbol{\alpha}(s),\boldsymbol{\beta}(s),\boldsymbol{\gamma}(s)\}$, s 为弧长参数. 求定义在曲线上的向量场

$$\boldsymbol{l}(s)=\lambda(s)\boldsymbol{\alpha}(s)+\mu(s)\boldsymbol{\beta}(s),$$

使得以 C 为准线、以 $\boldsymbol{l}(s)$ 为直母线的方向向量的直纹面是可展曲面.

8. 设 C 是直纹面 S 上与直母线处处正交的一条曲线, 由直纹面 S 沿曲线 C 的法线又构成另一个直纹面 $\tilde{S}$. 证明: $\tilde{S}$ 是可展曲面的充分必要条件为 S 是可展曲面.

9. 求单参数平面族 $a^2x+2ay+2z=2a$ 的包络.

10. 求单参数球面族 $x^2+(y-\lambda)^2+(z-2\lambda)^2=1$ 的包络.

11. 证明: 单参数平面族的包络面是可展曲面.

12. 假定两个可展曲面相交成一条曲线 C, 并且这条曲线 C 与两个可展曲面的直母线都正交. 证明: 这两个可展曲面在各个交点的夹角是常数.

第四章　曲面的第二基本形式

在上一章, 我们介绍了正则参数曲面的基本概念, 并且初步研究了正则参数曲面上与度量有关的概念和性质, 特别是定义了曲面的第一基本形式, 证明了一个重要的结果, 即: 在正则曲面上任意一点的一个邻域内总是存在正交参数曲线网的. 此外, 我们还研究了可展曲面的特征性质和局部的分类. 本章我们将研究描写正则参数曲面形状的方法, 并且介绍曲面的各种曲率 (包括法曲率、主曲率等) 的概念.

§4.1　第二基本形式

设 $S : \boldsymbol{r} = \boldsymbol{r}(u,v)$ 是一张正则参数曲面. 曲面 S 在任意一点 (u_0, v_0) 处的切平面 Π 的单位法向量是

$$\boldsymbol{n} = \left.\frac{\boldsymbol{r}_u \times \boldsymbol{r}_v}{|\boldsymbol{r}_u \times \boldsymbol{r}_v|}\right|_{(u_0,v_0)}. \tag{1.1}$$

在直观上, 曲面 S 在点 (u_0, v_0) 处弯曲的状况可以用该点附近的点到切平面 Π 的有向距离 δ 来刻画 (参看图 4.1), 若曲面 S 在点 (u_0, v_0) 处弯曲得越厉害, 则 $|\delta|$ 的增加的速率越大, 即 δ 的绝对值与邻近点到点 (u_0, v_0) 的距离之比反映了曲面在该邻近点方向的弯曲程度. δ 的符号说明曲面 S 上点 (u_0, v_0) 的邻近点落在点 (u_0, v_0) 的切平面 Π 的哪一侧.

设 (u_0, v_0) 的邻近点是 $(u_0 + \Delta u, v_0 + \Delta v)$, 它到切平面 Π 的有向距离是

$$\delta(\Delta u, \Delta v) = (\boldsymbol{r}(u_0 + \Delta u, v_0 + \Delta v) - \boldsymbol{r}(u_0, v_0)) \cdot \boldsymbol{n}. \tag{1.2}$$

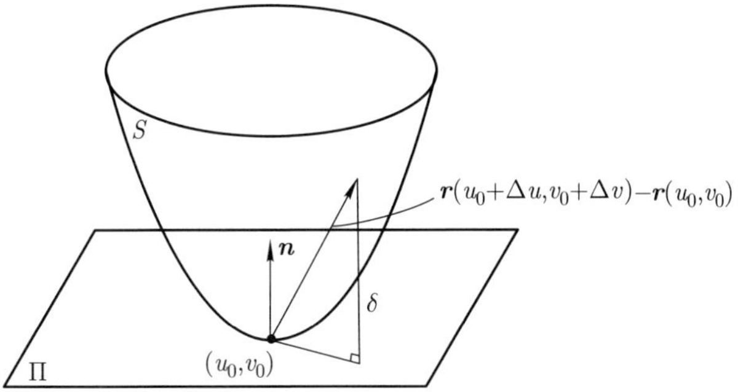

图 4.1 邻近点到切平面的有向距离

根据 Taylor 展开式我们有

$$\begin{aligned}&\boldsymbol{r}(u_0+\Delta u, v_0+\Delta v)-\boldsymbol{r}(u_0, v_0)\\&\quad=(\boldsymbol{r}_u\Delta u+\boldsymbol{r}_v\Delta v)+\frac{1}{2}\left(\boldsymbol{r}_{uu}(\Delta u)^2+2\boldsymbol{r}_{uv}\Delta u\Delta v+\boldsymbol{r}_{vv}(\Delta v)^2\right)\\&\qquad+\boldsymbol{o}\left((\Delta u)^2+(\Delta v)^2\right),\end{aligned}$$

其中向量函数 $\boldsymbol{r}_u, \boldsymbol{r}_{uu}$ 等都在点 (u_0, v_0) 处取值, 并且

$$\lim_{(\Delta u)^2+(\Delta v)^2\to 0}\frac{\boldsymbol{o}((\Delta u)^2+(\Delta v)^2)}{(\Delta u)^2+(\Delta v)^2}=0.$$

因此

$$\begin{aligned}&\delta(\Delta u, \Delta v)\\&\quad=\frac{1}{2}[L(\Delta u)^2+2M\Delta u\Delta v+N(\Delta v)^2]+o((\Delta u)^2+(\Delta v)^2),\end{aligned}\tag{1.3}$$

其中

$$\begin{aligned}L=&\ \boldsymbol{r}_{uu}(u_0, v_0)\cdot\boldsymbol{n}(u_0, v_0),\\M=&\ \boldsymbol{r}_{uv}(u_0, v_0)\cdot\boldsymbol{n}(u_0, v_0),\\N=&\ \boldsymbol{r}_{vv}(u_0, v_0)\cdot\boldsymbol{n}(u_0, v_0).\end{aligned}\tag{1.4}$$

由于 $\boldsymbol{r}_u\cdot\boldsymbol{n}=\boldsymbol{r}_v\cdot\boldsymbol{n}=0$, 因此

$$\begin{aligned}\boldsymbol{r}_{uu}\cdot\boldsymbol{n}+\boldsymbol{r}_u\cdot\boldsymbol{n}_u&=0,\\ \boldsymbol{r}_{uv}\cdot\boldsymbol{n}+\boldsymbol{r}_u\cdot\boldsymbol{n}_v&=0,\\ \boldsymbol{r}_{vu}\cdot\boldsymbol{n}+\boldsymbol{r}_v\cdot\boldsymbol{n}_u&=0,\\ \boldsymbol{r}_{vv}\cdot\boldsymbol{n}+\boldsymbol{r}_v\cdot\boldsymbol{n}_v&=0,\end{aligned}$$

所以 L,M,N 还能表示成

$$L=-\boldsymbol{r}_u\cdot\boldsymbol{n}_u,\quad M=-\boldsymbol{r}_u\cdot\boldsymbol{n}_v=-\boldsymbol{r}_v\cdot\boldsymbol{n}_u,\quad N=-\boldsymbol{r}_v\cdot\boldsymbol{n}_v. \tag{1.5}$$

在 (1.3) 式中, 有向距离 $\delta(\Delta u,\Delta v)$ 的主要部分是二次微分式

$$\frac{1}{2}[L(\Delta u)^2+2M\Delta u\Delta v+N(\Delta v)^2],$$

这启示我们考虑二次微分式

$$\mathrm{II}=\mathrm{d}^2\boldsymbol{r}\cdot\boldsymbol{n}=-\mathrm{d}\boldsymbol{r}\cdot\mathrm{d}\boldsymbol{n}=L(\mathrm{d}u)^2+2M\mathrm{d}u\mathrm{d}v+N(\mathrm{d}v)^2. \tag{1.6}$$

下面我们首先要说明, 它和第一基本形式 I 有类似的特性, 即 II 与曲面上保持定向的容许参数变换是无关的, 因而它是给定了定向的曲面上的二次微分式, 称为曲面的**第二基本形式**, 其系数 L,M,N 称为曲面的**第二类基本量**.

为此假定曲面 S 有容许的参数变换

$$u=u(\tilde{u},\tilde{v}),\quad v=v(\tilde{u},\tilde{v}), \tag{1.7}$$

并且

$$\frac{\partial(u,v)}{\partial(\tilde{u},\tilde{v})}>0, \tag{1.8}$$

因此

$$\boldsymbol{r}_{\tilde{u}}=\boldsymbol{r}_u\frac{\partial u}{\partial\tilde{u}}+\boldsymbol{r}_v\frac{\partial v}{\partial\tilde{u}},\quad \boldsymbol{r}_{\tilde{v}}=\boldsymbol{r}_u\frac{\partial u}{\partial\tilde{v}}+\boldsymbol{r}_v\frac{\partial v}{\partial\tilde{v}}, \tag{1.9}$$

故

$$\boldsymbol{r}_{\tilde{u}}\times\boldsymbol{r}_{\tilde{v}}=\frac{\partial(u,v)}{\partial(\tilde{u},\tilde{v})}\boldsymbol{r}_u\times\boldsymbol{r}_v,\quad \tilde{\boldsymbol{n}}=\boldsymbol{n}. \tag{1.10}$$

与 (1.9) 式类似, 我们有

$$\boldsymbol{n}_{\tilde{u}} = \boldsymbol{n}_u \frac{\partial u}{\partial \tilde{u}} + \boldsymbol{n}_v \frac{\partial v}{\partial \tilde{u}}, \quad \boldsymbol{n}_{\tilde{v}} = \boldsymbol{n}_u \frac{\partial u}{\partial \tilde{v}} + \boldsymbol{n}_v \frac{\partial v}{\partial \tilde{v}}. \tag{1.11}$$

现在, (1.9) 式和 (1.11) 式分别能够写成矩阵形式

$$\begin{aligned} \begin{pmatrix} \boldsymbol{r}_{\tilde{u}} \\ \boldsymbol{r}_{\tilde{v}} \end{pmatrix} &= J \cdot \begin{pmatrix} \boldsymbol{r}_u \\ \boldsymbol{r}_v \end{pmatrix}, \\ \begin{pmatrix} \boldsymbol{n}_{\tilde{u}} \\ \boldsymbol{n}_{\tilde{v}} \end{pmatrix} &= J \cdot \begin{pmatrix} \boldsymbol{n}_u \\ \boldsymbol{n}_v \end{pmatrix}, \end{aligned} \tag{1.12}$$

其中

$$J = \begin{pmatrix} \dfrac{\partial u}{\partial \tilde{u}} & \dfrac{\partial v}{\partial \tilde{u}} \\ \dfrac{\partial u}{\partial \tilde{v}} & \dfrac{\partial v}{\partial \tilde{v}} \end{pmatrix}.$$

将 (1.12) 式代入 (1.5) 式得到

$$\begin{aligned} \begin{pmatrix} \tilde{L} & \tilde{M} \\ \tilde{M} & \tilde{N} \end{pmatrix} &= -\begin{pmatrix} \boldsymbol{r}_{\tilde{u}} \\ \boldsymbol{r}_{\tilde{v}} \end{pmatrix} \cdot (\boldsymbol{n}_{\tilde{u}}, \boldsymbol{n}_{\tilde{v}}) \\ &= -J \cdot \begin{pmatrix} \boldsymbol{r}_u \\ \boldsymbol{r}_v \end{pmatrix} \cdot (\boldsymbol{n}_u, \boldsymbol{n}_v) \cdot J^{\mathrm{T}} = J \begin{pmatrix} L & M \\ M & N \end{pmatrix} J^{\mathrm{T}}. \end{aligned} \tag{1.13}$$

由此可见, L, M, N 在保持定向的容许参数变换下的变换规律与第一类基本量 E, F, G 的变换规律是一样的. 很明显, 根据函数微分的公式, 我们有

$$(\mathrm{d}u, \mathrm{d}v) = (\mathrm{d}\tilde{u}, \mathrm{d}\tilde{v}) \cdot J, \tag{1.14}$$

因此

$$\begin{aligned}
&L(\mathrm{d}u)^2+2M\mathrm{d}u\mathrm{d}v+N(\mathrm{d}v)^2\\
&=(\mathrm{d}u,\mathrm{d}v)\begin{pmatrix}L & M\\ M & N\end{pmatrix}\begin{pmatrix}\mathrm{d}u\\ \mathrm{d}v\end{pmatrix}\\
&=(\mathrm{d}\tilde{u},\mathrm{d}\tilde{v})\cdot J\begin{pmatrix}L & M\\ M & N\end{pmatrix}J^{\mathrm{T}}\begin{pmatrix}\mathrm{d}\tilde{u}\\ \mathrm{d}\tilde{v}\end{pmatrix}\\
&=(\mathrm{d}\tilde{u},\mathrm{d}\tilde{v})\begin{pmatrix}\tilde{L} & \tilde{M}\\ \tilde{M} & \tilde{N}\end{pmatrix}\begin{pmatrix}\mathrm{d}\tilde{u}\\ \mathrm{d}\tilde{v}\end{pmatrix}\\
&=\tilde{L}(\mathrm{d}\tilde{u})^2+2\tilde{M}\mathrm{d}\tilde{u}\mathrm{d}\tilde{v}+\tilde{N}(\mathrm{d}\tilde{v})^2.
\end{aligned}$$

这就证明了 II 与曲面 S 上保持定向的容许参数变换是无关的. 由此可见, 在有向正则曲面 S 上存在定义在整个曲面 S 上的第二基本形式 II, 它和第一基本形式 I 一起是有向正则曲面 S 上的两个基本的二次微分形式.

实际上, (1.6) 式告诉我们

$$\mathrm{II}=-\mathrm{d}\boldsymbol{r}\cdot\mathrm{d}\boldsymbol{n},$$

并且在保持定向的容许参数变换下, 单位法向量 $\boldsymbol{n}$ 是保持不变的 (参看 (1.10) 式). 然而 $\mathrm{d}\boldsymbol{r},\mathrm{d}\boldsymbol{n}$ 分别是向量函数 $\boldsymbol{r},\boldsymbol{n}$ 的一次微分, 并且具有一次微分形式的不变性, 所以 $\mathrm{d}\boldsymbol{r}\cdot\mathrm{d}\boldsymbol{n}$ 在保持定向的容许参数变换下是不变的. 上面的讨论还告诉我们, 若参数变换翻转曲面的定向, 则 $\tilde{\boldsymbol{n}}=-\boldsymbol{n}$, 于是第二基本形式就恰好改变它的符号. 第二基本形式的直接的几何意义是: 它是有向距离 $\delta(\mathrm{d}u,\mathrm{d}v)$ 在

$$\sqrt{(\Delta u)^2+(\Delta v)^2}\to 0$$

时作为无穷小的主要部分的两倍, 即

$$\mathrm{II}\approx 2\delta(\mathrm{d}u,\mathrm{d}v).$$

例 求平面和圆柱面的第二基本形式.

解 设 S_1 是 E^3 中的 Oxy 平面, 所以它的参数方程是

$$\boldsymbol{r}=(u,v,0),$$

它的单位法向量是

$$\boldsymbol{n}=(0,0,1),$$

所以

$$\mathrm{I}=\mathrm{d}\boldsymbol{r}\cdot\mathrm{d}\boldsymbol{r}=(\mathrm{d}u)^2+(\mathrm{d}v)^2,\quad \mathrm{II}=-\mathrm{d}\boldsymbol{r}\cdot\mathrm{d}\boldsymbol{n}=0. \tag{1.15}$$

设圆柱面 S_2 的方程是

$$\boldsymbol{r}=\left(a\cos\frac{u}{a},a\sin\frac{u}{a},v\right),$$

故

$$\begin{gathered}
\boldsymbol{r}_u=\left(-\sin\frac{u}{a},\cos\frac{u}{a},0\right),\quad \boldsymbol{r}_v=(0,0,1),\\
\boldsymbol{r}_u\times\boldsymbol{r}_v=\left(\cos\frac{u}{a},\sin\frac{u}{a},0\right)=\boldsymbol{n},\\
\boldsymbol{r}_{uu}=\left(-\frac{1}{a}\cos\frac{u}{a},-\frac{1}{a}\sin\frac{u}{a},0\right),\quad \boldsymbol{r}_{uv}=\boldsymbol{r}_{vv}=\boldsymbol{0}.
\end{gathered}$$

因此

$$\begin{aligned}
&E=\boldsymbol{r}_u\cdot\boldsymbol{r}_u=1, && F=\boldsymbol{r}_u\cdot\boldsymbol{r}_v=0, && G=\boldsymbol{r}_v\cdot\boldsymbol{r}_v=1,\\
&L=\boldsymbol{r}_{uu}\cdot\boldsymbol{n}=-\frac{1}{a}, && M=\boldsymbol{r}_{uv}\cdot\boldsymbol{n}=0, && N=\boldsymbol{r}_{vv}\cdot\boldsymbol{n}=0.
\end{aligned}$$

所以

$$\mathrm{I}=(\mathrm{d}u)^2+(\mathrm{d}v)^2,\quad \mathrm{II}=-\frac{1}{a}(\mathrm{d}u)^2. \tag{1.16}$$

上面的例题告诉我们, 尽管圆柱面和平面有相同的第一基本形式, 因而它们在局部上可以建立保长对应, 但是它们的第二基本形式却是不同的, 这反映了它们的外观形状是不同的.

下面我们要叙述两个定理, 它们分别用第二基本形式来描述平面和球面的特征.

定理 1.1 一块正则曲面是平面的一部分, 当且仅当它的第二基本形式恒等于零.

证明 定理的必要性在例题中已经证明, 现在只要证明充分性成立. 假定正则曲面的参数方程是

$$\boldsymbol{r} = \boldsymbol{r}(u, v),$$

它的第二基本形式恒等于零, 即

$$\begin{aligned} L &= -\boldsymbol{r}_u \cdot \boldsymbol{n}_u = 0, \\ M &= -\boldsymbol{r}_u \cdot \boldsymbol{n}_v = -\boldsymbol{r}_v \cdot \boldsymbol{n}_u = 0, \\ N &= -\boldsymbol{r}_v \cdot \boldsymbol{n}_v = 0. \end{aligned} \tag{1.17}$$

我们要证明它的单位法向量 $\boldsymbol{n}$ 是常向量场. 因为 $\boldsymbol{n}$ 是单位向量场, 故有

$$\boldsymbol{n}_u \cdot \boldsymbol{n} = \boldsymbol{n}_v \cdot \boldsymbol{n} = 0. \tag{1.18}$$

注意到 $\{\boldsymbol{r}; \boldsymbol{r}_u, \boldsymbol{r}_v, \boldsymbol{n}\}$ 是空间 E^3 中的标架, 而 (1.17) 和 (1.18) 两式表明向量 $\boldsymbol{n}_u, \boldsymbol{n}_v$ 在标架向量 $\boldsymbol{r}_u, \boldsymbol{r}_v, \boldsymbol{n}$ 上的正交投影都是零, 所以 $\boldsymbol{n}_u, \boldsymbol{n}_v$ 都是零向量, 即

$$\mathrm{d}\boldsymbol{n} = \boldsymbol{n}_u \mathrm{d}u + \boldsymbol{n}_v \mathrm{d}v = \boldsymbol{0}, \quad \boldsymbol{n} = \text{常向量场}.$$

由于

$$\mathrm{d}\boldsymbol{r} \cdot \boldsymbol{n} = 0,$$

所以

$$\mathrm{d}(\boldsymbol{r} \cdot \boldsymbol{n}) = \mathrm{d}\boldsymbol{r} \cdot \boldsymbol{n} + \boldsymbol{r} \cdot \mathrm{d}\boldsymbol{n} = 0, \quad \boldsymbol{r} \cdot \boldsymbol{n} = \text{常数},$$

于是

$$\boldsymbol{r}(u, v) \cdot \boldsymbol{n} = \boldsymbol{r}(u_0, v_0) \cdot \boldsymbol{n}, \quad (\boldsymbol{r}(u, v) - \boldsymbol{r}(u_0, v_0)) \cdot \boldsymbol{n} = 0,$$

这说明曲面 S 落在经过点 $\boldsymbol{r}(u_0, v_0)$、以 $\boldsymbol{n}$ 为法向量的平面内. 证毕.

定理 1.2 一块正则曲面是球面的一部分, 当且仅当在曲面上的每一点, 它的第二基本形式是第一基本形式的非零倍数.

证明 设曲面 $S:\ \boldsymbol{r}=\boldsymbol{r}(u,v)$ 落在以 $\boldsymbol{r}_0$ 为中心、以常数 R 为半径的球面上, 则曲面的参数方程满足条件

$$(\boldsymbol{r}(u,v)-\boldsymbol{r}_0)^2=R^2. \tag{1.19}$$

对 (1.19) 式求微分得到

$$\mathrm{d}\boldsymbol{r}\cdot(\boldsymbol{r}(u,v)-\boldsymbol{r}_0)=0,$$

由此可见, $\boldsymbol{r}(u,v)-\boldsymbol{r}_0$ 是曲面的法向量, 故

$$\boldsymbol{n}=\frac{1}{R}(\boldsymbol{r}(u,v)-\boldsymbol{r}_0). \tag{1.20}$$

因此

$$\mathrm{I\!I}=-\mathrm{d}\boldsymbol{r}\cdot\mathrm{d}\boldsymbol{n}=-\frac{1}{R}\mathrm{d}\boldsymbol{r}\cdot\mathrm{d}\boldsymbol{r}=-\frac{1}{R}\mathrm{I}. \tag{1.21}$$

反过来, 假定有处处不为零的函数 $c(u,v)$, 使得曲面的第二基本形式和第一基本形式满足关系式

$$\mathrm{I\!I}=c(u,v)\cdot\mathrm{I}, \tag{1.22}$$

将上面的关系式展开便得到

$$(L-cE)(\mathrm{d}u)^2+2(M-cF)\mathrm{d}u\mathrm{d}v+(N-cG)(\mathrm{d}v)^2=0. \tag{1.23}$$

对于任意一个固定点 (u,v), 上式是关于 $(\mathrm{d}u,\mathrm{d}v)$ 的恒等式, 因此

$$\begin{aligned}L(u,v)&=c(u,v)E(u,v),\\ M(u,v)&=c(u,v)F(u,v),\\ N(u,v)&=c(u,v)G(u,v).\end{aligned} \tag{1.24}$$

根据第一类基本量和第二类基本量的定义, 上面的方程组等价于

$$\begin{aligned}&(\boldsymbol{n}_u+c\,\boldsymbol{r}_u)\cdot\boldsymbol{r}_u=0,\\ &(\boldsymbol{n}_u+c\,\boldsymbol{r}_u)\cdot\boldsymbol{r}_v=(\boldsymbol{n}_v+c\,\boldsymbol{r}_v)\cdot\boldsymbol{r}_u=0,\\ &(\boldsymbol{n}_v+c\,\boldsymbol{r}_v)\cdot\boldsymbol{r}_v=0.\end{aligned} \tag{1.25}$$

另一方面, $\boldsymbol{n}$ 是单位法向量场, 所以

$$(\boldsymbol{n}_u + c\boldsymbol{r}_u) \cdot \boldsymbol{n} = (\boldsymbol{n}_v + c\boldsymbol{r}_v) \cdot \boldsymbol{n} = 0. \tag{1.26}$$

由于 $\{\boldsymbol{r}; \boldsymbol{r}_u, \boldsymbol{r}_v, \boldsymbol{n}\}$ 是空间 E^3 中的标架, 而 (1.25) 和 (1.26) 两式表明向量 $\boldsymbol{n}_u + c\boldsymbol{r}_u, \boldsymbol{n}_v + c\boldsymbol{r}_v$ 在标架向量 $\boldsymbol{r}_u, \boldsymbol{r}_v, \boldsymbol{n}$ 上的正交投影都是零, 所以 $\boldsymbol{n}_u + c\boldsymbol{r}_u, \boldsymbol{n}_v + c\boldsymbol{r}_v$ 都是零向量, 即

$$\boldsymbol{n}_u + c\boldsymbol{r}_u = \boldsymbol{0}, \quad \boldsymbol{n}_v + c\boldsymbol{r}_v = \boldsymbol{0}. \tag{1.27}$$

将 (1.27) 式分别对 v, u 求导得到

$$\boldsymbol{n}_{uv} + c_v\boldsymbol{r}_u + c\boldsymbol{r}_{uv} = \boldsymbol{0}, \quad \boldsymbol{n}_{vu} + c_u\boldsymbol{r}_v + c\boldsymbol{r}_{vu} = \boldsymbol{0},$$

比较这两个式子得到

$$c_v\boldsymbol{r}_u = c_u\boldsymbol{r}_v.$$

因为 $\boldsymbol{r}_u, \boldsymbol{r}_v$ 是线性无关的, 上面的式子意味着

$$c_u = c_v = 0,$$

即 $c(u,v) = c$ 是常数. 从 (1.27) 式得到

$$\mathrm{d}(\boldsymbol{n} + c\boldsymbol{r}) = (\boldsymbol{n}_u + c\boldsymbol{r}_u)\mathrm{d}u + (\boldsymbol{n}_v + c\boldsymbol{r}_v)\mathrm{d}v = \boldsymbol{0},$$

故 $\boldsymbol{n} + c\boldsymbol{r}$ 是定义在曲面 S 上的常向量场. 不妨设有常向量 $\boldsymbol{r}_0$ 使得

$$\boldsymbol{n} + c\boldsymbol{r} = c\boldsymbol{r}_0,$$

于是

$$\boldsymbol{r}(u,v) - \boldsymbol{r}_0 = -\frac{1}{c}\boldsymbol{n}(u,v), \quad (\boldsymbol{r}(u,v) - \boldsymbol{r}_0)^2 = \frac{1}{c^2},$$

即曲面 S 落在以点 $\boldsymbol{r}_0$ 为中心、以 $\dfrac{1}{|c|}$ 为半径的球面上. 证毕.

定理 1.2 的条件的意义是在曲面上的每一点, 曲面沿各个方向的弯曲程度都是相同的. 这个条件用下一节要介绍的法曲率的概念来表达将会变得更加清晰. 定理 1.2 的结论是很强的, 它的意思是: 如果曲面上在每一个固定点沿各个方向的弯曲程度都是相同的, 则它在各个点、沿各个方向的弯曲程度都是相同的.

习 题 4.1

1. 求下列曲面的第二基本形式:

(1) $\boldsymbol{r}=(a\cos\varphi\cos\theta, a\cos\varphi\sin\theta, b\sin\varphi)$(椭球面);

(2) $\boldsymbol{r}=\left(u, v, \dfrac{1}{2}(u^2+v^2)\right)$(旋转椭圆抛物面);

(3) $\boldsymbol{r}=(a(u+v), a(u-v), 2uv)$(双曲抛物面);

(4) $\boldsymbol{r}=(f(u), g(u), v)$(一般柱面);

(5) $\boldsymbol{r}=(u\cos v, u\sin v, f(v))$(劈锥曲面).

2. 求下列曲面的第二基本形式:

(1) $z(x^2+y^2)=2xy$; (2) $x^2+y^2=(\tan^2\alpha)z^2, \alpha$ 是常数;

(3) $xyz=k^3,\ k\neq 0$ 是常数.

3. 求曲线 $\boldsymbol{r}=\boldsymbol{r}(s)$ 的切线面的第二基本形式, 其中 s 是该曲线的弧长参数.

4. 求曲面 $z=f(x,y)$ 的第一、第二基本形式.

5. 证明: 当曲面 $\boldsymbol{r}=\boldsymbol{r}(u,v)$ 在空间 E^3 中作刚体运动时, 它的第一基本形式和第二基本形式是保持不变的.

6. 证明: 如果在可展曲面 S 上存在两个不同的单参数直线族, 则 S 必是平面.

§4.2 法 曲 率

上一节所定义的第二基本形式直观地描述了曲面在每一点处的弯曲状况. 自然, 曲面上的曲线受到曲面的制约, 因而曲面的弯曲情况能够借助于落在它上面的曲线的弯曲性质来了解, 而且曲面上曲线的曲率 (特别是本节要介绍的曲线的法曲率) 与曲面的第二基本形式有关. 作为例子, 很明显, 直线是不可能放到球面上去的, 即在球面上不存在曲率为零的曲线.

设曲面 S 的参数方程是 $\boldsymbol{r}=\boldsymbol{r}(u,v)$, 它上面的曲线 C 可以用参数方程

$$u=u(s),\quad v=v(s) \tag{2.1}$$

来表示, 假定这里的 s 是曲线的弧长参数. 作为空间 E^3 中的曲线, C 的参数方程将是

$$\boldsymbol{r}=\boldsymbol{r}(u(s),v(s)), \tag{2.2}$$

因此它的单位切向量是

$$\boldsymbol{\alpha}(s)=\frac{\mathrm{d}\boldsymbol{r}}{\mathrm{d}s}=\boldsymbol{r}_u\frac{\mathrm{d}u(s)}{\mathrm{d}s}+\boldsymbol{r}_v\frac{\mathrm{d}v(s)}{\mathrm{d}s}, \tag{2.3}$$

曲率向量是

$$\begin{aligned}\frac{\mathrm{d}\boldsymbol{\alpha}}{\mathrm{d}s}=\kappa\boldsymbol{\beta}=\boldsymbol{r}_{uu}\left(\frac{\mathrm{d}u(s)}{\mathrm{d}s}\right)^2+2\boldsymbol{r}_{uv}\frac{\mathrm{d}u(s)}{\mathrm{d}s}\frac{\mathrm{d}v(s)}{\mathrm{d}s}+\boldsymbol{r}_{vv}\left(\frac{\mathrm{d}v(s)}{\mathrm{d}s}\right)^2\\+\boldsymbol{r}_u\frac{\mathrm{d}^2u(s)}{\mathrm{d}s^2}+\boldsymbol{r}_v\frac{\mathrm{d}^2v(s)}{\mathrm{d}s^2}.\end{aligned} \tag{2.4}$$

因此曲线 C 的曲率向量在曲面的法向量 $\boldsymbol{n}$ 上的正交投影是

$$\begin{aligned}\kappa_n&=\frac{\mathrm{d}\boldsymbol{\alpha}}{\mathrm{d}s}\cdot\boldsymbol{n}=\kappa(\boldsymbol{\beta}\cdot\boldsymbol{n})\\&=L\left(\frac{\mathrm{d}u(s)}{\mathrm{d}s}\right)^2+2M\frac{\mathrm{d}u(s)}{\mathrm{d}s}\frac{\mathrm{d}v(s)}{\mathrm{d}s}+N\left(\frac{\mathrm{d}v(s)}{\mathrm{d}s}\right)^2.\end{aligned} \tag{2.5}$$

从上面的表达式可以知道, κ_n 只依赖于曲面在该点的第二类基本量 L,M,N, 以及曲线 C 的单位切向量 $\left(\frac{\mathrm{d}u(s)}{\mathrm{d}s},\frac{\mathrm{d}v(s)}{\mathrm{d}s}\right)$, 通常把 κ_n 称为曲面 S 上曲线 C 的**法曲率**. 由此可见, 如果曲面 S 上有两条曲线 C_1,C_2 在点 p 处有相同的单位切向量, 则这两条曲线在点 p 有相同的法曲率. 若命 $\angle(\boldsymbol{\beta},\boldsymbol{n})=\theta$ 是曲线 C 的主法向量 $\boldsymbol{\beta}$ 与曲面 S 的法向量 $\boldsymbol{n}$ 之间的夹角, 则有

$$\kappa_n=\kappa\cos\theta. \tag{2.6}$$

从 (2.6) 式还能得到一个有趣的事实: 在曲面 S 上考虑经过点 $p=\boldsymbol{r}(u(s),v(s))$, 并且在点 p 处彼此相切的所有曲线, 则这些曲线在点 p 的曲率中心都落在与该切方向垂直的平面 (这些曲线的公共的法平面) 内直径为 $1/|\kappa_n|$ 的圆周上 (参看图 4.2). 实际上, 根据 (2.6) 式,

$$\frac{1}{\kappa}=\frac{1}{\kappa_n}\cos\theta,$$

因此曲线 C 的曲率中心是

$$\boldsymbol{c}=\boldsymbol{r}(u(s),v(s))+\frac{1}{\kappa}\boldsymbol{\beta}=\boldsymbol{r}(u(s),v(s))+\frac{1}{|\kappa_n|}\cos\theta\cdot\boldsymbol{\beta},$$

所以

$$|\boldsymbol{c}-\boldsymbol{r}(u(s),v(s))|^2=\frac{1}{\kappa_n^2}\cos^2\theta. \tag{2.7}$$

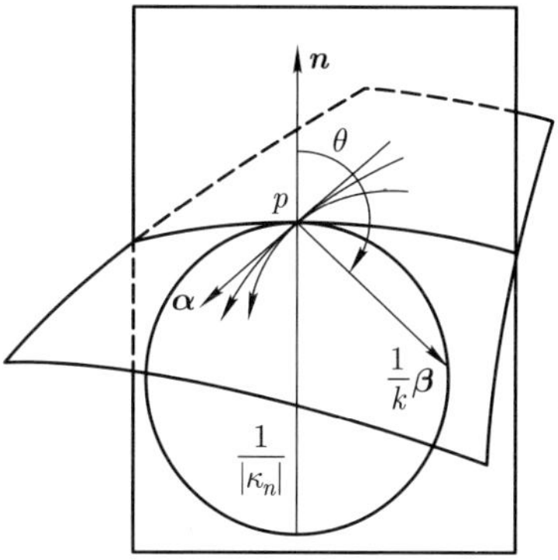

图 4.2 曲面上相切曲线的曲率中心

由于曲面上在一点相切的曲线在该点有相同的法曲率, 所以法曲率的概念可以抽象出来作为曲面上在一点的切方向的函数. 事实上, 因为 s 是曲线 $\boldsymbol{r}(s)=\boldsymbol{r}(u(s),v(s))$ 的弧长参数, 所以

$$|\boldsymbol{r}'(s)|^2=E\left(\frac{\mathrm{d}u(s)}{\mathrm{d}s}\right)^2+2F\frac{\mathrm{d}u(s)}{\mathrm{d}s}\frac{\mathrm{d}v(s)}{\mathrm{d}s}+G\left(\frac{\mathrm{d}v(s)}{\mathrm{d}s}\right)^2=1,$$

即

$$\mathrm{d}s^2=E(\mathrm{d}u)^2+2F\mathrm{d}u\mathrm{d}v+G(\mathrm{d}v)^2=\mathrm{I}.$$

代入 (2.5) 式得到

$$\kappa_n=\frac{L(\mathrm{d}u)^2+2M\mathrm{d}u\mathrm{d}v+N(\mathrm{d}v)^2}{\mathrm{d}s^2}=\frac{\mathrm{II}}{\mathrm{I}}.$$

上述表达式的分子和分母都是 $(\mathrm{d}u,\mathrm{d}v)$ 的二次齐次多项式, 因此它只是 $\dfrac{\mathrm{d}u}{\mathrm{d}v}$ 的函数.

定义 2.1 设正则参数曲面 S 的参数方程是 $\boldsymbol{r}=\boldsymbol{r}(u,v)$, Ⅰ 和 Ⅱ 分别是它的第一基本形式和第二基本形式, 则

$$\kappa_n=\frac{\mathrm{I\!I}}{\mathrm{I}}=\frac{L(\mathrm{d}u)^2+2M\mathrm{d}u\mathrm{d}v+N(\mathrm{d}v)^2}{E(\mathrm{d}u)^2+2F\mathrm{d}u\mathrm{d}v+G(\mathrm{d}v)^2} \tag{2.8}$$

称为曲面 S 在点 (u,v) 处沿切方向 $(\mathrm{d}u,\mathrm{d}v)$ 的**法曲率**.

于是, 曲面 S 在点 (u,v) 处沿切方向 $(\mathrm{d}u,\mathrm{d}v)$ 的法曲率恰好等于曲面 S 上经过点 (u,v)、以 $(\mathrm{d}u,\mathrm{d}v)$ 为切方向的曲线在该点的法曲率. 曲面 S 在点 (u,v) 处由切方向 $(\mathrm{d}u,\mathrm{d}v)$ 和法向量 $\boldsymbol{n}(u,v)$ 决定了一个平面, 称为曲面 S 在该点处由切方向 $(\mathrm{d}u,\mathrm{d}v)$ 确定的**法截面**. 法截面与曲面 S 本身相交成一条平面曲线, 它是曲面 S 上经过点 (u,v)、以 $(\mathrm{d}u,\mathrm{d}v)$ 为切方向的一条曲线, 称为曲面在该点的一条**法截线**. 根据前面的讨论, 曲面 S 上所有在点 (u,v) 处与法截线相切的曲线在该点有相同的法曲率, 也就是法截线在该点处的法曲率. 由于法截线是曲面 S 上经过点 (u,v)、以 $(\mathrm{d}u,\mathrm{d}v)$ 为切方向的平面曲线, 它以曲面在该点的法向量 $\boldsymbol{n}$ 为法向量, 也就是它的主法向量 $\boldsymbol{\beta}=\pm\boldsymbol{n}$. 换言之, 在 (2.6) 式中的 $\theta=0$ 或 π, 所以

$$\kappa=|\kappa_n|. \tag{2.9}$$

如果规定曲面 S 在点 (u,v) 处由切方向 $(\mathrm{d}u,\mathrm{d}v)$ 确定的法截面以切方向 $(\mathrm{d}u,\mathrm{d}v)$ 到曲面的法向量 $\boldsymbol{n}(u,v)$ 的旋转方向为正定向, 那么上面的结果还可以更确切地叙述为:

定理 2.1 曲面 S 在点 (u,v) 处沿切方向 $(\mathrm{d}u,\mathrm{d}v)$ 的法曲率 κ_n, 等于以曲面 S 在该点处由切方向 $(\mathrm{d}u,\mathrm{d}v)$ 确定的法截线作为相应的有向法截面上的平面曲线的相对曲率 κ_r.

在直观上, 可以把法截面想象为与曲面在一点处垂直 (即包含曲面在该点的法线) 的 "刀", 法截线就是用这把刀在曲面上切割出来的剖面线. 法曲率恰好是曲面在该点沿相应的切方向的剖面线的相对曲率, 这正是 Euler 研究曲面形状的基本出发点. 下一节要讲的 Euler 公式就是把法曲率作为切方向的函数具体地写出来.

例 求平面、圆柱面和球面的法曲率.

解 参看 §4.1 的例题. 平面的第二基本形式是 $\mathrm{II}=0$, 因此平面上在任意一点处沿任意一个切方向的法曲率 κ_n 都是零. 很明显, 平面上沿任意一个切方向的法截线都是直线.

圆柱面

$$\boldsymbol{r}=\left(a\cos\frac{u}{a}, a\sin\frac{u}{a}, v\right)$$

的第一基本形式和第二基本形式分别是

$$\mathrm{I}=(\mathrm{d}u)^2+(\mathrm{d}v)^2, \quad \mathrm{II}=-\frac{1}{a}(\mathrm{d}u)^2,$$

所以法曲率是

$$\kappa_n=-\frac{(\mathrm{d}u)^2}{a((\mathrm{d}u)^2+(\mathrm{d}v)^2)}.$$

若用 θ 表示切方向 $(\mathrm{d}u, \mathrm{d}v)$ 与 u-曲线 (圆柱面的平行圆) 切方向的夹角, 则

$$\cos\theta=\frac{\mathrm{d}u}{\sqrt{(\mathrm{d}u)^2+(\mathrm{d}v)^2}},$$

所以

$$\kappa_n=-\frac{1}{a}\cos^2\theta. \tag{2.10}$$

这意味着, 圆柱面在一点的法曲率 κ_n 在 $\theta=0$ 时取最小值 $-\frac{1}{a}$; 在 $\theta=\frac{\pi}{2}$ 时取最大值 0. 负号说明非直线的法截线 (它是平面与圆柱面的交线, 因而是一个椭圆) 总是朝圆柱面的法向量 $\boldsymbol{n}$ 的相反的方向弯曲的. 换言之, 圆柱面的法向量

$$\boldsymbol{n}=\left(\cos\frac{u}{a}, \sin\frac{v}{a}, 0\right)$$

是曲面的外法向量, 即曲面是朝 $-\boldsymbol{n}$ 的方向弯曲的.

根据定理 1.2, 球面的法曲率是常数

$$\kappa_n=-\frac{1}{R},$$

这里球面的法向量 $\boldsymbol{n}=\boldsymbol{r}$ 是外法向量. 很明显, 球面的法截线是半径为 R 的大圆周. 由于 $\kappa_n=\kappa\cos\theta$, 因此球面上的曲线的曲率永远不会是零.

上面的例题提示我们应该把曲面在任意一个固定点处沿各个切方向的法曲率表示成切方向的方向角的函数. 为此, 不妨假定曲面 S : $\boldsymbol{r}=\boldsymbol{r}(u,v)$ 的参数系 (u,v) 在点 $\boldsymbol{r}(u_0,v_0)$ 处是正交的, 于是曲面 S 在该点的第一基本形式和第二基本形式分别是

$$\mathrm{I}=E(\mathrm{d}u)^2+G(\mathrm{d}v)^2,\quad \mathrm{II}=L(\mathrm{d}u)^2+2M\mathrm{d}u\mathrm{d}v+N(\mathrm{d}v)^2.$$

所以曲面 S 在该点的法曲率是

$$\begin{aligned}\kappa_n&=\frac{\mathrm{II}}{\mathrm{I}}=\frac{L(\mathrm{d}u)^2+2M\mathrm{d}u\mathrm{d}v+N(\mathrm{d}v)^2}{E(\mathrm{d}u)^2+G(\mathrm{d}v)^2}\\&=\frac{L}{E}\left(\frac{\sqrt{E}\mathrm{d}u}{\sqrt{E(\mathrm{d}u)^2+G(\mathrm{d}v)^2}}\right)^2\\&\quad+\frac{2M}{\sqrt{EG}}\frac{\sqrt{E}\mathrm{d}u}{\sqrt{E(\mathrm{d}u)^2+G(\mathrm{d}v)^2}}\frac{\sqrt{G}\mathrm{d}v}{\sqrt{E(\mathrm{d}u)^2+G(\mathrm{d}v)^2}}\\&\quad+\frac{N}{G}\left(\frac{\sqrt{G}\mathrm{d}v}{\sqrt{E(\mathrm{d}u)^2+G(\mathrm{d}v)^2}}\right)^2.\end{aligned}$$

用 θ 记切方向 $(\mathrm{d}u,\mathrm{d}v)$ 与 u-曲线切方向的夹角, 则

$$\cos\theta=\frac{\sqrt{E}\mathrm{d}u}{\sqrt{E(\mathrm{d}u)^2+G(\mathrm{d}v)^2}},\quad \sin\theta=\frac{\sqrt{G}\mathrm{d}v}{\sqrt{E(\mathrm{d}u)^2+G(\mathrm{d}v)^2}},$$

因此

$$\begin{aligned}\kappa_n(\theta)&=\frac{L}{E}\cos^2\theta+\frac{2M}{\sqrt{EG}}\cos\theta\sin\theta+\frac{N}{G}\sin^2\theta\\&=\frac{L}{E}\frac{1+\cos2\theta}{2}+\frac{M}{\sqrt{EG}}\sin2\theta+\frac{N}{G}\frac{1-\cos2\theta}{2}\\&=\frac{1}{2}\left(\frac{L}{E}+\frac{N}{G}\right)+\frac{1}{2}\left(\frac{L}{E}-\frac{N}{G}\right)\cos2\theta+\frac{M}{\sqrt{EG}}\sin2\theta.\end{aligned}$$

命

$$A=\sqrt{\left(\frac{1}{2}\left(\frac{L}{E}-\frac{N}{G}\right)\right)^2+\left(\frac{M}{\sqrt{EG}}\right)^2},\tag{2.11}$$

则当 $A \neq 0$ 时可以引进角 θ_0, 使得

$$\cos 2\theta_0 = \frac{1}{2A}\left(\frac{L}{E} - \frac{N}{G}\right), \quad \sin 2\theta_0 = \frac{M}{A\sqrt{EG}}, \tag{2.12}$$

于是

$$\begin{aligned}\kappa_n(\theta) &= \frac{1}{2}\left(\frac{L}{E} + \frac{N}{G}\right) + A(\cos 2\theta \cos 2\theta_0 + \sin 2\theta \sin 2\theta_0) \\ &= \frac{1}{2}\left(\frac{L}{E} + \frac{N}{G}\right) \\ &\quad + \sqrt{\left(\frac{1}{2}\left(\frac{L}{E} - \frac{N}{G}\right)\right)^2 + \left(\frac{M}{\sqrt{EG}}\right)^2} \cos 2(\theta - \theta_0).\end{aligned} \tag{2.13}$$

由此可见, 当 $\theta = \theta_0$ 时, 法曲率 $\kappa_n(\theta)$ 取最大值:

$$\kappa_1 = \frac{1}{2}\left(\frac{L}{E} + \frac{N}{G}\right) + \sqrt{\left(\frac{1}{2}\left(\frac{L}{E} - \frac{N}{G}\right)\right)^2 + \left(\frac{M}{\sqrt{EG}}\right)^2}, \tag{2.14}$$

当 $\theta = \theta_0 + \pi/2$ 时, 法曲率 $\kappa_n(\theta)$ 取最小值:

$$\kappa_2 = \frac{1}{2}\left(\frac{L}{E} + \frac{N}{G}\right) - \sqrt{\left(\frac{1}{2}\left(\frac{L}{E} - \frac{N}{G}\right)\right)^2 + \left(\frac{M}{\sqrt{EG}}\right)^2}. \tag{2.15}$$

当 $A = 0$ 时, 法曲率 $\kappa_n(\theta)$ 与角 θ 无关, 即

$$\kappa_n(\theta) = \frac{1}{2}\left(\frac{L}{E} + \frac{N}{G}\right).$$

无论如何, 上面的结果可以叙述成下列定理.

定理 2.2 正则参数曲面在任意一个固定点, 其法曲率必定在两个彼此正交的切方向上分别取最大值和最小值.

定义 2.2 正则参数曲面在任意一个固定点, 其法曲率取最大值和最小值的方向称为曲面在该点的**主方向**, 相应的法曲率称为曲面在该点的**主曲率**.

在正交参数曲线网下, 主方向与 u-曲线的夹角是 θ_0 和 $\theta_0 + \pi/2$, 其中 θ_0 是由 (2.12) 式给出的. 主曲率 κ_1, κ_2 分别由 (2.14) 和 (2.15)

式给出. 根据 (2.13) 式, 沿方向角为 θ 的切方向的法曲率是

$$\kappa_n(\theta) = \kappa_1 \cos^2(\theta - \theta_0) + \kappa_2 \sin^2(\theta - \theta_0). \tag{2.16}$$

通常把公式 (2.16) 称为关于法曲率的 **Euler 公式**.

在正则参数曲面的任意的参数系下, 如何求主方向和主曲率呢? 这是一个重要的问题. 我们将在下面两节解决这个问题. 为此, 需要把曲面的主方向和主曲率解释为曲面的 Weingarten 映射 (见 §4.3) 的特征向量和特征值, 从而获得更加丰富的几何内容. 在本节的最后, 我们引进曲面的渐近方向和渐近曲线的概念.

定义 2.3 在曲面 S 上一点, 其法曲率为零的切方向称为曲面 S 在该点的**渐近方向**. 如果曲面 S 上一条曲线在每一点的切方向都是曲面在该点的渐近方向, 则称该曲线是曲面 S 上的**渐近曲线**.

在一个固定点 (u, v), 渐近方向 $(\mathrm{d}u, \mathrm{d}v)$ 是二次方程

$$L(\mathrm{d}u)^2 + 2M\mathrm{d}u\mathrm{d}v + N(\mathrm{d}v)^2 = 0 \tag{2.17}$$

的解. 因此, 曲面在点 (u, v) 有实渐近方向的充分必要条件是

$$LN - M^2 \leqslant 0. \tag{2.18}$$

当 $LN - M^2 < 0$ 时有两个不同的实渐近方向, 它们是

$$\frac{\mathrm{d}u}{\mathrm{d}v} = \frac{-M \pm \sqrt{M^2 - LN}}{L} = \frac{N}{-M \mp \sqrt{M^2 - LN}}.$$

当 $LN - M^2 = 0$ 时有一个实渐近方向 (或者认为两个实渐近方向重合在一起), 它是

$$\frac{\mathrm{d}u}{\mathrm{d}v} = -\frac{M}{L} = -\frac{N}{M}.$$

把 (u, v) 看作动点, 则方程 (2.17) 是渐近曲线的微分方程. 特别是, 如果在曲面上条件 $LN - M^2 < 0$ 处处成立, 则在曲面上存在两个处处线性无关的渐近方向场. 于是, 根据第三章的定理 4.1, 在曲面上存在由渐近曲线构成的参数曲线网.

定理 2.3 曲面上的参数曲线网是渐近曲线网的充分必要条件是 $L=N=0$.

证明 如果曲面上的参数曲线网是渐近曲线网, 即 u-曲线和 v-曲线都是渐近曲线, 于是 $(\mathrm{d}u,\mathrm{d}v)=(1,0)$ 和 $(\mathrm{d}u,\mathrm{d}v)=(0,1)$ 都是渐近方向. 将它们分别代入 (2.17) 式, 便得到 $L=N=0$. 反过来, 如果 $L=N=0$, 则方程 (2.17) 成为

$$2M\mathrm{d}u\mathrm{d}v=0,$$

它的解是 $\mathrm{d}v=0$ 和 $\mathrm{d}u=0$, 即 u-曲线和 v-曲线都是渐近曲线. 证毕.

定理 2.4 曲面上的一条曲线是渐近曲线, 当且仅当或者它是一条直线, 或者它的密切平面恰好是曲面的切平面.

证明 根据公式 (2.6), 曲面上的一条曲线的法曲率是

$$\kappa_n=\kappa\cos\theta,$$

其中 θ 是曲线的主法向量 $\boldsymbol{\beta}$ 与曲面的法向量 $\boldsymbol{n}$ 之间的夹角. 因此, $\kappa_n=0$ 的充分必要条件是 $\kappa=0$ 或者 $\cos\theta=0$. 如果处处有 $\kappa=0$, 则该曲线是直线. 如果在曲线上有一点使 $\kappa\neq 0$, 则必定有 $\cos\theta=0$, 故 $\theta=\pi/2$, 于是 $\boldsymbol{\beta}$ 与曲面的法向量 $\boldsymbol{n}$ 垂直, 即曲线的密切平面与曲面相切. 证毕.

习 题 4.2

1. 设悬链面的方程是

$$\boldsymbol{r}=\left(\sqrt{u^2+a^2}\cos v,\sqrt{u^2+a^2}\sin v,a\log(u+\sqrt{u^2+a^2})\right),$$

求它的第一基本形式和第二基本形式, 并求它在点 $(0,0)$ 处、沿切向量 $\mathrm{d}\boldsymbol{r}=2\boldsymbol{r}_u+\boldsymbol{r}_v$ 的法曲率.

2. 求曲面

$$z=\frac{x^2}{\alpha^2}+\frac{y^2}{\beta^2}$$

被平面 $z=ky$ 所截的截线在原点处的法曲率, 其中 α,β,k 都是常数.

3. 证明: 曲面上的一条曲线在任意一点的法曲率等于该曲线在该点、由其切向量决定的法截面上的投影曲线在这个点的相对曲率.

4. 设曲面 S_1 和曲面 S_2 的交线为 C. 设 p 为曲线 C 上的一点, 假定曲面 S_1 和曲面 S_2 在点 p 处沿曲线 C 的切方向的法曲率分别是 κ_1 和 κ_2. 如果曲面 S_1 和曲面 S_2 在点 p 的法向量的夹角是 θ, 求曲线 C 在点 p 处的曲率 κ.

5. 求下列曲面上的已知曲线的法曲率:

(1) 球面 $\boldsymbol{r}=(a\cos u\cos v, a\cos u\sin v, a\sin u)$ 上的曲线 $u+v=\dfrac{\pi}{2}$;

(2) Viviani 曲线

$$\boldsymbol{r}(u)=\left(k(1+\cos u), k\sin u, 2k\sin\frac{u}{2}\right)$$

的切线面 $\boldsymbol{r}(u,v)=\boldsymbol{r}(u)+v\boldsymbol{r}'(u)$ 上的曲线 $u=v$;

(3) 曲面 $\boldsymbol{r}=(u,v,kuv)$ 上的曲线 $u=v^2$.

6. 求下列曲面上的渐近曲线:

(1) 正螺旋面: $\boldsymbol{r}=(u\cos v, u\sin v, bv)$;

(2) 双曲抛物面: $\boldsymbol{r}=\left(\dfrac{u+v}{2}, \dfrac{u-v}{2}, uv\right)$.

7. 设 C 是曲面 S 上的一条非直线的渐近曲线, 其参数方程为

$$u=u(s), \quad v=v(s),$$

其中 s 是弧长参数. 证明: C 的挠率是

$$\tau=\frac{1}{\sqrt{EG-F^2}}\begin{vmatrix}(v'(s))^2 & -u'(s)v'(s) & (u'(s))^2\\ E & F & G\\ L & M & N\end{vmatrix}.$$

8. 设 n 是正整数, 则曲线 $\boldsymbol{\alpha}_n=(r\cos t, r\sin t, \operatorname{sign} t\cdot|t|^n)$ 落在圆柱面 $x^2+y^2=r^2$ 上. 试求曲线 $\boldsymbol{\alpha}_n$ 在 $t=0$ 处的法曲率. 验证: 当 $n>2$ 时, 曲线 $\boldsymbol{\alpha}_n$ 在 $t=0$ 处的曲率中心在一个圆周上. 写出该圆周的方程.

§4.3 Weingarten 映射和主曲率

本节首先介绍 Gauss 映射, 然后把 Gauss 映射的切映射与曲面的第二基本形式联系起来. 这样, Gauss 映射及其切映射成为研究曲面弯曲状况的强有力的工具.

设 $\boldsymbol{r} = \boldsymbol{r}(u,v)$ 是一块正则参数曲面, 它在每一点处有一个确定的单位法向量 $\boldsymbol{n}(u,v)$. 将 $\boldsymbol{n}(u,v)$ 在空间 E^3 中平行移动到坐标原点 O, 那么它的终点便落在 E^3 中的单位球面 Σ 上, 于是得到从曲面 S 到 Σ 的一个可微映射 $g: S \to \Sigma$, 使得

$$g(\boldsymbol{r}(u,v)) = \boldsymbol{n}(u,v). \tag{3.1}$$

这个映射称为 **Gauss 映射**. 很明显, 当曲面 S 弯曲得比较厉害时, 则当曲面 S 上的点变动时其相应的法向量的变化就比较大, 于是法向量场在 Σ 上所扫过的面积与曲面上的点扫过的面积之比就比较大 (参看图 4.3). 这正是 Gauss 观察曲面形状的出发点. 据说, Gauss 的灵感来自他担任天文台台长时从事大地测量的研究工作.

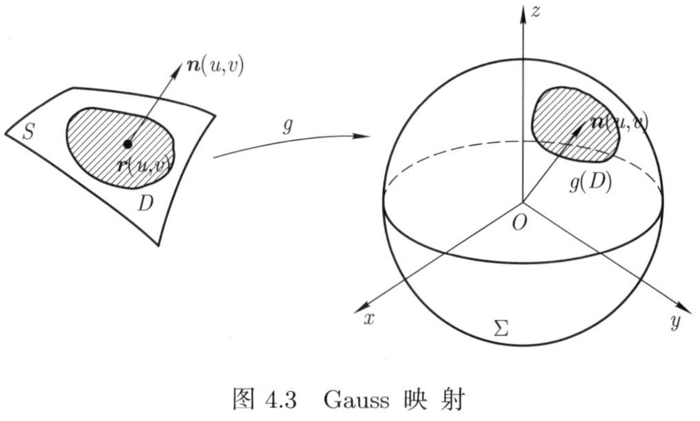

图 4.3 Gauss 映 射

在第三章 §3.5 我们已经提到过, 两个曲面之间的可微映射在对应点的切空间之间诱导出一个线性映射, 称为该映射的切映射. 这样, Gauss 映射 $g: S \to \Sigma$ 便诱导出从曲面 S 在点 p 的切空间 T_pS 到球

面 Σ 在像点 $g(p)$ 的切空间 $T_{g(p)}\Sigma$ 的切映射

$$g_*: T_pS \to T_{g(p)}\Sigma. \tag{3.2}$$

下面我们来求这个切映射的表达式.

设曲面 S 上的一条曲线的参数方程是

$$u = u(t), \quad v = v(t), \tag{3.3}$$

于是它在 Gauss 映射下的像是

$$g(\boldsymbol{r}(u(t), v(t))) = \boldsymbol{n}(u(t), v(t)).$$

根据诱导切映射的定义,

$$g_*\left(\frac{\mathrm{d}\boldsymbol{r}}{\mathrm{d}t}\right) = \frac{\mathrm{d}\boldsymbol{n}(u(t), v(t))}{\mathrm{d}t} = \boldsymbol{n}_u\frac{\mathrm{d}u(t)}{\mathrm{d}t} + \boldsymbol{n}_v\frac{\mathrm{d}v(t)}{\mathrm{d}t},$$

因此

$$g_*(\boldsymbol{r}_u) = \boldsymbol{n}_u, \quad g_*(\boldsymbol{r}_v) = \boldsymbol{n}_v. \tag{3.4}$$

由于 $\boldsymbol{n}$ 是球面 Σ 的向径, 因此它本身也是球面 Σ 的法向量, 这就是说曲面 S 在点 p 的切平面和球面 Σ 在点 $g(p)$ 的切平面是彼此平行的, 特别是切空间 T_pS 和切空间 $T_{g(p)}\Sigma$ 可以自然地等同起来, 于是球面 Σ 的切向量 $\boldsymbol{n}_u, \boldsymbol{n}_v$ 可以看作曲面 S 的切向量. 这样, 切映射 g_* 成为从切空间 T_pS 到它自身的线性映射, 命

$$W = -g_*: T_pS \to T_pS, \tag{3.5}$$

称 W 为曲面 S 在点 p 的 **Weingarten 映射**. 根据线性代数的理论, 在具有欧氏内积的向量空间上的自共轭线性变换和二次型是彼此确定的. 我们在这里定义的 Weingarten 映射和曲面的第二基本形式恰好有这种关系.

定理 3.1 曲面 S 的第二基本形式 II 可以用 Weingarten 映射表示成

$$\mathrm{II} = W(\mathrm{d}\boldsymbol{r}) \cdot \mathrm{d}\boldsymbol{r}. \tag{3.6}$$

证明 曲面 S 上任意一个切向量可以表示成

$$\mathrm{d}\boldsymbol{r}=\boldsymbol{r}_u\mathrm{d}u+\boldsymbol{r}_v\mathrm{d}v, \tag{3.7}$$

其中 $\mathrm{d}u,\mathrm{d}v$ 是切向量的分量. 根据 (3.5) 和 (3.4) 式,

$$\begin{aligned}W(\mathrm{d}\boldsymbol{r})&=W(\boldsymbol{r}_u\mathrm{d}u+\boldsymbol{r}_v\mathrm{d}v)=-g_*(\boldsymbol{r}_u\mathrm{d}u+\boldsymbol{r}_v\mathrm{d}v)\\&=-g_*(\boldsymbol{r}_u)\mathrm{d}u-g_*(\boldsymbol{r}_v)\mathrm{d}v\\&=-(\boldsymbol{n}_u\mathrm{d}u+\boldsymbol{n}_v\mathrm{d}v)=-\mathrm{d}\boldsymbol{n},\end{aligned} \tag{3.8}$$

所以

$$\mathrm{II}=-\mathrm{d}\boldsymbol{n}\cdot\mathrm{d}\boldsymbol{r}=W(\mathrm{d}\boldsymbol{r})\cdot\mathrm{d}\boldsymbol{r}.$$

证毕.

定理 3.2 Weingarten 映射 W 是从切空间 T_pS 到它自身的自共轭映射, 即对于曲面 S 在点 (u,v) 的任意两个切方向 $\mathrm{d}\boldsymbol{r}$ 和 $\delta\boldsymbol{r}$, 下面的公式

$$W(\mathrm{d}\boldsymbol{r})\cdot\delta\boldsymbol{r}=\mathrm{d}\boldsymbol{r}\cdot W(\delta\boldsymbol{r}) \tag{3.9}$$

成立.

证明 设

$$\mathrm{d}\boldsymbol{r}=\boldsymbol{r}_u\mathrm{d}u+\boldsymbol{r}_v\mathrm{d}v,\quad \delta\boldsymbol{r}=\boldsymbol{r}_u\delta u+\boldsymbol{r}_v\delta v.$$

由 (3.8) 式得到

$$W(\mathrm{d}\boldsymbol{r})=-(\boldsymbol{n}_u\mathrm{d}u+\boldsymbol{n}_v\mathrm{d}v),\quad W(\delta\boldsymbol{r})=-(\boldsymbol{n}_u\delta u+\boldsymbol{n}_v\delta v).$$

这样

$$\begin{aligned}W(\mathrm{d}\boldsymbol{r})\cdot\delta\boldsymbol{r}&=-(\boldsymbol{n}_u\mathrm{d}u+\boldsymbol{n}_v\mathrm{d}v)\cdot(\boldsymbol{r}_u\delta u+\boldsymbol{r}_v\delta v)\\&=L\mathrm{d}u\delta u+M(\mathrm{d}u\delta v+\mathrm{d}v\delta u)+N\mathrm{d}v\delta v\\&=-(\boldsymbol{r}_u\mathrm{d}u+\boldsymbol{r}_v\mathrm{d}v)\cdot(\boldsymbol{n}_u\delta u+\boldsymbol{n}_v\delta v)\\&=\mathrm{d}\boldsymbol{r}\cdot W(\delta\boldsymbol{r}).\end{aligned}$$

证毕.

如果有非零切向量 $\mathrm{d}\boldsymbol{r}$ 和实数 λ, 使得

$$W(\mathrm{d}\boldsymbol{r}) = \lambda \mathrm{d}\boldsymbol{r}, \tag{3.10}$$

则称 λ 是 Weingarten 变换 W 的特征值, 并且把 $\mathrm{d}\boldsymbol{r}$ 称为对应于特征值 λ 的特征向量. 此时,

$$W(\mathrm{d}\boldsymbol{r}) \cdot \mathrm{d}\boldsymbol{r} = \lambda \mathrm{d}\boldsymbol{r} \cdot \mathrm{d}\boldsymbol{r},$$

因此由定理 3.1 得知, 曲面沿特征向量 $\mathrm{d}\boldsymbol{r}$ 的法曲率是

$$\kappa_n = \frac{\mathrm{II}}{\mathrm{I}} = \frac{W(\mathrm{d}\boldsymbol{r}) \cdot \mathrm{d}\boldsymbol{r}}{\mathrm{d}\boldsymbol{r} \cdot \mathrm{d}\boldsymbol{r}} = \lambda. \tag{3.11}$$

这说明, 如果 λ 是 Weingarten 映射 W 的一个实特征值, 则它正好是曲面在该点沿与它对应的特征方向的法曲率.

定理 3.2 告诉我们,Weingarten 映射 $W: T_pS \to T_pS$ 是自共轭映射. 根据线性代数理论 (参看附录 §2), 从一个二维向量空间到它自身的自共轭映射正好有两个实特征值 (这两个实特征值可能相等), 并且对应地有两个线性无关的实特征向量. 特别地, 当这两个实特征值不相等时, 对应的实特征方向是完全确定的, 并且它们彼此正交; 如果这两个实特征值相等, 则曲面在该点的任意一个切方向都是特征方向. 由此可见, 曲面在每一点 p 的 Weingarten 映射 $W: T_pS \to T_pS$ 必定有两个特征值, 并且不管那两个特征值是否相等, 在点 p 总是有两个彼此正交的特征方向.

根据前面的讨论知道, 我们有下面的定理:

定理 3.3 正则参数曲面在每一点的 Weingarten 映射的两个特征值恰好是该曲面在这一点的主曲率, 对应的特征方向是曲面的主方向.

证明 我们在切空间 T_pS 中总是可以取单位正交基底 $\{\boldsymbol{e}_1, \boldsymbol{e}_2\}$, 使得切向量 $\boldsymbol{e}_1, \boldsymbol{e}_2$ 是曲面 S 在点 p 的特征方向, 对应的特征值是 $\lambda_1 \geqslant \lambda_2$, 则

$$W(\boldsymbol{e}_1) = \lambda_1 \boldsymbol{e}_1, \quad W(\boldsymbol{e}_2) = \lambda_2 \boldsymbol{e}_2. \tag{3.12}$$

现在设 $\boldsymbol{e}$ 是曲面 S 在点 p 的任意一个切向量, 于是可以把它表示为

$$\boldsymbol{e}=\cos\theta\boldsymbol{e}_1+\sin\theta\boldsymbol{e}_2, \tag{3.13}$$

则

$$W(\boldsymbol{e})=\cos\theta W(\boldsymbol{e}_1)+\sin\theta W(\boldsymbol{e}_2)=\lambda_1\cos\theta\boldsymbol{e}_1+\lambda_2\sin\theta\boldsymbol{e}_2, \tag{3.14}$$

因此沿切方向 $\boldsymbol{e}$ 的法曲率是

$$\begin{aligned}\kappa(\theta)&=\frac{W(\boldsymbol{e})\cdot\boldsymbol{e}}{\boldsymbol{e}\cdot\boldsymbol{e}}\\&=(\lambda_1\cos\theta\boldsymbol{e}_1+\lambda_2\sin\theta\boldsymbol{e}_2)\cdot(\cos\theta\boldsymbol{e}_1+\sin\theta\boldsymbol{e}_2)\\&=\lambda_1\cos^2\theta+\lambda_2\sin^2\theta\\&=\lambda_1-(\lambda_1-\lambda_2)\sin^2\theta\\&=\lambda_2+(\lambda_1-\lambda_2)\cos^2\theta.\end{aligned}$$

由此可见, 法曲率 $\kappa_n(\theta)$ 在 $\theta=0$ 时取最大值 λ_1, 在 $\theta=\pi/2$ 时取最小值 λ_2. 换言之, Weingarten 映射的特征值 $\lambda_1\geqslant\lambda_2$ 分别是曲面在该点的主曲率 κ_1,κ_2, 因而其对应的特征方向是曲面在该点的主方向. 证毕.

现在可以把上一节 (§4.2) 的公式 (2.16) 重新叙述成下面的定理.

定理 3.4 (Euler 公式) 设 $\boldsymbol{e}_1,\boldsymbol{e}_2$ 是曲面 S 在点 p 处的两个彼此正交的主方向单位向量, 对应的主曲率是 κ_1,κ_2, 则曲面 S 在点 p 处沿任意一个切向量 $\boldsymbol{e}=\cos\theta\boldsymbol{e}_1+\sin\theta\boldsymbol{e}_2$ 的法曲率是

$$\kappa_n(\theta)=\kappa_1\cos^2\theta+\kappa_2\sin^2\theta. \tag{3.15}$$

当 $\kappa_1=\kappa_2$ 时, 对任意的切方向 θ 都有 $\kappa_n(\theta)=\kappa_1=\kappa_2$, 这正是主方向不确定的情形. 我们把这样的点称为曲面的**脐点**. 由于在脐点, 法曲率

$$\kappa_n=\frac{L(\mathrm{d}u)^2+2M\mathrm{d}u\mathrm{d}v+N(\mathrm{d}v)^2}{E(\mathrm{d}u)^2+2F\mathrm{d}u\mathrm{d}v+G(\mathrm{d}v)^2} \tag{3.16}$$

与切方向 $(\mathrm{d}u,\mathrm{d}v)$ 无关, 即

$$(L-\kappa_n E)(\mathrm{d}u)^2+2(M-\kappa_n F)\mathrm{d}u\mathrm{d}v+(N-\kappa_n G)(\mathrm{d}v)^2=0$$

是关于 $\mathrm{d}u,\mathrm{d}v$ 的恒等式, 所以在该点有

$$\frac{L}{E}=\frac{M}{F}=\frac{N}{G}. \tag{3.17}$$

由此可见, 脐点是曲面的第一类基本量和第二类基本量成比例的点. 如果这个比是零, 则称该脐点是**平点**; 如果这个比不是零, 则称该脐点是**圆点**. 按照这样的术语, 定理 1.1 和定理 1.2 可以重述为:

命题 曲面 S 是平面, 当且仅当曲面 S 上的点都是平点; 曲面 S 是球面, 当且仅当曲面 S 上的点都是圆点.

定义 3.1 设 C 是正则曲面 S 上的一条曲线. 如果曲线 C 在每一点的切向量都是曲面 S 在该点的主方向, 则称曲线 C 是曲面 S 上的一条**曲率线**.

从定义可知, 曲率线是曲面 S 上主方向场的积分曲线. 设曲面 S : $\boldsymbol{r}=\boldsymbol{r}(u,v)$ 上的一条曲线 C 的参数方程是

$$u=u(t),\quad v=v(t).$$

根据定义 3.2, 曲线 C 是曲面 S 上的曲率线的条件是

$$W\left(\frac{\mathrm{d}\boldsymbol{r}(u(t),v(t))}{\mathrm{d}t}\right)=\lambda\frac{\mathrm{d}\boldsymbol{r}(u(t),v(t))}{\mathrm{d}t}.$$

由 Weingarten 映射的定义得知

$$W\left(\frac{\mathrm{d}\boldsymbol{r}(u(t),v(t))}{\mathrm{d}t}\right)=-\frac{\mathrm{d}\boldsymbol{n}(u(t),v(t))}{\mathrm{d}t},$$

由此得到曲线 C 是曲面 S 上的曲率线的判别准则:

定理 3.5 (Rodriques 定理) 曲面 S : $\boldsymbol{r}=\boldsymbol{r}(u,v)$ 上的一条曲线 C : $u=u(t),v=v(t)$ 是曲率线的充分必要条件是, 曲面 S 沿曲线 C 的法向量场 $\boldsymbol{n}(u(t),v(t))$ 沿曲线 C 的导数与曲线 C 相切, 即

$$\frac{\mathrm{d}\boldsymbol{n}(u(t),v(t))}{\mathrm{d}t}\mathbin{/\mkern-6mu/}\frac{\mathrm{d}\boldsymbol{r}(u(t),v(t))}{\mathrm{d}t}. \tag{3.18}$$

根据定理 3.5 还可以得到曲率线的一个特征性质:

定理 3.6 曲面 S 上的曲线 C 是曲率线的充分必要条件是, 曲面 S 沿曲线 C 的法线构成一个可展曲面.

证明 设曲面 S: $\boldsymbol{r}=\boldsymbol{r}(u,v)$ 上的一条曲线 C 的参数方程是

$$u=u(s),\quad v=v(s),$$

其中 s 是弧长参数. 设曲面 S 沿曲线 C 的单位法向量是 $\boldsymbol{n}(s)=\boldsymbol{n}(u(s),v(s))$, 因此由曲面 S 上沿曲线 C 的法线构成的直纹面是

$$\boldsymbol{r}=\boldsymbol{r}(s)+t\boldsymbol{n}(s), \tag{3.19}$$

其中 $\boldsymbol{r}(s)=\boldsymbol{r}(u(s),v(s))$. 根据第三章的定理 6.1, 这个直纹面是可展曲面的充分必要条件是

$$(\boldsymbol{r}'(s),\boldsymbol{n}(s),\boldsymbol{n}'(s))=0. \tag{3.20}$$

由于 $\boldsymbol{n}(s)$ 是曲面 S 的单位法向量, 所以 $\boldsymbol{r}'(s)\cdot\boldsymbol{n}(s)=0$, $\boldsymbol{n}'(s)\cdot\boldsymbol{n}(s)=0$. 因此 $\boldsymbol{n}(s)//\boldsymbol{r}'(s)\times\boldsymbol{n}'(s)$, 不妨设

$$\boldsymbol{r}'(s)\times\boldsymbol{n}'(s)=\lambda\boldsymbol{n}(s),$$

则由 (3.20) 式得到

$$0=-(\boldsymbol{r}'(s)\times\boldsymbol{n}'(s))\cdot\boldsymbol{n}(s)=\lambda\boldsymbol{n}(s)\cdot\boldsymbol{n}(s)=\lambda,$$

故

$$\boldsymbol{r}'(s)\times\boldsymbol{n}'(s)=0,\quad \boldsymbol{r}'(s)//\boldsymbol{n}'(s). \tag{3.21}$$

由此可见, 曲面 S 沿曲线 C 的法线构成可展曲面的充分必要条件是 (3.21) 式成立, 即 C 是曲面 S 上的曲率线. 证毕.

例 1 求旋转面上的曲率线.

解 旋转面的经线是经过旋转轴的平面与旋转面的交线, 它是生成旋转面的母线. 旋转面沿一条经线的法线都经过旋转轴, 因而落在经线本身所在的平面内, 故由这些法线构成的直纹面是可展曲面. 另外,

旋转面沿平行圆 (纬线) 的法线都经过旋转轴上的一个定点, 所以它们构成一个锥面, 仍是可展曲面. 由此可见, 根据定理 3.6, 旋转面上的经线和纬线都是旋转面上的曲率线, 它们构成曲面的正交曲线网.

例 2 求可展曲面上的曲率线.

解 可展曲面是直纹面, 而且曲面的切平面沿直母线是不变的. 换言之, 曲面的单位法向量沿直母线是常向量场, 即曲面的单位法向量沿直母线的导数是零. 由定理 3.5 可知, 可展曲面的直母线必定是曲率线. 根据定理 2.2, 它们的正交轨线是另一个主方向场的积分曲线, 因而是可展曲面的另一族曲率线.

习 题 4.3

1. 求抛物面

$$z=\frac{x^2}{\alpha^2}+\frac{y^2}{\beta^2}$$

在原点处的法曲率和主曲率.

2. 证明: 曲面 S 在任意固定的一点处沿任意两个彼此正交的切方向的法曲率之和是一个常数.

3. 设曲面 S 上的一条曲率线不是渐近曲线, 并且它的密切平面与曲面 S 的切平面相交成定角, 证明: 该曲线必定是一条平面曲线.

4. 证明: 曲面 S 上任意一点 p 的某个邻域内都有正交参数系 (u,v), 使得参数曲线在点 p 处的切方向是曲面 S 在该点的两个彼此正交的主方向.

5. 设在曲面 S 的一个固定点 p 的切方向与一个主方向的夹角为 θ, 该切方向所对应的法曲率记为 $\kappa_n(\theta)$, 证明:

$$\frac{1}{2\pi}\int_0^{2\pi}\kappa_n(\theta)\mathrm{d}\theta=H,$$

其中 $H=(\kappa_1+\kappa_2)/2$.

6. 设点 p 是曲面 S 的一个非脐点. 如果曲面 S 在点 p 的任意两个夹角为 θ_0 的切方向上的法曲率之和为常数, 则该夹角 θ_0 必等于 $\frac{\pi}{2}$.

§4.4 主方向和主曲率的计算

根据法曲率的 Euler 公式, 曲面在一点的主曲率是曲面在该点的法曲率的最大值和最小值. 因此, 计算主方向和主曲率是了解曲面在该点的弯曲情况的重要手段. 在 §4.3 已经知道主方向和主曲率恰好是曲面在这一点的 Weingarten 映射的特征方向和特征值. 因此求曲面主方向和主曲率的问题归结为求 Weingarten 映射的特征方向和特征值.

设曲面 S 的方程是 $\boldsymbol{r}=\boldsymbol{r}(u,v)$. 假定 $\delta\boldsymbol{r}=\boldsymbol{r}_u\delta u+\boldsymbol{r}_v\delta v$ 是曲面在点 (u,v) 的一个主方向, 即 $(\delta u,\delta v)\neq\mathbf{0}$, 并且有实数 λ 使得

$$W(\delta\boldsymbol{r})=\lambda\delta\boldsymbol{r}. \tag{4.1}$$

将 (4.1) 式展开就是

$$-(\boldsymbol{n}_u\delta u+\boldsymbol{n}_v\delta v)=\lambda(\boldsymbol{r}_u\delta u+\boldsymbol{r}_v\delta v). \tag{4.2}$$

将上式分别与切向量 $\boldsymbol{r}_u$, $\boldsymbol{r}_v$ 作内积, 得到

$$\begin{aligned}L\delta u+M\delta v&=\lambda(E\delta u+F\delta v),\\ M\delta u+N\delta v&=\lambda(F\delta u+G\delta v),\end{aligned}$$

所以 $(\delta u,\delta v)$ 应该是线性方程组

$$\begin{cases}(L-\lambda E)\delta u+(M-\lambda F)\delta v=0,\\ (M-\lambda F)\delta u+(N-\lambda G)\delta v=0\end{cases} \tag{4.3}$$

的非零解. 根据线性方程组理论, 线性齐次方程组 (4.3) 有非零解的充分必要条件是, 它的系数行列式为零, 即 λ 要满足二次方程

$$\begin{vmatrix}L-\lambda E & M-\lambda F\\ M-\lambda F & N-\lambda G\end{vmatrix}=0. \tag{4.4}$$

将它展开得到

$$\lambda^2(EG-F^2)-\lambda(LG-2MF+NE)+(LN-M^2)=0,$$

即

$$\lambda^2 - \frac{LG-2MF+NE}{EG-F^2}\lambda + \frac{LN-M^2}{EG-F^2} = 0. \tag{4.5}$$

根据定理 3.3 知道, 二次方程 (4.5) 必定有两个实根 κ_1, κ_2. 这个事实也能够用方程 (4.5) 的判别式来检验. 事实上, 二次方程 (4.5) 的判别式是

$$\begin{aligned}
&(LG-2MF+NE)^2 - 4(EG-F^2)(LN-M^2)\\
&= \left((EN-GL) - \frac{2F}{E}(EM-FL) + \frac{2L}{E}(EG-F^2)\right)^2\\
&\quad -4(EG-F^2)(LN-M^2)\\
&= \left((EN-GL) - \frac{2F}{E}(EM-FL)\right)^2\\
&\quad +\frac{4(EG-F^2)}{E^2}(EM-FL)^2 \geqslant 0.
\end{aligned}$$

由二次方程的系数与根的关系得知

$$\kappa_1 + \kappa_2 = 2H = \frac{LG-2MF+NE}{EG-F^2}, \tag{4.6}$$

$$\kappa_1\kappa_2 = K = \frac{LN-M^2}{EG-F^2}. \tag{4.7}$$

我们把 $H = \frac{1}{2}(\kappa_1+\kappa_2)$ 称为曲面的**平均曲率**, 把 $K = \kappa_1\kappa_2$ 称为曲面的 **Gauss 曲率**或**总曲率**. (4.6) 和 (4.7) 式分别给出了用曲面的第一类基本量和第二类基本量计算平均曲率 H 和 Gauss 曲率 K 的公式. 这样, 主曲率是方程

$$\lambda^2 - 2H\lambda + K = 0 \tag{4.8}$$

的根, 于是

$$\kappa_1 = H + \sqrt{H^2-K}, \quad \kappa_2 = H - \sqrt{H^2-K}. \tag{4.9}$$

直接验证可知, 方程 (4.4) 在曲面保持定向的参数变换下是不变的, 因此平均曲率 H 和 Gauss 曲率 K 的表达式 (4.6) 和 (4.7) 在曲面保持定向的参数变换下也是不变的.

定理 4.1 曲面的主曲率 κ_1,κ_2 是定义在曲面上的连续函数, 并且在每一个非脐点的一个邻域内, 主曲率 κ_1,κ_2 是连续可微的函数.

证明 已经假定曲面的参数方程至少是三次连续可微的, 而曲面的第一类基本量和第二类基本量是曲面的参数方程经过两次求偏导得到的, 因此平均曲率 H 和 Gauss 曲率 K 都是连续可微的函数.(4.9) 式表明, 主曲率 κ_1,κ_2 是连续的. 在非脐点的邻域内我们有 $\kappa_1\neq\kappa_2$, 即 $H^2-K>0$, 因此 $\sqrt{H^2-K}$ 还是连续可微的, 故主曲率 κ_1,κ_2 是连续可微的函数. 证毕.

现在把求主方向和主曲率的方法综述如下: 首先, 按照公式 (4.6) 和 (4.7) 用曲面的第一类基本量和第二类基本量计算曲面的平均曲率 H 和 Gauss 曲率 K, 并解二次方程 (4.8), 得到曲面的主曲率 κ_1,κ_2. 其次, 分两种情形来处理: 在非脐点的情形, $\kappa_1\neq\kappa_2$, 逐次将 κ_1 和 κ_2 代替线性方程组 (4.3) 中的 λ, 其相应的方程组系数矩阵的秩是 1, 因此对应于 κ_1 的主方向是

$$\frac{\delta u}{\delta v}=-\frac{M-\kappa_1 F}{L-\kappa_1 E}=-\frac{N-\kappa_1 G}{M-\kappa_1 F},\tag{4.10}$$

对应于 κ_2 的主方向是

$$\frac{\delta u}{\delta v}=-\frac{M-\kappa_2 F}{L-\kappa_2 E}=-\frac{N-\kappa_2 G}{M-\kappa_2 F};\tag{4.11}$$

在脐点的情形, $\kappa_1=\kappa_2=\dfrac{L}{E}=\dfrac{M}{F}=\dfrac{N}{G}$, 将 κ_1(或 κ_2) 代替线性方程组 (4.3) 中的 λ, 其相应的方程组系数矩阵是零矩阵, 此时任意的非零数组 $(\delta u,\delta v)$ 都是方程组 (4.3) 的解, 即主方向是不定的.

上述求解的次序是先求主曲率、后求主方向. 这种求解的过程可以倒过来, 即为先求主方向, 后求主曲率的方法. 将方程组 (4.3) 改写, 得到

$$\begin{aligned}&(L\delta u+M\delta v)-\lambda(E\delta u+F\delta v)=0,\\&(M\delta u+N\delta v)-\lambda(F\delta u+G\delta v)=0,\end{aligned}\tag{4.12}$$

因此

$$\lambda=\frac{L\delta u+M\delta v}{E\delta u+F\delta v}=\frac{M\delta u+N\delta v}{F\delta u+G\delta v}.\tag{4.13}$$

上式说明, 主方向 $(\delta u,\delta v)$ 必须满足方程

$$\begin{vmatrix} L\delta u+M\delta v & E\delta u+F\delta v \\ M\delta u+N\delta v & F\delta u+G\delta v \end{vmatrix}=0. \tag{4.14}$$

将方程 (4.14) 展开得到

$$(LF-ME)(\delta u)^2+(LG-NE)\delta u\delta v+(MG-NF)(\delta v)^2=0. \tag{4.15}$$

于是, 首先解二次方程 (4.15), 得到主方向 $\delta u:\delta v$, 然后将此值代入 (4.13) 得到相应的主曲率.

为了便于记忆, 用 $(\mathrm{d}u,\mathrm{d}v)$ 代替 $(\delta u,\delta v)$, 并且把上面的方程 (4.15) 改写为

$$\begin{vmatrix} (\mathrm{d}v)^2 & -\mathrm{d}u\mathrm{d}v & (\mathrm{d}u)^2 \\ E & F & G \\ L & M & N \end{vmatrix}=0. \tag{4.16}$$

对于固定的点 (u,v), (4.16) 式是求主方向 $(\mathrm{d}u,\mathrm{d}v)$ 的方程; 如果把 (u,v) 看作动点, 则 (4.16) 式是曲面上的曲率线所满足的微分方程.

定理 4.2 在曲面 $S:\ \boldsymbol{r}=\boldsymbol{r}(u,v)$ 上的任意一个固定点 (u,v), 参数曲线的方向是彼此正交的主方向当且仅当在该点有 $F=M=0$. 此时, u-曲线方向的主曲率是 $\kappa_1=L/E$, v-曲线方向的主曲率是 $\kappa_2=N/G$.

证明 必要性. 因为 $\boldsymbol{r}_u$ 和 $\boldsymbol{r}_v$ 彼此正交, 故 $F=0$. 又假定 $(\mathrm{d}u,\mathrm{d}v)=(1,0)$ 是主方向, 故代入方程 (4.16) 得到 $EM=0$, 即 $M=0$.

充分性. 假定在固定点 (u,v) 有 $F=M=0$, 则方程 (4.16) 成为

$$(EN-GL)\mathrm{d}u\mathrm{d}v=0,$$

因此 $(\mathrm{d}u,\mathrm{d}v)=(1,0)$ 和 $(\mathrm{d}u,\mathrm{d}v)=(0,1)$ 都是上述方程的解, 即参数曲线的方向是彼此正交的主方向. 将上述解分别代入 (4.13) 式得到相应的主曲率是

$$\kappa_1=\frac{L}{E},\quad \kappa_2=\frac{N}{G}. \tag{4.17}$$

证毕.

定理 4.2 的直接推论是

定理 4.3 在曲面 S 上, 参数曲线网是正交的曲率线网的充分必要条件是 $F = M \equiv 0$, 并且此时曲面的两个基本形式分别是

$$\begin{aligned} \mathrm{I} &= E(\mathrm{d}u)^2 + G(\mathrm{d}v)^2, \\ \mathrm{II} &= \kappa_1 E(\mathrm{d}u)^2 + \kappa_2 G(\mathrm{d}v)^2, \end{aligned} \tag{4.18}$$

其中 κ_1, κ_2 是曲面的主曲率.

定理 4.3 表明, 若在曲面上取正交的曲率线网作为曲面的参数曲线网时, 则它的两个基本形式就能够写成十分简单的表达式. 问题是这样的参数曲线网是否存在? 我们知道, 在曲面上由非脐点构成的集合是一个开集. 当非脐点集是非空集的情形, 定理 4.1 断言主曲率函数 κ_1, κ_2 是这个非空开集上的连续可微函数, 而且在每一点有两个完全确定的彼此正交的主方向. 因此在非脐点集上有两个连续可微的、彼此正交的主方向场. 由第三章的定理 4.1 容易得到下面有重要理论价值的定理:

定理 4.4 在正则曲面 S 上的每一个非脐点的一个邻域内存在参数系 (u, v), 使得参数曲线构成彼此正交的曲率线网.

如果在曲面上, 脐点集构成一个开集, 则由定理 1.1 和定理 1.2 得知, 这一片曲面是平面或球面, 于是它上面的任意的正交参数曲线网都是正交的曲率线网. 在孤立脐点的邻域内, 情况是十分复杂的, 不能保证正交曲率线网的存在性. 但是, 无论如何, 在曲面上任意一个固定点 p 的邻域内总是可以取正交参数曲线网, 使得在该点 p 沿参数曲线的方向是曲面的主方向 (参看习题 4.3 的第 4 题). 这对于有些问题的讨论仍然有重要的意义.

在本节的最后, 我们来导出 Weingarten 映射在曲面的自然基底下的矩阵. 设曲面 S 的参数方程是 $\boldsymbol{r} = \boldsymbol{r}(u, v)$. 根据 Weingarten 映射的定义,

$$W(\boldsymbol{r}_u) = -\boldsymbol{n}_u, \quad W(\boldsymbol{r}_v) = -\boldsymbol{n}_v.$$

因为 $\boldsymbol{n}_u$, $\boldsymbol{n}_v$ 是曲面 S 的切向量, 不妨设

$$\begin{pmatrix} -\boldsymbol{n}_u \\ -\boldsymbol{n}_v \end{pmatrix} = \begin{pmatrix} a_{11} & a_{12} \\ a_{21} & a_{22} \end{pmatrix} \begin{pmatrix} \boldsymbol{r}_u \\ \boldsymbol{r}_v \end{pmatrix}. \tag{4.19}$$

将上式两边分别与向量组 $(\boldsymbol{r}_u, \boldsymbol{r}_v)$ 作内积

$$\begin{pmatrix} -\boldsymbol{n}_u \\ -\boldsymbol{n}_v \end{pmatrix} \cdot (\boldsymbol{r}_u, \boldsymbol{r}_v) = \begin{pmatrix} a_{11} & a_{12} \\ a_{21} & a_{22} \end{pmatrix} \begin{pmatrix} \boldsymbol{r}_u \\ \boldsymbol{r}_v \end{pmatrix} \cdot (\boldsymbol{r}_u, \boldsymbol{r}_v),$$

得到

$$\begin{pmatrix} L & M \\ M & N \end{pmatrix} = \begin{pmatrix} a_{11} & a_{12} \\ a_{21} & a_{22} \end{pmatrix} \begin{pmatrix} E & F \\ F & G \end{pmatrix},$$

所以

$$\begin{pmatrix} a_{11} & a_{12} \\ a_{21} & a_{22} \end{pmatrix} = \begin{pmatrix} L & M \\ M & N \end{pmatrix} \cdot \begin{pmatrix} E & F \\ F & G \end{pmatrix}^{-1}. \tag{4.20}$$

对于 2×2 可逆矩阵容易知道其逆矩阵的公式是

$$\begin{pmatrix} E & F \\ F & G \end{pmatrix}^{-1} = \frac{1}{EG - F^2} \begin{pmatrix} G & -F \\ -F & E \end{pmatrix},$$

因此

$$\begin{pmatrix} a_{11} & a_{12} \\ a_{21} & a_{22} \end{pmatrix} = \frac{1}{EG - F^2} \begin{pmatrix} LG - MF & -LF + ME \\ MG - NF & -MF + NE \end{pmatrix}, \tag{4.21}$$

所以

$$W \begin{pmatrix} \boldsymbol{r}_u \\ \boldsymbol{r}_v \end{pmatrix} = \frac{1}{EG - F^2} \begin{pmatrix} LG - MF & -LF + ME \\ MG - NF & -MF + NE \end{pmatrix} \begin{pmatrix} \boldsymbol{r}_u \\ \boldsymbol{r}_v \end{pmatrix}. \tag{4.22}$$

线性变换在某基底下的矩阵的迹和行列式是线性变换的不变量, 它们与基底的选取无关. 从 (4.22) 式知道,Weingarten 映射 W 在自然基底 $(\boldsymbol{r}_u, \boldsymbol{r}_v)$ 下的矩阵的迹和行列式分别是 $2H$ 和 K, 即

$$2H = a_{11} + a_{22} = \frac{LG - 2MF + NE}{EG - F^2},$$

$$K = a_{11}a_{22} - a_{12}a_{21} = \frac{LN - M^2}{EG - F^2}.$$

在这里, 我们顺便能够得到 Gauss 曲率的几何意义. 从 (4.19) 式和 (4.22) 式得到

$$\boldsymbol{n}_u \times \boldsymbol{n}_v = (a_{11}a_{22} - a_{12}a_{21})\boldsymbol{r}_u \times \boldsymbol{r}_v = K\ \boldsymbol{r}_u \times \boldsymbol{r}_v,$$

因此

$$|\boldsymbol{n}_u \times \boldsymbol{n}_v| = |K| \cdot |\boldsymbol{r}_u \times \boldsymbol{r}_v|. \tag{4.23}$$

面积元素 $\mathrm{d}\sigma = |\boldsymbol{r}_u \times \boldsymbol{r}_v|\mathrm{d}u\mathrm{d}v$ 实质上是曲面 $\boldsymbol{r} = \boldsymbol{r}(u,v)$ 上由参数曲线 $u = u_0, u = u_0 + \mathrm{d}u, v = v_0, v = v_0 + \mathrm{d}v$ 围成的小区域的面积, 它在 Gauss 映射下的像的面积是 $\mathrm{d}\sigma_0 = |\boldsymbol{n}_u \times \boldsymbol{n}_v|\mathrm{d}u\mathrm{d}v$, 因此 (4.23) 式成为

$$\mathrm{d}\sigma_0 = |K|\mathrm{d}\sigma,$$

即

$$|K| = \frac{\mathrm{d}\sigma_0}{\mathrm{d}\sigma}. \tag{4.24}$$

如果 D 是曲面 S 上围绕点 p 的一个邻域, 用 $g(D)$ 表示它在 Gauss 映射下的像, 那么 $g(D)$ 的面积是

$$A(g(D)) = \int_{g(D)} \mathrm{d}\sigma_0 = \int_D |K|\mathrm{d}\sigma.$$

利用重积分的中值定理, 并且让区域 D 收缩于一点 p 取极限得到

$$|K(p)| = \lim_{D \to p} \frac{A(g(D))}{A(D)}. \tag{4.25}$$

由此可见, 曲面 S 在点 p 的 Gauss 曲率的绝对值 $|K(p)|$ 是, 围绕点 p 的小区域 D 在 Gauss 映射下的像 $g(D)$ 的面积与区域 D 的面积之比在区域 D 收缩到点 p 时的极限. 在曲线论中, 关于曲线的曲率有类似的解释 (参看第二章的 (3.6) 式).

如果用 I_0 表示单位球面 Σ 上的第一基本形式, 那么它通过 Gauss 映射 $g: S \to \Sigma$ 拉回到曲面 S 上所得到的二次微分形式称为曲面 S 的**第三基本形式**, 记为

$$\mathrm{III} = g^*\mathrm{I}_0. \tag{4.26}$$

根据第三章 (5.12) 式,

$$\mathrm{III} = \mathrm{d}\boldsymbol{n} \cdot \mathrm{d}\boldsymbol{n} = e(\mathrm{d}u)^2 + 2f\mathrm{d}u\mathrm{d}v + g(\mathrm{d}v)^2, \tag{4.27}$$

其中

$$e = \boldsymbol{n}_u \cdot \boldsymbol{n}_u, \quad f = \boldsymbol{n}_u \cdot \boldsymbol{n}_v, \quad g = \boldsymbol{n}_v \cdot \boldsymbol{n}_v. \tag{4.28}$$

从曲面 S 的第三基本形式得不到更多的不变量, 因为 III 和 I, II 有密切的关系. 我们有下面的定理.

定理 4.5 曲面 S 上的三个基本形式满足关系式

$$\mathrm{III} - 2H\mathrm{II} + K\mathrm{I} \equiv 0, \tag{4.29}$$

其中 H, K 分别是曲面 S 的平均曲率和 Gauss 曲率.

证明 因为 III, II, I, H, K 都与曲面 S 上保持定向的参数变换无关, 所以我们只要在曲面 S 上的任意一点 p 的附近取一个特殊的参数系来验证 (4.29) 式就可以了. 不妨设 (u,v) 是点 p 附近的参数系, 使得 u-曲线和 v-曲线的方向是曲面 S 在点 p 的彼此正交的主方向, 于是在点 p 有 $F = M = 0$(参看定理 4.2), 并且

$$\kappa_1 = \frac{L}{E}, \quad \kappa_2 = \frac{N}{G}, \quad -\boldsymbol{n}_u = \kappa_1 \boldsymbol{r}_u, \quad -\boldsymbol{n}_v = \kappa_2 \boldsymbol{r}_v. \tag{4.30}$$

所以

$$e = \boldsymbol{n}_u \cdot \boldsymbol{n}_u = (\kappa_1)^2 E, \quad f = \boldsymbol{n}_u \cdot \boldsymbol{n}_v = 0, \quad g = \boldsymbol{n}_v \cdot \boldsymbol{n}_v = (\kappa_2)^2 G,$$

于是在点 p 处有

$$\begin{aligned} \mathrm{I} &= E(\mathrm{d}u)^2 + G(\mathrm{d}v)^2, \\ \mathrm{II} &= \kappa_1 E(\mathrm{d}u)^2 + \kappa_2 G(\mathrm{d}v)^2, \\ \mathrm{III} &= (\kappa_1)^2 E(\mathrm{d}u)^2 + (\kappa_2)^2 G(\mathrm{d}v)^2. \end{aligned}$$

因此

$$\begin{aligned} & 2H\mathrm{II} - K\mathrm{I} \\ &\quad = (\kappa_1 + \kappa_2)[\kappa_1 E(\mathrm{d}u)^2 + \kappa_2 G(\mathrm{d}v)^2] - \kappa_1\kappa_2[E(\mathrm{d}u)^2 + G(\mathrm{d}v)^2] \\ &\quad = (\kappa_1)^2 E(\mathrm{d}u)^2 + (\kappa_2)^2 G(\mathrm{d}v)^2 = \mathrm{III}. \end{aligned}$$

证毕.

习 题 4.4

1. 求螺旋面 $\boldsymbol{r}=(u\cos v, u\sin v, u+v)$ 的 Gauss 曲率和平均曲率.

2. 设 S 是平面曲线 $C:\ \boldsymbol{r}=(g(s),0,f(s))$ 围绕 z 轴旋转一周所得的曲面, 其中 s 是曲线 C 的弧长参数. 求曲面 S 的 Gauss 曲率 K.

3. 求下列曲面的 Gauss 曲率 K 和平均曲率 H:

(1) $\boldsymbol{r}=(u\cos v, u\sin v, ku^2)$;

(2) 曲线 $z=k\sqrt{x},\ y=0$ 绕 z 轴旋转所生成的曲面;

(3) 曲线 (曳物线)

$$\boldsymbol{r}=\left(k\sin v, 0, k\left(\log\tan\frac{v}{2}+\cos v\right)\right)$$

绕 z 轴旋转所生成的曲面 (伪球面);

(4) Scherk 曲面 $z=\dfrac{1}{k}(\log(\cos kx)-\log(\cos ky))$.

4. 求双曲抛物面 $\boldsymbol{r}=(a(u+v), b(u-v), 2uv)$ 的 Gauss 曲率 K, 平均曲率 H, 主曲率 κ_1, κ_2 和它们所对应的主方向.

5. 设在曲线 $C:\ \boldsymbol{r}=\boldsymbol{r}(s)$ 的所有法线上截取长度为 λ 的一段, 它们的端点的轨迹构成一个曲面 S, 称为围绕曲线 C 的管状曲面, 其方程是

$$\boldsymbol{r}(s,\theta)=\boldsymbol{r}(s)+\lambda(\cos\theta\boldsymbol{\beta}(s)+\sin\theta\boldsymbol{\gamma}(s)),$$

其中 s 是曲线的弧长参数, $\boldsymbol{\beta}(s)$, $\boldsymbol{\gamma}(s)$ 分别是曲线 C 的主法向量和次法向量. 求该曲面的 Gauss 曲率 K, 平均曲率 H 和主曲率 κ_1, κ_2.

6. 在曲面 $S:\ \boldsymbol{r}=\boldsymbol{r}(u,v)$ 上每一点沿法线截取长度为 λ(适当小的正数) 的一段, 它们的端点的轨迹构成一个曲面 $\tilde{S}$, 称为原曲面 S 的平行曲面, 其方程是

$$\tilde{\boldsymbol{r}}(u,v)=\boldsymbol{r}(u,v)+\lambda\boldsymbol{n}(u,v).$$

从点 $\boldsymbol{r}(u,v)$ 到点 $\tilde{\boldsymbol{r}}(u,v)$ 的对应记为 σ.

(1) 证明: 曲面 S 和曲面 $\tilde{S}$ 在对应点的切平面互相平行;

(2) 证明: 对应 σ 把曲面 S 上的曲率线映为曲面 $\tilde{S}$ 上的曲率线;

(3) 证明: 曲面 S 和曲面 $\tilde{S}$ 在对应点的 Gauss 曲率和平均曲率有下列关系:

$$\tilde{K} = \frac{K}{1 - 2\lambda H + \lambda^2 K}, \quad \tilde{H} = \frac{H - \lambda K}{1 - 2\lambda H + \lambda^2 K}.$$

7. 求曲面 $z = f(x, y)$ 上的脐点所满足的 (充分必要) 条件.

8. 求下列曲面上的脐点:

(1) $2z = \dfrac{x^2}{\alpha^2} + \dfrac{y^2}{\beta^2}$, 其中 $\alpha > \beta > 0$;

(2) $\dfrac{x^2}{\alpha^2} + \dfrac{y^2}{\beta^2} + \dfrac{z^2}{\gamma^2} = 1$, 其中 $\alpha > \beta > \gamma > 0$.

9. 证明下列恒等式:

(1)
$$\begin{pmatrix} L & M \\ M & N \end{pmatrix} \cdot \begin{pmatrix} E & F \\ F & G \end{pmatrix}^{-1} = \frac{1}{\sqrt{EG - F^2}} \begin{pmatrix} -\boldsymbol{n}_u \cdot (\boldsymbol{r}_v \times \boldsymbol{n}) & \boldsymbol{n}_u \cdot (\boldsymbol{r}_u \times \boldsymbol{n}) \\ -\boldsymbol{n}_v \cdot (\boldsymbol{r}_v \times \boldsymbol{n}) & \boldsymbol{n}_v \cdot (\boldsymbol{r}_u \times \boldsymbol{n}) \end{pmatrix};$$

(2)
$$\begin{pmatrix} L & M \\ M & N \end{pmatrix} \cdot \begin{pmatrix} E & F \\ F & G \end{pmatrix}^{-1} \cdot \begin{pmatrix} L & M \\ M & N \end{pmatrix} = \begin{pmatrix} e & f \\ f & g \end{pmatrix}.$$

§4.5 Dupin 标形和曲面参数方程在一点的标准展开

本节要对正则曲面在一点的弯曲情形作一些分析. 除了一些特殊点以外, 我们将根据曲面在一点的弯曲情形的不同, 把曲面上的点分为三类, 即所谓的椭圆点、双曲点和抛物点. 首先对法曲率的 Euler 公式给出一个直观的解释.

设曲面 $S: \boldsymbol{r} = \boldsymbol{r}(u, v)$ 在点 p 的两个主曲率是 κ_1, κ_2, 其对应的两个彼此正交的主方向单位向量是 $\boldsymbol{e}_1$, $\boldsymbol{e}_2$, 则 Euler 公式说, 曲面 S 在点 p 沿任意一个切方向

$$\boldsymbol{e} = \cos\theta \boldsymbol{e}_1 + \sin\theta \boldsymbol{e}_2 \tag{5.1}$$

的法曲率是

$$\kappa_n = \kappa_1 \cos^2\theta + \kappa_2 \sin^2\theta. \tag{5.2}$$

自然, $\{p; \boldsymbol{e}_1, \boldsymbol{e}_2\}$ 给出曲面 S 在点 p 处的切平面 Π 上的直角坐标系. 假定沿切方向 $\boldsymbol{e}$ 的法曲率 $\kappa_n(\theta) \neq 0$, 则在该方向的射线上可以取一点 q, 使得线段 pq 的长度是

$$|pq| = \frac{1}{\sqrt{|\kappa_n(\theta)|}}, \tag{5.3}$$

那么在上述直角坐标系下点 q 的坐标是

$$x = \frac{1}{\sqrt{|\kappa_n(\theta)|}} \cos\theta, \quad y = \frac{1}{\sqrt{|\kappa_n(\theta)|}} \sin\theta. \tag{5.4}$$

根据 Euler 公式 (5.2), 点 q 的坐标 x, y 所满足的方程是

$$\kappa_1 x^2 + \kappa_2 y^2 = \operatorname{sign}(\kappa_n(\theta)). \tag{5.5}$$

这是一条二次曲线.

当 $K = \kappa_1\kappa_2 > 0$ 时, $\kappa_n(\theta)$ 与 κ_1, κ_2 同号, 所以方程 (5.5) 成为

$$|\kappa_1| x^2 + |\kappa_2| y^2 = 1, \tag{5.6}$$

这是一个椭圆 (参看图 4.4(a)).

当 $K = \kappa_1\kappa_2 < 0$ 时, κ_1 和 κ_2 异号, 所以方程 (5.5) 成为

$$|\kappa_1| x^2 - |\kappa_2| y^2 = \pm 1, \tag{5.7}$$

这是两对彼此共轭的双曲线 (参看图 4.4(b)). 此时, 曲面的渐近方向, 即 $\kappa_n(\theta) = 0$ 的方向, 恰好是这两对共轭双曲线的渐近线的方向 (其实这就是 "渐近方向" 的名称的由来).

如果 $K = \kappa_1\kappa_2 = 0$, 但是 κ_1, κ_2 不全为零, 不妨设 $\kappa_2 \neq 0$, 则方程 (5.5) 成为

$$|\kappa_2| y^2 = 1, \tag{5.8}$$

这是与渐近方向 $\boldsymbol{e}_1$ 平行的一对直线 (参看图 4.4(c)).

当 $\kappa_1 = \kappa_2 = 0$ 时, 相应的图不再存在.

我们把曲面 S 在点 p 的切平面 Π 中在直角坐标系 $\{p; \boldsymbol{e}_1, \boldsymbol{e}_2\}$ 下, 方程 (5.5) 的轨迹称为曲面 S 在点 p 的 **Dupin 标形**, 它可以看作曲面

S 在点 p 的法曲率 κ_n 的一种直观描述. 根据 Gauss 曲率 K 的符号的不同, Dupin 标形表现为不同类型的二次曲线. 因此, 我们把 $K>0$ 的点称为**椭圆点**, 把 $K<0$ 的点称为**双曲点**, 把 $K=0$ 的点称为**抛物点**. 圆点属于椭圆点, 而平点属于抛物点.

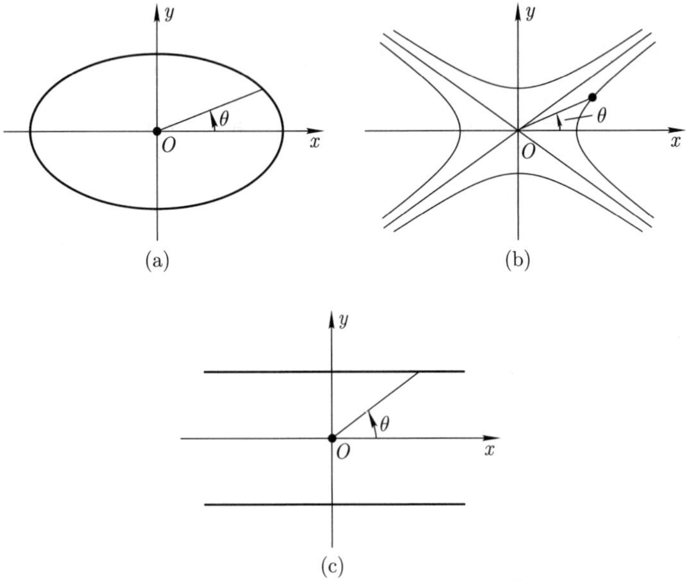

图 4.4 Dupin 标 形

点型、Dupin 标形和近似曲面

点型	Gauss 曲率	Dupin 标形	近似曲面	渐近方向
椭圆点	$K>0$	椭圆	椭圆抛物面	无
双曲点	$K<0$	两对共轭双曲线	双曲抛物面	两个
抛物点 (非平点)	$K=0$	一对平行直线	抛物柱面	一个
抛物点 (平点)	$K=0$	无	无	任意的切方向

现在我们来观察曲面在一点附近的大致形状. 设曲面 $S: \boldsymbol{r}=\boldsymbol{r}(u,v)$ 在点 p 的两个彼此正交的主方向单位向量是 $\boldsymbol{e}_1$, $\boldsymbol{e}_2$, 并且 $\boldsymbol{n}=\boldsymbol{e}_1\times\boldsymbol{e}_2$. 在 §4.3 已经知道, 在曲面 S 上总是可以取点 p 附近的参数系 (u,v) 使得在点 p 处有 $\boldsymbol{r}_u=\boldsymbol{e}_1$, $\boldsymbol{r}_v=\boldsymbol{e}_2$, 于是在点 p 处下式成立:

$$E=G=1,\quad F=M=0,\quad L=\kappa_1,\quad N=\kappa_2. \tag{5.9}$$

不妨设点 p 对应于参数值 $u=0$, $v=0$. 根据 Taylor 展开式, 我们有

$$\begin{aligned}\boldsymbol{r}(u,v)=\boldsymbol{r}(0)+\boldsymbol{r}_u(0)u+\boldsymbol{r}_v(0)v+\frac{1}{2}(\boldsymbol{r}_{uu}(0)u^2\\+2\boldsymbol{r}_{uv}(0)uv+\boldsymbol{r}_{vv}(0)v^2)+\boldsymbol{o}(u^2+v^2).\end{aligned} \tag{5.10}$$

将 $\boldsymbol{r}_{uu}(0),\boldsymbol{r}_{uv}(0),\boldsymbol{r}_{vv}(0)$ 分解出切分量和法分量, 并且注意到

$$\boldsymbol{r}_{uu}(0)\cdot\boldsymbol{n}=L=\kappa_1,\ \boldsymbol{r}_{uv}(0)\cdot\boldsymbol{n}=0,\ \boldsymbol{r}_{vv}(0)\cdot\boldsymbol{n}=N=\kappa_2, \tag{5.11}$$

于是 (5.10) 式可以写成

$$\begin{aligned}\boldsymbol{r}(u,v)=\boldsymbol{r}(0)+(u+o(\sqrt{u^2+v^2}))\boldsymbol{e}_1+(v+o(\sqrt{u^2+v^2}))\boldsymbol{e}_2\\+\frac{1}{2}(\kappa_1u^2+\kappa_2v^2+o(u^2+v^2))\boldsymbol{n}.\end{aligned} \tag{5.12}$$

如果把 $\{p;\boldsymbol{e}_1,\ \boldsymbol{e}_2,\ \boldsymbol{n}\}$ 取成空间 E^3 的直角坐标系, 那么曲面 S 的参数方程成为

$$\begin{gathered}x=u+o(\sqrt{u^2+v^2}),\quad y=v+o(\sqrt{u^2+v^2}),\\ z=\tfrac{1}{2}(\kappa_1u^2+\kappa_2v^2)+o(u^2+v^2),\end{gathered}$$

或者

$$z=\frac{1}{2}(\kappa_1x^2+\kappa_2y^2)+o(x^2+y^2). \tag{5.13}$$

把 (5.13) 式称为曲面 S 的参数方程在点 p 的**标准展开**. 当 κ_1, κ_2 不全为零时, (5.13) 式右端在 $u^2+v^2\to 0$ 时作为无穷小量的主要部分是

$$z=\frac{1}{2}(\kappa_1x^2+\kappa_2y^2). \tag{5.14}$$

这是一个二次曲面, 称为曲面 S 在点 p 的**近似曲面**, 记为 S^*. 容易验证, 曲面 S^* 和 S 在点 p 相切, 共同以 $\boldsymbol{e}_1$, $\boldsymbol{e}_2$ 为在点 p 的主方向, 以 κ_1, κ_2 为对应的主曲率, 因此曲面 S^* 和 S 在点 p 沿每一个切方向有相同的法曲率. 由此可见, 就曲面 S 在一点 p 的弯曲情形而言, 近似曲面 S^* 可以看作曲面 S 的模型. 若点 p 是椭圆点, κ_1, κ_2 同号, 则 (5.14) 式给出的是一个椭圆抛物面 (参看图 4.5(a)), 曲面 S 在点 p 的附近落在点 p 的切平面的一侧, 即曲面 S 在点 p 是凸的. 若点 p 是双曲点, κ_1, κ_2 异号, 则 (5.14) 式给出的是一个双曲抛物面 (参看图 4.5(b)), 曲面 S 在点 p 的附近必定落在点 p 的切平面的两侧, 而且它与切平面相

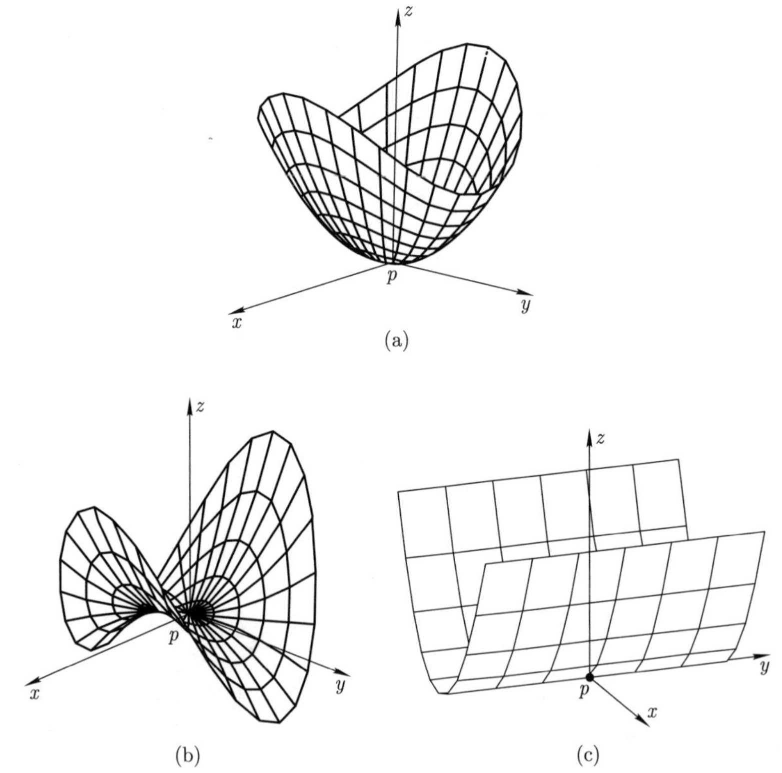

图 4.5 近 似 曲 面

交成两条曲线, 这两条曲线在点 p 的切方向是曲面在该点的渐近方向. 若点 p 是非平点的抛物点, 则 (5.14) 式给出的是一个抛物柱面 (参看图 4.5(c)).

观察 Dupin 标形的方程 (5.5) 和近似曲面 S^* 的方程 (5.14) 不难发现, 如果用平面 $z=\pm 1/2$ 去截近似曲面 S^*, 则得曲线

$$\kappa_1 x^2+\kappa_2 y^2=\pm 1, \quad z=\pm\frac{1}{2}. \tag{5.15}$$

将它投影到曲面 S 在点 p 的切平面 Π 上, 所得的正是曲面 S 在点 p 的 Dupin 标形.

例 设环面 S 的方程是

$$\boldsymbol{r}=((a+r\cos u)\cos v,(a+r\cos u)\sin v,r\sin u),$$

其中 r, a 是常数, 且 $0<r<a$. 考察环面 S 上各种类型点的分布 (参看图 4.6).

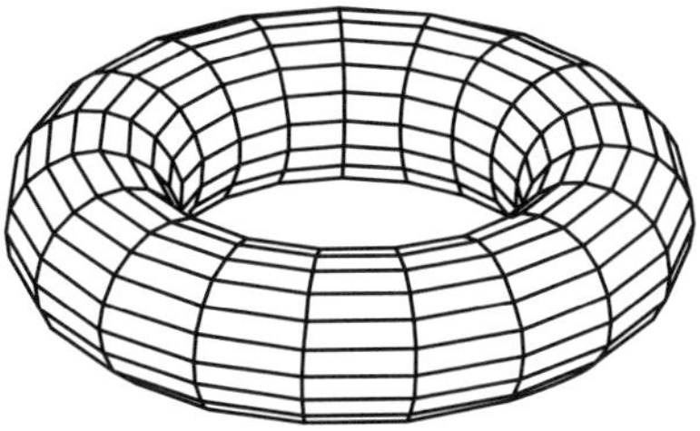

图 4.6 环 面

解 直接计算得到

$$\begin{aligned}
&E=r^2, \quad F=0, \quad G=(a+r\cos u)^2,\\
&L=r, \quad M=0, \quad N=\cos u(a+r\cos u),
\end{aligned}$$

故

$$K=\frac{LN-M^2}{EG-F^2}=\frac{\cos u}{r(a+r\cos u)}.$$

由此可见, K 的符号由 $\cos u$ 的符号来确定:

当 $u=\dfrac{\pi}{2}$ 或 $\dfrac{3\pi}{2}$ 时, $K=0$, 这些点是抛物点, 它们落在环面的最上面和最下面的两个平行圆上.

当 $\dfrac{\pi}{2}<u<\dfrac{3\pi}{2}$ 时, $K<0$, 这些点是双曲点, 它们分布在环面的内侧.

当 $0\leqslant u<\dfrac{\pi}{2}$ 或 $\dfrac{3\pi}{2}<u\leqslant 2\pi$ 时, $K>0$, 这些点是椭圆点, 它们分布在环面的外侧.

很明显, 曲面上的椭圆点和双曲点分别构成曲面的开子集, 它们的边界是由抛物点组成的.

如果曲面上的平点构成一个开集, 则它必定是平面的一部分. 在非平点的附近我们都能够用近似曲面去模拟原曲面在该点附近的大致形状. 然而当平点是孤立点, 或者平点沿曲线分布时, 曲面的形状是比较复杂的, 下面举两个例子:

(1) 猴鞍面: $z=x^3-3xy^2$, 原点是孤立的平点 (参看图 4.7(a)).

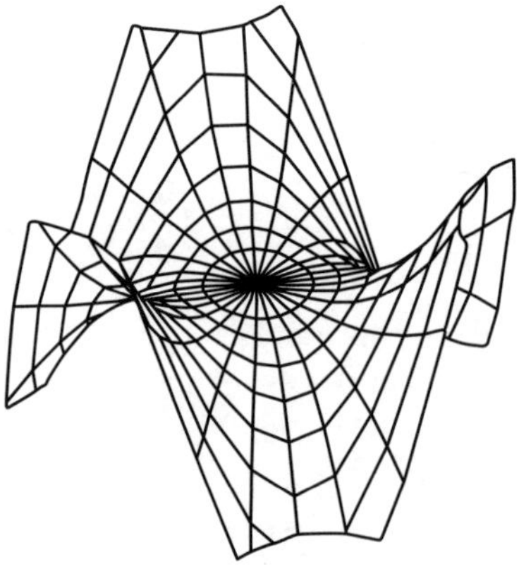

(a)

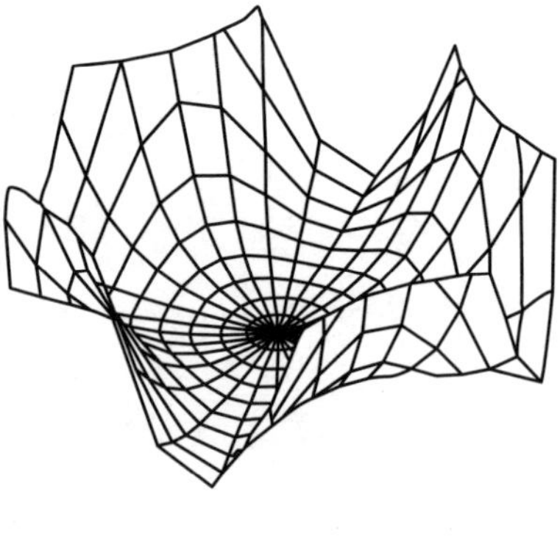

(b)

图 4.7　平点不构成开集的曲面

(2) $z=x^4y^4$, 曲面的平点落在 x 轴和 y 轴上 (参看图 4.7(b)).

一般地, 若将曲面的方程在平点作标准展开时, 即把该点作为坐标原点、并且把曲面在该点的两个彼此正交的主方向取作 x 轴和 y 轴时, z 必定是 x, y 的 3 次以上的函数, 但是在代数学中尚未给出这种函数的标准形式和分类, 因此难以刻画和归纳曲面在这种点的附近的大致形状.

习 题 4.5

1. 证明: 如果旋转曲面上的经线有切向量与旋转轴垂直, 则相应的切点是该曲面的抛物点.

2. 求曲面 $\boldsymbol{r}=(u^3, v^3, u+v)$ 上的抛物点的轨迹.

3. 研究习题 4.4 中第 5 题的管状曲面上各种类型点的分布情况.

4. 设 θ 是曲面 S 在双曲点 p 处的两个渐近方向的夹角, 证明:

(1) $\tan\theta=\dfrac{\sqrt{-K}}{H}$;

(2) $\cos\theta=\pm\dfrac{EN-2FM+GL}{\sqrt{(EN-GL)^2+4(EM-FL)(GM-FN)}}$,

其中 E, F, G, L, M, N 分别是曲面 S 在点 p 处的第一类基本量和第二类基本量.

5. 证明: 如果曲面 S 上的渐近曲线网的夹角是常数, 则曲面 S 的 Gauss 曲率 K 和平均曲率 H 的平方成比例.

6. 求下列曲面在原点处的近似曲面:

(1) $z=\exp(x^2+y^2)-1$;

(2) $z=\log\cos x-\log\cos y$;

(3) $z=(x+3y)^2$.

7. 求曲面 $\log z=-\dfrac{x^2+y^2}{2}$ 的 Gauss 曲率, 画出它的草图, 并且指出椭圆点和双曲点分布的区域.

8. 证明: 如果曲面 S 在点 p 有三个两两不共线的渐近方向, 则该点必定是曲面 S 的平点.

§4.6 某些特殊曲面

本节我们要讨论几种特殊曲面的例子, 这些特殊曲面包括 Gauss 曲率为常数的曲面和平均曲率为零的曲面. 在第六章 §6.4 中我们将要证明 Gauss 曲率为常数的曲面的第一基本形式有完全确定的表达式, 于是在任意两个有相同的常数 Gauss 曲率的曲面之间在局部上是能够建立保长对应的, 因此了解常数 Gauss 曲率的曲面的例子是重要的.

首先我们在旋转曲面中寻求有常数 Gauss 曲率的曲面的例子. 假定旋转曲面 S 的方程是

$$\boldsymbol{r} = (u\cos v, u\sin v, f(u)), \tag{6.1}$$

其中 $u > 0,\ 0 \leqslant v < 2\pi$, 并且假定它有常数 Gauss 曲率 K. 经直接计算得到曲面 S 的第一基本形式和第二基本形式分别是

$$\mathrm{I} = (1 + f'^2(u))(\mathrm{d}u)^2 + u^2(\mathrm{d}v)^2, \tag{6.2}$$

$$\mathrm{II} = \frac{f''(u)}{\sqrt{1+f'^2(u)}}(\mathrm{d}u)^2 + \frac{uf'(u)}{\sqrt{1+f'^2(u)}}(\mathrm{d}v)^2. \tag{6.3}$$

因此曲面 S 的 Gauss 曲率是

$$K = \frac{LN - M^2}{EG - F^2} = \frac{f'(u)f''(u)}{u(1+f'^2(u))^2}, \tag{6.4}$$

所以, 待定的函数 $f(u)$ 应该满足微分方程

$$f'(u)f''(u) = Ku(1 + f'^2(u))^2. \tag{6.5}$$

将上式积分一次得到

$$\frac{1}{1+f'^2(u)} = c - Ku^2, \tag{6.6}$$

其中 c 为任意常数. 再次积分得到

$$f(u) = \pm\int\sqrt{\frac{1-c+Ku^2}{c-Ku^2}}\mathrm{d}u. \tag{6.7}$$

如果 $K=0$, 则

$$f(u)=au+b, \quad a=\sqrt{\frac{1-c}{c}}, \quad 0<c<1. \tag{6.8}$$

此时, 旋转面 S 或者为平面 $(a=0)$, 或者为圆锥面 $(a\neq 0)$. 另一个 Gauss 曲率 $K=0$ 的旋转面是圆柱面, 其方程是

$$\boldsymbol{r}=(a\cos v, a\sin v, u),$$

不在 (6.1) 式所描述的曲面之列.

如果 K 是正数, 不妨设 $K=\dfrac{1}{a^2}(a>0)$, 则

$$f(u)=\pm\int\sqrt{\frac{a^2(1-c)+u^2}{ca^2-u^2}}\mathrm{d}u.$$

由此可见, c 必须取正值. 设 $c=b^2(b>0)$, 则上式成为

$$f(u)=\pm\int\sqrt{\frac{a^2(1-b^2)+u^2}{a^2b^2-u^2}}\mathrm{d}u. \tag{6.9}$$

取 $b^2=1$, 则得到

$$f(u)=\pm\int\frac{u}{\sqrt{a^2-u^2}}\mathrm{d}u=\mp\sqrt{a^2-u^2}+c_0. \tag{6.10}$$

它的图像是半径为 a 的圆周, 所以将它绕 z 轴旋转得到的是半径为 a 的球面. 若取 $b^2>1$, 或 $0<b^2<1$, 积分 (6.9) 式, 则得到非球面的正常曲率 $K=1/a^2$ 的旋转面, 这样的曲面可以看成是将球面去掉南、北极之后再往里压, 或者向外抻的结果. 按照第六章 §6.4 的讨论知道, 所有这样的曲面在局部上能够建立保长对应. 然而在大范围微分几何学中已经证明, Gauss 曲率为正的凸闭曲面有刚硬性, 即它们不可能与其他曲面有除了刚体运动以外的保长对应, 因此球面也是刚硬的. 但是在上面所说的变形中, 已经把球面的南、北极去掉了, 因而它不再是闭曲面了, 不具有刚硬性.

如果 K 是负数, 不妨设 $K=-\dfrac{1}{a^2}(a>0)$, 则

$$f(u)=\pm\int\sqrt{\frac{a^2(1-c)-u^2}{ca^2+u^2}}\mathrm{d}u.$$

由此可见, 必须有 $c<1$. 设 $c=1-b^2(b>0)$, 则上式成为

$$f(u)=\pm\int\sqrt{\frac{a^2b^2-u^2}{a^2(1-b^2)+u^2}}\mathrm{d}u. \tag{6.11}$$

取 $b^2=1$, 则得到

$$f(u)=\pm\int\frac{\sqrt{a^2-u^2}}{u}\mathrm{d}u. \tag{6.12}$$

作变量替换

$$u=a\cos\varphi,\quad 0\leqslant\varphi<\frac{\pi}{2},$$

则得

$$f=\mp\int a\cdot\frac{\sin^2\varphi}{\cos\varphi}\mathrm{d}\varphi=\pm a(\log(\sec\varphi+\tan\varphi)-\sin\varphi),\quad 0\leqslant\varphi<\frac{\pi}{2}.$$

在 Oyz 平面上, 由函数 $f(\varphi)$ 给出的曲线是

$$y=a\cos\varphi,\ z=\pm a(\log(\sec\varphi+\tan\varphi)-\sin\varphi),\quad 0\leqslant\varphi<\frac{\pi}{2}, \tag{6.13}$$

这是由两条曳物线构成的曲线, 在 $(y,z)=(a,0)$ 处有一个尖点, y 轴是它在尖点的切线, 并且 z 轴是它的渐近线. 把上半条曳物线绕 z 轴旋转一周所得到的曲面称为**伪球面**(参看图 4.8), 它的方程是

$$\begin{aligned}\boldsymbol{r}=&(a\cos\varphi\cos\theta,a\cos\varphi\sin\theta,a(\log(\sec\varphi+\tan\varphi)-\sin\varphi))\\&(0\leqslant\varphi<\pi/2,0\leqslant\theta<2\pi).\end{aligned} \tag{6.14}$$

伪球面是 Gauss 曲率为负常数的曲面的典型例子.

当 $0<b^2<1$ 或 $b^2>1$ 时, 积分 (6.11) 式便给出 Gauss 曲率为负常数的旋转曲面的其他例子.

平均曲率为零的曲面称为**极小曲面**. 极小曲面是微分几何研究的一个重要课题. 一百多年来, 关于以已知曲线为边界的极小曲面的存在性 (即 Plateau 问题), 以及大范围极小曲面的性质和极小曲面在高维的推广, 人们做了大量的研究工作, 并且取得了十分丰富的成果. 利用变分法可以证明, 如果在所有以给定的曲线 C 为边界的曲面中曲面 S

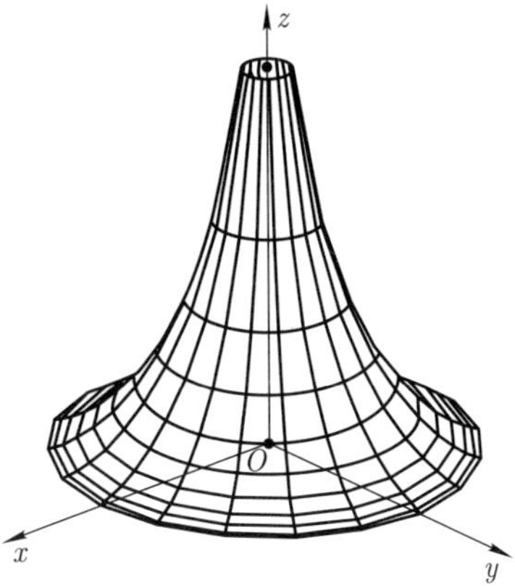

图 4.8 伪 球 面

的面积达到最小值, 则曲面 S 必定是极小曲面. 在这里, 我们要给出极小曲面的一些例子.

下面我们来求旋转极小曲面. 设曲面 S 的方程如 (6.1) 式给出, 根据 (6.2) 和 (6.3) 式, 曲面 S 的平均曲率是

$$\begin{aligned} H &= \frac{1}{2}\left(\frac{f''(u)}{(\sqrt{1+f'^2(u)})^3} + \frac{f'(u)}{u\sqrt{1+f'^2(u)}}\right) \\ &= \frac{uf''(u)+f'(u)(1+f'^2(u))}{2u(\sqrt{1+f'^2(u)})^3}. \end{aligned} \tag{6.15}$$

由此可见, 如果 S 是极小曲面, 则函数 $f(u)$ 必须满足微分方程

$$uf''(u)+f'(u)(1+f'^2(u))=0. \tag{6.16}$$

上式可以改写为

$$\frac{\mathrm{d}}{\mathrm{d}u}\left(\frac{uf'(u)}{\sqrt{1+f'^2(u)}}\right)=0,$$

因此得到它的第一积分

$$\frac{f'^2(u)}{1+f'^2(u)}=\frac{c}{u^2}, \tag{6.17}$$

这里的常数 c 必须是非负数. 如果 $c=0$, 则

$$f'(u)=0, \quad f(u)=\text{const}, \tag{6.18}$$

相应的曲面是平面. 假定 $c=a^2$, $a>0$, 则

$$\begin{aligned} f'(u) &= \pm\frac{a}{\sqrt{u^2-a^2}}, \\ f(u) &= \pm\int\frac{a\mathrm{d}u}{\sqrt{u^2-a^2}} = \pm a\log(u+\sqrt{u^2-a^2}). \end{aligned} \tag{6.19}$$

相应的极小曲面的方程是

$$\boldsymbol{r}=(u\cos v, u\sin v, \pm a\log(u+\sqrt{u^2-a^2})), \tag{6.20}$$

命

$$u=a\cosh\frac{r}{a}, \quad v=\theta, \tag{6.21}$$

则方程 (6.20) 成为

$$\boldsymbol{r}=\left(a\cosh\frac{r}{a}\cos\theta, a\cosh\frac{r}{a}\sin\theta, r\right). \tag{6.22}$$

函数 (6.19) 的图像是一条悬链线, 它绕轴旋转一周所得的曲面 (6.20) 称为**悬链面**, 是旋转曲面中的极小曲面 (参看图 4.9).

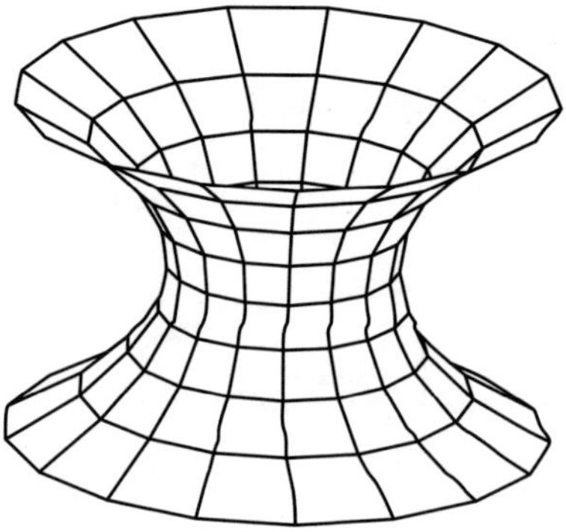

图 4.9 悬 链 面

根据定义, $2H = \kappa_1 + \kappa_2$, 所以在极小曲面上两个主曲率的绝对值相等, 符号相反, 因此 $K = \kappa_1\kappa_2 = -(\kappa_1)^2 \leqslant 0$. 这就是说, 在极小曲面上没有椭圆点, 只有平点或双曲点. 另外, 根据 Euler 公式, 极小曲面在双曲点的渐近方向是彼此正交的. 事实上, 若设渐近方向与 κ_1 所对应的主方向的夹角是 θ, 则 θ 满足方程

$$0 = \kappa_n(\theta) = \kappa_1(\cos^2\theta - \sin^2\theta) = \kappa_1 \cos 2\theta,$$

于是 $2\theta = \dfrac{\pi}{2}$, 这正好是两个渐近方向之间的夹角.

平均曲率为非零常数的曲面也是微分几何研究的重要课题. 球面和圆柱面就是这样的一类曲面. Hopf 曾经提出一个问题: 寻求平均曲率为非零常数的非球面闭曲面的例子. 这个问题吸引了许多几何学家的关注. 经过 50 多年的努力, 这个问题最后在 20 世纪 80 年代被解决了. 在 1986 年,Wente 成功地构造出 E^3 中平均曲率为非零常数的环面的例子, 但是它和它自己会相交. 在解决这个问题的过程中发展了很多数学方法, 推动了数学的发展.

习 题 4.6

1. 证明: $z = c \cdot \arctan \dfrac{y}{x}$ 是极小曲面, 并求它的主曲率.

2. (1) 证明:

$$z = \frac{1}{a}\log\frac{\cos ay}{\cos ax}$$

是极小曲面, 其中 a 是非零常数. 该曲面称为 Scherk 曲面;

(2) 证明: 形如 $z = f(x) + g(y)$ 的极小曲面必定是 Scherk 曲面.

3. (1) 证明:

$$\boldsymbol{r} = \big(3u(1+v^2) - u^3, 3v(1+u^2) - v^3, 3(u^2 - v^2)\big)$$

是极小曲面, 该曲面称为 Enneper 曲面;

(2) 证明: Enneper 曲面的曲率线必定是平面曲线. 求出曲率线所在的平面.

4. (1) 证明: 正螺旋面 $\boldsymbol{r} = (u\cos v, u\sin v, bv)$ 是极小曲面;

(2) 证明: 形如 $z = f\left(\dfrac{x}{y}\right)$ 的极小曲面必定是正螺旋面.

5. 证明: 如果从曲面 S 到单位球面 Σ 的 Gauss 映射是保角对应, 则该曲面 S 或者是球面, 或者是极小曲面.

6. 推导极小曲面 $z = f(x, y)$ 所满足的微分方程

$$(1 + f_y^2)f_{xx} - 2f_x f_y f_{xy} + (1 + f_x^2)f_{yy} = 0.$$

7. 将一个旋转曲面 S 沿它的旋转轴平移得到一个单参数曲面族.

(1) 求一个共轴的旋转曲面 S^*, 使得它与已知单参数曲面族中的每一个曲面都垂直相交;

(2) 假设旋转曲面 S 和 S^* 的 Gauss 曲率分别是 K 和 K^*. 证明: $K = -K^*$.

8. 求函数 $f(x)$, 使得曲面 $z = f(x) - f(y)$ 上的渐近曲线网构成正交曲线网.

第五章　曲面论基本定理

在前面两章, 我们已经定义了曲面的第一基本形式和第二基本形式, 并且根据这两个基本形式描述了曲面在一点附近的形状. 曲面的两个基本形式 I, II 与曲面上保持定向不变的参数变换是无关的, 与 E^3 中直角坐标变换也是无关的, 因而当曲面在空间 E^3 中作刚体运动时它的两个基本形式 I, II 是保持不变的. 总之, 基本形式 I, II 是曲面的两个不变式. 一个自然的问题是: 这两个基本形式是否足以确定曲面的形状? I, II 是否构成曲面的完全的不变量系统? 本章的目的是给出这些问题的肯定回答.

§5.1　自然标架的运动公式

在研究空间曲线时, 我们在曲线上曲率不为零的每一个点处附加了一个确定的 Frenet 标架, 那么 Frenet 标架沿曲线运动的状况便反映出曲线本身的弯曲情况. Frenet 标架可以通过曲线的参数方程的导数和适当的代数运算显式地表示出来, 从而 E^3 中一条曲线可以转化为 E^3 上所有的标架构成的空间中的一条曲线. 曲线论的基本定理和存在定理都是通过标架空间中的这个单参数标架族进行证明的, 因为只有这个单参数标架族在运动时给出的信息才完整地表达曲线的弯曲形状. 对于空间中的正则参数曲面 $\boldsymbol{r}=\boldsymbol{r}(u,v)$, 我们也需要以某种确定的方式在每一点附加一个标架, 这个标架就是自然标架 $\{\boldsymbol{r};\boldsymbol{r}_u,\boldsymbol{r}_v,\boldsymbol{n}\}$. 与曲线的情形不同的是, 自然标架和曲面的参数选择是有关系的, 而且一般来说自然标架不是正交标架, 更不是单位正交标架. 当然, 我们可以在曲面上取单位正交标架场, 如 $\{\boldsymbol{r};\boldsymbol{e}_1,\boldsymbol{e}_2,\boldsymbol{n}\}$, 其中 $\boldsymbol{e}_1,\boldsymbol{e}_2$ 是曲面在该点的彼此正交的主方向单位向量. 但是, 主方向本身并不能够像曲线的 Frenet 标架那样从曲面的参数方程 $\boldsymbol{r}=\boldsymbol{r}(u,v)$ 的偏导数直截了当地显式表示出来. 即使我们假定在曲面上取了正交曲率线网作为曲面的参数曲线网, 也只能做到 $\boldsymbol{r}_u // \boldsymbol{e}_1, \boldsymbol{r}_v // \boldsymbol{e}_2$, 而不是 $\boldsymbol{r}_u = \boldsymbol{e}_1, \boldsymbol{r}_v = \boldsymbol{e}_2$. 由此可见, 从自然标架场出发展开我们的理论比较方便. 后来 Cartan 发展了活动标架理论来研究微分几何学, 在曲面上可以取任意的标架场, 包括单位正交标架场, 此时要用 "微分" 替代 "偏导数", 因而相应地要用到外微分方法. 我们将在第七章介绍 Cartan 的活动标架和外微分法.

由于我们要做的是多元函数的偏导数, 会出现很多求和式, 因此把前面所用的由 Gauss 引进的记号系统改成所谓的张量记号系统是比较方便的. 首先, 把曲面的参数记成带上指标的量, 如 u^1, u^2, 代替原来的 u, v. 要注意的是, 在新的记号系统中, $\mathrm{d}u^2$ 是参数 u^2 的微分, 而不是微分 $\mathrm{d}u$ 的平方. 从上下文来看能够知道我们用的是哪一种记号系统, 因此是不会混淆的. 这样, 曲面 S 的参数方程记为

$$\boldsymbol{r} = \boldsymbol{r}(u^1, u^2), \tag{1.1}$$

并且命

$$\boldsymbol{r}_\alpha = \frac{\partial \boldsymbol{r}(u^1, u^2)}{\partial u^\alpha}, \quad \alpha = 1, 2 \tag{1.2}$$

(需要指出的是, 在第三章的 §3.5 我们曾经用过记号 $\boldsymbol{r}_1$ 和 $\boldsymbol{r}_2$, 那时它们是指两个不同的曲面; 从现在开始, 如果没有特别的声明, $\boldsymbol{r}_1$ 和 $\boldsymbol{r}_2$ 只表示上式所定义的两个切向量). 在本书, 希腊字母 $\alpha, \beta, \gamma, \delta, \xi, \eta$ 等作为指标时取值是 1 和 2. 于是, 曲面 S 的单位法向量是

$$\boldsymbol{n} = \frac{\boldsymbol{r}_1 \times \boldsymbol{r}_2}{|\boldsymbol{r}_1 \times \boldsymbol{r}_2|}. \tag{1.3}$$

这样, 参数方程 $\boldsymbol{r} = \boldsymbol{r}(u^1, u^2)$ 的微分是

$$\mathrm{d}\boldsymbol{r} = \mathrm{d}\boldsymbol{r}(u^1, u^2) = \sum_{\alpha=1}^{2} \boldsymbol{r}_\alpha(u^1, u^2)\mathrm{d}u^\alpha = \boldsymbol{r}_\alpha(u^1, u^2)\mathrm{d}u^\alpha. \tag{1.4}$$

在最后一式中, 我们采用了 Einstein 的**和式约定**, 即: 在一个单项式中, 如果同一个指标字母 α 出现两次, 一次作为上指标, 一次作为下指标,

则该单项式实际上代表对于 $\alpha=1,2$ 的求和式. 多对重复的指标字母表示多重的求和式, 例如

$$S_{\alpha\beta}T^{\alpha\beta\gamma}=\sum_{\alpha=1}^{2}\sum_{\beta=1}^{2}S_{\alpha\beta}T^{\alpha\beta\gamma},\quad P_\alpha^\alpha=\sum_{\alpha=1}^{2}P_\alpha^\alpha=P_1^1+P_2^2.$$

在求和式中, 求和指标的字母本身并没有实质性意义, 它们是所谓的"哑"指标, 也可以用别的字母来代替, 例如

$$S_{\alpha\beta}T^{\alpha\beta\gamma}=S_{\xi\eta}T^{\xi\eta\gamma},$$

但是这里的指标 γ 不是哑指标, 不表示求和, 左、右两边应该保持一致. 另外, 在一个求和式中同一个指标字母出现三次以上是没有意义的, 例如表达式 $S_\alpha T^{\alpha\alpha}$ 的写法是不适当的, 如果要表示这样的和式必须写出和号, 例如

$$\sum_{\alpha=1}^{2}S_\alpha T^{\alpha\alpha}=S_1T^{11}+S_2T^{22},$$

不能用 Einstein 的和式约定. 在表示多重和式时, Einstein 的和式约定起到十分重要的简化作用.

我们用 $g_{\alpha\beta}$ 和 $b_{\alpha\beta}$ 分别表示曲面 S 的第一类基本量和第二类基本量, 即

$$\begin{aligned}&g_{\alpha\beta}=\boldsymbol{r}_\alpha\cdot\boldsymbol{r}_\beta,\\&b_{\alpha\beta}=\boldsymbol{r}_{\alpha\beta}\cdot\boldsymbol{n}=-\boldsymbol{r}_\alpha\cdot\boldsymbol{n}_\beta=-\boldsymbol{r}_\beta\cdot\boldsymbol{n}_\alpha,\end{aligned}\tag{1.5}$$

其中

$$\boldsymbol{r}_{\alpha\beta}=\frac{\partial}{\partial u^\beta}\left(\frac{\partial\boldsymbol{r}(u^1,u^2)}{\partial u^\alpha}\right).$$

这样, 曲面 S 的两个基本形式是

$$\mathrm{I}=g_{\alpha\beta}\mathrm{d}u^\alpha\mathrm{d}u^\beta,\quad \mathrm{II}=b_{\alpha\beta}\mathrm{d}u^\alpha\mathrm{d}u^\beta.\tag{1.6}$$

另外, 记

$$g = \det(g_{\alpha\beta}) = g_{11}g_{22} - (g_{12})^2, \tag{1.7}$$

$$b = \det(b_{\alpha\beta}) = b_{11}b_{22} - (b_{12})^2. \tag{1.8}$$

既然矩阵 $(g_{\alpha\beta})$ 是正定的, 故它有逆矩阵, 记为 $(g^{\alpha\beta})$, 于是

$$g^{\alpha\beta}g_{\beta\gamma} = \delta^\alpha_\gamma = \begin{cases} 1, & \alpha = \gamma, \\ 0, & \alpha \neq \gamma. \end{cases} \tag{1.9}$$

实际上, 根据 2×2 可逆矩阵的逆矩阵的公式, 显然有

$$\begin{pmatrix} g^{11} & g^{12} \\ g^{21} & g^{22} \end{pmatrix} = \frac{1}{g}\begin{pmatrix} g_{22} & -g_{12} \\ -g_{21} & g_{11} \end{pmatrix}. \tag{1.10}$$

总起来说, Gauss 的记号和张量记号对照如下表:

Gauss 记号	u	v	$\boldsymbol{r}_u$	$\boldsymbol{r}_v$	E	F	G	L	M	N
张量记号	u^1	u^2	$\boldsymbol{r}_1$	$\boldsymbol{r}_2$	g_{11}	g_{12}	g_{22}	b_{11}	b_{12}	b_{22}

采用张量记号, 正则参数曲面 S 上的自然标架成为 $\{\boldsymbol{r}; \boldsymbol{r}_1, \boldsymbol{r}_2, \boldsymbol{n}\}$. 下面要求自然标架场的运动公式. 首先根据定义, 标架原点的偏导数是

$$\frac{\partial \boldsymbol{r}}{\partial u^\alpha} = \boldsymbol{r}_\alpha. \tag{1.11}$$

另外, 既然 $\boldsymbol{r}_1, \boldsymbol{r}_2, \boldsymbol{n}$ 是线性无关的, 而 $\dfrac{\partial \boldsymbol{r}_\alpha}{\partial u^\beta}, \dfrac{\partial \boldsymbol{n}}{\partial u^\beta}$ 仍然是空间 E^3 中的向量, 因此不妨假定

$$\begin{cases} \dfrac{\partial \boldsymbol{r}_\alpha}{\partial u^\beta} = \Gamma^\gamma_{\alpha\beta}\boldsymbol{r}_\gamma + C_{\alpha\beta}\boldsymbol{n}, \\ \dfrac{\partial \boldsymbol{n}}{\partial u^\beta} = D^\gamma_\beta \boldsymbol{r}_\gamma + D_\beta \boldsymbol{n}, \end{cases} \tag{1.12}$$

其中 $\Gamma^\gamma_{\alpha\beta}, C_{\alpha\beta}, D^\gamma_\beta, D_\beta$ 都是待定的系数函数.

将 (1.12) 式的第一式的两边用法向量 $\boldsymbol{n}$ 作内积, 得到

$$C_{\alpha\beta} = \frac{\partial \boldsymbol{r}_\alpha}{\partial u^\beta} \cdot \boldsymbol{n} = \boldsymbol{r}_{\alpha\beta} \cdot \boldsymbol{n} = b_{\alpha\beta}, \tag{1.13}$$

即系数 $C_{\alpha\beta}$ 恰好是曲面 S 的第二类基本量 $b_{\alpha\beta}$. 将 (1.12) 式的第二式的两边用切向量 $\boldsymbol{r}_\xi$ 作内积, 得到

$$\frac{\partial \boldsymbol{n}}{\partial u^\beta}\cdot\boldsymbol{r}_\xi = D_\beta^\gamma\boldsymbol{r}_\gamma\cdot\boldsymbol{r}_\xi = D_\beta^\gamma g_{\gamma\xi},$$

因此

$$D_\beta^\gamma g_{\gamma\xi} = -b_{\beta\xi}, \qquad D_\beta^\gamma = -b_{\beta\xi}g^{\xi\gamma}. \tag{1.14}$$

命

$$b_\beta^\gamma = b_{\beta\xi}g^{\xi\gamma}, \tag{1.15}$$

把 b_β^γ 看成是将 $b_{\beta\gamma}$ 的指标 γ 借助于矩阵 $(g^{\alpha\beta})$ 上升的结果. 这个过程是可逆的, 即

$$b_\beta^\gamma\cdot g_{\gamma\eta} = b_{\beta\xi}g^{\xi\gamma}g_{\gamma\eta} = b_{\beta\xi}\delta_\eta^\xi = b_{\beta\eta}, \tag{1.16}$$

这就是说 $b_{\beta\eta}$ 是将 b_β^η 的上指标 η 借助于矩阵 $(g_{\alpha\beta})$ 下降的结果. 这样, (b_α^β) 这组量和第二类基本量 $(b_{\alpha\beta})$ 是彼此决定的, 并且系数 D_β^γ 是

$$D_\beta^\gamma = -b_\beta^\gamma. \tag{1.17}$$

另外, 由于 $\boldsymbol{n}$ 是单位向量场, 故从 (1.12) 式的第二式得到 $D_\beta = 0$.

综上所述, (1.12) 式成为

$$\begin{cases} \dfrac{\partial \boldsymbol{r}_\alpha}{\partial u^\beta} = \Gamma_{\alpha\beta}^\gamma\boldsymbol{r}_\gamma + b_{\alpha\beta}\boldsymbol{n}, \\ \dfrac{\partial \boldsymbol{n}}{\partial u^\beta} = -b_\beta^\gamma\boldsymbol{r}_\gamma. \end{cases} \tag{1.18}$$

现在我们来求系数函数 $\Gamma_{\alpha\beta}^\gamma$.

在 (1.18) 式的第一式两边点乘 $\boldsymbol{r}_\xi$, 则得

$$\boldsymbol{r}_{\alpha\beta}\cdot\boldsymbol{r}_\xi = \Gamma_{\alpha\beta}^\gamma\boldsymbol{r}_\gamma\cdot\boldsymbol{r}_\xi = \Gamma_{\alpha\beta}^\gamma g_{\gamma\xi}. \tag{1.19}$$

记

$$\Gamma_{\alpha\beta}^\gamma g_{\gamma\xi} = \Gamma_{\xi\alpha\beta}, \tag{1.20}$$

则我们有

$$\Gamma_{\alpha\beta}^\gamma = g^{\gamma\xi}\Gamma_{\xi\alpha\beta}. \tag{1.21}$$

这就是说, 记号 $\Gamma^\gamma_{\alpha\beta}$ 的上指标 γ 可以借助于第一类基本量的矩阵 $(g_{\alpha\beta})$ (以后常常称它为曲面的度量矩阵) 及其逆矩阵 $(g^{\alpha\beta})$ 下降和上升. 在这里我们规定, 当记号 $\Gamma^\gamma_{\alpha\beta}$ 的上指标 γ 下降时落在下指标的最左边, 成为 $\Gamma_{\gamma\alpha\beta}$. 这样, (1.19) 式记成

$$\boldsymbol{r}_{\alpha\beta}\cdot\boldsymbol{r}_\xi=\Gamma_{\xi\alpha\beta}. \tag{1.22}$$

注意到

$$\boldsymbol{r}_{\alpha\beta}=\frac{\partial}{\partial u^\beta}\left(\frac{\partial \boldsymbol{r}(u^1,u^2)}{\partial u^\alpha}\right)=\frac{\partial}{\partial u^\alpha}\left(\frac{\partial \boldsymbol{r}(u^1,u^2)}{\partial u^\beta}\right)=\boldsymbol{r}_{\beta\alpha},$$

即函数 $\boldsymbol{r}(u^1,u^2)$ 的两次偏导数与求导的次序无关, 因此 $\boldsymbol{r}_{\alpha\beta}$ 关于下指标 α,β 是对称的, 于是记号 $\Gamma^\gamma_{\alpha\beta}$ 和 $\Gamma_{\xi\alpha\beta}$ 关于下指标 α,β 是对称的, 即

$$\Gamma^\gamma_{\alpha\beta}=\Gamma^\gamma_{\beta\alpha},\qquad \Gamma_{\xi\alpha\beta}=\Gamma_{\xi\beta\alpha}.$$

对 $g_{\alpha\beta}=\boldsymbol{r}_\alpha\cdot\boldsymbol{r}_\beta$ 求偏导数得到

$$\frac{\partial g_{\alpha\beta}}{\partial u^\gamma}=\boldsymbol{r}_{\alpha\gamma}\cdot\boldsymbol{r}_\beta+\boldsymbol{r}_\alpha\cdot\boldsymbol{r}_{\beta\gamma},$$

用 (1.22) 式代入得到

$$\frac{\partial g_{\alpha\beta}}{\partial u^\gamma}=\Gamma_{\beta\alpha\gamma}+\Gamma_{\alpha\beta\gamma}. \tag{1.23}$$

将下指标进行调换得到

$$\frac{\partial g_{\alpha\gamma}}{\partial u^\beta}=\Gamma_{\gamma\alpha\beta}+\Gamma_{\alpha\gamma\beta},\quad \frac{\partial g_{\gamma\beta}}{\partial u^\alpha}=\Gamma_{\beta\gamma\alpha}+\Gamma_{\gamma\beta\alpha}.$$

把上面两式相加, 再减去 (1.23) 式, 并且利用 $\Gamma_{\gamma\alpha\beta}$ 关于后两个下指标的对称性, 则得

$$2\Gamma_{\gamma\alpha\beta}=\frac{\partial g_{\alpha\gamma}}{\partial u^\beta}+\frac{\partial g_{\gamma\beta}}{\partial u^\alpha}-\frac{\partial g_{\alpha\beta}}{\partial u^\gamma},$$

或者

$$\Gamma_{\gamma\alpha\beta}=\frac{1}{2}\left(\frac{\partial g_{\alpha\gamma}}{\partial u^\beta}+\frac{\partial g_{\gamma\beta}}{\partial u^\alpha}-\frac{\partial g_{\alpha\beta}}{\partial u^\gamma}\right), \tag{1.24}$$

因此

$$\Gamma^\gamma_{\alpha\beta} = \frac{1}{2} g^{\gamma\xi}\left(\frac{\partial g_{\alpha\xi}}{\partial u^\beta} + \frac{\partial g_{\xi\beta}}{\partial u^\alpha} - \frac{\partial g_{\alpha\beta}}{\partial u^\xi}\right). \tag{1.25}$$

由此可见, (1.18) 式的系数函数 $\Gamma^\gamma_{\alpha\beta}$ 是由曲面 S 的第一类基本量及其一阶偏导数决定的.

通常把 (1.25) 式所定义的 $\Gamma^\gamma_{\alpha\beta}$ 称为由曲面 S 的度量矩阵 $(g_{\alpha\beta})$ 决定的 **Christoffel 记号**.

我们将 (1.11) 和 (1.18) 式合起来构成为曲面 S 上自然标架场 $\{\boldsymbol{r};\boldsymbol{r}_1,\boldsymbol{r}_2,\boldsymbol{n}\}$ 的**运动公式**. 通常把 (1.18) 的第一式称为曲面的 **Gauss 公式**, 把 (1.18) 的第二式称为曲面的 **Weingarten 公式**. 易知道, (1.18) 的第二式正是 Weingarten 映射 W 的表达式 (参看第四章的 (4.22) 式), 这就是说, (b^γ_β) 是 Weingarten 映射 W 在自然基底 $\{\boldsymbol{r}_1,\boldsymbol{r}_2\}$ 下的矩阵.

从上面的公式可以看出, 曲面 S 上自然标架场 $\{\boldsymbol{r};\boldsymbol{r}_1,\boldsymbol{r}_2,\boldsymbol{n}\}$ 沿参数曲线的运动公式是由曲面 S 的第一类基本量和第二类基本量完全确定的. 要记住, $\Gamma^\gamma_{\alpha\beta}$ 的几何意义是向量 $\boldsymbol{r}_{\alpha\beta}$ 用自然标架分解时在切向量 $\boldsymbol{r}_\gamma$ 上的分量, 而 $\Gamma_{\gamma\alpha\beta}$ 的几何意义是向量 $\boldsymbol{r}_{\alpha\beta}$ 在切向量 $\boldsymbol{r}_\gamma$ 上的正交投影. 因此, 在求 $\Gamma^\gamma_{\alpha\beta}$ 时, 我们既可以根据曲面的度量矩阵按照 (1.25) 式进行计算, 也可以根据曲面的参数方程依据它的几何意义进行计算.

恢复用 Gauss 曲面论的记法, 则 Christoffell 记号是

$$\begin{aligned}
&\Gamma_{111} = \frac{1}{2}\frac{\partial E}{\partial u}, && \Gamma_{112} = \Gamma_{121} = \frac{1}{2}\frac{\partial E}{\partial v},\\
&\Gamma_{122} = \frac{\partial F}{\partial v} - \frac{1}{2}\frac{\partial G}{\partial u}, && \Gamma_{211} = \frac{\partial F}{\partial u} - \frac{1}{2}\frac{\partial E}{\partial v},\\
&\Gamma_{212} = \Gamma_{221} = \frac{1}{2}\frac{\partial G}{\partial u}, && \Gamma_{222} = \frac{1}{2}\frac{\partial G}{\partial v},
\end{aligned} \tag{1.26}$$

以及

$$\Gamma^1_{11} = \frac{1}{EG-F^2}\left(\frac{G}{2}\frac{\partial E}{\partial u} + \frac{F}{2}\frac{\partial E}{\partial v} - F\frac{\partial F}{\partial u}\right),$$

$$
\begin{aligned}
\Gamma_{12}^1=\Gamma_{21}^1&=\frac{1}{EG-F^2}\left(\frac{G}{2}\frac{\partial E}{\partial v}-\frac{F}{2}\frac{\partial G}{\partial u}\right),\\
\Gamma_{22}^1&=\frac{1}{EG-F^2}\left(G\frac{\partial F}{\partial v}-\frac{G}{2}\frac{\partial G}{\partial u}-\frac{F}{2}\frac{\partial G}{\partial v}\right),\\
\Gamma_{11}^2&=\frac{1}{EG-F^2}\left(-\frac{F}{2}\frac{\partial E}{\partial u}-\frac{E}{2}\frac{\partial E}{\partial v}+E\frac{\partial F}{\partial u}\right),\\
\Gamma_{12}^2=\Gamma_{21}^2&=\frac{1}{EG-F^2}\left(-\frac{F}{2}\frac{\partial E}{\partial v}+\frac{E}{2}\frac{\partial G}{\partial u}\right),\\
\Gamma_{22}^2&=\frac{1}{EG-F^2}\left(-F\frac{\partial F}{\partial v}+\frac{F}{2}\frac{\partial G}{\partial u}+\frac{E}{2}\frac{\partial G}{\partial v}\right).
\end{aligned}
\tag{1.27}
$$

如果在曲面上取正交参数曲线网, 则 $F\equiv 0$, 上面的公式便简化成为

$$
\begin{aligned}
\Gamma_{11}^1&=\frac{1}{2}\frac{\partial\log E}{\partial u}, & \Gamma_{12}^1=\Gamma_{21}^1&=\frac{1}{2}\frac{\partial\log E}{\partial v},\\
\Gamma_{22}^1&=-\frac{1}{2E}\frac{\partial G}{\partial u}, & \Gamma_{11}^2&=-\frac{1}{2G}\frac{\partial E}{\partial v},\\
\Gamma_{12}^2=\Gamma_{21}^2&=\frac{1}{2}\frac{\partial\log G}{\partial u}, & \Gamma_{22}^2&=\frac{1}{2}\frac{\partial\log G}{\partial v}.
\end{aligned}
\tag{1.28}
$$

通常, 求曲面的 Christoffel 记号是用曲面的第一类基本量, 套用上面的公式进行计算. 但是, 如果知道曲面的参数方程, 则可以借助于 Christoffel 的几何意义直接来求. 下面的例题采用的就是后面那种方法.

例 求曲面 $z=f(x,y)$ 的 Christoffel 记号.

解 因为已经知道曲面的方程, 所以可以从曲面的方程本身出发求它的 Christoffel 记号, 不需要借助 Christoffel 记号用第一类基本量及其导数表示的表达式. 曲面的参数方程是

$$
\boldsymbol{r}=(x,y,f(x,y)),
$$

因此这里的 x,y 分别对应于 u^1,u^2, 于是 Γ_{11}^1 就是 $\boldsymbol{r}_{11}$ 在 $\boldsymbol{r}_1$ 上的分量,

Γ_{11}^2 就是 $\boldsymbol{r}_{11}$ 在 $\boldsymbol{r}_2$ 上的分量, 如此等等. 显然

$$\boldsymbol{r}_x=(1,0,f_x),\quad \boldsymbol{r}_y=(0,1,f_y),$$
$$\boldsymbol{r}_{xx}=(0,0,f_{xx}),\quad \boldsymbol{r}_{xy}=(0,0,f_{xy}),\quad \boldsymbol{r}_{yy}=(0,0,f_{yy}).$$

因此

$$g_{11}=1+f_x^2,\quad g_{12}=f_xf_y,\quad g_{22}=1+f_y^2,$$
$$g=g_{11}g_{22}-(g_{12})^2=1+f_x^2+f_y^2,$$

相应的逆矩阵元素是

$$g^{11}=\frac{1+f_y^2}{1+f_x^2+f_y^2},\quad g^{12}=-\frac{f_xf_y}{1+f_x^2+f_y^2},\quad g^{22}=\frac{1+f_x^2}{1+f_x^2+f_y^2}.$$

求内积得到

$$\begin{aligned}
\Gamma_{111}&=\boldsymbol{r}_{11}\cdot\boldsymbol{r}_1=f_xf_{xx},\quad \Gamma_{112}=\Gamma_{121}=\boldsymbol{r}_{12}\cdot\boldsymbol{r}_1=f_xf_{xy},\\
\Gamma_{122}&=\boldsymbol{r}_{22}\cdot\boldsymbol{r}_1=f_xf_{yy},\quad \Gamma_{211}=\boldsymbol{r}_{11}\cdot\boldsymbol{r}_2=f_yf_{xx},\\
\Gamma_{222}&=\boldsymbol{r}_{22}\cdot\boldsymbol{r}_2=f_yf_{yy},\quad \Gamma_{212}=\Gamma_{221}=\boldsymbol{r}_{12}\cdot\boldsymbol{r}_2=f_yf_{xy},
\end{aligned}$$

因此

$$\begin{aligned}
\Gamma_{11}^1&=g^{11}\Gamma_{111}+g^{12}\Gamma_{211}=\frac{f_xf_{xx}}{1+f_x^2+f_y^2},\\
\Gamma_{12}^1=\Gamma_{21}^1&=g^{11}\Gamma_{112}+g^{12}\Gamma_{212}=\frac{f_xf_{xy}}{1+f_x^2+f_y^2},\\
\Gamma_{22}^1&=g^{11}\Gamma_{122}+g^{12}\Gamma_{222}=\frac{f_xf_{yy}}{1+f_x^2+f_y^2},\\
\Gamma_{11}^2&=g^{21}\Gamma_{111}+g^{22}\Gamma_{211}=\frac{f_yf_{xx}}{1+f_x^2+f_y^2},\\
\Gamma_{12}^2=\Gamma_{21}^2&=g^{21}\Gamma_{112}+g^{22}\Gamma_{212}=\frac{f_yf_{xy}}{1+f_x^2+f_y^2},\\
\Gamma_{22}^2&=g^{21}\Gamma_{122}+g^{22}\Gamma_{222}=\frac{f_yf_{yy}}{1+f_x^2+f_y^2}.
\end{aligned}$$

习 题 5.1

1. 设容许的参数变换是 $u^\alpha = u^\alpha(v^1, v^2)$, 命 $a^\alpha_\beta = \dfrac{\partial u^\alpha}{\partial v^\beta}$, 假定 $\det(a^\alpha_\beta) > 0$. 用 $g_{\alpha\beta}, b_{\alpha\beta}$ 分别表示曲面 S 在参数系 (u^1, u^2) 下的第一类基本量和第二类基本量, 用 $\tilde{g}_{\alpha\beta}, \tilde{b}_{\alpha\beta}$ 分别表示曲面在参数系 (v^1, v^2) 下的第一类基本量和第二类基本量. 证明:

$$\tilde{g}_{\alpha\beta} = g_{\gamma\delta} a^\gamma_\alpha a^\delta_\beta, \quad \tilde{b}_{\alpha\beta} = b_{\gamma\delta} a^\gamma_\alpha a^\delta_\beta.$$

2. 用 $(g^{\alpha\beta})$ 表示 $(g_{\alpha\beta})$ 的逆矩阵, 用 $(\tilde{g}^{\alpha\beta})$ 表示 $(\tilde{g}_{\alpha\beta})$ 的逆矩阵, 证明: 在上题的参数变换下有

$$g^{\alpha\beta} = \tilde{g}^{\gamma\delta} a^\alpha_\gamma a^\beta_\delta.$$

3. 如果用 $\Gamma^\gamma_{\alpha\beta}$ 表示关于 $g_{\alpha\beta}$ 的 Christoffel 记号, 用 $\tilde{\Gamma}^\gamma_{\alpha\beta}$ 表示关于 $\tilde{g}_{\alpha\beta}$ 的 Christoffel 记号, 证明: 在第 1 题的参数变换下有

$$\tilde{\Gamma}^\gamma_{\alpha\beta} = \Gamma^\nu_{\lambda\mu} a^\lambda_\alpha a^\mu_\beta A^\gamma_\nu + \frac{\partial a^\nu_\alpha}{\partial v^\beta} A^\gamma_\nu,$$

其中 (A^γ_ν) 是 (a^λ_α) 的逆矩阵, 即 $A^\alpha_\beta = \dfrac{\partial v^\alpha}{\partial u^\beta}$.

4. 验证: 曲面 S 的平均曲率 H 可以表示成

$$H = \frac{1}{2} b_{\alpha\beta} g^{\alpha\beta},$$

并且证明 H 在第 1 题的参数变换下是不变的.

5. 证明下列恒等式:

(1) $g^{\alpha\delta}\Gamma^\beta_{\delta\gamma} + g^{\beta\delta}\Gamma^\alpha_{\delta\gamma} = -\dfrac{\partial g^{\alpha\beta}}{\partial u^\gamma}$;

(2) $\dfrac{\partial g_{\gamma\beta}}{\partial u^\alpha} - \dfrac{\partial g_{\alpha\gamma}}{\partial u^\beta} = g_{\beta\lambda}\Gamma^\lambda_{\gamma\alpha} - g_{\alpha\lambda}\Gamma^\lambda_{\gamma\beta}$;

(3) $\Gamma^\beta_{\alpha\beta} = \dfrac{1}{2}\dfrac{\partial \log g}{\partial u^\alpha}$, 其中 $g = g_{11}g_{22} - (g_{12})^2$.

§5.2 曲面的唯一性定理

利用上一节所介绍的曲面上的自然标架场的运动公式, 可以直接地证明, 曲面在不计空间位置的情况下是由它的第一基本形式和第二基本形式唯一地确定的.

定理 2.1 设 S_1, S_2 是定义在同一个参数区域 $D \subset E^2$ 上的两个正则参数曲面. 若在每一点 $(u^1, u^2) \in D$, 曲面 S_1 和 S_2 都有相同的第一基本形式和第二基本形式, 则曲面 S_1 和 S_2 在空间 E^3 的一个刚体运动下是彼此重合的.

证明 因为在 S_1, S_2 上采用了同一组参数, 因此在每一点 $u = (u^1, u^2) \in D$ 处曲面 S_1 和 S_2 都有相同的第一基本形式和第二基本形式的意思是, 它们在每一点都有相同的第一类基本量和第二类基本量.

假定曲面 S_i 的自然标架场是 $\{\boldsymbol{r}^{(i)}; \boldsymbol{r}_1^{(i)}, \boldsymbol{r}_2^{(i)}, \boldsymbol{n}^{(i)}\}, i = 1, 2$, 任意地取定一点 $u_0 = (u_0^1, u_0^2) \in D$, 则由假定得知

$$\begin{aligned}
&\boldsymbol{r}_\alpha^{(1)}(u_0) \cdot \boldsymbol{r}_\beta^{(1)}(u_0) = \boldsymbol{r}_\alpha^{(2)}(u_0) \cdot \boldsymbol{r}_\beta^{(2)}(u_0) = g_{\alpha\beta}(u_0), \\
&\boldsymbol{r}_\alpha^{(1)}(u_0) \cdot \boldsymbol{n}^{(1)}(u_0) = \boldsymbol{r}_\alpha^{(2)}(u_0) \cdot \boldsymbol{n}^{(2)}(u_0) = 0, \\
&\boldsymbol{n}^{(1)}(u_0) \cdot \boldsymbol{n}^{(1)}(u_0) = \boldsymbol{n}^{(2)}(u_0) \cdot \boldsymbol{n}^{(2)}(u_0) = 1,
\end{aligned} \tag{2.1}$$

并且 $\{\boldsymbol{r}^{(i)}(u_0); \boldsymbol{r}_1^{(i)}(u_0), \boldsymbol{r}_2^{(i)}(u_0), \boldsymbol{n}^{(i)}(u_0)\}, i = 1, 2$, 都是右手系. 这就是说, 这两个标架具有相同的度量系数和定向, 因而在空间 E^3 中存在一个刚体运动 σ, 把标架 $\{\boldsymbol{r}^{(2)}(u_0); \boldsymbol{r}_1^{(2)}(u_0), \boldsymbol{r}_2^{(2)}(u_0), \boldsymbol{n}^{(2)}(u_0)\}$ 变为标架 $\{\boldsymbol{r}^{(1)}(u_0); \boldsymbol{r}_1^{(1)}(u_0), \boldsymbol{r}_2^{(1)}(u_0), \boldsymbol{n}^{(1)}(u_0)\}$ (参看 §1.1 的定理 1.1). 用 $\sigma(S_2)$ 表示曲面 S_2 在刚体运动 σ 的作用下得到的新曲面, 那么这个新的曲面与曲面 S_1 在点 u_0 处有相同的自然标架, 并且由于曲面的第一类基本量和第二类基本量在曲面作刚体运动时是保持不变的, 所以新的曲面 $\sigma(S_2)$ 与曲面 S_1 在所有对应于同一个参数值的点, 仍旧有相同的第一类基本量和第二类基本量, 由此可见, 它们的自然标架场适合同一组偏微分方程 (1.11) 和 (1.18). 不妨把新的曲面 $\sigma(S_2)$ 仍然记为 S_2, 则曲面 S_2 和 S_1 在点 u_0 有相同的自然标架, 而且处处有相同的第一类基本量和第二类基本量. 我们要想证明的是, 曲面 S_2 和 S_1 的自然标

架场处处是重合的, 因而曲面 S_2 和 S_1 是重合的.

为此, 命

$$\begin{aligned} f_{\alpha\beta}(u) &= (\boldsymbol{r}_\alpha^{(1)} - \boldsymbol{r}_\alpha^{(2)}) \cdot (\boldsymbol{r}_\beta^{(1)} - \boldsymbol{r}_\beta^{(2)}), \\ f_\alpha(u) &= (\boldsymbol{r}_\alpha^{(1)} - \boldsymbol{r}_\alpha^{(2)}) \cdot (\boldsymbol{n}^{(1)} - \boldsymbol{n}^{(2)}), \\ f(u) &= (\boldsymbol{n}^{(1)} - \boldsymbol{n}^{(2)})^2. \end{aligned} \tag{2.2}$$

由于曲面 S_2 和 S_1 在点 u_0 有相同的自然标架, 所以 (2.2) 式定义的函数在点 $u = u_0$ 处必定满足条件

$$f_{\alpha\beta}(u_0) = 0, \quad f_\alpha(u_0) = 0, \quad f(u_0) = 0. \tag{2.3}$$

另外, 根据自然标架的运动公式 (1.18), 经过直接计算得到函数 $f_{\alpha\beta}$, f_α, f 满足下列一阶线性齐次偏微分方程组

$$\begin{cases} \dfrac{\partial f_{\alpha\beta}}{\partial u^\gamma} = \Gamma_{\gamma\alpha}^\delta f_{\delta\beta} + \Gamma_{\gamma\beta}^\delta f_{\delta\alpha} + b_{\gamma\alpha} f_\beta + b_{\gamma\beta} f_\alpha, \\ \dfrac{\partial f_\alpha}{\partial u^\gamma} = -b_\gamma^\delta f_{\delta\alpha} + \Gamma_{\gamma\alpha}^\delta f_\delta + b_{\gamma\alpha} f, \\ \dfrac{\partial f}{\partial u^\gamma} = -2b_\gamma^\delta f_\delta. \end{cases} \tag{2.4}$$

很明显, 一阶线性齐次偏微分方程组 (2.4) 在初始条件 (2.3) 下的一个解是零解. 根据一阶偏微分方程组在已知初始条件下的唯一性得知, 由 (2.2) 式定义的函数必定是零函数, 即

$$f_{\alpha\beta}(u) = 0, \quad f_\alpha(u) = 0, \quad f(u) = 0. \tag{2.5}$$

上面的事实说明

$$|\boldsymbol{r}_\alpha^{(1)}(u) - \boldsymbol{r}_\alpha^{(2)}(u)|^2 = f_{\alpha\alpha}(u) = 0, \quad |\boldsymbol{n}^{(1)}(u) - \boldsymbol{n}^{(2)}(u)|^2 = f(u) = 0,$$

即

$$\boldsymbol{r}_\alpha^{(1)}(u) = \boldsymbol{r}_\alpha^{(2)}(u), \quad \alpha = 1, 2; \quad \boldsymbol{n}^{(1)}(u) = \boldsymbol{n}^{(2)}(u). \tag{2.6}$$

再命

$$h(u) = (\boldsymbol{r}^{(1)}(u) - \boldsymbol{r}^{(2)}(u))^2, \tag{2.7}$$

则对 (2.7) 式求导, 并且由 (2.6) 式得到

$$\frac{\partial h}{\partial u^\gamma} = 2(\boldsymbol{r}^{(1)}(u) - \boldsymbol{r}^{(2)}(u)) \cdot (\boldsymbol{r}_\gamma^{(1)}(u) - \boldsymbol{r}_\gamma^{(2)}(u)) = 0.$$

故

$$h(u) = h(u_0) = 0,$$

即

$$\boldsymbol{r}^{(1)}(u) = \boldsymbol{r}^{(2)}(u),$$

这说明曲面 S_1 和 S_2 是重合的. 证毕.

上面的定理称为曲面的唯一性定理, 在理论上有十分重要的意义, 以后我们还要给出它的一些应用. 要判断采用不同参数系的两个曲面在空间 E^3 的一个刚体运动下是否能够重合, 综合第三章的定理 5.1 和这里的定理 2.1, 我们有下面的定理.

定理 2.2 设 $S_i, i = 1, 2$, 是空间 E^3 中的两个正则参数曲面, 其第一基本形式和第二基本形式分别是 I_i 和 II_i. 如果有光滑映射 $\sigma : S_1 \to S_2$, 使得

$$\sigma^* \mathrm{I}_2 = \mathrm{I}_1, \quad \sigma^* \mathrm{II}_2 = \mathrm{II}_1, \tag{2.8}$$

则在空间 E^3 中存在刚体运动 $\tilde{\sigma} : E^3 \to E^3$, 使得

$$\sigma = \tilde{\sigma}|_{S_1},$$

即曲面 S_1 和 S_2 经过 E^3 的一个刚体运动是彼此重合的.

证明留给读者自己完成.

习 题 5.2

1. 在定理 2.1 的假定下, 试推导由 (2.2) 式定义的函数 $f_{\alpha\beta}(u^1, u^2)$, $f_\alpha(u^1, u^2)$, $f(u^1, u^2)$ 所满足的线性齐次微分方程组 (2.4).

2. 已知函数 $f_{\alpha\beta}(u^1, u^2)$, $f_\alpha(u^1, u^2)$, $f(u^1, u^2)$ 满足微分方程组 (2.4), 命

$$F(u^1, u^2) = g^{\alpha\gamma} g^{\beta\delta} f_{\alpha\beta} f_{\gamma\delta} + 2g^{\alpha\beta} f_\alpha f_\beta + f^2,$$

证明: $\dfrac{\partial F(u^1,u^2)}{\partial u^\alpha}=0,\ \ \alpha=1,2.$

3. 证明定理 2.2.

§5.3 曲面论基本方程

现在我们着手讨论曲面的存在性问题. 具体地说, 如果在参数区域 D 上给定两个二次微分形式

$$\varphi=g_{\alpha\beta}\mathrm{d}u^\alpha\mathrm{d}u^\beta,\quad \psi=b_{\alpha\beta}\mathrm{d}u^\alpha\mathrm{d}u^\beta, \tag{3.1}$$

其中 $\alpha,\beta=1,2, g_{\alpha\beta}=g_{\beta\alpha}, b_{\alpha\beta}=b_{\beta\alpha}$, 并且 φ 是正定的, 那么我们的问题是: 在空间 E^3 中是否存在参数曲面 $f:D\to E^3$, 使得它以已知的微分形式 φ,ψ 作为它的第一基本形式和第二基本形式? 这个问题比较复杂, 需要作比较深入的分析. 首先我们会看到, 曲面上的第一基本形式和第二基本形式有一定的联系, 并不是彼此独立的; 它们必须适合一定的相容性条件, 这就是我们在本节要讨论的曲面论基本方程. 在下一节要进一步证明, 如果两个微分形式 φ,ψ 满足这些相容性条件, 则上述问题的答案是肯定的.

已知曲面 S 的参数方程是 $\boldsymbol{r}=\boldsymbol{r}(u^1,u^2)$, 它的第一基本形式和第二基本形式是

$$\mathrm{I}=g_{\alpha\beta}\mathrm{d}u^\alpha\mathrm{d}u^\beta,\quad \mathrm{II}=b_{\alpha\beta}\mathrm{d}u^\alpha\mathrm{d}u^\beta. \tag{3.2}$$

那么曲面 S 上的自然标架场 $\{\boldsymbol{r};\boldsymbol{r}_1,\boldsymbol{r}_2,\boldsymbol{n}\}$ 的运动公式是

$$\begin{aligned}\frac{\partial \boldsymbol{r}}{\partial u^\alpha}&=\boldsymbol{r}_\alpha,\\ \frac{\partial \boldsymbol{r}_\alpha}{\partial u^\beta}&=\Gamma^\gamma_{\alpha\beta}\boldsymbol{r}_\gamma+b_{\alpha\beta}\boldsymbol{n},\\ \frac{\partial \boldsymbol{n}}{\partial u^\beta}&=-b^\gamma_\beta\boldsymbol{r}_\gamma,\end{aligned} \tag{3.3}$$

其中

$$\Gamma^\gamma_{\alpha\beta}=\frac{1}{2}g^{\gamma\xi}\left(\frac{\partial g_{\alpha\xi}}{\partial u^\beta}+\frac{\partial g_{\xi\beta}}{\partial u^\alpha}-\frac{\partial g_{\alpha\beta}}{\partial u^\xi}\right),\quad b^\gamma_\beta=g^{\gamma\xi}b_{\xi\beta}. \tag{3.4}$$

由于正则参数曲面的方程具有三次以上的连续偏导数, 所以 $\boldsymbol{r}_\alpha$ 和 $\boldsymbol{n}$ 的两次偏导数是连续的, 并且它们与求导的次序无关, 即

$$\frac{\partial^2 \boldsymbol{r}_\alpha}{\partial u^\beta \partial u^\gamma} = \frac{\partial^2 \boldsymbol{r}_\alpha}{\partial u^\gamma \partial u^\beta}, \quad \frac{\partial^2 \boldsymbol{n}}{\partial u^\beta \partial u^\gamma} = \frac{\partial^2 \boldsymbol{n}}{\partial u^\gamma \partial u^\beta}. \tag{3.5}$$

用 (3.3) 式代入上式得到

$$\frac{\partial}{\partial u^\gamma}(\Gamma^\delta_{\alpha\beta}\boldsymbol{r}_\delta + b_{\alpha\beta}\boldsymbol{n}) = \frac{\partial}{\partial u^\beta}(\Gamma^\delta_{\alpha\gamma}\boldsymbol{r}_\delta + b_{\alpha\gamma}\boldsymbol{n}), \tag{3.6}$$

$$\frac{\partial}{\partial u^\gamma}(b^\delta_\beta \boldsymbol{r}_\delta) = \frac{\partial}{\partial u^\beta}(b^\delta_\gamma \boldsymbol{r}_\delta). \tag{3.7}$$

将 (3.6) 式展开, 并且再次用 (3.3) 式代入, 整理之后得到

$$\begin{aligned}&\left(\frac{\partial}{\partial u^\gamma}\Gamma^\delta_{\alpha\beta} - \frac{\partial}{\partial u^\beta}\Gamma^\delta_{\alpha\gamma} + \Gamma^\eta_{\alpha\beta}\Gamma^\delta_{\eta\gamma} - \Gamma^\eta_{\alpha\gamma}\Gamma^\delta_{\eta\beta} - b_{\alpha\beta}b^\delta_\gamma + b_{\alpha\gamma}b^\delta_\beta\right)\boldsymbol{r}_\delta \\ &\quad + \left(\Gamma^\delta_{\alpha\beta}b_{\delta\gamma} - \Gamma^\delta_{\alpha\gamma}b_{\delta\beta} + \frac{\partial b_{\alpha\beta}}{\partial u^\gamma} - \frac{\partial b_{\alpha\gamma}}{\partial u^\beta}\right)\boldsymbol{n} = \boldsymbol{0}.\end{aligned}$$

由于 $\boldsymbol{r}_1, \boldsymbol{r}_2, \boldsymbol{n}$ 是处处线性无关的, 所以上式的系数必须为零, 即有

$$\frac{\partial}{\partial u^\gamma}\Gamma^\delta_{\alpha\beta} - \frac{\partial}{\partial u^\beta}\Gamma^\delta_{\alpha\gamma} + \Gamma^\eta_{\alpha\beta}\Gamma^\delta_{\eta\gamma} - \Gamma^\eta_{\alpha\gamma}\Gamma^\delta_{\eta\beta} = b_{\alpha\beta}b^\delta_\gamma - b_{\alpha\gamma}b^\delta_\beta, \tag{3.8}$$

$$\frac{\partial b_{\alpha\beta}}{\partial u^\gamma} - \frac{\partial b_{\alpha\gamma}}{\partial u^\beta} = \Gamma^\delta_{\alpha\gamma}b_{\delta\beta} - \Gamma^\delta_{\alpha\beta}b_{\delta\gamma}. \tag{3.9}$$

注意到 (3.8) 式的左边只是由曲面 S 的第一类基本量 $g_{\alpha\beta}$ 的不高于二阶的偏导数构成的量, 可把它记成

$$R^\delta_{\alpha\beta\gamma} = \frac{\partial}{\partial u^\gamma}\Gamma^\delta_{\alpha\beta} - \frac{\partial}{\partial u^\beta}\Gamma^\delta_{\alpha\gamma} + \Gamma^\eta_{\alpha\beta}\Gamma^\delta_{\eta\gamma} - \Gamma^\eta_{\alpha\gamma}\Gamma^\delta_{\eta\beta}, \tag{3.10}$$

称 $R^\delta_{\alpha\beta\gamma}$ 为曲面 S 的第一类基本量的 **Riemann 记号**. 如同 Christoffel 记号 $\Gamma^\gamma_{\alpha\beta}$ 一样, Riemann 记号 $R^\delta_{\alpha\beta\gamma}$ 的上指标可以借助于度量矩阵 $(g_{\alpha\beta})$ 下降, 然后该指标又能够借助于度量矩阵的逆矩阵上升, 并且规定当上指标下降时落在下指标的左边第二个位置, 即

$$R_{\alpha\delta\beta\gamma} = g_{\delta\eta}R^\eta_{\alpha\beta\gamma}, \quad R^\delta_{\alpha\beta\gamma} = g^{\delta\eta}R_{\alpha\eta\beta\gamma}. \tag{3.11}$$

这样, 方程 (3.8) 可以改写为

$$R^{\delta}_{\alpha\beta\gamma}=b_{\alpha\beta}b^{\delta}_{\gamma}-b_{\alpha\gamma}b^{\delta}_{\beta}, \tag{3.12}$$

或者

$$R_{\alpha\delta\beta\gamma}=b_{\alpha\beta}b_{\delta\gamma}-b_{\alpha\gamma}b_{\delta\beta}. \tag{3.13}$$

上面的方程称为 **Gauss 方程**. 同时, 我们把 (3.9) 式称为 **Codazzi 方程**. 很明显, Gauss-Codazzi 方程是曲面的第一类基本量和第二类基本量必须满足的相容条件.

需要指出的是, 从方程 (3.7) 得不到新的相容条件. 实际上, 将 (3.7) 式展开后得到

$$\frac{\partial b^{\delta}_{\beta}}{\partial u^{\gamma}}-\frac{\partial b^{\delta}_{\gamma}}{\partial u^{\beta}}=-b^{\eta}_{\beta}\Gamma^{\delta}_{\eta\gamma}+b^{\eta}_{\gamma}\Gamma^{\delta}_{\eta\beta}. \tag{3.14}$$

容易证明, 方程 (3.14) 和 (3.9) 是等价的, 请读者自己验证.

Gauss-Codazzi 方程看上去比较复杂, 但是实质上在方程 (3.13) 中只包含一个方程, 在方程 (3.9) 中只包含两个方程. 为了说清楚上面的事实, 首先需要研究 Riemann 记号 $R_{\alpha\delta\beta\gamma}$ 的重要的对称性质. 实际上, 由 $R_{\alpha\delta\beta\gamma}$ 的定义得到

$$\begin{aligned}R_{\alpha\delta\beta\gamma}&=g_{\delta\eta}\left(\frac{\partial}{\partial u^{\gamma}}\Gamma^{\eta}_{\alpha\beta}-\frac{\partial}{\partial u^{\beta}}\Gamma^{\eta}_{\alpha\gamma}+\Gamma^{\xi}_{\alpha\beta}\Gamma^{\eta}_{\xi\gamma}-\Gamma^{\xi}_{\alpha\gamma}\Gamma^{\eta}_{\xi\beta}\right)\\&=\frac{\partial\Gamma_{\delta\alpha\beta}}{\partial u^{\gamma}}-\frac{\partial\Gamma_{\delta\alpha\gamma}}{\partial u^{\beta}}-\frac{\partial g_{\delta\eta}}{\partial u^{\gamma}}\Gamma^{\eta}_{\alpha\beta}+\frac{\partial g_{\delta\eta}}{\partial u^{\beta}}\Gamma^{\eta}_{\alpha\gamma}\\&\quad+\Gamma^{\xi}_{\alpha\beta}\Gamma_{\delta\xi\gamma}-\Gamma^{\xi}_{\alpha\gamma}\Gamma_{\delta\xi\beta}\\&=\frac{\partial\Gamma_{\delta\alpha\beta}}{\partial u^{\gamma}}-\frac{\partial\Gamma_{\delta\alpha\gamma}}{\partial u^{\beta}}+\Gamma_{\eta\delta\beta}\Gamma^{\eta}_{\alpha\gamma}-\Gamma_{\eta\delta\gamma}\Gamma^{\eta}_{\alpha\beta}.\end{aligned} \tag{3.15}$$

上式右端的前两项用 Christoffel 记号的表达式 (1.24) 代入, 经整理得到

$$\begin{aligned}R_{\alpha\delta\beta\gamma}=&\frac{1}{2}\left(\frac{\partial^2 g_{\delta\beta}}{\partial u^{\alpha}\partial u^{\gamma}}+\frac{\partial^2 g_{\alpha\gamma}}{\partial u^{\delta}\partial u^{\beta}}-\frac{\partial^2 g_{\delta\gamma}}{\partial u^{\alpha}\partial u^{\beta}}-\frac{\partial^2 g_{\alpha\beta}}{\partial u^{\delta}\partial u^{\gamma}}\right)\\&+\Gamma_{\eta\delta\beta}\Gamma^{\eta}_{\alpha\gamma}-\Gamma_{\eta\delta\gamma}\Gamma^{\eta}_{\alpha\beta}.\end{aligned} \tag{3.16}$$

从 (3.16) 式容易看出 Riemann 记号的下列对称性:

$$R_{\alpha\delta\beta\gamma} = R_{\beta\gamma\alpha\delta} = -R_{\delta\alpha\beta\gamma} = -R_{\alpha\delta\gamma\beta}, \tag{3.17}$$

即把 $R_{\alpha\delta\beta\gamma}$ 的下指标分为前后两组, (3.17) 式的第一个等号表明当 $R_{\alpha\delta\beta\gamma}$ 的这两组指标交换位置时其数值不变; (3.17) 式的第二个等号和第三个等号表明当每一组中的两个指标交换位置时, $R_{\alpha\delta\beta\gamma}$ 的数值只改变它的符号. 由此可见,

$$R_{11\beta\gamma} = R_{22\beta\gamma} = 0, \quad R_{\alpha\delta 11} = R_{\alpha\delta 22} = 0.$$

很明显, (3.13) 式右端同样具有 (3.17) 式所示的对称性质, 所以方程式 (3.13) 在实质上只包含一个方程, 即

$$R_{1212} = b_{11}b_{22} - (b_{12})^2, \tag{3.18}$$

或者写成

$$b_{11}b_{22} - (b_{12})^2 = R_{1212}. \tag{3.19}$$

在 (3.9) 式中, 如果指标 β, γ 取相同的值, 则该式便成为平凡的恒等式, 于是有意义的情况只有 $\beta = 1, \gamma = 2, \alpha = 1, 2$, 即

$$\begin{cases} \dfrac{\partial b_{11}}{\partial u^2} - \dfrac{\partial b_{12}}{\partial u^1} = -b_{2\delta}\Gamma^{\delta}_{11} + b_{1\delta}\Gamma^{\delta}_{12}, \\ \dfrac{\partial b_{21}}{\partial u^2} - \dfrac{\partial b_{22}}{\partial u^1} = -b_{2\delta}\Gamma^{\delta}_{21} + b_{1\delta}\Gamma^{\delta}_{22}. \end{cases} \tag{3.20}$$

需要强调指出的是, Gauss 方程 (3.18) 和 Codazzi 方程 (3.20) 是 $\boldsymbol{r}_\alpha$ 和 $\boldsymbol{n}$ 的两次偏导数与求导次序的无关性 (即 (3.5) 式) 的推论. 反过来, 如果 Gauss 方程 (3.18) 和 Codazzi 方程 (3.20) 成立, 则 $\boldsymbol{r}_\alpha$ 和 $\boldsymbol{n}$ 的两次偏导数与求导的次序无关性 (即 (3.5) 式) 也成立. 这就是说, 如果给定了两个二次微分形式 $\varphi = g_{\alpha\beta}\mathrm{d}u^\alpha \mathrm{d}u^\beta$, $\psi = b_{\alpha\beta}\mathrm{d}u^\alpha \mathrm{d}u^\beta$, 它们具有本节开始所叙述的对称性和正定性, 那么我们可以构造一阶偏微分方程组 (3.3), 其中 $\boldsymbol{r}, \boldsymbol{r}_1, \boldsymbol{r}_2, \boldsymbol{n}$ 是向量形式的未知函数 (一共是 12 个

数量未知函数). 当已知函数 $g_{\alpha\beta}$ 和 $b_{\alpha\beta}$ 满足 Gauss-Codazzi 方程时, 则方程组 (3.3) 的相容性条件

$$\begin{cases} \dfrac{\partial}{\partial u^\gamma}\left(\dfrac{\partial \boldsymbol{r}}{\partial u^\beta}\right)=\dfrac{\partial}{\partial u^\beta}\left(\dfrac{\partial \boldsymbol{r}}{\partial u^\gamma}\right), \\ \dfrac{\partial}{\partial u^\gamma}\left(\dfrac{\partial \boldsymbol{r}_\alpha}{\partial u^\beta}\right)=\dfrac{\partial}{\partial u^\beta}\left(\dfrac{\partial \boldsymbol{r}_\alpha}{\partial u^\gamma}\right), \\ \dfrac{\partial}{\partial u^\gamma}\left(\dfrac{\partial \boldsymbol{n}}{\partial u^\beta}\right)=\dfrac{\partial}{\partial u^\beta}\left(\dfrac{\partial \boldsymbol{n}}{\partial u^\gamma}\right) \end{cases} \tag{3.21}$$

成立. 由此可见, 根据一阶偏微分方程组的解的存在性定理 (参看附录 §1 的定理 1.3), 方程组 (3.3) 是可积的, 即在任意给定的初始条件下方程组 (3.3) 的解是存在的, 并且是唯一的.

在这里可以领略到曲面论和曲线论的本质差别. 在曲线论的情形, 曲率和挠率可以是弧长参数的任意函数 (只要求曲率函数是正的); 而在曲面论的情形, 两个基本微分形式 I, II 是彼此关联的, 而不是相互独立的. 这就是说, 在 E^3 中一张曲面不能够作保持第一基本形式不变的随意的弯曲变形, 在曲面作保持第一基本形式不变的变形时必定会保持曲面某种内在的弯曲性质不变. 这个事实将导致开创微分几何新纪元的著名的 Gauss 绝妙定理. 在 §5.5, 我们要专门讨论这个问题.

在适当的参数系下, Riemann 记号 R_{1212} 和 Codazzi 方程 (3.20) 能够写成便于记忆和应用的形式. 为此, 下面恢复用 Gauss 曲面论的记法. 首先假定我们用的是正交参数曲线网 (u,v), 于是 $F\equiv 0$, 并且 $\Gamma^\gamma_{\alpha\beta}$ 有简单的表达式 (参看 §5.1 的 (1.28) 式), 因此

$$\begin{aligned} R_{1212}&=-\frac{1}{2}\left(\frac{\partial^2 E}{\partial v\partial v}+\frac{\partial^2 G}{\partial u\partial u}\right)-\Gamma_{\eta 11}\Gamma^\eta_{22}+\Gamma_{\eta 12}\Gamma^\eta_{12} \\ &=-\frac{1}{2}\frac{\partial}{\partial v}\left(\frac{\partial E}{\partial v}\right)+\frac{1}{4E}\frac{\partial E}{\partial v}\frac{\partial E}{\partial v}+\frac{1}{4G}\frac{\partial E}{\partial v}\frac{\partial G}{\partial v} \\ &\quad-\frac{1}{2}\frac{\partial}{\partial u}\left(\frac{\partial G}{\partial u}\right)+\frac{1}{4G}\frac{\partial G}{\partial u}\frac{\partial G}{\partial u}+\frac{1}{4E}\frac{\partial G}{\partial u}\frac{\partial E}{\partial u}, \end{aligned}$$

也就是

$$R_{1212} = -\sqrt{EG}\left(\left(\frac{(\sqrt{E})_v}{\sqrt{G}}\right)_v + \left(\frac{(\sqrt{G})_u}{\sqrt{E}}\right)_u\right). \tag{3.22}$$

如果我们在曲面上采用正交的曲率线网作为参数曲线网, 则 $F = M \equiv 0$, 因此 Codazzi 方程 (3.20) 成为

$$\begin{aligned}\frac{\partial L}{\partial v} &= -N\Gamma_{11}^2 + L\Gamma_{12}^1 = \frac{N}{2G}\frac{\partial E}{\partial v} + \frac{L}{2E}\frac{\partial E}{\partial v} = H\frac{\partial E}{\partial v},\\ \frac{\partial N}{\partial u} &= \quad N\Gamma_{21}^2 - L\Gamma_{22}^1 = \frac{N}{2G}\frac{\partial G}{\partial u} + \frac{L}{2E}\frac{\partial G}{\partial u} = H\frac{\partial G}{\partial u},\end{aligned}$$

即

$$\frac{\partial L}{\partial v} = H\frac{\partial E}{\partial v}, \quad \frac{\partial N}{\partial u} = H\frac{\partial G}{\partial u}, \tag{3.23}$$

其中 $H = \dfrac{1}{2}\left(\dfrac{L}{E} + \dfrac{N}{G}\right)$ 是曲面的平均曲率.

Riemann 记号 (3.22) 式和 Codazzi 方程 (3.23) 是比较容易记忆的, 但是必须记住它们所使用的是哪一种参数系.

习 题 5.3

1. 验证方程组 (3.14) 和 (3.9) 的等价性.

2. 证明: 若 (u, v) 是曲面 S 上的参数系, 使得参数曲线网是曲面 S 上的正交曲率线网, 则主曲率 κ_1, κ_2 满足方程组

$$\frac{\partial \kappa_1}{\partial v} = \frac{E_v}{2E}(\kappa_2 - \kappa_1), \quad \frac{\partial \kappa_2}{\partial u} = \frac{G_u}{2G}(\kappa_1 - \kappa_2).$$

3. 证明: 平均曲率为常数的曲面或者是平面, 或者是球面, 或者存在参数系 (u, v), 使得它的第一基本形式和第二基本形式能够表示成

$$\begin{aligned}\mathrm{I} &= \lambda\left((\mathrm{d}u)^2 + (\mathrm{d}v)^2\right),\\ \mathrm{II} &= (1 + \lambda H)(\mathrm{d}u)^2 - (1 - \lambda H)(\mathrm{d}v)^2,\end{aligned}$$

其中 H 是曲面的平均曲率.

4. 设 S 是 E^3 中的一块曲面, 它的主曲率是两个互不相等的常值函数, 证明: S 是圆柱面的一部分.

5. 已知曲面 S 的第一基本形式和第二基本形式分别是

$$\mathrm{I} = u^2\left((\mathrm{d}u)^2 + (\mathrm{d}v)^2\right),$$
$$\mathrm{II} = A(u,v)(\mathrm{d}u)^2 + B(u,v)(\mathrm{d}v)^2,$$

证明: 函数 $A(u,v)$, $B(u,v)$ 满足关系式

$$A(u,v)\cdot B(u,v) = 1,$$

并且它们只是 u 的函数.

§5.4 曲面的存在性定理

本节要证明, Gauss-Codazzi 方程也是以给定的两个二次微分形式为它的两个基本形式的曲面存在的充分条件.

设 $D\subset E^2$ 是 E^2 中的一个单连通区域, 设

$$\varphi = g_{\alpha\beta}\mathrm{d}u^\alpha\mathrm{d}u^\beta, \quad \psi = b_{\alpha\beta}\mathrm{d}u^\alpha\mathrm{d}u^\beta \tag{4.1}$$

是定义在 D 内的两个二次微分形式, 其中 $g_{\alpha\beta}$ 在 D 上至少是二阶连续可微的, $b_{\alpha\beta}$ 至少是一阶连续可微的, $g_{\alpha\beta}=g_{\beta\alpha}$, $b_{\alpha\beta}=b_{\beta\alpha}$, 且矩阵 $(g_{\alpha\beta})$ 是正定的. 用 $(g^{\alpha\beta})$ 表示 $(g_{\alpha\beta})$ 的逆矩阵. 利用 $g_{\alpha\beta}$ 及其导数构造下列各个量:

$$\Gamma_{\gamma\alpha\beta} = \frac{1}{2}\left(\frac{\partial g_{\gamma\beta}}{\partial u^\alpha} + \frac{\partial g_{\alpha\gamma}}{\partial u^\beta} - \frac{\partial g_{\alpha\beta}}{\partial u^\gamma}\right), \tag{4.2}$$

$$\Gamma^\gamma_{\alpha\beta} = g^{\gamma\delta}\Gamma_{\delta\alpha\beta}, \tag{4.3}$$

$$R^\delta_{\alpha\beta\gamma} = \frac{\partial \Gamma^\delta_{\alpha\beta}}{\partial u^\gamma} - \frac{\partial \Gamma^\delta_{\alpha\gamma}}{\partial u^\beta} + \Gamma^\eta_{\alpha\beta}\Gamma^\delta_{\eta\gamma} - \Gamma^\eta_{\alpha\gamma}\Gamma^\delta_{\eta\beta}, \tag{4.4}$$

$$R_{\alpha\delta\beta\gamma} = g_{\delta\eta}R^\eta_{\alpha\beta\gamma}. \tag{4.5}$$

定理 4.1 如果由(4.1)给出的两个二次微分形式 φ, ψ 满足 Gauss-Codazzi 方程

$$\begin{aligned} & b_{11}b_{22}-(b_{12})^2=R_{1212}, \\ & \frac{\partial b_{11}}{\partial u^2}-\frac{\partial b_{12}}{\partial u^1}=-b_{2\gamma}\Gamma_{11}^{\gamma}+b_{1\gamma}\Gamma_{12}^{\gamma}, \\ & \frac{\partial b_{21}}{\partial u^2}-\frac{\partial b_{22}}{\partial u^1}=-b_{2\gamma}\Gamma_{21}^{\gamma}+b_{1\gamma}\Gamma_{22}^{\gamma}, \end{aligned} \tag{4.6}$$

则在任意一点 $(u_0^1, u_0^2) \in D$ 必有它的一个邻域 $U \subset D$, 以及在空间 E^3 中定义在该邻域 U 上的一个正则参数曲面 $S:\ \boldsymbol{r}=\boldsymbol{r}(u^1,u^2), (u^1,u^2) \in U$, 使得它的第一基本形式和第二基本形式分别是 $\varphi|_U$ 和 $\psi|_U$, 并且在 E^3 中任意两块满足上述条件的曲面必定能够在 E^3 的一个刚体运动下彼此重合.

证明 此定理的唯一性部分正是定理 2.1, 所以在这里只要证明满足上述条件的曲面的存在性. 利用 φ, ψ 的系数及其导数可以列出如下的一阶线性齐次偏微分方程组:

$$\begin{cases} \dfrac{\partial \boldsymbol{r}}{\partial u^\beta}=\boldsymbol{r}_\beta, \\ \dfrac{\partial \boldsymbol{r}_\alpha}{\partial u^\beta}=\Gamma_{\alpha\beta}^{\gamma}\boldsymbol{r}_\gamma+b_{\alpha\beta}\boldsymbol{n}, \\ \dfrac{\partial \boldsymbol{n}}{\partial u^\beta}=-b_\beta^\gamma\boldsymbol{r}_\gamma, \end{cases} \tag{4.7}$$

其中 $\boldsymbol{r}, \boldsymbol{r}_1, \boldsymbol{r}_2, \boldsymbol{n}$ 都是写成向量形式的未知函数, 因而一共有 12 个未知函数, u^1, u^2 是自变量. 换言之, 我们把求空间 E^3 中的曲面的问题归结为求空间 E^3 中依赖两个参数的标架族的问题. 根据一阶偏微分方程组的理论 (参看附录 §1 的定理 1.3), 方程组 (4.7) 有解的充分必要条件是方程组 (4.7) 满足相容性条件

$$\begin{cases} \dfrac{\partial}{\partial u^\gamma}\left(\dfrac{\partial \boldsymbol{r}}{\partial u^\beta}\right)=\dfrac{\partial}{\partial u^\beta}\left(\dfrac{\partial \boldsymbol{r}}{\partial u^\gamma}\right), \\ \dfrac{\partial}{\partial u^\gamma}\left(\dfrac{\partial \boldsymbol{r}_\alpha}{\partial u^\beta}\right)=\dfrac{\partial}{\partial u^\beta}\left(\dfrac{\partial \boldsymbol{r}_\alpha}{\partial u^\gamma}\right), \\ \dfrac{\partial}{\partial u^\gamma}\left(\dfrac{\partial \boldsymbol{n}}{\partial u^\beta}\right)=\dfrac{\partial}{\partial u^\beta}\left(\dfrac{\partial \boldsymbol{n}}{\partial u^\gamma}\right). \end{cases}$$

然而, 上述相容性条件等价于 Gauss-Codazzi 方程, 所以在定理的假设条件下方程组 (4.7) 是完全可积的. 这就是说, 对于任意给定的 $(u_0^1, u_0^2) \in D$, 以及任意给定的初始值 $\boldsymbol{r}^0, \boldsymbol{r}_1^0, \boldsymbol{r}_2^0, \boldsymbol{n}^0$, 必有它的一个邻域 $U \subset D$ 和定义在 U 上的函数

$$\begin{aligned} \boldsymbol{r} &= \boldsymbol{r}(u^1, u^2), \\ \boldsymbol{r}_1 &= \boldsymbol{r}_1(u^1, u^2), \\ \boldsymbol{r}_2 &= \boldsymbol{r}_2(u^1, u^2), \\ \boldsymbol{n} &= \boldsymbol{n}(u^1, u^2), \end{aligned} \tag{4.8}$$

使得它们满足方程组 (4.7) 和初始值

$$\begin{cases} \boldsymbol{r}(u_0^1, u_0^2) = \boldsymbol{r}^0, \\ \boldsymbol{r}_1(u_0^1, u_0^2) = \boldsymbol{r}_1^0, \\ \boldsymbol{r}_2(u_0^1, u_0^2) = \boldsymbol{r}_2^0, \\ \boldsymbol{n}(u_0^1, u_0^2) = \boldsymbol{n}^0. \end{cases} \tag{4.9}$$

问题在于: 这样得到的函数 $\{\boldsymbol{r}(u^1, u^2); \boldsymbol{r}_1(u^1, u^2), \boldsymbol{r}_2(u^1, u^2), \boldsymbol{n}(u^1, u^2)\}$ 是否构成依赖参数 u^1, u^2 的标架族, 即向量函数 $\boldsymbol{r}_1(u^1, u^2), \boldsymbol{r}_2(u^1, u^2)$, $\boldsymbol{n}(u^1, u^2)$ 是不是处处线性无关的? 由 $\boldsymbol{r}(u^1, u^2)$ 给出的向量函数是不是一张正则参数曲面? 它是否以 φ 和 ψ 为它的第一基本形式和第二基本形式? 为了得到这些问题的肯定答案, 初始值 $\boldsymbol{r}^0, \boldsymbol{r}_1^0, \boldsymbol{r}_2^0, \boldsymbol{n}^0$ 就不能取任意的值. 因为它们将构成所求曲面在点 (u_0^1, u_0^2) 处的自然标架 $\{\boldsymbol{r}^0; \boldsymbol{r}_1^0, \boldsymbol{r}_2^0, \boldsymbol{n}^0\}$, 因此必须假定它们的度量系数满足下列条件:

$$\begin{aligned} &\boldsymbol{r}_\alpha^0 \cdot \boldsymbol{r}_\beta^0 = g_{\alpha\beta}(u_0^1, u_0^2), \\ &\boldsymbol{r}_\alpha^0 \cdot \boldsymbol{n}^0 = 0, \\ &\boldsymbol{n}^0 \cdot \boldsymbol{n}^0 = 1, \\ &(\boldsymbol{r}_1^0, \boldsymbol{r}_2^0, \boldsymbol{n}^0) > 0. \end{aligned} \tag{4.10}$$

我们要证明: 在初始值满足上述条件时, 方程组 (4.7) 满足初始条件 (4.9) 的解 $\boldsymbol{r} = \boldsymbol{r}(u^1, u^2)$ 给出了符合定理要求的正则参数曲面.

设 $\boldsymbol{r}(u^1,u^2), \boldsymbol{r}_1(u^1,u^2), \boldsymbol{r}_2(u^1,u^2), \boldsymbol{n}(u^1,u^2)$ 是方程组 (4.7) 在初始条件 (4.9) 下的解, 考虑一组函数

$$\begin{aligned} f_{\alpha\beta}(u^1,u^2) &= \boldsymbol{r}_\alpha(u^1,u^2)\cdot\boldsymbol{r}_\beta(u^1,u^2) - g_{\alpha\beta}(u^1,u^2), \\ f_\alpha(u^1,u^2) &= \boldsymbol{r}_\alpha(u^1,u^2)\cdot\boldsymbol{n}(u^1,u^2), \\ f(u^1,u^2) &= \boldsymbol{n}(u^1,u^2)\cdot\boldsymbol{n}(u^1,u^2) - 1, \end{aligned} \tag{4.11}$$

根据条件 (4.10) 和 (4.9), 这组函数满足初始条件

$$f_{\alpha\beta}(u_0^1,u_0^2) = f_\alpha(u_0^1,u_0^2) = f(u_0^1,u_0^2) = 0. \tag{4.12}$$

对函数 $f_{\alpha\beta}(u^1,u^2), f_\alpha(u^1,u^2), f(u^1,u^2)$ 求偏导数, 并利用函数 $\boldsymbol{r}_\alpha(u^1,u^2), \boldsymbol{n}(u^1,u^2)$ 所满足的方程 (4.7), 得到

$$\begin{cases} \dfrac{\partial f_{\alpha\beta}}{\partial u^\gamma} = \Gamma^\delta_{\gamma\alpha} f_{\delta\beta} + \Gamma^\delta_{\gamma\beta} f_{\delta\alpha} + b_{\gamma\alpha} f_\beta + b_{\gamma\beta} f_\alpha, \\ \dfrac{\partial f_\alpha}{\partial u^\gamma} = -b^\delta_\gamma f_{\delta\alpha} + \Gamma^\delta_{\gamma\alpha} f_\delta + b_{\gamma\alpha} f, \\ \dfrac{\partial f}{\partial u^\gamma} = -2b^\delta_\gamma f_\delta. \end{cases} \tag{4.13}$$

注意到这里的方程组 (4.13) 和初始条件 (4.12) 与 §5.2 的方程组 (2.4) 和初始条件 (2.3) 是相同的, 因此只能有零解, 即在 U 上有恒等式

$$f_{\alpha\beta}(u^1,u^2) = f_\alpha(u^1,u^2) = f(u^1,u^2) \equiv 0,$$

所以在 U 上如下的式子恒成立:

$$\begin{aligned} &\boldsymbol{r}_\alpha(u^1,u^2)\cdot\boldsymbol{r}_\beta(u^1,u^2) = g_{\alpha\beta}(u^1,u^2), \\ &\boldsymbol{r}_\alpha(u^1,u^2)\cdot\boldsymbol{n}(u^1,u^2) = 0, \\ &\boldsymbol{n}(u^1,u^2)\cdot\boldsymbol{n}(u^1,u^2) = 1. \end{aligned} \tag{4.14}$$

另外, 由上式得到

$$(\boldsymbol{r}_1,\boldsymbol{r}_2,\boldsymbol{n})^2 = \det\left(\begin{pmatrix}\boldsymbol{r}_1\\ \boldsymbol{r}_2\\ \boldsymbol{n}\end{pmatrix}\cdot(\boldsymbol{r}_1,\boldsymbol{r}_2,\boldsymbol{n})\right)$$

$$= \det \begin{pmatrix} g_{11} & g_{12} & 0 \\ g_{21} & g_{22} & 0 \\ 0 & 0 & 1 \end{pmatrix} = \det(g_{\alpha\beta}) > 0,$$

即向量函数 $\boldsymbol{r}_1(u^1,u^2), \boldsymbol{r}_2(u^1,u^2), \boldsymbol{n}(u^1,u^2)$ 是处处线性无关的. 由于解的连续性, 并且 $(\boldsymbol{r}_1(u_0^1,u_0^2), \boldsymbol{r}_2(u_0^1,u_0^2), \boldsymbol{n}(u_0^1,u_0^2)) > 0$, 因此处处有

$$(\boldsymbol{r}_1(u^1,u^2), \boldsymbol{r}_2(u^1,u^2), \boldsymbol{n}(u^1,u^2)) > 0, \tag{4.15}$$

即 $\{\boldsymbol{r}_1(u^1,u^2), \boldsymbol{r}_2(u^1,u^2), \boldsymbol{n}(u^1,u^2)\}$ 成右手系. 因为 $\boldsymbol{r}_1 \perp \boldsymbol{n}$, $\boldsymbol{r}_2 \perp \boldsymbol{n}$, $\boldsymbol{n} \cdot \boldsymbol{n} = 1$, 所以

$$\boldsymbol{n} = \frac{\boldsymbol{r}_1 \times \boldsymbol{r}_2}{|\boldsymbol{r}_1 \times \boldsymbol{r}_2|}. \tag{4.16}$$

从函数 $\boldsymbol{r}(u^1,u^2)$ 满足方程 (4.7) 的第一式可知, 若把 $\boldsymbol{r} = \boldsymbol{r}(u^1,u^2)$ 看作 E^3 中的一块曲面, 则 $\boldsymbol{r}_1(u^1,u^2), \boldsymbol{r}_2(u^1,u^2)$ 是该曲面的参数曲线的切向量. 因为这两个切向量线性无关 (参看 (4.15)), 故该曲面是正则参数曲面, 并且 $\boldsymbol{n}(u^1,u^2)$ 是它的单位法向量. 由 (4.14) 式的第一式得知, φ 是它的第一基本形式; 从方程 (4.7) 的第二式可知, ψ 是它的第二基本形式. 证毕.

从曲面的存在性定理的证明可以看出, 把曲面看作一族标架的观念是十分重要的和基本的. 把曲面放到标架空间中去看, 未知函数的偏导数不再含有新的未知函数. 在第七章, 我们要更加细致地研究空间 E^3 中的标架族的理论, 而曲面的存在性定理就成为标架族存在性定理的一个特例.

习 题 5.4

1. 验证: 由 (4.11) 式定义的函数 $f_{\alpha\beta}(u^1,u^2), f_\alpha(u^1,u^2), f(u^1,u^2)$ 满足一阶线性齐次偏微分方程组 (4.13).

2. 判断下面给出的二次微分形式 φ, ψ 能否作为空间 E^3 中一块曲面的第一基本形式和第二基本形式? 说明理由.

(1) $\varphi = (\mathrm{d}u)^2 + (\mathrm{d}v)^2, \quad \psi = (\mathrm{d}u)^2 - (\mathrm{d}v)^2;$

(2) $\varphi=(\mathrm{d}u)^2+\cos^2 u\ (\mathrm{d}v)^2, \quad \psi=\cos^2 u\ (\mathrm{d}u)^2+(\mathrm{d}v)^2$.

3. 求曲面 S 的参数方程, 使得它的第一基本形式和第二基本形式分别为

$$\mathrm{I}=(1+u^2)(\mathrm{d}u)^2+u^2\ (\mathrm{d}v)^2, \quad \mathrm{II}=\frac{1}{\sqrt{1+u^2}}((\mathrm{d}u)^2+u^2\ (\mathrm{d}v)^2).$$

4. 已知二次微分形式 φ,ψ 如下:

$$\varphi=E(u,v)(\mathrm{d}u)^2+G(u,v)(\mathrm{d}v)^2, \quad \psi=\lambda(u,v)\cdot\varphi,$$

其中函数 $E(u,v)>0$, $G(u,v)>0$. 若 φ,ψ 能够作为空间 E^3 中一块曲面的第一基本形式和第二基本形式, 则函数 $E(u,v)$, $G(u,v)$, $\lambda(u,v)$ 应该满足什么条件?

假定 $E(u,v)=G(u,v)$, 写出满足上述条件的函数 $E(u,v)$, $G(u,v)$, $\lambda(u,v)$ 的具体表达式.

§5.5 Gauss 定 理

Gauss 方程本身蕴涵着一个十分精彩的结果. 在 §5.3 已经导出

$$b_{11}b_{22}-(b_{12})^2=R_{1212}, \tag{5.1}$$

其中 Riemann 记号 R_{1212} 是用曲面 S 的第一类基本量 $g_{\alpha\beta}$ 及其一阶偏导数和二阶偏导数构造的量. 将 (5.1) 式两边分别除以 $g_{11}g_{22}-(g_{12})^2$, 则得

$$\frac{b_{11}b_{22}-(b_{12})^2}{g_{11}g_{22}-(g_{12})^2}=\frac{R_{1212}}{g_{11}g_{22}-(g_{12})^2}. \tag{5.2}$$

注意到上式的左端是曲面 S 的 Gauss 曲率

$$K=\frac{b_{11}b_{22}-(b_{12})^2}{g_{11}g_{22}-(g_{12})^2}=\kappa_1\kappa_2,$$

而右端只依赖曲面 S 的第一类基本量及其偏导数, 即

$$K=\kappa_1\kappa_2=\frac{R_{1212}}{g_{11}g_{22}-(g_{12})^2}. \tag{5.3}$$

这就是说, 虽然曲面 S 的主曲率 κ_1, κ_2 是由曲面 S 在空间 E^3 中的形状确定的, 即它们是通过曲面 S 的第一基本形式和第二基本形式计算出来的, 但是它们的乘积 $K = \kappa_1\kappa_2$ 却只依赖曲面 S 的第一基本形式, 而与曲面 S 的第二基本形式无关. 换句话说, 如果 E^3 中的两个曲面 S_1 和 S_2 有相同的第一基本形式, 而它们的第二基本形式却未必相同, 则它们仍然有相同的 Gauss 曲率 K. 第三章定理 5.2 断言, 两个曲面能够建立保长对应的充分必要条件是, 它们的第一基本形式相同. 因此获得下面的 **Guass 绝妙定理 (Egregium Theorem)**:

定理 5.1 曲面的 Gauss 曲率是曲面在保长变换下的不变量.

Gauss 的绝妙定理是微分几何学发展过程中的里程碑. Gauss 的这个惊人的发现开创了微分几何学的一个新的纪元. 正是因为 Gauss 的这个发现, 使我们能够研究一张抽象的具有第一基本形式的曲面, 即二维平面 E^2 上的一个区域 D 以及定义在 D 上的一个正定的对称二次微分形式 (记成 $\mathrm{d}s^2$), 而不是在空间 E^3 中的一张具体的曲面.Gauss 的绝妙定理说明, 曲面的度量本身蕴涵着一定的弯曲性质, 这正是曲线所不具有的特性. 例如, 球面的 Gauss 曲率是正的常数, 平面的 Gauss 曲率是零, 因此球面不能够保持长度不变地摊成一张平面. 反过来, 平面无论如何都不可能保持长度不变地弯曲成一个球面. 专门研究曲面上由它的第一基本形式决定的几何学称为曲面的**内蕴几何学**. 后来, Riemann 发扬了 Gauss 的思想, 提出了高维的内蕴微分几何学的观念, 即在高维空间 E^n 的一个区域 M 上给定一个正定的对称二次微分形式

$$\mathrm{d}s^2 = g_{\alpha\beta}\mathrm{d}u^\alpha \mathrm{d}u^\beta, \quad 1 \leqslant \alpha, \beta \leqslant n,$$

然后研究它的弯曲性质, 这就是现在所称的 Riemann 几何学. 在下一章, 我们将研究曲面的更多的内蕴几何性质.

§5.3 的 (3.22) 式告诉我们, 当曲面 S 上取正交参数曲线网 (u, v) 时, $F \equiv 0$, 并且

$$R_{1212} = -\sqrt{EG}\left(\left(\frac{(\sqrt{E})_v}{\sqrt{G}}\right)_v + \left(\frac{(\sqrt{G})_u}{\sqrt{E}}\right)_u\right),$$

所以

$$K=-\frac{1}{\sqrt{EG}}\left(\left(\frac{(\sqrt{E})_v}{\sqrt{G}}\right)_v+\left(\frac{(\sqrt{G})_u}{\sqrt{E}}\right)_u\right). \tag{5.4}$$

特别地, 如果在曲面 S 上取等温参数系 (u,v), 则曲面 S 的第一基本形式成为 $\mathrm{I}=\lambda^2((\mathrm{d}u)^2+(\mathrm{d}v)^2)$, 于是它的 Gauss 曲率是

$$K=-\frac{1}{\lambda^2}\left(\frac{\partial^2}{\partial u^2}+\frac{\partial^2}{\partial v^2}\right)\log\lambda. \tag{5.5}$$

在第三章, 我们已经证明可展曲面在局部上总是可以和平面的一个区域建立保长对应. 因此, 根据 Gauss 的绝妙定理得知, 可展曲面的 Gauss 曲率 K 恒等于零. 另外, 可展曲面的直母线是曲率线 (参看 §4.3 的例题 2), 因此可展曲面沿直母线的主曲率为零, 由此也能得知它的 Gauss 曲率为零. 反过来, 这个条件也是判断已知曲面是可展曲面的充分条件.

定理 5.2 空间 E^3 中的一块无脐点的曲面 S 是可展曲面的充分必要条件是, 它的 Gauss 曲率 K 恒等于零.

证明 必要性已经证明过了, 现在只要证明充分性成立. 设曲面 S 的 Gauss 曲率 $K\equiv 0$. 现在假定点 $p\in S$, 由于处处没有脐点, 故有点 p 在曲面 S 上的一个邻域 U, 使得在 U 内存在正交曲率线网作为参数曲线网 (u,v), 所以 $F=M\equiv 0$, 并且

$$K=\frac{LN}{EG}\equiv 0.$$

不妨假定 v-曲线对应的主曲率 $\kappa_2=N/G$ 恒等于零, 于是 $N\equiv 0$, $L\neq 0$. 由 Codazzi 方程得知

$$H\frac{\partial G}{\partial u}=\frac{\partial N}{\partial u}=0,\quad 2H=\frac{L}{E}+\frac{N}{G}=\frac{L}{E}\neq 0,$$

因此

$$\frac{\partial G}{\partial u}=0. \tag{5.6}$$

我们首先要证明曲面 S 是直纹面, 更具体地说, 我们要证明每一条 v-曲线是直线. 为此只要证明 v-曲线的切方向不变, 即 $\boldsymbol{r}_{vv}\times\boldsymbol{r}_v\equiv\boldsymbol{0}$.

事实上, 根据自然标架的运动公式我们有

$$\begin{aligned} \boldsymbol{r}_{vv} &= \Gamma_{22}^1 \boldsymbol{r}_u + \Gamma_{22}^2 \boldsymbol{r}_v + N\boldsymbol{n} = \Gamma_{22}^1 \boldsymbol{r}_u + \Gamma_{22}^2 \boldsymbol{r}_v, \\ \boldsymbol{r}_{vv} \times \boldsymbol{r}_v &= \Gamma_{22}^1 \boldsymbol{r}_u \times \boldsymbol{r}_v. \end{aligned} \tag{5.7}$$

由 (5.6) 式得知

$$\Gamma_{22}^1 = -\frac{1}{2E}\frac{\partial G}{\partial u} \equiv 0,$$

故有

$$\boldsymbol{r}_{vv} \times \boldsymbol{r}_v \equiv \boldsymbol{0}, \tag{5.8}$$

得证. 下面要证明曲面 S 的单位法向量 $\boldsymbol{n}$ 沿 v-曲线是不变的. 实际上根据定义和假定, 我们有

$$\boldsymbol{n}_v \cdot \boldsymbol{r}_u = -M = 0, \quad \boldsymbol{n}_v \cdot \boldsymbol{r}_v = -N = 0, \quad \boldsymbol{n}_v \cdot \boldsymbol{n} = 0,$$

因此 $\boldsymbol{n}_v$ 只能是零向量, 故 $\boldsymbol{n}$ 沿 v-曲线是不变的, 所以 S 是可展曲面. 证毕.

定理 5.3 无脐点的曲面 S 是可展曲面的充分必要条件是它能够和一块平面建立保长对应.

证明 在第三章已经证明可展曲面可以和一块平面建立保长对应. 现在假定曲面 S 能够和一块平面建立保长对应, 则根据 Gauss 的绝妙定理, 曲面 S 的 Gauss 曲率恒等于零, 因而由定理 5.2 得知曲面 S 是可展曲面. 证毕.

定理 5.2 和定理 5.3 说明, 对于 Gauss 曲率恒等于零的两块曲面, 它们之间是能够建立保长对应的. 在下一章, 我们还将进一步证明: 任意两块有相同常数 Gauss 曲率的曲面必定能够建立保长对应. 但是, 一般说来, Gauss 曲率相等是两块曲面能够建立保长对应的必要条件, 不是充分条件. 下面的例题说明了这个问题.

例 已知曲面 S 和 $\tilde{S}$ 的参数方程分别是

$$\boldsymbol{r} = \left(au, bv, \frac{1}{2}(au^2 + bv^2)\right),$$

$$\tilde{\boldsymbol{r}} = \left(\tilde{a}\tilde{u}, \tilde{b}\tilde{v}, \frac{1}{2}(\tilde{a}\tilde{u}^2 + \tilde{b}\tilde{v}^2)\right),$$

并且 $ab=\tilde{a}\tilde{b}$. 证明: 在对应 $\tilde{u}=u,\ \tilde{v}=v$ 下, 曲面 S 和 $\tilde{S}$ 在对应点有相同的 Gauss 曲率; 但是当 $(a^2,b^2)\neq(\tilde{a}^2,\tilde{b}^2)$ 以及 $(a^2,b^2)\neq(\tilde{b}^2,\tilde{a}^2)$ 时, 在曲面 S 和 $\tilde{S}$ 之间不存在保长对应.

证明 经直接计算得到曲面 S 的第一基本形式是

$$\mathrm{I}=a^2(1+u^2)(\mathrm{d}u)^2+2abuv\mathrm{d}u\mathrm{d}v+b^2(1+v^2)(\mathrm{d}v)^2,$$

第二基本形式是

$$\mathrm{II}=\frac{a}{\sqrt{1+u^2+v^2}}(\mathrm{d}u)^2+\frac{b}{\sqrt{1+u^2+v^2}}(\mathrm{d}v)^2,$$

所以曲面 S 的 Gauss 曲率是

$$K=\frac{1}{ab(1+u^2+v^2)^2}. \tag{5.9}$$

因为曲面 $\tilde{S}$ 和 S 的参数方程有相同的表达式, 只是系数不同, 因此曲面 $\tilde{S}$ 的 Gauss 曲率也有相同的表达式

$$\tilde{K}=\frac{1}{\tilde{a}\tilde{b}(1+\tilde{u}^2+\tilde{v}^2)^2}=\frac{1}{ab(1+\tilde{u}^2+\tilde{v}^2)^2}. \tag{5.10}$$

由此可见, 曲面 S 和 $\tilde{S}$ 在对应点 $u=\tilde{u},\ v=\tilde{v}$ 有相同的 Gauss 曲率.

如果在曲面 S 和 $\tilde{S}$ 之间存在保长对应

$$\tilde{u}=\tilde{u}(u,v),\quad \tilde{v}=\tilde{v}(u,v), \tag{5.11}$$

则根据 Gauss 的绝妙定理, 曲面 S 和 $\tilde{S}$ 在对应点应该有相同的 Gauss 曲率, 即

$$\frac{1}{ab(1+\tilde{u}^2+\tilde{v}^2)^2}=\frac{1}{ab(1+u^2+v^2)^2},$$

故有

$$\tilde{u}^2(u,v)+\tilde{v}^2(u,v)=u^2+v^2. \tag{5.12}$$

因此曲面 S 上的点 $(u,v)=(0,0)$ 必须对应着曲面 $\tilde{S}$ 上的点 $(\tilde{u},\tilde{v})=(0,0)$, 即

$$\tilde{u}(0,0)=0,\quad \tilde{v}(0,0)=0. \tag{5.13}$$

将 (5.12) 式分别对 u, v 求导得到

$$\tilde{u}\frac{\partial\tilde{u}}{\partial u}+\tilde{v}\frac{\partial\tilde{v}}{\partial u}=u,\quad \tilde{u}\frac{\partial\tilde{u}}{\partial v}+\tilde{v}\frac{\partial\tilde{v}}{\partial v}=v,$$

将上面的式子再次对 u, v 求导, 并且让 $u=0,\ v=0$, 则得到

$$\begin{aligned}&\left(\frac{\partial\tilde{u}}{\partial u}\right)^2+\left(\frac{\partial\tilde{v}}{\partial u}\right)^2=1,\\&\left(\frac{\partial\tilde{u}}{\partial v}\right)^2+\left(\frac{\partial\tilde{v}}{\partial v}\right)^2=1,\\&\frac{\partial\tilde{u}}{\partial u}\frac{\partial\tilde{u}}{\partial v}+\frac{\partial\tilde{v}}{\partial u}\frac{\partial\tilde{v}}{\partial v}=0.\end{aligned}\tag{5.14}$$

命

$$J=\begin{pmatrix}\dfrac{\partial\tilde{u}}{\partial u}&\dfrac{\partial\tilde{v}}{\partial u}\\\dfrac{\partial\tilde{u}}{\partial v}&\dfrac{\partial\tilde{v}}{\partial v}\end{pmatrix},\tag{5.15}$$

则 (5.14) 式表明 $J|_{(u,v)=(0,0)}$ 是正交矩阵, 不妨设

$$J|_{(u,v)=(0,0)}=\begin{pmatrix}\cos\theta&\sin\theta\\-\varepsilon\sin\theta&\varepsilon\cos\theta\end{pmatrix},\tag{5.16}$$

其中 $\varepsilon=\pm1$. 因为对应 (5.11) 是保长对应, 根据第三章的 (5.20) 式得到

$$\begin{pmatrix}a^2(1+u^2)&abuv\\abuv&b^2(1+v^2)\end{pmatrix}=J\begin{pmatrix}\tilde{a}^2(1+\tilde{u}^2)&\tilde{a}\tilde{b}\tilde{u}\tilde{v}\\\tilde{a}\tilde{b}\tilde{u}\tilde{v}&\tilde{b}^2(1+\tilde{v}^2)\end{pmatrix}J^{\mathrm{T}}.$$

让 $(u,v)=(0,0)$, 则根据 (5.13) 和 (5.16) 式上面的等式成为

$$\begin{pmatrix}a^2&0\\0&b^2\end{pmatrix}=\begin{pmatrix}\cos\theta&\sin\theta\\-\varepsilon\sin\theta&\varepsilon\cos\theta\end{pmatrix}\begin{pmatrix}\tilde{a}^2&0\\0&\tilde{b}^2\end{pmatrix}\begin{pmatrix}\cos\theta&-\varepsilon\sin\theta\\\sin\theta&\varepsilon\cos\theta\end{pmatrix},$$

即

$$\begin{aligned}&\tilde{a}^2\cos^2\theta+\tilde{b}^2\sin^2\theta=a^2,\\&(\tilde{b}^2-\tilde{a}^2)\sin\theta\cos\theta=0,\\&\tilde{a}^2\sin^2\theta+\tilde{b}^2\cos^2\theta=b^2.\end{aligned}\tag{5.17}$$

如果 $\tilde{b}^2=\tilde{a}^2$, 则从 (5.17) 式得到 $\tilde{b}^2=\tilde{a}^2=b^2=a^2$. 如果 $\tilde{b}^2\neq\tilde{a}^2$, 则从 (5.17) 的第二式得到或者 $\theta=0$, 或者 $\theta=\pi/2$, 即

$$(a^2,b^2)=(\tilde{a}^2,\tilde{b}^2),\quad \text{或者}\quad (a^2,b^2)=(\tilde{b}^2,\tilde{a}^2).$$

因此当 $(a^2,b^2)\neq(\tilde{a}^2,\tilde{b}^2)$ 以及 $(a^2,b^2)\neq(\tilde{b}^2,\tilde{a}^2)$ 时, 在曲面 S 和 $\tilde{S}$ 之间不可能存在保长对应. 证毕.

下面我们要证明一个重要的定理, 它说明在一般情形下曲面的法曲率的确包含了曲面形状的全部信息.

定理 5.4 设 $\sigma: S_1\to S_2$ 是从曲面 S_1 到 S_2 的连续可微映射, 其中曲面 S_1 没有脐点, 并且它的 Gauss 曲率 K 不为零. 如果曲面 S_1 和 S_2 在所有的对应点、沿所有的对应切方向的法曲率保持不变, 则有空间 E^3 中的一个刚体运动 $\tilde{\sigma}: E^3\to E^3$ 使得

$$\sigma=\tilde{\sigma}|_{S_1}. \tag{5.18}$$

证明 因为在曲面 S_1 上没有脐点, 所以在曲面 S_1 上可以取正交曲率线网作为参数曲线网 (u,v), 于是曲面 S_1 的两个基本微分形式成为

$$\mathrm{I}=E(\mathrm{d}u)^2+G(\mathrm{d}v)^2,\quad \mathrm{II}=L(\mathrm{d}u)^2+N(\mathrm{d}v)^2, \tag{5.19}$$

并且

$$L=\kappa_1E,\quad N=\kappa_2G,\quad \kappa_1>\kappa_2,\quad K=\kappa_1\kappa_2\neq 0. \tag{5.20}$$

由于假定曲面 S_1 和 S_2 在所有的对应点、沿所有的对应切方向的法曲率保持不变, 因此切映射 σ_* 首先应该是处处非退化的. 于是 (u,v) 也可以作为曲面 S_2 上的参数, 从而 σ 是曲面 S_1 和曲面 S_2 上有相同参数值的点之间的对应. 不妨设曲面 S_2 的两个基本微分形式是

$$\tilde{\mathrm{I}}=\tilde{E}(\mathrm{d}u)^2+2\tilde{F}\mathrm{d}u\mathrm{d}v+\tilde{G}(\mathrm{d}v)^2,\quad \tilde{\mathrm{II}}=\tilde{L}(\mathrm{d}u)^2+2\tilde{M}\mathrm{d}u\mathrm{d}v+\tilde{N}(\mathrm{d}v)^2. \tag{5.21}$$

因为在对应 σ 下, 曲面 S_1 和 S_2 在所有的对应点、沿所有的对应切方向的法曲率都相等, 因此曲面 S_2 沿 u-曲线方向的法曲率应该是 κ_1,

沿 v-曲线方向的法曲率应该是 κ_2, 并且它们同样是曲面 S_2 在每一点沿各个切方向的法曲率的最大值和最小值. 这就是说, (u,v) 也是曲面 S_2 上的正交曲率线网, 故有

$$\tilde{F}=\tilde{M}=0,\quad \tilde{L}=\kappa_1\tilde{E},\quad \tilde{N}=\kappa_2\tilde{G}. \tag{5.22}$$

这样, 曲面 S_1 和 S_2 在对应点、沿对应切方向的法曲率相等的条件成为

$$\frac{\kappa_1E(\mathrm{d}u)^2+\kappa_2G(\mathrm{d}v)^2}{E(\mathrm{d}u)^2+G(\mathrm{d}v)^2}=\frac{\kappa_1\tilde{E}(\mathrm{d}u)^2+\kappa_2\tilde{G}(\mathrm{d}v)^2}{\tilde{E}(\mathrm{d}u)^2+\tilde{G}(\mathrm{d}v)^2}. \tag{5.23}$$

将上式展开得到

$$(\kappa_1-\kappa_2)(\tilde{E}G-E\tilde{G})(\mathrm{d}u)^2(\mathrm{d}v)^2=0. \tag{5.24}$$

由于 $\kappa_1-\kappa_2>0$, 并且上式是关于 $\mathrm{d}u,\mathrm{d}v$ 的恒等式, 故有

$$\tilde{E}G-E\tilde{G}=0. \tag{5.25}$$

设

$$\frac{\tilde{E}}{E}=\frac{\tilde{G}}{G}=\lambda, \tag{5.26}$$

则

$$\tilde{\mathrm{I}}=\lambda\mathrm{I},\quad \tilde{\mathrm{II}}=\lambda\mathrm{II}. \tag{5.27}$$

因此我们需要证明 $\lambda=1$.

根据 §5.3 的 (3.23) 式, 曲面 S_1 和 S_2 的 Codazzi 方程是

$$\frac{\partial L}{\partial v}=H\frac{\partial E}{\partial v},\quad \frac{\partial N}{\partial u}=H\frac{\partial G}{\partial u}, \tag{5.28}$$

$$\frac{\partial \tilde{L}}{\partial v}=H\frac{\partial \tilde{E}}{\partial v},\quad \frac{\partial \tilde{N}}{\partial u}=H\frac{\partial \tilde{G}}{\partial u}, \tag{5.29}$$

其中 $H=\dfrac{1}{2}(\kappa_1+\kappa_2)$. 因为 $\tilde{E}=\lambda E,\ \tilde{G}=\lambda G,\ \tilde{L}=\lambda L,\ \tilde{N}=\lambda N$, 将 (5.29) 式展开, 并且用 (5.28) 式代入其中得到

$$(\kappa_1-\kappa_2)\frac{\partial\lambda}{\partial u}=(\kappa_1-\kappa_2)\frac{\partial\lambda}{\partial v}=0,$$

所以

$$\frac{\partial\lambda}{\partial u}=0,\quad \frac{\partial\lambda}{\partial v}=0,$$

即 λ 是常数. 将 $\tilde{E}=\lambda E$, $\tilde{G}=\lambda G$ 代入 (5.4) 式得到

$$\tilde{K}=\frac{1}{\lambda}K. \tag{5.30}$$

但是, 在另一方面

$$\tilde{K}=\kappa_1\kappa_2=K\neq 0,$$

故得

$$\lambda=1.$$

由此可见, 曲面 S_1 和 S_2 有相同的第一基本形式和第二基本形式. 根据 §5.2 的定理 2.2, 在空间 E^3 中存在一个刚体运动 $\tilde{\sigma}$ 使得 $\sigma=\tilde{\sigma}|_{S_1}$. 证毕.

习 题 5.5

1. 已知曲面 S 的第一基本形式如下, 求它们的 Gauss 曲率 K.

(1) $\mathrm{I}=\dfrac{(\mathrm{d}u)^2+(\mathrm{d}v)^2}{\left(1+\dfrac{c}{4}(u^2+v^2)\right)^2}$, c 是常数;

(2) $\mathrm{I}=\dfrac{a^2((\mathrm{d}u)^2+(\mathrm{d}v)^2)}{v^2}$, $v>0$, a 是常数;

(3) $\mathrm{I}=\dfrac{(\mathrm{d}u)^2+(\mathrm{d}v)^2}{(u^2+v^2+c^2)^2}$, $c>0$ 是常数;

(4) $\mathrm{I}=(\mathrm{d}u)^2+\mathrm{e}^{\frac{2u}{a}}(\mathrm{d}v)^2$, a 是常数;

(5) $\mathrm{I}=(\mathrm{d}u)^2+\cosh^2\dfrac{u}{a}(\mathrm{d}v)^2$, a 是常数;

(6) $\mathrm{I}=(\mathrm{d}u)^2+G(u)(\mathrm{d}v)^2$.

2. 证明在下列曲面之间不存在保长对应:

(1) 球面; (2) 柱面; (3) 双曲抛物面: $z=x^2-y^2$.

3. 已知曲面 S 和 $\tilde{S}$ 的第一基本形式分别是

$$\mathrm{I} = (\mathrm{d}u)^2 + (1+u^2)(\mathrm{d}v)^2,$$
$$\tilde{\mathrm{I}} = \frac{\tilde{u}^2}{\tilde{u}^2-1}\mathrm{d}\tilde{u}^2 + \tilde{u}^2\mathrm{d}\tilde{v}^2,$$

试问: 在曲面 S 和 $\tilde{S}$ 之间是否存在保长对应?

4. 设曲面 S 和 $\tilde{S}$ 的参数方程分别是

$$\boldsymbol{r} = (u\cos v, u\sin v, \log u),$$
$$\tilde{\boldsymbol{r}} = (\tilde{u}\cos\tilde{v}, \tilde{u}\sin\tilde{v}, \tilde{v}).$$

证明: 在对应 $u=\tilde{u},\ v=\tilde{v}$ 下, 这两个曲面在对应点有相同的 Gauss 曲率, 但是在曲面 S 和 $\tilde{S}$ 之间不存在保长对应.

5. 已知曲面 S 和 $\tilde{S}$ 的第一基本形式分别是

$$\mathrm{I} = \mathrm{e}^{2v}((\mathrm{d}u)^2 + a^2(1+u^2)(\mathrm{d}v)^2),$$
$$\tilde{\mathrm{I}} = \mathrm{e}^{2\tilde{v}}((\mathrm{d}\tilde{u})^2 + b^2(1+\tilde{u}^2)(\mathrm{d}\tilde{v})^2),$$

其中 $a^2 \neq b^2$. 证明: 在对应 $u=\tilde{u},\ v=\tilde{v}$ 下, 这两个曲面在对应点有相同的 Gauss 曲率, 但是该对应不是曲面 S 和 $\tilde{S}$ 之间的保长对应.

6. 设曲面 S 的第一基本形式是 $\mathrm{I} = E(\mathrm{d}u)^2 + 2F\mathrm{d}u\mathrm{d}v + G(\mathrm{d}v)^2$. 证明: 它的 Gauss 曲率的表达式是

$$K = \frac{1}{(EG-F^2)^2} \cdot \left(\begin{vmatrix} -\dfrac{G_{uu}}{2} + F_{uv} - \dfrac{E_{vv}}{2} & \dfrac{E_u}{2} & F_u - \dfrac{E_v}{2} \\ F_v - \dfrac{G_u}{2} & E & F \\ \dfrac{G_v}{2} & F & G \end{vmatrix} - \begin{vmatrix} 0 & \dfrac{E_v}{2} & \dfrac{G_u}{2} \\ \dfrac{E_v}{2} & E & F \\ \dfrac{G_u}{2} & F & G \end{vmatrix} \right).$$

7. 若在定理 5.4 中曲面 S_1 的 Gauss 曲率 $K \equiv 0$, 则定理的结论是否成立? 举例说明.

第六章　测地曲率和测地线

由 Gauss 开创的曲面内蕴几何学有丰富的内容. 本章的重点是研究曲面上曲线的测地曲率和测地线, 在研究它们的外在特征和性质的同时, 更主要的是证明它们可以通过曲面的第一基本形式进行计算, 而与曲面的第二基本形式无关, 因此它们在曲面的保长对应下是保持不变的, 是曲面的内蕴性质. 通过本章的学习, 使我们了解曲面内蕴几何学的主要研究对象是什么, 从而为今后学习黎曼几何学打下基础.

§6.1　测地曲率和测地挠率

设正则参数曲面 S 的方程是 $\boldsymbol{r}=\boldsymbol{r}(u^1,u^2)$, C 是曲面 S 上的一条曲线, 它的方程是 $u^\alpha=u^\alpha(s),\alpha=1,2$, 其中 s 是曲线 C 的弧长参数. 那么 C 作为空间 E^3 中的曲线的参数方程是

$$\boldsymbol{r}=\boldsymbol{r}(s)=\boldsymbol{r}(u^1(s),u^2(s)). \tag{1.1}$$

在第二章我们曾经沿空间曲线 C 建立了 Frenet 标架 $\{\boldsymbol{r}(s);\boldsymbol{\alpha}(s),\boldsymbol{\beta}(s),\boldsymbol{\gamma}(s)\}$. 但是, 曲线 C 的 Frenet 标架场没有考虑到目前的曲线 C 落在曲面 S 上的事实, 因此 Frenet 标架及其运动公式 (Frenet 公式) 自然不会反映曲线 C 和曲面 S 之间相互约束的关系. 现在, 我们要沿曲线 C 建立一个新的正交标架场 $\{\boldsymbol{r};\boldsymbol{e}_1,\boldsymbol{e}_2,\boldsymbol{e}_3\}$, 使得它兼顾曲线 C 和曲面 S, 其定义是 (参看图 6.1)

$$\boldsymbol{e}_1=\frac{\mathrm{d}\boldsymbol{r}(s)}{\mathrm{d}s}=\boldsymbol{\alpha}(s), \tag{1.2}$$

$$\boldsymbol{e}_3=\boldsymbol{n}(s), \tag{1.3}$$

$$\boldsymbol{e}_2=\boldsymbol{e}_3\times\boldsymbol{e}_1=\boldsymbol{n}(s)\times\boldsymbol{\alpha}(s). \tag{1.4}$$

在直观上, 向量 $\boldsymbol{e}_2$ 是将曲线 C 的切向量 $\boldsymbol{e}_1=\boldsymbol{\alpha}$ 围绕曲面 S 的单位法向量 $\boldsymbol{n}$ 按正向旋转 90° 得到的. 与第二章 §2.7 相对照不难发现, 我

们在这里对于曲面 S 上的曲线 C 建立正交标架场的做法和 §2.7 对于平面曲线建立正交标架场的做法是一致的. 换言之, 我们现在的目标是把平面上的曲线论推广成为曲面 S 上的曲线论.

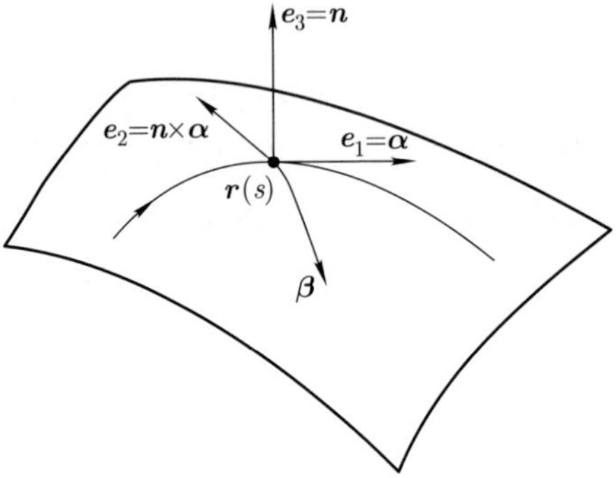

图 6.1 曲面上曲线的正交标架场

首先, 我们要建立曲面 S 上沿曲线 C 的正交标架场 $\{\boldsymbol{r};\boldsymbol{e}_1,\boldsymbol{e}_2,\boldsymbol{e}_3\}$ 的运动公式. 因为这是单位正交标架场, 所以可以假设 (参看习题 2.4 的第 11 题)

$$\begin{cases}\dfrac{\mathrm{d}\boldsymbol{r}(s)}{\mathrm{d}s}=\boldsymbol{e}_1,\\[2mm] \dfrac{\mathrm{d}\boldsymbol{e}_1(s)}{\mathrm{d}s}=\kappa_g\boldsymbol{e}_2+\kappa_n\boldsymbol{e}_3,\\[2mm] \dfrac{\mathrm{d}\boldsymbol{e}_2(s)}{\mathrm{d}s}=-\kappa_g\boldsymbol{e}_1+\tau_g\boldsymbol{e}_3,\\[2mm] \dfrac{\mathrm{d}\boldsymbol{e}_3(s)}{\mathrm{d}s}=-\kappa_n\boldsymbol{e}_1-\tau_g\boldsymbol{e}_2,\end{cases}\tag{1.5}$$

其中 κ_g,κ_n,τ_g 是待定的系数函数. 很明显,

$$\kappa_n=\frac{\mathrm{d}\boldsymbol{e}_1(s)}{\mathrm{d}s}\cdot\boldsymbol{e}_3=\boldsymbol{r}''(s)\cdot\boldsymbol{n},$$

所以 κ_n 恰好是曲面 S 沿曲线 C 的切方向的法曲率. 根据 (1.5) 式得到

$$\kappa_g=\frac{\mathrm{d}^2\boldsymbol{r}(s)}{\mathrm{d}s^2}\cdot\boldsymbol{e}_2=\boldsymbol{r}''(s)\cdot(\boldsymbol{n}(s)\times\boldsymbol{r}'(s))=(\boldsymbol{n}(s),\boldsymbol{r}'(s),\boldsymbol{r}''(s)),\tag{1.6}$$

称 κ_g 为曲面 S 上的曲线 C 的**测地曲率**. 另外

$$\begin{aligned}\tau_g &= \frac{\mathrm{d}\boldsymbol{e}_2}{\mathrm{d}s}\cdot\boldsymbol{n} = \frac{\mathrm{d}(\boldsymbol{n}\times\boldsymbol{r}'(s))}{\mathrm{d}s}\cdot\boldsymbol{n} \\ &= (\boldsymbol{n}'(s)\times\boldsymbol{r}'(s))\cdot\boldsymbol{n} = (\boldsymbol{n}(s),\boldsymbol{n}'(s),\boldsymbol{r}'(s)),\end{aligned} \tag{1.7}$$

称 τ_g 为曲面 S 上的曲线 C 的**测地挠率**.

下面我们来讨论曲面 S 上的曲线 C 的测地曲率的表达式和性质. 从 (1.6) 式得到

$$\begin{aligned}\kappa_g &= \boldsymbol{n}\cdot(\boldsymbol{r}'(s)\times\boldsymbol{r}''(s)) = \boldsymbol{n}\cdot(\boldsymbol{\alpha}(s)\times(\kappa\boldsymbol{\beta}(s))) \\ &= \kappa\boldsymbol{n}\cdot\boldsymbol{\gamma}(s) = \kappa\cos\tilde{\theta},\end{aligned} \tag{1.8}$$

其中 $\tilde{\theta}$ 是曲线 C 的次法向量 $\boldsymbol{\gamma}$ 和曲面 S 的法向量 $\boldsymbol{n}$ 的夹角, 也是曲线 C 的主法向量 $\boldsymbol{\beta}$ 和曲面 S 的切平面的夹角. 公式 (1.5) 的第二式还能够写成

$$\kappa\boldsymbol{\beta}(s) = \kappa_g\boldsymbol{e}_2 + \kappa_n\boldsymbol{n},$$

所以

$$\kappa^2 = \kappa_g^2 + \kappa_n^2. \tag{1.9}$$

在第四章 §4.2, 我们已经知道

$$\kappa_n = \kappa\cos\theta, \tag{1.10}$$

其中 θ 是曲线 C 的主法向量 $\boldsymbol{\beta}$ 和曲面 S 的法向量 $\boldsymbol{n}$ 的夹角. 利用法曲率的几何解释可以容易地得到测地曲率的几何解释.

定理 1.1 设 C 是在曲面 S 上的一条正则曲线, 则曲线 C 在点 p 的测地曲率等于把曲线 C 投影到曲面 S 在点 p 的切平面上所得的曲线 $\tilde{C}$ 在该点的相对曲率, 其中切平面的正向由曲面 S 在点 p 的法向量 $\boldsymbol{n}$ 给出.

证明 此定理可以通过直接计算来证明. 但是, 在这里我们采用更加几何的方式, 利用法曲率的几何解释来证明.

设曲面 S 在点 p 的切平面是 Π, 从 C 上各点向平面 Π 作垂直的投影线, 这些投影线构成一个柱面, 记为 $\tilde{S}$(参看图 6.2), 那么曲线 C

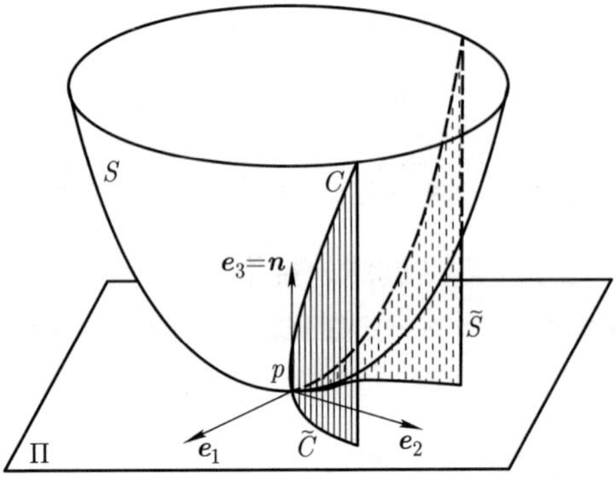

图 6.2 曲面上的曲线在切平面上的投影

是曲面 S 和 $\tilde{S}$ 的交线, 曲面 S 在点 p 的法向量 $\boldsymbol{n}$ 是曲面 $\tilde{S}$ 在点 p 的切向量. 因为曲线 C 是曲面 S 和 $\tilde{S}$ 的交线, 所以曲线 C 的切向量 $\boldsymbol{e}_1$ 既是曲面 S 的切向量, 也是曲面 $\tilde{S}$ 的切向量, 因此

$$\boldsymbol{e}_2 = \boldsymbol{n} \times \boldsymbol{e}_1$$

是曲面 $\tilde{S}$ 的法向量.

设曲线 $\tilde{C}$ 是曲面 $\tilde{S}$ 和平面 Π 的交线, 它正好是曲线 C 在平面 Π 上的投影曲线. 由于 $\boldsymbol{e}_2$ 是曲面 $\tilde{S}$ 的法向量, 故 Π 是曲面 $\tilde{S}$ 的法截面. 于是, 从曲面 $\tilde{S}$ 上来观察, 投影曲线 $\tilde{C}$ 是曲面 $\tilde{S}$ 上与曲线 C 相切的一条法截线, 而且法截面 Π 的正向是由 $\boldsymbol{n}$ 给出的, 即从 $\boldsymbol{e}_1$ 到 $\boldsymbol{e}_2$ 的夹角是 $+90^\circ$.

设曲线 C 的方程是 $\boldsymbol{r} = \boldsymbol{r}(s)$, 则

C 作为曲面 S 上的曲线的测地曲率 κ_g

$$= \frac{\mathrm{d}^2\boldsymbol{r}(s)}{\mathrm{d}s^2} \cdot \boldsymbol{e}_2$$

$= C$ 作为曲面 $\tilde{S}$ 上的曲线的法曲率 $\tilde{\kappa}_n$

$=$ 曲面 $\tilde{S}$ 上与 C 相切的法截线 $\tilde{C}$ 的法曲率

$= \tilde{C}$ 作为平面 Π 上的曲线的相对曲率,

上式的最后一个等号是由于第四章的定理 2.1. 证毕.

定理 1.2 曲面 S 上的任意一条曲线 C 的测地曲率 κ_g 在曲面 S 作保长对应时是保持不变的, 即曲面上曲线的测地曲率是属于曲面内蕴几何学的量.

证明 曲面 $S:\boldsymbol{r}=\boldsymbol{r}(u^1,u^2)$ 上任意一条曲线 $C:u^1=u^1(s),u^2=u^2(s)$ 作为空间 E^3 中的曲线的参数方程是

$$\boldsymbol{r}(s)=\boldsymbol{r}(u^1(s),u^2(s)),\tag{1.11}$$

其中 s 是弧长参数. 所以

$$\boldsymbol{e}_1(s)=\boldsymbol{\alpha}(s)=\frac{\mathrm{d}\boldsymbol{r}(s)}{\mathrm{d}s}=\boldsymbol{r}_\alpha\frac{\mathrm{d}u^\alpha(s)}{\mathrm{d}s},\tag{1.12}$$

于是

$$\begin{aligned}\frac{\mathrm{d}\boldsymbol{e}_1(s)}{\mathrm{d}s}&=\frac{\mathrm{d}^2\boldsymbol{r}(s)}{\mathrm{d}s^2}=\boldsymbol{r}_{\alpha\beta}\frac{\mathrm{d}u^\alpha(s)}{\mathrm{d}s}\frac{\mathrm{d}u^\beta(s)}{\mathrm{d}s}+\boldsymbol{r}_\alpha\frac{\mathrm{d}^2u^\alpha(s)}{\mathrm{d}s^2}\\&=\left(\frac{\mathrm{d}^2u^\gamma(s)}{\mathrm{d}s^2}+\Gamma^\gamma_{\alpha\beta}\frac{\mathrm{d}u^\alpha(s)}{\mathrm{d}s}\frac{\mathrm{d}u^\beta(s)}{\mathrm{d}s}\right)\boldsymbol{r}_\gamma+b_{\alpha\beta}\frac{\mathrm{d}u^\alpha(s)}{\mathrm{d}s}\frac{\mathrm{d}u^\beta(s)}{\mathrm{d}s}\boldsymbol{n},\end{aligned}\tag{1.13}$$

因此

$$\kappa_g=\frac{\mathrm{d}\boldsymbol{e}_1(s)}{\mathrm{d}s}\cdot\boldsymbol{e}_2(s)=\left(\frac{\mathrm{d}^2u^\gamma(s)}{\mathrm{d}s^2}+\Gamma^\gamma_{\alpha\beta}\frac{\mathrm{d}u^\alpha(s)}{\mathrm{d}s}\frac{\mathrm{d}u^\beta(s)}{\mathrm{d}s}\right)\boldsymbol{r}_\gamma\cdot\boldsymbol{e}_2.\tag{1.14}$$

但是

$$\boldsymbol{e}_2=\boldsymbol{n}\times\boldsymbol{e}_1=\boldsymbol{n}\times\left(\frac{\mathrm{d}u^1(s)}{\mathrm{d}s}\boldsymbol{r}_1+\frac{\mathrm{d}u^2(s)}{\mathrm{d}s}\boldsymbol{r}_2\right),$$

故

$$\begin{aligned}\boldsymbol{r}_1\cdot\boldsymbol{e}_2&=\frac{\mathrm{d}u^2(s)}{\mathrm{d}s}\boldsymbol{r}_1\cdot(\boldsymbol{n}\times\boldsymbol{r}_2)=-\frac{\mathrm{d}u^2(s)}{\mathrm{d}s}|\boldsymbol{r}_1\times\boldsymbol{r}_2|,\\\boldsymbol{r}_2\cdot\boldsymbol{e}_2&=\frac{\mathrm{d}u^1(s)}{\mathrm{d}s}\boldsymbol{r}_2\cdot(\boldsymbol{n}\times\boldsymbol{r}_1)=\frac{\mathrm{d}u^1(s)}{\mathrm{d}s}|\boldsymbol{r}_1\times\boldsymbol{r}_2|,\end{aligned}$$

因此

$$\begin{aligned}\kappa_g &= |\boldsymbol{r}_1 \times \boldsymbol{r}_2| \left(\frac{\mathrm{d}u^1}{\mathrm{d}s} \left(\frac{\mathrm{d}^2 u^2}{\mathrm{d}s^2} + \Gamma^2_{\alpha\beta} \frac{\mathrm{d}u^\alpha}{\mathrm{d}s} \frac{\mathrm{d}u^\beta}{\mathrm{d}s} \right) \right. \\ &\quad \left. - \frac{\mathrm{d}u^2}{\mathrm{d}s} \left(\frac{\mathrm{d}^2 u^1}{\mathrm{d}s^2} + \Gamma^1_{\alpha\beta} \frac{\mathrm{d}u^\alpha}{\mathrm{d}s} \frac{\mathrm{d}u^\beta}{\mathrm{d}s} \right) \right) \\ &= \sqrt{g_{11}g_{22} - (g_{12})^2} \begin{vmatrix} \dfrac{\mathrm{d}u^1}{\mathrm{d}s} & \dfrac{\mathrm{d}^2 u^1}{\mathrm{d}s^2} + \Gamma^1_{\alpha\beta} \dfrac{\mathrm{d}u^\alpha}{\mathrm{d}s} \dfrac{\mathrm{d}u^\beta}{\mathrm{d}s} \\ \dfrac{\mathrm{d}u^2}{\mathrm{d}s} & \dfrac{\mathrm{d}^2 u^2}{\mathrm{d}s^2} + \Gamma^2_{\alpha\beta} \dfrac{\mathrm{d}u^\alpha}{\mathrm{d}s} \dfrac{\mathrm{d}u^\beta}{\mathrm{d}s} \end{vmatrix}. \end{aligned} \tag{1.15}$$

由于上面的式子只依赖曲面 S 的第一类基本量及其导数, 以及在曲面 S 的曲纹坐标下曲线 C 的参数方程及其导数, 而与曲面 S 的第二类基本形式无关, 所以当曲面 S 作保长变形时, 曲线 C 的测地曲率 κ_g 是保持不变的. 证毕.

公式 (1.15) 比较容易记忆, 但是在计算时比较复杂. 如果在曲面 S 上取正交参数系, 则曲面 S 上的曲线 C 的测地曲率 κ_g 能够写成比较简单的表达式, 称为 **Liouville 公式** (参看 (1.16) 式), 它有很多应用. 下面我们恢复使用 Gauss 的记号.

定理 1.3 设 (u,v) 是曲面 S 上的正交参数系, 因而曲面 S 的第一基本形式是 $\mathrm{I} = E(\mathrm{d}u)^2 + G(\mathrm{d}v)^2$. 设 $C: u = u(s), v = v(s)$ 是曲面 S 上的一条曲线, 其中 s 是弧长参数. 假定曲线 C 与 u-曲线的夹角是 θ, 则曲线 C 的测地曲率是

$$\kappa_g = \frac{\mathrm{d}\theta}{\mathrm{d}s} - \frac{1}{2\sqrt{G}} \frac{\partial \log E}{\partial v} \cos\theta + \frac{1}{2\sqrt{E}} \frac{\partial \log G}{\partial u} \sin\theta. \tag{1.16}$$

证明 把 u-曲线和 v-曲线的单位切向量分别记成 $\boldsymbol{\alpha}_1$ 和 $\boldsymbol{\alpha}_2$, 于是

$$\boldsymbol{\alpha}_1 = \frac{1}{\sqrt{E}} \boldsymbol{r}_u, \quad \boldsymbol{\alpha}_2 = \frac{1}{\sqrt{G}} \boldsymbol{r}_v, \tag{1.17}$$

因此曲线 C 的单位切向量能够表示成

$$\begin{aligned}\frac{\mathrm{d}\boldsymbol{r}(s)}{\mathrm{d}s} &= \boldsymbol{e}_1 = \cos\theta\ \boldsymbol{\alpha}_1 + \sin\theta\ \boldsymbol{\alpha}_2 \\ &= \boldsymbol{r}_u\frac{\mathrm{d}u(s)}{\mathrm{d}s} + \boldsymbol{r}_v\frac{\mathrm{d}v(s)}{\mathrm{d}s} \\ &= \sqrt{E}\frac{\mathrm{d}u(s)}{\mathrm{d}s}\boldsymbol{\alpha}_1 + \sqrt{G}\frac{\mathrm{d}v(s)}{\mathrm{d}s}\boldsymbol{\alpha}_2,\end{aligned}$$

所以

$$\cos\theta = \sqrt{E}\frac{\mathrm{d}u(s)}{\mathrm{d}s}, \quad \sin\theta = \sqrt{G}\frac{\mathrm{d}v(s)}{\mathrm{d}s}, \tag{1.18}$$

其中 θ 是 $\boldsymbol{r}'(s)$ 与 $\boldsymbol{\alpha}_1$ 的夹角.

因为切向量 $\boldsymbol{e}_2$ 是将切向量 $\boldsymbol{e}_1$ 在切平面内作正向旋转 90° 得到的, 即 $\boldsymbol{e}_2 = \boldsymbol{n} \times \boldsymbol{e}_1$, 所以

$$\boldsymbol{e}_2 = -\sin\theta\ \boldsymbol{\alpha}_1 + \cos\theta\ \boldsymbol{\alpha}_2. \tag{1.19}$$

但是

$$\begin{aligned}\frac{\mathrm{d}^2\boldsymbol{r}(s)}{\mathrm{d}s^2} &= \frac{\mathrm{d}}{\mathrm{d}s}(\cos\theta\ \boldsymbol{\alpha}_1 + \sin\theta\ \boldsymbol{\alpha}_2) \\ &= (-\sin\theta\ \boldsymbol{\alpha}_1 + \cos\theta\ \boldsymbol{\alpha}_2)\frac{\mathrm{d}\theta}{\mathrm{d}s} + \cos\theta\frac{\mathrm{d}\boldsymbol{\alpha}_1}{\mathrm{d}s} + \sin\theta\frac{\mathrm{d}\boldsymbol{\alpha}_2}{\mathrm{d}s},\end{aligned}$$

所以

$$\kappa_g = \frac{\mathrm{d}^2\boldsymbol{r}(s)}{\mathrm{d}s^2}\cdot\boldsymbol{e}_2 = \frac{\mathrm{d}\theta}{\mathrm{d}s} + \cos\theta\frac{\mathrm{d}\boldsymbol{\alpha}_1}{\mathrm{d}s}\cdot\boldsymbol{e}_2 + \sin\theta\frac{\mathrm{d}\boldsymbol{\alpha}_2}{\mathrm{d}s}\cdot\boldsymbol{e}_2.$$

然而

$$\frac{\mathrm{d}\boldsymbol{\alpha}_1}{\mathrm{d}s}\cdot\boldsymbol{\alpha}_1 = \frac{\mathrm{d}\boldsymbol{\alpha}_2}{\mathrm{d}s}\cdot\boldsymbol{\alpha}_2 = 0, \quad \frac{\mathrm{d}\boldsymbol{\alpha}_1}{\mathrm{d}s}\cdot\boldsymbol{\alpha}_2 = -\frac{\mathrm{d}\boldsymbol{\alpha}_2}{\mathrm{d}s}\cdot\boldsymbol{\alpha}_1,$$

因此

$$\begin{aligned}\kappa_g &= \frac{\mathrm{d}\theta}{\mathrm{d}s} + \cos\theta\frac{\mathrm{d}\boldsymbol{\alpha}_1}{\mathrm{d}s}\cdot(-\sin\theta\boldsymbol{\alpha}_1 + \cos\theta\boldsymbol{\alpha}_2) \\ &\quad + \sin\theta\frac{\mathrm{d}\boldsymbol{\alpha}_2}{\mathrm{d}s}\cdot(-\sin\theta\boldsymbol{\alpha}_1 + \cos\theta\boldsymbol{\alpha}_2) \\ &= \frac{\mathrm{d}\theta}{\mathrm{d}s} + \cos^2\theta\frac{\mathrm{d}\boldsymbol{\alpha}_1}{\mathrm{d}s}\cdot\boldsymbol{\alpha}_2 - \sin^2\theta\frac{\mathrm{d}\boldsymbol{\alpha}_2}{\mathrm{d}s}\cdot\boldsymbol{\alpha}_1 \\ &= \frac{\mathrm{d}\theta}{\mathrm{d}s} + \frac{\mathrm{d}\boldsymbol{\alpha}_1}{\mathrm{d}s}\cdot\boldsymbol{\alpha}_2.\end{aligned} \tag{1.20}$$

由 (1.17) 式得到

$$\frac{\mathrm{d}\boldsymbol{\alpha}_1}{\mathrm{d}s} = \frac{\mathrm{d}}{\mathrm{d}s}\left(\frac{1}{\sqrt{E}}\right)\boldsymbol{r}_u + \frac{1}{\sqrt{E}}\left(\boldsymbol{r}_{uu}\frac{\mathrm{d}u}{\mathrm{d}s} + \boldsymbol{r}_{uv}\frac{\mathrm{d}v}{\mathrm{d}s}\right),$$
$$\frac{\mathrm{d}\boldsymbol{\alpha}_1}{\mathrm{d}s}\cdot\boldsymbol{\alpha}_2 = \frac{1}{\sqrt{EG}}\left(\boldsymbol{r}_{uu}\cdot\boldsymbol{r}_v\frac{\mathrm{d}u}{\mathrm{d}s} + \boldsymbol{r}_{uv}\cdot\boldsymbol{r}_v\frac{\mathrm{d}v}{\mathrm{d}s}\right).$$

因为 $\boldsymbol{r}_u$ 和 $\boldsymbol{r}_v$ 是彼此正交的, 容易得知

$$\begin{aligned}\boldsymbol{r}_{uu}\cdot\boldsymbol{r}_v &= (\boldsymbol{r}_u\cdot\boldsymbol{r}_v)_u - \boldsymbol{r}_u\cdot\boldsymbol{r}_{uv} = -\boldsymbol{r}_u\cdot\boldsymbol{r}_{uv}\\ &= -\frac{1}{2}\frac{\partial}{\partial v}(\boldsymbol{r}_u\cdot\boldsymbol{r}_u) = -\frac{1}{2}\frac{\partial E}{\partial v},\\ \boldsymbol{r}_{uv}\cdot\boldsymbol{r}_v &= \frac{1}{2}\frac{\partial}{\partial u}(\boldsymbol{r}_v\cdot\boldsymbol{r}_v) = \frac{1}{2}\frac{\partial G}{\partial u}.\end{aligned}$$

所以

$$\begin{aligned}\frac{\mathrm{d}\boldsymbol{\alpha}_1}{\mathrm{d}s}\cdot\boldsymbol{\alpha}_2 &= \frac{1}{\sqrt{EG}}\left(-\frac{1}{2\sqrt{E}}\frac{\partial E}{\partial v}\cos\theta + \frac{1}{2\sqrt{G}}\frac{\partial G}{\partial u}\sin\theta\right)\\ &= -\frac{1}{2\sqrt{G}}\frac{\partial\log E}{\partial v}\cos\theta + \frac{1}{2\sqrt{E}}\frac{\partial\log G}{\partial u}\sin\theta,\end{aligned}\tag{1.21}$$

因此

$$\kappa_g = \frac{\mathrm{d}\theta}{\mathrm{d}s} - \frac{1}{2\sqrt{G}}\frac{\partial\log E}{\partial v}\cos\theta + \frac{1}{2\sqrt{E}}\frac{\partial\log G}{\partial u}\sin\theta.$$

证毕.

作为特例, 考虑 u-曲线的测地曲率 κ_{g1}. 此时 $\theta = 0$, 因此

$$\kappa_{g1} = -\frac{1}{2\sqrt{G}}\frac{\partial\log E}{\partial v}.\tag{1.22}$$

同时, 对于 v-曲线, $\theta = \frac{\pi}{2}$, 因此它的测地曲率 κ_{g2} 是

$$\kappa_{g2} = \frac{1}{2\sqrt{E}}\frac{\partial\log G}{\partial u}.\tag{1.23}$$

这样, 公式 (1.16) 又可以写成

$$\kappa_g = \frac{\mathrm{d}\theta}{\mathrm{d}s} + \kappa_{g1}\cos\theta + \kappa_{g2}\sin\theta.\tag{1.24}$$

最后, 我们来讨论测地挠率. 由自然标架的运动公式得到

$$\frac{\mathrm{d}\boldsymbol{n}(s)}{\mathrm{d}s}=\frac{\partial \boldsymbol{n}}{\partial u^\alpha}\frac{\mathrm{d}u^\alpha(s)}{\mathrm{d}s}=-b_\alpha^\beta\frac{\mathrm{d}u^\alpha}{\mathrm{d}s}\boldsymbol{r}_\beta,$$

于是从 (1.7) 式得到

$$\begin{aligned}\tau_g&=(\boldsymbol{n}(s),\boldsymbol{n}'(s),\boldsymbol{r}'(s))=-b_\alpha^\beta\frac{\mathrm{d}u^\alpha}{\mathrm{d}s}\frac{\mathrm{d}u^\gamma}{\mathrm{d}s}(\boldsymbol{n},\boldsymbol{r}_\beta,\boldsymbol{r}_\gamma)\\&=\left(-b_\alpha^1\frac{\mathrm{d}u^\alpha}{\mathrm{d}s}\frac{\mathrm{d}u^2}{\mathrm{d}s}+b_\alpha^2\frac{\mathrm{d}u^\alpha}{\mathrm{d}s}\frac{\mathrm{d}u^1}{\mathrm{d}s}\right)|\boldsymbol{r}_1\times\boldsymbol{r}_2|\\&=\sqrt{g}\left(-b_2^1\left(\frac{\mathrm{d}u^2}{\mathrm{d}s}\right)^2+(b_2^2-b_1^1)\frac{\mathrm{d}u^1}{\mathrm{d}s}\frac{\mathrm{d}u^2}{\mathrm{d}s}+b_1^2\left(\frac{\mathrm{d}u^1}{\mathrm{d}s}\right)^2\right).\end{aligned}$$

由于

$$g^{11}=\frac{g_{22}}{g},\quad g^{12}=g^{21}=-\frac{g_{12}}{g},\quad g^{22}=\frac{g_{11}}{g},$$

所以

$$\begin{aligned}-b_2^1&=-g^{11}b_{12}-g^{12}b_{22}=\frac{1}{g}\begin{vmatrix}g_{12}&g_{22}\\b_{12}&b_{22}\end{vmatrix},\\b_2^2-b_1^1&=g^{21}b_{12}+g^{22}b_{22}-g^{11}b_{11}-g^{12}b_{21}=\frac{1}{g}\begin{vmatrix}g_{11}&g_{22}\\b_{11}&b_{22}\end{vmatrix},\\b_1^2&=g^{21}b_{11}+g^{22}b_{21}=\frac{1}{g}\begin{vmatrix}g_{11}&g_{12}\\b_{11}&b_{12}\end{vmatrix},\end{aligned}$$

因此

$$\tau_g=\frac{1}{\sqrt{g}}\begin{vmatrix}\left(\dfrac{\mathrm{d}u^2}{\mathrm{d}s}\right)^2&-\dfrac{\mathrm{d}u^1}{\mathrm{d}s}\dfrac{\mathrm{d}u^2}{\mathrm{d}s}&\left(\dfrac{\mathrm{d}u^1}{\mathrm{d}s}\right)^2\\g_{11}&g_{12}&g_{22}\\b_{11}&b_{12}&b_{22}\end{vmatrix}.\tag{1.25}$$

从测地挠率的表达式可以看出, 曲面 S 上的曲线 C 的测地挠率和法曲率一样, 只是曲面 S 上的切方向的函数, 反映的是曲面 S 本身的性质, 而不只是曲面 S 上的曲线 C 的性质. 特别是, 如果曲面 S 上有两条在一点相切的曲线, 则这两条曲线在该点有相同的测地挠率. 很明显,

测地挠率不是曲面 S 的内蕴几何量. 与第四章的主方向所满足的方程 (4.16) 相对照不难发现, 主方向恰好是曲面上使测地挠率为零的切方向. 因此, 曲面上的曲率线正好是沿其切方向的测地挠率为零的曲线. 换言之, 曲率线的微分方程是 $\tau_g = 0$. 实际上, 习题 6.1 的第 7 题将告诉我们 $\tau_g = \dfrac{1}{2}\dfrac{\mathrm{d}\kappa_n(\theta)}{\mathrm{d}\theta}$, 因此 $\kappa_n(\theta)$ 取极值的方向 (即曲面的主方向) 恰好是 τ_g 取零值的方向.

下面的定理也很有意思.

定理 1.4 在曲面 S 上非直线的渐近曲线 C 的挠率是曲面 S 沿曲线 C 的切方向的测地挠率.

证明 第四章的习题 4.2 的第 7 题实际上就是本定理. 在这里, 我们通过考察沿非直线的渐近曲线 C 的 Frenet 标架来进行证明. 由于曲线 C 是非直线的渐近曲线, 故 $\kappa \neq 0$, 但是 $\kappa_n \equiv 0$, 于是 (1.5) 式成为

$$\begin{aligned}
\frac{\mathrm{d}\boldsymbol{r}(s)}{\mathrm{d}s} &= \boldsymbol{e}_1, \\
\frac{\mathrm{d}\boldsymbol{e}_1}{\mathrm{d}s} &= |\kappa_g|(\varepsilon\boldsymbol{e}_2), \\
\frac{\mathrm{d}(\varepsilon\boldsymbol{e}_2)}{\mathrm{d}s} &= -|\kappa_g|\boldsymbol{e}_1 + \tau_g(\varepsilon\boldsymbol{e}_3), \\
\frac{\mathrm{d}(\varepsilon\boldsymbol{e}_3)}{\mathrm{d}s} &= -\tau_g(\varepsilon\boldsymbol{e}_2).
\end{aligned} \tag{1.26}$$

因为

$$\kappa_g^2 = \kappa_g^2 + \kappa_n^2 = \kappa^2 \neq 0,$$

所以 $\{\boldsymbol{r}(s); \boldsymbol{e}_1, \varepsilon\boldsymbol{e}_2, \varepsilon\boldsymbol{e}_3\}$ 恰好是曲线 C 的 Frenet 标架, 其中 $\varepsilon = \mathrm{sign}\kappa_g$. 因此 (1.26) 式说明曲线 C 的曲率是 $|\kappa_g|$, 挠率是 τ_g. 证毕.

总起来说, 本节介绍了曲面 S 上的曲线 C 的测地曲率和测地挠率的概念, 其中测地曲率是曲面 S 的内蕴几何量, 与曲面 S 的第二基本形式无关; 测地挠率是曲面 S 在任意一点的切方向的函数, 它与法曲率有密切的关系, 实际上测地挠率是法曲率作为切方向的函数的导数之半. 从方法上来讲, 沿曲面 S 上的曲线 C 建立与曲面 S 和曲线 C 都有关联的单位正交标架场是十分重要的. 实际上, 这是把平面上曲

线的 Frenet 标架场搬到曲面上的情形. 测地曲率的 Liouville 公式是十分有用的, 它的推导过程有典型意义, 应该予以足够的重视.

习 题 6.1

1. 证明: 旋转曲面上的纬线的测地曲率是常数, 该常数的倒数恰好等于, 过纬线上一点的经线的切线从切点到该切线与旋转轴的交点之间的长度.

2. 求椭球面

$$\frac{x^2}{a^2}+\frac{y^2}{b^2}+\frac{z^2}{c^2}=1$$

上由平面

$$\frac{x}{a}+\frac{y}{b}=1$$

所截的截线在点 $A=(a,0,0)$ 的测地曲率.

3. 求第 2 题中由平面

$$\frac{x}{a}+\frac{y}{b}+\frac{z}{c}=1$$

所截的截线在点 $C=(0,0,c)$ 的测地曲率.

4. 证明: 在球面 S

$$\begin{gathered}\boldsymbol{r}=(a\cos u\cos v, a\cos u\sin v, a\sin u),\\ -\frac{\pi}{2}<u<\frac{\pi}{2},\quad 0<v<2\pi\end{gathered}$$

上, 曲线 C 的测地曲率可以表示成

$$\kappa_g=\frac{\mathrm{d}\theta(s)}{\mathrm{d}s}-\sin(u(s))\frac{\mathrm{d}v(s)}{\mathrm{d}s},$$

其中 $(u(s),v(s))$ 是球面 S 上的曲线 C 的参数方程, s 是曲线 C 的弧长参数, $\theta(s)$ 是曲线 C 与球面上的经线 (即 u-曲线) 之间的夹角.

5. 证明: 在曲面 S 的任意的参数系 (u,v) 下, 曲线 $C: u=u(s), v=v(s)$ 的测地曲率是

$$\kappa_g=\sqrt{g}\left(Bu'(s)-Av'(s)+u'(s)v''(s)-v'(s)u''(s)\right),$$

其中 s 是曲线 C 的弧长参数, $g = EG - F^2$, 并且

$$A = \Gamma_{11}^1(u'(s))^2 + 2\Gamma_{12}^1 u'(s)v'(s) + \Gamma_{22}^1(v'(s))^2,$$
$$B = \Gamma_{11}^2(u'(s))^2 + 2\Gamma_{12}^2 u'(s)v'(s) + \Gamma_{22}^2(v'(s))^2.$$

特别是, 参数曲线的测地曲率是

$$\kappa_{g1} = \sqrt{g}\,\Gamma_{11}^2(u'(s))^3, \quad \kappa_{g2} = -\sqrt{g}\,\Gamma_{22}^1(v'(s))^3.$$

6. 假定 Φ 是曲面 S 上由保长对应构成的一个变换群, 并且它的每一个成员在曲面上的作用, 是把曲面 S 上一条给定的曲线 C 变到它自身. 证明: 如果变换群 Φ 限制在曲线 C 上的作用是传递的, 即对于曲线 C 上的任意两点 p, q, 必有 Φ 中的一个成员 σ, 它限制在 C 上的作用是把点 p 映到点 q, 则曲线 C 的测地曲率是常数.

7. 设 $\boldsymbol{e}_1, \boldsymbol{e}_2$ 是曲面 S 在点 p 的两个彼此正交的主方向, 其对应的主曲率分别是 κ_1, κ_2. 证明: 曲面 S 在点 p 与 $\boldsymbol{e}_1$ 成 θ 角的切方向的测地挠率是

$$\tau_g = \frac{1}{2}(\kappa_2 - \kappa_1)\sin 2\theta = \frac{1}{2}\frac{\mathrm{d}\kappa_n(\theta)}{\mathrm{d}\theta}.$$

8. 假定曲面 S 上经过一个双曲点 p 的两条渐近曲线在该点的曲率不为零. 证明: 这两条曲线在该点的挠率的绝对值相等、符号相反, 并且这两个挠率之积等于曲面 S 在点 p 的 Gauss 曲率 K.

9. 证明: 曲面 S 上的曲线 C 的法曲率 κ_n 和测地挠率 τ_g 满足关系式

$$\kappa_n^2 + \tau_g^2 - 2H\kappa_n + K = 0,$$

其中 H 和 K 分别是曲面 S 的平均曲率和 Gauss 曲率.

10. 证明: 在曲面 S 上的任意一点 p 沿任意两个彼此正交的切方向的测地挠率之和为零.

§6.2 测 地 线

曲面 S 上的法曲率和测地挠率不是曲面 S 的内蕴几何量, 因此渐近曲线和曲率线也都不属于曲面的内蕴几何的概念. 曲面 S 上曲线 C

的测地曲率和它们不一样, 当曲面 S 作保长变形时, 曲线 C 的测地曲率是保持不变的. 由此可见, 曲面 S 上曲线 C 的测地曲率是内蕴几何量, 因此曲面 S 上测地曲率为零的曲线, 即测地线, 属于曲面的内蕴几何学研究的内容. 在本节, 我们要研究曲面上的测地线的特征和性质, 既要从曲面的外在几何的角度来观测, 更要从曲面内蕴几何的角度进行研究.

定义 2.1 在曲面 S 上测地曲率恒等于零的曲线称为曲面 S 上的**测地线**.

很明显, 平面曲线的测地曲率就是它的相对曲率, 因此平面上的测地线就是该平面上的直线. 由此可见, 曲面上的测地线的概念是平面上的直线概念的推广. 在本节我们将从各个方面来解释这种推广的含义.

定理 2.1 曲面 S 上的一条曲线 C 是测地线, 当且仅当它或者是一条直线, 或者它的主法向量处处是曲面 S 的法向量.

证明 在 §6.1 已经知道曲面 S 上的曲线 C 的测地曲率是

$$\kappa_g = \kappa \cos \tilde{\theta},$$

其中 $\tilde{\theta}$ 是曲线 C 的次法向量和曲面 S 的法向量的夹角 (参看 (1.8) 式). 当 C 是曲面 S 上的测地线时, $\kappa_g \equiv 0$, 所以在曲线 C 的每一点必须有 $\kappa = 0$, 或者 $\cos\tilde{\theta} = 0$. 如果在曲线 C 上处处有 $\kappa = 0$, 则该曲线 C 是一条直线; 如果在曲线 C 的点 p 处 $\kappa(p) \neq 0$, 则由曲率函数 κ 的连续性得知在点 p 的一个邻域内处处有 $\kappa \neq 0$, 于是 $\cos\tilde{\theta} \equiv 0$, 因此 $\tilde{\theta} = \dfrac{\pi}{2}$, 即曲线 C 的次法向量和曲面 S 的法向量垂直, 这就是说, 曲线 C 的主法向量是曲面 S 的法向量. 反过来是明显的. 证毕.

例 1 试证: 旋转面 S 上的经线是该曲面 S 的测地线.

证明 旋转面 S 上的经线是经过旋转轴的平面与曲面 S 的交线, 它是旋转面的母线, 旋转面 S 就是一条经线绕旋转轴旋转一周产生的. 作为平面曲线, 经线的法线就是它的主法线, 并且该法线必定经过旋转轴, 因而它和旋转面 S 的平行圆也垂直. 由此可见, 旋转面 S 上经线的法线 (主法线) 同时是曲面 S 的法线, 故经线是旋转面 S 上的测地线. 特别地, 球面上的大圆周都是测地线. 证毕.

例 2 证明: 如果在曲面 S 上运动的质点 p 只受到将它约束在曲面 S 上的力的作用, 而不受任何其他外力的作用, 则点 p 的轨迹 C 是曲面 S 上的测地线.

证明 设质点 p 的运动方程是 $\boldsymbol{r}=\boldsymbol{r}(t)$, 它所受到的约束力 $\boldsymbol{F}$ 只是将它约束在曲面 S 上, 因此约束力 $\boldsymbol{F}$ 的方向沿曲面 S 的法方向. 根据 Newton 第二定律,

$$\boldsymbol{F}=m\frac{\mathrm{d}^2\boldsymbol{r}(t)}{\mathrm{d}t^2}, \tag{2.1}$$

其中 m 是质点 p 的质量. 因此

$$\frac{\mathrm{d}^2\boldsymbol{r}(t)}{\mathrm{d}t^2}\cdot\frac{\mathrm{d}\boldsymbol{r}(t)}{\mathrm{d}t}=\frac{1}{m}\boldsymbol{F}\cdot\frac{\mathrm{d}\boldsymbol{r}(t)}{\mathrm{d}t}=0,$$

于是

$$\frac{1}{2}\frac{\mathrm{d}}{\mathrm{d}t}\left(\frac{\mathrm{d}\boldsymbol{r}(t)}{\mathrm{d}t}\cdot\frac{\mathrm{d}\boldsymbol{r}(t)}{\mathrm{d}t}\right)=\frac{\mathrm{d}^2\boldsymbol{r}(t)}{\mathrm{d}t^2}\cdot\frac{\mathrm{d}\boldsymbol{r}(t)}{\mathrm{d}t}=0,$$

这就是说

$$\left|\frac{\mathrm{d}\boldsymbol{r}(t)}{\mathrm{d}t}\right|=\text{常数}, \tag{2.2}$$

故质点 p 在曲面 S 上做匀速运动, 这说明时间参数 t 与弧长参数 s 成比例. 由此可见, $\dfrac{\mathrm{d}^2\boldsymbol{r}(t)}{\mathrm{d}t^2}$ 恰好指向轨迹曲线 C 的主法线方向, 而方程 (2.1) 说明曲线 C 的主法向量是曲面 S 的法向量, 故曲线 C 是曲面 S 上的测地线. 证毕.

为了在一般的曲面 S 上求测地线, 需要知道曲面 S 上的测地线所满足的微分方程. 比较 (1.5) 式的第二式和 (1.13) 式得知

$$\kappa_g\boldsymbol{e}_2=\left(\frac{\mathrm{d}^2u^\gamma}{\mathrm{d}s^2}+\Gamma^\gamma_{\alpha\beta}\frac{\mathrm{d}u^\alpha}{\mathrm{d}s}\frac{\mathrm{d}u^\beta}{\mathrm{d}s}\right)\boldsymbol{r}_\gamma, \tag{2.3}$$

然而 $\boldsymbol{r}_1,\boldsymbol{r}_2$ 是线性无关的, 因此 $\kappa_g\equiv 0$ 的充分必要条件是

$$\frac{\mathrm{d}^2u^\gamma}{\mathrm{d}s^2}+\Gamma^\gamma_{\alpha\beta}\frac{\mathrm{d}u^\alpha}{\mathrm{d}s}\frac{\mathrm{d}u^\beta}{\mathrm{d}s}=0,\quad \gamma=1,2. \tag{2.4}$$

这就是曲面 S 上的测地线所满足的微分方程, 并且该方程只涉及曲面 S 的第一基本形式, 而与曲面 S 的第二基本形式无关. 因此, 这是曲面 S 上的测地线属于曲面内蕴几何范畴的微分方程.

若引进新的未知函数 v^γ, 则二阶常微分方程组 (2.4) 便降阶成为一阶常微分方程组

$$\begin{cases}\dfrac{\mathrm{d}u^\gamma}{\mathrm{d}s}=v^\gamma,\\[2mm] \dfrac{\mathrm{d}v^\gamma}{\mathrm{d}s}=-\Gamma^\gamma_{\alpha\beta}v^\alpha v^\beta,\end{cases}\tag{2.5}$$

这是拟线性常微分方程组. 根据常微分方程组的理论, 对于任意给定的初始值 $(u_0^1,u_0^2;v_0^1,v_0^2)$, 必存在 $\varepsilon>0$, 使得方程组 (2.5) 有定义在区间 $(-\varepsilon,\varepsilon)$ 上的唯一解 $u^\gamma=u^\gamma(s),v^\gamma=v^\gamma(s)$, 满足初始条件

$$u^\gamma(0)=u_0^\gamma,\quad v^\gamma(0)=v_0^\gamma.\tag{2.6}$$

很明显, 函数组 $u^\gamma=u^\gamma(s),\gamma=1,2$ 满足测地线的微分方程组 (2.4).

如果初始值 $(u_0^1,u_0^2;v_0^1,v_0^2)$ 满足条件

$$g_{\alpha\beta}(u_0^1,u_0^2)v_0^\alpha v_0^\beta=1,\tag{2.7}$$

则能够证明如上所给出的解函数 $u^\gamma=u^\gamma(s)$ 是曲面 S 上以弧长 s 为参数的一条测地线. 实际上, 如果命

$$f(s)=g_{\alpha\beta}(u^1(s),u^2(s))\frac{\mathrm{d}u^\alpha(s)}{\mathrm{d}s}\frac{\mathrm{d}u^\beta(s)}{\mathrm{d}s}-1,\tag{2.8}$$

则

$$\begin{aligned}\frac{\mathrm{d}f(s)}{\mathrm{d}s}&=\frac{\partial g_{\alpha\beta}}{\partial u^\gamma}\frac{\mathrm{d}u^\gamma}{\mathrm{d}s}\frac{\mathrm{d}u^\alpha}{\mathrm{d}s}\frac{\mathrm{d}u^\beta}{\mathrm{d}s}+2g_{\alpha\beta}\frac{\mathrm{d}^2u^\alpha}{\mathrm{d}s^2}\frac{\mathrm{d}u^\beta}{\mathrm{d}s}\\&=(\Gamma_{\alpha\beta\gamma}+\Gamma_{\beta\alpha\gamma})\frac{\mathrm{d}u^\gamma}{\mathrm{d}s}\frac{\mathrm{d}u^\alpha}{\mathrm{d}s}\frac{\mathrm{d}u^\beta}{\mathrm{d}s}-2g_{\alpha\beta}\Gamma^\alpha_{\gamma\delta}\frac{\mathrm{d}u^\gamma}{\mathrm{d}s}\frac{\mathrm{d}u^\delta}{\mathrm{d}s}\frac{\mathrm{d}u^\beta}{\mathrm{d}s}=0,\end{aligned}$$

并且根据 (2.7) 式有 $f(0)=0$, 所以

$$f(s)\equiv 0.$$

这意味着, 由方程 $u^\gamma=u^\gamma(s),\gamma=1,2$ 给出的曲线 C 是正则曲线, 并且 s 是它的弧长参数. 上面的讨论可以归结为

定理 2.2 对于曲面 S 上的任意一点 p 和曲面 S 在点 p 的任意一个单位切向量 $\boldsymbol{v}$, 在曲面 S 上必存在唯一的一条以弧长为参数的测地线 C 通过点 p, 并且在点 p 以 $\boldsymbol{v}$ 为它的切向量.

在平面上, 直线显然具有定理 2.2 所叙述的性质.

需要指出, 定理 2.2 的证明本身说明, 方程组 (2.4) 的解 $u^\gamma = u^\gamma(s), \gamma = 1, 2$ 必定满足

$$\frac{\mathrm{d}}{\mathrm{d}s}\left(g_{\alpha\beta}(u^1(s), u^2(s))\frac{\mathrm{d}u^\alpha(s)}{\mathrm{d}s}\frac{\mathrm{d}u^\beta(s)}{\mathrm{d}s}\right) = 0. \tag{2.9}$$

因此只要初始值 $(v_0^1, v_0^2) \neq \mathbf{0}$, 则

$$\begin{aligned}\left|\frac{\mathrm{d}\boldsymbol{r}(s)}{\mathrm{d}s}\right|^2 &= g_{\alpha\beta}(u^1(s), u^2(s))\frac{\mathrm{d}u^\alpha(s)}{\mathrm{d}s}\frac{\mathrm{d}u^\beta(s)}{\mathrm{d}s}\\ &= g_{\alpha\beta}(u_0^1, u_0^2)v_0^\alpha v_0^\beta = \text{常数} \neq 0.\end{aligned}$$

这就是说, 曲线 $C: \boldsymbol{r} = \boldsymbol{r}(u^1(s), u^2(s))$ 是正则曲线, 并且参数 s 与弧长成比例. 特别是, 当条件 (2.7) 成立时, 即切向量 $\boldsymbol{v}$ 的长度为 1 时, s 恰好是它的弧长参数.

如果在曲面 S 上取正交参数系 (u, v), 则利用测地曲率的 Liouville 公式, 测地线的微分方程组还可以写成

$$\begin{cases}\dfrac{\mathrm{d}u}{\mathrm{d}s} = \dfrac{1}{\sqrt{E}}\cos\theta,\\[2ex] \dfrac{\mathrm{d}v}{\mathrm{d}s} = \dfrac{1}{\sqrt{G}}\sin\theta,\\[2ex] \dfrac{\mathrm{d}\theta}{\mathrm{d}s} = \dfrac{1}{2\sqrt{G}}\dfrac{\partial\log E}{\partial v}\cos\theta - \dfrac{1}{2\sqrt{E}}\dfrac{\partial\log G}{\partial u}\sin\theta.\end{cases} \tag{2.10}$$

例 3 求旋转面 S: $\boldsymbol{r} = (u\cos v, u\sin v, f(u))$ 上的测地线.

解 经直接计算得到, 曲面 S 的第一基本形式是

$$\mathrm{I} = (1 + (f'(u))^2)(\mathrm{d}u)^2 + u^2(\mathrm{d}v)^2, \tag{2.11}$$

因此 (u, v) 是曲面 S 的正交参数系. 根据 (2.10) 式, 曲面 S 上的测地

线方程是

$$\begin{cases} \dfrac{\mathrm{d}u}{\mathrm{d}s} = \dfrac{1}{\sqrt{1+(f'(u))^2}}\cos\theta, \\ \dfrac{\mathrm{d}v}{\mathrm{d}s} = \dfrac{1}{u}\sin\theta, \\ \dfrac{\mathrm{d}\theta}{\mathrm{d}s} = -\dfrac{1}{u\sqrt{1+(f'(u))^2}}\sin\theta. \end{cases} \tag{2.12}$$

消去参数 s 得到

$$\begin{cases} \dfrac{\mathrm{d}v}{\mathrm{d}u} = \dfrac{\sqrt{1+(f'(u))^2}}{u}\tan\theta, \\ \dfrac{\mathrm{d}\theta}{\mathrm{d}u} = -\dfrac{1}{u}\tan\theta. \end{cases} \tag{2.13}$$

将上式的第二式积分得到

$$u\sin\theta = c, \tag{2.14}$$

因此

$$\cos\theta = \sqrt{1-\frac{c^2}{u^2}}, \qquad \tan\theta = \frac{c}{\sqrt{u^2-c^2}},$$
$$\frac{\mathrm{d}v}{\mathrm{d}u} = \frac{c\sqrt{1+(f'(u))^2}}{u\sqrt{u^2-c^2}},$$

所以

$$v = v_0 + \int_{u_0}^{u} \frac{c\sqrt{1+(f'(u))^2}}{u\sqrt{u^2-c^2}}\mathrm{d}u \tag{2.15}$$

即为所求的测地线. 当 $c=0$ 时, 则得经线是旋转面的测地线.

众所周知, 在平面上连接两点的最短线是以这两点为端点的直线段. 在曲面上, 测地线具有类似的性质. 下面先简要地介绍曲面 S 上的曲线 C 的变分的概念.

设 C: $u^\alpha = u^\alpha(s), \alpha = 1,2$ 是曲面 S: $\boldsymbol{r} = \boldsymbol{r}(u^1,u^2)$ 上的一条曲线, 其中 $a \leqslant s \leqslant b$, 且 s 是曲线 C 的弧长参数. 如果存在定义在区域 $[a,b]\times(-\varepsilon,\varepsilon)$ 上的可微函数

$$u^\alpha = u^\alpha(s,t), \quad \alpha = 1,2, \tag{2.16}$$

使得

$$u^\alpha(s,0)=u^\alpha(s), \tag{2.17}$$

则称 (2.16) 式是曲线 C 的一个**变分**. 如果进一步有

$$u^\alpha(a,t)=u^\alpha(a),\quad u^\alpha(b,t)=u^\alpha(b),\quad -\varepsilon<t<\varepsilon, \tag{2.18}$$

则称该变分有固定的端点. 在直观上, 对于每一个参数 $t\in(-\varepsilon,\varepsilon)$, 函数组 (2.16) 给出了一条曲线 C_t, 它的参数方程是

$$u^\alpha=u_t^\alpha(s)=u^\alpha(s,t),\quad a\leqslant s\leqslant b. \tag{2.19}$$

条件 (2.17) 说明已知的曲线 C 是这族曲线中的一员, 且 $C=C_0$. 因此, 所谓的曲线 C 的变分就是把它嵌入到在它周围变化的一个曲线族 C_t 中去. 条件 (2.18) 的意思是, 曲线 C 的变分曲线 C_t 和曲线 C 本身有相同的起点和终点, 即它们有公共的端点. 需要指出的是, 尽管可以假定参数 s 是曲线 C 的弧长参数, 但是 s 未必是变分曲线 C_t 的弧长参数.

用 $L(C)$ 表示曲线 C 的长度, 即

$$L(C)=\int_a^b\sqrt{g_{\alpha\beta}(u^1(s),u^2(s))\frac{\mathrm{d}u^\alpha(s)}{\mathrm{d}s}\frac{\mathrm{d}u^\beta(s)}{\mathrm{d}s}}\mathrm{d}s. \tag{2.20}$$

曲线 C 是连接它的两个端点的最短线的意思是, 它的长度不会比连接曲线 C 的端点的其他曲线的长度更长. 特别是, 如果把曲线 C 嵌入到任意一个有相同端点的变分曲线族 C_t 中时, 必定有 $L(C)\leqslant L(C_t)$, 于是应该有

$$\left.\frac{\mathrm{d}}{\mathrm{d}t}\right|_{t=0}L(C_t)=0. \tag{2.21}$$

当曲面 S 上的曲线 C 关于它的一个变分 C_t 满足条件 (2.21), 则称曲线 C 的弧长在它的变分曲线 C_t 中达到临界值. 需要指出的是, 上面的做法完全忽略了曲面 S 的外在特征, 而只与曲面 S 的第一基本形式有关, 这就是说, 上述考虑属于曲面 S 的内蕴几何的范畴.

下面我们要把条件 (2.21) 表示出来. 首先对曲线 C 的变分作一些观察. 命

$$v^{\alpha}(s)=\left.\frac{\partial}{\partial t}\right|_{t=0}u^{\alpha}(s,t),\quad \boldsymbol{v}(s)=v^{\alpha}(s)\boldsymbol{r}_{\alpha}(u^1(s),u^2(s)),\tag{2.22}$$

则 $\boldsymbol{v}(s)$ 是曲面 S 上沿曲线 C 定义的一个切向量场, 称为变分 (2.16) 的**变分向量场**(参看图 6.3). 实际上, 变分向量 $\boldsymbol{v}(s_0)$ 是变分 (2.16) 在 $s=s_0$(常数) 时给出的曲线 $u^{\alpha}=u^{\alpha}(s_0,t),-\varepsilon<t<\varepsilon$ 在 $t=0$ 处的切向量. 条件 (2.18) 意味着 $\boldsymbol{v}(a)=\boldsymbol{0},\boldsymbol{v}(b)=\boldsymbol{0}$, 即对于曲线 C 的有固定端点的变分而言, 它的变分向量场在端点的值为零. 反过来, 如果在曲面 S 上沿曲线 C 给定了一个切向量场 $\boldsymbol{v}(s)$, 则可以定义曲线 C 的一个变分, 使得它的变分向量场是 $\boldsymbol{v}(s)$. 实际上, 只要命

$$u^{\alpha}(s,t)=u^{\alpha}(s)+tv^{\alpha}(s)\tag{2.23}$$

就可以了. 很明显, 当 $\boldsymbol{v}(a)=\boldsymbol{0},\boldsymbol{v}(b)=\boldsymbol{0}$ 时, 上面的变分确实有固定的端点.

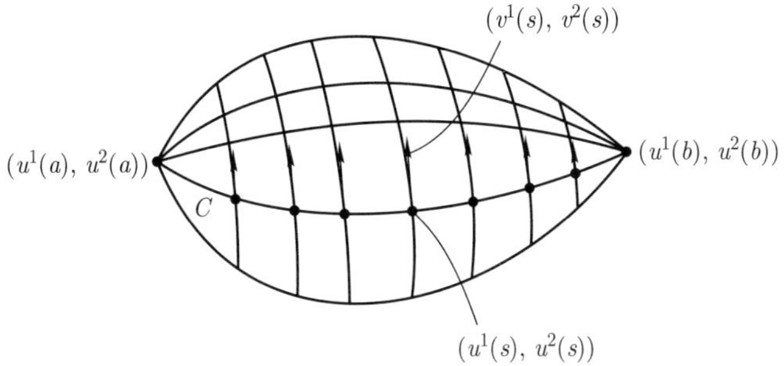

图 6.3 曲面上曲线的变分

假定曲面 S 的第一基本形式是

$$\mathrm{I}=g_{\alpha\beta}(u^1,u^2)\mathrm{d}u^{\alpha}\mathrm{d}u^{\beta},\tag{2.24}$$

则变分曲线 C_t 的长度是

$$L(C_t)=\int_a^b\sqrt{g_{\alpha\beta}(u^1(s,t),u^2(s,t))\frac{\partial u^{\alpha}(s,t)}{\partial s}\frac{\partial u^{\beta}(s,t)}{\partial s}}\mathrm{d}s.\tag{2.25}$$

所以

$$\begin{aligned}\frac{\mathrm{d}}{\mathrm{d}t}L(C_t)&=\int_a^b\frac{\partial}{\partial t}\left(\sqrt{g_{\alpha\beta}\frac{\partial u^\alpha}{\partial s}\frac{\partial u^\beta}{\partial s}}\right)\mathrm{d}s\\&=\frac{1}{2}\int_a^b\left(\frac{\partial g_{\alpha\beta}}{\partial u^\gamma}\frac{\partial u^\gamma}{\partial t}\frac{\partial u^\alpha}{\partial s}\frac{\partial u^\beta}{\partial s}+2g_{\alpha\beta}\frac{\partial^2u^\alpha}{\partial s\partial t}\frac{\partial u^\beta}{\partial s}\right)\\&\quad\cdot\left(g_{\alpha\beta}\frac{\partial u^\alpha}{\partial s}\frac{\partial u^\beta}{\partial s}\right)^{-\frac{1}{2}}\mathrm{d}s.\end{aligned}$$

因为 s 是曲线 $C=C_0$ 的弧长参数, 因此

$$g_{\alpha\beta}\frac{\partial u^\alpha}{\partial s}\frac{\partial u^\beta}{\partial s}\bigg|_{t=0}=1,$$

所以

$$\frac{\mathrm{d}}{\mathrm{d}t}L(C_t)\bigg|_{t=0}=\int_a^b\frac{1}{2}\left(\frac{\partial g_{\alpha\beta}}{\partial u^\gamma}v^\gamma(s)\frac{\mathrm{d}u^\alpha}{\mathrm{d}s}\frac{\mathrm{d}u^\beta}{\mathrm{d}s}+2g_{\alpha\beta}\frac{\mathrm{d}v^\alpha}{\mathrm{d}s}\frac{\mathrm{d}u^\beta}{\mathrm{d}s}\right)\mathrm{d}s.$$

由于

$$\begin{aligned}g_{\alpha\beta}\frac{\mathrm{d}v^\alpha}{\mathrm{d}s}\frac{\mathrm{d}u^\beta}{\mathrm{d}s}&=\frac{\mathrm{d}}{\mathrm{d}s}\left(g_{\alpha\beta}v^\alpha\frac{\mathrm{d}u^\beta}{\mathrm{d}s}\right)-v^\alpha\frac{\mathrm{d}}{\mathrm{d}s}\left(g_{\alpha\beta}\frac{\mathrm{d}u^\beta}{\mathrm{d}s}\right)\\&=\frac{\mathrm{d}}{\mathrm{d}s}\left(g_{\alpha\beta}v^\alpha\frac{\mathrm{d}u^\beta}{\mathrm{d}s}\right)-v^\alpha\left(\frac{\partial g_{\alpha\beta}}{\partial u^\gamma}\frac{\mathrm{d}u^\gamma}{\mathrm{d}s}\frac{\mathrm{d}u^\beta}{\mathrm{d}s}+g_{\alpha\beta}\frac{\mathrm{d}^2u^\beta}{\mathrm{d}s^2}\right),\end{aligned}$$

代入前面的式子后再用分部积分得到

$$\begin{aligned}\frac{\mathrm{d}}{\mathrm{d}t}L(C_t)\bigg|_{t=0}&=\int_a^b\left[\frac{\mathrm{d}}{\mathrm{d}s}\left(g_{\alpha\beta}v^\alpha\frac{\mathrm{d}u^\beta}{\mathrm{d}s}\right)-v^\alpha\left(g_{\alpha\beta}\frac{\mathrm{d}^2u^\beta}{\mathrm{d}s^2}\right.\right.\\&\qquad\left.\left.+\frac{1}{2}\left(\frac{\partial g_{\alpha\beta}}{\partial u^\gamma}+\frac{\partial g_{\alpha\gamma}}{\partial u^\beta}-\frac{\partial g_{\gamma\beta}}{\partial u^\alpha}\right)\frac{\mathrm{d}u^\gamma}{\mathrm{d}s}\frac{\mathrm{d}u^\beta}{\mathrm{d}s}\right)\right]\mathrm{d}s\\&=g_{\alpha\beta}v^\alpha\frac{\mathrm{d}u^\beta}{\mathrm{d}s}\bigg|_{s=a}^{s=b}-\int_a^b g_{\alpha\beta}v^\alpha\left(\frac{\mathrm{d}^2u^\beta}{\mathrm{d}s^2}+\Gamma^\beta_{\gamma\delta}\frac{\mathrm{d}u^\gamma}{\mathrm{d}s}\frac{\mathrm{d}u^\delta}{\mathrm{d}s}\right)\mathrm{d}s.\end{aligned}\tag{2.26}$$

假定变分有固定的端点, 则 $v^\alpha(a)=v^\alpha(b)=0$, 于是

$$\frac{\mathrm{d}}{\mathrm{d}t}L(C_t)\bigg|_{t=0}=-\int_a^b g_{\alpha\beta}v^\alpha\left(\frac{\mathrm{d}^2u^\beta}{\mathrm{d}s^2}+\Gamma^\beta_{\gamma\delta}\frac{\mathrm{d}u^\gamma}{\mathrm{d}s}\frac{\mathrm{d}u^\delta}{\mathrm{d}s}\right)\mathrm{d}s.\tag{2.27}$$

(2.26) 式称为曲面 S 上的曲线 C 的弧长的**第一变分公式**, 而 (2.27) 式称为曲面 S 上的曲线 C 关于有固定端点的变分的弧长的第一变分公式.

定理 2.3 设 C 是曲面 S 上的一条曲线, 则 C 的弧长在它的任意一个有固定端点的变分 C_t 中达到临界值的充分必要条件是, 曲线 C 是曲面 S 上的测地线.

证明 设曲线 C 是曲面 S 上的一条测地线, 则它的参数方程 $u^\alpha = u^\alpha(s)$ 满足微分方程组

$$\frac{\mathrm{d}^2u^\beta}{\mathrm{d}s^2}+\Gamma^\beta_{\gamma\delta}\frac{\mathrm{d}u^\gamma}{\mathrm{d}s}\frac{\mathrm{d}u^\delta}{\mathrm{d}s}=0.$$

于是, 根据第一变分公式 (2.27), 对于曲线 C 的任意一个有固定端点的变分 C_t 下式成立:

$$\left.\frac{\mathrm{d}}{\mathrm{d}t}L(C_t)\right|_{t=0}=0. \tag{2.28}$$

反过来, 假定对于曲线 C 的任意一个有固定端点的变分 C_t, 条件 (2.28) 式都成立. 取

$$v^\alpha(s)=\sin\frac{(s-a)\pi}{b-a}\left(\frac{\mathrm{d}^2u^\alpha}{\mathrm{d}s^2}+\Gamma^\alpha_{\xi\eta}\frac{\mathrm{d}u^\xi}{\mathrm{d}s}\frac{\mathrm{d}u^\eta}{\mathrm{d}s}\right), \tag{2.29}$$

则 $v^\alpha(a)=v^\alpha(b)=0$, 于是在曲面 S 上有曲线 C 的、以 $v^\alpha(s)$ 为变分向量场的变分 C_t, 它有固定的端点. 将 (2.29) 式代入 (2.27) 式得到

$$\begin{aligned}\left.\frac{\mathrm{d}}{\mathrm{d}t}L(C_t)\right|_{t=0}=&\int_a^b\sin\frac{(s-a)\pi}{b-a}g_{\alpha\beta}\left(\frac{\mathrm{d}^2u^\alpha}{\mathrm{d}s^2}+\Gamma^\alpha_{\xi\eta}\frac{\mathrm{d}u^\xi}{\mathrm{d}s}\frac{\mathrm{d}u^\eta}{\mathrm{d}s}\right)\\&\cdot\left(\frac{\mathrm{d}^2u^\beta}{\mathrm{d}s^2}+\Gamma^\beta_{\gamma\delta}\frac{\mathrm{d}u^\gamma}{\mathrm{d}s}\frac{\mathrm{d}u^\delta}{\mathrm{d}s}\right)\mathrm{d}s.\end{aligned}$$

根据 (2.3) 式,

$$\begin{aligned}(\kappa_g)^2&=(\kappa_g\boldsymbol{e}_2)\cdot(\kappa_g\boldsymbol{e}_2)\\&=\left(\frac{\mathrm{d}^2u^\alpha}{\mathrm{d}s^2}+\Gamma^\alpha_{\xi\eta}\frac{\mathrm{d}u^\xi}{\mathrm{d}s}\frac{\mathrm{d}u^\eta}{\mathrm{d}s}\right)\left(\frac{\mathrm{d}^2u^\beta}{\mathrm{d}s^2}+\Gamma^\beta_{\gamma\delta}\frac{\mathrm{d}u^\gamma}{\mathrm{d}s}\frac{\mathrm{d}u^\delta}{\mathrm{d}s}\right)\boldsymbol{r}_\alpha\cdot\boldsymbol{r}_\beta\\&=g_{\alpha\beta}\left(\frac{\mathrm{d}^2u^\alpha}{\mathrm{d}s^2}+\Gamma^\alpha_{\xi\eta}\frac{\mathrm{d}u^\xi}{\mathrm{d}s}\frac{\mathrm{d}u^\eta}{\mathrm{d}s}\right)\left(\frac{\mathrm{d}^2u^\beta}{\mathrm{d}s^2}+\Gamma^\beta_{\gamma\delta}\frac{\mathrm{d}u^\gamma}{\mathrm{d}s}\frac{\mathrm{d}u^\delta}{\mathrm{d}s}\right),\end{aligned}$$

因此条件 (2.28) 成为

$$\left.\frac{\mathrm{d}}{\mathrm{d}t}L(C_t)\right|_{t=0}=\int_a^b \sin\frac{(s-a)\pi}{b-a}(\kappa_g)^2\mathrm{d}s=0.$$

由于上式的被积表达式 $\geqslant 0$, 故有

$$(\kappa_g)^2\sin\frac{(s-a)\pi}{b-a}=0,\quad a\leqslant s\leqslant b,$$

于是 $\kappa_g\equiv 0$, 曲线 C 是曲面 S 上的测地线. 证毕.

推论 设 p,q 是曲面 S 上的任意两点, 如果曲线 C 是在曲面 S 上连接 p,q 两点的最短线, 则 C 必是曲面 S 上的测地线.

定理 2.3 的证明过程只涉及曲面 S 的第一基本形式, 与曲面 S 的外在特征无关.

习 题 6.2

1. 证明: 一般柱面上的测地线与直母线的夹角为常数. 特别地, 圆柱面上的测地线或者是直母线, 或者是正螺旋线.

2. 设曲线 C 是旋转曲面

$$\boldsymbol{r}(u,v)=(f(u)\cos v,f(u)\sin v,g(u))$$

上的一条测地线, 用 θ 表示曲线 C 与曲面的经线之间的夹角, 证明: 沿测地线 C 下式为恒等式:

$$f(u)\sin\theta\equiv \text{常数}.$$

3. 设在旋转曲面 S 上有一条测地线 C 与经线的夹角 θ 是常数, 并且 $\theta\neq 0^\circ,90^\circ$. 证明: 该旋转曲面 S 必定是圆柱面.

4. 求锥面 $x^2+y^2-z^2=0$ 上的测地线.

5. 设曲面 S 由方程 $z=f(x,y)$ 给出.

(1) 证明: 曲面 S 上的测地线微分方程可以写成

$$\frac{\mathrm{d}^2y}{\mathrm{d}x^2}=\Gamma_{22}^1\left(\frac{\mathrm{d}y}{\mathrm{d}x}\right)^3-(\Gamma_{22}^2-2\Gamma_{12}^1)\left(\frac{\mathrm{d}y}{\mathrm{d}x}\right)^2+(\Gamma_{11}^1-2\Gamma_{12}^2)\frac{\mathrm{d}y}{\mathrm{d}x}-\Gamma_{11}^2,$$

其中记号 $\Gamma^{\gamma}_{\alpha\beta}$ 意指把 x, y 作为曲面的参数 u^1, u^2;

(2) 证明: 曲面 S 上的测地线微分方程是

$$\frac{\mathrm{d}^2 y}{\mathrm{d}x^2}(1+p^2+q^2) = \left(r + 2s\frac{\mathrm{d}y}{\mathrm{d}x} + t\left(\frac{\mathrm{d}y}{\mathrm{d}x}\right)^2\right)\left(p\frac{\mathrm{d}y}{\mathrm{d}x} - q\right),$$

其中

$$p = \frac{\partial f}{\partial x}, \quad q = \frac{\partial f}{\partial y}, \quad r = \frac{\partial^2 f}{\partial x \partial x}, \quad s = \frac{\partial^2 f}{\partial x \partial y}, \quad t = \frac{\partial^2 f}{\partial y \partial y},$$

其中曲面 S 以 x, y 为参数, 并且在计算 $\Gamma^{\gamma}_{\alpha\beta}$ 时把 x, y 当成 u^1, u^2.

6. 证明: 曲面 $F(x, y, z) = 0$ 上的测地线满足微分方程

$$\begin{vmatrix} F_x & \mathrm{d}x & \mathrm{d}^2 x \\ F_y & \mathrm{d}y & \mathrm{d}^2 y \\ F_z & \mathrm{d}z & \mathrm{d}^2 z \end{vmatrix} = 0.$$

7. 证明:

(1) 若曲面 S 上的一条曲线 C 既是测地线, 又是渐近曲线, 则它必是直线;

(2) 若曲面 S 上的一条曲线 C 既是测地线, 又是曲率线, 则它必是平面曲线;

(3) 若曲面 S 上的一条测地线 C 是非直线的平面曲线, 则它必是曲面 S 上的曲率线.

8. 证明: 若曲面 S 上的所有测地线都是平面曲线, 则该曲面 S 必定是全脐点曲面.

9. 求具有下列第一基本形式的曲面上的测地线的参数方程:

(1) $\mathrm{I} = v((\mathrm{d}u)^2 + (\mathrm{d}v)^2)$;

(2) $\mathrm{I} = \dfrac{a^2}{v^2}((\mathrm{d}u)^2 + (\mathrm{d}v)^2)$.

10. 证明: 如果在曲面 S 上存在两族测地线, 它们彼此相交成定角, 则该曲面 S 必定是可展曲面.

11. 证明: 曲面 S 上的非直线测地线的挠率恰好是曲面 S 沿该曲线的切方向上的测地挠率.

12. 假定曲面 S_1 和 S_2 沿曲线 C 相切, 证明: 如果曲线 C 是曲面 S_1 上的测地线, 则 C 也必定是曲面 S_2 上的测地线.

如果曲线 C 是曲面 S_1 上的曲率线, 则有什么结论? 如果曲线 C 是曲面 S_1 上的渐近曲线, 则又有什么结论?

§6.3 测地坐标系和法坐标系

在空间中选择适当的坐标系始终是几何学的重要课题. 对于只有第一基本形式的曲面而言, 这种适当的坐标系应该是能够把曲面的第一基本形式最简单地表示出来的参数系. 本节要构造这种特殊的参数系, 统称为测地坐标系.

首先叙述在曲面上覆盖了一个区域的测地线族的概念. 假定在曲面 S 上有依赖一个参数的测地线族 Σ, 如果对于区域 $D \subset S$ 上的每一个点 p, 有且只有一条属于 Σ 的测地线经过点 p, 则称 Σ 是在曲面 S 上覆盖了区域 D 的一个**测地线族**. 很明显, 如果把 Σ 中的测地线都限制在区域 D 上, 则覆盖了区域 D 的测地线族 Σ 中的任意两条不同的测地线都不会彼此相交.

如果 Σ 是曲面 S 上覆盖了区域 D 的一个测地线族, 则在 D 内有另一个曲线族记为 Σ_1, 它是由 Σ 的正交轨线构成的. 于是, 根据第三章 §3.4 的讨论, 区域 D 内的任意一点 p 必有一个邻域 $U \subset D$ 和参数系 (u, v), 使得 Σ 和 Σ_1 中的曲线在 U 上的限制分别是曲面的 u-曲线族和 v-曲线族. 实际上, 测地线族 Σ 中的每一条测地线的切向量构成区域 D 上的一个处处非零的切向量场 $\boldsymbol{a}$, 同时它也在区域 D 上决定了与之正交的另一个处处非零的切向量场 $\boldsymbol{b}$, 后者与 Σ_1 中的曲线处处相切. §3.4 的定理 4.1 断言: 在区域 D 内的任意一点 p 的一个邻域 $U \subset D$ 内必存在参数系 (u, v), 使得 u-曲线和 v-曲线分别和切向量场 $\boldsymbol{a}$ 和 $\boldsymbol{b}$ 相切, 这就是说, Σ 是由 u-曲线组成的 (至多每一条曲线差一个重新参数化), 而 Σ_1 是由 v-曲线组成的 (至多每一条曲线差一个重新参数化). 由于曲线族 Σ 和 Σ_1 是彼此正交的, 故曲面 S 的第一基本形式可以写成

$$\mathrm{I} = E(\mathrm{d}u)^2 + G(\mathrm{d}v)^2. \tag{3.1}$$

由于 u-曲线是测地线, 它的测地曲率 κ_{g1} 为零, 根据 Liouville 公式 (§6.1 的 (1.16) 式) 得到

$$\kappa_{g1} = -\frac{1}{2\sqrt{G}}\frac{\partial \log E}{\partial v} = 0,$$

即

$$\frac{\partial E}{\partial v} = 0. \tag{3.2}$$

这说明 $E(u,v)$ 只是 u 的函数, 与 v 无关, 因此可以写成 $E(u)$. 作参数变换

$$\tilde{u} = \int_{u_0}^{u} \sqrt{E(u)}\mathrm{d}u, \quad \tilde{v} = v, \tag{3.3}$$

则曲面 S 的第一基本形式在 U 上的限制成为

$$\mathrm{I} = \mathrm{d}\tilde{u}^2 + \tilde{G}(\tilde{u},\tilde{v})\mathrm{d}\tilde{v}^2. \tag{3.4}$$

由此可以得到下面的定理:

定理 3.1 设 Σ 是曲面 S 上覆盖了区域 D 的测地线族, Σ_1 是由在区域 D 内与 Σ 中曲线正交的轨线构成的曲线族, 则 Σ_1 中的任意两条曲线在测地线族 Σ 中的各条测地线上截出的曲线段的长度都相等.

证明 假定在区域 D 上取参数系 $(\tilde{u},\tilde{v})$, 使得曲面 S 的第一基本形式在 D 上的限制由 (3.4) 式给出. 在 Σ_1 中取定两条曲线, 设为 $C_1: \tilde{u} = u_1$, $C_2: \tilde{u} = u_2$, 假定 $u_1 < u_2$. 又设 $C:\ \tilde{v} = v_0$ 是属于测地线族 Σ 的一条曲线, 它被曲线 C_1 和 C_2 所截, 截得的长度是

$$\int_{u_1}^{u_2} \sqrt{\mathrm{I}}\Big|_{\tilde{v}=v_0} = \int_{u_1}^{u_2} \mathrm{d}\tilde{u} = u_2 - u_1,$$

它与 v_0 的值无关. 证毕.

定理 3.1 的直观意义是, 覆盖区域 D 的测地线族的任意两条正交轨线之间的距离是处处相等的. 因此从这个意义上说, 覆盖区域 D 的测地线族的任意两条正交轨线是测地平行的.

定理 3.2 设 C 是曲面 S 上连接 p,q 两点的一条测地线. 如果曲线 C 能够嵌入到一个覆盖了区域 D 的测地线族 Σ 中去, 并且 $p,q\in D$, 则曲线 C 是在区域 D 内连接 p,q 两点的最短线.

证明 假定在区域 D 上有参数系 $(\tilde{u},\tilde{v})$, 使得曲面 S 的第一基本形式在 D 上的限制由 (3.4) 式给出, 曲线 C 对应于 $\tilde{v}=0$, p 的曲纹坐标是 $(0,0)$, 而 q 的曲纹坐标是 $(l,0)$, 其中 l 是曲线 C 的长度. 若 $\tilde{C}$ 是区域 D 内连接 p,q 两点的任意一条曲线, 设它的参数方程是 $\tilde{u}=u(t)$, $\tilde{v}=v(t)$, $0\leqslant t\leqslant l$, 并且 $u(0)=0, u(l)=l, v(0)=v(l)=0$, 则它的长度是

$$\begin{aligned}L(\tilde{C})&=\int_0^l\sqrt{\left(\frac{\mathrm{d}u(t)}{\mathrm{d}t}\right)^2+\tilde{G}(u(t),v(t))\left(\frac{\mathrm{d}v(t)}{\mathrm{d}t}\right)^2}\,\mathrm{d}t\\&\geqslant\int_0^l\left|\frac{\mathrm{d}u(t)}{\mathrm{d}t}\right|\mathrm{d}t\geqslant\int_0^l\mathrm{d}u(t)=l.\end{aligned}$$

因此 $L(\tilde{C})\geqslant L(C)$. 证毕.

在曲面 S 上构造覆盖某个区域的测地线族的方法有很多. 在本节, 我们介绍两种方法, 它们所对应的参数系分别称为测地平行坐标系和测地极坐标系.

首先在曲面 S 上取定一条测地线 C, 然后经过曲线 C 上每一点作一条测地线与曲线 C 正交, 将这些测地线构成的曲线族记为 Σ, 则曲线族 Σ 必定覆盖了曲线 C 的一个邻域 U(参看图 6.4). 根据前面的讨论得知, 在曲线 C 的邻域 U 内存在参数系 (u,v), 使得 Σ 恰好是 u-曲线族, 而曲线 C 对应于曲线 $u=0$, 并且曲面 S 的第一基本形式成为

$$\mathrm{I}=(\mathrm{d}u)^2+G(u,v)(\mathrm{d}v)^2.$$

在必要时经过适当的参数变换, 例如 $\tilde{v}=\displaystyle\int_{v_0}^{v}\sqrt{G(0,v)}\mathrm{d}v$, 总可以假定在 $u=0$ 时参数 v 是曲线 C 的弧长参数, 因此

$$G(0,v)=1.$$

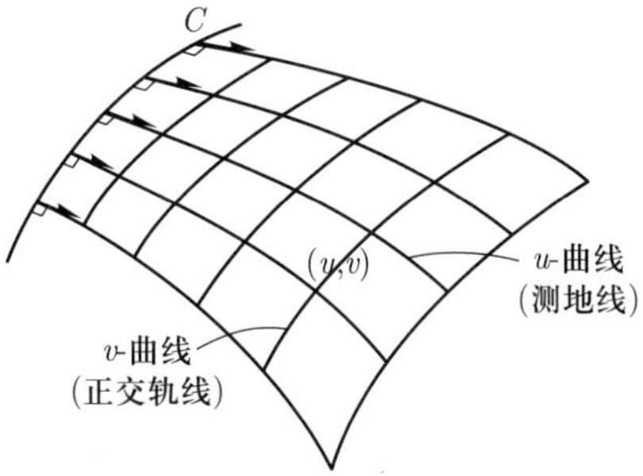

图 6.4 曲面上的测地平行坐标系

又因为曲线 C： $u=0$ 本身是测地线, 它的测地曲率

$$\kappa_{g2}|_{u=0}=\frac{1}{2}\left.\frac{\partial\log G}{\partial u}\right|_{u=0}=0,$$

因此

$$G_u(0,v)=0.$$

这样, 我们有

定理 3.3 在曲面 S 的每一点 p 的一个充分小的邻域 U 内必定存在参数系 (u,v), 使得点 p 对应于 $u=0,v=0$, 而曲面 S 的第一基本形式成为

$$\mathrm{I}=(\mathrm{d}u)^2+G(u,v)(\mathrm{d}v)^2, \tag{3.5}$$

其中函数 $G(u,v)$ 满足条件

$$G(0,v)=1,\quad \frac{\partial G}{\partial u}(0,v)=0. \tag{3.6}$$

这样的参数系 (u,v) 称为曲面 S 在点 p 附近的**测地平行坐标系**.

很明显, 平面上的测地平行坐标系就是通常的笛卡儿直角坐标系.

现在我们采取另一种做法, 先引进曲面 S 在点 p 的法坐标系, 采用张量记号. 在曲面 S 上取定一点 p, 假定 (u^1,u^2) 是曲面 S 在点 p 附近的正交参数系, $u^1(p)=0,u^2(p)=0$, 于是曲面 S 的第一基本形式成为

$$\mathrm{I}=g_{11}(\mathrm{d}u^1)^2+g_{22}(\mathrm{d}u^2)^2,\quad g_{12}=g_{21}=0, \tag{3.7}$$

并且可以假定

$$g_{11}(0,0)=1,\quad g_{22}(0,0)=1. \tag{3.8}$$

这样, $\{p;\boldsymbol{r}_1|_p,\boldsymbol{r}_2|_p\}$ 是曲面 S 在点 p 的切空间 T_pS 上的一个单位正交标架. 首先, 我们要定义映射 $\exp_p: T_pS\to S$, 称为曲面 S 在点 p 的指数映射.

根据定理 2.2, 对于在点 p 的任意一个切向量 $\boldsymbol{v}$, 存在唯一的一条测地线经过点 p, 并且以 $\boldsymbol{v}$ 为它在点 p 的切向量, 记为 $\gamma(s)=\gamma(s;\boldsymbol{v})$. 于是

$$\gamma(0)=p,\quad \gamma'(0)=\boldsymbol{v}, \tag{3.9}$$

并且由 (3.9) 式得知

$$|\gamma'(s)|=|\gamma'(0)|=|\boldsymbol{v}|\ (\text{常数}).$$

记 $u^\alpha(s)=u^\alpha(\gamma(s))$, 这是测地线 $\gamma(s)$ 的参数方程, 并且参数 s 与弧长成比例. 让 s 作变量替换 $s=\lambda t$, 其中 $\lambda>0$ 是常数, 并且命

$$\tilde{\gamma}(t)=\gamma(\lambda t)=\gamma(\lambda t;\boldsymbol{v}), \tag{3.10}$$

它的参数方程是

$$\tilde{u}^\alpha(t)=u^\alpha(\tilde{\gamma}(t))=u^\alpha(\gamma(\lambda t))=u^\alpha(\lambda t). \tag{3.11}$$

那么

$$\frac{\mathrm{d}\tilde{u}^\alpha(t)}{\mathrm{d}t}=\lambda\frac{\mathrm{d}u^\alpha(s)}{\mathrm{d}s},\qquad \frac{\mathrm{d}^2\tilde{u}^\alpha(t)}{\mathrm{d}t^2}=\lambda^2\frac{\mathrm{d}^2u^\alpha(s)}{\mathrm{d}s^2},$$

因此

$$\begin{aligned}&\frac{\mathrm{d}^2\tilde{u}^\alpha(t)}{\mathrm{d}t^2}+\Gamma^\alpha_{\beta\gamma}\frac{\mathrm{d}\tilde{u}^\beta(t)}{\mathrm{d}t}\frac{\mathrm{d}\tilde{u}^\gamma(t)}{\mathrm{d}t}\\&\quad=\lambda^2\left(\frac{\mathrm{d}^2u^\alpha(s)}{\mathrm{d}s^2}+\Gamma^\alpha_{\beta\gamma}\frac{\mathrm{d}u^\beta(s)}{\mathrm{d}s}\frac{\mathrm{d}u^\gamma(s)}{\mathrm{d}s}\right)=0,\end{aligned}$$

这说明 $\tilde{\gamma}(t)$ 仍然是一条测地线, 并且

$$\tilde{\gamma}(0)=\gamma(0)=p,\quad \tilde{\gamma}'(0)=\lambda\gamma'(0)=\lambda\boldsymbol{v}. \tag{3.12}$$

由此可见, $\tilde{\gamma}(t)$ 是一条从点 p 出发、以 $\lambda\boldsymbol{v}$ 为它在点 p 的切向量的测地线. 根据定理 2.2 的唯一性以及记号 $\gamma(s;\boldsymbol{v})$ 的意义得知, 必定有

$$\tilde{\gamma}(t)=\gamma(\lambda t;\boldsymbol{v})=\gamma(t;\lambda\boldsymbol{v}). \tag{3.13}$$

上式的意义是: 对于给定的切向量 $\boldsymbol{v}$ 来说, 测地线 $\gamma(s;\boldsymbol{v})$ 的定义域可能是某个充分小的区间 $(-\varepsilon,\varepsilon)$. 如果将初始切向量 $\boldsymbol{v}$ 的长度成倍地缩小, 则测地线 $\gamma(s;\boldsymbol{v})$ 的定义域将会成倍地增大. 例如, 命 $s=\dfrac{\varepsilon}{2}t$, 而 s 的变化范围是 $-\varepsilon<s<\varepsilon$, 那么 t 的变化范围就成为 $-2<t<2$, 并且

$$\gamma(s;\boldsymbol{v})=\gamma\left(\frac{\varepsilon}{2}t;\boldsymbol{v}\right)=\gamma\left(t;\frac{\varepsilon}{2}\boldsymbol{v}\right).$$

这就是说, 当切向量 $\boldsymbol{v}$ 的长度充分小时, 可以使测地线 $\gamma(s;\boldsymbol{v})$ 的定义域包含区间 $(-2,2)$ 在内. 因此, 在切空间 T_pS 上可以取原点的一个充分小的邻域 U, 使得由

$$\exp_p(\boldsymbol{v})=\gamma(1;\boldsymbol{v}),\quad \forall\boldsymbol{v}\in U \tag{3.14}$$

给出的映射 $\exp_p:U\to S$ 有定义. 该映射 $\exp_p:U\to S$ 称为曲面 S 在点 p 的**指数映射**, 它的几何意义是明显的. 当 $\boldsymbol{v}=\boldsymbol{0}$ 时, $\exp_p(\boldsymbol{0})=p$; 当 $\boldsymbol{v}\neq\boldsymbol{0}$ 时, 命 $\boldsymbol{v}_0=\dfrac{\boldsymbol{v}}{|\boldsymbol{v}|}$, 则 $\boldsymbol{v}_0$ 是 $\boldsymbol{v}$ 的单位方向向量. 根据 (3.13) 式有

$$\gamma(1;\boldsymbol{v})=\gamma(1;|\boldsymbol{v}|\boldsymbol{v}_0)=\gamma(|\boldsymbol{v}|;\boldsymbol{v}_0).$$

由此可见, 若以单位切向量 $\boldsymbol{v}_0$ 为初始切向量作经过点 p 的测地线 $\gamma(s;\boldsymbol{v}_0)$, 其中 s 是弧长参数, 则在该测地线上截取 $s=|\boldsymbol{v}|$ 的点正好是切向量 $\boldsymbol{v}$ 在指数映射 $\exp_p$ 下的像 $\exp_p(\boldsymbol{v})=\gamma(1;\boldsymbol{v})$. 根据常微分方程组的解关于初始值的连续可微依赖性得知, 指数映射 $\exp_p:U\to S$ 是连续可微的.

假定切空间 T_pS 在单位正交标架 $\{p;\boldsymbol{r}_1|_p,\boldsymbol{r}_2|_p\}$ 下的坐标系是 (v^1, v^2), 即在点 p 的任意一个切向量 $\boldsymbol{v}\in T_pS$ 可以表示为

$$\boldsymbol{v}=v^1\boldsymbol{r}_1|_p+v^2\boldsymbol{r}_2|_p. \tag{3.15}$$

我们要说明, 切空间 T_pS 上的坐标系 (v^1, v^2) 经过指数映射 $\exp_p: U \to S$ 成为曲面 S 在点 p 附近的参数系, 这样得到的参数系称为曲面 S 在点 p 的**法坐标系**. 实际上, 命

$$u^\alpha = u^\alpha(\exp_p(\boldsymbol{v})) = u^\alpha(\gamma(1;\boldsymbol{v})) \equiv u^\alpha(v^1, v^2), \quad \alpha = 1, 2, \tag{3.16}$$

它们是参数 v^1, v^2 的连续可微函数. 任意取定 $\boldsymbol{v} \in U$, 命

$$u^\alpha(t) = u^\alpha(\exp_p(t\boldsymbol{v})) = u^\alpha(\gamma(1; t\boldsymbol{v})),$$

则由 (3.16) 式得到

$$u^\alpha(t) = u^\alpha(tv^1, tv^2), \tag{3.17}$$

这正好是曲面 S 上经过点 p、以 $\boldsymbol{v}$ 为初始切向量的测地线 $\gamma(t;\boldsymbol{v})$ 的参数方程. 因此

$$u^\alpha(0) = u^\alpha(0, 0) = 0, \quad \alpha = 1, 2, \tag{3.18}$$

并且

$$\boldsymbol{v} = \gamma'(t;\boldsymbol{v})|_{t=0} = \left.\frac{\mathrm{d}u^\alpha(t)}{\mathrm{d}t}\right|_{t=0} \boldsymbol{r}_\alpha|_p = \left.\frac{\partial u^\alpha}{\partial v^\beta}\right|_p \cdot v^\beta \boldsymbol{r}_\alpha|_p.$$

将上式与 (3.15) 式相比较得到

$$\left.\frac{\partial u^\alpha}{\partial v^\beta}\right|_p = \delta^\alpha_\beta = \begin{cases} 1, & \alpha = \beta, \\ 0, & \alpha \neq \beta. \end{cases} \tag{3.19}$$

由此可见, (3.16) 式给出的变换 $u^\alpha = u^\alpha(v^1, v^2)$, $\alpha = 1, 2$ 是曲面 S 在点 p 附近的正则参数变换, 因此 (v^1, v^2) 是曲面 S 在点 p 附近容许的参数系.

曲面 S 在点 p 的法坐标系 (v^1, v^2) 的特征是: 经过点 p 的测地线 $\gamma(t;\boldsymbol{v})$ 的参数方程

$$v^\alpha(t) = v^\alpha(\gamma(t;\boldsymbol{v})) = v^\alpha(u^1(t), u^2(t))$$

是 t 的线性函数. 事实上, 设参数变换 (3.16) 的逆变换是

$$v^\alpha = v^\alpha(u^1, u^2), \tag{3.20}$$

即它们关于任意的 (u^1,u^2) 满足恒等式

$$u^\alpha \equiv u^\alpha(v^1(u^1,u^2),v^2(u^1,u^2)),\quad \alpha=1,2.$$

特别是将测地线 $\gamma(t;\boldsymbol{v})$ 的参数方程 $(u^1(t),u^2(t))$ 代入上式得到

$$\begin{aligned}u^\alpha(t)&=u^\alpha(v^1(u^1(t),u^2(t)),v^2(u^1(t),u^2(t)))\\&=u^\alpha(v^1(t),v^2(t)),\quad \alpha=1,2.\end{aligned}$$

另一方面从 (3.17) 式得知

$$u^\alpha(t)=u^\alpha(tv^1,tv^2),\quad \alpha=1,2.$$

根据在给定的参数系下点的曲纹坐标的唯一性, 比较上面两式, 得到经过点 p 的测地线 $\gamma(t;\boldsymbol{v})$ 的参数方程是

$$v^1(t)=tv^1,\quad v^2(t)=tv^2. \tag{3.21}$$

假定曲面 S 在点 p 的法坐标系 (v^1,v^2) 下的第一类基本量是 $\tilde{g}_{\alpha\beta}$, $\alpha,\beta=1,2$, 那么

$$\tilde{g}_{\alpha\beta}=g_{\gamma\delta}\frac{\partial u^\gamma}{\partial v^\alpha}\frac{\partial u^\delta}{\partial v^\beta}. \tag{3.22}$$

特别地由 (3.19) 式得知

$$\begin{aligned}&\tilde{g}_{11}(0,0)=\tilde{g}_{22}(0,0)=g_{11}(0,0)=g_{22}(0,0)=1,\\&\tilde{g}_{12}(0,0)=\tilde{g}_{21}(0,0)=g_{12}(0,0)=g_{21}(0,0)=0.\end{aligned} \tag{3.23}$$

我们还能够得到关于 $\tilde{g}_{\alpha\beta}$ 的更多的信息. 由于 $v^\alpha(t)=tv^\alpha$ 是曲面 S 上经过点 p、以 $\boldsymbol{v}$ 为初始切向量的测地线, 它应该满足测地线的微分方程 (2.1), 因此

$$\frac{\mathrm{d}^2v^\gamma(t)}{\mathrm{d}t^2}+\tilde{\Gamma}^\gamma_{\alpha\beta}\frac{\mathrm{d}v^\alpha(t)}{\mathrm{d}t}\frac{\mathrm{d}v^\beta(t)}{\mathrm{d}t}=\tilde{\Gamma}^\gamma_{\alpha\beta}(\gamma(t;\boldsymbol{v}))v^\alpha v^\beta=0,$$

其中 $\tilde{\Gamma}^\gamma_{\alpha\beta}$ 是关于 $\tilde{g}_{\alpha\beta}$ 的 Christoffel 记号. 取 $t=0$, 则上式成为

$$\tilde{\Gamma}^\gamma_{\alpha\beta}(p)v^\alpha v^\beta=0.$$

在 U 上这是关于 $\boldsymbol{v}=(v^1,v^2)$ 的恒等式, 并且 $\tilde{\Gamma}^\gamma_{\alpha\beta}(p)=\tilde{\Gamma}^\gamma_{\beta\alpha}(p)$, 因此

$$\tilde{\Gamma}^\gamma_{\alpha\beta}(p)=0. \tag{3.24}$$

由此可见, 我们有下面的定理:

定理 3.4 曲面 S 在任意一点 p 的附近必有法坐标系 (v^1,v^2), 在此坐标系下从点 p 出发、以 (v_0^1,v_0^2) 为切向量的测地线的参数方程是

$$v^1(t)=tv_0^1,\quad v^2(t)=tv_0^2;$$

并且曲面 S 的第一类基本量 $\tilde{g}_{\alpha\beta}$ 满足

$$\tilde{g}_{11}(p)=\tilde{g}_{22}(p)=1,\quad \tilde{g}_{12}(p)=\tilde{g}_{21}(p)=0,\quad \tilde{\Gamma}^\gamma_{\alpha\beta}(p)=0, \tag{3.25}$$

因此

$$\frac{\partial\tilde{g}_{\alpha\beta}}{\partial v^\gamma}(p)=\tilde{g}_{\alpha\delta}\tilde{\Gamma}^\delta_{\beta\gamma}(p)+\tilde{g}_{\beta\delta}\tilde{\Gamma}^\delta_{\alpha\gamma}(p)=0,\quad \alpha,\beta,\gamma=1,2. \tag{3.26}$$

需要指出的是, 在点 p 的法坐标系 (v^1,v^2) 下, 曲面 S 的第一类基本量 $\tilde{g}_{\alpha\beta}$ 在点 p 有很好的性质, 但在点 p 以外却未必有下列等式:

$$\tilde{g}_{12}=\tilde{g}_{21}=0,$$

即法坐标系在点 p 以外未必是正交参数系.

最后, 我们来看曲面 S 在点 p 的测地极坐标系 (s,θ). 设 (v^1,v^2) 是切空间 T_pS 中的笛卡儿直角坐标系, 则在切空间 T_pS 上可以取极坐标系 (s,θ), 使得

$$v^1=s\cos\theta,\quad v^2=s\sin\theta. \tag{3.27}$$

这样的坐标系适用于切空间 T_pS 中除去从点 p 出发的一条射线后余下的区域. 于是, (v^1,v^2) 通过指数映射 $\exp_p:U\to S$ 成为曲面 S 在点 p 附近的法坐标系, 同时 (s,θ) 成为曲面 S 在点 p 附近、除去从点 p 出发的一条测地线后余下的区域上的一个新的参数系, 称为曲面 S 在点 p 的**测地极坐标系**. 从测地极坐标系 (s,θ) 到法坐标系 (v^1,v^2) 的坐标变换恰好是由 (3.27) 式给出的.

为确定起见, 假定所去掉的射线对应于 $\theta=\pi$, 于是在切空间 T_pS 上测地极坐标系 (s,θ) 的适用范围是 $0<s<\infty$, $-\pi<\theta<\pi$. 用 U_0 表示区域 U 在去掉从点 p 出发的这条对应的测地线后余下的区域. 对于任意固定的 $-\pi<\theta_0<\pi$, 让 s 变化, 则由 (3.27) 式给出 T_pS 中从原点出发的一条射线, 而在曲面 S 上得到从点 p 出发的一条测地线, 该测地线用法坐标系表示的参数方程是

$$v^1(s)=s\cos\theta_0,\quad v^2(s)=s\sin\theta_0.$$

将所有这样的测地线的集合记为 Σ, 那么 Σ 是覆盖了区域 U_0 的测地线族 (参看图 6.5). 任意固定一个充分小的值 $s=s_0>0$, 让 θ 变化, 则在曲面 S 上得到一条曲线, 它是在测地线族 Σ 中每一条测地线上从点 p 出发、截取长度为 s_0 的点所得到的轨迹, 称为曲面 S 上以点 p 为中心、以 s_0 为半径的**测地圆**. 将以点 p 为中心的全体测地圆的集合记为 Σ_1.

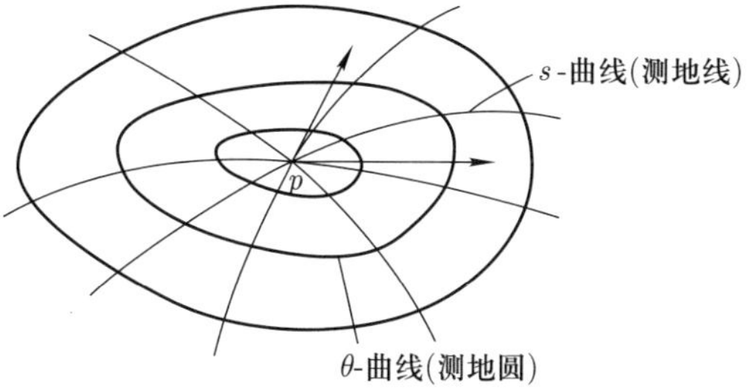

图 6.5 曲面上的测地极坐标系

引理 从点 p 出发的测地线与以点 p 为中心的测地圆是彼此正交的, 即曲线族 Σ_1 中的每一条曲线是测地线族 Σ 的正交轨线.

通常把上面的引理称为 **Gauss 引理**.

证明 假定 (u^1,u^2) 是点 p 附近的正交参数系, 并且点 p 对应于坐标 $u^1=0,u^2=0$. 设曲面 S 的第一基本形式是

$$\mathrm{I}=g_{\alpha\beta}\mathrm{d}u^\alpha\mathrm{d}u^\beta.$$

用 θ 表示在点 p 的切向量与 u^1-曲线的夹角. 根据 §6.2 的定理 2.2, 经过点 p、与 u^1-曲线的夹角为 θ 的测地线记为 C_θ, 其参数方程是 $u^\alpha = u^\alpha(s,\theta), \alpha = 1,2$, 其中 s 是测地线的弧长参数, 并且 $u^\alpha(s,\theta)$ 是 s,θ 的连续可微函数. 曲线族 Σ 中的曲线 C_θ 就是 $\theta =$ 常数的曲线, 曲线族 Σ_1 中的曲线就是 $s =$ 常数的曲线. 设曲线 C 是测地线 $\theta = \theta_0$, $0 \leqslant s \leqslant s_0$, 即它的参数方程是 $u^\alpha = u^\alpha(s,\theta_0), 0 \leqslant s \leqslant s_0$, 那么曲线族 Σ 是它的一个变分, 其变分向量场由

$$w^\alpha(s) = \left.\frac{\partial u^\alpha(s,\theta)}{\partial\theta}\right|_{\theta=\theta_0}$$

给出. 由于变分曲线都是从点 p 出发的, 故 $u^\alpha(0,\theta) = 0$, 所以 $w^\alpha(0) = 0, \alpha = 1,2$. 然而 $w^\alpha(s_0)\boldsymbol{r}_\alpha$ 是测地圆 $u^\alpha = u^\alpha(s_0,\theta)$ 在 $\theta = \theta_0$ 处的切向量, 根据 §6.2 的曲线弧长的第一变分公式 (2.26) 得到

$$\begin{aligned}\left.\frac{\mathrm{d}}{\mathrm{d}\theta}\right|_{\theta=\theta_0} L(C_\theta) =& \left. g_{\alpha\beta}w^\alpha(s)\,\frac{\mathrm{d}u^\beta}{\mathrm{d}s}\right|_{s=0}^{s=s_0} \\ &- \int_0^r g_{\alpha\beta}w^\alpha\left(\frac{\mathrm{d}^2u^\beta}{\mathrm{d}s^2} + \Gamma^\beta_{\gamma\delta}\frac{\mathrm{d}u^\gamma}{\mathrm{d}s}\frac{\mathrm{d}u^\delta}{\mathrm{d}s}\right)\mathrm{d}s \\ =& \left. g_{\alpha\beta}w^\alpha(s_0)\,\frac{\mathrm{d}u^\beta}{\mathrm{d}s}\right|_{s=s_0}.\end{aligned}$$

但是, 每一条测地线 $C_\theta : u^\alpha = u^\alpha(s,\theta), 0 \leqslant s \leqslant s_0$ 的长度都是 s_0, 即 $L(C_\theta) = s_0$, 因此上式的最左端为零, 于是

$$\left. g_{\alpha\beta}w^\alpha(s_0)\,\frac{\mathrm{d}u^\beta}{\mathrm{d}s}\right|_{s=s_0} = 0. \tag{3.28}$$

这意味着, 测地线 C 与半径为 s_0 的测地圆是彼此正交的. 证毕.

由于 Σ_1 是测地线族 Σ 的正交轨线族, s 是曲线族 Σ 中测地线的弧长参数, 于是 (s,θ) 是 U_0 上的参数系, 而且曲面 S 的第一基本形式成为

$$\mathrm{I} = \mathrm{d}s^2 + G(s,\theta)\mathrm{d}\theta^2. \tag{3.29}$$

我们想要知道函数 $G(s,\theta)$ 的更多的性质. 已知曲面 S 在点 p 的法坐标系 (v^1,v^2) 和测地极坐标系 (s,θ) 的坐标变换是由 (3.27) 式给

出的, 因此

$$(v^1)^2+(v^2)^2=s^2, \quad \frac{v^2}{v^1}=\tan\theta,$$
$$\mathrm{d}v^1=\cos\theta\mathrm{d}s-s\sin\theta\mathrm{d}\theta, \quad \mathrm{d}v^2=\sin\theta\mathrm{d}s+s\cos\theta\mathrm{d}\theta,$$

所以

$$\mathrm{d}s=\frac{v^1\mathrm{d}v^1+v^2\mathrm{d}v^2}{s}, \quad \mathrm{d}\theta=\frac{v^1\mathrm{d}v^2-v^2\mathrm{d}v^1}{s^2}.$$

将上式代入 (3.29) 式得到

$$\begin{aligned}
\mathrm{I}&=\left(\frac{v^1}{s}\mathrm{d}v^1+\frac{v^2}{s}\mathrm{d}v^2\right)^2+G(s,\theta)\left(\frac{v^1}{s^2}\mathrm{d}v^2-\frac{v^2}{s^2}\mathrm{d}v^1\right)^2\\
&=\left(\frac{(v^1)^2}{s^2}+G\frac{(v^2)^2}{s^4}\right)(\mathrm{d}v^1)^2+\frac{2v^1v^2}{s^2}\left(1-\frac{G}{s^2}\right)\mathrm{d}v^1\mathrm{d}v^2\\
&\quad+\left(\frac{(v^2)^2}{s^2}+G\frac{(v^1)^2}{s^4}\right)(\mathrm{d}v^2)^2\\
&=\left(1+\frac{(v^2)^2}{s^2}\left(\frac{G}{s^2}-1\right)\right)(\mathrm{d}v^1)^2+\frac{2v^1v^2}{s^2}\left(1-\frac{G}{s^2}\right)\mathrm{d}v^1\mathrm{d}v^2\\
&\quad+\left(1+\frac{(v^1)^2}{s^2}\left(\frac{G}{s^2}-1\right)\right)(\mathrm{d}v^2)^2.
\end{aligned}\tag{3.30}$$

由此可见

$$\begin{aligned}
\tilde{g}_{11}&=1+\frac{(v^2)^2}{s^2}\left(\frac{G}{s^2}-1\right)=1+\sin^2\theta\left(\frac{G}{s^2}-1\right),\\
\tilde{g}_{12}&=\frac{v^1v^2}{s^2}\left(1-\frac{G}{s^2}\right)=\sin\theta\cos\theta\left(1-\frac{G}{s^2}\right),\\
\tilde{g}_{22}&=1+\frac{(v^1)^2}{s^2}\left(\frac{G}{s^2}-1\right)=1+\cos^2\theta\left(\frac{G}{s^2}-1\right).
\end{aligned}$$

与 (3.23) 式相比较得到

$$\lim_{s\to 0}\frac{G(s,\theta)}{s^2}=1, \tag{3.31}$$

即

$$G(s,\theta)=s^2+o(s^2), \quad \sqrt{G(s,\theta)}=s+o(s),$$

因此

$$\lim_{s\to 0}\sqrt{G(s,\theta)}=0,$$

并且

$$\lim_{s\to 0}(\sqrt{G(s,\theta)})_s=1.$$

综合上面的讨论我们有下述定理.

定理 3.5 在曲面 S 的每一点 p 的邻域内, 除去从点 p 出发的一条测地线外, 必存在测地极坐标系 (s,θ), 使得曲面 S 的第一基本形式成为

$$\mathrm{I}=\mathrm{d}s^2+G(s,\theta)\mathrm{d}\theta^2,$$

其中函数 $G(s,\theta)$ 满足条件

$$\lim_{s\to 0}\sqrt{G(s,\theta)}=0,\quad \lim_{s\to 0}\frac{\partial}{\partial s}\sqrt{G(s,\theta)}=1. \tag{3.32}$$

显然, 平面上的极坐标系就是测地极坐标系.

在本节, 我们分别介绍了曲面上的测地平行坐标系、法坐标系和测地极坐标系. 曲面的第一基本形式在测地平行坐标系和测地极坐标系有最简单的表达式, 这就是本节所叙述的定理 3.3 和定理 3.5. 曲面上的法坐标系是将曲面在一点处的切空间的笛卡儿直角坐标系经过指数映射产生的, 它的特点是经过该点的测地线参数方程变得十分简单, 恰好是参数的线性函数, 因而相应的第一类基本量在该点有很好的性质. 在维数 $\geqslant 3$ 的黎曼几何情形, 测地平行坐标系和测地极坐标系不再以如此简单的形式出现了, 但是仍然有法坐标系的理论, 其中 Gauss 引理将是十分重要的基本事实.

习 题 6.3

1. 设曲面 S 的第一基本形式是 $\mathrm{I}=(\mathrm{d}u)^2+G(u,v)(\mathrm{d}v)^2$, 求 $\Gamma^{\gamma}_{\alpha\beta}$ 和 Gauss 曲率 K.

2. 设曲面 S 的第一基本形式是 $\mathrm{I}=(\mathrm{d}u)^2+G(u,v)(\mathrm{d}v)^2$, 并且函数 $G(u,v)$ 满足条件 $G(0,v)=1$, $G_u(0,v)=0$. 证明:

$$G(u,v)=1-u^2K(0,v)+o(u^2).$$

3. 设曲面 S 上以点 p 为中心、以 r 为半径的测地圆的周长是 L_r, 其所围的面积是 A_r. 证明: 曲面 S 在点 p 处的 Gauss 曲率是

$$K(p)=\lim_{r\to 0}\frac{3}{\pi}\cdot\frac{2\pi r-L_r}{r^3}=\lim_{r\to 0}\frac{12}{\pi}\cdot\frac{\pi r^2-A_r}{r^4}.$$

§6.4 常曲率曲面

Gauss 曲率为常数的曲面称为**常曲率曲面**. 在第四章的 §4.6 我们已经根据常曲率旋转曲面所满足的微分方程算出它的参数方程. 在本节, 我们将利用测地坐标系决定常曲率曲面的第一基本形式. 由此可见, 有相同常 Gauss 曲率的常曲率曲面在局部上是彼此等距的.

假定曲面 S 的 Gauss 曲率 K 是常数. 在曲面 S 上取测地平行坐标系 (u,v), 因而它的第一基本形式成为

$$\mathrm{I}=(\mathrm{d}u)^2+G(u,v)(\mathrm{d}v)^2, \tag{4.1}$$

其中 $G(u,v)$ 满足条件

$$G(0,v)=1,\quad \frac{\partial G}{\partial u}(0,v)=0. \tag{4.2}$$

根据 Gauss 曲率 K 的内蕴表达式, 我们有

$$K=-\frac{1}{\sqrt{EG}}\left(\left(\frac{(\sqrt{E})_v}{\sqrt{G}}\right)_v+\left(\frac{(\sqrt{G})_u}{\sqrt{E}}\right)_u\right)=-\frac{1}{\sqrt{G}}(\sqrt{G})_{uu},$$

所以 $\sqrt{G}$ 作为 u 的函数满足常系数二阶线性齐次方程

$$(\sqrt{G})_{uu}+K\sqrt{G}=0, \tag{4.3}$$

初始条件是 (根据 (4.2) 式)

$$\sqrt{G}(0,v)=1,\quad (\sqrt{G})_u(0,v)=0. \tag{4.4}$$

方程 (4.3) 的特征方程是

$$\lambda^2+K=0,$$

因此, 根据 K 的不同符号, 方程 (4.3) 的通解分别为

$$\begin{aligned}
&K>0,\quad \sqrt{G}=a(v)\cos(\sqrt{K}u)+b(v)\sin(\sqrt{K}u),\\
&K=0,\quad \sqrt{G}=a(v)+b(v)u,\\
&K<0,\quad \sqrt{G}=a(v)\cosh(\sqrt{-K}u)+b(v)\sinh(\sqrt{-K}u).
\end{aligned}$$

在初始条件 (4.4) 下, 方程 (4.3) 的解为

$$\begin{aligned}
&K>0,\quad \sqrt{G}=\cos(\sqrt{K}u),\\
&K=0,\quad \sqrt{G}=1,\\
&K<0,\quad \sqrt{G}=\cosh(\sqrt{-K}u).
\end{aligned}$$

因此 Gauss 曲率为 K 的常曲率曲面 S 的第一基本形式在测地平行坐标系 (u,v) 下有完全确定的表达式, 根据其 Gauss 曲率 K 的符号的不同分别为

$$\begin{aligned}
&K>0,\quad \mathrm{I}=(\mathrm{d}u)^2+\cos^2(\sqrt{K}u)(\mathrm{d}v)^2,\\
&K=0,\quad \mathrm{I}=(\mathrm{d}u)^2+(\mathrm{d}v)^2,\\
&K<0,\quad \mathrm{I}=(\mathrm{d}u)^2+\cosh^2(\sqrt{-K}u)(\mathrm{d}v)^2.
\end{aligned}$$

由此得到下面的定理:

定理 4.1 有相同常数 Gauss 曲率 K 的任意两块常曲率曲面在局部上必定可以建立保长对应.

通过前面各节的讨论可以看出, Gauss 的绝妙定理启发我们去研究只具有第一基本形式的一张抽象曲面, 而不是放在欧氏空间 $\mathbb{R}^3$ 中的一张具体的曲面. 换句话说, 我们所考虑的曲面是两个变数 u,v 的区域 D, 并且在 D 上指定了一个正定的二次微分形式

$$\mathrm{d}s^2=E(u,v)(\mathrm{d}u)^2+2F(u,v)\mathrm{d}u\mathrm{d}v+G(u,v)(\mathrm{d}v)^2, \tag{4.5}$$

称为该抽象曲面上的度量形式. 它的几何意义是, 抽象曲面在点 (u,v) 的切向量 $(\mathrm{d}u,\mathrm{d}v)$ 的长度平方. 抽象曲面在一点 (u,v) 的两个切向量 $(\mathrm{d}u,\mathrm{d}v)$ 和 $(\delta u,\delta v)$ 的夹角 θ 的余弦是

$$\cos\theta=\frac{E(u,v)\mathrm{d}u\delta u+F(u,v)(\mathrm{d}u\delta v+\delta u\mathrm{d}v)+G(u,v)\mathrm{d}v\delta v}{\sqrt{E(\mathrm{d}u)^2+2F\mathrm{d}u\mathrm{d}v+G(\mathrm{d}v)^2}\sqrt{E(\delta u)^2+2F\delta u\delta v+G(\delta v)^2}},\tag{4.6}$$

曲面上的曲线 $u=u(t),\ v=v(t),\ a\leqslant t\leqslant b$ 的长度是

$$\int_a^b\sqrt{E\left(\frac{\mathrm{d}u}{\mathrm{d}t}\right)^2+2F\frac{\mathrm{d}u}{\mathrm{d}t}\frac{\mathrm{d}v}{\mathrm{d}t}+G\left(\frac{\mathrm{d}v}{\mathrm{d}t}\right)^2}\mathrm{d}t.\tag{4.7}$$

在 1854 年, Riemann 把 Gauss 内蕴微分几何的思想一举推广到任意维数 n 的情形, 开创了现在所称的 Riemann 几何学. 于是, Gauss 内蕴微分几何学就是二维的 Riemann 几何学. 在这样的抽象曲面上除了计算上面所述的几何量以外, 最主要的几何量是 Gauss 曲率 K, 以及曲面上的曲线的测地曲率和曲面上的测地线等等. 由此可见, 在抽象曲面上仍然有丰富的几何学可供研究.

最简单的一类抽象曲面就是常曲率曲面, 它的第一基本形式是由它的常数 Gauss 曲率 K 完全确定的. 非欧几何学的出现是人类思想史的划时代进展. 从现代数学的观点来看, 从欧氏几何学到非欧几何学的发展实际上就是把平面几何学推广到常曲率曲面上的几何学, 更进一步可以推广到一般的 Riemann 几何学. 欧氏几何学和非欧几何学的本质差别在于空间的弯曲程度不同. 欧氏空间是平坦的空间, 其 Gauss 曲率 K 为零. 而非欧空间是常弯曲的空间, 其 Gauss 曲率 K 是非零常数. 空间的弯曲性质的不同, 决定了该空间中的直线 (即测地线) 的性状的不同, 从而决定了该空间中的 (测地) 三角形的内角和的不同. 在 §6.9 要介绍的 Gauss-Bonnet 定理将会清晰地揭示这个事实. 在本节, 我们将进一步讨论常曲率曲面上测地线的性状.

直接计算表明, 度量形式

$$\mathrm{d}s^2=\frac{(\mathrm{d}u)^2+(\mathrm{d}v)^2}{\left(1+\frac{K}{4}(u^2+v^2)\right)^2}\tag{4.8}$$

的 Gauss 曲率为常数 K. 这个公式把常曲率曲面的度量形式写成统一的表达式, 这是 Riemann 首先给出来的. 当 $K \geqslant 0$ 时, 该抽象曲面的定义域是整个 uv 平面; 当 $K<0$ 时, 该抽象曲面的定义域是 uv 平面上的一个区域

$$D=\left\{(u,v): u^2+v^2<-\frac{4}{K}\right\}.$$

设 $K=0$, 则 $\mathrm{d}s^2=(\mathrm{d}u)^2+(\mathrm{d}v)^2$, 所以这个抽象曲面就是普通的平面, 它上面的测地线就是普通的直线.

设 $K>0$, 则相应的抽象曲面可以看作为, 三维欧氏空间 E^3 中半径为 $1/\sqrt{K}$ 的球面通过从南极向球面北极处的切平面作球极投影所得的像 (参看第三章习题 3.1 的第 2 题). 具体地说, 该投影的表达式是

$$u=\frac{2x}{\sqrt{K}z+1},\quad v=\frac{2y}{\sqrt{K}z+1},\quad x^2+y^2+z^2=\frac{1}{K}, \tag{4.9}$$

或者反过来得到

$$\begin{aligned} x&=\frac{4u}{4+K(u^2+v^2)},\\ y&=\frac{4v}{4+K(u^2+v^2)},\\ z&=\frac{1}{\sqrt{K}}\cdot\frac{4-K(u^2+v^2)}{4+K(u^2+v^2)}. \end{aligned} \tag{4.10}$$

直接计算表明, 球面 (4.10) 的第一基本形式恰好是 (4.8) 式. 在球面上, 测地线就是大圆周 (参看定理 2.1, 或者 §6.2 的例题 1). 很明显, 这些大圆周在球极投影下的像是在 uv 平面上以原点为中心、以 $2/\sqrt{K}$ 为半径的圆周 C, 以及经过圆周 C 的任意一对对径点的所有圆周和直线. 由此可见, 在这个抽象曲面上, 任意两条 “直线” 是彼此相交的.

第四章 §4.6 所介绍的伪球面是负常曲率曲面的例子, 但是在该曲面上不是所有的测地线都能够无限地延伸的. 要给出常数 $K<0$ 时, 区域为 D、第一基本形式为 (4.8) 式的抽象曲面 (称为 Klein 圆) 的具体模型, 在三维欧氏空间 E^3 中是做不到的. 我们引进所谓的洛伦兹空间 L^3, 其中的点仍然是一组 3 个有序的实数 (x,y,z), 但是任意两个向

量 $\boldsymbol{a}=(x_1,y_1,z_1)$ 和 $\boldsymbol{b}=(x_2,y_2,z_2)$ 的内积定义为

$$\boldsymbol{a}\bullet\boldsymbol{b}=x_1x_2+y_1y_2-z_1z_2. \tag{4.11}$$

考虑 L^3 中的曲面

$$\Sigma=\left\{(x,y,z)\in L^3: x^2+y^2-z^2=\frac{1}{K},\ z>0\right\}. \tag{4.12}$$

它也可以用参数方程来表示, 一种表示方式是所谓的球极投影: 将曲面 Σ 上的任意一点 (x,y,z) 与点 $(0,0,-1/\sqrt{-K})$ 连成一条直线, 该直线与 L^3 中的平面 $z=1/\sqrt{-K}$ 相交于一点, 记为 $(u,v,1/\sqrt{-K})$, 称该点为曲面 Σ 上的点 (x,y,z) 在球极投影下的像. 经直接计算得到

$$u=\frac{2x}{\sqrt{-K}z+1},\quad v=\frac{2y}{\sqrt{-K}z+1}, \tag{4.13}$$

或者反过来得到

$$\begin{aligned}
x&=\frac{4u}{4+K(u^2+v^2)},\\
y&=\frac{4v}{4+K(u^2+v^2)},\\
z&=\frac{1}{\sqrt{-K}}\cdot\frac{4-K(u^2+v^2)}{4+K(u^2+v^2)},
\end{aligned} \tag{4.14}$$

参数 (u,v) 的取值范围正好是区域 D, 而且曲面 Σ 和区域 D 在上述球极投影下是一一对应的. 对表达式 (4.14) 求微分得到

$$\begin{aligned}
\mathrm{d}x&=\frac{4(4+K(-u^2+v^2))\mathrm{d}u-8Kuv\mathrm{d}v}{(4+K(u^2+v^2))^2},\\
\mathrm{d}y&=\frac{-8Kuv\mathrm{d}u+4(4+K(u^2-v^2))\mathrm{d}v}{(4+K(u^2+v^2))^2},\\
\mathrm{d}z&=\frac{16\sqrt{-K}(u\mathrm{d}u+v\mathrm{d}v)}{(4+K(u^2+v^2))^2}.
\end{aligned}$$

因此, 洛伦兹空间 L^3 在曲面 Σ 上诱导的第一基本形式是

$$\mathrm{I}=\frac{16((\mathrm{d}u)^2+(\mathrm{d}v)^2)}{(4+K(u^2+v^2))^2}=\frac{(\mathrm{d}u)^2+(\mathrm{d}v)^2}{\left(1+\dfrac{K}{4}(u^2+v^2)\right)^2},$$

这正好是 (4.8) 式给出的度量形式, 即洛伦兹空间 L^3 中具有诱导第一基本形式的曲面 Σ 是抽象曲面 Klein 圆 $(D, \mathrm{d}s^2)$ 的模型. 如果把洛伦兹空间 L^3 称为伪欧氏空间, 则曲面 Σ 相当于 "伪" 球面. 实际上, 若把洛伦兹空间 L^3 中的点 (x, y, z) 仍然记成 $\boldsymbol{r}$, 则曲面 Σ 满足方程

$$\boldsymbol{r} \bullet \boldsymbol{r} = \frac{1}{K}, \quad z > 0. \tag{4.15}$$

对 (4.15) 式求微分得到

$$\mathrm{d}\boldsymbol{r} \bullet \boldsymbol{r} = 0, \tag{4.16}$$

这表明向径 $\boldsymbol{r}$ 与曲面 Σ 在洛伦兹内积意义下正交, 即向径 $\boldsymbol{r}$ 是曲面 Σ 的法向量. 用空间 L^3 中经过原点的平面 Π 与曲面 Σ 相交, 设交线的参数方程是 $\boldsymbol{r}(s)$, 其中 s 是曲线的弧长参数, 那么

$$\frac{\mathrm{d}\boldsymbol{r}(s)}{\mathrm{d}s} \bullet \frac{\mathrm{d}\boldsymbol{r}(s)}{\mathrm{d}s} = 1.$$

求导数得到

$$\frac{\mathrm{d}^2\boldsymbol{r}(s)}{\mathrm{d}s^2} \bullet \frac{\mathrm{d}\boldsymbol{r}(s)}{\mathrm{d}s} = 0, \tag{4.17}$$

由 (4.16) 式得知

$$\frac{\mathrm{d}\boldsymbol{r}(s)}{\mathrm{d}s} \bullet \boldsymbol{r}(s) = 0. \tag{4.18}$$

因此, 在同一个平面 Π 内的向量 $\dfrac{\mathrm{d}^2\boldsymbol{r}(s)}{\mathrm{d}s^2}$, $\boldsymbol{r}(s)$ 同时与该平面内的非零向量 $\dfrac{\mathrm{d}\boldsymbol{r}(s)}{\mathrm{d}s}$ 正交, 于是曲线 $\boldsymbol{r}(s)$ 的曲率向量 $\dfrac{\mathrm{d}^2\boldsymbol{r}(s)}{\mathrm{d}s^2}$(它的方向向量是主法向量) 与曲面 Σ 的法向量 $\boldsymbol{r}(s)$ 平行, 故曲线 $\boldsymbol{r}(s)$ 是曲面 Σ 上的测地线. 反过来可以证明, 曲面 Σ 上的测地线就是这样的曲线. 在球极投影 (4.13) 下, 曲面 Σ 上的测地线成为 uv 平面内与区域 D 的边界曲线 $u^2 + v^2 = -K/4$ 正交的圆弧或直径. 很明显, 在抽象曲面 Klein 圆 $(D, \mathrm{d}s^2)(K < 0)$ 上, 经过 "直线" 外一点可以作无数条 "直线" 与已知 "直线" 不相交, 这正是非欧几何学的平行公理.

习 题 6.4

1. 试在测地极坐标系下写出常曲率曲面的第一基本形式.

2. 证明: 在常曲率曲面上, 以任意一点 p 为中心的测地圆的测地曲率为常数.

3. 已知常曲率曲面的第一基本形式为

$$\mathrm{I}=\begin{cases}(\mathrm{d}u)^2+\dfrac{1}{K}\sin^2(\sqrt{K}u)(\mathrm{d}v)^2, & K>0,\\[2mm] (\mathrm{d}u)^2-\dfrac{1}{K}\sinh^2(\sqrt{-K}u)(\mathrm{d}v)^2, & K<0.\end{cases}$$

证明: 若 $(u(s),v(s))$ 是该曲面上的一条测地线的参数方程, 则存在不全为零的常数 A,B,C, 使得它按照 $K>0$ 还是 $K<0$ 分别满足下面的关系式:

$$\begin{aligned}A\sin(\sqrt{K}u(s))\cos v(s)&+B\sin(\sqrt{K}u(s))\sin v(s)\\&+C\cos(\sqrt{K}u(s))=0,\\A\sinh(\sqrt{-K}u(s))\cos v(s)&+B\sinh(\sqrt{-K}u(s))\sin v(s)\\&+C\cosh(\sqrt{-K}u(s))=0.\end{aligned}$$

试把上述关系式和球面、伪球面上的测地线进行对照, 想一想: 上面的关系式有什么几何意义?

4. 在洛伦兹空间 L^3 中求曲面 Σ 在参数方程 (4.14) 下的自然标架的运动方程, 假定 $u^1=u, u^2=v$. 设洛伦兹空间 L^3 中经过原点的一个平面与曲面 Σ 的交线的方程是 $\boldsymbol{r}=\boldsymbol{r}(s)$, 其中 s 是弧长参数. 证明:

$$\frac{\mathrm{d}^2\boldsymbol{r}(s)}{\mathrm{d}s^2}=-K\boldsymbol{r}(s).$$

设曲线 $\boldsymbol{r}=\boldsymbol{r}(s)$ 用曲面 Σ 的参数 (u^1,u^2) 表示为 $u^1=u^1(s)$, $u^2=u^2(s)$, 将上式改写为 $u^1(s)$, $u^2(s)$ 所满足的常微分方程组.

5. 证明: 洛伦兹空间 L^3 中经过原点的平面与伪球面 Σ 的交线在

球极投影 (4.13) 下的像 $(u(s),v(s))$ 满足方程

$$u^2(s)+v^2(s)-2au(s)-2bv(s)-\frac{4}{K}=0,$$

其中 a,b 是满足不等式 $\sqrt{a^2+b^2}>\dfrac{2}{\sqrt{-K}}$ 的常数.

6. 试求

$$\text{Klein 圆：}\quad u^2+v^2<1,\quad \mathrm{d}s^2=\frac{(\mathrm{d}u)^2+(\mathrm{d}v)^2}{(1-(u^2+v^2))^2}$$

和

$$\text{Poincaré 上半平面：}\quad y>0,\quad \mathrm{d}s^2=\frac{1}{4y^2}(\mathrm{d}x^2+\mathrm{d}y^2)$$

之间的保长对应.

7. 证明: 具有下列度量形式的曲面有常数 Gauss 曲率, 其值为 -1. 试求它们之间的保长对应.

(1) $\mathrm{d}s^2=\dfrac{1}{v^2}((\mathrm{d}u)^2+(\mathrm{d}v)^2)$;

(2) $\mathrm{d}s^2=(\mathrm{d}u)^2+\mathrm{e}^{2u}(\mathrm{d}v)^2$;

(3) $\mathrm{d}s^2=(\mathrm{d}u)^2+\cosh^2 u(\mathrm{d}v)^2$.

§6.5 曲面上切向量的平行移动

本节我们要叙述曲面的内蕴微分几何的一个重要的概念, 即曲面上的切向量场的协变微分和曲面上的切向量沿曲线的平行移动. 为了容易理解起见, 我们首先在 E^3 中的曲面上来考虑, 然后把这些讨论推广到具有第一基本形式的抽象曲面上去.

设 S 是欧氏空间 E^3 中的一个曲面, 它的参数方程是 $\boldsymbol{r}=\boldsymbol{r}(u^1,u^2)$. 假定 $\boldsymbol{X}(u^1,u^2)$ 是定义在曲面 S 上的一个切向量场, 所以它在曲面的自然切标架场 $\{\boldsymbol{r};\boldsymbol{r}_1,\boldsymbol{r}_2\}$ 下可以表示为

$$\boldsymbol{X}(u^1,u^2)=x^\alpha(u^1,u^2)\boldsymbol{r}_\alpha(u^1,u^2). \tag{5.1}$$

如果 $x^\alpha(u^1,u^2)$ 是可微函数, 则称切向量场 $\boldsymbol{X}(u^1,u^2)$ 是可微的. 把 $\boldsymbol{X}(u^1,u^2)$ 作为空间 E^3 中定义在曲面 S 上的向量场, 微分 $\mathrm{d}\boldsymbol{X}(u^1,u^2)$

是有意义的. 从直观上看, $\mathrm{d}\boldsymbol{X}(u^1,u^2)$ 是向量场 $\boldsymbol{X}(u^1,u^2)$ 在无限邻近的两个点 (u^1,u^2) 和 $(u^1+\mathrm{d}u^1,u^2+\mathrm{d}u^2)$ 的值之差:

$$\mathrm{d}\boldsymbol{X}(u^1,u^2)=\boldsymbol{X}(u^1+\mathrm{d}u^1,u^2+\mathrm{d}u^2)-\boldsymbol{X}(u^1,u^2).$$

上式右端的两个向量有不同的起点, 它们能做减法的原因是, 向量在欧氏空间 E^3 中能够作平行移动, 因而把这两个向量的起点移到同一点后再相减. 但是, 一般说来, 向量 $\mathrm{d}\boldsymbol{X}(u^1,u^2)$ 不再与曲面 S 相切了. 实际上, 对 (5.1) 式求微分得到

$$\begin{aligned}\mathrm{d}\boldsymbol{X}(u^1,u^2)&=\mathrm{d}x^\alpha\boldsymbol{r}_\alpha+x^\alpha\mathrm{d}\boldsymbol{r}_\alpha\\&=(\mathrm{d}x^\alpha+x^\beta\Gamma^\alpha_{\beta\gamma}\mathrm{d}u^\gamma)\boldsymbol{r}_\alpha+x^\alpha\mathrm{d}u^\beta b_{\alpha\beta}\boldsymbol{n}.\end{aligned}\tag{5.2}$$

要从向量 $\mathrm{d}\boldsymbol{X}(u^1,u^2)$ 得到曲面 S 的切向量, 只要取 $\mathrm{d}\boldsymbol{X}(u^1,u^2)$ 的切分量, 也就是将 $\mathrm{d}\boldsymbol{X}(u^1,u^2)$ 在 S 的切空间上作正交投影.

定义 5.1 命

$$\mathrm{D}\boldsymbol{X}(u^1,u^2)=(\mathrm{d}\boldsymbol{X}(u^1,u^2))^\top=(\mathrm{d}x^\alpha+x^\beta\Gamma^\alpha_{\beta\gamma}\mathrm{d}u^\gamma)\boldsymbol{r}_\alpha,\tag{5.3}$$

其中 "$\top$" 表示将 E^3 中的向量向曲面 S 在 (u^1,u^2) 的切空间作正交投影. 称 $\mathrm{D}\boldsymbol{X}(u^1,u^2)$ 为曲面 S 上的切向量场 $\boldsymbol{X}(u^1,u^2)$ 的**协变微分**.

记

$$\mathrm{D}x^\alpha=\mathrm{d}x^\alpha+x^\beta\Gamma^\alpha_{\beta\gamma}\mathrm{d}u^\gamma,\tag{5.4}$$

则 (5.3) 式成为

$$\mathrm{D}\boldsymbol{X}(u^1,u^2)=\mathrm{D}x^\alpha\ \boldsymbol{r}_\alpha.\tag{5.5}$$

我们称 $\mathrm{D}x^\alpha$ 为切向量场 $\boldsymbol{X}$ 的分量 $x^\alpha(u^1,u^2)$ 的协变微分.

从表达式 (5.3) 不难知道

定理 5.1 曲面 S 上的切向量场 $\boldsymbol{X}$ 的协变微分在曲面 S 的保长变换下是保持不变的, 即: 如果 $\sigma: S\to\tilde{S}$ 是保长对应, 则对曲面 S 上的任意一个可微的切向量场 $\boldsymbol{X}$ 下式成立:

$$\sigma_*(\mathrm{D}\boldsymbol{X})=\mathrm{D}(\sigma_*\boldsymbol{X}).\tag{5.6}$$

证明 在曲面 S 和 $\tilde{S}$ 上取适用的参数系, 使得保长对应 σ 是曲面 S 和 $\tilde{S}$ 上有相同参数值的点之间的对应, 因而切映射 σ_* 把曲面 S 的自然基底向量映为 $\tilde{S}$ 的对应的自然基底向量. 由于切映射 σ_* 是线性映射, 所以切向量场 $\boldsymbol{X}$ 和 $\sigma_*\boldsymbol{X}$ 关于各自的自然基底有相同的分量 $x^\alpha(u^1,u^2)$, 即

$$\boldsymbol{X}=x^\alpha(u^1,u^2)\boldsymbol{r}_\alpha,\quad \sigma_*\boldsymbol{X}=x^\alpha(u^1,u^2)\tilde{\boldsymbol{r}}_\alpha.$$

因为 σ 是保长对应, 故曲面 S 和 $\tilde{S}$ 在适用的参数系下有相同的第一类基本量, 因而有相同的 Christoffel 记号 $\Gamma^\alpha_{\beta\gamma}$. 从 (5.3) 式得知, $\mathrm{D}\boldsymbol{X}$ 和 $\mathrm{D}(\sigma_*\boldsymbol{X})$ 关于各自的自然切标架场有相同的分量, 因此

$$\begin{aligned}\mathrm{D}\boldsymbol{X}&=(\mathrm{d}x^\alpha+x^\beta\Gamma^\alpha_{\beta\gamma}\mathrm{d}u^\gamma)\boldsymbol{r}_\alpha,\\ \mathrm{D}(\sigma_*\boldsymbol{X})&=(\mathrm{d}x^\alpha+x^\beta\Gamma^\alpha_{\beta\gamma}\mathrm{d}u^\gamma)\tilde{\boldsymbol{r}}_\alpha=\sigma_*(\mathrm{D}\boldsymbol{X}).\end{aligned}$$

证毕.

由定理 5.1 可知, 切向量场 $\boldsymbol{X}$ 的协变微分是属于曲面的内蕴几何的概念, 与曲面的第二基本形式无关.

实际上, (5.3) 式告诉我们, 在具有第一基本形式的抽象曲面 S 上能够定义可微的切向量场 $\boldsymbol{X}(u^1,u^2)=x^\alpha(u^1,u^2)\boldsymbol{r}_\alpha(u^1,u^2)$ 的协变微分

$$\mathrm{D}\boldsymbol{X}(u^1,u^2)=(\mathrm{d}x^\alpha+x^\beta\Gamma^\alpha_{\beta\gamma}\mathrm{d}u^\gamma)\boldsymbol{r}_\alpha, \tag{5.3$'$}$$

其中 $\Gamma^\alpha_{\beta\gamma}$ 是曲面 S 的第一类基本量的 Christoffel 记号.

定理 5.2 曲面 S 上的可微切向量场的协变微分有下列运算法则:

(1) $\mathrm{D}(\boldsymbol{X}+\boldsymbol{Y})=\mathrm{D}\boldsymbol{X}+\mathrm{D}\boldsymbol{Y}$;

(2) $\mathrm{D}(f\cdot\boldsymbol{X})=\mathrm{d}f\cdot\boldsymbol{X}+f\cdot\mathrm{D}\boldsymbol{X}$;

(3) $\mathrm{d}(\boldsymbol{X}\cdot\boldsymbol{Y})=\mathrm{D}\boldsymbol{X}\cdot\boldsymbol{Y}+\boldsymbol{X}\cdot\mathrm{D}\boldsymbol{Y}$,

其中 $\boldsymbol{X},\boldsymbol{Y}$ 是曲面 S 上的可微切向量场, f 是定义在曲面 S 上的可微函数.

定理 5.2 说明, 协变微分 D 具有普通微分 d 所具有的相同的运算法则. 证明留给读者自己完成.

设 $C: u^\alpha = u^\alpha(t)$ 是曲面 S 上的一条曲线, 假定 $\boldsymbol{X}(t)$ 是曲面 S 上沿曲线 C 定义的一个切向量场. 先假定 S 是空间 E^3 中的一张曲面, 那么 $\dfrac{\mathrm{d}\boldsymbol{X}(t)}{\mathrm{d}t}$ 是在空间 E^3 中沿曲线 C 定义的一个向量场, 一般说来, 它不是曲面 S 上沿曲线 C 定义的切向量场. 要从 $\dfrac{\mathrm{d}\boldsymbol{X}(t)}{\mathrm{d}t}$ 得到曲面 S 上沿曲线 C 定义的切向量场, 只要将它正交投影到曲面 S 在相应的点的切空间就行了.

定义 5.2 命

$$\frac{\mathrm{D}\boldsymbol{X}(t)}{\mathrm{d}t} = \left(\frac{\mathrm{d}\boldsymbol{X}(t)}{\mathrm{d}t}\right)^\top, \tag{5.7}$$

我们把 $\dfrac{\mathrm{D}\boldsymbol{X}(t)}{\mathrm{d}t}$ 称为曲面 S 上沿曲线 C 定义的切向量场 $\boldsymbol{X}(t)$ 沿曲线 C 的**协变导数**.

若设

$$\boldsymbol{X}(t) = x^\alpha(t)\boldsymbol{r}_\alpha(u^1(t), u^2(t)), \tag{5.8}$$

则有

$$\begin{aligned}\frac{\mathrm{d}\boldsymbol{X}(t)}{\mathrm{d}t} &= \frac{\mathrm{d}x^\alpha(t)}{\mathrm{d}t}\boldsymbol{r}_\alpha + x^\alpha(t)\frac{\partial \boldsymbol{r}_\alpha}{\partial u^\gamma}\frac{\mathrm{d}u^\gamma(t)}{\mathrm{d}t} \\ &= \left(\frac{\mathrm{d}x^\alpha(t)}{\mathrm{d}t} + \Gamma^\alpha_{\beta\gamma}x^\beta(t)\frac{\mathrm{d}u^\gamma(t)}{\mathrm{d}t}\right)\boldsymbol{r}_\alpha + b_{\alpha\gamma}x^\alpha(t)\frac{\mathrm{d}u^\gamma(t)}{\mathrm{d}t}\boldsymbol{n},\end{aligned}$$

因此

$$\frac{\mathrm{D}\boldsymbol{X}(t)}{\mathrm{d}t} = \left(\frac{\mathrm{d}\boldsymbol{X}(t)}{\mathrm{d}t}\right)^\top = \left(\frac{\mathrm{d}x^\alpha(t)}{\mathrm{d}t} + \Gamma^\alpha_{\beta\gamma}x^\beta(t)\frac{\mathrm{d}u^\gamma(t)}{\mathrm{d}t}\right)\boldsymbol{r}_\alpha. \tag{5.9}$$

若命

$$\frac{\mathrm{D}x^\alpha(t)}{\mathrm{d}t} = \frac{\mathrm{d}x^\alpha(t)}{\mathrm{d}t} + \Gamma^\alpha_{\beta\gamma}x^\beta(t)\frac{\mathrm{d}u^\gamma(t)}{\mathrm{d}t}, \tag{5.10}$$

则

$$\frac{\mathrm{D}\boldsymbol{X}(t)}{\mathrm{d}t} = \frac{\mathrm{D}x^\alpha(t)}{\mathrm{d}t}\boldsymbol{r}_\alpha. \tag{5.11}$$

我们把 $\dfrac{\mathrm{D}x^\alpha(t)}{\mathrm{d}t}$ 称为沿曲线 C 定义的切向量场 $\boldsymbol{X}(t)$ 的分量 $x^\alpha(t)$ 沿曲线 C 的协变导数.

从表达式 (5.9) 得知, 若在具有第一基本形式的抽象曲面 S 上沿曲线 C 定义了切向量场 $\boldsymbol{X}(t)$, 则我们就能够定义它沿曲线 C 的协变导数. 协变导数 $\dfrac{\mathrm{D}\boldsymbol{X}(t)}{\mathrm{d}t}$ 在曲面 S 的保长变换下是不变的, 并且协变导数算子 $\dfrac{\mathrm{D}}{\mathrm{d}t}$ 具有定理 5.2 所叙述的运算法则.

类似地, 如果曲面 S 上的可微切向量场 $\boldsymbol{X}(u^1,u^2)$ 的分量是 $x^\alpha(u^1,\ u^2)$, 则同样可以定义它沿参数曲线的协变导数

$$x^\alpha_{,\gamma}=\frac{\partial x^\alpha(u^1,u^2)}{\partial u^\gamma}+\Gamma^\alpha_{\beta\gamma}x^\beta(u^1,u^2), \tag{5.12}$$

于是分量 $x^\alpha(u^1,u^2)$ 的协变微分成为

$$\mathrm{D}x^\alpha=x^\alpha_{,\gamma}\mathrm{d}u^\gamma. \tag{5.13}$$

定义 5.3 设 $\boldsymbol{X}(t)$ 是曲面 S 上沿曲线 $C:u^\gamma=u^\gamma(t)$ 定义的可微切向量场. 如果

$$\frac{\mathrm{D}\boldsymbol{X}(t)}{\mathrm{d}t}=\boldsymbol{0}, \tag{5.14}$$

则称切向量场 $\boldsymbol{X}(t)$ 沿曲线 C 是**平行的**.

由 (5.9) 式可知, 切向量场 $\boldsymbol{X}(t)$ 沿曲线 C 平行的充分必要条件是, 它的分量 $x^\alpha(t)$ 满足常微分方程组

$$\frac{\mathrm{d}x^\alpha(t)}{\mathrm{d}t}+\Gamma^\alpha_{\beta\gamma}x^\beta(t)\frac{\mathrm{d}u^\gamma(t)}{\mathrm{d}t}=0,\quad \alpha=1,2. \tag{5.15}$$

这是一阶线性齐次常微分方程组. 根据常微分方程组理论 (参看附录 §1 的定理 1.1), 对于给定的可微曲线 $C:u^\gamma=u^\gamma(t),\ a\leqslant t\leqslant b$, 以及任意给定的初始值 x^α_0, 方程组 (5.15) 在区间 $[a,b]$ 上有唯一的一组解

$$x^\alpha=x^\alpha(t),\quad a\leqslant t\leqslant b, \tag{5.16}$$

使得

$$x^\alpha(t_0)=x^\alpha_0, \tag{5.17}$$

其中 t_0 是区间 $[a,b]$ 中的任意一个固定点. 我们把沿曲线 C 定义的切向量场

$$\boldsymbol{X}(t)=x^\alpha(t)\boldsymbol{r}_\alpha(u^1(t),u^2(t)) \tag{5.18}$$

称为曲面 S 在点 $\boldsymbol{r}_0=\boldsymbol{r}(u^1(t_0),u^2(t_0))$ 处的切向量 $\boldsymbol{X}_0=x_0^\alpha\boldsymbol{r}_\alpha(u^1(t_0),u^2(t_0))$ 沿曲线 C 作**平行移动**产生的切向量场.

因为方程组 (5.15) 是一阶线性齐次常微分方程组, 所以它的解的全体构成一个向量空间, 该向量空间与曲面 S 在点 $\boldsymbol{r}_0$ 处的切空间线性同构. 用几何的语言说, 上述性质表明: 曲面 S 上的切向量沿可微曲线 C 的平行移动在曲面 S 沿曲线 C 各点的切空间之间建立了线性同构. 另外, 根据定理 5.2(3), 如果 $\boldsymbol{X}(t),\boldsymbol{Y}(t)$ 是曲面 S 上沿曲线 C 平行的切向量场, 则

$$\frac{\mathrm{d}}{\mathrm{d}t}(\boldsymbol{X}(t)\cdot\boldsymbol{Y}(t))=\frac{\mathrm{D}\boldsymbol{X}(t)}{\mathrm{d}t}\cdot\boldsymbol{Y}(t)+\boldsymbol{X}(t)\cdot\frac{\mathrm{D}\boldsymbol{Y}(t)}{\mathrm{d}t}=0. \tag{5.19}$$

这意味着 $\boldsymbol{X}(t)\cdot\boldsymbol{Y}(t)$ 是常数, 即切向量沿曲线 C 的平行移动保持切向量的内积不变. 特别地, 切向量沿曲线 C 的平行移动保持切向量的长度不变. 综上所述, 我们有下面的定理:

定理 5.3 设 $C: u^\gamma=u^\gamma(t),\ a\leqslant t\leqslant b$ 是曲面 S 上连接点 $A=(u^1(a),u^2(a))$ 和点 $B=(u^1(b),u^2(b))$ 的一条可微曲线. 用 P_a^b 表示曲面 S 上的切向量沿曲线 C 从 $t=a$ 到 $t=b$ 的平行移动, 则

$$\mathrm{P}_a^b: T_AS\to T_BS$$

是从切空间 T_AS 到切空间 T_BS 的等距同构.

从协变导数的定义 5.2 可以直接得到下面的定理, 它为构造曲面上的切向量沿曲线的平行移动提供了一条有效途径.

定理 5.4 设空间 E^3 中两个曲面 S_1 和 S_2 沿曲线 C 相切, 曲面 S_1 和 S_2 沿曲线 C: $u^\gamma=u^\gamma(t)$ 的协变导数算子分别记为 $\dfrac{\mathrm{D}^{(1)}}{\mathrm{d}t}$ 和 $\dfrac{\mathrm{D}^{(2)}}{\mathrm{d}t}$. 设 $\boldsymbol{X}(t)$ 是这两个曲面沿曲线 C 定义的切向量场, 则

$$\frac{\mathrm{D}^{(1)}\boldsymbol{X}(t)}{\mathrm{d}t}=\frac{\mathrm{D}^{(2)}\boldsymbol{X}(t)}{\mathrm{d}t}.$$

特别是, 如果 $\boldsymbol{X}(t)$ 作为曲面 S_1 上沿曲线 C 的切向量场是平行的, 则它作为曲面 S_2 上沿曲线 C 的切向量场也是平行的.

设 $\boldsymbol{X}(t)$ 是在曲面 S 上沿曲线 C： $u^\gamma = u^\gamma(t)$ 平行的切向量场. 曲面 S 沿曲线 C 各点的切平面构成一个单参数平面族, 根据习题 3.6 的第 11 题, 它的包络面 $\tilde{S}$ 是一个可展曲面, 并且曲面 $\tilde{S}$ 和曲面 S 沿曲线 C 相切, 这样 $\boldsymbol{X}(t)$ 同样是可展曲面 $\tilde{S}$ 上沿曲线 C 平行的切向量场. 因为可展曲面和平面能够建立保长对应, 当可展曲面 $\tilde{S}$ 展开成平面 Π 时, 曲线 C 便展开成曲线 $\tilde{C}$, 而切向量场 $\boldsymbol{X}(t)$ 便成为平面 Π 上沿曲线 $\tilde{C}$ 定义的平行切向量场 $\tilde{\boldsymbol{X}}(t)$. 平面 Π 是二维欧氏空间, 在它上面的平行向量场是指, 它是关于一个固定方向的夹角为常数、并且其长度也是常数的向量场. 于是曲面 S 上切向量沿曲线 C 的平行移动可以这样做: 在曲线 C 的一个固定点 p 取曲面 S 的一个切向量 $\boldsymbol{v}_0$, 将曲面 S 沿曲线 C 各点的切平面的包络面 $\tilde{S}$ 保长地展开成平面 Π. 设在包络面 $\tilde{S}$ 保长地展开成平面 Π 时曲线 C 变成平面 Π 上的曲线 $\tilde{C}$, 与点 p 相对应的点记为 $\tilde{p}$, 与切向量 $\boldsymbol{v}_0$ 相对应的切向量记为 $\tilde{\boldsymbol{v}}_0$, 在平面 Π 上沿曲线 $\tilde{C}$ 各点作向量 $\tilde{\boldsymbol{v}}(t) = \tilde{\boldsymbol{v}}_0$. 那么在曲面 S 上与之相对应的、沿曲线 C 定义的切向量场 $\boldsymbol{v}(t)$ 是由切向量 $\boldsymbol{v}_0$ 沿曲线 C 平行移动所产生的切向量场. 特别地, 切向量 $\boldsymbol{v}(t)$ 与曲线 C 的夹角等于切向量 $\tilde{\boldsymbol{v}}(t)$ 与曲线 $\tilde{C}$ 的夹角.

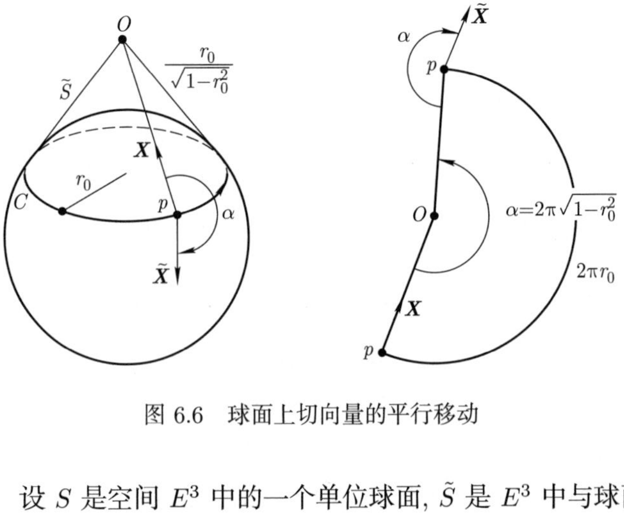

图 6.6 球面上切向量的平行移动

例 设 S 是空间 E^3 中的一个单位球面, $\tilde{S}$ 是 E^3 中与球面 S 沿

圆周 C 相切的锥面 (参看图 6.6). 求球面 S 上的一个切向量沿圆周 C 平行移动一周后再回到原处时与原切向量所夹的角度.

解 设 $\boldsymbol{X}$ 是球面 S 在点 $p \in C$ 的一个切向量, 它作为球面 S 的切向量沿圆周 C 的平行移动与它作为锥面 $\tilde{S}$ 的切向量沿圆周 C 的平行移动是一样的. 设圆周 C 的半径是 r_0, 则当锥面 $\tilde{S}$ 展开成平面 Π 时, 圆周 C 成为平面 Π 上半径为 $r_0/\sqrt{1-r_0^2}$ 的圆弧 $\tilde{C}$, 它所对的圆心角是 $\alpha = 2\pi\sqrt{1-r_0^2}$. 如果切向量 $\boldsymbol{X}$ 与圆周 C 的夹角是 θ, 对应的切向量 $\boldsymbol{X}$ 与圆弧 $\tilde{C}$ 在始端的夹角也是 θ. 在平面 Π 内圆弧 $\tilde{C}$ 的终端作向量 $\tilde{\boldsymbol{X}}$ 与 $\boldsymbol{X}$ 平行, 则向量 $\tilde{\boldsymbol{X}}$ 与圆弧 $\tilde{C}$ 的夹角是

$$2\pi + \theta - \alpha = 2\pi + \theta - 2\pi\sqrt{1-r_0^2}.$$

因此, 当切向量 $\boldsymbol{X}$ 在球面 S 上沿圆周 C 平行移动一周时所得的切向量 $\tilde{\boldsymbol{X}}$ 与圆周 C 的夹角是

$$2\pi + \theta - \alpha = 2\pi + \theta - 2\pi\sqrt{1-r_0^2},$$

即切向量 $\tilde{\boldsymbol{X}}$ 和切向量 $\boldsymbol{X}$ 的夹角是

$$2\pi - \alpha = 2\pi - 2\pi\sqrt{1-r_0^2}.$$

由此可见, 一般来说, 当切向量在曲面 S 上沿一条封闭曲线平行移动一周时所得的切向量与原切向量未必是重合的 (参看 §6.9). 这是弯曲曲面上的几何学与欧氏平面几何学的本质差别.

在有了协变导数的概念之后, 曲线的测地曲率的表达式和平面曲线的相对曲率的表达式就统一起来了. 设曲面 S 上的曲线 C 的参数方程是 $u^\alpha = u^\alpha(s)$, 其中 s 是弧长参数, 则曲线 C 的测地曲率是

$$\begin{aligned}\kappa_g &= \frac{\mathrm{d}^2\boldsymbol{r}}{\mathrm{d}s^2}\cdot\boldsymbol{e}_2 = \frac{\mathrm{D}\boldsymbol{e}_1(s)}{\mathrm{d}s}\cdot\boldsymbol{e}_2(s)\\ &= \sqrt{g_{11}g_{22}-(g_{12})^2}\begin{vmatrix}\dfrac{\mathrm{d}u^1}{\mathrm{d}s} & \dfrac{\mathrm{d}u^2}{\mathrm{d}s}\\ \dfrac{\mathrm{D}}{\mathrm{d}s}\left(\dfrac{\mathrm{d}u^1}{\mathrm{d}s}\right) & \dfrac{\mathrm{D}}{\mathrm{d}s}\left(\dfrac{\mathrm{d}u^2}{\mathrm{d}s}\right)\end{vmatrix}.\end{aligned} \tag{5.20}$$

对于在笛卡儿直角坐标系下的平面 $\mathbb{R}^2$, 其协变导数 $\dfrac{\mathrm{D}}{\mathrm{d}s}$ 就是普通导数 $\dfrac{\mathrm{d}}{\mathrm{d}s}$, 于是上面的公式成为平面 $\mathbb{R}^2$ 上曲线 C 的相对曲率 κ_r 的公式.

特别地, 测地线的微分方程成为

$$\frac{\mathrm{D}}{\mathrm{d}s}\left(\frac{\mathrm{d}\boldsymbol{r}(s)}{\mathrm{d}s}\right)=0, \tag{5.21}$$

或者

$$\frac{\mathrm{D}}{\mathrm{d}s}\left(\frac{\mathrm{d}u^\alpha}{\mathrm{d}s}\right)=0, \quad \alpha=1,2. \tag{5.22}$$

所以, 曲面 S 上的测地线 C 就是其单位切向量在曲面 S 上沿该曲线 C 自身平行的曲线, 或者说曲面 S 上的测地线 C 就是该曲面 S 上的自平行曲线. 在平面上, 直线可以描述为其切方向不变的曲线. 因此, 在这个意义上, 曲面上的测地线的概念也是平面上的直线概念的推广.

习 题 6.5

1. 设 $x^\alpha=x^\alpha(u^1,u^2)$ 是偏微分方程组

$$\frac{\partial x^\alpha}{\partial u^\beta}=-\Gamma^\alpha_{\beta\gamma}x^\gamma$$

的非零解, 其中 $\Gamma^\alpha_{\beta\gamma}$ 是曲面 S 关于它的第一基本形式 $\mathrm{I}=g_{\alpha\beta}\mathrm{d}u^\alpha\mathrm{d}u^\beta$ 的 Christoffel 记号. 证明:

(1) $f=g_{\alpha\beta}x^\alpha(u^1,u^2)x^\beta(u^1,u^2)$ 是非零常数;

(2) $\boldsymbol{X}(u^1,u^2)=x^\alpha(u^1,u^2)\boldsymbol{r}_\alpha(u^1,u^2)$ 是曲面 S 上沿任意一条曲线平行的切向量场.

2. 证明: 在曲面 S 上存在一个非零的、与路径无关的平行切向量场, 当且仅当曲面 S 的 Gauss 曲率恒等于零.

3. 证明: 曲面 S 上的 u^α-曲线 (α 固定) 的单位切向量沿曲线

$$C: u^\gamma=u^\gamma(t)$$

是平行的充分必要条件是, 对于 $\beta\neq\alpha$, 沿曲线 C 下式成立:

$$\Gamma^\beta_{\alpha\gamma}(u^1(t),u^2(t))\frac{\mathrm{d}u^\gamma(t)}{\mathrm{d}t}=0.$$

§6.6 抽象曲面

在本章已经对于抽象曲面片上的微分几何进行了研究. 具体地讲, 所谓的抽象曲面片是指二维欧氏空间 E^2 中的一个开区域 D, 并且在其中给定了一个正定的二次微分形式

$$\mathrm{I} = g_{\alpha\beta}\mathrm{d}u^\alpha \mathrm{d}u^\beta,$$

其中求和指标 α, β 取值为 $\alpha, \beta = 1, 2$, $g_{\alpha\beta} = g_{\beta\alpha}$ 是 D 上的光滑函数, 并且矩阵 $(g_{\alpha\beta})$ 在 D 内是处处正定的. 它就是熟知的曲面的第一基本形式, 或称为度量形式, 其几何意义是分量为 $(\mathrm{d}u^1, \mathrm{d}u^2)$ 的切向量的长度平方. 所谓的在抽象曲面片 (D, I) 上的微分几何是指在本章中所论述的只与第一基本形式有关的几何量和几何概念, 例如:Gauss 曲率 K, 区域 D 中一条曲线的长度和测地曲率, 区域 D 中曲线长度的变分公式及测地线, 测地坐标系和法坐标系, 区域 D 内的切向量沿一条光滑曲线的平行移动, 等等.

需要指出的是, 在本章前面的叙述中, 往往是从三维欧氏空间 E^3 中一张 “具体的” 参数曲面片出发, 分析出那些不依赖曲面的第二基本形式、而只与曲面的第一基本形式有关的几何量和几何概念, 因此在引入这些概念的过程中显得有点繁杂, 而不是那么直截了当的. 在另一方面, 我们还只局限于一个坐标域内, 即局限在一个曲面片上, 缺乏对于抽象曲面的整体性的描述和了解. 因此, 在这一节, 我们首先要引进整体的抽象曲面的概念, 然后讨论该抽象曲面上的几何概念和几何性质.

从第三章的定义 1.1 得到启发, 所谓的整体的抽象曲面是一些参数曲面片粘合的结果, 要求两个参数曲面片 $(U_i; (u_i^1, u_i^2))$ 和 $(U_j; (u_j^1, u_j^2))$ 在其交集 $U_i \cap U_j \neq \varnothing$ 的情况下, 坐标变换

$$u_i^\alpha = u_i^\alpha(u_j^1, u_j^2), \quad u_j^\alpha = u_j^\alpha(u_i^1, u_i^2), \quad \alpha = 1, 2$$

都是 C^∞ 函数, 并且坐标变换的 Jacobi 矩阵

$$\begin{pmatrix} \dfrac{\partial u_i^1}{\partial u_j^1} & \dfrac{\partial u_i^2}{\partial u_j^1} \\ \dfrac{\partial u_i^1}{\partial u_j^2} & \dfrac{\partial u_i^2}{\partial u_j^2} \end{pmatrix} \quad \text{以及} \quad \begin{pmatrix} \dfrac{\partial u_j^1}{\partial u_i^1} & \dfrac{\partial u_j^2}{\partial u_i^1} \\ \dfrac{\partial u_j^1}{\partial u_i^2} & \dfrac{\partial u_j^2}{\partial u_i^2} \end{pmatrix}$$

都是可逆矩阵, 并且互为逆矩阵.

更为正式的定义是：设 M 是一个拓扑空间 (因而在 M 中有开集的结构, 以及连续函数和连续映射的概念). 如果对于每一点 $p \in M$ 都存在点 p 的一个开邻域 U 和 $\mathbb{R}^2$ 中的一个开区域 D, 以及从 D 到 U 的同胚 $\varphi: D \to U$(即 φ 是从 D 到 U 的一一对应, 并且 φ 以及它的逆映射都是连续的), 则称 M 是一个**二维拓扑流形**. 这里的 (U, φ) 称为 M 的一个**坐标卡**. 对于任意一点 $p \in U$, 命

$$u^\alpha(p) = (\varphi^{-1}(p))^\alpha, \quad \alpha = 1, 2, \tag{6.1}$$

则称 $(u^1(p), u^2(p))$ 为点 p 的坐标, 而称 $(U; (u^1, u^2))$ 为 M 的一个坐标系.

假定 M 是一个二维拓扑流形. 如果存在 M 的坐标卡组成的一个集合 $\{(U_i, \varphi_i) : i \in I\}$, 使得

(1) $\{U_i : i \in I\}$ 是 M 的一个开覆盖；

(2) 对于任意的 $i, j \in I$, 当 $U_i \cap U_j \neq \varnothing$ 时, 要求映射 $\varphi_j^{-1} \circ \varphi_i : \varphi_i^{-1}(U_i \cap U_j) \to \varphi_j^{-1}(U_i \cap U_j)$ 和 $\varphi_i^{-1} \circ \varphi_j : \varphi_j^{-1}(U_i \cap U_j) \to \varphi_i^{-1}(U_i \cap U_j)$ 都是 C^∞ 的, 则称 M 是一个**二维光滑流形**.

映射 $\varphi_j^{-1} \circ \varphi_i$ 正是前面所说的坐标变换. 实际上, 对于任意的 $p \in U_i \cap U_j$, 我们有

$$\varphi_j^{-1} \circ \varphi_i(u_i^1(p), u_i^2(p)) = \varphi_j^{-1} \circ \varphi_i(\varphi_i^{-1}(p)) = \varphi_j^{-1}(p) = (u_j^1(p), u_j^2(p)).$$

对于 E^3 中的曲面而言, 切向量是一个十分直观的概念. 对于 2 维光滑流形来说, 切向量概念的引进却颇费周折. 我们采取以下的定义: 设 $p \in M$, 所谓 M 在点 p 的一个**切向量** $\boldsymbol{v}$ 是指在包含点 p 的每一个容许的坐标卡 (U_i, φ_i) 下, $\boldsymbol{v}$ 对应于一组数 (v_i^1, v_i^2), 并且当 (U_i, φ_i) 和 (U_j, φ_j) 是包含点 p 的任意两个容许的坐标卡时, 对应的数组 (v_i^1, v_i^2)

和 (v_j^1, v_j^2) 满足以下的关系式:

$$v_j^\alpha = v_i^\beta \cdot \left.\frac{\partial u_j^\alpha}{\partial u_i^\beta}\right|_p, \quad \alpha = 1,2. \tag{6.2}$$

这里, $\alpha, \beta = 1,2$ 是求和指标, i, j 是标记不同坐标卡的记号, 不做求和用, 以下都遵从这样的规定. 简言之, 切向量在各个坐标卡下对应的数组之间是线性变换关系, 而该线性变换的矩阵恰好是坐标变换的 Jacobi 矩阵. 上述定义的根据是第三章的公式 (3.8).

二维光滑流形 M 在点 p 的切向量 $\boldsymbol{v}$ 能够解释为在点 p 的微分算子 $\boldsymbol{v}: C_p^\infty \to \mathbb{R}$, 这里 C_p^∞ 是指在点 p 的某个开邻域有定义、并且有各阶连续可微偏导数的函数的集合, 该微分算子的定义是

$$\boldsymbol{v}(f) = v_i^\alpha \cdot \left.\frac{\partial(f\circ\varphi_i)}{\partial u_i^\alpha}\right|_{\varphi_i^{-1}(p)}, \quad \forall f \in C_p^\infty. \tag{6.3}$$

上述定义与含有点 p 的容许坐标卡 (U_i, φ_i) 的选择无关. 实际上, 若 (U_j, φ_j) 是另一个含有点 p 的容许坐标卡, 则根据求偏导数的链式法则得到

$$\begin{aligned}
v_j^\alpha \cdot \left.\frac{\partial(f\circ\varphi_j)}{\partial u_j^\alpha}\right|_{\varphi_j^{-1}(p)} &= v_j^\alpha \cdot \left.\frac{\partial((f\circ\varphi_i)\circ(\varphi_i^{-1}\circ\varphi_j))}{\partial u_j^\alpha}\right|_{\varphi_j^{-1}(p)} \\
&= v_j^\alpha \cdot \left.\frac{\partial(f\circ\varphi_i)}{\partial u_i^\beta}\right|_{\varphi_i^{-1}(p)} \cdot \left.\frac{\partial(\varphi_i^{-1}\circ\varphi_j)^\beta}{\partial u_j^\alpha}\right|_{\varphi_j^{-1}(p)} \\
&= v_i^\beta \cdot \left.\frac{\partial(f\circ\varphi_i)}{\partial u_i^\beta}\right|_{\varphi_i^{-1}(p)}.
\end{aligned}$$

不难验证, 微分算子 $\boldsymbol{v}: C_p^\infty \to \mathbb{R}$ 遵从以下两个法则:

(1) $\boldsymbol{v}(f+\lambda g) = \boldsymbol{v}(f) + \lambda\boldsymbol{v}(g)$;

(2) $\boldsymbol{v}(f\cdot g) = f(p)\cdot\boldsymbol{v}(g) + g(p)\cdot\boldsymbol{v}(f), \quad \forall f, g \in C_p^\infty,\ \lambda \in \mathbb{R}$.

值得指出的是, 若 (U_i, φ_i) 是 M 的一个坐标卡, 则在 U_i 上定义好

了两个切向量场 $\dfrac{\partial}{\partial u_i^\alpha}: C^\infty(U_i) \to C^\infty(U_i)$, $\alpha = 1, 2$, 它们的定义是

$$\frac{\partial}{\partial u_i^\alpha}(f) = \frac{\partial (f \circ \varphi_i)}{\partial u_i^\alpha}, \quad \forall f \in C^\infty(U_i). \tag{6.4}$$

很明显, 这两个切向量场是处处线性无关的. 实际上在坐标卡 (U_i, φ_i) 下, 切向量场 $\dfrac{\partial}{\partial u_i^1}$ 对应于数组 $(1,0)$, 切向量场 $\dfrac{\partial}{\partial u_i^2}$ 对应于数组 $(0,1)$. 因此, $\left\{p; \left.\dfrac{\partial}{\partial u_i^1}\right|_p, \left.\dfrac{\partial}{\partial u_i^2}\right|_p\right\}$ 是坐标域 U_i 内的标架场, 称为 U_i 上的自然标架场.

所谓的在二维光滑流形上 M 的一个度量形式 g 是指对于 M 的任意一个容许坐标卡 (U_i, φ_i), g 在 U_i 上的限制是一个正定的二次微分形式

$$g|_{U_i} = g_{\alpha\beta}^{(i)} \mathrm{d}u_i^\alpha \mathrm{d}u_i^\beta, \tag{6.5}$$

其中 $g_{\alpha\beta}^{(i)} \in C^\infty(U_i)$, 且 $g_{\alpha\beta}^{(i)} = g_{\beta\alpha}^{(i)}$, 矩阵 $(g_{\alpha\beta}^{(i)})$ 在 U_i 上是处处正定的. 如果 (U_j, φ_j) 是另一个容许坐标卡, 且 $U_i \cap U_j \neq \varnothing$, 则在交集 $U_i \cap U_j$ 上有

$$g|_{U_i \cap U_j} = g_{\alpha\beta}^{(i)} \mathrm{d}u_i^\alpha \mathrm{d}u_i^\beta = g_{\gamma\delta}^{(j)} \mathrm{d}u_j^\gamma \mathrm{d}u_j^\delta = g_{\gamma\delta}^{(j)} \frac{\partial u_j^\gamma}{\partial u_i^\alpha} \frac{\partial u_j^\delta}{\partial u_i^\beta} \mathrm{d}u_i^\alpha \mathrm{d}u_i^\beta.$$

这里的 $g_{\gamma\delta}^{(j)} \dfrac{\partial u_j^\gamma}{\partial u_i^\alpha} \dfrac{\partial u_j^\delta}{\partial u_i^\beta}$ 关于下指标 α, β 显然是对称的, 因此有

$$g_{\alpha\beta}^{(i)} = g_{\gamma\delta}^{(j)} \frac{\partial u_j^\gamma}{\partial u_i^\alpha} \frac{\partial u_j^\delta}{\partial u_i^\beta}, \quad \alpha, \beta = 1, 2.$$

由此可见, M 上的度量形式 g 实际上是在任意一个容许坐标卡 (U_i, φ_i) 下指定了一个由定义在区域 U_i 上的光滑函数构成的、对称的正定矩阵 $(g_{\alpha\beta}^{(i)})$, 并且当另一个容许坐标卡 (U_j, φ_j) 适合条件 $U_i \cap U_j \neq \varnothing$ 时, 相应的 $g_{\alpha\beta}^{(i)}$ 和 $g_{\gamma\delta}^{(j)}$ 在 $U_i \cap U_j$ 上满足双重线性变换的关系式

$$g_{\alpha\beta}^{(i)} = g_{\gamma\delta}^{(j)} \frac{\partial u_j^\gamma}{\partial u_i^\alpha} \frac{\partial u_j^\delta}{\partial u_i^\beta}, \quad 1 \leqslant \alpha, \beta \leqslant 2. \tag{6.6}$$

我们把具有上述结构的量 g 称为 2 阶协变张量.

如在一个二维光滑流形 M 上指定了一个度量形式 g, 则称 (M,g) 是一个**二维黎曼流形**, 这就是我们所要研究的抽象曲面. 很明显, 这种抽象曲面 (M,g) 就是一些抽象曲面片 (或参数曲面片) 粘合的结果. 在这里, 度量形式 g 有明确的几何意义: 设 $\boldsymbol{v}$ 是 M 在点 p 的一个切向量, (U_i,φ_i) 是包含点 p 的一个容许坐标卡, 假定 $\boldsymbol{v}$ 对应于数组 (v_i^1,v_i^2), 而 $g|_{U_i}=g_{\alpha\beta}^{(i)}\mathrm{d}u_i^\alpha\mathrm{d}u_i^\beta$, 命

$$g|_p(\boldsymbol{v},\boldsymbol{v})=g_{\alpha\beta}^{(i)}|_p v_i^\alpha v_i^\beta, \tag{6.7}$$

则上式右端与坐标卡 (U_i,φ_i) 的选取无关, 记 $g|_p(\boldsymbol{v},\boldsymbol{v})=|\boldsymbol{v}|^2$.

实际上, 若有另一个容许坐标卡 (U_j,φ_j), 使得 $p\in U_j$, 则 $\boldsymbol{v}$ 对应于数组 (v_j^1,v_j^2), 而 $g|_{U_j}=g_{\gamma\delta}^{(j)}\mathrm{d}u_j^\gamma\mathrm{d}u_j^\delta$, 那么

$$v_j^\gamma=v_i^\alpha\cdot\left.\frac{\partial u_j^\gamma}{\partial u_i^\alpha}\right|_p,\quad g_{\alpha\beta}^{(i)}|_p=g_{\gamma\delta}^{(j)}|_p\left.\frac{\partial u_j^\gamma}{\partial u_i^\alpha}\right|_p\left.\frac{\partial u_j^\delta}{\partial u_i^\beta}\right|_p,$$

因此

$$g_{\gamma\delta}^{(j)}|_p v_j^\gamma v_j^\delta=g_{\gamma\delta}^{(j)}|_p\left.\frac{\partial u_j^\gamma}{\partial u_i^\alpha}\right|_p\left.\frac{\partial u_j^\delta}{\partial u_i^\beta}\right|_p v_i^\alpha v_i^\beta=g_{\alpha\beta}^{(i)}|_p v_i^\alpha v_i^\beta.$$

很明显, 度量形式 g 在坐标卡 (U_i,φ_i) 下的矩阵 $(g_{\alpha\beta}^{(i)})$ 正好是自然标架场 $\left\{p;\left.\frac{\partial}{\partial u_i^1}\right|_p,\left.\frac{\partial}{\partial u_i^2}\right|_p\right\}$ 的度量系数, 即

$$g_{\alpha\beta}^{(i)}=g|_{U_i}\left(\frac{\partial}{\partial u_i^\alpha},\frac{\partial}{\partial u_i^\beta}\right). \tag{6.8}$$

§6.7 抽象曲面上的几何学

假定 (M,g) 是一个抽象曲面, 即 (M,g) 是一个二维黎曼流形. 本节的目标是考察在 (M,g) 上有哪些几何内容可以进行研究.

6.7.1 在 (M,g) 中的光滑曲线的长度

设 $\gamma:[a,b]\to M$ 是 (M,g) 中的一条光滑曲线, 它的切向量 $\gamma'(t)$ 是沿曲线 $\gamma(t)$ 定义的切向量场. 实际上, 若有 $[t_0,t_1]\subset[a,b]$ 使得曲线段 $\gamma|_{[t_0,t_1]}$ 落在容许坐标卡 (U_i,φ_i) 内, 命

$$u_i^\alpha(t)=u_i^\alpha(\gamma(t))=(\varphi_i^{-1}(\gamma(t)))^\alpha,\quad t_0\leqslant t\leqslant t_1,\tag{7.1}$$

则 $\gamma'(t)|_{[t_0,t_1]}$ 的分量是 $\left(\dfrac{\mathrm{d}u_i^1(t)}{\mathrm{d}t},\dfrac{\mathrm{d}u_i^2(t)}{\mathrm{d}t}\right)$. 若有另一个容许坐标卡 (U_j,φ_j) 使得 $\gamma|_{[t_0,t_1]}$ 落在 U_j 内, 则 $\gamma'(t)|_{[t_0,t_1]}$ 的相应的分量成为 $\left(\dfrac{\mathrm{d}u_j^1(t)}{\mathrm{d}t},\dfrac{\mathrm{d}u_j^2(t)}{\mathrm{d}t}\right)$. 但是

$$\begin{aligned}u_j^\alpha(t)&=(\varphi_j^{-1}(\gamma(t)))^\alpha=((\varphi_j^{-1}\circ\varphi_i)(\varphi_i^{-1}(\gamma(t))))^\alpha\\&=(\varphi_j^{-1}\circ\varphi_i)^\alpha(u_i^1(t),u_i^2(t)),\end{aligned}$$

因此

$$\begin{aligned}\frac{\mathrm{d}u_j^\alpha(t)}{\mathrm{d}t}&=\frac{\mathrm{d}}{\mathrm{d}t}\left((\varphi_j^{-1}\circ\varphi_i)^\alpha(u_i^1(t),u_i^2(t))\right)\\&=\frac{\partial(\varphi_j^{-1}\circ\varphi_i)^\alpha}{\partial u_i^\beta}\cdot\frac{\mathrm{d}u_i^\beta(t)}{\mathrm{d}t}=\frac{\partial u_j^\alpha}{\partial u_i^\beta}\cdot\frac{\mathrm{d}u_i^\beta(t)}{\mathrm{d}t},\end{aligned}\tag{7.2}$$

即分量 $\left(\dfrac{\mathrm{d}u_j^1(t)}{\mathrm{d}t},\dfrac{\mathrm{d}u_j^2(t)}{\mathrm{d}t}\right)$ 与分量 $\left(\dfrac{\mathrm{d}u_i^1(t)}{\mathrm{d}t},\dfrac{\mathrm{d}u_i^2(t)}{\mathrm{d}t}\right)$ 在坐标变换时满足切向量分量的线性变换规律 (6.2), 所以它们代表 M 中的切向量, 记为 $\gamma'(t)$, 称为曲线 γ 的切向量.

我们也能把 $\gamma'(t)$ 看作微分算子 $\gamma'(t):C^\infty_{\gamma(t)}\to\mathbb{R}$. 实际上, 若 $f\in C^\infty_{\gamma(t)}$, 则

$$(\gamma'(t))(f)=\frac{\mathrm{d}(f\circ\gamma(t))}{\mathrm{d}t},\tag{7.3}$$

也就是首先把函数 f 限制在曲线 $\gamma(t)$ 上, 成为定义在区间 $[t_0,t_1]$ 上的光滑函数 $f\circ\gamma$, 再求它的导数, 此即上式的右端. 若曲线段 $\gamma|_{[t_0,t_1]}$ 落

在容许坐标卡 (U_i, φ_i) 内, 则

$$\begin{aligned}\frac{\mathrm{d}(f\circ\gamma(t))}{\mathrm{d}t}&=\frac{\mathrm{d}(f\circ\varphi_i(\varphi_i^{-1}\gamma(t)))}{\mathrm{d}t}=\frac{\mathrm{d}(f\circ\varphi_i(u_i^1(t),u_i^2(t)))}{\mathrm{d}t}\\&=\frac{\partial(f\circ\varphi_i)}{\partial u_i^\alpha}\cdot\frac{\mathrm{d}u_i^\alpha(t)}{\mathrm{d}t}=\frac{\mathrm{d}u_i^\alpha(t)}{\mathrm{d}t}\cdot\frac{\partial}{\partial u_i^\alpha}(f),\end{aligned}$$

即

$$\gamma'(t)|_{U_i}=\frac{\mathrm{d}u_i^\alpha(t)}{\mathrm{d}t}\cdot\left.\frac{\partial}{\partial u_i^\alpha}\right|_{\gamma(t)}. \tag{7.4}$$

现在, 曲线 $\gamma:[a,b]\to M$ 的长度定义为

$$L(\gamma)=\int_a^b|\gamma'(t)|\mathrm{d}t=\int_a^b\sqrt{g(\gamma'(t),\gamma'(t))}\mathrm{d}t, \tag{7.5}$$

上式右端与曲线的参数选择是无关的. 若有一个保持曲线定向的参数变换 $t=t(s),\ t'(s)>0,\ c\leqslant s\leqslant d$, 那么曲线 γ 的新的参数方程成为 $\tilde\gamma(s)=\gamma(t(s))$, 于是 $\tilde\gamma'(s)$ 作为微分算子成为

$$(\tilde\gamma'(s))(f)=\frac{\mathrm{d}(f(\gamma(t(s))))}{\mathrm{d}s}=\frac{\mathrm{d}}{\mathrm{d}t}(f\circ\gamma(t))\cdot\frac{\mathrm{d}(t(s))}{\mathrm{d}s}=\frac{\mathrm{d}t(s)}{\mathrm{d}s}\cdot\gamma'(t)(f),$$

即

$$\tilde\gamma'(s)=\frac{\mathrm{d}t(s)}{\mathrm{d}s}\cdot\gamma'(t).$$

这样, 我们有

$$|\tilde\gamma'(s)|=|t'(s)\cdot\gamma'(t)|=|\gamma'(t)|\cdot t'(s).$$

所以

$$\int_c^d|\tilde\gamma'(s)|\mathrm{d}s=\int_c^d|\gamma'(t)|\cdot t'(s)\mathrm{d}s=\int_a^b|\gamma'(t)|\mathrm{d}t,$$

故它与曲线的保持定向的参数变换无关.

对于 (M,g) 中的光滑曲线 $\gamma:[a,b]\to M$, 命

$$s=s(t)=\int_a^t|\gamma'(t)|\mathrm{d}t,$$

则 $0 \leqslant s \leqslant L(\gamma)$, 且 $s'(t) = |\gamma'(t)| > 0$. 将 s 看作曲线 γ 的新参数, 即 $\gamma(t) = \tilde{\gamma}(s(t))$, 则

$$\gamma'(t) = \frac{\mathrm{d}}{\mathrm{d}t}\tilde{\gamma}(s(t)) = \tilde{\gamma}'(s) \cdot \frac{\mathrm{d}s(t)}{\mathrm{d}t} = \tilde{\gamma}'(s) \cdot |\gamma'(t)|,$$

故 $|\tilde{\gamma}'(s)| = 1$. 这样,

$$L(\gamma|_{[a,t]}) = L(\tilde{\gamma}_{[0,s]}) = \int_0^s |\tilde{\gamma}'(s)|\mathrm{d}s = s.$$

我们把 s 称为曲线 γ 的弧长参数.

6.7.2 (M, g) 的一个紧致闭区域的面积

设 A 是拓扑空间 X 的一个子集. 如果对于 A 的任意一个开覆盖, 必有它的一个有限子覆盖, 则称 A 是 X 的紧致子集. $\mathbb{R}^n$ 中的有界闭子集必定是紧致的. 紧致性概念是 $\mathbb{R}^n$ 中有界闭子集概念的抽象化. X 中的闭区域 D 是指 X 的一个连通开子集的闭包.

设 M 是一个二维光滑流形. 如果存在 M 的一个容许坐标卡集 $\{(U_i, \varphi_i) : i \in \tilde{I}\}$, 使得 $\bigcup\limits_{i \in \tilde{I}} U_i = M$, 并且当 $U_i \cap U_j \neq \varnothing$ 时, 坐标变换的 Jacobi 行列式 $\dfrac{\partial(u_i^1, u_i^2)}{\partial(u_j^1, u_j^2)}$ 在 $U_i \cap U_j$ 上总是处处为正的, 则称 M 是可定向的, 且称这样的一个坐标卡集 $\{(U_i, \varphi_i) : i \in \tilde{I}\}$ 给出了 M 的一个定向.

现在假设 D 是有向的二维黎曼流形 (M, g) 的一个紧致闭区域. 若有属于 M 的定向的容许坐标卡 (U_i, φ_i), 使得 $D \subset U_i$, 定义

$$A(D) = \int_{\varphi_i^{-1}(D)} \sqrt{g_{11}^{(i)} g_{22}^{(i)} - (g_{12}^{(i)})^2}\mathrm{d}u_i^1 \mathrm{d}u_i^2. \tag{7.6}$$

上式右端的数值与坐标卡 (U_i, φ_i) 的选择无关. 实际上, 若有另一个属于 M 的定向的容许坐标卡 (U_j, φ_j), 使得 $D \subset U_j$, 则 $\dfrac{\partial(u_i^1, u_i^2)}{\partial(u_j^1, u_j^2)} > 0$,

并且由 (6.6) 式得到

$$\begin{pmatrix} g_{11}^{(i)} & g_{12}^{(i)} \\ g_{21}^{(i)} & g_{22}^{(i)} \end{pmatrix} = \begin{pmatrix} \dfrac{\partial u_j^1}{\partial u_i^1} & \dfrac{\partial u_j^2}{\partial u_i^1} \\ \dfrac{\partial u_j^i}{\partial u_i^2} & \dfrac{\partial u_j^2}{\partial u_i^2} \end{pmatrix} \cdot \begin{pmatrix} g_{11}^{(j)} & g_{12}^{(j)} \\ g_{21}^{(j)} & g_{22}^{(j)} \end{pmatrix} \cdot \begin{pmatrix} \dfrac{\partial u_j^1}{\partial u_i^1} & \dfrac{\partial u_j^1}{\partial u_i^2} \\ \dfrac{\partial u_j^2}{\partial u_i^1} & \dfrac{\partial u_j^2}{\partial u_i^2} \end{pmatrix},$$

因此

$$g_{11}^{(i)}g_{22}^{(i)} - (g_{12}^{(i)})^2 = \left(g_{11}^{(j)}g_{22}^{(j)} - (g_{12}^{(j)})^2\right) \cdot \left(\frac{\partial(u_j^1, u_j^2)}{\partial(u_i^1, u_i^2)}\right)^2,$$

$$\sqrt{g_{11}^{(i)}g_{22}^{(i)} - (g_{12}^{(i)})^2} = \sqrt{g_{11}^{(j)}g_{22}^{(j)} - (g_{12}^{(j)})^2} \cdot \frac{\partial(u_j^1, u_j^2)}{\partial(u_i^1, u_i^2)}, \tag{7.7}$$

根据 2 重积分变量替换原理, 我们有

$$\begin{aligned} &\int_{\varphi_j^{-1}(D)} \sqrt{g_{11}^{(j)}g_{22}^{(j)} - (g_{12}^{(j)})^2}\mathrm{d}u_j^1\mathrm{d}u_j^2 \\ &= \int_{\varphi_i^{-1}(D)} \sqrt{g_{11}^{(j)}g_{22}^{(j)} - (g_{12}^{(j)})^2} \cdot \frac{\partial(u_j^1, u_j^2)}{\partial(u_i^1, u_i^2)}\mathrm{d}u_i^1\mathrm{d}u_i^2 \\ &= \int_{\varphi_i^{-1}(D)} \sqrt{g_{11}^{(i)}g_{22}^{(i)} - (g_{12}^{(i)})^2}\mathrm{d}u_i^1\mathrm{d}u_i^2. \end{aligned}$$

因为 D 是 M 的紧致闭区域, 于是 D 可以分割成有限多个子区域的并集 $D = \bigcup\limits_{a=1}^{N} D_a$, 使得每一个 D_a 落在属于 M 的定向的某个容许坐标卡 (U_i, φ_i) 内 (确切的做法要用到单位分解定理, 在这里略过, 不细说了). 令

$$A(D) = \sum_{a=1}^{N} A(D_a),$$

称为闭区域 D 的面积.

6.7.3 (M, g) 上的切向量场的协变微分

在抽象曲面 (M, g) 上, 切向量场 $\boldsymbol{X}$ 本身就是定义在 M 上的光滑函数的微分算子 $\boldsymbol{X} : C^\infty(M) \to C^\infty(M)$. 实际上, 切向量场

是指以光滑地依赖于点的方式在每一点指定一个切向量. 对于任意的 $f\in C^\infty(M)$, $\boldsymbol{X}(f)$也是 M 上的光滑函数, 其定义是对于任意一点 $p\in M, (\boldsymbol{X}(f))(p)=(\boldsymbol{X}(p))f$. 下一个重要的数学结构应该是定义在抽象曲面 M 上的切向量场 $\boldsymbol{Y}$ 沿另一个切向量场 $\boldsymbol{X}$ 的导数 $\mathrm{D}_{\boldsymbol{X}}\boldsymbol{Y}$, 称为协变导数. 在叙述它的定义的时候, 我们需要把欧氏空间中切向量场沿另一个切向量场求导的法则作为参照的对象, 因此要求所引进的协变导数应该遵从以下的规则: 设 $\boldsymbol{X},\boldsymbol{Y},\boldsymbol{Z}$ 是定义在 M 上的任意的光滑切向量场, $f\in C^\infty(M)$, 则

(1) $\mathrm{D}_{f\cdot\boldsymbol{X}}\boldsymbol{Y}=f\cdot\mathrm{D}_{\boldsymbol{X}}\boldsymbol{Y},\ \mathrm{D}_{\boldsymbol{X}+\boldsymbol{Z}}\boldsymbol{Y}=\mathrm{D}_{\boldsymbol{X}}\boldsymbol{Y}+\mathrm{D}_{\boldsymbol{Z}}\boldsymbol{Y}$,

(2) $\mathrm{D}_{\boldsymbol{X}}(f\cdot\boldsymbol{Y})=\boldsymbol{X}(f)\boldsymbol{Y}+f\cdot\mathrm{D}_{\boldsymbol{X}}\boldsymbol{Y},\ \mathrm{D}_{\boldsymbol{X}}(\boldsymbol{Y}+\boldsymbol{Z})=\mathrm{D}_{\boldsymbol{X}}\boldsymbol{Y}+\mathrm{D}_{\boldsymbol{X}}\boldsymbol{Z}$,

(3) $\boldsymbol{X}(g(\boldsymbol{Y},\boldsymbol{Z}))=g(\mathrm{D}_{\boldsymbol{X}}\boldsymbol{Y},\boldsymbol{Z})+g(\boldsymbol{Y},\mathrm{D}_{\boldsymbol{X}}\boldsymbol{Z})$.

其中 (1),(2) 两条说明 D 是微分算子, 第 (3) 条说明协变导数与度量形式 (即向量内积) 的关系.

现在假定 (U,φ) 是 M 的一个容许坐标卡, 我们的目标是求协变导数 D 在该坐标卡下可能的表达式. 在这里, 为了简单起见, 省略了坐标卡的标识记号, 以后在用到两个以上的坐标卡时再恢复标识记号. 设

$$\boldsymbol{X}|_U=X^\alpha\frac{\partial}{\partial u^\alpha},\quad \boldsymbol{Y}|_U=Y^\beta\frac{\partial}{\partial u^\beta},\quad \boldsymbol{Z}|_U=Z^\gamma\frac{\partial}{\partial u^\gamma},$$
$$g(\boldsymbol{Y},\boldsymbol{Z})|_U=g_{\beta\gamma}Y^\beta Z^\gamma.$$

那么, 按照求协变导数的法则得到

$$\mathrm{D}_{\boldsymbol{X}}\boldsymbol{Y}|_U=\mathrm{D}_{X^\alpha\frac{\partial}{\partial u^\alpha}}\left(Y^\beta\frac{\partial}{\partial u^\beta}\right)=X^\alpha\left(\frac{\partial Y^\beta}{\partial u^\alpha}\frac{\partial}{\partial u^\beta}+Y^\beta\cdot\mathrm{D}_{\frac{\partial}{\partial u^\alpha}}\frac{\partial}{\partial u^\beta}\right).$$

如果假定

$$\mathrm{D}_{\frac{\partial}{\partial u^\alpha}}\frac{\partial}{\partial u^\beta}=\Gamma^\gamma_{\beta\alpha}\frac{\partial}{\partial u^\gamma},\tag{7.8}$$

则

$$\mathrm{D}_{\boldsymbol{X}}\boldsymbol{Y}|_U=X^\alpha\left(\frac{\partial Y^\gamma}{\partial u^\alpha}+Y^\beta\cdot\Gamma^\gamma_{\beta\alpha}\right)\cdot\frac{\partial}{\partial u^\gamma}.\tag{7.9}$$

由此可见, 求得 $\mathrm{D}_{\boldsymbol{X}}\boldsymbol{Y}|_U$ 在局部坐标系 $(U;u^\alpha)$ 下的表达式 (7.9) 的关键是求出 (7.8) 式的系数 $\Gamma^\gamma_{\beta\alpha}$.

由协变导数应该遵循的规则 (3) 得到

$$\begin{aligned}\frac{\partial g_{\beta\gamma}}{\partial u^\alpha} &= \frac{\partial}{\partial u^\alpha}\left(g|_U\left(\frac{\partial}{\partial u^\beta},\frac{\partial}{\partial u^\gamma}\right)\right)\\&= g|_U\left(\mathrm{D}_{\frac{\partial}{\partial u^\alpha}}\frac{\partial}{\partial u^\beta},\frac{\partial}{\partial u^\gamma}\right)+g|_U\left(\frac{\partial}{\partial u^\beta},\mathrm{D}_{\frac{\partial}{\partial u^\alpha}}\frac{\partial}{\partial u^\gamma}\right)\\&= g|_U\left(\Gamma^\delta_{\beta\alpha}\cdot\frac{\partial}{\partial u^\delta},\frac{\partial}{\partial u^\gamma}\right)+g|_U\left(\frac{\partial}{\partial u^\beta},\Gamma^\delta_{\gamma\alpha}\cdot\frac{\partial}{\partial u^\delta}\right)\\&= \Gamma^\delta_{\beta\alpha}\cdot g_{\delta\gamma}+\Gamma^\delta_{\gamma\alpha}\cdot g_{\beta\delta}.\end{aligned}\tag{7.10}$$

如果假定系数 $\Gamma^\gamma_{\alpha\beta}$ 关于下指标 α,β 是对称的, 即 $\Gamma^\gamma_{\beta\alpha}=\Gamma^\gamma_{\alpha\beta}$, 则容易唯一地确定系数 $\Gamma^\gamma_{\alpha\beta}$ 的表达式 (参看第五章的 (1.23)—(1.25)) 是

$$\Gamma^\gamma_{\alpha\beta}=\frac{1}{2}g^{\delta\gamma}\left(\frac{\partial g_{\alpha\delta}}{\partial u^\beta}+\frac{\partial g_{\delta\beta}}{\partial u^\alpha}-\frac{\partial g_{\alpha\beta}}{\partial u^\delta}\right),\tag{7.11}$$

称为由度量矩阵 $(g_{\alpha\beta})$ 决定的 Christoffel 记号, 其中 $(g^{\alpha\beta})$ 是指矩阵 $(g_{\alpha\beta})$ 的逆矩阵, 即满足关系式 $g^{\alpha\gamma}g_{\gamma\beta}=\delta^\alpha_\beta$, $\alpha,\beta=1,2$.

现在, 在 (M,g) 的每一个容许坐标卡 (U_i,φ_i) 下, 由度量矩阵 $(g^{(i)}_{\alpha\beta})$ 决定了 Christoffel 记号 $\Gamma^{(i)\gamma}_{\alpha\beta}$. 若有另一个容许坐标卡 (U_j,φ_j), 且 $U_i\cap U_j\neq\varnothing$, 则在 $U_i\cap U_j$ 上的 Christoffel 记号 $\Gamma^{(i)\gamma}_{\alpha\beta}$, $\Gamma^{(j)\gamma}_{\alpha\beta}$ 之间有一定的联系. 注意到, 度量矩阵 $(g^{(i)}_{\alpha\beta})$, $(g^{(j)}_{\alpha\beta})$ 在坐标变换下满足关系式

$$g^{(j)}_{\alpha\beta}=g^{(i)}_{\gamma\delta}\cdot\frac{\partial u_i^\gamma}{\partial u_j^\alpha}\cdot\frac{\partial u_i^\delta}{\partial u_j^\beta},$$

容易得到

$$g^{(j)}_{\alpha\beta}\cdot\frac{\partial u_j^\alpha}{\partial u_i^\gamma}=g^{(i)}_{\gamma\delta}\cdot\frac{\partial u_i^\delta}{\partial u_j^\beta},\quad g^{\gamma\delta}_{(i)}=g^{\alpha\beta}_{(j)}\cdot\frac{\partial u_i^\gamma}{\partial u_j^\alpha}\cdot\frac{\partial u_i^\delta}{\partial u_j^\beta}.$$

对前面的关系式求导得到

$$\begin{aligned}\frac{\partial g^{(j)}_{\alpha\beta}}{\partial u_j^\gamma}=&\frac{\partial g^{(i)}_{\xi\zeta}}{\partial u_i^\eta}\frac{\partial u_i^\eta}{\partial u_j^\gamma}\frac{\partial u_i^\xi}{\partial u_j^\alpha}\frac{\partial u_i^\zeta}{\partial u_j^\beta}+g^{(i)}_{\xi\zeta}\frac{\partial^2 u_i^\xi}{\partial u_j^\alpha\partial u_j^\gamma}\cdot\frac{\partial u_i^\zeta}{\partial u_j^\beta}\\&+g^{(i)}_{\xi\zeta}\frac{\partial u_i^\xi}{\partial u_j^\alpha}\cdot\frac{\partial^2 u_i^\zeta}{\partial u_j^\beta\partial u_j^\gamma}.\end{aligned}$$

将上式的指标 α,β,γ 轮换, 并且代入 Christoffel 记号 $\Gamma^{(j)\gamma}_{\alpha\beta}$ 的表达式得到

$$\begin{aligned}\Gamma^{(j)\gamma}_{\alpha\beta} &= \Gamma^{(i)\eta}_{\xi\zeta}\cdot\frac{\partial u_i^\xi}{\partial u_j^\alpha}\frac{\partial u_i^\zeta}{\partial u_j^\beta}\frac{\partial u_j^\gamma}{\partial u_i^\eta}+\frac{\partial^2 u_i^\eta}{\partial u_j^\alpha\partial u_j^\beta}\cdot\frac{\partial u_j^\gamma}{\partial u_i^\eta},\\ \Gamma^{(j)\gamma}_{\alpha\beta}\frac{\partial u_i^\eta}{\partial u_j^\gamma} &= \Gamma^{(i)\eta}_{\xi\zeta}\cdot\frac{\partial u_i^\xi}{\partial u_j^\alpha}\frac{\partial u_i^\zeta}{\partial u_j^\beta}+\frac{\partial^2 u_i^\eta}{\partial u_j^\alpha\partial u_j^\beta}.\end{aligned}\tag{7.12}$$

设 $\boldsymbol{X},\boldsymbol{Y}$ 是 M 上的两个光滑切向量场, 它们限制在 $U_i\cap U_j$ 上是

$$\begin{aligned}\boldsymbol{X}|_{U_i\cap U_j} &= X_i^\alpha\cdot\frac{\partial}{\partial u_i^\alpha}=X_j^\beta\cdot\frac{\partial}{\partial u_j^\beta}=X_j^\beta\cdot\frac{\partial u_i^\alpha}{\partial u_j^\beta}\frac{\partial}{\partial u_i^\alpha},\\ \boldsymbol{Y}|_{U_i\cap U_j} &= Y_i^\alpha\cdot\frac{\partial}{\partial u_i^\alpha}=Y_j^\beta\cdot\frac{\partial}{\partial u_j^\beta}=Y_j^\beta\cdot\frac{\partial u_i^\alpha}{\partial u_j^\beta}\frac{\partial}{\partial u_i^\alpha},\end{aligned}$$

所以

$$X_i^\alpha=X_j^\beta\cdot\frac{\partial u_i^\alpha}{\partial u_j^\beta},\quad Y_i^\alpha=Y_j^\beta\cdot\frac{\partial u_i^\alpha}{\partial u_j^\beta}.$$

我们要证明在 $U_i\cap U_j$ 上有

$$X_i^\alpha\left(\frac{\partial Y_i^\beta}{\partial u_i^\alpha}+Y_i^\gamma\Gamma^{(i)\beta}_{\gamma\alpha}\right)\frac{\partial}{\partial u_i^\beta}=X_j^\alpha\left(\frac{\partial Y_j^\beta}{\partial u_j^\alpha}+Y_j^\gamma\Gamma^{(j)\beta}_{\gamma\alpha}\right)\frac{\partial}{\partial u_j^\beta}.$$

实际上,

$$\begin{aligned}&X_i^\alpha\left(\frac{\partial Y_i^\beta}{\partial u_i^\alpha}+Y_i^\gamma\Gamma^{(i)\beta}_{\gamma\alpha}\right)\frac{\partial}{\partial u_i^\beta}\\ &=X_i^\alpha\left(\frac{\partial}{\partial u_i^\alpha}\left(Y_j^\xi\cdot\frac{\partial u_i^\beta}{\partial u_j^\xi}\right)+Y_j^\xi\cdot\frac{\partial u_i^\gamma}{\partial u_j^\xi}\Gamma^{(i)\beta}_{\gamma\alpha}\right)\frac{\partial u_j^\eta}{\partial u_i^\beta}\frac{\partial}{\partial u_j^\eta}\\ &=X_i^\alpha\left(\frac{\partial Y_j^\xi}{\partial u_j^\zeta}\frac{\partial u_j^\zeta}{\partial u_i^\alpha}\cdot\delta_\xi^\eta+Y_j^\xi\left(\frac{\partial^2 u_i^\beta}{\partial u_j^\xi\partial u_j^\zeta}\frac{\partial u_j^\eta}{\partial u_i^\beta}\frac{\partial u_j^\zeta}{\partial u_i^\alpha}+\Gamma^{(i)\beta}_{\gamma\alpha}\frac{\partial u_j^\eta}{\partial u_i^\beta}\frac{\partial u_i^\gamma}{\partial u_j^\xi}\right)\right)\frac{\partial}{\partial u_j^\eta}\\ &=X_i^\alpha\left(\frac{\partial Y_j^\eta}{\partial u_j^\zeta}\frac{\partial u_j^\zeta}{\partial u_i^\alpha}+Y_j^\xi\frac{\partial u_j^\zeta}{\partial u_i^\alpha}\left(\Gamma^{(j)\eta}_{\xi\zeta}-\Gamma^{(i)\mu}_{\nu\lambda}\frac{\partial u_i^\nu}{\partial u_j^\xi}\frac{\partial u_i^\lambda}{\partial u_j^\zeta}\frac{\partial u_j^\eta}{\partial u_i^\mu}\right)\right.\end{aligned}$$

$$+ Y_j^{\xi}\Gamma_{\gamma\alpha}^{(i)\beta}\frac{\partial u_j^{\eta}}{\partial u_i^{\beta}}\frac{\partial u_i^{\gamma}}{\partial u_j^{\xi}}\bigg)\frac{\partial}{\partial u_j^{\eta}}$$

$$= X_i^{\alpha}\frac{\partial u_j^{\zeta}}{\partial u_i^{\alpha}}\left(\frac{\partial Y_j^{\eta}}{\partial u_j^{\zeta}} + Y_j^{\xi}\Gamma_{\xi\zeta}^{(j)\eta}\right)\frac{\partial}{\partial u_j^{\eta}} = X_j^{\zeta}\left(\frac{\partial Y_j^{\eta}}{\partial u_j^{\zeta}} + Y_j^{\xi}\Gamma_{\xi\zeta}^{(j)\eta}\right)\frac{\partial}{\partial u_j^{\eta}}.$$

由此可见, 利用 Christoffel 记号, 表达式 $X_i^{\alpha}\left(\frac{\partial Y_i^{\beta}}{\partial u_i^{\alpha}} + Y_i^{\gamma}\Gamma_{\gamma\alpha}^{(i)\beta}\right)\frac{\partial}{\partial u_i^{\beta}}$ 与坐标卡 (U_i, φ_i) 的选取无关, 所以它是大范围地在 M 上定义好的切向量场, 记为 $\mathrm{D}_{\boldsymbol{X}}\boldsymbol{Y}$, 它在 U_i 上的限制是

$$\mathrm{D}_{\boldsymbol{X}}\boldsymbol{Y}|_{U_i} = X_i^{\alpha}\left(\frac{\partial Y_i^{\beta}}{\partial u_i^{\alpha}} + Y_i^{\gamma}\Gamma_{\gamma\alpha}^{(i)\beta}\right)\frac{\partial}{\partial u_i^{\beta}}. \tag{7.13}$$

容易验证, $\mathrm{D}_{\boldsymbol{X}}\boldsymbol{Y}$ 遵循前面所提到的三条法则, 称为切向量场 $\boldsymbol{Y}$ 沿 $\boldsymbol{X}$ 的协变导数, 并且把

$$\mathrm{D}\boldsymbol{Y} = \left(\mathrm{d}Y_i^{\beta} + Y_i^{\gamma}\Gamma_{\gamma\alpha}^{(i)\beta}\mathrm{d}u_i^{\alpha}\right)\frac{\partial}{\partial u_i^{\beta}} \tag{7.14}$$

叫作 $\boldsymbol{Y}$ 的协变微分.

对照公式 (5.3) 知道, 此处切向量场的协变微分公式和该式是一致的. 不过在 §6.5 中引进切向量场的协变微分是通过"外在的途径" (参看第六章的定义 5.1), 在这里, 完全采用内在的方式, 不涉及曲面的外在形状.

6.7.4 切向量沿光滑曲线的平行移动

这一段的内容是 §6.5 的重复, 不多赘述了, 只是提及主要的定义和公式.

设 $\gamma : [a, b] \to M$ 是 (M, g) 中的一条光滑曲线, $\boldsymbol{X}$ 是 M 上的一个光滑切向量场. 假定曲线 γ 落在坐标卡 (U, φ) 内, 设 γ 的参数方程是 $u^{\alpha} = u^{\alpha}(t), \alpha = 1, 2$, 故 $\gamma'(t) = \frac{\mathrm{d}u^{\alpha}(t)}{\mathrm{d}t}\frac{\partial}{\partial u^{\alpha}}\Big|_{\gamma(t)}$. 设 $\boldsymbol{X}(t) = \boldsymbol{X}|_{\gamma(t)} =$

$X^\alpha(t)\left.\dfrac{\partial}{\partial u^\alpha}\right|_{\gamma(t)}$. 那么

$$\begin{aligned}\mathrm{D}_{\gamma'(t)}\boldsymbol{X}(t) &= \mathrm{D}_{\gamma'(t)}\left(X^\alpha(t)\left.\frac{\partial}{\partial u^\alpha}\right|_{\gamma(t)}\right)\\ &= \left(\frac{\mathrm{d}X^\gamma(t)}{\mathrm{d}t}+X^\alpha(t)\frac{\mathrm{d}u^\beta(t)}{\mathrm{d}t}\Gamma^\gamma_{\alpha\beta}(\gamma(t))\right)\cdot\left.\frac{\partial}{\partial u^\gamma}\right|_{\gamma(t)}.\end{aligned}$$

如果 $\mathrm{D}_{\gamma'(t)}\boldsymbol{X}(t)=\mathbf{0}$, 则 $\boldsymbol{X}(t)$ 称沿曲线 γ 是平行的. 该条件等价于分量 $X^\alpha(t)$ 满足微分方程

$$\frac{\mathrm{d}X^\gamma(t)}{\mathrm{d}t}+X^\alpha(t)\frac{\mathrm{d}u^\beta(t)}{\mathrm{d}t}\Gamma^\gamma_{\alpha\beta}(\gamma(t))=0,\quad \alpha=1,2. \tag{7.15}$$

容易证明上述条件与曲线 γ 的参数选择无关. 另外, 如果 $\boldsymbol{X}(t)$ 沿曲线 γ 是平行的, 则

$$\begin{aligned}\frac{\mathrm{d}}{\mathrm{d}t}(g(\boldsymbol{X}(t),\boldsymbol{X}(t))) &= \gamma'(t)(g(\boldsymbol{X}(t),\boldsymbol{X}(t)))\\ &= g(\mathrm{D}_{\gamma'(t)}\boldsymbol{X}(t),\boldsymbol{X}(t))+g(\boldsymbol{X}(t),\mathrm{D}_{\gamma'(t)}\boldsymbol{X}(t))=0.\end{aligned}$$

由此可见, 沿曲线 $\gamma(t)$ 平行的切向量场 $X(t)$ 的长度是常数.

6.7.5 (M,g) 中曲线的测地曲率

设 $\gamma:[0,L]\to M$ 是有向抽象曲面 (M,g) 中的一条以弧长 s 为参数的光滑曲线, 那么 $g(\gamma'(s),\gamma'(s))=1$, 于是

$$0=\frac{\mathrm{d}}{\mathrm{d}s}(g(\gamma'(s),\gamma'(s)))=2g(\mathrm{D}_{\gamma'(s)}\gamma'(s),\gamma'(s)),$$

由此可见, $\mathrm{D}_{\gamma'(s)}\gamma'(s)\perp\gamma'(s)$. 若命 $\boldsymbol{e}_1(s)=\gamma'(s)$, $\boldsymbol{e}_2(s)$ 是将 $\boldsymbol{e}_1(s)$ 按曲面的正定向旋转 90° 得到的单位切向量, 则可以命

$$\mathrm{D}_{\gamma'(s)}\gamma'(s)=\kappa_g(s)\cdot\boldsymbol{e}_2(s),$$

因此,

$$\kappa_g(s)=g(\mathrm{D}_{\gamma'(s)}\gamma'(s),\boldsymbol{e}_2(s)), \tag{7.16}$$

称为曲线 $\gamma(s)$ 的测地曲率.

假定曲线 $\gamma:[0,L]\to M$ 落在容许坐标卡 (U,φ) 内, 设 $\gamma(s)$ 的参数方程是 $u^\alpha=u^\alpha(s)$, $\alpha=1,2$, 于是 γ 的切向量是 $\gamma'(s)=\dfrac{\mathrm{d}u^\alpha(s)}{\mathrm{d}s}\cdot\dfrac{\partial}{\partial u^\alpha}$. 假定 $\boldsymbol{e}_2(s)=v^\alpha(s)\dfrac{\partial}{\partial u^\alpha}$, 则下面的条件成立:

$$g_{\alpha\beta}v^\alpha v^\beta=1,\quad g_{\alpha\beta}v^\alpha\frac{\mathrm{d}u^\beta(s)}{\mathrm{d}s}=0. \tag{7.17}$$

从 (7.17) 的第二式得到

$$v^\alpha g_{\alpha1}\frac{\mathrm{d}u^1(s)}{\mathrm{d}s}+v^\alpha g_{\alpha2}\frac{\mathrm{d}u^2(s)}{\mathrm{d}s}=0,$$

所以

$$(v^\alpha g_{\alpha1},v^\alpha g_{\alpha2})=\lambda\cdot\left(-\frac{\mathrm{d}u^2(s)}{\mathrm{d}s},\frac{\mathrm{d}u^1(s)}{\mathrm{d}s}\right). \tag{7.18}$$

考虑到 $\{\boldsymbol{e}_1(s),\boldsymbol{e}_2(s)\}$ 给出了曲面 M 的定向, 所以 $\lambda>0$. 注意到

$$\mathrm{D}_{\gamma'(s)}\gamma'(s)=\left(\frac{\mathrm{d}^2u^\alpha(s)}{\mathrm{d}s^2}+\frac{\mathrm{d}u^\beta(s)}{\mathrm{d}s}\frac{\mathrm{d}u^\gamma(s)}{\mathrm{d}s}\Gamma^\alpha_{\beta\gamma}(\gamma(s))\right)\frac{\partial}{\partial u^\alpha}\bigg|_{\gamma(s)},$$

把它们代入 (7.16) 式得到

$$\begin{aligned}\kappa_g(s)=&\,g_{\alpha1}v^\alpha\left(\frac{\mathrm{d}^2u^1(s)}{\mathrm{d}s^2}+\frac{\mathrm{d}u^\beta(s)}{\mathrm{d}s}\frac{\mathrm{d}u^\gamma(s)}{\mathrm{d}s}\Gamma^1_{\beta\gamma}(\gamma(s))\right)\\&+g_{\alpha2}v^\alpha\left(\frac{\mathrm{d}^2u^2(s)}{\mathrm{d}s^2}+\frac{\mathrm{d}u^\beta(s)}{\mathrm{d}s}\frac{\mathrm{d}u^\gamma(s)}{\mathrm{d}s}\Gamma^2_{\beta\gamma}(\gamma(s))\right)\\=&\,\lambda\Big[-\left(\frac{\mathrm{d}^2u^1}{\mathrm{d}s^2}+\frac{\mathrm{d}u^\beta}{\mathrm{d}s}\frac{\mathrm{d}u^\gamma}{\mathrm{d}s}\Gamma^1_{\beta\gamma}\right)\frac{\mathrm{d}u^2}{\mathrm{d}s}\\&+\left(\frac{\mathrm{d}^2u^2}{\mathrm{d}s^2}+\frac{\mathrm{d}u^\beta}{\mathrm{d}s}\frac{\mathrm{d}u^\gamma}{\mathrm{d}s}\Gamma^2_{\beta\gamma}\right)\frac{\mathrm{d}u^1}{\mathrm{d}s}\Big],\end{aligned}$$

即

$$\kappa_g(s)=\lambda\cdot\begin{vmatrix}\dfrac{\mathrm{d}u^1}{\mathrm{d}s} & \dfrac{\mathrm{d}^2u^1}{\mathrm{d}s^2}+\dfrac{\mathrm{d}u^\beta}{\mathrm{d}s}\dfrac{\mathrm{d}u^\gamma}{\mathrm{d}s}\Gamma^1_{\beta\gamma}\\ \dfrac{\mathrm{d}u^2}{\mathrm{d}s} & \dfrac{\mathrm{d}^2u^2}{\mathrm{d}s^2}+\dfrac{\mathrm{d}u^\beta}{\mathrm{d}s}\dfrac{\mathrm{d}u^\gamma}{\mathrm{d}s}\Gamma^2_{\beta\gamma}\end{vmatrix}.$$

下面来决定系数 λ. 首先, (7.18) 式可以改写成为

$$(v^1, v^2) \cdot \begin{pmatrix} g_{11} & g_{12} \\ g_{21} & g_{22} \end{pmatrix} = \lambda \cdot \left(-\frac{\mathrm{d}u^2}{\mathrm{d}s}, \frac{\mathrm{d}u^1}{\mathrm{d}s}\right),$$

因此,

$$\begin{aligned}(v^1, v^2) &= \frac{\lambda}{g_{11}g_{22} - (g_{12})^2} \cdot \left(-\frac{\mathrm{d}u^2}{\mathrm{d}s}, \frac{\mathrm{d}u^1}{\mathrm{d}s}\right) \cdot \begin{pmatrix} g_{22} & -g_{12} \\ -g_{21} & g_{11} \end{pmatrix} \\ &= \frac{\lambda}{g_{11}g_{22} - (g_{12})^2} \left(-g_{2\alpha}\frac{\mathrm{d}u^\alpha}{\mathrm{d}s}, g_{1\alpha}\frac{\mathrm{d}u^\alpha}{\mathrm{d}s}\right).\end{aligned}$$

于是, (7.17) 的第一式成为

$$\begin{aligned}1 &= (v^\alpha g_{\alpha 1}, v^\alpha g_{\alpha 2}) \cdot \begin{pmatrix} v^1 \\ v^2 \end{pmatrix} \\ &= \frac{\lambda^2}{g_{11}g_{22} - (g_{12})^2} \left(-\frac{\mathrm{d}u^2(s)}{\mathrm{d}s}, \frac{\mathrm{d}u^1(s)}{\mathrm{d}s}\right) \cdot \begin{pmatrix} -g_{2\alpha}\dfrac{\mathrm{d}u^\alpha(s)}{\mathrm{d}s} \\ g_{1\alpha}\dfrac{\mathrm{d}u^\alpha(s)}{\mathrm{d}s} \end{pmatrix} \\ &= \frac{\lambda^2}{g_{11}g_{22} - (g_{12})^2} \cdot g_{\alpha\beta}\frac{\mathrm{d}u^\alpha(s)}{\mathrm{d}s}\frac{\mathrm{d}u^\beta(s)}{\mathrm{d}s} = \frac{\lambda^2}{g_{11}g_{22} - (g_{12})^2},\end{aligned}$$

即 $\lambda = \sqrt{g_{11}g_{22} - (g_{12})^2}$. 所以, 光滑曲线 γ 的测地曲率是

$$\kappa_g = \sqrt{g_{11}g_{22} - (g_{12})^2} \cdot \begin{vmatrix} \dfrac{\mathrm{d}u^1}{\mathrm{d}s} & \dfrac{\mathrm{d}^2u^1(s)}{\mathrm{d}s^2} + \dfrac{\mathrm{d}u^\beta(s)}{\mathrm{d}s}\dfrac{\mathrm{d}u^\gamma(s)}{\mathrm{d}s}\Gamma^1_{\beta\gamma} \\ \dfrac{\mathrm{d}u^2}{\mathrm{d}s} & \dfrac{\mathrm{d}^2u^2(s)}{\mathrm{d}s^2} + \dfrac{\mathrm{d}u^\beta(s)}{\mathrm{d}s}\dfrac{\mathrm{d}u^\gamma(s)}{\mathrm{d}s}\Gamma^2_{\beta\gamma} \end{vmatrix}. \tag{7.19}$$

这样, 我们通过内在的途径重新获得了 §6.1 的测地曲率 κ_g 的公式 (1.15).

6.7.6 (M, g) 中的测地线

抽象曲面 (M, g) 中的测地线就是测地曲率 κ_g 为零的曲线, 即其单位切向量 $\gamma'(s)$ 沿该曲线 $\gamma(s)$ 本身是平行的曲线. 所以, 测地线满足

微分方程

$$\frac{\mathrm{d}^2u^\alpha(s)}{\mathrm{d}s^2}+\frac{\mathrm{d}u^\beta(s)}{\mathrm{d}s}\frac{\mathrm{d}u^\gamma(s)}{\mathrm{d}s}\Gamma^\alpha_{\beta\gamma}(\gamma(s))=0,\quad \alpha=1,2.$$

§6.2 的内容, 包括曲线弧长的第一变分公式, 完全可以搬到这里来, 在此不多赘述了.

§6.8 抽象曲面的曲率

设 (M,g) 是一个抽象曲面, 实际上它是一个二维的弯曲空间. 为此, 需要知道空间的"弯曲"指的是什么?

在 (M,g) 上已经定义了切向量场的协变微分算子 D. 当 (M,g) 是欧氏平面时, 在 M 上可以取笛卡儿直角坐标系 (u^1,u^2), 此时 $\left\{p;\left.\frac{\partial}{\partial u^1}\right|_p,\left.\frac{\partial}{\partial u^2}\right|_p\right\}$ 是在 M 上在平行移动下彼此合同的单位正交标架场, 故 $\frac{\partial}{\partial u^1},\frac{\partial}{\partial u^2}$ 是在 M 上大范围平行的切向量场, 于是

$$\mathrm{D}_{\frac{\partial}{\partial u^\alpha}}\frac{\partial}{\partial u^\beta}=0,\quad \forall\alpha,\beta=1,2.$$

若 $\boldsymbol{X}$ 是 M 上的光滑切向量场, 设为 $\boldsymbol{X}=X^\alpha\frac{\partial}{\partial u^\alpha}$, 则

$$\mathrm{D}_{\frac{\partial}{\partial u^\alpha}}\boldsymbol{X}=\frac{\partial X^\gamma}{\partial u^\alpha}\frac{\partial}{\partial u^\gamma},\quad \mathrm{D}_{\frac{\partial}{\partial u^\beta}}\mathrm{D}_{\frac{\partial}{\partial u^\alpha}}\boldsymbol{X}=\frac{\partial^2X^\gamma}{\partial u^\alpha\partial u^\beta}\frac{\partial}{\partial u^\gamma}.$$

因此

$$\mathrm{D}_{\frac{\partial}{\partial u^\beta}}\mathrm{D}_{\frac{\partial}{\partial u^\alpha}}\boldsymbol{X}-\mathrm{D}_{\frac{\partial}{\partial u^\alpha}}\mathrm{D}_{\frac{\partial}{\partial u^\beta}}\boldsymbol{X}=\left(\frac{\partial^2X^\gamma}{\partial u^\alpha\partial u^\beta}-\frac{\partial^2X^\gamma}{\partial u^\beta\partial u^\alpha}\right)\frac{\partial}{\partial u^\gamma}=0.$$

在一般的抽象曲面 (M,g) 上取一个容许坐标卡 (U,φ), 则有

$$\begin{aligned}\mathrm{D}_{\frac{\partial}{\partial u^\beta}}\frac{\partial}{\partial u^\gamma}&=\Gamma^\delta_{\gamma\beta}\frac{\partial}{\partial u^\delta},\\ \mathrm{D}_{\frac{\partial}{\partial u^\alpha}}\mathrm{D}_{\frac{\partial}{\partial u^\beta}}\frac{\partial}{\partial u^\gamma}&=\frac{\partial\Gamma^\delta_{\gamma\beta}}{\partial u^\alpha}\cdot\frac{\partial}{\partial u^\delta}+\Gamma^\delta_{\gamma\beta}\Gamma^\mu_{\delta\alpha}\frac{\partial}{\partial u^\mu}\\ &=\left(\frac{\partial\Gamma^\delta_{\gamma\beta}}{\partial u^\alpha}+\Gamma^\mu_{\gamma\beta}\Gamma^\delta_{\mu\alpha}\right)\frac{\partial}{\partial u^\delta},\end{aligned}$$

所以

$$\mathrm{D}_{\frac{\partial}{\partial u^\alpha}}\mathrm{D}_{\frac{\partial}{\partial u^\beta}}\frac{\partial}{\partial u^\gamma}-\mathrm{D}_{\frac{\partial}{\partial u^\beta}}\mathrm{D}_{\frac{\partial}{\partial u^\alpha}}\frac{\partial}{\partial u^\gamma}$$
$$=\left(\frac{\partial\Gamma^\delta_{\gamma\beta}}{\partial u^\alpha}-\frac{\partial\Gamma^\delta_{\gamma\alpha}}{\partial u^\beta}+\Gamma^\mu_{\gamma\beta}\Gamma^\delta_{\mu\alpha}-\Gamma^\mu_{\gamma\alpha}\Gamma^\delta_{\mu\beta}\right)\frac{\partial}{\partial u^\delta}.$$

记

$$R^\delta_{\gamma\beta\alpha}=\frac{\partial\Gamma^\delta_{\gamma\beta}}{\partial u^\alpha}-\frac{\partial\Gamma^\delta_{\gamma\alpha}}{\partial u^\beta}+\Gamma^\mu_{\gamma\beta}\Gamma^\delta_{\mu\alpha}-\Gamma^\mu_{\gamma\alpha}\Gamma^\delta_{\mu\beta}. \tag{8.1}$$

注意到这个量的表达式和第五章的公式 (3.10) 是一样的, 称为度量形式 g 的 Riemann 记号. 重要的是, 当坐标卡变换时, 它是按照 4 重线性变换的规律进行变换的, 因此它是否等于零与坐标卡的选择无关. 由此可见, 在欧氏平面上取笛卡儿直角坐标系时这个量显然是零 (见前面的计算), 而在欧氏平面上取一般的曲纹坐标系时, 这个量也恒等于零. 这就是说, 这个量是否为零是判断该抽象曲面是不是欧氏平面的特征. 我们把这个 Riemann 记号称为抽象曲面的**曲率张量**.

下面我们通过直接的计算来验证这个重要的性质. 设有抽象曲面 (M,g) 的两个容许坐标卡 $(U_i,\varphi_i),(U_j,\varphi_j)$, 且 $U_i\cap U_j\neq\varnothing$, 于是在 $U_i\cap U_j$ 上有

$$\frac{\partial}{\partial u_i^\alpha}=\frac{\partial u_j^\xi}{\partial u_i^\alpha}\cdot\frac{\partial}{\partial u_j^\xi}, \tag{8.2}$$

以及

$$\Gamma^{(i)\delta}_{\gamma\beta}\cdot\frac{\partial u_j^\xi}{\partial u_i^\delta}=\frac{\partial^2 u_j^\xi}{\partial u_i^\gamma\partial u_i^\beta}+\frac{\partial u_j^\zeta}{\partial u_i^\gamma}\cdot\frac{\partial u_j^\eta}{\partial u_i^\beta}\Gamma^{(j)\xi}_{\zeta\eta}. \tag{8.3}$$

相应的 Riemann 记号是

$$R^{(i)\delta}_{\gamma\beta\alpha}=\frac{\partial\Gamma^{(i)\delta}_{\gamma\beta}}{\partial u_i^\alpha}-\frac{\partial\Gamma^{(i)\delta}_{\gamma\alpha}}{\partial u_i^\beta}+\Gamma^{(i)\mu}_{\gamma\beta}\Gamma^{(i)\delta}_{\mu\alpha}-\Gamma^{(i)\mu}_{\gamma\alpha}\Gamma^{(i)\delta}_{\mu\beta},$$
$$R^{(j)\rho}_{\eta\zeta\xi}=\frac{\partial\Gamma^{(j)\rho}_{\eta\zeta}}{\partial u_j^\xi}-\frac{\partial\Gamma^{(j)\rho}_{\eta\xi}}{\partial u_j^\zeta}+\Gamma^{(j)\nu}_{\eta\zeta}\Gamma^{(j)\rho}_{\nu\xi}-\Gamma^{(j)\nu}_{\eta\xi}\Gamma^{(j)\rho}_{\nu\zeta}.$$

对 (8.3) 式求导得到

$$\begin{aligned}
&\frac{\partial\Gamma^{(i)\delta}_{\gamma\beta}}{\partial u_i^\alpha}\cdot\frac{\partial u_j^\xi}{\partial u_i^\delta}+\Gamma^{(i)\delta}_{\gamma\beta}\cdot\frac{\partial^2 u_j^\xi}{\partial u_i^\delta\partial u_i^\alpha}\\
&\quad=\frac{\partial^3 u_j^\xi}{\partial u_i^\gamma\partial u_i^\beta\partial u_i^\alpha}+\frac{\partial^2 u_j^\zeta}{\partial u_i^\gamma\partial u_i^\alpha}\frac{\partial u_j^\eta}{\partial u_i^\beta}\Gamma^{(j)\xi}_{\zeta\eta}+\frac{\partial u_j^\zeta}{\partial u_i^\gamma}\cdot\frac{\partial^2 u_j^\eta}{\partial u_i^\beta\partial u_i^\alpha}\Gamma^{(j)\xi}_{\zeta\eta}\\
&\qquad+\frac{\partial u_j^\zeta}{\partial u_i^\gamma}\cdot\frac{\partial u_j^\eta}{\partial u_i^\beta}\frac{\partial u_j^\rho}{\partial u_i^\alpha}\frac{\partial\Gamma^{(j)\xi}_{\zeta\eta}}{\partial u_j^\rho}.
\end{aligned}$$

因此

$$\begin{aligned}
&\left(\frac{\partial\Gamma^{(i)\delta}_{\gamma\beta}}{\partial u_i^\alpha}-\frac{\partial\Gamma^{(i)\delta}_{\gamma\alpha}}{\partial u_i^\beta}\right)\cdot\frac{\partial u_j^\xi}{\partial u_i^\delta}+\Gamma^{(i)\delta}_{\gamma\beta}\cdot\frac{\partial^2 u_j^\xi}{\partial u_i^\delta\partial u_i^\alpha}-\Gamma^{(i)\delta}_{\gamma\alpha}\cdot\frac{\partial^2 u_j^\xi}{\partial u_i^\delta\partial u_i^\beta}\\
&\quad=\frac{\partial^2 u_j^\zeta}{\partial u_i^\gamma\partial u_i^\alpha}\frac{\partial u_j^\eta}{\partial u_i^\beta}\Gamma^{(j)\xi}_{\zeta\eta}-\frac{\partial^2 u_j^\zeta}{\partial u_i^\gamma\partial u_i^\beta}\frac{\partial u_j^\eta}{\partial u_i^\alpha}\Gamma^{(j)\xi}_{\zeta\eta}\\
&\qquad+\frac{\partial u_j^\zeta}{\partial u_i^\gamma}\cdot\frac{\partial u_j^\eta}{\partial u_i^\beta}\frac{\partial u_j^\mu}{\partial u_i^\alpha}\left(\frac{\partial\Gamma^{(j)\xi}_{\zeta\eta}}{\partial u_j^\mu}-\frac{\partial\Gamma^{(j)\xi}_{\zeta\mu}}{\partial u_j^\eta}\right).
\end{aligned}\tag{8.4}$$

用 (8.3) 式代入 (8.4) 式左端的后两项得到

$$\begin{aligned}
&\Gamma^{(i)\delta}_{\gamma\beta}\cdot\frac{\partial^2 u_j^\xi}{\partial u_i^\delta\partial u_i^\alpha}-\Gamma^{(i)\delta}_{\gamma\alpha}\cdot\frac{\partial^2 u_j^\xi}{\partial u_i^\delta\partial u_i^\beta}\\
&\quad=\Gamma^{(i)\delta}_{\gamma\beta}\cdot\left(\Gamma^{(i)\mu}_{\delta\alpha}\cdot\frac{\partial u_j^\xi}{\partial u_i^\mu}-\frac{\partial u_j^\zeta}{\partial u_i^\delta}\cdot\frac{\partial u_j^\eta}{\partial u_i^\alpha}\Gamma^{(j)\xi}_{\zeta\eta}\right)\\
&\qquad-\Gamma^{(i)\delta}_{\gamma\alpha}\cdot\left(\Gamma^{(i)\mu}_{\delta\beta}\cdot\frac{\partial u_j^\xi}{\partial u_i^\mu}-\frac{\partial u_j^\zeta}{\partial u_i^\delta}\cdot\frac{\partial u_j^\eta}{\partial u_i^\beta}\Gamma^{(j)\xi}_{\zeta\eta}\right)\\
&\quad=\left(\Gamma^{(i)\mu}_{\gamma\beta}\cdot\Gamma^{(i)\delta}_{\mu\alpha}-\Gamma^{(i)\mu}_{\gamma\alpha}\cdot\Gamma^{(i)\delta}_{\mu\beta}\right)\cdot\frac{\partial u_j^\xi}{\partial u_i^\delta}\\
&\qquad-\Gamma^{(i)\delta}_{\gamma\beta}\cdot\frac{\partial u_j^\zeta}{\partial u_i^\delta}\cdot\frac{\partial u_j^\eta}{\partial u_i^\alpha}\Gamma^{(j)\xi}_{\zeta\eta}+\Gamma^{(i)\delta}_{\gamma\alpha}\cdot\frac{\partial u_j^\zeta}{\partial u_i^\delta}\cdot\frac{\partial u_j^\eta}{\partial u_i^\beta}\Gamma^{(j)\xi}_{\zeta\eta}.
\end{aligned}$$

用 (8.3) 式代入 (8.4) 式右端的前两项得到

$$\begin{aligned}
&\frac{\partial^2 u_j^\zeta}{\partial u_i^\gamma \partial u_i^\alpha}\frac{\partial u_j^\eta}{\partial u_i^\beta}\Gamma_{\zeta\eta}^{(j)\xi} - \frac{\partial^2 u_j^\zeta}{\partial u_i^\gamma \partial u_i^\beta}\frac{\partial u_j^\eta}{\partial u_i^\alpha}\Gamma_{\zeta\eta}^{(j)\xi} \\
&= \left(\Gamma_{\gamma\alpha}^{(i)\delta}\cdot\frac{\partial u_j^\zeta}{\partial u_i^\delta} - \frac{\partial u_j^\mu}{\partial u_i^\gamma}\cdot\frac{\partial u_j^\nu}{\partial u_i^\alpha}\Gamma_{\mu\nu}^{(j)\zeta}\right)\frac{\partial u_j^\eta}{\partial u_i^\beta}\Gamma_{\zeta\eta}^{(j)\xi} \\
&\quad - \left(\Gamma_{\gamma\beta}^{(i)\delta}\cdot\frac{\partial u_j^\zeta}{\partial u_i^\delta} - \frac{\partial u_j^\mu}{\partial u_i^\gamma}\cdot\frac{\partial u_j^\nu}{\partial u_i^\beta}\Gamma_{\mu\nu}^{(j)\zeta}\right)\frac{\partial u_j^\eta}{\partial u_i^\alpha}\Gamma_{\zeta\eta}^{(j)\xi} \\
&= \Gamma_{\gamma\alpha}^{(i)\delta}\cdot\frac{\partial u_j^\zeta}{\partial u_i^\delta}\frac{\partial u_j^\eta}{\partial u_i^\beta}\Gamma_{\zeta\eta}^{(j)\xi} - \Gamma_{\gamma\beta}^{(i)\delta}\cdot\frac{\partial u_j^\zeta}{\partial u_i^\delta}\frac{\partial u_j^\eta}{\partial u_i^\alpha}\Gamma_{\zeta\eta}^{(j)\xi} \\
&\quad + \frac{\partial u_j^\mu}{\partial u_i^\gamma}\cdot\frac{\partial u_j^\nu}{\partial u_i^\beta}\frac{\partial u_j^\eta}{\partial u_i^\alpha}\left(\Gamma_{\mu\nu}^{(j)\zeta}\Gamma_{\zeta\eta}^{(j)\xi} - \Gamma_{\mu\eta}^{(j)\zeta}\Gamma_{\zeta\nu}^{(j)\xi}\right).
\end{aligned}$$

将上面两式代入 (8.4) 式得到

$$\begin{aligned}
&\left(\frac{\partial\Gamma_{\gamma\beta}^{(i)\delta}}{\partial u_i^\alpha} - \frac{\partial\Gamma_{\gamma\alpha}^{(i)\delta}}{\partial u_i^\beta} + \Gamma_{\gamma\beta}^{(i)\mu}\cdot\Gamma_{\mu\alpha}^{(i)\delta} - \Gamma_{\gamma\alpha}^{(i)\mu}\cdot\Gamma_{\mu\beta}^{(i)\delta}\right)\cdot\frac{\partial u_j^\xi}{\partial u_i^\delta} \\
&= \frac{\partial u_j^\zeta}{\partial u_i^\gamma}\cdot\frac{\partial u_j^\eta}{\partial u_i^\beta}\frac{\partial u_j^\mu}{\partial u_i^\alpha}\left(\frac{\partial\Gamma_{\zeta\eta}^{(j)\xi}}{\partial u_j^\mu} - \frac{\partial\Gamma_{\zeta\mu}^{(j)\xi}}{\partial u_j^\eta} + \Gamma_{\zeta\eta}^{(j)\nu}\Gamma_{\nu\mu}^{(j)\xi} - \Gamma_{\zeta\mu}^{(j)\nu}\Gamma_{\nu\eta}^{(j)\xi}\right),
\end{aligned}$$

即

$$R_{\gamma\beta\alpha}^{(i)\delta}\cdot\frac{\partial u_j^\xi}{\partial u_i^\delta} = R_{\zeta\eta\mu}^{(j)\xi}\cdot\frac{\partial u_j^\zeta}{\partial u_i^\gamma}\cdot\frac{\partial u_j^\eta}{\partial u_i^\beta}\frac{\partial u_j^\mu}{\partial u_i^\alpha}. \tag{8.5}$$

下面我们要导出曲率张量 $R_{\gamma\beta\alpha}^{(i)\delta}$ 用度量张量 $g_{\alpha\beta}^{(i)}$ 表示的更直接的表达式, 并且得到它的一些对称性质. 为了简便起见, 省略坐标卡的标识记号 i, 在容许坐标卡 (U,φ) 内考虑. 命

$$R_{\gamma\delta\alpha\beta} = g_{\delta\eta}R_{\gamma\alpha\beta}^\eta, \quad \Gamma_{\delta\alpha\beta} = g_{\delta\eta}\Gamma_{\alpha\beta}^\eta, \tag{8.6}$$

则

$$R_{\gamma\alpha\beta}^\delta = g^{\delta\eta}R_{\gamma\eta\alpha\beta}, \quad \Gamma_{\alpha\beta}^\delta = g^{\delta\eta}\Gamma_{\eta\alpha\beta}.$$

注意: 在曲率张量 $R_{\gamma\alpha\beta}^\delta$ 的上指标落下来的时候, 放在下指标的第二个位置. 这只是我们在本书做出的规定, 没有本质的意义.

由 (7.10) 式得到

$$\frac{\partial g_{\alpha\beta}}{\partial u^\gamma}=\Gamma_{\alpha\beta\gamma}+\Gamma_{\beta\alpha\gamma},$$

所以

$$\Gamma_{\delta\alpha\beta}=\frac{1}{2}\left(\frac{\partial g_{\alpha\delta}}{\partial u^\beta}+\frac{\partial g_{\delta\beta}}{\partial u^\alpha}-\frac{\partial g_{\alpha\beta}}{\partial u^\delta}\right).$$

由 (8.1) 式得到

$$\begin{aligned}R_{\gamma\delta\beta\alpha}&=g_{\delta\mu}\frac{\partial\Gamma^\mu_{\gamma\beta}}{\partial u^\alpha}-g_{\delta\mu}\frac{\partial\Gamma^\mu_{\gamma\alpha}}{\partial u^\beta}+\Gamma^\mu_{\gamma\beta}\Gamma_{\delta\mu\alpha}-\Gamma^\mu_{\gamma\alpha}\Gamma_{\delta\mu\beta}\\&=\frac{\partial\Gamma_{\delta\gamma\beta}}{\partial u^\alpha}-\frac{\partial\Gamma_{\delta\gamma\alpha}}{\partial u^\beta}-\Gamma^\mu_{\gamma\beta}\frac{\partial g_{\delta\mu}}{\partial u^\alpha}+\Gamma^\mu_{\gamma\alpha}\frac{\partial g_{\delta\mu}}{\partial u^\beta}\\&\quad+\Gamma^\mu_{\gamma\beta}\Gamma_{\delta\mu\alpha}-\Gamma^\mu_{\gamma\alpha}\Gamma_{\delta\mu\beta}\\&=\frac{1}{2}\left(\frac{\partial^2 g_{\beta\delta}}{\partial u^\gamma\partial u^\alpha}+\frac{\partial^2 g_{\gamma\alpha}}{\partial u^\delta\partial u^\beta}-\frac{\partial^2 g_{\alpha\delta}}{\partial u^\gamma\partial u^\beta}-\frac{\partial^2 g_{\beta\gamma}}{\partial u^\delta\partial u^\alpha}\right)\\&\quad-\Gamma^\mu_{\gamma\beta}\Gamma_{\mu\delta\beta}+\Gamma^\mu_{\gamma\alpha}\Gamma_{\mu\delta\beta}.\end{aligned}\tag{8.7}$$

由此可见, 带四个下指标的曲率张量有下列对称性:

$$R_{\gamma\delta\beta\alpha}=-R_{\gamma\delta\alpha\beta}=-R_{\delta\gamma\beta\alpha}=R_{\beta\alpha\gamma\delta}.\tag{8.8}$$

所以, 带四个下指标的曲率张量只有一个实质性的分量 R_{1212}.

现在回到两个容许坐标卡 $(U_i,\varphi_i),(U_j,\varphi_j)$ 的情形, 设 $U_i\cap U_j\neq\varnothing$, 则在 $U_i\cap U_j$ 上由 (8.5) 式得到

$$R^{(i)\delta}_{\gamma\beta\alpha}=R^{(j)\xi}_{\zeta\eta\mu}\frac{\partial u^\zeta_j}{\partial u^\gamma_i}\frac{\partial u^\eta_j}{\partial u^\beta_i}\frac{\partial u^\mu_j}{\partial u^\alpha_i}\frac{\partial u^\delta_i}{\partial u^\xi_j},$$

$$\begin{aligned}R^{(i)}_{\gamma\delta\beta\alpha}&=g^{(i)}_{\delta\rho}R^{(i)\rho}_{\gamma\beta\alpha}=g^{(i)}_{\delta\rho}R^{(j)\xi}_{\zeta\eta\mu}\frac{\partial u^\zeta_j}{\partial u^\gamma_i}\frac{\partial u^\eta_j}{\partial u^\beta_i}\frac{\partial u^\mu_j}{\partial u^\alpha_i}\frac{\partial u^\rho_i}{\partial u^\xi_j}\\&=\frac{\partial u^\nu_j}{\partial u^\delta_i}g^{(j)}_{\xi\nu}R^{(j)\xi}_{\zeta\eta\mu}\frac{\partial u^\zeta_j}{\partial u^\gamma_i}\frac{\partial u^\eta_j}{\partial u^\beta_i}\frac{\partial u^\mu_j}{\partial u^\alpha_i}\\&=R^{(j)}_{\zeta\nu\eta\mu}\frac{\partial u^\zeta_j}{\partial u^\gamma_i}\frac{\partial u^\nu_j}{\partial u^\delta_i}\frac{\partial u^\eta_j}{\partial u^\beta_i}\frac{\partial u^\mu_j}{\partial u^\alpha_i}.\end{aligned}$$

因此

$$R^{(i)}_{1212} = R^{(j)}_{\zeta\nu\eta\mu} \cdot \frac{\partial u^\zeta_j}{\partial u^1_i}\frac{\partial u^\nu_j}{\partial u^2_i}\frac{\partial u^\eta_j}{\partial u^1_i}\frac{\partial u^\mu_j}{\partial u^2_i} = R^{(j)}_{1212} \cdot \left(\frac{\partial u^1_j}{\partial u^1_i}\frac{\partial u^2_j}{\partial u^2_i} - \frac{\partial u^2_j}{\partial u^1_i}\frac{\partial u^1_j}{\partial u^2_i}\right)^2. \tag{8.9}$$

在另一方面, (6.6) 式可以改写成

$$\begin{pmatrix} g^{(i)}_{11} & g^{(i)}_{12} \\ g^{(i)}_{21} & g^{(i)}_{22} \end{pmatrix} = \begin{pmatrix} \dfrac{\partial u^1_j}{\partial u^1_i} & \dfrac{\partial u^2_j}{\partial u^1_i} \\ \dfrac{\partial u^1_j}{\partial u^2_i} & \dfrac{\partial u^2_j}{\partial u^2_i} \end{pmatrix} \cdot \begin{pmatrix} g^{(j)}_{11} & g^{(j)}_{12} \\ g^{(j)}_{21} & g^{(j)}_{22} \end{pmatrix} \cdot \begin{pmatrix} \dfrac{\partial u^1_j}{\partial u^1_i} & \dfrac{\partial u^1_j}{\partial u^2_i} \\ \dfrac{\partial u^2_j}{\partial u^1_i} & \dfrac{\partial u^2_j}{\partial u^2_i} \end{pmatrix},$$

两边取它们的行列式得到

$$g^{(i)}_{11}g^{(i)}_{22} - g^{(i)}_{21}g^{(i)}_{12} = (g^{(j)}_{11}g^{(j)}_{22} - g^{(j)}_{21}g^{(j)}_{12}) \cdot \left(\frac{\partial u^1_j}{\partial u^1_i}\frac{\partial u^2_j}{\partial u^2_i} - \frac{\partial u^2_j}{\partial u^1_i}\frac{\partial u^1_j}{\partial u^2_i}\right)^2.$$

将上式与 (8.9) 式相除得到

$$K = \frac{R^{(i)}_{1212}}{g^{(i)}_{11}g^{(i)}_{22} - g^{(i)}_{21}g^{(i)}_{12}} = \frac{R^{(j)}_{1212}}{g^{(j)}_{11}g^{(j)}_{22} - g^{(j)}_{21}g^{(j)}_{12}}, \tag{8.10}$$

由此可见 K 与容许坐标卡的选取无关, 因而它是定义在整个抽象曲面 (M,g) 上的几何量, 称为 (M,g) 的曲率, 实际上它就是曲面的 Gauss 曲率.

例 1 设 $U=\mathbb{R}^2, g=\dfrac{4((\mathrm{d}u)^2+(\mathrm{d}v)^2)}{(1+u^2+v^2)^2}$. 求抽象曲面 $S:(U,g)$ 的曲率.

解 把上面的参数 u,v 分别看作 u^1,u^2, 则

$$g_{11} = g_{22} = \frac{4}{(1+u^2+v^2)^2}, \quad g_{12} = g_{21} = 0,$$

$$g^{11} = g^{22} = \frac{(1+u^2+v^2)^2}{4}, \quad g^{12} = g^{21} = 0.$$

直接计算得到

$$\begin{aligned}
\Gamma_{11}^1 &= \frac{1}{2}\cdot g^{11}\cdot\frac{\partial g_{11}}{\partial u} = -\frac{2u}{1+u^2+v^2},\\
\Gamma_{22}^1 &= -\frac{1}{2}\cdot g^{11}\cdot\frac{\partial g_{22}}{\partial u} = \frac{2u}{1+u^2+v^2},\\
\Gamma_{12}^1 &= \Gamma_{21}^1 = \frac{1}{2}\cdot g^{11}\cdot\frac{\partial g_{11}}{\partial v} = -\frac{2v}{1+u^2+v^2},\\
\Gamma_{11}^2 &= -\frac{1}{2}\cdot g^{22}\cdot\frac{\partial g_{11}}{\partial v} = \frac{2v}{1+u^2+v^2},\\
\Gamma_{22}^2 &= \frac{1}{2}\cdot g^{22}\cdot\frac{\partial g_{22}}{\partial v} = -\frac{2v}{1+u^2+v^2},\\
\Gamma_{12}^2 &= \Gamma_{21}^2 = \frac{1}{2}\cdot g^{22}\cdot\frac{\partial g_{22}}{\partial u} = -\frac{2u}{1+u^2+v^2}.
\end{aligned}$$

代入 Riemann 记号的公式 (8.7) 得到

$$\begin{aligned}
R_{1212} &= g_{22}R_{112}^2\\
&= g_{22}\left(\frac{\partial\Gamma_{11}^2}{\partial v} - \frac{\partial\Gamma_{12}^2}{\partial u} + \Gamma_{11}^1\Gamma_{12}^2 + \Gamma_{11}^2\Gamma_{22}^2 - \Gamma_{12}^1\Gamma_{11}^2 - \Gamma_{12}^2\Gamma_{21}^2\right)\\
&= \frac{4}{(1+u^2+v^2)^2}\cdot\left[\frac{2}{1+u^2+v^2} - \frac{4v^2}{(1+u^2+v^2)^2}\right.\\
&\quad\left.+\frac{2}{1+u^2+v^2} - \frac{4u^2}{(1+u^2+v^2)^2}\right]\\
&= \frac{16}{(1+u^2+v^2)^4}.
\end{aligned}$$

因此

$$K = \frac{R_{1212}}{g_{11}g_{22} - g_{12}g_{21}} = 1,$$

故 (U,g) 是常曲率为 1 的空间.

注意到 U 是一个开子集, 而且在度量 g 之下, U 是一个有界集. 实际上, 对于任意一点 $p=(u_0,v_0)\in U$, 考虑从点 $O=(0,0)$ 到点 p 的

曲线 $\gamma(t)=(u_0t,v_0t),0\leqslant t\leqslant 1$, 它的长度是

$$\begin{aligned}L(\gamma)&=\int_0^1\sqrt{g(\gamma'(t),\gamma'(t))}\mathrm{d}t\\&=\int_0^1\frac{2\sqrt{u_0^2+v_0^2}}{1+t^2(u_0^2+v_0^2)}\mathrm{d}t=2\arctan\sqrt{u_0^2+v_0^2}<\pi.\end{aligned}$$

由此可见, (U,g) 是一个有界的开集. 事实上, 如果补上一个无穷远点就可以使它成为一个有界的闭集, 从而使它成为一个紧致集. 具体的做法是: 考虑另一个抽象曲面 $\tilde{S}:(\tilde{U},\tilde{g})$, 其中 $\tilde{U}=\mathbb{R}^2$, $\tilde{g}=\dfrac{4((\mathrm{d}\tilde{u})^2+(\mathrm{d}\tilde{v})^2)}{(1+\tilde{u}^2+\tilde{v}^2)^2}$. 它是已知曲面 S 的复制. 定义变换 $\sigma:S\setminus(0,0)\to\tilde{S}\setminus(0,0)$, 使得

$$\tilde{u}=\frac{u}{u^2+v^2},\qquad \tilde{v}=\frac{v}{u^2+v^2},\qquad 0<u^2+v^2<\infty,$$

显然 σ 是光滑的同胚. 容易看到, 同胚 σ 还是等距映射. 实际上,

$$\begin{aligned}\mathrm{d}\tilde{u}&=\frac{\mathrm{d}u}{u^2+v^2}-\frac{2u(u\mathrm{d}u+v\mathrm{d}v)}{(u^2+v^2)^2}=\frac{(-u^2+v^2)\mathrm{d}u-2uv\mathrm{d}v}{(u^2+v^2)^2},\\\mathrm{d}\tilde{v}&=\frac{\mathrm{d}v}{u^2+v^2}-\frac{2v(u\mathrm{d}u+v\mathrm{d}v)}{(u^2+v^2)^2}=\frac{(u^2-v^2)\mathrm{d}v-2uv\mathrm{d}u}{(u^2+v^2)^2},\\(\mathrm{d}\tilde{u})^2+(\mathrm{d}\tilde{v})^2&=\frac{(\mathrm{d}u)^2+(\mathrm{d}v)^2}{(u^2+v^2)^2},\quad \tilde{u}^2+\tilde{v}^2=\frac{1}{u^2+v^2},\end{aligned}$$

因此

$$\frac{(\mathrm{d}\tilde{u})^2+(\mathrm{d}\tilde{v})^2}{(1+\tilde{u}^2+\tilde{v}^2)^2}=\frac{(\mathrm{d}u)^2+(\mathrm{d}v)^2}{(1+u^2+v^2)^2}.$$

考虑并集 $U\cup\tilde{U}$, 并且让点 $p\in S\setminus(0,0)$ 和点 $\sigma(p)\in\tilde{S}\setminus(0,0)$ 等同起来, 我们获得曲面 Σ, 即 $\Sigma=S\cup\{\tilde{O}\}$, 其中 $\tilde{O}$ 是 $\tilde{U}$ 的原点. 对照第三章的习题 3.1 的第 2 题和习题 3.3 的第 2 题, 不难知道 Σ 是 E^3 中的单位球面, 而 $S,\tilde{S}$ 则是单位球面在球极投影下的像.

例 2　设 $U=\{(u,v)\in\mathbb{R}^2:u^2+v^2<1\}$, $g=\dfrac{4((\mathrm{d}u)^2+(\mathrm{d}v)^2)}{(1-u^2-v^2)^2}$. 求抽象曲面 $S:(U,g)$ 的曲率.

解 由题设,

$$g_{11}=g_{22}=\frac{4}{(1-u^2-v^2)^2},\quad g_{12}=g_{21}=0,$$

$$g^{11}=g^{22}=\frac{(1-u^2-v^2)^2}{4},\quad g^{12}=g^{21}=0.$$

直接计算得到

$$\begin{aligned}
\Gamma_{11}^1&=\frac{1}{2}\cdot g^{11}\cdot\frac{\partial g_{11}}{\partial u}=\frac{2u}{1-u^2-v^2},\\
\Gamma_{22}^1&=-\frac{1}{2}\cdot g^{11}\cdot\frac{\partial g_{22}}{\partial u}=-\frac{2u}{1-u^2-v^2},\\
\Gamma_{12}^1=\Gamma_{21}^1&=\frac{1}{2}\cdot g^{11}\cdot\frac{\partial g_{11}}{\partial v}=\frac{2v}{1-u^2-v^2},\\
\Gamma_{11}^2&=-\frac{1}{2}\cdot g^{22}\cdot\frac{\partial g_{11}}{\partial v}=-\frac{2v}{1-u^2-v^2},\\
\Gamma_{22}^2&=\frac{1}{2}\cdot g^{22}\cdot\frac{\partial g_{22}}{\partial v}=\frac{2v}{1-u^2-v^2},\\
\Gamma_{12}^2=\Gamma_{21}^2&=\frac{1}{2}\cdot g^{22}\cdot\frac{\partial g_{22}}{\partial u}=\frac{2u}{1-u^2-v^2}.
\end{aligned}$$

代入 Riemann 记号的公式 (8.7) 得到

$$\begin{aligned}
R_{1212}&=g_{22}R_{112}^2\\
&=g_{22}\left(\frac{\partial\Gamma_{11}^2}{\partial v}-\frac{\partial\Gamma_{12}^2}{\partial u}+\Gamma_{11}^1\Gamma_{12}^2+\Gamma_{11}^2\Gamma_{22}^2-\Gamma_{12}^1\Gamma_{11}^2-\Gamma_{12}^2\Gamma_{21}^2\right)\\
&=\frac{4}{(1-u^2-v^2)^2}\cdot\left[-\frac{2}{1-u^2-v^2}-\frac{4v^2}{(1-u^2-v^2)^2}\right.\\
&\qquad\left.-\frac{2}{1-u^2-v^2}-\frac{4u^2}{(1-u^2-v^2)^2}\right]\\
&=-\frac{16}{(1-u^2-v^2)^4}.
\end{aligned}$$

因此

$$K=\frac{R_{1212}}{g_{11}g_{22}-g_{12}g_{21}}=-1,$$

故 (U,g) 是常曲率为 -1 的空间.

§6.9 Gauss-Bonnet 公式

欧氏平面上的平行公设等价于“三角形的内角和等于 180°”，或者“三角形的外角和等于 360°”. 在 Klein 圆内, 欧氏几何的平行公理不再成立, 与之等价的是测地三角形的内角和不再等于 180°, 或者测地三角形的外角和不再等于 360°, 原因是 Klein 圆不再是平坦的空间, 它有非零的曲率 (事实上, 它的 Gauss 曲率是负常数). 对于一般的曲面, 测地三角形的内角和 (或者外角和) 如何? 这是本节要研究的问题. 我们先讨论一般的 Gauss-Bonnet 公式, 然后将它用于测地三角形, 得到测地三角形的外角和的公式.

在 §2.8 中我们已经叙述过平面上分段光滑的简单闭曲线的概念. 现在假定 C 是曲面 S: $\boldsymbol{r}=\boldsymbol{r}(u^1,u^2)$ 上的一条曲线, 它的参数方程是 $u^1=u^1(s)$, $u^2=u^2(s)$, 其中 s 是弧长参数, $0\leqslant s\leqslant L$. 如果函数 $u^\alpha(s)$ 是连续的, 并且区间 $[0,L]$ 有一个分割 $0=s_0<s_1<\cdots<s_n=L$, 使得函数 $u^\alpha(s)$ 在每一个小区间 (s_{i-1},s_i) 内部是光滑的, 则称 C 是分段光滑曲线, 而 $s=s_1,\cdots,s_{n-1}$ 称为曲线 C 的角点. 如果 $u^\alpha(0)=u^\alpha(L)$, $\alpha=1,2$, 则称曲线 C 是封闭曲线. 一般说来, 端点 $s=s_0$(或s_n) 也是封闭曲线 C 的角点. 如果曲线 C 除了端点外没有其他自交点, 即对于任意的 $0\leqslant a<b<L$ 都有 $\boldsymbol{r}(a)\neq\boldsymbol{r}(b)$, 则称该曲线是简单的. 如果 C 是光滑的简单封闭曲线, 则有

$$\begin{aligned}&\lim_{s\to s_i-0}\boldsymbol{r}'(s)=\lim_{s\to s_i+0}\boldsymbol{r}'(s),\quad 1\leqslant i\leqslant n-1;\\&\lim_{s\to L-0}\boldsymbol{r}'(s)=\lim_{s\to 0+0}\boldsymbol{r}'(s).\end{aligned}\tag{9.1}$$

定理 9.1 (Gauss-Bonnet 公式) 假定曲线 C 是有向曲面 S 上的一条由 n 段光滑曲线组成的分段光滑简单闭曲线, 它所包围的区域 D 是曲面 S 的一个单连通区域, 则

$$\oint_C\kappa_g\mathrm{d}s+\iint_D K\mathrm{d}\sigma=2\pi-\sum_{i=1}^n\alpha_i,\tag{9.2}$$

其中 κ_g 是曲线 C 的测地曲率, K 是曲面 S 的 Gauss 曲率, α_i 表示曲线 C 在角点 $s=s_i$ 的外角.

证明 我们分若干步骤来证明这个定理. 首先假定曲线 C 是连续可微的简单封闭曲线, 它所包围的区域 D 是落在曲面 S 的一个坐标域 $(U;(u,v))$ 内的单连通区域, 并且 (u,v) 是曲面 S 的正交参数系. 于是, 曲面的第一基本形式是

$$\mathrm{I} = E(\mathrm{d}u)^2 + G(\mathrm{d}v)^2. \tag{9.3}$$

设曲线 C 的参数方程是 $u=u(s)$, $v=v(s)$, s 是弧长参数. 用 $\theta(s)$ 表示曲线 C 与 u-曲线在 s 处所夹的方向角, 则由 Liouville 定理, 曲线 C 的测地曲率等于

$$\kappa_g = \frac{\mathrm{d}\theta(s)}{\mathrm{d}s} - \frac{1}{2\sqrt{G}}\frac{\partial \log E}{\partial v}\cos\theta + \frac{1}{2\sqrt{E}}\frac{\partial \log G}{\partial u}\sin\theta.$$

将上式沿曲线 C 积分得到

$$\begin{aligned}\oint_C \kappa_g \mathrm{d}s &= \oint_C \mathrm{d}\theta + \oint_C \left(-\frac{1}{2\sqrt{G}}\frac{\partial \log E}{\partial v}\cos\theta + \frac{1}{2\sqrt{E}}\frac{\partial \log G}{\partial u}\sin\theta\right)\mathrm{d}s \\ &= \oint_C \mathrm{d}\theta + \oint_C \left(-\frac{\sqrt{E}}{2\sqrt{G}}\frac{\partial \log E}{\partial v}\mathrm{d}u + \frac{\sqrt{G}}{2\sqrt{E}}\frac{\partial \log G}{\partial u}\mathrm{d}v\right) \\ &= \oint_C \mathrm{d}\theta + \oint_C \left(-\frac{(\sqrt{E})_v}{\sqrt{G}}\mathrm{d}u + \frac{(\sqrt{G})_u}{\sqrt{E}}\mathrm{d}v\right),\end{aligned} \tag{9.4}$$

上式的第二个等号中用了公式

$$\cos\theta = \sqrt{E}\frac{\mathrm{d}u}{\mathrm{d}s}, \qquad \sin\theta = \sqrt{G}\frac{\mathrm{d}v}{\mathrm{d}s}.$$

根据 Green 公式, (9.4) 式末端第二个积分是

$$\begin{aligned}&\oint_C \left(-\frac{(\sqrt{E})_v}{\sqrt{G}}\mathrm{d}u + \frac{(\sqrt{G})_u}{\sqrt{E}}\mathrm{d}v\right) \\ &= \iint_D \left(\left(\frac{(\sqrt{E})_v}{\sqrt{G}}\right)_v + \left(\frac{(\sqrt{G})_u}{\sqrt{E}}\right)_u\right)\mathrm{d}u\,\mathrm{d}v = -\iint_D K\mathrm{d}\sigma.\end{aligned} \tag{9.5}$$

因为 θ 是由连续可微的曲线 C 与 u-曲线所构成的方向角, 因此能够从方向角 θ 内取出其连续分支 $\theta(s)$, 它是 s 的可微函数. 由此可见, 积分

$\oint_C \mathrm{d}\theta$ 是 θ 的一个连续分支 $\theta(s)$ 在起、终点的值之差 $\theta(L)-\theta(0)$, 也就是连续可微的曲线 C 的方向角的总变差. 但是, 曲线 C 在 $s=0$ 和 $s=L$ 处的切向量是同一个, 故曲线 C 的方向角的总变差 $\theta(L)-\theta(0)$ 必定是 2π 的整数倍. 此外, 方向角是根据曲面 S 的第一类基本量 E, G 计算出来的, 当曲面 S 的第一类基本量 E, G 作连续变化时, 方向角 θ 必然作连续的变化, 于是积分 $\oint_C \mathrm{d}\theta$ 的值也作连续的变化, 因而这个整数值必定保持不变. 现在已知 $E>0$, $G>0$, 因此 E, G 可以保持在正值的情况下连续地变为 1. 实际上只要取 $E_t=1+t(E-1)$, $G_t=1+t(G-1)$, $0\leqslant t\leqslant 1$ (需要指出的是, 当 E_t, G_t 在 t 于区间 $[0,1]$ 之间变动时, 区域 U, D 以及曲线 C 都原地不动). 很明显, $E_t>0$, $G_t>0$. 这样, 当 $t=0$ 时该曲面成为一张平面, C 是该平面上的一条简单封闭曲线; 而在 $t=1$ 时则回到原来的曲面 S 的情形, 但是对于 $\mathrm{I}=E_t(\mathrm{d}u)^2+G_t(\mathrm{d}v)^2$ 计算积分 $\oint_C \mathrm{d}\theta$, 无论是在 $t=0$ 时计算, 还是在 $t=1$ 时计算, 其结果都是一样的. 而在平面的情形, C 的正向是使区域 D 始终在行进者的左侧, 故由旋转指标定理 (参看第二章 §2.8, 定理 8.1) 得到

$$\oint_C \mathrm{d}\theta = 2\pi. \tag{9.6}$$

综合 (9.4),(9.5),(9.6) 三式得到

$$\oint_C \kappa_g \mathrm{d}s + \iint_D K\mathrm{d}\sigma = 2\pi. \tag{9.7}$$

如果 C 是由 n 段光滑曲线组成的分段光滑简单封闭曲线, 它在各角点的外角是 α_i, $1\leqslant i\leqslant n$, 则由旋转指标定理得知

$$\oint_C \mathrm{d}\theta + \sum_{i=1}^{n}\alpha_i = 2\pi, \tag{9.8}$$

其中积分 $\oint_C \mathrm{d}\theta$ 是指 $\mathrm{d}\theta$ 沿每一段连续可微曲线的积分 (该段曲线的

方向角的总变差) 之和, 但是 (9.4) 和 (9.5) 式仍然成立, 故得

$$\oint_C \kappa_g \mathrm{d}s + \iint_D K \mathrm{d}\sigma = 2\pi - \sum_{i=1}^n \alpha_i. \tag{9.9}$$

如果曲线 C 所围的区域 D 不能包含在曲面 S 的一个坐标域内, 则总是可以用分段光滑曲线将区域 D 分割成一些单连通的小区域, 使得每一个小区域落在曲面 S 的某个坐标域内, 并且它的边界是分段光滑的简单封闭曲线, 因此 (9.9) 式对于每一块这样的单连通小区域是成立的. 现在假定使 (9.9) 式成立的两小块单连通区域有公共的边界, 则由这两个区域本身各自在公共边界上诱导的正定向是彼此相反的, 所以在两个等式 (9.9) 相加时, 测地曲率 κ_g 沿公共边界的积分是彼此抵消的, 而 Gauss 曲率在这两个区域上的积分之和等于 Gauss 曲率在这两个区域合并后的区域上的积分. 如图 6.7 所示, 设 D_1, D_2 是两个相邻的区域, 公共边界 C_4, C_6 有相反的诱导定向, 合并后的区域 $\tilde{D} = D_1 + D_2$ 的边界由曲线 $C_1, C_2, C_3, C_5, C_7, C_8$ 组成, 记为

$$\tilde{C} = C_1 + C_2 + C_3 + C_5 + C_7 + C_8,$$

它有 6 个角点, 设为 $A_1, A_2, A_3(= A_6), A_7, A_8, A_4(= A_5)$. 在角点 A_1, A_2, A_7, A_8 处, 区域 $\tilde{D}$ 的边界曲线 $\tilde{C}$ 的外角是区域 D_1, D_2 的边界

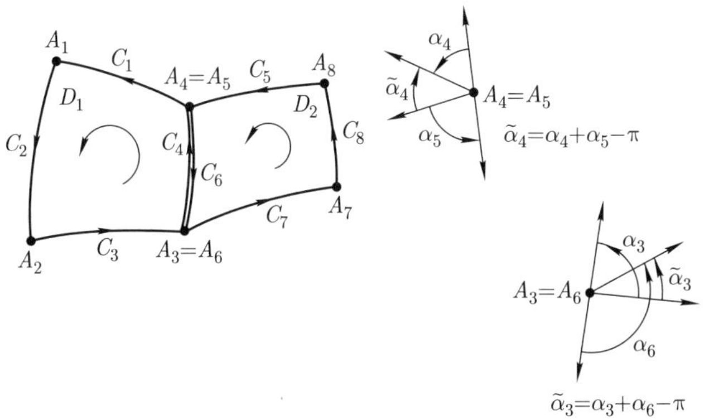

图 6.7 两个区域的拼接

曲线在相应角点的外角 $\alpha_1, \alpha_2, \alpha_7, \alpha_8$. 区域 $\tilde{D}$ 的边界曲线 $\tilde{C}$ 在角点 $A_3(=A_6)$ 和 $A_4(=A_5)$ 处的外角分别是

$$\tilde{\alpha}_3 = \alpha_3 + \alpha_6 - \pi, \quad \tilde{\alpha}_4 = \alpha_4 + \alpha_5 - \pi, \tag{9.10}$$

所以将区域 D_1 和 D_2 上的 Gauss-Bonnet 公式相加得到

$$\begin{aligned}\oint_{\tilde{C}} \kappa_g \mathrm{d}s + \iint_{\tilde{D}} K \mathrm{d}\sigma &= 4\pi - \sum_{i=1}^{8} \alpha_i \\ &= 2\pi - (\alpha_1 + \alpha_2 + \tilde{\alpha}_3 + \alpha_7 + \alpha_8 + \tilde{\alpha}_4),\end{aligned}$$

这正好是区域 $\tilde{D}$ 上的 Gauss-Bonnet 公式. 将区域 D 分割成的各个小块区域逐块拼接起来, 最终得到在区域 D 上成立的 Gauss-Bonnet 公式 (9.9). 证毕.

为了使公式 (9.2) 的记忆比较方便, 不妨把积分 $\iint_{\tilde{D}} K \mathrm{d}\sigma$ 称为 "面曲率" , 把 $\oint_{\tilde{C}} \kappa_g \mathrm{d}s$ 称为 "线曲率" , 把 $\sum_{i=1}^{n} \alpha_i$ 称为 "点曲率" , 则 Gauss-Bonnet 公式说: 在定理 9.1 的条件下, 区域 D 的点曲率、线曲率与面曲率的总和是 2π. 对于平面上围成单连通区域的分段光滑曲线 C, 它的点曲率与线曲率之和是 2π. 若 C 是光滑的, 则绕 C 一周的方向角总的变差是 2π. 若 C 是多边形, 则它的外角和是 2π.

如果曲线 C 是由 n 段测地线组成的分段光滑简单封闭曲线, 它围成曲面 S 上的一个单连通区域 D, 则称它是曲面 S 上的一个测地 n 边形. 此时, 沿曲线 C 的测地曲率 $\kappa_g = 0$, 所以 Gauss-Bonnet 公式成为

$$\sum_{i=1}^{n} \alpha_i = 2\pi - \iint_D K \mathrm{d}\sigma. \tag{9.11}$$

当 C 是测地三角形时, Gauss-Bonnet 公式成为

$$\alpha_1 + \alpha_2 + \alpha_3 = 2\pi - \iint_D K \mathrm{d}\sigma. \tag{9.12}$$

当 $K > 0$ 时, 测地三角形 C 的外角和小于 2π; 当 $K < 0$ 时, 测地三角形 C 的外角和大于 2π. 如果用 β_i 记测地三角形 C 的内角, 即

$\beta_i = \pi - \alpha_i$, 则上式等价于

$$\beta_1 + \beta_2 + \beta_3 = \pi + \iint_D K\mathrm{d}\sigma. \tag{9.13}$$

由此可见, 测地三角形的内角和一般不再等于 π, 而它与 π 之差恰好是曲面 S 的 Gauss 曲率 K 在测地三角形所围的区域上的积分, 因此欧氏平面几何学与曲面上的几何学的本质差别在于空间本身的弯曲性质的不同.

Gauss-Bonnet 公式的最重要的推论是在紧致无边的可定向封闭曲面 S 上的 Gauss-Bonnet 定理. 所谓 "紧致性" 是指 S 的任意一个开覆盖必定有一个有限的子覆盖; 在欧氏空间 E^3 中看, 紧致曲面 S 是一个有界的闭子集. "无边" 是指曲面 S 没有边界曲线. 例如, 球面、环面都是紧致无边的可定向封闭曲面. 球面被它的一条赤道 (大圆周) 分成两个半球面, 每一个半球面是一个单连通区域, 两个区域的边界都是赤道, 但是它们有相反的诱导定向. 在环面上去掉一条经线和一条纬线, 得到的便是一个单连通区域, 作为该单连通区域的边界, 把去掉的经线和纬线又算了两次, 但是诱导定向正好相反 (参看图 6.8).

一般地, 紧致无边的可定向封闭曲面 S 可用若干条分段光滑曲线分成有限多个单连通区域, 每一段光滑曲线作为这些单连通区域的边界的组成部分都算了两次, 而方向却相反, 但是在每一个单连通区域上 Gauss-Bonnet 公式 (9.2) 都是成立的. 当这些公式加在一起时, 由于分割曲面的每一段光滑曲线作为相邻的单连通区域的公共边各算了两次, 并且正好有相反的诱导定向, 因此测地曲率 κ_g 沿所有这些单连通区域的边界的积分相加必定是互相抵消的, 因而这些积分之和为零. 很明显, 共享有同一个角点的各个单连通区域的内角之和等于 2π. 为确定起见, 不妨假定每一个单连通区域有三条边, 有三个顶点. 假定整个曲面 S 被分成 f 个单连通区域, 划分成这些区域的棱 (即各段光滑曲线) 共有 e 条, 顶点 (即各个角点) 共有 v 个 (在这里, 每条棱和每个顶点都只算了一次). 因为每一条棱恰好是两个单连通区域的公共边, 因此各个单连通区域的边数之和是

$$3f = 2e.$$

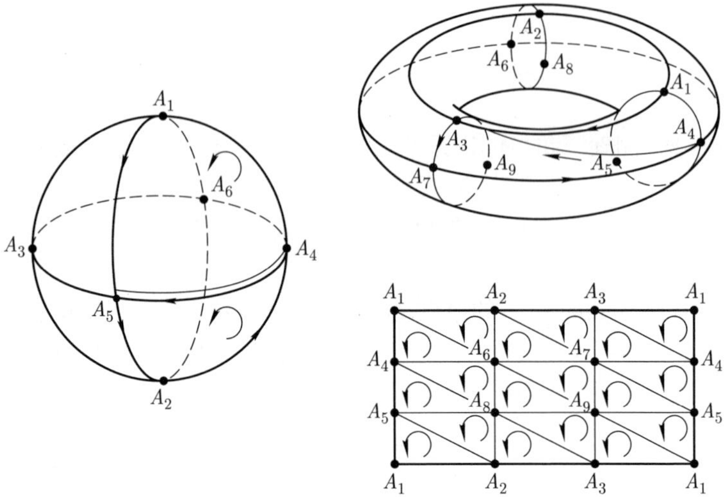

图 6.8　球面和环面的剖分

将所有的顶点进行编号, 假定以第 i 个顶点为其顶点的单连通区域的个数是 f_i, 则各个单连通区域的顶点数之和是

$$\sum_{i=1}^{v} f_i = 3f = 2e.$$

将享有第 i 个顶点的所有单连通区域进行编号, 用 α_{ij} 表示享有第 i 个顶点的第 $j(1 \leqslant j \leqslant f_i)$ 个单连通区域的外角, 并且用 β_{ij} 表示相应的内角, 则

$$\sum_{j=1}^{f_i} \alpha_{ij} = \sum_{j=1}^{f_i} (\pi - \beta_{ij}) = (f_i - 2)\pi.$$

于是将这 f 个单连通区域上成立的 Gauss-Bonnet 公式 (9.2) 加在一起得到

$$\iint_D K \mathrm{d}\sigma = 2\pi \cdot f - \sum_{i=1}^{v} \sum_{j=1}^{f_i} \alpha_{ij} = 2\pi \cdot f - \sum_{i=1}^{v} (f_i - 2)\pi$$

$$
\begin{aligned}
&= 2\pi\cdot f - \pi\sum_{i=1}^{v} f_i + 2\pi\cdot v\\
&= 2\pi\cdot(f - e + v) = 2\pi\chi(S),
\end{aligned}
\tag{9.14}
$$

其中 $\chi(S)=f-e+v$ 称为曲面 S 的 **Euler 示性数**.

从这个公式本身可以得到很多信息. 首先公式 (9.14) 的左端与曲面 S 被剖分成一些单连通三角形区域的方式无关, 并且与曲面 S 作等距变形无关, 因此该公式表明曲面 S 的 Euler 示性数 $\chi(S)$ 实际上与如何把曲面 S 划分成一些单连通区域的方式无关, 与曲面 S 等距变形也无关 (这一类量称为曲面 S 的拓扑不变量). 反过来, 公式 (9.14) 的右端根本不涉及曲面的第一基本形式和 Gauss 曲率, 只是将曲面作三角剖分之后得到的一个数值. 由此可见, 在紧致无边的可定向封闭曲面 S 上 Gauss 曲率的积分实际上与曲面的第一基本形式没有关系, 只是曲面 S 的一个拓扑不变量. 众所周知, 球面的 Euler 示性数是 2, 环面的 Euler 示性数是 0. 一般地, 有 $\mathfrak{g}$ 个洞的面包圈状曲面 S 的 Euler 示性数是 $\chi(S)=2(1-\mathfrak{g})$, 这里 $\mathfrak{g}$ 称为曲面 S 的亏格.

公式 (9.14) 叫作 **Gauss-Bonnet 定理**, 它把曲面 S 的微分几何的量 K(Gauss 曲率) 与它的拓扑不变量 $\chi(S)$(Euler 示性数) 联系了起来, 是一个非常了不起的定理. 它在高维情形的推广是现代微分几何学发展的一个重要的原动力.

本节的最后我们要用 Gauss-Bonnet 公式来研究曲面 S 上的切向量沿封闭曲线平行移动一周所产生的旋转角, 再次说明曲面 S 的 Gauss 曲率在产生这种旋转角的过程中所起到的本质作用, 以及欧氏平面几何学与曲面上的几何学的本质区别.

假定曲面 S 上连续可微的简单封闭曲线 C 所围成的单连通区域 D 被正交参数系 (u,v) 所覆盖, 曲面的第一基本形式为

$$
\mathrm{I} = E(\mathrm{d}u)^2 + G(\mathrm{d}v)^2. \tag{9.15}
$$

命

$$
\boldsymbol{\alpha}_1 = \frac{1}{\sqrt{E}}\boldsymbol{r}_u, \quad \boldsymbol{\alpha}_2 = \frac{1}{\sqrt{G}}\boldsymbol{r}_v, \tag{9.16}
$$

则 $\{\boldsymbol{r};\boldsymbol{\alpha}_1,\boldsymbol{\alpha}_2\}$ 是曲面 S 上的单位正交切标架场. 设曲线 C 的参数方程是 $u=u(s)$, $v=v(s)$, $0\leqslant s\leqslant l$ 是弧长参数, $\boldsymbol{X}(s)$ 是沿曲线 C 平行的单位切向量场, 于是可以设

$$\boldsymbol{X}(s)=\cos\varphi(s)\cdot\boldsymbol{\alpha}_1(u(s),v(s))+\sin\varphi(s)\cdot\boldsymbol{\alpha}_2(u(s),v(s)),\tag{9.17}$$

其中 $\varphi(s)$ 是切向量 $\boldsymbol{X}(s)$ 与 u-曲线所成的方向角. 由于向量场 $\boldsymbol{X}(s)$ 沿曲线 C 的平行性, 故有

$$\frac{\mathrm{D}\boldsymbol{X}(s)}{\mathrm{d}s}=\frac{\mathrm{d}\varphi(s)}{\mathrm{d}s}(-\sin\varphi\boldsymbol{\alpha}_1+\cos\varphi\boldsymbol{\alpha}_2)+\cos\varphi\frac{\mathrm{D}\boldsymbol{\alpha}_1}{\mathrm{d}s}+\sin\varphi\frac{\mathrm{D}\boldsymbol{\alpha}_2}{\mathrm{d}s}=\boldsymbol{0},$$

即

$$\frac{\mathrm{d}\varphi(s)}{\mathrm{d}s}(\sin\varphi\boldsymbol{\alpha}_1-\cos\varphi\boldsymbol{\alpha}_2)=\cos\varphi\frac{\mathrm{D}\boldsymbol{\alpha}_1}{\mathrm{d}s}+\sin\varphi\frac{\mathrm{D}\boldsymbol{\alpha}_2}{\mathrm{d}s}.$$

将上式两边与 $(\sin\varphi\boldsymbol{\alpha}_1-\cos\varphi\boldsymbol{\alpha}_2)$ 作内积, 并且根据定理 5.2(3) 有

$$\frac{\mathrm{D}\boldsymbol{\alpha}_1}{\mathrm{d}s}\cdot\boldsymbol{\alpha}_1=\frac{\mathrm{D}\boldsymbol{\alpha}_2}{\mathrm{d}s}\cdot\boldsymbol{\alpha}_2=0,\quad\frac{\mathrm{D}\boldsymbol{\alpha}_1}{\mathrm{d}s}\cdot\boldsymbol{\alpha}_2=-\frac{\mathrm{D}\boldsymbol{\alpha}_2}{\mathrm{d}s}\cdot\boldsymbol{\alpha}_1,$$

由此得到

$$\begin{aligned}\frac{\mathrm{d}\varphi(s)}{\mathrm{d}s}&=(\sin\varphi\boldsymbol{\alpha}_1-\cos\varphi\boldsymbol{\alpha}_2)\cdot\left(\cos\varphi\frac{\mathrm{D}\boldsymbol{\alpha}_1}{\mathrm{d}s}+\sin\varphi\frac{\mathrm{D}\boldsymbol{\alpha}_2}{\mathrm{d}s}\right)\\&=-\frac{\mathrm{D}\boldsymbol{\alpha}_1}{\mathrm{d}s}\cdot\boldsymbol{\alpha}_2.\end{aligned}\tag{9.18}$$

另一方面, 用 $\boldsymbol{e}_1$ 记曲线 C 的单位切向量, 命 $\boldsymbol{e}_2=\boldsymbol{n}\times\boldsymbol{e}_1$, 即 $\boldsymbol{e}_2$ 是将 $\boldsymbol{e}_1$ 按正向旋转 90° 所得到的单位向量. 用 θ 表示 $\boldsymbol{e}_1$ 与 u-曲线所成的方向角, 于是

$$\boldsymbol{e}_1=\cos\theta\boldsymbol{\alpha}_1+\sin\theta\boldsymbol{\alpha}_2,\quad\boldsymbol{e}_2=-\sin\theta\boldsymbol{\alpha}_1+\cos\theta\boldsymbol{\alpha}_2,$$

根据 (5.20) 式得到

$$\kappa_g=\frac{\mathrm{D}\boldsymbol{e}_1}{\mathrm{d}s}\cdot\boldsymbol{e}_2=\frac{\mathrm{d}\theta}{\mathrm{d}s}+\frac{\mathrm{D}\boldsymbol{\alpha}_1}{\mathrm{d}s}\cdot\boldsymbol{\alpha}_2.\tag{9.19}$$

比较 (9.18) 和 (9.19) 两式得到

$$\frac{\mathrm{d}\theta}{\mathrm{d}s}-\kappa_g=\frac{\mathrm{d}\varphi}{\mathrm{d}s}.\tag{9.20}$$

分别取 $\theta(s)$ 和 $\varphi(s)$ 的连续分支, 将 (9.20) 式在曲线 C 上积分, 则得

$$\varphi(l)-\varphi(0)=\oint_C \mathrm{d}\varphi=\oint_C \mathrm{d}\theta-\oint_C \kappa_g \mathrm{d}s=2\pi-\oint_C \kappa_g \mathrm{d}s,$$

其中 l 是简单封闭曲线 C 的弧长. 利用 Gauss-Bonnet 公式 (9.7) 得到

$$\varphi(l)-\varphi(0)=\iint_D K\mathrm{d}\sigma. \tag{9.21}$$

由此可见, 当单位向量 $\boldsymbol{X}$ 绕简单封闭曲线 C 平行移动一周后再回到出发点时未必与初始单位向量 $\boldsymbol{X}$ 重合, 所转过的角度恰好是曲面 S 的 Gauss 曲率 K 在曲线 C 所围成的单连通区域 D 上的积分. 当 C 是分段光滑的简单封闭曲线时, 公式 (9.21) 仍然成立, 但是必须假定曲线 C 所围成的区域 D 是单连通的.

第七章　活动标架和外微分法

就“微分几何”课的主要内容来讲, 前六章已经构成完整的体系. 在这六章中我们详细地介绍了在三维欧氏空间 E^3 中决定曲线和曲面的形状和大小的完全不变量系统, 证明了曲线论和曲面论的基本定理, 并对曲面的内蕴几何展开了深入的讨论. 本章要讲授活动标架和外微分法, 其用意有两方面: 一方面是介绍近代微分几何的重要的研究工具, 让读者初步了解活动标架和外微分法的奥妙; 另一方面也借以对曲面的局部理论作一个系统的总结, 从而提高我们对于曲面论的认识. 因此, 本章内容对于要更好地掌握曲面论的读者来说是十分重要的.

通过前面的讨论, 我们已经体会到附属于曲面的标架族的重要性. 只是与曲线论的情形不同, 在讨论曲面的时候只用曲面的自然标架场, 它不是由曲面内在地确定的, 而是依赖于曲面参数的选择. 但是, 曲面的自然标架场是通过曲面的参数方程直接求导和向量的向量积得到的, 用起来十分简单和方便. 一个自然的想法是, 在曲面上是否能够用单位正交标架场? 一般说来, 曲面上的单位正交标架场不可能是曲面在某个参数系下的自然标架场. 即使我们在曲面上取正交的曲率线网作为参数曲线网, 相应的自然标架场也只是正交标架场, 而不是单位正交标架场. 如果我们坚持在曲面上取单位正交标架场, 则这种标架场与曲面的参数系只能保持松弛的关系, 并且这种标架场的指定在每一点可以差一个任意的转动 (所谓活动标架的含义即在于此). 在曲面上指定了单位正交标架场之后, 曲面的几何量可以用该标架场的量来表示, 但是它应该与单位正交标架场的选取无关. 另外, 因为单位正交标架场与曲面的参数系只保持松弛的关系, 考虑该标架场沿参数曲线的导数就不再是特别要紧的了, 作为替代物应该考虑标架场沿曲面的微分. 要研究正交标架场沿曲面的微分公式, 所谓的外微分运算就变得十分重要了.

活动标架和外微分法是由大几何学家 Cartan 引进的, 并且把它广泛地用于几何问题的研究. 作为 Cartan 的继承人, 陈省身把活动标架和外微分法用到炉火纯青的程度, 使得人们能够普遍地认同这种方法, 承认这种方法的威力. 在 20 世纪的后半叶, 活动标架和外微分法已经成为微分几何、复流形几何、代数几何研究的强有力的工具. 我们在这里只是初步地介绍活动标架和外微分法的理论, 重点在于它在曲面论中的应用.

§7.1 外 形 式

本节要在代数上做一些准备, 介绍外形式和外代数的概念.

设 V 是 n 维向量空间, $\{\boldsymbol{e}_1, \cdots, \boldsymbol{e}_n\}$ 是它的一个基底, 则空间 V 中的任意一个元素 $\boldsymbol{x}$ 都能够唯一地表示为基底向量 $\boldsymbol{e}_1, \cdots, \boldsymbol{e}_n$ 的线性组合, 设为

$$\boldsymbol{x} = x^1\boldsymbol{e}_1 + \cdots + x^n\boldsymbol{e}_n \equiv x^i\boldsymbol{e}_i, \tag{1.1}$$

在最右端我们采用了 Einstein 的和式约定. 在本节, 我们规定所有的指标 i, j, k, l 的取值范围是从 1 到 n 的整数. 实数 $x^1, \cdots, x^n$ 称为向量 $\boldsymbol{x}$ 在基底 $\{\boldsymbol{e}_1, \cdots, \boldsymbol{e}_n\}$ 下的分量.

设 $f : V \to \mathbb{R}$ 是向量空间 V 上的函数. 如果对于任意的 $\boldsymbol{x}, \boldsymbol{y} \in V$ 及 $\alpha \in \mathbb{R}$ 总有

$$f(\boldsymbol{x}+\boldsymbol{y}) = f(\boldsymbol{x}) + f(\boldsymbol{y}), \quad f(\alpha \cdot \boldsymbol{x}) = \alpha \cdot f(\boldsymbol{x}), \tag{1.2}$$

则称 f 是向量空间 V 上的线性函数. 在固定的基底 $\{\boldsymbol{e}_i\}$ 下, 取向量 $\boldsymbol{x} \in V$ 在该基底下的第 j 个分量, 显然它是向量空间 V 上的一个线性函数, 记为 e^j(注意: 在这里我们故意用表示基底向量的同一个字母来记这个函数, 只是第 j 个函数用上指标 j 来区分, 这意味着函数 e^j 是与基底 $\{\boldsymbol{e}_i\}$ 有关系的), 即

$$e^j(\boldsymbol{x}) = x^j. \tag{1.3}$$

特别地, 函数 e^j 在基底向量 $\boldsymbol{e}_i$ 上的值是

$$e^j(\boldsymbol{e}_i) = \begin{cases} 1, & i = j, \\ 0, & i \neq j. \end{cases} \tag{1.4}$$

为方便起见, 常常把上式右端记为 δ_i^j, 称作 Kronecker δ 记号, 即

$$\delta_i^j = \begin{cases} 1, & i = j, \\ 0, & i \neq j, \end{cases} \tag{1.5}$$

这里的 δ_i^j 是专用记号, 与基底 $\{\boldsymbol{e}_i\}$ 所用的字母的记号没有关系.

很明显, 向量空间 V 上的任意两个线性函数的和是 V 上的线性函数, V 上的一个线性函数与实数 α 的乘积仍然是 V 上的线性函数. 这就是说, V 上全体线性函数的集合关于加法和数乘法是封闭的. 因此该集合是一个新的向量空间, 记为 V^*, 称为原向量空间 V 的对偶空间. 容易证明, 前面在 V 的固定基底 $\{\boldsymbol{e}_i\}$ 下定义的 n 个线性函数 $e^1, \cdots, e^n$ 恰好构成空间 V^* 的基底, 称为与原向量空间 V 的基底 $\{\boldsymbol{e}_i\}$ 对偶的基底. 实际上, 对于任意的线性函数 $f \in V^*$ 和任意的向量 $\boldsymbol{x} = x^i\boldsymbol{e}_i \in V$, 我们有

$$f(\boldsymbol{x}) = f(x^i\boldsymbol{e}_i) = x^i f(\boldsymbol{e}_i). \tag{1.6}$$

命

$$f_i = f(\boldsymbol{e}_i), \tag{1.7}$$

则由 (1.3) 和 (1.6) 式得到

$$f(\boldsymbol{x}) = f_i x^i = f_i e^i(\boldsymbol{x}) = (f_i e^i)(\boldsymbol{x}), \quad \forall \boldsymbol{x} \in V,$$

因此

$$f = f_i e^i. \tag{1.8}$$

这说明向量空间 V 上的任意一个线性函数 f 能够表示成线性函数 $e^1, \cdots, e^n$ 的线性组合, 组合系数 f_i 正好是线性函数 f 在基底向量 $\boldsymbol{e}_i$

上的值. 下面要证明这 n 个线性函数 $e^1, \cdots, e^n$ 是线性无关的. 假定有 n 个实数 $\alpha_1, \cdots, \alpha_n$, 使得线性组合 $\alpha_1 e^1 + \cdots + \alpha_n e^n$ 为零, 即

$$\alpha_1 e^1 + \cdots + \alpha_n e^n = 0,$$

将这个零函数在基底向量 $\boldsymbol{e}_k$ 上求值得到

$$0 = \alpha_i e^i(\boldsymbol{e}_k) = \alpha_i \delta_k^i = \alpha_k, \quad \forall k,$$

这意味着所有的实数 $\alpha_1, \cdots, \alpha_n$ 必须为零, 因此线性函数 $e^1, \cdots, e^n$ 是线性无关的, 故它们构成对偶向量空间 V^* 的基底, 特别是 $\dim V^* = n$.V 上的线性函数也称为一次形式, 或者 1-形式.

类似地, 我们可以考虑线性空间 V 上的多重线性函数. 设

$$f : \underbrace{V \times \cdots \times V}_{r\text{个}} \to \mathbb{R}$$

是 V 上的 r 元函数. 如果它对于每一个自变量来说都是线性函数, 则称它是 r 重线性函数. 线性空间 V 上全体 r 重线性函数的集合关于加法和数乘法自然是封闭的, 因此它本身是一个向量空间, 记为 $\bigotimes^r V^*$, 或者 V_r.

另外, 任意两个多重线性函数能够作张量积, 得到一个新的多重线性函数. 例如, 设 f 是一个 r 重线性函数, g 是一个 s 重线性函数, f 和 g 的张量积 $f \otimes g$ 定义为

$$f \otimes g(x_1, \cdots, x_{r+s}) = f(x_1, \cdots, x_r) \cdot g(x_{r+1}, \cdots, x_{r+s}), \tag{1.9}$$

其中 $x_1, \cdots, x_{r+s} \in V$. 很明显, $f \otimes g$ 是一个 $r+s$ 重线性函数. 容易验证, 张量积具有分配律和结合律, 即

分配律: $(f+g) \otimes h = f \otimes h + g \otimes h$, $h \otimes (f+g) = h \otimes f + h \otimes g$;

结合律: $(f \otimes g) \otimes h = f \otimes (g \otimes h) = f \otimes g \otimes h$.

因此, r 个线性函数的张量积便成为一个 r 重线性函数. 特别地, 设 $\{e^1, \cdots, e^n\}$ 是对偶向量空间 V^* 的基底, 任意固定 r 个指标

$i_1,\cdots,i_r$, 则我们得到一个 r 重线性函数 $e^{i_1}\otimes\cdots\otimes e^{i_r}$, 它在向量 $\boldsymbol{x}_1,\cdots,\boldsymbol{x}_r\in V$ 上的值是

$$e^{i_1}\otimes\cdots\otimes e^{i_r}(\boldsymbol{x}_1,\cdots,\boldsymbol{x}_r)=e^{i_1}(\boldsymbol{x}_1)\cdots e^{i_r}(\boldsymbol{x}_r)=x_1^{i_1}\cdots x_r^{i_r}. \tag{1.10}$$

指标 $i_1,\cdots,i_r$ 的选法共有 n^r 种, 因此我们得到 n^r 个 r 重线性函数

$$e^{i_1}\otimes\cdots\otimes e^{i_r},\quad 1\leqslant i_1,\cdots,i_r\leqslant n, \tag{1.11}$$

它们构成向量空间 $\bigotimes^r V^*$ 的基底, 由此可见 $\dim\bigotimes^r V^*=n^r$. 实际上, 若设 $f\in\bigotimes^r V^*$, $\boldsymbol{x}_1,\cdots,\boldsymbol{x}_r\in V$, 则

$$\begin{aligned}f(\boldsymbol{x}_1,\cdots,\boldsymbol{x}_r)&=f(x_1^{i_1}\boldsymbol{e}_{i_1},\cdots,x_r^{i_r}\boldsymbol{e}_{i_r})\\&=x_1^{i_1}\cdots x_r^{i_r}\cdot f(\boldsymbol{e}_{i_1},\cdots,\boldsymbol{e}_{i_r})\\&=f_{i_1\cdots i_r}e^{i_1}\otimes\cdots\otimes e^{i_r}(\boldsymbol{x}_1,\cdots,\boldsymbol{x}_r),\end{aligned}$$

其中

$$f_{i_1\cdots i_r}=f(\boldsymbol{e}_{i_1},\cdots,\boldsymbol{e}_{i_r}), \tag{1.12}$$

因此

$$f=f_{i_1\cdots i_r}e^{i_1}\otimes\cdots\otimes e^{i_r}. \tag{1.13}$$

n^r 个 r 重线性函数 (1.11) 的线性无关性留给读者自己证明.

设 $f\in\bigotimes^r V^*$. 如果在函数 f 的任意两个自变量交换位置时 f 的值只改变它的符号, 即对于任意的 $\boldsymbol{x}_1,\cdots,\boldsymbol{x}_r\in V$ 以及任意的 $1\leqslant s<t\leqslant r$ 总有

$$\begin{aligned}&f(\boldsymbol{x}_1,\cdots,\boldsymbol{x}_{s-1},\boldsymbol{x}_s,\boldsymbol{x}_{s+1},\cdots,\boldsymbol{x}_{t-1},\boldsymbol{x}_t,\boldsymbol{x}_{t+1},\cdots)\\&\quad=-f(\boldsymbol{x}_1,\cdots,\boldsymbol{x}_{s-1},\boldsymbol{x}_t,\boldsymbol{x}_{s+1},\cdots,\boldsymbol{x}_{t-1},\boldsymbol{x}_s,\boldsymbol{x}_{t+1},\cdots),\end{aligned}$$

则称 f 是一个反对称的 r 重线性函数, 或称 f 是一个 r 次**外形式**, 简称为 r-形式. 此时, 如果 σ 是 $\{1,\cdots,r\}$ 的任意一个置换, 则有

$$f(\boldsymbol{x}_{\sigma(1)},\cdots,\boldsymbol{x}_{\sigma(r)})=\mathrm{sign}(\sigma)\cdot f(\boldsymbol{x}_1,\cdots,\boldsymbol{x}_r), \tag{1.14}$$

其中 $\mathrm{sign}(\sigma)$ 是置换 σ 的符号, 即

$$\mathrm{sign}(\sigma)=\begin{cases}1, & 若\sigma是偶置换,\\ -1, & 若\sigma是奇置换.\end{cases} \tag{1.15}$$

实际上, r 次外形式的最简单的例子就是由行列式给出的.

设 $\boldsymbol{x}_1,\cdots,\boldsymbol{x}_r$ 是向量空间 V 中的 r 个元素, 在基底 $\{\boldsymbol{e}_1,\cdots,\boldsymbol{e}_n\}$ 下它们可以表示为

$$\boldsymbol{x}_i=x_i^1\boldsymbol{e}_1+\cdots+x_i^n\boldsymbol{e}_n.$$

任意取定一组指标 $1\leqslant j_1<\cdots<j_r\leqslant n$, 命

$$D^{j_1\cdots j_r}(\boldsymbol{x}_1,\cdots,\boldsymbol{x}_r)=\begin{vmatrix}x_1^{j_1} & \cdots & x_1^{j_r}\\ \vdots & & \vdots\\ x_r^{j_1} & \cdots & x_r^{j_r}\end{vmatrix}. \tag{1.16}$$

根据行列式的性质, 函数 $D^{j_1\cdots j_r}(\boldsymbol{x}_1,\cdots,\boldsymbol{x}_r)$ 是 $\boldsymbol{x}_1,\cdots,\boldsymbol{x}_r$ 的反对称的 r 重线性函数, 即 $D^{j_1\cdots j_r}$ 是一个 r 次外形式.

以后我们要证明, 任意一个 r 次外形式无非是这样的一些行列式的线性组合. 为此, 我们先介绍反对称化运算和外积运算这两个概念.

所谓的反对称化运算是将一个 r 重线性函数变成一个 r 重反对称线性函数的手段. 实际上, r 重线性函数 f 的反对称化 (记为 $[f]$) 就是将它的自变量做所有的置换, 然后取它们的值的交替平均值. 例如, 设 f 是 V 上的一个 2 重线性函数, 则

$$[f](\boldsymbol{x},\boldsymbol{y})=\frac{1}{2}(f(\boldsymbol{x},\boldsymbol{y})-f(\boldsymbol{y},\boldsymbol{x})),\quad \forall\boldsymbol{x},\boldsymbol{y}\in V.$$

如果 f 是 V 上的一个 3 重线性函数, 则

$$\begin{aligned}[f](\boldsymbol{x},\boldsymbol{y},\boldsymbol{z})=\frac{1}{6}(&f(\boldsymbol{x},\boldsymbol{y},\boldsymbol{z})-f(\boldsymbol{y},\boldsymbol{x},\boldsymbol{z})+f(\boldsymbol{y},\boldsymbol{z},\boldsymbol{x})-f(\boldsymbol{z},\boldsymbol{y},\boldsymbol{x})\\ &+f(\boldsymbol{z},\boldsymbol{x},\boldsymbol{y})-f(\boldsymbol{x},\boldsymbol{z},\boldsymbol{y})),\end{aligned}$$

其中 $\boldsymbol{x},\boldsymbol{y},\boldsymbol{z}\in V$. 一般地, 设 f 是 V 上的一个 r 重线性函数, 则

$$[f](\boldsymbol{x}_1,\cdots,\boldsymbol{x}_r)=\frac{1}{r!}\sum_{\sigma\in\mathfrak{S}_r}\mathrm{sign}(\sigma)\cdot f(\boldsymbol{x}_{\sigma(1)},\cdots,\boldsymbol{x}_{\sigma(r)}), \tag{1.17}$$

其中 $\mathfrak{S}_r$ 是 r 个整数 $\{1,\cdots,r\}$ 的置换群. 很明显, $[f]$ 是一个 r 次外形式. 如果 f 本身是 r 次外形式, 则 $[f]=f$.

向量空间 V 上的全体 r 次外形式的集合记为 $\bigwedge^r V^*$, 因为加法和数乘法在集合 $\bigwedge^r V^*$ 中是封闭的, 因此它自然是一个向量空间. 更要紧的一个事实是在外形式之间还能够定义外积运算, 它在实质上是张量积和反对称化运算的复合.

定义 1.1 设 $f\in\bigwedge^r V^*, g\in\bigwedge^s V^*$,则 f 和 g 的**外积**$f\wedge g$ 是一个 $(r+s)$ 次外形式, 定义为

$$f\wedge g=\frac{(r+s)!}{r!s!}[f\otimes g]. \tag{1.18}$$

例 1 设 f,g 是向量空间 V 上的两个一次形式, 求它们的外积的求值公式.

解 根据定义 1.1, 我们有

$$f\wedge g=2[f\otimes g],$$

因此, 对于任意的 $\boldsymbol{x},\boldsymbol{y}\in V$ 有

$$\begin{aligned}f\wedge g(\boldsymbol{x},\boldsymbol{y})&=2[f\otimes g](\boldsymbol{x},\boldsymbol{y})=f\otimes g(\boldsymbol{x},\boldsymbol{y})-f\otimes g(\boldsymbol{y},\boldsymbol{x})\\&=f(\boldsymbol{x})g(\boldsymbol{y})-f(\boldsymbol{y})g(\boldsymbol{x})=\begin{vmatrix}f(\boldsymbol{x})&f(\boldsymbol{y})\\g(\boldsymbol{x})&g(\boldsymbol{y})\end{vmatrix}.\end{aligned}$$

例 2 设 f,g,h 是向量空间 V 上的一次形式, 求它们的外积的求值公式.

解 根据定义 1.1, 我们有

$$f\wedge(g\wedge h)=\frac{3!}{1!2!}[f\otimes(g\wedge h)]=\frac{3!}{2!}\cdot\frac{2!}{1!1!}[f\otimes(g\otimes h)]=6[f\otimes g\otimes h],$$

因此, 对于任意的 $\boldsymbol{x},\boldsymbol{y},\boldsymbol{z}\in V$ 有

$$\begin{aligned}
f\wedge(g\wedge h)(\boldsymbol{x},\boldsymbol{y},\boldsymbol{z}) &= 6[f\otimes g\otimes h](\boldsymbol{x},\boldsymbol{y},\boldsymbol{z})\\
&= f\otimes g\otimes h(\boldsymbol{x},\boldsymbol{y},\boldsymbol{z})-f\otimes g\otimes h(\boldsymbol{y},\boldsymbol{x},\boldsymbol{z})+f\otimes g\otimes h(\boldsymbol{y},\boldsymbol{z},\boldsymbol{x})\\
&\quad -f\otimes g\otimes h(\boldsymbol{z},\boldsymbol{y},\boldsymbol{x})+f\otimes g\otimes h(\boldsymbol{z},\boldsymbol{x},\boldsymbol{y})-f\otimes g\otimes h(\boldsymbol{x},\boldsymbol{z},\boldsymbol{y})\\
&= f(\boldsymbol{x})g(\boldsymbol{y})h(\boldsymbol{z})-f(\boldsymbol{y})g(\boldsymbol{x})h(\boldsymbol{z})+f(\boldsymbol{y})g(\boldsymbol{z})h(\boldsymbol{x})\\
&\quad -f(\boldsymbol{z})g(\boldsymbol{y})h(\boldsymbol{x})+f(\boldsymbol{z})g(\boldsymbol{x})h(\boldsymbol{y})-f(\boldsymbol{x})g(\boldsymbol{z})h(\boldsymbol{y})\\
&= \begin{vmatrix} f(\boldsymbol{x}) & f(\boldsymbol{y}) & f(\boldsymbol{z})\\ g(\boldsymbol{x}) & g(\boldsymbol{y}) & g(\boldsymbol{z})\\ h(\boldsymbol{x}) & h(\boldsymbol{y}) & h(\boldsymbol{z})\end{vmatrix}.
\end{aligned}$$

定理 1.1 外积运算遵循下列运算法则:

(1)分配律: $(f_1+f_2)\wedge g=f_1\wedge g+f_2\wedge g$;

(2)反交换律: 设 $f\in\bigwedge^r V^*, g\in\bigwedge^s V^*$, 则 $f\wedge g=(-1)^{rs}g\wedge f$;

(3)结合律: $f\wedge(g\wedge h)=(f\wedge g)\wedge h$.

证明 (1) 是明显的. 关于 (2), 任意取 $\boldsymbol{x}_1,\cdots,\boldsymbol{x}_{r+s}\in V$, 则根据外积的定义, 我们有

$$\begin{aligned}
f\wedge g(\boldsymbol{x}_1,\cdots,\boldsymbol{x}_{r+s}) &= \frac{(r+s)!}{r!s!}[f\otimes g](\boldsymbol{x}_1,\cdots,\boldsymbol{x}_{r+s})\\
&= \frac{1}{r!s!}\sum_{\sigma\in\mathfrak{S}_{r+s}}\operatorname{sign}(\sigma)\cdot f(\boldsymbol{x}_{\sigma(1)},\cdots,\boldsymbol{x}_{\sigma(r)})g(\boldsymbol{x}_{\sigma(r+1)},\cdots,\boldsymbol{x}_{\sigma(r+s)})\\
&= \frac{1}{r!s!}\operatorname{sign}\begin{pmatrix} s+1 & \cdots & s+r & 1 & \cdots & s\\ 1 & \cdots & r & r+1 & \cdots & r+s\end{pmatrix}\\
&\quad\cdot\sum_{\sigma\in\mathfrak{S}_{r+s}}\operatorname{sign}(\sigma)\cdot g(\boldsymbol{x}_{\sigma(1)},\cdots,\boldsymbol{x}_{\sigma(s)})f(\boldsymbol{x}_{\sigma(s+1)},\cdots,\boldsymbol{x}_{\sigma(s+r)})\\
&= (-1)^{rs}g\wedge f(\boldsymbol{x}_1,\cdots,\boldsymbol{x}_{r+s}).
\end{aligned}$$

至于 (3), 只要证明对于任意的 $f\in\bigwedge^r V^*,\ g\in\bigwedge^s V^*, h\in\bigwedge^t V^*$ 有

$$\begin{aligned}
f\wedge(g\wedge h) &= \frac{(r+s+t)!}{r!s!t!}[f\otimes g\otimes h],\\
(f\wedge g)\wedge h &= \frac{(r+s+t)!}{r!s!t!}[f\otimes g\otimes h].
\end{aligned}\tag{1.19}$$

读者可以仿照例题 2 自己进行证明. 证毕.

根据结合律, 任意多个外形式的外积是有意义的. 例如: 3 个外形式 f,g,h 的外积 $f\wedge g\wedge h$ 可以写成 $f\wedge(g\wedge h)$, 也可以写成 $(f\wedge g)\wedge h$, 最终它是 (1.19) 式的右端.

由反交换律得知, 如果 f,g 是 V 上的一次形式, 则

$$f\wedge g=-g\wedge f. \tag{1.20}$$

特别地,

$$f\wedge f=-f\wedge f,\quad f\wedge f=0. \tag{1.21}$$

另外, 如果在 f,g 中至少有一个是偶次外形式, 则由 (2) 得知下面的交换律成立:

$$f\wedge g=g\wedge f.$$

现在设 $f^1,\cdots,f^r$ 是 V 上的 r 个一次形式, 则由 (1.19) 得知

$$f^1\wedge\cdots\wedge f^r=r![f^1\otimes\cdots\otimes f^r]. \tag{1.22}$$

任意取 $\boldsymbol{x}_1,\cdots,\boldsymbol{x}_r\in V$, 则

$$\begin{aligned}&f^1\wedge\cdots\wedge f^r(\boldsymbol{x}_1,\cdots,\boldsymbol{x}_r)=r![f^1\otimes\cdots\otimes f^r](\boldsymbol{x}_1,\cdots,\boldsymbol{x}_r)\\&\quad=\sum_{\sigma\in\mathfrak{S}_r}\operatorname{sign}(\sigma)f^1(\boldsymbol{x}_{\sigma(1)})\cdots f^r(\boldsymbol{x}_{\sigma(r)})=\begin{vmatrix}f^1(\boldsymbol{x}_1)&\cdots&f^1(\boldsymbol{x}_r)\\\vdots&&\vdots\\f^r(\boldsymbol{x}_1)&\cdots&f^r(\boldsymbol{x}_r)\end{vmatrix}.\end{aligned} \tag{1.23}$$

特别地, 在 V^* 的基底 $\{e^i\}$ 中任意取定 r 个成员 $e^{j_1},\cdots,e^{j_r}$, 则由 (1.23) 式得到

$$\begin{aligned}&e^{j_1}\wedge\cdots\wedge e^{j_r}(\boldsymbol{x}_1,\cdots,\boldsymbol{x}_r)\\&\quad=\begin{vmatrix}e^{j_1}(\boldsymbol{x}_1)&\cdots&e^{j_1}(\boldsymbol{x}_r)\\\vdots&&\vdots\\e^{j_r}(\boldsymbol{x}_1)&\cdots&e^{j_r}(\boldsymbol{x}_r)\end{vmatrix}=\begin{vmatrix}x_1^{j_1}&\cdots&x_r^{j_1}\\\vdots&&\vdots\\x_1^{j_r}&\cdots&x_r^{j_r}\end{vmatrix}.\end{aligned} \tag{1.24}$$

将 (1.24) 和 (1.16) 式相对照不难知道

$$D^{j_1\cdots j_r}=e^{j_1}\wedge\cdots\wedge e^{j_r}. \tag{1.25}$$

若在 V 的基底 $\{\boldsymbol{e}_i\}$ 中任意取定 r 个成员 $e_{i_1},\cdots,e_{i_r}$, 则由 (1.24) 式得到

$$e^{j_1}\wedge\cdots\wedge e^{j_r}(\boldsymbol{e}_{i_1},\cdots,\boldsymbol{e}_{i_r})=\begin{vmatrix}\delta^{j_1}_{i_1} & \cdots & \delta^{j_1}_{i_r}\\ \vdots & & \vdots\\ \delta^{j_r}_{i_1} & \cdots & \delta^{j_r}_{i_r}\end{vmatrix}\equiv\delta^{j_1\cdots j_r}_{i_1\cdots i_r}, \tag{1.26}$$

我们把 $\delta^{j_1\cdots j_r}_{i_1\cdots i_r}$ 称为广义的 Kronecker δ 记号. 由它的定义式 (1.26) 即知

$$\delta^{j_1\cdots j_r}_{i_1\cdots i_r}=\begin{cases}1, & \text{若}i_1,\cdots,i_r\text{互不相同, 且}j_1,\cdots,j_r\\ & \quad\text{是}i_1,\cdots,i_r\text{的偶排列;}\\ -1, & \text{若}i_1,\cdots,i_r\text{互不相同, 且}j_1,\cdots,j_r\\ & \quad\text{是}i_1,\cdots,i_r\text{的奇排列;}\\ 0, & \text{其他情形.}\end{cases}$$

根据反交换律 (2), 对于一次形式 $f^1,\cdots,f^r$ 的外积 $f^1\wedge\cdots\wedge f^r$, 交换其中的任意两个因子, 则该外积必反号. 所以, 对任意的 $\sigma\in\mathfrak{S}_r$ 有

$$f^{\sigma(1)}\wedge\cdots\wedge f^{\sigma(r)}=\operatorname{sign}(\sigma)\cdot f^1\wedge\cdots\wedge f^r=\delta^{\sigma(1)\cdots\sigma(r)}_{1\cdots\ r}f^1\wedge\cdots\wedge f^r. \tag{1.27}$$

定理 1.2 设 $\{e^1,\cdots,e^n\}$ 是对偶向量空间 V^* 的一个基底, 则 $\{e^{j_1}\wedge\cdots\wedge e^{j_r}, 1\leqslant j_1<\cdots<j_r\leqslant n\}$ 是 r 次外形式空间 $\bigwedge^r V^*$ 的基底. 特别是, 空间 $\bigwedge^r V^*$ 的维数是 $\dim\bigwedge^r V^*=\mathrm{C}^r_n$. 当 $r>n$ 时, $\bigwedge^r V^*=\{0\}$.

证明 设 $f\in\bigwedge^r V^*$, 则 f 作为 r 重线性函数可以表示为 (参看 (1.13) 式)

$$f=f_{j_1\cdots j_r}e^{j_1}\otimes\cdots\otimes e^{j_r},$$

其中

$$f_{j_1\cdots j_r}=f(\boldsymbol{e}_{j_1},\cdots,\boldsymbol{e}_{j_r}),$$

这里 $\{\boldsymbol{e}_i\}$ 是向量空间 V 中对偶的基底. 因为 f 的反对称性, 所以系数 $f_{j_1\cdots j_r}$ 关于下指标是反对称的, 即

$$f_{j_{\sigma(1)}\cdots j_{\sigma(r)}} = \operatorname{sign}(\sigma) f_{j_1\cdots j_r}, \quad \forall \sigma \in \mathfrak{S}_r.$$

因此由 (1.22) 式得知

$$\begin{aligned} f = [f] = f_{j_1\cdots j_r}[e^{j_1} \otimes \cdots \otimes e^{j_r}] &= \frac{1}{r!} f_{j_1\cdots j_r} e^{j_1} \wedge \cdots \wedge e^{j_r} \\ &= \sum_{1 \leqslant j_1 < \cdots < j_r \leqslant n} f_{j_1\cdots j_r} e^{j_1} \wedge \cdots \wedge e^{j_r}. \end{aligned} \tag{1.28}$$

这说明任意一个 r 次外形式 f 能够表示成 $e^{j_1} \wedge \cdots \wedge e^{j_r}, 1 \leqslant j_1 < \cdots < j_r \leqslant n$ 的线性组合.

为了证明这 C_n^r 个 r 次外形式 $e^{j_1} \wedge \cdots \wedge e^{j_r}, 1 \leqslant j_1 < \cdots < j_r \leqslant n$ 是线性无关的, 假定有一组实数 $f_{j_1\cdots j_r}, 1 \leqslant j_1 < \cdots < j_r \leqslant n$, 使得线性组合

$$\sum_{1 \leqslant j_1 < \cdots < j_r \leqslant n} f_{j_1\cdots j_r} e^{j_1} \wedge \cdots \wedge e^{j_r} = 0.$$

将这个零函数在向量 $\boldsymbol{e}_{i_1}, \cdots, \boldsymbol{e}_{i_r}, 1 \leqslant i_1 < \cdots < i_r \leqslant n$ 上求值, 得到

$$\begin{aligned} 0 &= \sum_{1 \leqslant j_1 < \cdots < j_r \leqslant n} f_{j_1\cdots j_r} e^{j_1} \wedge \cdots \wedge e^{j_r}(\boldsymbol{e}_{i_1}, \cdots, \boldsymbol{e}_{i_r}) \\ &= \sum_{1 \leqslant j_1 < \cdots < j_r \leqslant n} f_{j_1\cdots j_r} \delta^{j_1\cdots j_r}_{i_1\cdots i_r} = f_{i_1\cdots i_r}, \end{aligned}$$

由此可见, 这组实数 $f_{j_1\cdots j_r}, 1 \leqslant j_1 < \cdots < j_r \leqslant n$ 必须全部为零. 证毕.

上面的构造可以从代数上进行抽象. 假定 W 是任意一个 n 维向量空间, 它的一个基底是 $\{\boldsymbol{w}_1, \cdots, \boldsymbol{w}_n\}$. 把 $\boldsymbol{w}_1, \cdots, \boldsymbol{w}_n$ 看作 n 个字母, 构造实系数多项式, 只是要求字母之间的乘法不是普通的交换乘法, 而是反交换乘法. 也就是在交换任意两个字母的位置时该乘积变号:

$$\boldsymbol{w}_i \wedge \boldsymbol{w}_j = -\boldsymbol{w}_j \wedge \boldsymbol{w}_i, \quad \forall 1 \leqslant i, j \leqslant n. \tag{1.29}$$

把这种乘法称为外积, 假定多个字母的外积遵循结合律, 同时假定分配律也成立. 如此得到的多项式称为外多项式. 由于

$$\boldsymbol{w}_i \wedge \boldsymbol{w}_i = -\boldsymbol{w}_i \wedge \boldsymbol{w}_i, \quad 故 \quad \boldsymbol{w}_i \wedge \boldsymbol{w}_i = 0, \quad \forall i.$$

因此在外多项式的每一项中同一个字母不能出现两次, 于是高于 n 次的齐次外多项式必定是零. 这样, 一次外多项式是字母 $\boldsymbol{w}_1, \cdots, \boldsymbol{w}_n$ 的线性组合, 它们构成向量空间 W 本身. 二次外多项式是 $\boldsymbol{w}_i \wedge \boldsymbol{w}_j, 1 \leqslant i < j \leqslant n$ 的线性组合, 它们构成的空间记成 $\bigwedge^2 W$. 一般地, k 次外多项式是

$$\boldsymbol{w}_{i_1} \wedge \cdots \wedge \boldsymbol{w}_{i_k}, \quad 1 \leqslant i_1 < \cdots < i_k \leqslant n$$

的线性组合, 它们构成的空间记成 $\bigwedge^k W$. 零次外多项式定义为实数本身. 全体外多项式的集合记为

$$\bigwedge(W) = \sum_{k=0}^{n} \bigwedge{}^k W, \tag{1.30}$$

其元素是各次外多项式的形式和. 在集合 $\bigwedge(W)$ 中有加法和外积运算, 并且外积运算适合分配律、结合律和反交换律, 所以从代数上讲, $\bigwedge(W)$ 是一个结合代数, 称为向量空间 W 上的**外代数**.

由此可见, 向量空间 V 上的外形式就是其对偶空间 V^* 的基底向量 $e^1, \cdots, e^n$ 的外多项式. 但是, 我们在本节具体地、构造性地定义了外形式的外积, 而不只是一种抽象的规定. 这就是说, 本节叙述的外形式的理论具体地构造出一个外代数.

外多项式的形式化定义的好处在于消除外形式和外积的神秘感. 从普通的多项式出发, 只要规定字母之间的乘法是反交换的, 则所得到的便是外多项式.

具有反交换乘法的代数结构的例子还有: 设 $\mathbb{R}^3$ 是三维向量空间, "×" 是该空间上的向量积 (叉积). 容易验证, 空间 $\mathbb{R}^3$ 关于向量积是一个代数. 不过, 向量积不具有结合律, 而满足所谓的 Jacobi 恒等式, 因此 $\mathbb{R}^3$ 关于向量积不是外代数, 而是所谓的李代数.

最后, 我们叙述一个重要的定理, 它在微分几何中是十分有用的.

定理 1.3 (Cartan 引理) 设 $\omega^1,\cdots,\omega^r,\theta_1,\cdots,\theta_r$ 是 n 维向量空间 V 上的 $2r$ 个一次形式, 其中 $\omega^1,\cdots,\omega^r$ 是线性无关的. 如果恒等式

$$\sum_{\alpha=1}^{r}\omega^\alpha\wedge\theta_\alpha=0 \tag{1.31}$$

成立, 则每一个 θ_α 必定是 $\omega^1,\cdots,\omega^r$ 的线性组合, 即

$$\theta_\alpha=\sum_{\beta=1}^{r}a_{\alpha\beta}\omega^\beta, \tag{1.32}$$

并且组合系数 $a_{\alpha\beta}$ 是对称的, 即 $a_{\alpha\beta}=a_{\beta\alpha}$.

证明 因为 $\omega^1,\cdots,\omega^r$ 是线性无关的, 所以可以把它们扩充成为对偶空间 V^* 的一个基底 $\omega^1,\cdots,\omega^r,\omega^{r+1},\cdots,\omega^n$, 因此每一个一次形式 θ_α 可以用该基底表示, 命

$$\theta_\alpha=\sum_{i=1}^{n}a_{\alpha i}\omega^i. \tag{1.33}$$

已知空间 $\bigwedge^2 V^*$ 的基底是 $\{\omega^i\wedge\omega^j,\ 1\leqslant i<j\leqslant n\}$, 将 (1.33) 式代入 (1.31) 式得到

$$\begin{aligned}
0&=\sum_{\alpha=1}^{r}\omega^\alpha\wedge\theta_\alpha=\sum_{\alpha=1}^{r}\sum_{i=1}^{n}a_{\alpha i}\omega^\alpha\wedge\omega^i\\
&=\sum_{\alpha=1}^{r}\sum_{\beta=1}^{r}a_{\alpha\beta}\omega^\alpha\wedge\omega^\beta+\sum_{\alpha=1}^{r}\sum_{\xi=r+1}^{n}a_{\alpha\xi}\omega^\alpha\wedge\omega^\xi\\
&=\sum_{1\leqslant\alpha<\beta\leqslant r}(a_{\alpha\beta}-a_{\beta\alpha})\omega^\alpha\wedge\omega^\beta+\sum_{\alpha=1}^{r}\sum_{\xi=r+1}^{n}a_{\alpha\xi}\omega^\alpha\wedge\omega^\xi.
\end{aligned}$$

于是所有的组合系数必须为零, 即

$$\begin{aligned}
a_{\alpha\beta}-a_{\beta\alpha}=0,&\quad\forall 1\leqslant\alpha<\beta\leqslant r,\\
a_{\alpha\xi}=0,&\quad\forall 1\leqslant\alpha\leqslant r<\xi\leqslant n,
\end{aligned}$$

这样, (1.33) 式成为

$$\theta_\alpha = \sum_{\beta=1}^{r} a_{\alpha\beta}\omega^\beta.$$

证毕.

习 题 7.1

1. 设 $\{e^i\}$ 是向量空间 V^* 的一个基底, 证明: $e^{i_1} \otimes \cdots \otimes e^{i_r}, 1 \leqslant i_1, \cdots, i_r \leqslant n$ 是线性无关的.

2. 假定 f 是向量空间 V 上的 3 重线性函数, 根据反对称化的定义写出 $[f](\boldsymbol{x}_1, \boldsymbol{x}_2, \boldsymbol{x}_3)$ 的表达式, 其中 $\boldsymbol{x}_1, \boldsymbol{x}_2, \boldsymbol{x}_3 \in V$.

3. 假定 $f \in \bigwedge^2 V^*, g \in V^*$, 写出 $[f \otimes g](\boldsymbol{x}_1, \boldsymbol{x}_2, \boldsymbol{x}_3)$ 的表达式, 其中 $\boldsymbol{x}_1, \boldsymbol{x}_2, \boldsymbol{x}_3 \in V$.

4. 设 $f \in \bigwedge^r V^*, g \in \bigwedge^s V^*$, $h \in \bigwedge^t V*$, 证明:

$$(f \wedge g) \wedge h = f \wedge (g \wedge h) = \frac{(r+s+t)!}{r!s!t!}[f \otimes g \otimes h].$$

5. 设 $\{e^1, e^2, e^3\}$ 是三维向量空间 V^* 的基底, 若有

$$y^i = \sum_{j=1}^{3} a^i_j e^j, \quad 1 \leqslant i \leqslant 3,$$

证明:

$$y^1 \wedge y^2 \wedge y^3 = \begin{vmatrix} a^1_1 & a^2_1 & a^3_1 \\ a^1_2 & a^2_2 & a^3_2 \\ a^1_3 & a^2_3 & a^3_3 \end{vmatrix} e^1 \wedge e^2 \wedge e^3.$$

6. 设 $f = ae^2 \wedge e^3 + be^3 \wedge e^1 + ce^1 \wedge e^2$, 其中 a, b, c 是不全为零的实数, 试把 2 次外形式 f 表示成两个 1 次形式的外积.

§7.2 外微分式和外微分

本节的主要内容是介绍外微分式的概念及其外微分运算. 为此, 我们首先复习曲纹坐标系的概念.

设欧氏空间 E^3 中的正则曲面 S 的参数方程是 $\boldsymbol{r}(u^1,u^2)$, 其中 $(u^1,u^2)\in D\subset E^2$, 则

$$\mathrm{d}\boldsymbol{r}=\boldsymbol{r}_\alpha \mathrm{d}u^\alpha. \tag{2.1}$$

在第三章, 我们已经强调 (u^1,u^2) 可以作为曲面 S 上的点 p 的坐标, 称为曲面 S 上的点 p 的曲纹坐标. 另外, 从 (2.1) 式得知, 曲面 S 在点 p 的切空间的基底是 $\{\boldsymbol{r}_1,\boldsymbol{r}_2\}$, 而 $(\mathrm{d}u^1,\mathrm{d}u^2)$ 是在点 p 的任意一个切向量的分量, 因此 $\mathrm{d}u^1,\mathrm{d}u^2$ 分别是曲面 S 在点 p 的切空间 T_pS 上的线性函数, 它们构成曲面 S 在点 p 的切空间的对偶空间上与自然基底 $\{\boldsymbol{r}_1,\boldsymbol{r}_2\}$ 对偶的基底, 记为 $\{\mathrm{d}u^1,\mathrm{d}u^2\}$. 我们把曲面 S 在点 p 的切空间 T_pS 的对偶空间称为曲面 S 在点 p 的余切空间, 记为 T_p^*S. 余切空间 T_p^*S 中的元素称为曲面 S 在点 p 的余切向量, 也就是曲面 S 在点 p 的切空间上的线性函数.

上面的说法可以搬到欧氏空间 E^2 的一个区域 D 上去, 得到平面区域 D 上的曲纹坐标的概念. 设 (x^1,x^2) 是平面区域 D 上的笛卡儿直角坐标系, (u^1,u^2) 是另一个平面区域 U 上的笛卡儿直角坐标系. 如果在平面区域 U 和 D 之间存在一个一一对应, 它可以表示为从 U 到 D 的映射 $f:U\to D$, 即

$$x^1=f^1(u^1,u^2),\quad x^2=f^2(u^1,u^2), \tag{2.2}$$

以及从 D 到 U 的逆映射 $g:D\to U$, 即

$$u^1=g^1(x^1,x^2),\quad u^2=g^2(x^1,x^2), \tag{2.3}$$

并且假定函数 $f^\alpha(u^1,u^2),g^\alpha(x^1,x^2)$ 都是连续可微的, 则称 (u^1,u^2) 是平面区域 D 上的**曲纹坐标系**. 如果让 u^2 的值固定, 而让 u^1 变化, 则我们在平面区域 D 上得到一条曲线, 称为平面区域 D 上的一条 u^1-曲线. 同理, 我们有平面区域 D 上的一条 u^2-曲线. 由于平面区域 U 和 D 的点之间是一一对应的, 因此经过区域 D 上的每一点 p 只有一条 u^1-曲线, 也只有一条 u^2-曲线. 我们把 u^1-曲线的切向量记为 $\dfrac{\partial}{\partial u^1}$, 把 u^2-曲线的切向量记为 $\dfrac{\partial}{\partial u^2}$, 于是它们构成区域 D 在点 p 的切空间的基底, 记

为 $\left\{\dfrac{\partial}{\partial u^1},\dfrac{\partial}{\partial u^2}\right\}$, 同时区域 D 在点 p 的余切空间的基底是 $\{\mathrm{d}u^1,\mathrm{d}u^2\}$. 在点 p 的任意一个余切向量是 $\mathrm{d}u^1,\mathrm{d}u^2$ 的线性组合.

由于映射 $f:U\to D$ 和 $g:D\to U$ 互为逆映射, 因此有恒等式

$$x^\alpha = f^\alpha(g^1(x^1,x^2),g^2(x^1,x^2)),\quad \alpha=1,2 \tag{2.4}$$

和恒等式

$$u^\alpha = g^\alpha(f^1(u^1,u^2),f^2(u^1,u^2)),\quad \alpha=1,2. \tag{2.5}$$

因为 $f^\alpha(u^1,u^2),g^\alpha(x^1,x^2)$ 都是连续可微函数, 将 (2.5) 式对 u^β 求导得到

$$\frac{\partial g^\alpha}{\partial x^\gamma}\frac{\partial f^\gamma}{\partial u^\beta}=\delta^\alpha_\beta,$$

所以 Jacobi 行列式

$$\frac{\partial(f^1,f^2)}{\partial(u^1,u^2)}\neq 0. \tag{2.6}$$

反过来, 根据反函数定理, 如果有两个连续可微函数

$$x^1=f^1(u^1,u^2),\quad x^2=f^2(u^1,u^2),$$

只要它们的 Jacobi 行列式 $\dfrac{\partial(f^1,f^2)}{\partial(u^1,u^2)}$ 处处不为零, 则在任意一点 (x_0^1, x_0^2) 的一个邻域内存在反函数

$$u^1=g^1(x^1,x^2),\quad u^2=g^2(x^1,x^2),$$

使得恒等式 (2.4),(2.5) 成立, 因此 (u^1,u^2) 可作为区域 D 在点 (x_0^1,x_0^2) 的邻域内的曲纹坐标. 由此可见, 平面区域上的曲纹坐标系要比笛卡儿直角坐标系随意得多. 克服笛卡儿直角坐标系的局限性是数学发展过程中的重要一步, 同时曲纹坐标系的概念又导致微分流形概念的产生.

一般地, 设 $(x^1,\cdots,x^n)$ 是 n 维欧氏空间 E^n 中的区域 D 上的笛卡儿直角坐标系, $(u^1,\cdots,u^n)$ 是 n 维欧氏空间 E^n 中的另一个区域 U 上的笛卡儿直角坐标系. 如果在区域 U 和 D 之间存在一个一一对应, 它可以表示为从 U 到 D 的映射 $f:U\to D$, 即

$$x^1=f^1(u^1,\cdots,u^n),\cdots,x^n=f^n(u^1,\cdots,u^n),$$

以及从 D 到 U 的逆映射 $g: D \to U$, 即

$$u^1 = g^1(x^1, \cdots, x^n), \cdots, u^n = g^n(x^1, \cdots, x^n),$$

并且假定函数 $f^\alpha(u^1, \cdots, u^n), g^\alpha(x^1, \cdots, x^n)$ 都是连续可微的, 则称 $(u^1, \cdots, u^n)$ 是区域 D 上的曲纹坐标系. 区域 D 在点 p 的切空间的自然基底是 $\left\{\dfrac{\partial}{\partial u^1}, \cdots, \dfrac{\partial}{\partial u^n}\right\}$, 同时区域 D 在点 p 的余切空间的基底是 $\{\mathrm{d}u^1, \cdots, \mathrm{d}u^n\}$. 在点 p 的任意一个余切向量是 $\mathrm{d}u^1, \cdots, \mathrm{d}u^n$ 的线性组合.

反过来, 根据反函数定理, 如果有 n 个连续可微函数

$$x^1 = f^1(u^1, \cdots, u^n), \ \cdots, \ x^n = f^n(u^1, \cdots, u^n), \tag{2.7}$$

只要它们满足条件

$$\frac{\partial(f^1, \cdots, f^n)}{\partial(u^1, \cdots, u^n)} \neq 0, \tag{2.8}$$

则在任意一点 $(x_0^1, \cdots, x_0^n)$ 的一个邻域内存在反函数

$$u^1 = g^1(x^1, \cdots, x^n), \quad u^n = g^n(x^1, \cdots, x^n),$$

使得恒等式

$$x^\alpha = f^\alpha(g^1(x^1, \cdots, x^n), \cdots, g^n(x^1, \cdots, x^n)), \quad 1 \leqslant \alpha \leqslant n$$

和恒等式

$$u^\alpha = g^\alpha(f^1(u^1, \cdots, u^n), \cdots, f^n(u^1, \cdots, u^n)), \quad 1 \leqslant \alpha \leqslant n$$

成立, 因此 $(u^1, \cdots, u^n)$ 可以作为区域 D 在点 $(x_0^1, \cdots, x_0^n)$ 的邻域内的曲纹坐标. 由此可见, (2.8) 式是函数组 (2.7) 能够在点 $(x_0^1, \cdots, x_0^n)$ 的邻域内引进曲纹坐标系 $(u^1, \cdots, u^n)$ 的充分必要条件.

在 20 世纪中叶, 所谓的大范围微分几何和大范围分析的课题成为数学研究的热门课题, 所考虑的空间不再限于具有笛卡儿直角坐标系的欧氏空间, 而只要求这种空间在局部上具有曲纹坐标系, 并且容许曲

纹坐标系作一定的变换, 这种空间就是现在所称的微分流形. 稍微确切一点说, 所谓的 n 维微分流形是指由 n 维欧氏空间中的一些小块区域一片、一片连续可微地拼接起来得到的空间. 在这里, "连续可微地拼接起来" 的意思是在有些小块区域的某部分可以通过其上面的曲纹坐标的正则的连续可微的函数关系等同起来. 当 $n=2$ 时, 这就是第六章 §6.6 所叙述的二维光滑流形. 以后为方便起见, 总是假定连续可微函数指它有连续的任意阶的各种偏导数, 有时也称这种函数是光滑函数. 在 n 维微分流形的每一点有切向量、切空间、余切向量、余切空间的概念, 特别地在曲纹坐标系 $(u^1,\cdots,u^n)$ 下 $\{\mathrm{d}u^1,\cdots,\mathrm{d}u^n\}$ 是 n 维微分流形在一点的余切空间的基底. 关于微分流形概念的确切叙述可以参看参考文献 [3] 和 [2].

现在, 我们要给出外微分式的定义.

定义 2.1 设 D 是 n 维欧氏空间 E^n 中的一个区域, $(u^1,\cdots,u^n)$ 是区域 D 上的曲纹坐标系. 如果以连续可微的方式在每一点 $p=(u^1,\cdots,u^n)\in D$ 给定了一个 r 次外形式

$$\begin{aligned}\varphi(p)&=\frac{1}{r!}\varphi_{i_1\cdots i_r}(u^1,\cdots,u^n)\mathrm{d}u^{i_1}\wedge\cdots\wedge\mathrm{d}u^{i_r}\\&=\sum_{1\leqslant i_1<\cdots<i_r\leqslant n}\varphi_{i_1\cdots i_r}(u^1,\cdots,u^n)\mathrm{d}u^{i_1}\wedge\cdots\wedge\mathrm{d}u^{i_r},\end{aligned}\tag{2.9}$$

其中假定系数函数 $\varphi_{i_1\cdots i_r}(u^1,\cdots,u^n)$ 对于下指标 $i_1,\cdots,i_r$ 是反对称的, 则称 φ 是定义在 D 上的 r 次**外微分式**.

在这里, 所谓的 "以连续可微的方式" 是指系数 $\varphi_{i_1\cdots i_r}(u^1,\cdots,u^n)$, $1\leqslant i_1,\cdots,i_r\leqslant n$ 是 $u^1,\cdots,u^n$ 的连续可微函数, 即 $\varphi_{i_1\cdots i_r}(u^1,\cdots,u^n)$ 是 $u^1,\cdots,u^n$ 的光滑函数.

例 1 区域 D 上的 1 次微分式就是 1 次外微分式.

设 $f: D\to\mathbb{R}$ 是定义在 D 上的连续可微函数, 则它的微分

$$\mathrm{d}f=\frac{\partial f}{\partial u^i}\mathrm{d}u^i$$

即为区域 D 上的 1 次微分式, 因而也是 D 上的一个 1 次外微分式.

例 2 设 S 是三维欧氏空间 E^3 中的一块正则参数曲面, 参数方程是

$$\boldsymbol{r}=\boldsymbol{r}(u^1,u^2), \tag{2.10}$$

并且它的第一基本形式是

$$\mathrm{I}=g_{\alpha\beta}\mathrm{d}u^\alpha\mathrm{d}u^\beta. \tag{2.11}$$

命

$$\mathrm{d}\sigma=\sqrt{g_{11}g_{22}-(g_{12})^2}\mathrm{d}u^1\wedge\mathrm{d}u^2, \tag{2.12}$$

则 $\mathrm{d}\sigma$ 是曲面 S 上的一个 2 次外微分式.

容易证明: 2 次外微分式 $\mathrm{d}\sigma$ 在曲面 S 的保持定向的容许参数变换下是不变的. 实际上, 如果 $(\tilde{u}^1,\tilde{u}^2)$ 是曲面 S 的另一个保持定向的参数系, 于是 $\tilde{u}^\alpha=\tilde{u}^\alpha(u^1,u^2)$ 是 u^1,u^2 的至少 3 次以上连续可微的函数, 并且

$$\frac{\partial(\tilde{u}^1,\tilde{u}^2)}{\partial(u^1,u^2)}>0. \tag{2.13}$$

假定曲面 S 的第一基本形式用新参数 $(\tilde{u}^1,\tilde{u}^2)$ 的表达式是

$$\mathrm{I}=\tilde{g}_{\alpha\beta}\mathrm{d}\tilde{u}^\alpha\mathrm{d}\tilde{u}^\beta,$$

则根据第三章的 (3.12) 式, 在第一类基本量 $\tilde{g}_{\alpha\beta}$ 和 $g_{\alpha\beta}$ 之间有关系式

$$\begin{pmatrix} g_{11} & g_{12}\\ g_{12} & g_{22}\end{pmatrix}=J\cdot\begin{pmatrix} \tilde{g}_{11} & \tilde{g}_{12}\\ \tilde{g}_{12} & \tilde{g}_{22}\end{pmatrix}\cdot J^{\mathrm{T}}, \tag{2.14}$$

其中

$$J=\begin{pmatrix} \dfrac{\partial\tilde{u}^1}{\partial u^1} & \dfrac{\partial\tilde{u}^2}{\partial u^1}\\ \dfrac{\partial\tilde{u}^1}{\partial u^2} & \dfrac{\partial\tilde{u}^2}{\partial u^2}\end{pmatrix}.$$

在 (2.14) 式两边取行列式得到

$$g_{11}g_{22}-(g_{12})^2=(\det J)^2(\tilde{g}_{11}\tilde{g}_{22}-(\tilde{g}_{12})^2),$$

因此

$$\sqrt{g_{11}g_{22}-(g_{12})^2}=|\det J|\cdot\sqrt{\tilde{g}_{11}\tilde{g}_{22}-(\tilde{g}_{12})^2}. \tag{2.15}$$

但是根据 (2.13) 式,

$$\det J=\begin{vmatrix}\dfrac{\partial\tilde{u}^1}{\partial u^1} & \dfrac{\partial\tilde{u}^2}{\partial u^1}\\ \dfrac{\partial\tilde{u}^1}{\partial u^2} & \dfrac{\partial\tilde{u}^2}{\partial u^2}\end{vmatrix}=\frac{\partial(\tilde{u}^1,\tilde{u}^2)}{\partial(u^1,u^2)}>0,$$

所以 (2.15) 式成为

$$\sqrt{g_{11}g_{22}-(g_{12})^2}=\det J\cdot\sqrt{\tilde{g}_{11}\tilde{g}_{22}-(\tilde{g}_{12})^2}. \tag{2.15$'$}$$

在另一方面, 对函数 $\tilde{u}^\alpha(u^1,u^2)$ 求微分得到

$$\mathrm{d}\tilde{u}^\alpha=\frac{\partial\tilde{u}^\alpha}{\partial u^1}\mathrm{d}u^1+\frac{\partial\tilde{u}^\alpha}{\partial u^2}\mathrm{d}u^2,\qquad \alpha=1,2, \tag{2.16}$$

因此

$$\begin{aligned}\mathrm{d}\tilde{u}^1\wedge\mathrm{d}\tilde{u}^2&=\left(\frac{\partial\tilde{u}^1}{\partial u^1}\mathrm{d}u^1+\frac{\partial\tilde{u}^1}{\partial u^2}\mathrm{d}u^2\right)\wedge\left(\frac{\partial\tilde{u}^2}{\partial u^1}\mathrm{d}u^1+\frac{\partial\tilde{u}^2}{\partial u^2}\mathrm{d}u^2\right)\\&=\frac{\partial(\tilde{u}^1,\tilde{u}^2)}{\partial(u^1,u^2)}\mathrm{d}u^1\wedge\mathrm{d}u^2.\end{aligned} \tag{2.17}$$

结合 (2.15′) 和 (2.17) 式得到

$$\begin{aligned}\sqrt{\tilde{g}_{11}\tilde{g}_{22}-(\tilde{g}_{12})^2}\mathrm{d}\tilde{u}^1\wedge\mathrm{d}\tilde{u}^2&=\sqrt{\tilde{g}_{11}\tilde{g}_{22}-(\tilde{g}_{12})^2}\ \frac{\partial(\tilde{u}^1,\tilde{u}^2)}{\partial(u^1,u^2)}\mathrm{d}u^1\wedge\mathrm{d}u^2\\&=\sqrt{g_{11}g_{22}-(g_{12})^2}\mathrm{d}u^1\wedge\mathrm{d}u^2,\end{aligned}$$

这就证明了 2 次外微分式 $\mathrm{d}\sigma$ 在曲面 S 的保持定向的容许参数变换下是不变的.

这个事实蕴涵着一个十分重要的结果. 我们在第三章 §3.1 已经定义过正则曲面的概念 (参看第三章的定义 1.1), 它是一片、一片正则参数曲面粘合的结果, 在重叠部分会有多个曲纹坐标系, 但是在不同的曲纹坐标系之间的变换都是容许的参数变换. 上面的断言表明, 虽然 2

次外微分式 $\mathrm{d}\sigma$ 在曲面 S 的每一个参数表示 (2.10) 下是用 (2.12) 式给出的, 但是它在实际上是定义在整个有向正则曲面 S 上的 2 次外微分式. 同样, 在第六章 §6.6 所描述的有向抽象曲面 (二维黎曼流形) 上也有定义在整个曲面上的 2 次外微分式 $\mathrm{d}\sigma$. 在这里, 我们具体地描述了构造定义在整个有向曲面 S 上的量的一种方式, 即这个量可以用局部坐标来表示、但是与局部坐标系的选择无关. 这种方式有普遍意义.

2 次外微分式 $\mathrm{d}\sigma$ 称为在曲面 S 上的**面积元素**, 其理由如下: 假设在曲纹坐标系 (u^1,u^2) 下, 在点 p 给定两个切向量

$$\boldsymbol{a}=a^1\boldsymbol{r}_1+a^2\boldsymbol{r}_2,\qquad \boldsymbol{b}=b^1\boldsymbol{r}_1+b^2\boldsymbol{r}_2,$$

那么

$$\begin{aligned}\mathrm{d}\sigma(\boldsymbol{a},\boldsymbol{b})&=\sqrt{g_{11}g_{22}-(g_{12})^2}\mathrm{d}u^1\wedge\mathrm{d}u^2(\boldsymbol{a},\boldsymbol{b})\\&=\sqrt{g_{11}g_{22}-(g_{12})^2}(\mathrm{d}u^1(\boldsymbol{a})\mathrm{d}u^2(\boldsymbol{b})-\mathrm{d}u^1(\boldsymbol{b})\mathrm{d}u^2(\boldsymbol{a}))\\&=\sqrt{g_{11}g_{22}-(g_{12})^2}(a^1b^2-b^1a^2).\end{aligned}$$

作切向量 $\boldsymbol{a},\boldsymbol{b}$ 的向量积得到

$$\begin{aligned}\boldsymbol{a}\times\boldsymbol{b}&=(a^1b^2-b^1a^2)\boldsymbol{r}_1\times\boldsymbol{r}_2\\&=(a^1b^2-b^1a^2)|\boldsymbol{r}_1\times\boldsymbol{r}_2|\cdot\boldsymbol{n}\\&=(a^1b^2-b^1a^2)(|\boldsymbol{r}_1|\cdot|\boldsymbol{r}_2|\sin\angle(\boldsymbol{a},\boldsymbol{b}))\cdot\boldsymbol{n}\\&=(a^1b^2-b^1a^2)|\boldsymbol{r}_1|\cdot|\boldsymbol{r}_2|\sqrt{1-\cos^2\angle(\boldsymbol{a},\boldsymbol{b})}\cdot\boldsymbol{n}\\&=(a^1b^2-b^1a^2)\sqrt{g_{11}g_{22}-(g_{12})^2}\cdot\boldsymbol{n},\end{aligned}$$

因此

$$\mathrm{d}\sigma(\boldsymbol{a},\boldsymbol{b})=\pm|\boldsymbol{a}\times\boldsymbol{b}|,$$

换言之, $\mathrm{d}\sigma(\boldsymbol{a},\boldsymbol{b})$ 恰好是切向量 $\boldsymbol{a}\times\boldsymbol{b}$ 所张的平行四边形的有向面积.

区域 D 上的任意两个同次的外微分式能够以逐点计算的方式作加法和外积运算. 对于外微分式来说, 更重要的一种运算是外微分, 它把 r 次外微分式变为一个 $r+1$ 次外微分式.

定义 2.2 设

$$\varphi=\frac{1}{r!}\varphi_{i_1\cdots i_r}\mathrm{d}u^{i_1}\wedge\cdots\wedge\mathrm{d}u^{i_r}\tag{2.18}$$

是定义在区域 D 上的一个 r 次外微分式. 用如下的方式定义 $r+1$ 次外微分式:

$$\begin{aligned}\mathrm{d}\varphi&=\frac{1}{r!}\mathrm{d}\varphi_{i_1\cdots i_r}\wedge\mathrm{d}u^{i_1}\wedge\cdots\wedge\mathrm{d}u^{i_r}\\&=\frac{1}{r!}\frac{\partial\varphi_{i_1\cdots i_r}}{\partial u^j}\mathrm{d}u^j\wedge\mathrm{d}u^{i_1}\wedge\cdots\wedge\mathrm{d}u^{i_r},\end{aligned}\tag{2.19}$$

称为 φ 的**外微分**. 如果 $\varphi: D\to\mathbb{R}$ 是定义在 D 上的连续可微函数 (即零次外微分式), 则它的外微分 $\mathrm{d}\varphi$ 就是它的普通微分 (参看例 1).

例 3 设 (u,v,w) 是欧氏空间 E^3 中的曲纹坐标系, 命

$$\omega=\alpha(u,v,w)\mathrm{d}u+\beta(u,v,w)\mathrm{d}v+\gamma(u,v,w)\mathrm{d}w,$$
$$\eta=P(u,v,w)\mathrm{d}v\wedge\mathrm{d}w+Q(u,v,w)\mathrm{d}w\wedge\mathrm{d}u+R(u,v,w)\mathrm{d}u\wedge\mathrm{d}v,$$

其中 $\alpha,\beta,\gamma,P,Q,R$ 都是 u,v,w 的连续可微函数, 求它们的外微分.

解 根据外微分的定义, 我们有

$$\begin{aligned}\mathrm{d}\omega&=\mathrm{d}\alpha\wedge\mathrm{d}u+\mathrm{d}\beta\wedge\mathrm{d}v+\mathrm{d}\gamma\wedge\mathrm{d}w\\&=\left(\frac{\partial\gamma}{\partial v}-\frac{\partial\beta}{\partial w}\right)\mathrm{d}v\wedge\mathrm{d}w+\left(\frac{\partial\alpha}{\partial w}-\frac{\partial\gamma}{\partial u}\right)\mathrm{d}w\wedge\mathrm{d}u\\&\qquad+\left(\frac{\partial\beta}{\partial u}-\frac{\partial\alpha}{\partial v}\right)\mathrm{d}u\wedge\mathrm{d}v,\\\mathrm{d}\eta&=\mathrm{d}P\wedge\mathrm{d}v\wedge\mathrm{d}w+\mathrm{d}Q\wedge\mathrm{d}w\wedge\mathrm{d}u+\mathrm{d}R\wedge\mathrm{d}u\wedge\mathrm{d}v\\&=\left(\frac{\partial P}{\partial u}+\frac{\partial Q}{\partial v}+\frac{\partial R}{\partial w}\right)\mathrm{d}u\wedge\mathrm{d}v\wedge\mathrm{d}w.\end{aligned}$$

定理 2.1 外微分运算 d 遵循下面的运算法则:

(1) d 是线性算子, 即对于任意的外微分式 φ^1,φ^2, 有

$$\mathrm{d}(\varphi^1+\varphi^2)=\mathrm{d}\varphi^1+\mathrm{d}\varphi^2\qquad\mathrm{d}(c\cdot\varphi^1)=c\cdot\mathrm{d}\varphi^1,\quad\forall c\in\mathbb{R};$$

(2) $\mathrm{d}\circ\mathrm{d}=0$, 即对于任意一个外微分式 φ, 有

$$\mathrm{d}(\mathrm{d}\varphi)=0;\tag{2.20}$$

(3) 若 φ 是 r 次外微分式, 则对于任意一个外微分式 ψ, 有

$$\mathrm{d}(\varphi\wedge\psi)=\mathrm{d}\varphi\wedge\psi+(-1)^r\varphi\wedge\mathrm{d}\psi. \tag{2.21}$$

证明 (1) 是明显的.

(2) 设外微分式 φ 由 (2.18) 式给出, 则根据外微分 d 的定义得到

$$\mathrm{d}\varphi=\frac{1}{r!}\frac{\partial\varphi_{i_1\cdots i_r}}{\partial u^j}\mathrm{d}u^j\wedge\mathrm{d}u^{i_1}\wedge\cdots\wedge\mathrm{d}u^{i_r},$$

再求一次外微分得到

$$\begin{aligned}\mathrm{d}(\mathrm{d}\varphi)&=\frac{1}{r!}\frac{\partial^2\varphi_{i_1\cdots i_r}}{\partial u^k\partial u^j}\mathrm{d}u^k\wedge\mathrm{d}u^j\wedge\mathrm{d}u^{i_1}\wedge\cdots\wedge\mathrm{d}u^{i_r}\\&=\frac{1}{r!}\cdot\frac{1}{2}\left(\frac{\partial^2\varphi_{i_1\cdots i_r}}{\partial u^k\partial u^j}\mathrm{d}u^k\wedge\mathrm{d}u^j\wedge\mathrm{d}u^{i_1}\wedge\cdots\wedge\mathrm{d}u^{i_r}\right.\\&\qquad\left.+\frac{\partial^2\varphi_{i_1\cdots i_r}}{\partial u^j\partial u^k}\mathrm{d}u^j\wedge\mathrm{d}u^k\wedge\mathrm{d}u^{i_1}\wedge\cdots\wedge\mathrm{d}u^{i_r}\right)\\&=\frac{1}{r!}\cdot\frac{1}{2}\left(\frac{\partial^2\varphi_{i_1\cdots i_r}}{\partial u^k\partial u^j}-\frac{\partial^2\varphi_{i_1\cdots i_r}}{\partial u^j\partial u^k}\right)\mathrm{d}u^k\wedge\mathrm{d}u^j\wedge\mathrm{d}u^{i_1}\wedge\cdots\wedge\mathrm{d}u^{i_r}\\&=0.\end{aligned}$$

最后一个等号成立的原因是系数 $\varphi_{i_1\cdots i_r}$ 都是连续可微函数, 因而

$$\frac{\partial^2\varphi_{i_1\cdots i_r}}{\partial u^k\partial u^j}=\frac{\partial^2\varphi_{i_1\cdots i_r}}{\partial u^j\partial u^k}.$$

(3) 由于外微分 d 是线性算子, 所以只要假定 φ 和 ψ 都是单项外微分式

$$\varphi=a\mathrm{d}u^{i_1}\wedge\cdots\wedge\mathrm{d}u^{i_r},\quad \psi=b\mathrm{d}u^{j_1}\wedge\cdots\wedge\mathrm{d}u^{j_s},$$

于是利用外积的反交换性得到

$$\begin{aligned}\mathrm{d}(\varphi\wedge\psi)&=\mathrm{d}(ab\mathrm{d}u^{i_1}\wedge\cdots\wedge\mathrm{d}u^{i_r}\wedge\mathrm{d}u^{j_1}\wedge\cdots\wedge\mathrm{d}u^{j_s})\\&=\mathrm{d}(ab)\wedge\mathrm{d}u^{i_1}\wedge\cdots\wedge\mathrm{d}u^{i_r}\wedge\mathrm{d}u^{j_1}\wedge\cdots\wedge\mathrm{d}u^{j_s}\end{aligned}$$

$$
\begin{aligned}
&= (a\mathrm{d}b + b\mathrm{d}a) \wedge \mathrm{d}u^{i_1} \wedge \cdots \wedge \mathrm{d}u^{i_r} \wedge \mathrm{d}u^{j_1} \wedge \cdots \wedge \mathrm{d}u^{j_s} \\
&= (\mathrm{d}a \wedge \mathrm{d}u^{i_1} \wedge \cdots \wedge \mathrm{d}u^{i_r}) \wedge (b\mathrm{d}u^{j_1} \wedge \cdots \wedge \mathrm{d}u^{j_s}) \\
&\quad + (-1)^r (a\mathrm{d}u^{i_1} \wedge \cdots \wedge \mathrm{d}u^{i_r}) \wedge (\mathrm{d}b \wedge \mathrm{d}u^{j_1} \wedge \cdots \wedge \mathrm{d}u^{j_s}) \\
&= \mathrm{d}\varphi \wedge \psi + (-1)^r \varphi \wedge \mathrm{d}\psi.
\end{aligned}
$$

证毕.

关于运算法则 (3) 有两个特殊情形需要特别强调一下. 若 f 是定义在区域 D 上的零次外微分式, 即 f 是定义在区域 D 上的连续可微函数, 则由 (3) 得到

$$\mathrm{d}(f\psi) = \mathrm{d}f \wedge \psi + f\mathrm{d}\psi. \tag{2.22}$$

若 φ 是定义在区域 D 上的 1 次外微分式, 则

$$\mathrm{d}(\varphi \wedge \psi) = \mathrm{d}\varphi \wedge \psi - \varphi \wedge \mathrm{d}\psi. \tag{2.23}$$

例 4 在欧氏空间 E^3 中的笛卡儿直角坐标系下, 试将向量场的场论公式和外微分式的两次外微分为零的性质相对照.

解 设 (u, v, w) 是欧氏空间 E^3 中的笛卡儿直角坐标系, $\boldsymbol{\omega} = (\alpha, \beta, \gamma)$ 和 $\boldsymbol{\eta} = (P, Q, R)$ 是定义在区域 D 上的连续可微的向量场, 那么

$$
\begin{aligned}
\mathrm{rot}(\alpha, \beta, \gamma) &= \left(\frac{\partial \gamma}{\partial v} - \frac{\partial \beta}{\partial w}, \frac{\partial \alpha}{\partial w} - \frac{\partial \gamma}{\partial u}, \frac{\partial \beta}{\partial u} - \frac{\partial \alpha}{\partial v} \right), \\
\mathrm{div}(P, Q, R) &= \frac{\partial P}{\partial u} + \frac{\partial Q}{\partial v} + \frac{\partial R}{\partial w}.
\end{aligned}
$$

场论中有著名的公式

$$\mathrm{div} \circ \mathrm{rot} = 0,$$

用到向量场 $\boldsymbol{\omega} = (\alpha, \beta, \gamma)$ 上则是

$$
\begin{aligned}
&\mathrm{div}(\mathrm{rot}(\alpha, \beta, \gamma)) \\
&\quad = \mathrm{div} \left(\frac{\partial \gamma}{\partial v} - \frac{\partial \beta}{\partial w}, \frac{\partial \alpha}{\partial w} - \frac{\partial \gamma}{\partial u}, \frac{\partial \beta}{\partial u} - \frac{\partial \alpha}{\partial v} \right) \\
&\quad = \frac{\partial}{\partial u} \left(\frac{\partial \gamma}{\partial v} - \frac{\partial \beta}{\partial w} \right) + \frac{\partial}{\partial v} \left(\frac{\partial \alpha}{\partial w} - \frac{\partial \gamma}{\partial u} \right) + \frac{\partial}{\partial w} \left(\frac{\partial \beta}{\partial u} - \frac{\partial \alpha}{\partial v} \right) = 0.
\end{aligned}
$$

把 $\boldsymbol{\omega}=(\alpha,\beta,\gamma)$ 对应于 1 次外微分式

$$\tilde{\omega}=\alpha\mathrm{d}u+\beta\mathrm{d}v+\gamma\mathrm{d}w,$$

把 $\boldsymbol{\eta}=(P,Q,R)$ 对应于 2 次外微分式

$$\tilde{\eta}=P\mathrm{d}v\wedge\mathrm{d}w+Q\mathrm{d}w\wedge\mathrm{d}u+R\mathrm{d}u\wedge\mathrm{d}v,$$

那么向量场 $\boldsymbol{\omega}=(\alpha,\beta,\gamma)$ 的旋量对应于 1 次外微分式 $\tilde{\omega}$ 的外微分:

$$\begin{aligned}\mathrm{d}\tilde{\omega}=&\left(\frac{\partial\gamma}{\partial v}-\frac{\partial\beta}{\partial w}\right)\mathrm{d}v\wedge\mathrm{d}w+\left(\frac{\partial\alpha}{\partial w}-\frac{\partial\gamma}{\partial u}\right)\mathrm{d}w\wedge\mathrm{d}u\\&+\left(\frac{\partial\beta}{\partial u}-\frac{\partial\alpha}{\partial v}\right)\mathrm{d}u\wedge\mathrm{d}v,\end{aligned}$$

同时, $\boldsymbol{\eta}=(P,Q,R)$ 的散度对应于 2 次外微分式 $\tilde{\eta}$ 的外微分:

$$\mathrm{d}\tilde{\eta}=\left(\frac{\partial P}{\partial u}+\frac{\partial Q}{\partial v}+\frac{\partial R}{\partial w}\right)\mathrm{d}u\wedge\mathrm{d}v\wedge\mathrm{d}w.$$

由此可见, 场论公式 $\mathrm{div}\circ\mathrm{rot}\,\boldsymbol{\omega}=0$ 对应于 $\mathrm{d}(\mathrm{d}\tilde{\omega})=0$, 即

$$\begin{aligned}\mathrm{d}(\mathrm{d}\tilde{\omega})=&\left[\frac{\partial}{\partial u}\left(\frac{\partial\gamma}{\partial v}-\frac{\partial\beta}{\partial w}\right)+\frac{\partial}{\partial v}\left(\frac{\partial\alpha}{\partial w}-\frac{\partial\gamma}{\partial u}\right)\right.\\&\left.+\frac{\partial}{\partial w}\left(\frac{\partial\beta}{\partial u}-\frac{\partial\alpha}{\partial v}\right)\right]\mathrm{d}u\wedge\mathrm{d}v\wedge\mathrm{d}w=0.\end{aligned}$$

但是, 对于后一个公式, 并不需要假定 (u,v,w) 是欧氏空间 E^3 中的笛卡儿直角坐标系, 只要假定 (u,v,w) 是欧氏空间 E^3 中的任意的曲纹坐标系就行了, 而且该公式对于任意维数的空间内任意次外微分式都成立, 因此有更广泛的意义.

外微分运算还有一个更重要的性质, 也就是外微分 d 与外微分式的参数表示的方式无关, 这称为 "外微分 d 的形式不变性", 是微积分学中 "一次微分的形式不变性" 的推广. 确切地说, 我们有下面的定理.

定理 2.2 设 φ 是定义在 n 维区域 D 上的一个 r 次外微分式, 它在曲纹坐标系 $(u^1,\cdots,u^n)$ 下的表示是

$$\varphi=\frac{1}{r!}\varphi_{i_1\cdots i_r}(u^1,\cdots,u^n)\mathrm{d}u^{i_1}\wedge\cdots\wedge\mathrm{d}u^{i_r},$$

在另一个曲纹坐标系 $(\tilde{u}^1,\cdots,\tilde{u}^n)$ 下的表示是

$$\varphi=\frac{1}{r!}\tilde{\varphi}_{i_1\cdots i_r}(\tilde{u}^1,\cdots,\tilde{u}^n)\mathrm{d}\tilde{u}^{i_1}\wedge\cdots\wedge\mathrm{d}\tilde{u}^{i_r},$$

其中假定 $\varphi_{i_1\cdots i_r}$ 和 $\tilde{\varphi}_{i_1\cdots i_r}$ 对下指标都是反对称的, 则有

$$\mathrm{d}\varphi_{i_1\cdots i_r}\wedge\mathrm{d}u^{i_1}\wedge\cdots\wedge\mathrm{d}u^{i_r}=\mathrm{d}\tilde{\varphi}_{i_1\cdots i_r}\wedge\mathrm{d}\tilde{u}^{i_1}\wedge\cdots\wedge\mathrm{d}\tilde{u}^{i_r}.\tag{2.24}$$

证明 由于不同的曲纹坐标系之间有容许的坐标变换, 设为

$$\tilde{u}^i=\tilde{u}^i(u^1,\cdots,u^n),\quad 1\leqslant i\leqslant n,$$

故

$$\mathrm{d}\tilde{u}^i=\frac{\partial\tilde{u}^i}{\partial u^j}\cdot\mathrm{d}u^j.\tag{2.25}$$

因此

$$\begin{aligned}&\varphi_{i_1\cdots i_r}(u^1,\cdots,u^n)\mathrm{d}u^{i_1}\wedge\cdots\wedge\mathrm{d}u^{i_r}\\&\quad=\tilde{\varphi}_{j_1\cdots j_r}(\tilde{u}^1,\cdots,\tilde{u}^n)\mathrm{d}\tilde{u}^{j_1}\wedge\cdots\wedge\mathrm{d}\tilde{u}^{j_r}\\&\quad=\tilde{\varphi}_{j_1\cdots j_r}(\tilde{u}^1,\cdots,\tilde{u}^n)\frac{\partial\tilde{u}^{j_1}}{\partial u^{i_1}}\cdots\frac{\partial\tilde{u}^{j_r}}{\partial u^{i_r}}\mathrm{d}u^{i_1}\wedge\cdots\wedge\mathrm{d}u^{i_r}.\end{aligned}$$

很明显, $\tilde{\varphi}_{j_1\cdots j_r}\dfrac{\partial\tilde{u}^{j_1}}{\partial u^{i_1}}\cdots\dfrac{\partial\tilde{u}^{j_r}}{\partial u^{i_r}}$ 对于下指标 $i_1,\cdots,i_r$ 仍然是反对称的, 因此比较上式的前后两端的系数得到

$$\varphi_{i_1\cdots i_r}=\tilde{\varphi}_{j_1\cdots j_r}\frac{\partial\tilde{u}^{j_1}}{\partial u^{i_1}}\cdots\frac{\partial\tilde{u}^{j_r}}{\partial u^{i_r}}.\tag{2.26}$$

对 (2.26) 式求微分得到

$$\begin{aligned}\mathrm{d}\varphi_{i_1\cdots i_r}=&\ \frac{\partial}{\partial u^k}\left(\tilde{\varphi}_{j_1\cdots j_r}\frac{\partial\tilde{u}^{j_1}}{\partial u^{i_1}}\cdots\frac{\partial\tilde{u}^{j_r}}{\partial u^{i_r}}\right)\mathrm{d}u^k\\=&\left(\frac{\partial\tilde{\varphi}_{j_1\cdots j_r}}{\partial\tilde{u}^l}\frac{\partial\tilde{u}^l}{\partial u^k}\frac{\partial\tilde{u}^{j_1}}{\partial u^{i_1}}\cdots\frac{\partial\tilde{u}^{j_r}}{\partial u^{i_r}}+\tilde{\varphi}_{j_1\cdots j_r}\frac{\partial^2\tilde{u}^{j_1}}{\partial u^k\partial u^{i_1}}\cdots\frac{\partial\tilde{u}^{j_r}}{\partial u^{i_r}}\right.\\&\left.+\cdots+\tilde{\varphi}_{j_1\cdots j_r}\frac{\partial\tilde{u}^{j_1}}{\partial u^{i_1}}\cdots\frac{\partial^2\tilde{u}^{j_r}}{\partial u^k\partial u^{i_r}}\right)\mathrm{d}u^k,\end{aligned}$$

所以

$$\begin{aligned}
&\mathrm{d}\varphi_{i_1\cdots i_r}\wedge \mathrm{d}u^{i_1}\wedge\cdots\wedge \mathrm{d}u^{i_r}\\
&=\left(\frac{\partial\tilde{\varphi}_{j_1\cdots j_r}}{\partial\tilde{u}^l}\frac{\partial\tilde{u}^l}{\partial u^k}\frac{\partial\tilde{u}^{j_1}}{\partial u^{i_1}}\cdots\frac{\partial\tilde{u}^{j_r}}{\partial u^{i_r}}+\tilde{\varphi}_{j_1\cdots j_r}\frac{\partial^2\tilde{u}^{j_1}}{\partial u^k\partial u^{i_1}}\cdots\frac{\partial\tilde{u}^{j_r}}{\partial u^{i_r}}\right.\\
&\qquad\left.+\cdots+\tilde{\varphi}_{j_1\cdots j_r}\frac{\partial\tilde{u}^{j_1}}{\partial u^{i_1}}\cdots\frac{\partial^2\tilde{u}^{j_r}}{\partial u^k\partial u^{i_r}}\right)\mathrm{d}u^k\wedge\mathrm{d}u^{i_1}\wedge\cdots\wedge\mathrm{d}u^{i_r}\\
&=\frac{\partial\tilde{\varphi}_{j_1\cdots j_r}}{\partial\tilde{u}^l}\frac{\partial\tilde{u}^l}{\partial u^k}\frac{\partial\tilde{u}^{j_1}}{\partial u^{i_1}}\cdots\frac{\partial\tilde{u}^{j_r}}{\partial u^{i_r}}\mathrm{d}u^k\wedge\mathrm{d}u^{i_1}\wedge\cdots\wedge\mathrm{d}u^{i_r}\\
&=\frac{\partial\tilde{\varphi}_{j_1\cdots j_r}}{\partial\tilde{u}^l}\mathrm{d}\tilde{u}^l\wedge\mathrm{d}\tilde{u}^{j_1}\wedge\cdots\wedge\mathrm{d}\tilde{u}^{j_r}\\
&=\mathrm{d}\tilde{\varphi}_{j_1\cdots j_r}\wedge\mathrm{d}\tilde{u}^{j_1}\wedge\cdots\wedge\mathrm{d}\tilde{u}^{j_r}.
\end{aligned}$$

在这里, 第二个等号成立的理由是除了第 1 项以外, 其余各项全部为零, 例如

$$\begin{aligned}
&\frac{\partial^2\tilde{u}^{j_1}}{\partial u^k\partial u^{i_1}}\cdots\frac{\partial\tilde{u}^{j_r}}{\partial u^{i_r}}\mathrm{d}u^k\wedge\mathrm{d}u^{i_1}\wedge\cdots\wedge\mathrm{d}u^{i_r}\\
&\quad=\frac{1}{2}\left(\frac{\partial^2\tilde{u}^{j_1}}{\partial u^k\partial u^{i_1}}-\frac{\partial^2\tilde{u}^{j_1}}{\partial u^{i_1}\partial u^k}\right)\cdots\frac{\partial\tilde{u}^{j_r}}{\partial u^{i_r}}\mathrm{d}u^k\wedge\mathrm{d}u^{i_1}\wedge\cdots\wedge\mathrm{d}u^{i_r}\\
&\quad=0
\end{aligned}$$

(参看定理 2.1(2) 的证明). 证毕.

根据定理 2.2, 外微分实际上是定义在整个正则曲面 S 上的算子, 或者更一般地, 外微分是定义在光滑流形上的算子. 因为在这种空间每一点的邻域内有局部坐标系, 而在不同的局部坐标系之间有容许的坐标变换, 但是外微分算子与局部坐标系的选取无关, 所以它是在整个空间上定义好的算子. 这就是说, 给定一个定义在光滑流形 M 上的一个 r 次外微分式, 尽管在不同的局部坐标系下, 外微分式有不同的表达式, 但是它们的外微分仍旧是同一个外微分式在相应的局部坐标系下的表达式. 因此, 外微分运算把定义在整个流形 M 上的一个 r 次外微分式变成定义在整个流形 M 上的一个确定的 $r+1$ 次外微分式.

定理 2.2 还可以作一些推广, 这在以后十分有用. 设有另一个 m 维区域 $\tilde{D}$, 曲纹坐标系是 $(\tilde{u}^1,\cdots,\tilde{u}^m)$, 并且 $\sigma: D\to\tilde{D}$ 是一个连续可

微映射, 表示为

$$\tilde{u}^\alpha = \tilde{u}^\alpha(u^1, \cdots, u^n), \quad \alpha = 1, \cdots, m. \tag{2.27}$$

映射 σ 诱导出一个映射 σ^*, 它把定义在区域 $\tilde{D}$ 上的 r 次外微分式变为区域 D 上的 r 次外微分式. 例如, 设

$$\tilde{\varphi} = \frac{1}{r!} \sum_{1 \leqslant \alpha_1, \cdots, \alpha_r \leqslant m} \tilde{\varphi}_{\alpha_1 \cdots \alpha_r}(\tilde{u}^1, \cdots, \tilde{u}^m) \mathrm{d}\tilde{u}^{\alpha_1} \wedge \cdots \wedge \mathrm{d}\tilde{u}^{\alpha_r}, \tag{2.28}$$

则 $\sigma^* \tilde{\varphi}$ 是区域 D 上的 r 次外微分式, 它是用 (2.27) 式代入 (2.28) 式所得到的结果, 即

$$\begin{aligned} \sigma^* \tilde{\varphi} = & \frac{1}{r!} \tilde{\varphi}_{\alpha_1 \cdots \alpha_r}(\tilde{u}^1(u^1, \cdots, u^n), \cdots, \tilde{u}^m(u^1, \cdots, u^n)) \\ & \cdot \frac{\partial \tilde{u}^{\alpha_1}}{\partial u^{i_1}} \cdots \frac{\partial \tilde{u}^{\alpha_r}}{\partial u^{i_r}} \mathrm{d}u^{i_1} \wedge \cdots \wedge \mathrm{d}u^{i_r}, \end{aligned} \tag{2.29}$$

其中指标 $\alpha_1, \cdots, \alpha_r$ 的取值范围从 1 到 m, 指标 $i_1, \cdots, i_r$ 的取值范围从 1 到 n, 并且上式使用了 Einstein 和式约定. 通常, 我们把 $\sigma^* \tilde{\varphi}$ 称为区域 $\tilde{D}$ 上的 r 次外微分式 $\tilde{\varphi}$ 通过映射 σ 在区域 D 上的拉回.

定理 2.3 设 $\sigma : \tilde{D} \to D$ 是连续可微映射, 则对区域 $\tilde{D}$ 上任意的外微分式 $\tilde{\varphi}, \tilde{\psi}$ 有下面的等式:

(1) $\sigma^*(\varphi + \psi) = \sigma^* \varphi + \sigma^* \psi$;

(2) $\sigma^*(\varphi \wedge \psi) = \sigma^* \varphi \wedge \sigma^* \psi$;

(3) $\sigma^*(\mathrm{d}\varphi) = \mathrm{d}(\sigma^* \varphi)$.

证明 性质 (1) 和 (2) 可以从映射 σ^* 的定义直接得到. 性质 (3) 的证明在实际上和定理 2.2 的证明是一样的. 实际上, 定理 2.2 是定理 2.3(3) 的特殊情形. 证毕.

把微积分学中的重积分的被积表达式写成外微分式是更加自然的, 因为此时积分的变量替换公式可以通过直接计算得到. 例如, 考虑二维区域上的重积分 $\iint_D f(x, y) \mathrm{d}x \mathrm{d}y$, 其中的 $\mathrm{d}x \mathrm{d}y$ 应该换成 $\mathrm{d}x \wedge \mathrm{d}y$. 如果有变量替换

$$x = x(u, v), \quad y = y(u, v), \quad (u, v) \in \tilde{D},$$

则

$$\mathrm{d}x \wedge \mathrm{d}y = \begin{vmatrix} \dfrac{\partial x}{\partial u} & \dfrac{\partial x}{\partial v} \\ \dfrac{\partial y}{\partial u} & \dfrac{\partial y}{\partial v} \end{vmatrix} \mathrm{d}u \wedge \mathrm{d}v = \frac{\partial(x,y)}{\partial(u,v)} \mathrm{d}u \wedge \mathrm{d}v,$$

所以

$$\begin{aligned} &\iint_D f(x,y)\mathrm{d}x \wedge \mathrm{d}y \\ &\quad = \iint_{\tilde{D}} f(x(u,v),y(u,v)) \cdot \frac{\partial(x,y)}{\partial(u,v)} \mathrm{d}u \wedge \mathrm{d}v, \end{aligned}$$

这正好是二重积分的变量替换公式. 三重积分的情况是一样的.

采用外微分的语言, 积分的 Green 公式、Stokes 公式和 Gauss 公式可以统一地表述如下: 设 G 是 n 维欧氏空间 E^n 中的一个 r 维有向曲面上的一个区域, ∂G 是 G 的边界, 具有从 G 诱导的定向, ω 是定义在 G 上的 $r-1$ 次外微分式, 则有

$$\int_{\partial G} \omega = \int_G \mathrm{d}\omega. \tag{2.30}$$

上式统称为 **Stokes 公式**, 证明可以查看参考文献 [3] 或 [2].

例 5 试在二维或三维欧氏空间中, 把 Stokes 公式 (2.30) 具体地表述成经典的积分公式.

解 (1) 设 $n=r=2$, 命

$$\omega = P(x,y)\mathrm{d}x + Q(x,y)\mathrm{d}y,$$

则

$$\mathrm{d}\omega = \left(\frac{\partial Q}{\partial x} - \frac{\partial P}{\partial y}\right) \mathrm{d}x \wedge \mathrm{d}y.$$

公式 (2.30) 就是

$$\int_{\partial G} P\mathrm{d}x + Q\mathrm{d}y = \iint_G \left(\frac{\partial Q}{\partial x} - \frac{\partial P}{\partial y}\right) \mathrm{d}x \wedge \mathrm{d}y,$$

这正是经典的 Green 公式.

(2) 设 $n=3, r=2$, 命

$$\omega = P\mathrm{d}x + Q\mathrm{d}y + R\mathrm{d}z,$$

则

$$\begin{aligned}\mathrm{d}\omega = &\left(\frac{\partial R}{\partial y} - \frac{\partial Q}{\partial z}\right)\mathrm{d}y \wedge \mathrm{d}z + \left(\frac{\partial P}{\partial z} - \frac{\partial R}{\partial x}\right)\mathrm{d}z \wedge \mathrm{d}x \\ &+ \left(\frac{\partial Q}{\partial x} - \frac{\partial P}{\partial y}\right)\mathrm{d}x \wedge \mathrm{d}y,\end{aligned}$$

公式 (2.30) 成为

$$\begin{aligned}&\int_{\partial G} P\mathrm{d}x + Q\mathrm{d}y + R\mathrm{d}z \\ &\quad = \iint_G \left(\frac{\partial R}{\partial y} - \frac{\partial Q}{\partial z}\right)\mathrm{d}y \wedge \mathrm{d}z + \left(\frac{\partial P}{\partial z} - \frac{\partial R}{\partial x}\right)\mathrm{d}z \wedge \mathrm{d}x \\ &\qquad + \left(\frac{\partial Q}{\partial x} - \frac{\partial P}{\partial y}\right)\mathrm{d}x \wedge \mathrm{d}y,\end{aligned}$$

这正是经典的 Stokes 公式.

(3) 设 $n=r=3$, 则得 Gauss 公式

$$\begin{aligned}&\iint_{\partial G} P\mathrm{d}y \wedge \mathrm{d}z + Q\mathrm{d}z \wedge \mathrm{d}x + R\mathrm{d}x \wedge \mathrm{d}y \\ &\qquad = \iiint_G \left(\frac{\partial P}{\partial x} + \frac{\partial Q}{\partial y} + \frac{\partial R}{\partial z}\right)\mathrm{d}x \wedge \mathrm{d}y \wedge \mathrm{d}z.\end{aligned}$$

习 题 7.2

1. 设 $\varphi = yz\mathrm{d}x + \mathrm{d}z, \psi = \sin z\mathrm{d}x + \cos z\mathrm{d}y, \eta = \mathrm{d}y + z\mathrm{d}z$, 计算:

(1) $\varphi \wedge \psi, \psi \wedge \eta, \eta \wedge \varphi$;

(2) $\mathrm{d}\varphi, \mathrm{d}\psi, \mathrm{d}\eta$.

2. 设 f, g 是两个光滑函数, 利用外微分的运算法则将下列各式化简:

(1) $\mathrm{d}(f\mathrm{d}g + g\mathrm{d}f)$;

(2) $\mathrm{d}((f-g)(\mathrm{d}f+\mathrm{d}g))$;

(3) $\mathrm{d}((f\mathrm{d}g)\wedge(g\mathrm{d}f))$;

(4) $\mathrm{d}(g\mathrm{d}f)+\mathrm{d}(f\mathrm{d}g)$.

3. 假定 x, y, z 是 u, v, w 的光滑函数, 证明:

$$\mathrm{d}x\wedge\mathrm{d}y\wedge\mathrm{d}z=\frac{\partial(x,y,z)}{\partial(u,v,w)}\mathrm{d}u\wedge\mathrm{d}v\wedge\mathrm{d}w.$$

4. 设

$$\varphi=\frac{1}{r!}\varphi_{i_1\cdots i_r}\mathrm{d}u^{i_1}\wedge\cdots\wedge\mathrm{d}u^{i_r},$$
$$\mathrm{d}\varphi=\frac{1}{(r+1)!}\alpha_{i_1\cdots i_{r+1}}\mathrm{d}u^{i_1}\wedge\cdots\wedge\mathrm{d}u^{i_{r+1}},$$

其中系数函数 $\varphi_{i_1\cdots i_r}, \alpha_{i_1\cdots i_{r+1}}$ 关于下指标都是反对称的. 证明:

$$\alpha_{i_1\cdots i_{r+1}}=\sum_{\beta=1}^{r+1}(-1)^{\beta+1}\frac{\partial\varphi_{i_1\cdots\hat{i}_\beta\cdots i_{r+1}}}{\partial u^{i_\beta}}.$$

在这里, 记号“ ”表示去掉在它下方的指标字母.

5. 设 (r,φ,θ) 是 E^3 中的球坐标系, 即

$$x=r\cos\theta\cos\varphi,\quad y=r\cos\theta\sin\varphi,\quad z=r\sin\theta.$$

(1) 求相应的自然标架场;

(2) 将 $\mathrm{d}x\wedge\mathrm{d}y+\mathrm{d}y\wedge\mathrm{d}z+\mathrm{d}z\wedge\mathrm{d}x, \mathrm{d}x\wedge\mathrm{d}y\wedge\mathrm{d}z$ 用球坐标系表示出来.

6. 设 (r,θ,t) 是 E^3 中的柱坐标系, 即

$$x=r\cos\theta,\quad y=r\cos\theta,\quad z=t.$$

(1) 求相应的自然标架场;

(2) 将 $\mathrm{d}x\wedge\mathrm{d}y+\mathrm{d}y\wedge\mathrm{d}z+\mathrm{d}z\wedge\mathrm{d}x, \mathrm{d}x\wedge\mathrm{d}y\wedge\mathrm{d}z$ 用柱坐标系表示出来.

7. 设 D 是 uv 平面, 命映射 $\sigma : D \to E^3$ 定义如下:

$$x = \frac{2u}{1+u^2+v^2}, \quad y = \frac{2v}{1+u^2+v^2}, \quad z = \frac{1-u^2-v^2}{1+u^2+v^2}.$$

假定

$$\omega = x\mathrm{d}x + y\mathrm{d}y + z\mathrm{d}z,$$
$$\xi = x\mathrm{d}y \wedge \mathrm{d}z + y\mathrm{d}z \wedge \mathrm{d}x + z\mathrm{d}x \wedge \mathrm{d}y,$$

求: (1) $\sigma^*\omega$; (2) $\sigma^*\xi$; (3) $\sigma^*(\omega \wedge \xi)$; (4) $\sigma^*(\mathrm{d}\omega)$; (5) $\sigma^*(\mathrm{d}\xi)$.

§7.3 E^3 中的标架族

在第一章中, 我们已经讨论过由 E^3 中的标架的全体所组成的 12 维空间. 具体一点说, 就是在 E^3 中取定一个右手单位正交标架 $\{O; \boldsymbol{i}, \boldsymbol{j}, \boldsymbol{k}\}$, 那么在 E^3 中的任意一个右手标架 $\{p; \boldsymbol{e}_1, \boldsymbol{e}_2, \boldsymbol{e}_3\}$ 都可以表示成

$$\begin{pmatrix} \overrightarrow{Op} \\ \boldsymbol{e}_1 \\ \boldsymbol{e}_2 \\ \boldsymbol{e}_3 \end{pmatrix} = \begin{pmatrix} a_1 & a_2 & a_3 \\ a_{11} & a_{12} & a_{13} \\ a_{21} & a_{22} & a_{23} \\ a_{31} & a_{32} & a_{33} \end{pmatrix} \cdot \begin{pmatrix} \boldsymbol{i} \\ \boldsymbol{j} \\ \boldsymbol{k} \end{pmatrix}, \tag{3.1}$$

并且条件

$$\begin{vmatrix} a_{11} & a_{12} & a_{13} \\ a_{21} & a_{22} & a_{23} \\ a_{31} & a_{32} & a_{33} \end{vmatrix} > 0 \tag{3.2}$$

成立. 因此, E^3 中全体右手标架的集合 $\mathfrak{F}$ 是 $\mathbb{R}^{12}$ 中满足条件 (3.2) 的区域 D, 位于区域中的点的坐标就是

$$(a_1, a_2, a_3, a_{11}, a_{12}, \cdots, a_{33}).$$

如果 $\{p; \boldsymbol{e}_1, \boldsymbol{e}_2, \boldsymbol{e}_3\}$ 是右手单位正交标架, 则除了满足条件 (3.2) 外, 它还要满足方程

$$\boldsymbol{e}_i \cdot \boldsymbol{e}_j = \delta_{ij}, \quad 1 \leqslant i, j \leqslant 3, \tag{3.3}$$

即

$$\begin{pmatrix} a_{11} & a_{12} & a_{13} \\ a_{21} & a_{22} & a_{23} \\ a_{31} & a_{32} & a_{33} \end{pmatrix} \cdot \begin{pmatrix} a_{11} & a_{21} & a_{31} \\ a_{12} & a_{22} & a_{32} \\ a_{13} & a_{23} & a_{33} \end{pmatrix} = \begin{pmatrix} 1 & 0 & 0 \\ 0 & 1 & 0 \\ 0 & 0 & 1 \end{pmatrix}, \tag{3.4}$$

或者

$$\begin{aligned} &(a_{11})^2 + (a_{12})^2 + (a_{13})^2 = 1, \\ &(a_{21})^2 + (a_{22})^2 + (a_{23})^2 = 1, \\ &(a_{31})^2 + (a_{32})^2 + (a_{33})^2 = 1, \\ &a_{11}a_{21} + a_{12}a_{22} + a_{13}a_{23} = 0, \\ &a_{11}a_{31} + a_{12}a_{32} + a_{13}a_{33} = 0, \\ &a_{21}a_{31} + a_{22}a_{32} + a_{23}a_{33} = 0. \end{aligned} \tag{3.4'}$$

因此 E^3 中全体右手单位正交标架的集合 $\tilde{\mathfrak{F}}$ 是 $\mathbb{R}^{12}$ 中满足条件 (3.2) 和 (3.4) 的一张 6 维 (代数) 曲面.

现在我们来考察标架 $\{p; \boldsymbol{e}_1, \boldsymbol{e}_2, \boldsymbol{e}_3\}$ 的无穷小位移, 也就是标架原点 p 和标架向量 $\boldsymbol{e}_1, \boldsymbol{e}_2, \boldsymbol{e}_3$ 的微分. 由 (3.1) 式得到

$$\begin{pmatrix} \mathrm{d}(\overrightarrow{Op}) \\ \mathrm{d}\boldsymbol{e}_1 \\ \mathrm{d}\boldsymbol{e}_2 \\ \mathrm{d}\boldsymbol{e}_3 \end{pmatrix} = \begin{pmatrix} \mathrm{d}a_1 & \mathrm{d}a_2 & \mathrm{d}a_3 \\ \mathrm{d}a_{11} & \mathrm{d}a_{12} & \mathrm{d}a_{13} \\ \mathrm{d}a_{21} & \mathrm{d}a_{22} & \mathrm{d}a_{23} \\ \mathrm{d}a_{31} & \mathrm{d}a_{32} & \mathrm{d}a_{33} \end{pmatrix} \cdot \begin{pmatrix} \boldsymbol{i} \\ \boldsymbol{j} \\ \boldsymbol{k} \end{pmatrix}. \tag{3.5}$$

但是 $\{\boldsymbol{e}_1, \boldsymbol{e}_2, \boldsymbol{e}_3\}$ 是线性无关的, 因此基底 $\{\boldsymbol{i}, \boldsymbol{j}, \boldsymbol{k}\}$ 反过来可以用 $\{\boldsymbol{e}_1, \boldsymbol{e}_2, \boldsymbol{e}_3\}$ 来表示, 即

$$\begin{pmatrix} \boldsymbol{i} \\ \boldsymbol{j} \\ \boldsymbol{k} \end{pmatrix} = \begin{pmatrix} b_{11} & b_{12} & b_{13} \\ b_{21} & b_{22} & b_{23} \\ b_{31} & b_{32} & b_{33} \end{pmatrix} \cdot \begin{pmatrix} \boldsymbol{e}_1 \\ \boldsymbol{e}_2 \\ \boldsymbol{e}_3 \end{pmatrix}, \tag{3.6}$$

其中系数矩阵

$$\begin{pmatrix} b_{11} & b_{12} & b_{13} \\ b_{21} & b_{22} & b_{23} \\ b_{31} & b_{32} & b_{33} \end{pmatrix} = \begin{pmatrix} a_{11} & a_{12} & a_{13} \\ a_{21} & a_{22} & a_{23} \\ a_{31} & a_{32} & a_{33} \end{pmatrix}^{-1}. \tag{3.7}$$

将 (3.6) 式代入 (3.5) 式得到

$$\begin{pmatrix} \mathrm{d}(\overrightarrow{Op}) \\ \mathrm{d}\boldsymbol{e}_1 \\ \mathrm{d}\boldsymbol{e}_2 \\ \mathrm{d}\boldsymbol{e}_3 \end{pmatrix} = \begin{pmatrix} \mathrm{d}a_1 & \mathrm{d}a_2 & \mathrm{d}a_3 \\ \mathrm{d}a_{11} & \mathrm{d}a_{12} & \mathrm{d}a_{13} \\ \mathrm{d}a_{21} & \mathrm{d}a_{22} & \mathrm{d}a_{23} \\ \mathrm{d}a_{31} & \mathrm{d}a_{32} & \mathrm{d}a_{33} \end{pmatrix} \begin{pmatrix} b_{11} & b_{12} & b_{13} \\ b_{21} & b_{22} & b_{23} \\ b_{31} & b_{32} & b_{33} \end{pmatrix} \begin{pmatrix} \boldsymbol{e}_1 \\ \boldsymbol{e}_2 \\ \boldsymbol{e}_3 \end{pmatrix},$$

展开以后得到

$$\begin{aligned} \mathrm{d}(\overrightarrow{Op}) &= \Omega^1\boldsymbol{e}_1 + \Omega^2\boldsymbol{e}_2 + \Omega^3\boldsymbol{e}_3, \\ \mathrm{d}\boldsymbol{e}_i &= \Omega_i^1\boldsymbol{e}_1 + \Omega_i^2\boldsymbol{e}_2 + \Omega_i^3\boldsymbol{e}_3, \end{aligned} \tag{3.8}$$

其中

$$\Omega^j = \sum_{k=1}^3 \mathrm{d}a_k \cdot b_{kj}, \quad \Omega_i^j = \sum_{k=1}^3 \mathrm{d}a_{ik} \cdot b_{kj}, \quad 1 \leqslant i, j \leqslant 3. \tag{3.9}$$

这里的 Ω^j, Ω_i^j 是区域 D 上的 12 个一次微分式, 称为欧氏空间 E^3 上的活动标架的**相对分量**. (3.8) 式称为欧氏空间 E^3 上的活动标架的运动公式.

上面的讨论对于欧氏空间 E^3 上的单位正交活动标架也是适用的, 只是现在要求矩阵 (a_{ij}) 是正交矩阵. 比较条件 (3.4) 和 (3.7) 得到

$$\begin{pmatrix} b_{11} & b_{12} & b_{13} \\ b_{21} & b_{22} & b_{23} \\ b_{31} & b_{32} & b_{33} \end{pmatrix} = \begin{pmatrix} a_{11} & a_{21} & a_{31} \\ a_{12} & a_{22} & a_{32} \\ a_{13} & a_{23} & a_{33} \end{pmatrix},$$

因此欧氏空间 E^3 上的单位正交活动标架的相对分量是

$$\Omega^j = \sum_{k=1}^3 a_{jk}\mathrm{d}a_k, \quad \Omega_i^j = \sum_{k=1}^3 a_{jk}\mathrm{d}a_{ik}, \quad 1 \leqslant i, j \leqslant 3. \tag{3.10}$$

另外, 从条件 (3.4′) 容易得知

$$\Omega_i^j = -\Omega_j^i, \quad 1 \leqslant i, j \leqslant 3, \tag{3.11}$$

因此欧氏空间 E^3 上的单位正交活动标架的相对分量在实质上只有 6 个, 它们是

$$\Omega^1,\quad \Omega^2,\quad \Omega^3,\quad \Omega_1^2=-\Omega_2^1,\quad \Omega_1^3=-\Omega_3^1,\quad \Omega_2^3=-\Omega_3^2.$$

这些一次微分式定义在 $\mathbb{R}^{12}$ 中的 6 维曲面 $\tilde{\mathfrak{F}}$ 上, 或者说成是 (3.9) 式中的一次微分式在条件 (3.4) 下的限制.

定理 3.1 欧氏空间 E^3 上的活动标架的相对分量 Ω^j,Ω_i^j 满足下列方程式:

$$\mathrm{d}\Omega^j=\sum_{k=1}^{3}\Omega^k\wedge\Omega_k^j,\quad \mathrm{d}\Omega_i^j=\sum_{k=1}^{3}\Omega_i^k\wedge\Omega_k^j. \tag{3.12}$$

这组方程称为欧氏空间 E^3 上的标架空间 $\mathfrak{F}$ 的**结构方程**.

证明 在 (3.1) 式中位置向量 $\overrightarrow{Op}$ 相当于函数 a_1,a_2,a_3, 而每一个标架向量 $\boldsymbol{e}_i$ 相当于函数 a_{i1},a_{i2},a_{i3}, 所以 $\overrightarrow{Op}$ 和 $\boldsymbol{e}_i$ 实际上是标架空间 $\mathfrak{F}$ 中的 12 个坐标函数. 根据外微分的性质 (2) 得到

$$\mathrm{d}(\mathrm{d}(\overrightarrow{Op}))=\mathbf{0},\quad \mathrm{d}(\mathrm{d}\boldsymbol{e}_i)=\mathbf{0}, \tag{3.13}$$

将 (3.8) 式代入得到

$$\begin{aligned}\mathbf{0}=\mathrm{d}(\mathrm{d}(\overrightarrow{Op}))&=\sum_{j=1}^{3}\mathrm{d}(\Omega^j\boldsymbol{e}_j)=\sum_{j=1}^{3}(\mathrm{d}\Omega^j\boldsymbol{e}_j-\Omega^j\wedge\mathrm{d}\boldsymbol{e}_j)\\&=\sum_{j=1}^{3}\left(\mathrm{d}\Omega^j-\sum_{k=1}^{3}\Omega^k\wedge\Omega_k^j\right)\boldsymbol{e}_j,\\ \mathbf{0}=\mathrm{d}(\mathrm{d}\boldsymbol{e}_i)&=\sum_{j=1}^{3}\mathrm{d}(\Omega_i^j\boldsymbol{e}_j)=\sum_{j=1}^{3}(\mathrm{d}\Omega_i^j\boldsymbol{e}_j-\Omega_i^j\wedge\mathrm{d}\boldsymbol{e}_j)\\&=\sum_{j=1}^{3}\left(\mathrm{d}\Omega_i^j-\sum_{k=1}^{3}\Omega_i^k\wedge\Omega_k^j\right)\boldsymbol{e}_j.\end{aligned}$$

因为 $\boldsymbol{e}_1,\boldsymbol{e}_2,\boldsymbol{e}_3$ 是线性无关的, 因此上式终端的系数必须为零. 证毕.

欧氏空间 E^3 上的单位正交标架空间 $\tilde{\mathfrak{F}}$ 有相同的结构方程 (3.13), 但是由于外微分式 Ω_i^j 关于指标有反对称性 (3.11), 故结构方程成为

$$\begin{aligned}
&\mathrm{d}\Omega^j = \sum_{k=1}^{3} \Omega^k \wedge \Omega_k^j, \\
&\mathrm{d}\Omega_1^2 = \Omega_1^3 \wedge \Omega_3^2 = -\Omega_1^3 \wedge \Omega_2^3, \\
&\mathrm{d}\Omega_1^3 = \Omega_1^2 \wedge \Omega_2^3, \\
&\mathrm{d}\Omega_2^3 = \Omega_2^1 \wedge \Omega_1^3 = \Omega_1^3 \wedge \Omega_1^2.
\end{aligned} \tag{3.14}$$

下面我们考虑欧氏空间 E^3 中依赖 r 个参数的标架族. 设变量 $(u^1, \cdots, u^r)$ 的定义域是空间 $\mathbb{R}^r$ 中的一个区域 $\tilde{D}$, 那么所谓的 E^3 中依赖 r 个参数的标架族是指从 r 维区域 $\tilde{D}$ 到标架空间 $\mathfrak{F}$ 中的一个连续可微映射 $\sigma : \tilde{D} \to \mathfrak{F}$, 即有 12 个连续可微函数

$$a_i = a_i(u^1, \cdots, u^r), \quad a_{ij} = a_{ij}(u^1, \cdots, u^r), \tag{3.15}$$

其中 $\det(a_{ij}(u^\alpha)) > 0$. 把 $u^1, \cdots, u^r$ 看作自变量, 将 (3.15) 式代入 (3.1) 式对 $\overrightarrow{Op}(u^1, \cdots, u^r)$ 和 $\boldsymbol{e}_i(u^1, \cdots, u^r)$ 求微分, 并且 $\boldsymbol{e}_j(u^1, \cdots, u^r)$, $j = 1, 2, 3$ 是线性无关的, 故有

$$\mathrm{d}(\overrightarrow{Op}) = \sum_{k=1}^{3} \omega^k \boldsymbol{e}_k, \quad \mathrm{d}\boldsymbol{e}_i = \sum_{k=1}^{3} \omega_i^k \boldsymbol{e}_k, \tag{3.16}$$

很明显,

$$\omega^k = \sigma^* \Omega^k, \quad \omega_i^k = \sigma^* \Omega_i^k, \tag{3.17}$$

它们是 r 维区域 $\tilde{D}$ 上的一次微分式, 称为 E^3 中依赖 r 个参数 $u^1, \cdots, u^r$ 的标架族的相对分量. (3.16) 式称为 E^3 中依赖 r 个参数 $u^1, \cdots, u^r$ 的标架族的运动公式.

如果考虑欧氏空间 E^3 中依赖 r 个参数的单位正交标架族, 则它是从 r 维区域 $\tilde{D}$ 到标架空间 $\tilde{\mathfrak{F}}$ 中的一个连续可微映射 $\sigma : \tilde{D} \to \tilde{\mathfrak{F}}$, 换言之, 这 12 个函数 $a_i(u^1, \cdots, u^r), a_{ij}(u^1, \cdots, u^r)$ 还要满足条件

$$\sum_{k=1}^{3} a_{ik}(u^1, \cdots, u^r) a_{jk}(u^1, \cdots, u^r) = \delta_{ij}. \tag{3.18}$$

相应地, 相对分量 ω^j, ω_i^j 满足关系式

$$\omega_i^j + \omega_j^i = 0. \tag{3.19}$$

定理 3.2 欧氏空间 E^3 中依赖 r 个参数 $u^1, \cdots, u^r$ 的任意一个标架族 $\{p(u^\alpha); \boldsymbol{e}_1(u^\alpha), \boldsymbol{e}_2(u^\alpha), \boldsymbol{e}_3(u^\alpha)\}$ 的相对分量 ω^j, ω_i^j 必定满足结构方程

$$\mathrm{d}\omega^j = \sum_{k=1}^3 \omega^k \wedge \omega_k^j, \qquad \mathrm{d}\omega_i^j = \sum_{k=1}^3 \omega_i^k \wedge \omega_k^j. \tag{3.20}$$

证明 根据定理 2.3, 从 (3.17) 式得到

$$\begin{aligned}\mathrm{d}\omega^j &= \mathrm{d}(\sigma^*\Omega^j) = \sigma^*\mathrm{d}\Omega^j = \sigma^*\left(\sum_{k=1}^3 \Omega^k \wedge \Omega_k^j\right)\\ &= \sum_{k=1}^3 \sigma^*\Omega^k \wedge \sigma^*\Omega_k^j = \sum_{k=1}^3 \omega^k \wedge \omega_k^j.\\ \mathrm{d}\omega_i^j &= \mathrm{d}(\sigma^*\Omega_i^j) = \sigma^*\mathrm{d}\Omega_i^j = \sigma^*\left(\sum_{k=1}^3 \Omega_i^k \wedge \Omega_k^j\right)\\ &= \sum_{k=1}^3 \sigma^*\Omega_i^k \wedge \sigma^*\Omega_k^j = \sum_{k=1}^3 \omega_i^k \wedge \omega_k^j.\end{aligned}$$

证毕.

结构方程的重要性在于上述定理的逆定理成立, 即结构方程成立是使标架族存在、且以给定的一组一次微分式 ω^j, $\omega_i^j, 1 \leqslant i, j \leqslant 3$ 为其相对分量的充分条件. 具体地说, 我们有下面的定理:

定理 3.3 任意给定 12 个依赖自变量 $(u^1, \cdots, u^r) \in \tilde{D} \subset \mathbb{R}^r$ 的一次微分式 ω^j, ω_i^j, $1 \leqslant i, j \leqslant 3$, 如果它们满足结构方程

$$\mathrm{d}\omega^j = \sum_{k=1}^3 \omega^k \wedge \omega_k^j, \quad \mathrm{d}\omega_i^j = \sum_{k=1}^3 \omega_i^k \wedge \omega_k^j,$$

则在欧氏空间 E^3 中有依赖 r 个参数 $u^1, \cdots, u^r$ 的右手标架族 $\{p(u^\alpha); \boldsymbol{e}_1(u^\alpha), \boldsymbol{e}_2(u^\alpha), \boldsymbol{e}_3(u^\alpha)\}$ 以 ω^j, ω_i^j 为它的相对分量.

定理 3.3′ 任意给定 6 个依赖自变量 $(u^1,\cdots,u^r)\in\tilde{D}\subset\mathbb{R}^r$ 的一次微分式

$$\omega^1,\quad \omega^2,\quad \omega^3,\quad \omega_1^2=-\omega_2^1,\quad \omega_1^3=-\omega_3^1,\quad \omega_2^3=-\omega_3^2,$$

如果它们满足结构方程

$$\mathrm{d}\omega^j=\sum_{k=1}^3\omega^k\wedge\omega_k^j,\quad \mathrm{d}\omega_i^j=\sum_{k=1}^3\omega_i^k\wedge\omega_k^j,$$

则在欧氏空间 E^3 中存在依赖 r 个参数 $u^1,\cdots,u^r$ 的右手单位正交标架族 $\{p(u^\alpha);\ \boldsymbol{e}_1(u^\alpha),\boldsymbol{e}_2(u^\alpha),\boldsymbol{e}_3(u^\alpha)\}$ 以 ω^j,ω_i^j 为它的相对分量, 并且任意两个这样的右手单位正交标架族可以通过空间 E^3 的一个刚体运动彼此重合.

定理 3.3 和定理 3.3′ 的证明, 实际上要化为在第五章证明曲面存在定理时用到的一阶线性齐次偏微分方程组的求解问题, 而结构方程相当于这组偏微分方程组的完全可积条件. 详细的证明参看附录 §1 的定理 1.5.

例 1 设 p 是 E^3 中的一个固定点, 以 p 为原点的全体右手标架构成依赖 9 个参数的标架族, 它在拓扑上等价于全体行列式为正的 3×3 矩阵的集合 $\mathrm{GL}^+(3)$. 由此可见, E^3 中的一个固定点相当于标架空间 $\mathfrak{F}$ 中的一个 9 维曲面. 试写出该标架族的相对分量.

解 上述标架族满足的条件是

$$a_i=\text{常数},\quad 1\leqslant i\leqslant 3.$$

因此该标架族的相对分量是

$$\omega^1=\omega^2=\omega^3=0,\quad \omega_i^j=\sum_{k=1}^3 b_{kj}\mathrm{d}a_{ik},\tag{3.21}$$

其中 (b_{ij}) 是 (a_{ij}) 的逆矩阵.

如果在右手单位正交标架空间 $\tilde{\mathfrak{F}}$ 中看, E^3 中的一个固定点相当于 $\tilde{\mathfrak{F}}$ 中的一个三维曲面, 在拓扑上等价于行列式为 1 的正交矩阵的集

合 SO(3), 它的相对分量是

$$\omega^1=\omega^2=\omega^3=0,\quad \omega_i^j=\sum_{k=1}^3 a_{jk}\mathrm{d}a_{ik}, \tag{3.22}$$

其中 a_{ij} 满足条件 $\sum\limits_{k=i}^3 a_{ik}a_{jk}=\delta_{ij}$ 和 $\det(a_{ij})=1$.

例 2 设 C 是欧氏空间 E^3 中一条挠率不为零的曲线, 其参数方程是

$$\boldsymbol{r}=\boldsymbol{r}(s),$$

其中 s 是弧长参数, 曲率是 κ, 挠率是 τ. 那么曲线 C 的 Frenet 标架场 $\{\boldsymbol{r}(s);\boldsymbol{\alpha}(s),\boldsymbol{\beta}(s),\boldsymbol{\gamma}(s)\}$ 是 E^3 中的单参数正交标架族, 因而是空间 $\tilde{\mathfrak{F}}$ 中的一条曲线. 试写出该标架族的相对分量.

解 根据 Frenet 公式,

$$\begin{aligned}
\mathrm{d}\boldsymbol{r}(s)&=\frac{\mathrm{d}\boldsymbol{r}(s)}{\mathrm{d}s}\mathrm{d}s=\boldsymbol{\alpha}(s)\mathrm{d}s,\\
\mathrm{d}\boldsymbol{\alpha}(s)&=\frac{\mathrm{d}\boldsymbol{\alpha}(s)}{\mathrm{d}s}\mathrm{d}s=\kappa(s)\boldsymbol{\beta}(s)\mathrm{d}s,\\
\mathrm{d}\boldsymbol{\beta}(s)&=\frac{\mathrm{d}\boldsymbol{\beta}(s)}{\mathrm{d}s}\mathrm{d}s=-\kappa(s)\boldsymbol{\alpha}(s)\mathrm{d}s+\tau(s)\boldsymbol{\gamma}(s)\mathrm{d}s,\\
\mathrm{d}\boldsymbol{\gamma}(s)&=\frac{\mathrm{d}\boldsymbol{\gamma}(s)}{\mathrm{d}s}\mathrm{d}s=-\tau(s)\boldsymbol{\beta}(s)\mathrm{d}s,
\end{aligned}$$

因此该标架族的相对分量是

$$\begin{aligned}
&\omega^1=\mathrm{d}s,\quad \omega^2=\omega^3=0,\\
&\omega_1^1=\omega_2^2=\omega_3^3=0,\quad \omega_1^2=-\omega_2^1=\kappa(s)\mathrm{d}s,\\
&\omega_1^3=-\omega_3^1=0,\quad \omega_2^3=-\omega_3^2=\tau(s)\mathrm{d}s.
\end{aligned} \tag{3.23}$$

反过来, 如果给定两个连续可微函数 $\kappa=\kappa(s)>0$, $\tau=\tau(s)$, 则可以按照 (3.23) 式构造一次微分式 $\omega^j,\omega_i^j,1\leqslant i,j\leqslant 3$. 因为它们只依赖一个自变量, 所以它们的外积和外微分都自动为零, 因此定理 3.3′ 的条件成立, 于是在 E^3 中存在一个单参数正交标架族以 $\omega^j,\omega_i^j,1\leqslant i,j\leqslant 3$

为它的相对分量. 从该标架族的运动公式 (3.16) 不难知道, 该标架族的原点的轨迹是欧氏空间 E^3 中一条正则参数曲线, 它以 s 为弧长参数, 以 $\kappa(s)$ 为曲率, 以 $\tau(s)$ 为挠率, 而且该曲线至多除在空间 E^3 中的位置不同以外是唯一确定的. 这正好是曲线论基本定理.

例 3 在空间 E^3 中沿挠率不为零的曲线 C 的所有单位正交标架 $\{\boldsymbol{r}(s);\boldsymbol{e}_1,\boldsymbol{e}_2,\boldsymbol{e}_3\}$ 的集合, 其中 $\boldsymbol{e}_1$ 是曲线 $\boldsymbol{r}=\boldsymbol{r}(s)$ 的单位切向量, 则这是依赖两个参数的标架族. 试写出该标架族的相对分量.

解 由于 $\boldsymbol{e}_1=\boldsymbol{\alpha}(s)$, 因此向量 $\{\boldsymbol{e}_2,\boldsymbol{e}_3\}$ 和 $\{\boldsymbol{\beta}(s),\boldsymbol{\gamma}(s)\}$ 可以差一个任意的转动, 设

$$\begin{aligned}\boldsymbol{e}_2&=\cos\theta\boldsymbol{\beta}(s)+\sin\theta\boldsymbol{\gamma}(s),\\ \boldsymbol{e}_3&=-\sin\theta\boldsymbol{\beta}(s)+\cos\theta\boldsymbol{\gamma}(s).\end{aligned}\tag{3.24}$$

由此可见, 这是空间 E^3 中依赖两个参数 s,θ 的单位正交标架族, 它的相对分量是

$$\begin{aligned}&\omega^1=\mathrm{d}s,\quad \omega^2=\omega^3=0,\\ &\omega_1^1=\omega_2^2=\omega_3^3=0,\quad \omega_1^2=-\omega_2^1=\kappa(s)\cos\theta\mathrm{d}s,\\ &\omega_1^3=-\omega_3^1=-\kappa(s)\sin\theta\mathrm{d}s,\quad \omega_2^3=-\omega_3^2=\mathrm{d}\theta+\tau(s)\mathrm{d}s.\end{aligned}\tag{3.25}$$

如果 $\{\boldsymbol{r}(s);\boldsymbol{e}_1(s),\boldsymbol{e}_2(s),\boldsymbol{e}_3(s)\}$ 是空间 E^3 中沿曲线 C 的一个单参数单位正交标架族, 其中 $\boldsymbol{e}_1(s)$ 是曲线 C 的单位切向量, 通常称这样的标架族为沿曲线 C 的一个一阶标架族. 这样的标架族是在上面的依赖两个参数的单位正交标架族中取定函数 $\theta=\theta(s)$ 得到的. 若取另一个函数 $\theta=\tilde{\theta}(s)$, 则得到沿曲线 C 的另一个一阶标架族. 从 (3.25) 式得到, 由 $\theta=\theta(s)$ 确定的沿曲线 C 的一阶标架族的相对分量是

$$\begin{aligned}&\omega^1=\mathrm{d}s,\quad \omega^2=\omega^3=0,\\ &\omega_1^1=\omega_2^2=\omega_3^3=0,\quad \omega_1^2=-\omega_2^1=\kappa(s)\cos\theta(s)\mathrm{d}s,\\ &\omega_1^3=-\omega_3^1=-\kappa(s)\sin\theta(s)\mathrm{d}s,\quad \omega_2^3=-\omega_3^2=(\theta'(s)+\tau(s))\mathrm{d}s.\end{aligned}\tag{3.26}$$

从 (3.26) 式得知,

$$(\omega_1^2)^2+(\omega_1^3)^2=(\kappa(s)\mathrm{d}s)^2,$$

它与沿曲线 C 的一阶标架族的选取无关, 所以曲线 C 的曲率可以用曲线 C 的一阶标架族的相对分量定义为

$$\kappa = \frac{\sqrt{(\omega_1^2)^2 + (\omega_1^3)^2}}{\mathrm{d}s}. \tag{3.27}$$

沿曲线 C 的 Frenet 标架通常称为沿曲线 C 的二阶标架族, 它对应于在一阶标架族中取 $\theta = 0$.

例 4 求 E^3 中球坐标系给出的自然标架场和对应的单位正交标架场, 并且求它们的相对分量.

解 设 (x, y, z) 是 E^3 中的笛卡儿直角坐标系, 命

$$x = r\cos\theta\cos\varphi, \quad y = r\cos\theta\sin\varphi, \quad z = r\sin\theta,$$

则 (r, φ, θ) 是 E^3 中的球坐标系. 它给出的自然标架场是 $\left\{\boldsymbol{r}; \frac{\partial \boldsymbol{r}}{\partial r}, \frac{\partial \boldsymbol{r}}{\partial \varphi}, \frac{\partial \boldsymbol{r}}{\partial \theta}\right\}$, 其中

$$\begin{aligned}
\frac{\partial \boldsymbol{r}}{\partial r} &= (\cos\theta\cos\varphi, \cos\theta\sin\varphi, \sin\theta), \\
\frac{\partial \boldsymbol{r}}{\partial \varphi} &= (-r\cos\theta\sin\varphi, r\cos\theta\cos\varphi, 0), \\
\frac{\partial \boldsymbol{r}}{\partial \theta} &= (-r\sin\theta\cos\varphi, -r\sin\theta\sin\varphi, r\cos\theta).
\end{aligned} \tag{3.28}$$

经直接验证知道, $\left\{\frac{\partial \boldsymbol{r}}{\partial r}, \frac{\partial \boldsymbol{r}}{\partial \varphi}, \frac{\partial \boldsymbol{r}}{\partial \theta}\right\}$ 是彼此正交的, 并且构成右手系. 要得到单位正交标架场只要将它们单位化就可以了. 命

$$\begin{aligned}
\boldsymbol{e}_1 &= \frac{\partial \boldsymbol{r}}{\partial r} = (\cos\theta\cos\varphi, \cos\theta\sin\varphi, \sin\theta), \\
\boldsymbol{e}_2 &= \frac{\partial \boldsymbol{r}}{\partial \varphi} \Big/ \left|\frac{\partial \boldsymbol{r}}{\partial \varphi}\right| = (-\sin\varphi, \cos\varphi, 0), \\
\boldsymbol{e}_3 &= \frac{\partial \boldsymbol{r}}{\partial \theta} \Big/ \left|\frac{\partial \boldsymbol{r}}{\partial \theta}\right| = (-\sin\theta\cos\varphi, -\sin\theta\sin\varphi, \cos\theta),
\end{aligned} \tag{3.29}$$

则 $\{\boldsymbol{r}; \boldsymbol{e}_1, \boldsymbol{e}_2, \boldsymbol{e}_3\}$ 是对应的单位正交标架场.

对向径 $\boldsymbol{r}$ 微分得到

$$\mathrm{d}\boldsymbol{r} = \frac{\partial \boldsymbol{r}}{\partial r}\mathrm{d}r + \frac{\partial \boldsymbol{r}}{\partial \varphi}\mathrm{d}\varphi + \frac{\partial \boldsymbol{r}}{\partial \theta}\mathrm{d}\theta = \mathrm{d}r\boldsymbol{e}_1 + r\cos\theta\mathrm{d}\varphi\boldsymbol{e}_2 + r\mathrm{d}\theta\boldsymbol{e}_3, \tag{3.30}$$

因此

$$\begin{aligned}\omega^1 &= \mathrm{d}\boldsymbol{r}\cdot\boldsymbol{e}_1 = \mathrm{d}r,\\ \omega^2 &= \mathrm{d}\boldsymbol{r}\cdot\boldsymbol{e}_2 = r\cos\theta\mathrm{d}\varphi,\\ \omega^3 &= \mathrm{d}\boldsymbol{r}\cdot\boldsymbol{e}_3 = r\mathrm{d}\theta.\end{aligned} \tag{3.31}$$

同理可得

$$\begin{aligned}\omega_1^2 &= -\omega_2^1 = \cos\theta\mathrm{d}\varphi,\\ \omega_1^3 &= -\omega_3^1 = \mathrm{d}\theta,\\ \omega_2^3 &= -\omega_3^2 = \sin\theta\mathrm{d}\varphi.\end{aligned} \tag{3.32}$$

习 题 7.3

1. 计算 (3.32) 式.

2. 求通过柱坐标系在 E^3 中建立的单位正交标架场, 并且求它的相对分量.

3. 设 C 是 Oxy 平面上以 O 为圆心、以 R 为半径的圆周, 在 $\mathbb{R}^3$ 中以 C 为底的直圆柱面以外的点集 $U = \{(x,y,z)\in\mathbb{R}^3 : x^2+y^2 > R^2\}$ 上引进如下的参数系 (ρ,θ,ψ), 使得

$$\begin{aligned}x &= (R+\rho\cos\psi)\cos\theta,\\ y &= (R+\rho\cos\psi)\sin\theta,\\ z &= \rho\sin\psi, \quad \rho>0,\ -\frac{\pi}{2}<\psi<\frac{\pi}{2}, -\pi<\theta<\pi.\end{aligned}$$

证明: 参数系 (ρ,θ,ψ) 给出的参数曲线网是正交曲线网. 在 U 上建立单位正交标架场 $\{\boldsymbol{r};\boldsymbol{e}_1,\boldsymbol{e}_2,\boldsymbol{e}_3\}$, 使得 $\boldsymbol{e}_1,\boldsymbol{e}_2,\boldsymbol{e}_3$ 分别是 ρ-曲线、θ-曲线、ψ-曲线的切向量, 求这个标架场的相对分量.

4. 设 f 是定义在 E^3 上的连续可微函数, 命

$$\begin{aligned}
\boldsymbol{e}_1 &= \frac{\sqrt{2}}{2}(\sin f, 1, -\cos f),\\
\boldsymbol{e}_2 &= \frac{\sqrt{2}}{2}(\sin f, -1, -\cos f),\\
\boldsymbol{e}_3 &= (-\cos f, 0, -\sin f).
\end{aligned}$$

验证 $\{\boldsymbol{r}; \boldsymbol{e}_1, \boldsymbol{e}_2, \boldsymbol{e}_3\}$ 是 E^3 中的单位正交标架场, 并且求它的相对分量.

§7.4 曲面上的正交标架场

本节的目的是把 E^3 中的标架族的理论用于曲面论的研究. 首先我们求曲面上自然标架场的相对分量, 然后把曲面论的 Gauss-Codazzi 方程和自然标架场的结构方程等同起来. 我们所着眼的重点还是如何在曲面上取单位正交标架场, 并且把曲面的有关几何量用曲面上的一阶标架场的相对分量表示出来, 为在曲面上用活动标架法创造条件.

设欧氏空间 E^3 中曲面 S 的参数方程是 $\boldsymbol{r} = \boldsymbol{r}(u^1, u^2)$, 相应的自然标架场是 $\{\boldsymbol{r}; \boldsymbol{r}_1, \boldsymbol{r}_2, \boldsymbol{n}\}$, 其中

$$\boldsymbol{r}_\alpha = \frac{\partial \boldsymbol{r}}{\partial u^\alpha}, \quad \alpha = 1, 2; \quad \boldsymbol{n} = \frac{\boldsymbol{r}_1 \times \boldsymbol{r}_2}{|\boldsymbol{r}_1 \times \boldsymbol{r}_2|}. \tag{4.1}$$

因此, 自然标架场 $\{\boldsymbol{r}; \boldsymbol{r}_1, \boldsymbol{r}_2, \boldsymbol{n}\}$ 是空间 E^3 中依赖参数 u^1, u^2 的标架族.

现在求这个标架族的相对分量 ω^j, ω_i^j. 假定曲面 S 的两个基本形式分别是

$$\mathrm{I} = g_{\alpha\beta}\mathrm{d}u^\alpha \mathrm{d}u^\beta, \quad \mathrm{II} = b_{\alpha\beta}\mathrm{d}u^\alpha \mathrm{d}u^\beta. \tag{4.2}$$

由于

$$\mathrm{d}\boldsymbol{r} = \boldsymbol{r}_1 \mathrm{d}u^1 + \boldsymbol{r}_2 \mathrm{d}u^2,$$

与相对分量的定义式 (3.16) 对照得到

$$\omega^1 = \mathrm{d}u^1, \quad \omega^2 = \mathrm{d}u^2, \quad \omega^3 = 0. \tag{4.3}$$

由曲面论的 Gauss-Weingarten 公式 (参看第五章 (1.18) 式) 得到

$$\mathrm{d}\boldsymbol{r}_\alpha=\frac{\partial \boldsymbol{r}_\alpha}{\partial u^\beta}\mathrm{d}u^\beta=\Gamma_{\alpha\beta}^\gamma\mathrm{d}u^\beta\boldsymbol{r}_\gamma+b_{\alpha\beta}\mathrm{d}u^\beta\boldsymbol{n},$$
$$\mathrm{d}\boldsymbol{n}=\frac{\partial \boldsymbol{n}}{\partial u^\beta}\mathrm{d}u^\beta=-b_\beta^\gamma\mathrm{d}u^\beta\boldsymbol{r}_\gamma,$$

其中 $\Gamma_{\alpha\beta}^\gamma$ 是度量矩阵 $(g_{\alpha\beta})$ 的 Christoffel 记号. 与相对分量的定义式 (3.16) 对照得到

$$\begin{gathered}\omega_\alpha^\gamma=\Gamma_{\alpha\beta}^\gamma\mathrm{d}u^\beta,\quad \omega_\alpha^3=b_{\alpha\beta}\mathrm{d}u^\beta,\quad \omega_3^\gamma=-b_\beta^\gamma\mathrm{d}u^\beta,\\ \omega_3^3=0,\quad \alpha,\gamma=1,2.\end{gathered}\tag{4.4}$$

下面考察该标架族的结构方程. 从 (4.3) 式得知 $\mathrm{d}\omega^j=0$, 而在另一方面, 由于 $\Gamma_{\alpha\beta}^\gamma$ 和 $b_{\alpha\beta}$ 关于下指标 α,β 的对称性我们有

$$\sum_{k=1}^3\omega^k\wedge\omega_k^\gamma=\sum_{\alpha,\beta=1}^2\mathrm{d}u^\alpha\wedge\Gamma_{\alpha\beta}^\gamma\mathrm{d}u^\beta=(\Gamma_{12}^\gamma-\Gamma_{21}^\gamma)\mathrm{d}u^1\wedge\mathrm{d}u^2=0,$$
$$\sum_{k=1}^3\omega^k\wedge\omega_k^3=\sum_{\alpha,\beta=1}^2\mathrm{d}u^\alpha\wedge b_{\alpha\beta}\mathrm{d}u^\beta=(b_{12}-b_{21})\mathrm{d}u^1\wedge\mathrm{d}u^2=0,$$

因此第一组结构方程

$$\mathrm{d}\omega^j=\sum_{k=1}^3\omega^k\wedge\omega_k^j,\quad 1\leqslant j\leqslant 3\tag{4.5}$$

是自动成立的. 第二组结构方程可以写成

$$\begin{gathered}\mathrm{d}\omega_\alpha^\gamma=\omega_\alpha^\beta\wedge\omega_\beta^\gamma+\omega_\alpha^3\wedge\omega_3^\gamma,\quad \mathrm{d}\omega_\alpha^3=\omega_\alpha^\beta\wedge\omega_\beta^3,\\ \mathrm{d}\omega_3^\gamma=\omega_3^\beta\wedge\omega_\beta^\gamma,\quad \mathrm{d}\omega_3^3=\omega_3^\beta\wedge\omega_\beta^3.\end{gathered}\tag{4.6}$$

先看 (4.6) 式的第四式, 因为 $\mathrm{d}\omega_3^3=0$, 另外

$$\omega_3^\beta\wedge\omega_\beta^3=-b_\alpha^\beta\mathrm{d}u^\alpha\wedge b_{\beta\gamma}\mathrm{d}u^\gamma=(b_2^\beta b_{\beta1}-b_1^\beta\ b_{\beta2})\mathrm{d}u^1\wedge\mathrm{d}u^2=0,$$

因此该第四式自然是成立的. 注意到

$$g_{\alpha\gamma}b_\beta^\gamma=b_{\alpha\beta},$$

于是

$$\begin{aligned}\omega_\alpha^3 &= b_{\alpha\beta}\mathrm{d}u^\beta = g_{\alpha\gamma}b_\beta^\gamma\mathrm{d}u^\beta = -g_{\alpha\gamma}\omega_3^\gamma,\\ \mathrm{d}\omega_\alpha^3 &= -\mathrm{d}g_{\alpha\gamma}\wedge\omega_3^\gamma - g_{\alpha\gamma}\mathrm{d}\omega_3^\gamma,\end{aligned}$$

所以

$$\begin{aligned}&\mathrm{d}\omega_\alpha^3 - \omega_\alpha^\beta\wedge\omega_\beta^3\\ &\quad= -\mathrm{d}g_{\alpha\gamma}\wedge\omega_3^\gamma - g_{\alpha\gamma}\mathrm{d}\omega_3^\gamma - \omega_\alpha^\beta\wedge\omega_\beta^3\\ &\quad= -(g_{\alpha\delta}\omega_\gamma^\delta + g_{\gamma\delta}\ \omega_\alpha^\delta)\wedge\omega_3^\gamma - \omega_\alpha^\beta\wedge\omega_\beta^3 - g_{\alpha\gamma}\mathrm{d}\omega_3^\gamma\\ &\quad= -g_{\alpha\gamma}(\mathrm{d}\omega_3^\gamma + \omega_\delta^\gamma\wedge\omega_3^\delta).\end{aligned}$$

由此可见,(4.6) 式的第二式和第三式是等价的, 因此我们只需要证明第一式和第二式.

首先考察第一式. 经直接计算得到

$$\begin{aligned}\mathrm{d}\omega_\alpha^\gamma &= \frac{\partial\Gamma_{\alpha\beta}^\gamma}{\partial u^\delta}\mathrm{d}u^\delta\wedge\mathrm{d}u^\beta = \left(\frac{\partial\Gamma_{\alpha2}^\gamma}{\partial u^1} - \frac{\partial\Gamma_{\alpha1}^\gamma}{\partial u^2}\right)\mathrm{d}u^1\wedge\mathrm{d}u^2,\\ \omega_\alpha^\beta\wedge\omega_\beta^\gamma &= \left(\Gamma_{\alpha\xi}^\beta\mathrm{d}u^\xi\right)\wedge\left(\Gamma_{\beta\eta}^\gamma\mathrm{d}u^\eta\right) = \left(\Gamma_{\alpha1}^\beta\Gamma_{\beta2}^\gamma - \Gamma_{\alpha2}^\beta\Gamma_{\beta1}^\gamma\right)\mathrm{d}u^1\wedge\mathrm{d}u^2,\end{aligned}$$

所以

$$\begin{aligned}&\mathrm{d}\omega_\alpha^\gamma - \omega_\alpha^\beta\wedge\omega_\beta^\gamma\\ &\quad= \left(\frac{\partial\Gamma_{\alpha2}^\gamma}{\partial u^1} - \frac{\partial\Gamma_{\alpha1}^\gamma}{\partial u^2} - \Gamma_{\alpha1}^\beta\Gamma_{\beta2}^\gamma + \Gamma_{\alpha2}^\beta\Gamma_{\beta1}^\gamma\right)\mathrm{d}u^1\wedge\mathrm{d}u^2\\ &\quad= R_{\alpha21}^\gamma\mathrm{d}u^1\wedge\mathrm{d}u^2 = -R_{\alpha12}^\gamma\mathrm{d}u^1\wedge\mathrm{d}u^2\end{aligned}$$

(参看第五章公式 (3.10)). 另一方面,

$$\omega_\alpha^3\wedge\omega_3^\gamma = \left(b_{\alpha\xi}\mathrm{d}u^\xi\right)\wedge\left(-b_\eta^\gamma\mathrm{d}u^\eta\right) = (b_{\alpha2}b_1^\gamma - b_{\alpha1}b_2^\gamma)\,\mathrm{d}u^1\wedge\mathrm{d}u^2,$$

因此

$$\begin{aligned}&\mathrm{d}\omega_\alpha^\gamma - \omega_\alpha^\beta\wedge\omega_\beta^\gamma - \omega_\alpha^3\wedge\omega_3^\gamma\\ &\quad= -\left(R_{\alpha12}^\gamma + (b_{\alpha2}b_1^\gamma - b_{\alpha1}b_2^\gamma)\right)\mathrm{d}u^1\wedge\mathrm{d}u^2\\ &\quad= -g^{\gamma\beta}\left(R_{\alpha\beta12} - b_{\alpha1}b_{\beta2} + b_{\alpha2}b_{\beta1}\right)\mathrm{d}u^1\wedge\mathrm{d}u^2. \qquad (4.7)\end{aligned}$$

这意味着, 结构方程 (4.6) 的第一式就是 Gauss 方程

$$R_{1212} = b_{11}b_{22} - b_{12}b_{21}. \tag{4.8}$$

对 ω_α^3 求外微分得到

$$\mathrm{d}\omega_\alpha^3 = \frac{\partial b_{\alpha\beta}}{\partial u^\gamma}\mathrm{d}u^\gamma \wedge \mathrm{d}u^\beta = \left(\frac{\partial b_{\alpha 2}}{\partial u^1} - \frac{\partial b_{\alpha 1}}{\partial u^2}\right)\mathrm{d}u^1 \wedge \mathrm{d}u^2,$$

另外

$$\omega_\alpha^\beta \wedge \omega_\beta^3 = \left(\Gamma_{\alpha\gamma}^\beta \mathrm{d}u^\gamma\right) \wedge \left(b_{\beta\delta}\mathrm{d}u^\delta\right) = \left(\Gamma_{\alpha 1}^\beta b_{\beta 2} - \Gamma_{\alpha 2}^\beta b_{\beta 1}\right)\mathrm{d}u^1 \wedge \mathrm{d}u^2,$$

因此

$$\begin{aligned}\mathrm{d}\omega_\alpha^3 &- \omega_\alpha^\beta \wedge \omega_\beta^3 \\ &= \left(\frac{\partial b_{\alpha 2}}{\partial u^1} - \frac{\partial b_{\alpha 1}}{\partial u^2} - \Gamma_{\alpha 1}^\beta b_{\beta 2} + \Gamma_{\alpha 2}^\beta b_{\beta 1}\right)\mathrm{d}u^1 \wedge \mathrm{d}u^2.\end{aligned} \tag{4.9}$$

这就说明, 结构方程 (4.6) 的第二式就是 Codazzi 方程

$$\frac{\partial b_{\alpha 2}}{\partial u^1} - \frac{\partial b_{\alpha 1}}{\partial u^2} = \Gamma_{\alpha 1}^\beta b_{\beta 2} - \Gamma_{\alpha 2}^\beta b_{\beta 1}, \quad \alpha = 1, 2. \tag{4.10}$$

总起来说, 在曲面 S 上取自然标架场 $\{\boldsymbol{r}; \boldsymbol{r}_1, \boldsymbol{r}_2, \boldsymbol{n}\}$, 则它的相对分量 ω^j, ω_i^j 由 (4.3) 和 (4.4) 式给出, 它们所满足的结构方程恰好是曲面 S 的第一类基本量和第二类基本量所满足的 Gauss-Codazzi 方程. 由此可见, 如果已知两个二次微分形式

$$\varphi = g_{\alpha\beta}\mathrm{d}u^\alpha \mathrm{d}u^\beta, \quad \psi = b_{\alpha\beta}\mathrm{d}u^\alpha \mathrm{d}u^\beta,$$

其中 φ 是正定的, 要验证它们是否满足 Gauss-Codazzi 方程, 只要按照 (4.3) 和 (4.4) 式构造一次微分式 ω^j, ω_i^j, 然后验证它们是否满足结构方程就行了. 由于结构方程比 Gauss-Codazzi 方程容易记忆, 所以验证结构方程显然是比较方便的.

下面我们来讨论曲面 S 上的单位正交标架场. 首先我们要指出, 从曲面 S 的自然标架场得到单位正交标架场的最简单的方法是所谓

的 Schmidt 正交化步骤. 假定曲面 S 的第一基本形式是 (采用 Gauss 记号)

$$\mathrm{I} = E(\mathrm{d}u)^2 + 2F\mathrm{d}u\mathrm{d}v + G(\mathrm{d}v)^2, \tag{4.11}$$

则从 $\{\boldsymbol{r}_u, \boldsymbol{r}_v\}$ 经过 Schmidt 正交化得到

$$\boldsymbol{e}_1 = \frac{\boldsymbol{r}_u}{\sqrt{E}}, \qquad \boldsymbol{e}_2 = \frac{1}{\sqrt{EG - F^2}}\left(-\frac{F}{\sqrt{E}}\boldsymbol{r}_u + \sqrt{E}\boldsymbol{r}_v\right) \tag{4.12}$$

(参看第三章 (4.13) 式和 (4.16) 式). 命 $g = EG - F^2$, 则上式可以用矩阵表示为

$$\begin{pmatrix} \boldsymbol{e}_1 \\ \boldsymbol{e}_2 \end{pmatrix} = \begin{pmatrix} 1/\sqrt{E} & 0 \\ -F/\sqrt{Eg} & \sqrt{E}/\sqrt{g} \end{pmatrix} \cdot \begin{pmatrix} \boldsymbol{r}_u \\ \boldsymbol{r}_v \end{pmatrix}. \tag{4.13}$$

命

$$\boldsymbol{e}_3 = \boldsymbol{e}_1 \times \boldsymbol{e}_2 = \boldsymbol{n}.$$

现在, $\{\boldsymbol{r}; \boldsymbol{e}_1, \boldsymbol{e}_2, \boldsymbol{e}_3\}$ 是定义在曲面 S 上的单位正交标架场, 其中 $\boldsymbol{e}_1, \boldsymbol{e}_2$ 是曲面 S 的切向量. 这是欧氏空间 E^3 中依赖参数 u, v 的正交标架族. 为求该标架族的相对分量 ω^i, 注意到 $\mathrm{d}\boldsymbol{r}$ 是曲面 S 的切向量, 所以

$$\omega^3 = \mathrm{d}\boldsymbol{r} \cdot \boldsymbol{e}_3 = \mathrm{d}\boldsymbol{r} \cdot \boldsymbol{n} = 0.$$

另外, 根据相对分量 ω^i 的定义得到

$$\begin{aligned}
\mathrm{d}\boldsymbol{r} &= \omega^1\boldsymbol{e}_1 + \omega^2\boldsymbol{e}_2 = (\omega^1, \omega^2) \cdot \begin{pmatrix} \boldsymbol{e}_1 \\ be_2 \end{pmatrix} \\
&= (\omega^1, \omega^2) \cdot \begin{pmatrix} 1/\sqrt{E} & 0 \\ -F/\sqrt{Eg} & \sqrt{E}/\sqrt{g} \end{pmatrix} \cdot \begin{pmatrix} \boldsymbol{r}_u \\ br_v \end{pmatrix} \\
&= (\mathrm{d}u, \mathrm{d}v) \cdot \begin{pmatrix} \boldsymbol{r}_u \\ \boldsymbol{r}_v \end{pmatrix},
\end{aligned}$$

所以

$$(\mathrm{d}u, \mathrm{d}v) = (\omega^1, \omega^2) \cdot \begin{pmatrix} 1/\sqrt{E} & 0 \\ -F/\sqrt{Eg} & \sqrt{E}/\sqrt{g} \end{pmatrix},$$

或者

$$(\omega^1, \omega^2) = (\mathrm{d}u, \mathrm{d}v) \cdot \begin{pmatrix} \sqrt{E} & 0 \\ F/\sqrt{E} & \sqrt{g}/\sqrt{E} \end{pmatrix},$$

即

$$\omega^1 = \sqrt{E}\mathrm{d}u + \frac{F}{\sqrt{E}}\mathrm{d}v, \quad \omega^2 = \frac{\sqrt{g}}{\sqrt{E}}\mathrm{d}v. \tag{4.14}$$

上面求曲面 S 上的单位正交标架场 $\{\boldsymbol{r}; \boldsymbol{e}_1, \boldsymbol{e}_2, \boldsymbol{e}_3\}$ 的相对分量 ω^1, ω^2 的过程, 可以简单地归结为曲面 S 的第一基本形式 (4.11) 配平方的过程. 实际上, 将第一基本形式 (4.11) 配平方得到

$$\begin{aligned} \mathrm{I} &= E(\mathrm{d}u)^2 + 2F\mathrm{d}u\mathrm{d}v + G(\mathrm{d}v)^2 \\ &= \left(\sqrt{E}\mathrm{d}u + \frac{F}{\sqrt{E}}\mathrm{d}v\right)^2 + \left(\frac{\sqrt{EG - F^2}}{\sqrt{E}}\mathrm{d}v\right)^2, \end{aligned}$$

把等式终端的第一个括号内的式子记为 ω^1, 第二个括号内的式子记为 ω^2, 则我们所得到的便是 (4.14) 式.

一般地, 如果曲面 S 上的单位正交标架场 $\{\boldsymbol{r}; \boldsymbol{e}_1, \boldsymbol{e}_2, \boldsymbol{e}_3\}$ 中的成员 $\boldsymbol{e}_1, \boldsymbol{e}_2$ 是曲面 S 的切向量, 则称这样的标架场为曲面 S 的**一阶标架场**. 对于曲面 S 的任意一个一阶标架场 $\{\boldsymbol{r}; \boldsymbol{e}_1, \boldsymbol{e}_2, \boldsymbol{e}_3\}$ 必定有

$$\mathrm{d}\boldsymbol{r} = \omega^1 \boldsymbol{e}_1 + \omega^2 \boldsymbol{e}_2,$$

因此 $\omega^3 = 0$, 并且

$$\mathrm{I} = \mathrm{d}\boldsymbol{r} \cdot \mathrm{d}\boldsymbol{r} = (\omega^1 \boldsymbol{e}_1 + \omega^2 \boldsymbol{e}_2)^2 = (\omega^1)^2 + (\omega^2)^2.$$

反过来, 只要将曲面 S 的第一基本形式 (4.11) 作任意的配平方, 把它写成两个一次微分式的平方和, 并且把这两个一次微分式分别记为 ω^1, ω^2, 而让 $\omega^3 = 0$, 则我们便得到曲面 S 的某个一阶标架场的相对分量, 并且由此可以得到曲面 S 的一阶标架场关于自然标架场的表达式. 这个看法为在曲面 S 上选用一阶标架场带来方便, 在实践中是十分有用的.

例 1 将曲面 S 的第一基本形式 (4.11) 作如下的配平方:

$$\mathrm{I}=\left(\frac{\sqrt{g}}{\sqrt{G}}\mathrm{d}u\right)^2+\left(\frac{F}{\sqrt{G}}\mathrm{d}u+\sqrt{G}\mathrm{d}v\right)^2,$$

试求与其相应的一阶标架场.

解 命

$$\omega^1=\frac{\sqrt{g}}{\sqrt{G}}\mathrm{d}u,\quad \omega^2=\frac{F}{\sqrt{G}}\mathrm{d}u+\sqrt{G}\mathrm{d}v,$$

即

$$(\omega^1,\omega^2)=(\mathrm{d}u,\mathrm{d}v)\cdot\begin{pmatrix}\sqrt{g}/\sqrt{G} & F/\sqrt{G}\\ 0 & \sqrt{G}\end{pmatrix},\tag{4.15}$$

那么曲面 S 的一阶标架场与自然标架场的关系式是

$$\begin{aligned}\mathrm{d}\boldsymbol{r}&=(\omega^1,\omega^2)\cdot\begin{pmatrix}\boldsymbol{e}_1\\ \boldsymbol{e}_2\end{pmatrix}\\ &=(\mathrm{d}u,\mathrm{d}v)\cdot\begin{pmatrix}\sqrt{g}/\sqrt{G} & F/\sqrt{G}\\ 0 & \sqrt{G}\end{pmatrix}\cdot\begin{pmatrix}\boldsymbol{e}_1\\ \boldsymbol{e}_2\end{pmatrix}\\ &=(\mathrm{d}u,\mathrm{d}v)\cdot\begin{pmatrix}\boldsymbol{r}_u\\ \boldsymbol{r}_v\end{pmatrix},\end{aligned}$$

因此

$$\begin{pmatrix}\boldsymbol{r}_u\\ \boldsymbol{r}_v\end{pmatrix}=\begin{pmatrix}\sqrt{g}/\sqrt{G} & F/\sqrt{G}\\ 0 & \sqrt{G}\end{pmatrix}\cdot\begin{pmatrix}\boldsymbol{e}_1\\ \boldsymbol{e}_2\end{pmatrix},$$

或者

$$\begin{pmatrix}\boldsymbol{e}_1\\ \boldsymbol{e}_2\end{pmatrix}=\begin{pmatrix}\sqrt{G}/\sqrt{g} & -F/\sqrt{Gg}\\ 0 & 1/\sqrt{G}\end{pmatrix}\cdot\begin{pmatrix}\boldsymbol{r}_u\\ \boldsymbol{r}_v\end{pmatrix}.\tag{4.16}$$

下面我们来求曲面 S 的一阶标架场相对分量的其他成员. 假定我们有曲面 S 的一阶标架场 $\{\boldsymbol{r};\boldsymbol{e}_1,\boldsymbol{e}_2,\boldsymbol{e}_3\}$, 换言之, 我们有一次微分式 $\omega^1,\omega^2,\omega^3=0$, 使得

$$\mathrm{I}=(\omega^1)^2+(\omega^2)^2.$$

因为 I 是正定的, 容易证明: ω^1,ω^2 是处处线性无关的. 首先我们断言: 一次微分式 $\omega_1^2=-\omega_2^1$ 是由 ω^1,ω^2 根据结构方程唯一确定的. 确切地说, 我们有下面的定理:

定理 4.1 假定 ω^1,ω^2 是依赖自变量 u,v 的两个处处线性无关的一次微分式, 则存在唯一的一个一次微分式 $\omega_1^2=-\omega_2^1$ 满足条件

$$\mathrm{d}\omega^1=\omega^2\wedge\omega_2^1,\quad \mathrm{d}\omega^2=\omega^1\wedge\omega_1^2. \tag{4.17}$$

证明 因为曲面 S 的一阶标架场是空间 E^3 中依赖参数 u,v 的单位正交标架族, 它的相对分量必定是自变量 u,v 的一次微分式, 但是 ω^1,ω^2 是 u,v 的处处线性无关的一次微分式, 故可设

$$\omega_1^2=-\omega_2^1=p\omega^1+q\omega^2. \tag{4.18}$$

将上式代入 (4.17) 式得到

$$\mathrm{d}\omega^1=p\omega^1\wedge\omega^2,\quad \mathrm{d}\omega^2=q\omega^1\wedge\omega^2.$$

因为 $\mathrm{d}\omega^1,\mathrm{d}\omega^2$ 是自变量 u,v 的二次外微分式, 所以它们必定是 $\mathrm{d}u\wedge\mathrm{d}v$ 的倍数, 其系数是 u,v 的函数. 同时因为 ω^1,ω^2 是 u,v 的处处线性无关的一次微分式, 故二次外微分式 $\omega^1\wedge\omega^2$ 是 $\mathrm{d}u\wedge\mathrm{d}v$ 的非零函数倍, 这样, $\mathrm{d}\omega^1,\mathrm{d}\omega^2$ 必定是 $\omega^1\wedge\omega^2$ 的倍数, 其系数恰好是我们要确定的 p,q, 即

$$p=\frac{\mathrm{d}\omega^1}{\omega^1\wedge\omega^2},\quad q=\frac{\mathrm{d}\omega^2}{\omega^1\wedge\omega^2}. \tag{4.19}$$

由此可见, 一次微分式 $\omega_1^2=-\omega_2^1$ 是由 ω^1,ω^2 借助于结构方程 (4.17) 唯一地确定的. 证毕.

关于曲面 S 的一阶标架场的相对分量, 还需要求出 $\omega_1^3=-\omega_3^1$ 和 $\omega_2^3=-\omega_3^2$, 它们与曲面 S 的第二基本形式有关. 根据结构方程

$$0=\mathrm{d}\omega^3=\omega^1\wedge\omega_1^3+\omega^2\wedge\omega_2^3, \tag{4.20}$$

以及 ω^1,ω^2 的线性无关性, 由 Cartan 引理 (§7.1, 定理 1.3) 得知

$$(\omega_1^3,\omega_2^3)=(\omega^1,\omega^2)\cdot\begin{pmatrix}a & b\\ b & c\end{pmatrix}. \tag{4.21}$$

根据曲面 S 的第二基本形式的定义,

$$\begin{aligned}\mathrm{II} &= -\mathrm{d}\boldsymbol{r}\cdot\mathrm{d}\boldsymbol{e}_3 = -(\omega^1\boldsymbol{e}_1+\omega^2\boldsymbol{e}_2)\cdot(\omega_3^1\boldsymbol{e}_1+\omega_3^2\boldsymbol{e}_2)\\ &= -(\omega^1\omega_3^1+\omega^2\omega_3^2) = \omega^1\omega_1^3+\omega^2\omega_2^3\\ &= a(\omega^1)^2+2b\omega^1\omega^2+c(\omega^2)^2. \end{aligned}\tag{4.22}$$

如果已知曲面 S 的第二基本形式是

$$\mathrm{II} = L(\mathrm{d}u)^2+2M\mathrm{d}u\mathrm{d}v+N(\mathrm{d}v)^2,\tag{4.23}$$

则将 $\mathrm{d}u,\mathrm{d}v$ 关于 ω^1,ω^2 的表达式代入 (4.23) 式, 并且与 (4.22) 式比较, 就能够得到 (4.21) 式中的待定系数 a,b,c.

将上面的讨论综合起来, 我们有下面的结论: 如果给定曲面 S 的第一基本形式 I 和第二基本形式 II, 将 I 作任意一个配平方, 写成两个一次微分式 ω^1,ω^2 的平方和, 那么 $\omega^1,\omega^2,\omega^3=0$ 一定是曲面 S 的某个一阶标架场的相对分量. 根据定理 4.1, 相对分量 $\omega_1^2=-\omega_2^1$ 由 ω^1,ω^2 借助于结构方程 (4.17) 唯一地确定, $\omega_1^3=-\omega_3^1$ 和 $\omega_2^3=-\omega_3^2$ 由曲面 S 的第二基本形式 II 借助于结构方程 (4.20) 唯一地确定. 至此, 尚未涉及曲面 S 的另一组结构方程 $\mathrm{d}\omega_i^j=\omega_i^k\wedge\omega_k^j$, 它们恰好是曲面 S 的 Gauss-Codazzi 方程.

例 2 设 (u,v) 是曲面 S 上的正交参数系, 它的第一基本形式和第二基本形式分别是

$$\mathrm{I} = E(\mathrm{d}u)^2+G(\mathrm{d}v)^2,$$
$$\mathrm{II} = L(\mathrm{d}u)^2+2M\mathrm{d}u\mathrm{d}v+N(\mathrm{d}v)^2,$$

在曲面 S 上取一个一阶标架场, 并且求它的相对分量.

解 因为

$$\mathrm{I} = (\sqrt{E}\mathrm{d}u)^2+(\sqrt{G}\mathrm{d}v)^2,$$

所以取

$$\omega^1=\sqrt{E}\mathrm{d}u,\quad \omega^2=\sqrt{G}\mathrm{d}v,\quad \omega^3=0,\tag{4.24}$$

即

$$\boldsymbol{e}_1=\frac{1}{\sqrt{E}}\boldsymbol{r}_u,\quad \boldsymbol{e}_2=\frac{1}{\sqrt{G}}\boldsymbol{r}_v.$$

假定

$$\omega_1^2 = -\omega_2^1 = p\mathrm{d}u + q\mathrm{d}v,$$

则

$$\begin{aligned}
\mathrm{d}\omega^1 &= \mathrm{d}(\sqrt{E}\mathrm{d}u) = -(\sqrt{E})_v \mathrm{d}u \wedge \mathrm{d}v = \omega_1^2 \wedge \omega^2 = p\sqrt{G}\mathrm{d}u \wedge \mathrm{d}v,\\
\mathrm{d}\omega^2 &= \mathrm{d}(\sqrt{G}\mathrm{d}v) = (\sqrt{G})_u \mathrm{d}u \wedge \mathrm{d}v = \omega^1 \wedge \omega_1^2 = q\sqrt{E}\mathrm{d}u \wedge \mathrm{d}v,
\end{aligned}$$

因此

$$p = -\frac{(\sqrt{E})_v}{\sqrt{G}}, \quad q = \frac{(\sqrt{G})_u}{\sqrt{E}}, \quad \omega_1^2 = -\frac{(\sqrt{E})_v}{\sqrt{G}}\mathrm{d}u + \frac{(\sqrt{G})_u}{\sqrt{E}}\mathrm{d}v. \tag{4.25}$$

假定

$$\begin{aligned}
\omega_1^3 &= -\omega_3^1 = a\omega^1 + b\omega^2 = a\sqrt{E}\mathrm{d}u + b\sqrt{G}\mathrm{d}v,\\
\omega_2^3 &= -\omega_3^2 = b\omega^1 + c\omega^2 = b\sqrt{E}\mathrm{d}u + c\sqrt{G}\mathrm{d}v,
\end{aligned}$$

则

$$\mathrm{II} = \omega^1\omega_1^3 + \omega^2\omega_2^3 = aE(\mathrm{d}u)^2 + 2b\sqrt{EG}\mathrm{d}u\mathrm{d}v + cG(\mathrm{d}v)^2.$$

将上式与已知条件相比较得到

$$L = aE, \quad M = b\sqrt{EG}, \quad N = cG,$$

因此

$$a = \frac{L}{E}, \quad b = \frac{M}{\sqrt{EG}}, \quad c = \frac{N}{G}, \tag{4.26}$$

故

$$\omega_1^3 = \frac{1}{\sqrt{E}}(L\mathrm{d}u + M\mathrm{d}v), \quad \omega_2^3 = \frac{1}{\sqrt{G}}(M\mathrm{d}u + N\mathrm{d}v). \tag{4.26$'$}$$

例 3 已知曲面 S 的第一基本形式 I 和第二基本形式 II 分别是

$$\mathrm{I} = (1+u^2)(\mathrm{d}u)^2 + u^2(\mathrm{d}v)^2, \quad \mathrm{II} = \frac{1}{\sqrt{1+u^2}}(\mathrm{d}u)^2 + \frac{u^2}{\sqrt{1+u^2}}(\mathrm{d}v)^2.$$

求曲面 S 上的一个一阶标架场的相对分量, 并且验证 Gauss-Codazzi 方程成立.

解 因为曲面 S 的第一基本形式 I 能够容易地配成平方和

$$\mathrm{I}=(\sqrt{1+u^2}\mathrm{d}u)^2+(u\mathrm{d}v)^2,$$

所以

$$\omega^1=\sqrt{1+u^2}\mathrm{d}u,\quad \omega^2=u\mathrm{d}v,\quad \omega^3=0.$$

求它们的外微分得到

$$\mathrm{d}\omega^1=0,\quad \mathrm{d}\omega^2=\mathrm{d}u\wedge\mathrm{d}v,$$

并且

$$\omega^1\wedge\omega^2=u\sqrt{1+u^2}\mathrm{d}u\wedge\mathrm{d}v.$$

假定

$$\omega_1^2=-\omega_2^1=p\omega^1+q\omega^2, \tag{4.27}$$

则由定理 4.1 得到

$$p=\frac{\mathrm{d}\omega^1}{\omega^1\wedge\omega^2}=0,\quad q=\frac{\mathrm{d}\omega^2}{\omega^1\wedge\omega^2}=\frac{1}{u\sqrt{1+u^2}},$$

因此

$$\omega_1^2=-\omega_2^1=\frac{1}{u\sqrt{1+u^2}}\omega^2=\frac{1}{\sqrt{1+u^2}}\mathrm{d}v.$$

假定

$$\begin{aligned}\omega_1^3&=a\omega^1+b\omega^2=a\sqrt{1+u^2}\mathrm{d}u+bu\mathrm{d}v,\\ \omega_2^3&=b\omega^1+c\omega^2=b\sqrt{1+u^2}\mathrm{d}u+cu\mathrm{d}v,\end{aligned}$$

故

$$\begin{aligned}\mathrm{II}&=\frac{1}{\sqrt{1+u^2}}(\mathrm{d}u)^2+\frac{u^2}{\sqrt{1+u^2}}(\mathrm{d}v)^2=\omega^1\omega_1^3+\omega^2\omega_2^3\\ &=a(1+u^2)(\mathrm{d}u)^2+2bu\sqrt{1+u^2}\mathrm{d}u\mathrm{d}v+cu^2(\mathrm{d}v)^2.\end{aligned}$$

比较上式系数得到

$$a(1+u^2)=\frac{1}{\sqrt{1+u^2}},\quad 2bu=0,\quad cu^2=\frac{u^2}{\sqrt{1+u^2}},$$

因此

$$\begin{aligned}
a&=\frac{1}{(\sqrt{1+u^2})^3},\quad b=0,\quad c=\frac{1}{\sqrt{1+u^2}},\\
\omega_1^3&=-\omega_3^1=a\sqrt{1+u^2}\mathrm{d}u+bu\mathrm{d}v=\frac{1}{1+u^2}\mathrm{d}u,\\
\omega_2^3&=-\omega_3^2=b\sqrt{1+u^2}\mathrm{d}u+cu\mathrm{d}v=\frac{u}{\sqrt{1+u^2}}\mathrm{d}v.
\end{aligned}$$

求外微分得到

$$\begin{aligned}
&\mathrm{d}\omega_1^2=-\frac{u}{(\sqrt{1+u^2})^3}\mathrm{d}u\wedge\mathrm{d}v,\\
&\mathrm{d}\omega_1^3=0,\quad \mathrm{d}\omega_2^3=\frac{1}{(\sqrt{1+u^2})^3}\mathrm{d}u\wedge\mathrm{d}v,
\end{aligned}$$

此外,

$$\begin{aligned}
\omega_1^3\wedge\omega_3^2&=-\left(\frac{1}{1+u^2}\mathrm{d}u\right)\wedge\left(\frac{u}{\sqrt{1+u^2}}\mathrm{d}v\right)=-\frac{u}{(\sqrt{1+u^2})^3}\mathrm{d}u\wedge\mathrm{d}v,\\
\omega_1^2\wedge\omega_2^3&=\left(\frac{1}{\sqrt{1+u^2}}\mathrm{d}v\right)\wedge\left(\frac{u}{\sqrt{1+u^2}}\mathrm{d}v\right)=0,\\
\omega_2^1\wedge\omega_1^3&=-\left(\frac{1}{\sqrt{1+u^2}}\mathrm{d}v\right)\wedge\left(\frac{1}{1+u^2}\mathrm{d}u\right)=\frac{1}{(\sqrt{1+u^2})^3}\mathrm{d}u\wedge\mathrm{d}v,
\end{aligned}$$

因此 Gauss-Codazzi 方程, 即结构方程

$$\mathrm{d}\omega_1^2=\omega_1^3\wedge\omega_3^2,\quad \mathrm{d}\omega_1^3=\omega_1^2\wedge\omega_2^3,\quad \mathrm{d}\omega_2^3=\omega_2^1\wedge\omega_1^3$$

成立.

为计算方便起见, 也可以把 (4.27) 式改设为

$$\omega_1^2=-\omega_2^1=p\mathrm{d}u+q\mathrm{d}v, \tag{4.27$'$}$$

那么

$$\omega^2\wedge\omega_2^1=\omega_1^2\wedge\omega^2=p\mathrm{d}u\wedge\mathrm{d}v,$$

$$\omega^1\wedge\omega_1^2=q\sqrt{1+u^2}\mathrm{d}u\wedge\mathrm{d}v.$$

所以将上面两式与 $\mathrm{d}\omega^1,\mathrm{d}\omega^2$ 的表达式相比较得到

$$pu=0,\quad q\sqrt{1+u^2}=1,$$

因此

$$p=0,\quad q=\frac{1}{\sqrt{1+u^2}},\quad \omega_1^2=-\omega_2^1=p\mathrm{d}u+q\mathrm{d}v=\frac{1}{\sqrt{1+u^2}}\mathrm{d}v.$$

定理 4.1 说明, 对于曲面 S 的一阶标架场来说, 相对分量 $\omega_1^2=-\omega_2^1$ 是由 ω^1,ω^2 借助于结构方程唯一确定的. 这个事实可以用来证实曲面 S 上切向量场的协变微分和沿曲线的平行移动是属于曲面 S 的内蕴几何的概念. 设 $\{\boldsymbol{r};\boldsymbol{e}_1,\boldsymbol{e}_2,\boldsymbol{e}_3\}$ 是曲面 S 的一阶标架场, 则

$$\mathrm{d}\boldsymbol{e}_1=\omega_1^2\boldsymbol{e}_2+\omega_1^3\boldsymbol{e}_3,\quad \mathrm{d}\boldsymbol{e}_2=\omega_2^1\boldsymbol{e}_1+\omega_2^3\boldsymbol{e}_3. \tag{4.28}$$

根据曲面 S 上切向量场协变微分的定义, 我们有

$$\mathrm{D}\boldsymbol{e}_1=(\mathrm{d}\boldsymbol{e}_1)^\top=\omega_1^2\boldsymbol{e}_2,\quad \mathrm{D}\boldsymbol{e}_2=(\mathrm{d}\boldsymbol{e}_2)^\top=\omega_2^1\boldsymbol{e}_1. \tag{4.29}$$

假定

$$\boldsymbol{X}=x^1\boldsymbol{e}_1+x^2\boldsymbol{e}_2$$

是曲面 S 上的一个连续可微切向量场, 则它的协变微分是

$$\begin{aligned}\mathrm{D}\boldsymbol{X}&=\mathrm{d}x^1\boldsymbol{e}_1+x^1\mathrm{D}\boldsymbol{e}_1+\mathrm{d}x^2\boldsymbol{e}_2+x^2\mathrm{D}\boldsymbol{e}_2\\&=(\mathrm{d}x^1+x^2\omega_2^1)\boldsymbol{e}_1+(\mathrm{d}x^2+x^1\omega_1^2)\boldsymbol{e}_2.\end{aligned} \tag{4.30}$$

命

$$\begin{aligned}\mathrm{D}x^1&=\mathrm{d}x^1+x^2\omega_2^1,\\ \mathrm{D}x^2&=\mathrm{d}x^2+x^1\omega_1^2,\end{aligned} \tag{4.31}$$

分别称为切向量场 $\boldsymbol{X}$ 的分量 x^1, x^2 的协变微分. 注意到在公式 (4.29), (4.30) 和 (4.31) 中只用到相对分量 $\omega_1^2 = -\omega_2^1$, 而它们是由 ω^1, ω^2 确定的, 与曲面 S 的第二基本形式无关, 所以协变微分是曲面 S 的内蕴几何的概念, 在曲面 S 作保长变换时它是保持不变的. 在曲面的内蕴微分几何学中, 一次微分形式

$$\omega_1^2 = -\omega_2^1$$

通常称为**联络形式**.

曲面的一阶标架场是与曲面有密切关系的标架场, 曲面的一些几何量应该能够用一阶标架场的相对分量来表示. 但是曲面的一阶标架场的选取又有相当大的随意性, 因为让曲面 S 的一阶标架场 $\{\boldsymbol{r}; \boldsymbol{e}_1, \boldsymbol{e}_2, \boldsymbol{e}_3\}$ 在每一点绕法向量 $\boldsymbol{e}_3$ 转过一个角度 θ 得到的仍然是曲面 S 的一阶标架场. 换言之, 曲面 S 的一阶标架场容许作如下的变换:

$$\begin{aligned} \tilde{\boldsymbol{e}}_1 &= \cos\theta \boldsymbol{e}_1 + \sin\theta \boldsymbol{e}_2, \\ \tilde{\boldsymbol{e}}_2 &= -\sin\theta \boldsymbol{e}_1 + \cos\theta \boldsymbol{e}_2, \end{aligned} \tag{4.32}$$

其中 θ 是曲面 S 上的连续可微函数. 正是因为曲面 S 的一阶标架场的选取享有这种自由度, 使得它与曲面 S 的参数系的关系比较松弛, 从而为处理曲面的问题带来很多便利, 这就是所谓的活动标架的优越性. 当然, 曲面的几何量在用一阶标架场的相对分量表示时应该与一阶标架场的容许变换 (4.32) 无关.

我们先考虑曲面 S 的一阶标架场的相对分量在一阶标架场经受容许变换 (4.32) 时的变换规律. 用 $\tilde{\omega}^j, \tilde{\omega}_i^j$ 记一阶标架场 $\{\boldsymbol{r}; \tilde{\boldsymbol{e}}_1, \tilde{\boldsymbol{e}}_2, \tilde{\boldsymbol{e}}_3\}$ 的相对分量. 由 (4.32) 式得知

$$\tilde{\boldsymbol{e}}_3 = \tilde{\boldsymbol{e}}_1 \times \tilde{\boldsymbol{e}}_2 = \boldsymbol{e}_1 \times \boldsymbol{e}_2 = \boldsymbol{e}_3,$$

因此

$$\begin{aligned} \mathrm{d}\boldsymbol{r} &= (\omega^1, \omega^2) \cdot \begin{pmatrix} \boldsymbol{e}_1 \\ \boldsymbol{e}_2 \end{pmatrix} = (\tilde{\omega}^1, \tilde{\omega}^2) \cdot \begin{pmatrix} \tilde{\boldsymbol{e}}_1 \\ tilde\boldsymbol{e}_2 \end{pmatrix} \\ &= (\tilde{\omega}^1, \tilde{\omega}^2) \cdot \begin{pmatrix} \cos\theta & \sin\theta \\ -\sin\theta & \cos\theta \end{pmatrix} \cdot \begin{pmatrix} \boldsymbol{e}_1 \\ \boldsymbol{e}_2 \end{pmatrix}, \end{aligned}$$

所以 $\tilde{\omega}^3 = \omega^3 = 0$, 并且

$$\begin{aligned}
(\omega^1, \omega^2) &= (\tilde{\omega}^1, \tilde{\omega}^2) \cdot \begin{pmatrix} \cos\theta & \sin\theta \\ -\sin\theta & \cos\theta \end{pmatrix}, \\
(\tilde{\omega}^1, \tilde{\omega}^2) &= (\omega^1, \omega^2) \cdot \begin{pmatrix} \cos\theta & -\sin\theta \\ \sin\theta & \cos\theta \end{pmatrix}.
\end{aligned} \tag{4.33}$$

按照 (4.29) 式, 我们有

$$\mathrm{D}\tilde{\boldsymbol{e}}_1 = \tilde{\omega}_1^2 \tilde{\boldsymbol{e}}_2,$$

因此

$$\begin{aligned}
\tilde{\omega}_1^2 &= \mathrm{D}\tilde{\boldsymbol{e}}_1 \cdot \tilde{\boldsymbol{e}}_2 = \mathrm{D}(\cos\theta \boldsymbol{e}_1 + \sin\theta \boldsymbol{e}_2) \cdot (-\sin\theta \boldsymbol{e}_1 + \cos\theta \boldsymbol{e}_2) \\
&= [(-\sin\theta \boldsymbol{e}_1 + \cos\theta \boldsymbol{e}_2)\mathrm{d}\theta + \cos\theta \mathrm{D}\boldsymbol{e}_1 + \sin\theta \mathrm{D}\boldsymbol{e}_2] \\
&\quad \cdot(-\sin\theta \boldsymbol{e}_1 + \cos\theta \boldsymbol{e}_2) \\
&= \mathrm{d}\theta + \omega_1^2.
\end{aligned} \tag{4.34}$$

同理, 因为 $\tilde{\boldsymbol{e}}_3 = \boldsymbol{e}_3$, 故

$$\begin{aligned}
\mathrm{d}\tilde{\boldsymbol{e}_3} = \mathrm{d}\boldsymbol{e}_3 &= (\omega_3^1, \omega_3^2) \cdot \begin{pmatrix} \boldsymbol{e}_1 \\ \boldsymbol{e}_2 \end{pmatrix} = (\tilde{\omega}_3^1, \tilde{\omega}_3^2) \cdot \begin{pmatrix} \tilde{\boldsymbol{e}}_1 \\ tilde\boldsymbol{e}_2 \end{pmatrix} \\
&= (\tilde{\omega}_3^1, \tilde{\omega}_3^2) \cdot \begin{pmatrix} \cos\theta & \sin\theta \\ -\sin\theta & \cos\theta \end{pmatrix} \cdot \begin{pmatrix} \boldsymbol{e}_1 \\ \boldsymbol{e}_2 \end{pmatrix},
\end{aligned}$$

因此

$$\begin{aligned}
(\omega_3^1, \omega_3^2) &= (\tilde{\omega}_3^1, \tilde{\omega}_3^2) \cdot \begin{pmatrix} \cos\theta & \sin\theta \\ -\sin\theta & \cos\theta \end{pmatrix}, \\
(\tilde{\omega}_1^3, \tilde{\omega}_2^3) &= (\omega_1^3, \omega_2^3) \cdot \begin{pmatrix} \cos\theta & -\sin\theta \\ \sin\theta & \cos\theta \end{pmatrix}.
\end{aligned} \tag{4.35}$$

假定

$$(\tilde{\omega}_1^3, \tilde{\omega}_2^3) = (\tilde{\omega}^1, \tilde{\omega}^2) \cdot \begin{pmatrix} \tilde{a} & \tilde{b} \\ \tilde{b} & \tilde{c} \end{pmatrix}, \tag{4.36}$$

将 (4.33) 式代入 (4.36) 式, 然后与 (4.21) 式一起代入 (4.35) 式得到

$$\begin{aligned}&(\omega^1,\omega^2)\cdot\begin{pmatrix}\cos\theta & -\sin\theta\\ \sin\theta & \cos\theta\end{pmatrix}\cdot\begin{pmatrix}\tilde a & \tilde b\\ \tilde b & \tilde c\end{pmatrix}\\ &=(\omega_1^3,\omega_2^3)\cdot\begin{pmatrix}\cos\theta & -\sin\theta\\ \sin\theta & \cos\theta\end{pmatrix}\\ &=(\omega^1,\omega^2)\cdot\begin{pmatrix}a & b\\ b & c\end{pmatrix}\cdot\begin{pmatrix}\cos\theta & -\sin\theta\\ \sin\theta & \cos\theta\end{pmatrix},\end{aligned}$$

所以

$$\begin{pmatrix}\tilde a & \tilde b\\ \tilde b & \tilde c\end{pmatrix}=\begin{pmatrix}\cos\theta & \sin\theta\\ -\sin\theta & \cos\theta\end{pmatrix}\cdot\begin{pmatrix}a & b\\ b & c\end{pmatrix}\cdot\begin{pmatrix}\cos\theta & -\sin\theta\\ \sin\theta & \cos\theta\end{pmatrix},$$

即 (ω_1^3,ω_2^3) 用 (ω^1,ω^2) 表示时其系数矩阵 (参看 (4.21) 式) 在变换 (4.32) 下经受一个相似变换 (或合同变换), 其过渡矩阵就是变换 (4.32) 的矩阵. 综合起来, 我们有下面的定理:

定理 4.2 若曲面 S 上的一阶标架场 $\{\boldsymbol{r};\boldsymbol{e}_1,\boldsymbol{e}_2,\boldsymbol{e}_3\}$ 经受如下的变换:

$$\begin{pmatrix}\tilde{\boldsymbol{e}}_1\\ \tilde{\boldsymbol{e}}_2\end{pmatrix}=\begin{pmatrix}\cos\theta & \sin\theta\\ -\sin\theta & \cos\theta\end{pmatrix}\cdot\begin{pmatrix}\boldsymbol{e}_1\\ \boldsymbol{e}_2\end{pmatrix},\quad \tilde{\boldsymbol{e}_3}=\boldsymbol{e}_3,\tag{4.32'}$$

则对应的相对分量按下列规律进行变换:

$$\begin{aligned}&(\tilde\omega^1,\tilde\omega^2)=(\omega^1,\omega^2)\cdot\begin{pmatrix}\cos\theta & -\sin\theta\\ \sin\theta & \cos\theta\end{pmatrix},\\ &\tilde\omega^3=\omega^3=0,\\ &\tilde\omega_1^2=\omega_1^2+\mathrm{d}\theta,\\ &(\tilde\omega_1^3,\tilde\omega_2^3)=(\omega_1^3,\omega_2^3)\cdot\begin{pmatrix}\cos\theta & -\sin\theta\\ \sin\theta & \cos\theta\end{pmatrix}.\end{aligned}\tag{4.37}$$

例 4 利用曲面 S 上的一阶标架场的相对分量, 构造定义在曲面 S 上的二次微分式, 使它们与曲面 S 的一阶标架场的选取无关.

解　根据定理 4.2, 二次微分形式 $(\omega^1)^2+(\omega^2)^2$, $\omega^1\omega_1^3+\omega^2\omega_2^3$, $(\omega_1^3)^2+(\omega_2^3)^2$ 显然与曲面 S 的一阶标架场的选取无关, 它们恰好是曲面 S 的第一基本形式、第二基本形式和第三基本形式.

例 5　证明: 二次外微分式 $\omega^1\wedge\omega^2$ 与曲面 S 的一阶标架场的选取无关.

证明　实际上,

$$\begin{aligned}\tilde{\omega}^1\wedge\tilde{\omega}^2&=(\cos\theta\omega^1+\sin\theta\omega^2)\wedge(-\sin\theta\omega^1+\cos\theta\omega^2)\\&=\omega^1\wedge\omega^2.\end{aligned}$$

若取例题 1 所给出的一阶标架场, 则

$$\omega^1=\frac{\sqrt{g}}{\sqrt{G}}\mathrm{d}u,\quad \omega^2=\frac{F}{\sqrt{G}}\mathrm{d}u+\sqrt{G}\mathrm{d}v,$$

因此

$$\omega^1\wedge\omega^2=\frac{\sqrt{g}}{\sqrt{G}}\mathrm{d}u\wedge\left(\frac{F}{\sqrt{G}}\mathrm{d}u+\sqrt{G}\mathrm{d}v\right)=\sqrt{g}\mathrm{d}u\wedge\mathrm{d}v.$$

这正好是 §7.2 中例 2 的 (2.12) 式定义的面积元素 $\mathrm{d}\sigma$. 证毕.

例 6　证明: $\mathrm{d}\omega_1^2$, $\omega_1^3\wedge\omega_2^3$, $\omega^1\wedge\omega_2^3-\omega^2\wedge\omega_1^3$ 是曲面 S 上与一阶标架场的选取无关的二次外微分式.

证明　根据定理 4.2, 当曲面 S 的一阶标架场作变换 (4.32′) 时,

$$\tilde{\omega}_1^2=\omega_1^2+\mathrm{d}\theta,$$

其中 θ 是定义在曲面 S 上的连续可微函数, $\mathrm{d}\theta$ 是它的微分. 因此再次取它的外微分得到 $\mathrm{d}(\mathrm{d}\theta)=0$, 于是

$$\mathrm{d}\tilde{\omega}_1^2=\mathrm{d}\omega_1^2+\mathrm{d}(\mathrm{d}\theta)=\mathrm{d}\omega_1^2.$$

另外, 根据 (4.37) 式,

$$\begin{aligned}\tilde{\omega}^1&=\cos\theta\omega^1+\sin\theta\omega^2, &\tilde{\omega}^2&=-\sin\theta\omega^1+\cos\theta\omega^2,\\\tilde{\omega}_1^3&=\cos\theta\omega_1^3+\sin\theta\omega_2^3, &\tilde{\omega}_2^3&=-\sin\theta\omega_1^3+\cos\theta\omega_2^3,\end{aligned}$$

因此

$$
\begin{aligned}
\tilde{\omega}_1^3 \wedge \tilde{\omega}_2^3 &= (\cos\theta\omega_1^3 + \sin\theta\omega_2^3) \wedge (-\sin\theta\omega_1^3 + \cos\theta\omega_2^3) \\
&= \omega_1^3 \wedge \omega_2^3, \\
\tilde{\omega}^1 \wedge \tilde{\omega}_2^3 - \tilde{\omega}^2 \wedge \tilde{\omega}_1^3 & \\
&= (\cos\theta\omega^1 + \sin\theta\omega^2) \wedge (-\sin\theta\omega_1^3 + \cos\theta\omega_2^3) \\
&\quad -(-\sin\theta\omega^1 + \cos\theta\omega^2) \wedge (\cos\theta\omega_1^3 + \sin\theta\omega_2^3) \\
&= \omega^1 \wedge \omega_2^3 - \omega^2 \wedge \omega_1^3.
\end{aligned}
$$

经直接计算得到

$$
\begin{aligned}
\omega_1^3 \wedge \omega_2^3 &= (a\omega^1 + b\omega^2) \wedge (b\omega^1 + c\omega^2) = (ac - b^2)\omega^1 \wedge \omega^2, \\
\omega^1 \wedge \omega_2^3 - \omega^2 \wedge \omega_1^3 &= \omega^1 \wedge (b\omega^1 + c\omega^2) - \omega^2 \wedge (a\omega^1 + b\omega^2) \\
&= (a + c)\omega^1 \wedge \omega^2.
\end{aligned}
$$

在这里, $\omega^1 \wedge \omega^2$ 是曲面 S 的面积元素, 与曲面 S 上一阶标架场的选取是无关的, 因此 $ac - b^2, a + c$ 都是与曲面 S 上一阶标架场的选取无关的不变量. 实际上, $ac - b^2, a + c$ 分别是 (ω_1^3, ω_2^3) 用 (ω^1, ω^2) 表示时其系数矩阵 (参看 (4.21) 式) 的行列式和迹. 在例题 2 中所取的一阶标架场下, a, b, c 有表达式 (4.26), 因此

$$
ac - b^2 = \frac{LN - M^2}{EG} = K, \quad a + c = \frac{L}{E} + \frac{N}{G} = 2H, \tag{4.38}
$$

即 $K = ac - b^2$ 是曲面 S 的 Gauss 曲率, $H = \dfrac{1}{2}(a + c)$ 是曲面 S 的平均曲率.

现在, 结构方程中的 Gauss 方程成为

$$
d\omega_1^2 = \omega_1^3 \wedge \omega_3^2 = -K\omega^1 \wedge \omega^2,
$$

于是

$$
K = -\frac{d\omega_1^2}{\omega^1 \wedge \omega^2}. \tag{4.39}
$$

根据定理 4.1,$\omega_1^2,\omega^1,\omega^2$ 都只依赖曲面 S 的第一基本形式, 上式再一次证明了 Gauss 的绝妙定理 (第五章的定理 5.1). 证毕.

例 7 设曲面 S 的第一基本形式为 $\mathrm{I}=E(\mathrm{d}u)^2+G(\mathrm{d}v)^2$, 证明: 曲面 S 的 Gauss 曲率是

$$K=-\frac{1}{\sqrt{EG}}\left(\left(\frac{(\sqrt{E})_v}{\sqrt{G}}\right)_v+\left(\frac{(\sqrt{G})_u}{\sqrt{E}}\right)_u\right). \tag{4.40}$$

证明 将曲面 S 的第一基本形式写成

$$\mathrm{I}=(\sqrt{E}\mathrm{d}u)^2+(\sqrt{G}\mathrm{d}v)^2,$$

于是得到曲面 S 上的一阶标架场的相对分量

$$\omega^1=\sqrt{E}\mathrm{d}u,\qquad \omega^2=\sqrt{G}\mathrm{d}v.$$

根据定理 4.1 和例题 2 的计算得到 (参看 (4.25) 式)

$$\omega_1^2=-\frac{(\sqrt{E})_v}{\sqrt{G}}\mathrm{d}u+\frac{(\sqrt{G})_u}{\sqrt{E}}\mathrm{d}v.$$

经直接计算得到

$$\mathrm{d}\omega_1^2=\left(\left(\frac{(\sqrt{E})_v}{\sqrt{G}}\right)_v+\left(\frac{(\sqrt{G})_u}{\sqrt{E}}\right)_u\right)\mathrm{d}u\wedge\mathrm{d}v,$$

$$\omega^1\wedge\omega^2=\sqrt{EG}\mathrm{d}u\wedge\mathrm{d}v,$$

因此由 (4.39) 式得到 (4.40). 证毕.

例 8 试证 $\omega^1\omega_2^3-\omega^2\omega_1^3$ 是曲面 S 上与一阶标架场的选取无关的二次微分形式.

证明 由定理 4.2 得到

$$(\tilde\omega^1,\tilde\omega^2)=(\omega^1,\omega^2)\cdot\begin{pmatrix}\cos\theta & -\sin\theta\\ \sin\theta & \cos\theta\end{pmatrix},$$

$$\begin{pmatrix}\tilde\omega_2^3\\ -\tilde\omega_1^3\end{pmatrix}=\begin{pmatrix}\cos\theta & \sin\theta\\ -\sin\theta & \cos\theta\end{pmatrix}\left(\omega_2^3\omega_1^3\right),$$

因此

$$(\tilde{\omega}^1, \tilde{\omega}^2)\left(\tilde{\omega}_2^3 \tilde{\omega}_1^3\right) = (\omega^1, \omega^2)\begin{pmatrix} \omega_2^3 \\ -\omega_1^3 \end{pmatrix}.$$

将 ω_1^3, ω_2^3 的表达式代入上式得到

$$\omega^1\omega_2^3 - \omega^2\omega_1^3 = b(\omega^1)^2 + (c-a)\omega^1\omega^2 - b(\omega^2)^2. \tag{4.41}$$

在 §7.5 我们会给出这个二次微分形式的几何意义. 证毕.

习 题 7.4

1. 设 $\{\boldsymbol{r}; \boldsymbol{r}_u, \boldsymbol{r}_v, \boldsymbol{n}\}$ 是曲面 S 上的自然标架场, 其相对分量 ω^j, ω_i^j 如 (4.3) 和 (4.4) 式给出. 证明:

(1) $\mathrm{d}g_{\alpha\beta} = g_{\alpha\gamma}\omega_\beta^\gamma + g_{\gamma\beta}\omega_\alpha^\gamma$;

(2) 命 $\omega_{\alpha\beta} = \omega_\alpha^\gamma g_{\gamma\beta}$, $R_{\alpha\beta\gamma\delta} = g_{\beta\eta}R_{\alpha\gamma\delta}^\eta$, 则

$$\mathrm{d}\omega_{\alpha\beta} + \omega_\alpha^\gamma \wedge \omega_{\beta\gamma} = -\frac{1}{2}R_{\alpha\beta\gamma\delta}\mathrm{d}u^\gamma \wedge \mathrm{d}u^\delta;$$

(3) $\mathrm{d}g^{\alpha\beta} = -g^{\alpha\gamma}\omega_\gamma^\beta - g^{\gamma\beta}\omega_\gamma^\alpha$.

2. 设曲面的第一基本形式给定如下:

(1) $\mathrm{I} = \dfrac{1}{v^2}((\mathrm{d}u)^2 + (\mathrm{d}v)^2),\ v > 0$;

(2) $\mathrm{I} = \dfrac{(\mathrm{d}u)^2 - 4v\mathrm{d}u\mathrm{d}v + 4u(\mathrm{d}v)^2}{4(u-v^2)}, u > v^2$;

(3) $\mathrm{I} = (\mathrm{d}u)^2 + 2\cos\psi\mathrm{d}u\mathrm{d}v + (\mathrm{d}v)^2$, ψ 是 u, v 的连续可微函数.

求该曲面上关于一个一阶标架场的相对分量 $\omega^1, \omega^2, \omega_1^2$ 和 Gauss 曲率 K.

3. 在旋转曲面

$$\boldsymbol{r}(u,v) = (u\cos v, u\sin v, g(u))$$

上建立一阶标架场, 并计算它的相对分量 ω^j, ω_i^j.

4. 对于例题 2 所给出的一阶标架场的相对分量 ω^j, ω_i^j, 写出它们所满足的第二组结构方程.

5. 已知曲面 S 的两个基本形式分别为

$$\mathrm{I} = (a^2+2v^2)(\mathrm{d}u)^2 + 4uv\mathrm{d}u\mathrm{d}v + (a^2+2u^2)(\mathrm{d}v)^2,$$

$$\mathrm{II} = -\frac{2a}{\sqrt{a^2+2(u^2+v^2)}}\mathrm{d}u\mathrm{d}v.$$

求该曲面上一个一阶标架场的相对分量 ω^j, ω_i^j, 并且验证它们适合第二组结构方程.

§7.5 曲面上的曲线

在 §6.1 我们曾经指出, 落在曲面 S 上的曲线 C 受到曲面的制约, 它的弯曲性质必然在某种程度上反映了曲面的弯曲情况. 现在, 我们要把上一节所建立的曲面的一阶标架场理论用于曲面上曲线的研究.

假定在曲面 $S: \boldsymbol{r} = \boldsymbol{r}(u^1, u^2)$ 上取定一个一阶标架场 $\{\boldsymbol{r}; \boldsymbol{\alpha}_1, \boldsymbol{\alpha}_2, \boldsymbol{\alpha}_3\}$, 其中 $\boldsymbol{\alpha}_3 = \boldsymbol{n}$. 设它的相对分量是 $\omega^1, \omega^2, \omega^3 = 0$ 以及 $\omega_i^j = -\omega_j^i$, 它们都是参数 u^1, u^2 的一次微分式.

设 C 是曲面 S 上的一条连续可微曲线, 其参数方程为 $u^\alpha = u^\alpha(s)$, $\alpha = 1, 2, s$ 为弧长参数. 因此, 曲线 C 的单位切向量是

$$\boldsymbol{e}_1 = \frac{\mathrm{d}\boldsymbol{r}(s)}{\mathrm{d}s} = \frac{\omega^1}{\mathrm{d}s}\boldsymbol{\alpha}_1 + \frac{\omega^2}{\mathrm{d}s}\boldsymbol{\alpha}_2, \tag{5.1}$$

这里的 ω^1, ω^2 是曲面 S 的相对分量 ω^1, ω^2 在曲线 C 上的限制. 设 θ 是 $\boldsymbol{e}_1$ 与 $\boldsymbol{\alpha}_1$ 所构成的方向角, 即

$$\boldsymbol{e}_1 = \cos\theta\boldsymbol{\alpha}_1 + \sin\theta\ \boldsymbol{\alpha}_2, \tag{5.2}$$

故沿曲线 C 有

$$\frac{\omega^1}{\mathrm{d}s} = \cos\theta, \quad \frac{\omega^2}{\mathrm{d}s} = \sin\theta. \tag{5.3}$$

命

$$\begin{aligned}
\boldsymbol{e}_2 &= \boldsymbol{n} \times \boldsymbol{e}_1 = \boldsymbol{\alpha}_3 \times (\cos\theta\ \boldsymbol{\alpha}_1 + \sin\theta \boldsymbol{\alpha}_2) \\
&= -\sin\theta \boldsymbol{\alpha}_1 + \cos\theta\ \boldsymbol{\alpha}_2 = -\frac{\omega^2}{\mathrm{d}s}\boldsymbol{\alpha}_1 + \frac{\omega^1}{\mathrm{d}s}\boldsymbol{\alpha}_2, \qquad (5.4)\\
\boldsymbol{e}_3 &= \boldsymbol{\alpha}_3 = \boldsymbol{n}.
\end{aligned}$$

于是 $\{\boldsymbol{r}; \boldsymbol{e}_1, \boldsymbol{e}_2, \boldsymbol{e}_3\}$ 是沿曲面 S 上的曲线 C 如 §6.1 所定义的单位正交标架场, 它是曲面 S 的一阶标架场 $\{\boldsymbol{r}; \boldsymbol{\alpha}_1, \boldsymbol{\alpha}_2, \boldsymbol{\alpha}_3\}$ 在曲线 C 上的限制、并在每一点转过一个角度 θ 得到的. 根据定义, 曲线 C 的曲率向量是

$$\begin{aligned}
\frac{\mathrm{d}\boldsymbol{e}_1}{\mathrm{d}s} &= (-\sin\theta\ \boldsymbol{\alpha}_1 + \cos\theta \boldsymbol{\alpha}_2)\frac{\mathrm{d}\theta}{\mathrm{d}s} + \cos\theta \frac{\mathrm{d}\boldsymbol{\alpha}_1}{\mathrm{d}s} + \sin\theta \frac{\mathrm{d}\boldsymbol{\alpha}_2}{\mathrm{d}s} \\
&= \left(\frac{\mathrm{d}\theta}{\mathrm{d}s} + \frac{\omega_1^2}{\mathrm{d}s}\right)\boldsymbol{e}_2 + \frac{\omega^1\omega_1^3 + \omega^2\omega_2^3}{\mathrm{d}s^2}\boldsymbol{e}_3. \qquad (5.5)
\end{aligned}$$

所以

$$\frac{\mathrm{D}\boldsymbol{e}_1}{\mathrm{d}s} = \left(\frac{\mathrm{d}\boldsymbol{e}_1}{\mathrm{d}s}\right)^{\top} = \left(\frac{\mathrm{d}\theta}{\mathrm{d}s} + \frac{\omega_1^2}{\mathrm{d}s}\right)\boldsymbol{e}_2. \qquad (5.6)$$

故曲面 S 上的曲线 C 的测地曲率是

$$\kappa_g = \frac{\mathrm{d}\theta}{\mathrm{d}s} + \frac{\omega_1^2}{\mathrm{d}s}, \qquad (5.7)$$

法曲率是 $\kappa_n = \dfrac{\mathrm{d}\boldsymbol{e}_1}{\mathrm{d}s} \cdot \boldsymbol{n}$, 即

$$\kappa_n = \frac{\omega^1\omega_1^3 + \omega^2\omega_2^3}{\mathrm{d}s^2} = a\cos^2\theta + 2b\sin\theta\cos\theta + c\sin^2\theta, \qquad (5.8)$$

其中 a, b, c 是相对分量 ω_1^3, ω_2^3 用 ω^1, ω^2 线性表示时的系数 (参看 (4.21) 式). 为要求得沿曲线 C 的单位正交标架场 $\{\boldsymbol{r}; \boldsymbol{e}_1, \boldsymbol{e}_2, \boldsymbol{e}_3\}$ 的运动公式, 还需要作如下计算:

$$\begin{aligned}
\frac{\mathrm{d}\boldsymbol{e}_2}{\mathrm{d}s} &= -(\cos\theta\ \boldsymbol{\alpha}_1 + \sin\theta \boldsymbol{\alpha}_2)\frac{\mathrm{d}\theta}{\mathrm{d}s} - \sin\theta \frac{\mathrm{d}\boldsymbol{\alpha}_1}{\mathrm{d}s} + \cos\theta \frac{\mathrm{d}\boldsymbol{\alpha}_2}{\mathrm{d}s} \\
&= -\left(\frac{\mathrm{d}\theta}{\mathrm{d}s} + \frac{\omega_1^2}{\mathrm{d}s}\right)\boldsymbol{e}_1 + \frac{\omega^1\omega_2^3 - \omega^2\omega_1^3}{\mathrm{d}s^2}\boldsymbol{e}_3, \qquad (5.9)
\end{aligned}$$

所以曲面 S 上的曲线 C 的测地挠率是

$$\tau_g = \frac{\omega^1\omega_2^3 - \omega^2\omega_1^3}{\mathrm{d}s^2} = b\cos^2\theta + (c-a)\cos\theta\sin\theta - b\sin^2\theta. \tag{5.10}$$

注意到 $\omega^1\omega_2^3 - \omega^2\omega_1^3$ 是 §7.4 的例题 8 给出的二次微分式, 它在曲线 C 上的限制与 $\mathrm{d}s^2$ 之比恰好是曲面 S 上的曲线 C 的测地挠率.

公式 (5.8) 给出了曲面 S 的法曲率 κ_n 作为切方向的方向角 θ 的函数, 使我们能够容易地考虑 κ_n 的极值性质. 由 (5.8) 式得到

$$\begin{aligned}\kappa_n &= a\cdot\frac{1+\cos 2\theta}{2} + b\sin 2\theta + c\cdot\frac{1-\cos 2\theta}{2}\\ &= \frac{a+c}{2} + \frac{a-c}{2}\cos 2\theta + b\sin 2\theta.\end{aligned}$$

如果 $(a-c)/2, b$ 同时为零, 则 $\kappa_n = (a+c)/2$ 与方向角 θ 无关, 即曲面 S 在该点沿各个切方向的法曲率都相同, 因此该点是曲面 S 的脐点. 假定 $(a-c)/2, b$ 不同时为零, 则可取 θ_0, 使得

$$\cos 2\theta_0 = \frac{a-c}{\sqrt{(a-c)^2+4b^2}}, \quad \sin 2\theta_0 = \frac{2b}{\sqrt{(a-c)^2+4b^2}}, \tag{5.11}$$

于是曲面 S 的法曲率 κ_n 可以写成

$$\kappa_n = \frac{a+c}{2} + \sqrt{\left(\frac{a-c}{2}\right)^2 + b^2}\cdot\cos 2(\theta-\theta_0). \tag{5.12}$$

由此可见, 曲面 S 在一点的法曲率 κ_n 在 $\theta = \theta_0, \theta_0 + \pi$ 时达到最大值

$$\kappa_1 = \frac{a+c}{2} + \sqrt{\left(\frac{a-c}{2}\right)^2 + b^2}, \tag{5.13}$$

在 $\theta = \theta_0 + \dfrac{\pi}{2}, \theta_0 + \dfrac{3\pi}{2}$ 时达到最小值

$$\kappa_2 = \frac{a+c}{2} - \sqrt{\left(\frac{a-c}{2}\right)^2 + b^2}. \tag{5.14}$$

换句话说, κ_1, κ_2 是曲面 S 在一点的主曲率, $\theta_0 + \dfrac{k\pi}{2}$($k$ 是整数) 是曲

面 S 在该点的主方向, 而且对应于不同主曲率的主方向必定是彼此正交的. 另外, 从 (5.13) 和 (5.14) 两式得到

$$2H=\kappa_1+\kappa_2=a+c,\quad K=\kappa_1\cdot\kappa_2=ac-b^2. \tag{5.15}$$

这再次证明了 (4.38) 式.

法曲率 κ_n 的公式 (5.12) 还能够进一步写成

$$\begin{aligned}\kappa_n&=\frac{a+c}{2}+\sqrt{\left(\frac{a-c}{2}\right)^2+b^2}\cdot(\cos^2(\theta-\theta_0)-\sin^2(\theta-\theta_0))\\&=\left(\frac{a+c}{2}+\sqrt{\left(\frac{a-c}{2}\right)^2+b^2}\right)\cos^2(\theta-\theta_0)\\&\quad+\left(\frac{a+c}{2}-\sqrt{\left(\frac{a-c}{2}\right)^2+b^2}\right)\sin^2(\theta-\theta_0)\\&=\kappa_1\cos^2(\theta-\theta_0)+\kappa_2\sin^2(\theta-\theta_0).\end{aligned} \tag{5.16}$$

这正是 Euler 公式的一般情形. 如果取曲面 S 的一阶标架场 $\{\boldsymbol{r};\boldsymbol{\alpha}_1,\boldsymbol{\alpha}_2,\boldsymbol{\alpha}_3\}$ 使得 $\boldsymbol{\alpha}_1,\boldsymbol{\alpha}_2$ 是曲面 S 的主方向, 则这样的标架场称为曲面 S 的**二阶标架场**. 对于曲面 S 的二阶标架场 $\{\boldsymbol{r};\boldsymbol{\alpha}_1,\boldsymbol{\alpha}_2,\boldsymbol{\alpha}_3\}$, 显然有 $\theta_0=0$, 因此公式 (5.16) 成为

$$\kappa_n=\kappa_1\cos^2\theta+\kappa_2\sin^2\theta, \tag{5.17}$$

这就是关于曲面 S 的法曲率的标准 Euler 公式.

另外, 当 $\dfrac{a-c}{2},b$ 不同时为零时, (5.10) 式能够改写成

$$\begin{aligned}\tau_g&=b(\cos^2\theta-\sin^2\theta)+(c-a)\sin\theta\cos\theta\\&=b\cos2\theta+\frac{c-a}{2}\sin2\theta\\&=\sqrt{\left(\frac{a-c}{2}\right)^2+b^2}\cdot(\sin2\theta_0\cos2\theta-\cos2\theta_0\sin2\theta)\\&=\frac{1}{2}(\kappa_2-\kappa_1)\sin2(\theta-\theta_0).\end{aligned} \tag{5.18}$$

所以, 曲面 S 在任意一点沿主方向 $\theta=\theta_0$ 时总是有测地挠率 $\tau_g=0$, 反之亦然. 由此可见,

$$\omega^1\omega_2^3-\omega^2\omega_1^3=0 \tag{5.19}$$

是曲面 S 上曲率线的微分方程. 比较 (5.18) 和 (5.12) 式, 不难知道

$$\frac{\mathrm{d}\kappa_n(\theta)}{\mathrm{d}\theta}=2\tau_g(\theta). \tag{5.20}$$

曲面 S 上的二阶标架场是与曲面 S 有更加密切关系的标架场. 假定 $\{\boldsymbol{r};\boldsymbol{\alpha}_1,\boldsymbol{\alpha}_2,\boldsymbol{\alpha}_3\}$ 是曲面 S 的二阶标架场, 则 $\theta_0=0$, 故 $b=0$(参看 (5.11) 式), 因此

$$\omega_1^3=a\omega^1,\quad \omega_2^3=c\omega^2. \tag{5.21}$$

在 $a\geqslant c$ 的假设下, 我们有 $\kappa_1=a,\kappa_2=c$, 并且曲面 S 的第二基本形式成为

$$\mathrm{II}=\omega^1\omega_1^3+\omega^2\omega_2^3=\kappa_1(\omega^1)^2+\kappa_2(\omega^2)^2. \tag{5.22}$$

由此可见, 在曲面 S 的二阶标架场下, 它的第一基本形式和第二基本形式有最简单的表达式.

例 1 在曲面 S 的正交参数系下, 求曲线 C 的测地曲率 κ_g 的 Liouville 公式.

解 假定 (u,v) 是曲面 S 上的正交参数系, 曲面 S 的第一基本形式是

$$\mathrm{I}=E(\mathrm{d}u)^2+G(\mathrm{d}v)^2,$$

曲线 C 的参数方程是 $u=u(s),v=v(s)$, 其中 s 是曲线 C 的弧长参数. 设曲线 C 与曲面 S 的 u-曲线的夹角是 θ. 那么在曲面 S 上有一阶标架场, 使得它的相对分量是

$$\omega^1=\sqrt{E}\mathrm{d}u,\quad \omega^2=\sqrt{G}\mathrm{d}v.$$

根据 (4.25) 式,

$$\omega_1^2=-\frac{(\sqrt{E})_v}{\sqrt{G}}\mathrm{d}u+\frac{(\sqrt{G})_u}{\sqrt{E}}\mathrm{d}v,$$

并且

$$\cos\theta = \frac{\omega^1}{\mathrm{d}s} = \sqrt{E}\frac{\mathrm{d}u(s)}{\mathrm{d}s}, \quad \sin\theta = \frac{\omega^2}{\mathrm{d}s} = \sqrt{G}\frac{\mathrm{d}v(s)}{\mathrm{d}s}.$$

根据 (5.7) 式, 曲线 C 的测地曲率 κ_g 是

$$\begin{aligned}\kappa_g &= \frac{\mathrm{d}\theta}{\mathrm{d}s} + \frac{\omega_1^2}{\mathrm{d}s}\\ &= \frac{\mathrm{d}\theta}{\mathrm{d}s} - \frac{(\sqrt{E})_v}{\sqrt{G}}\frac{\mathrm{d}u}{\mathrm{d}s} + \frac{(\sqrt{G})_u}{\sqrt{E}}\frac{\mathrm{d}v}{\mathrm{d}s}\\ &= \frac{\mathrm{d}\theta}{\mathrm{d}s} - \frac{(\sqrt{E})_v}{\sqrt{EG}}\cos\theta + \frac{(\sqrt{G})_u}{\sqrt{EG}}\sin\theta\\ &= \frac{\mathrm{d}\theta}{\mathrm{d}s} - \frac{1}{2\sqrt{G}}\frac{\partial\log E}{\partial v}\cos\theta + \frac{1}{2\sqrt{E}}\frac{\partial\log G}{\partial u}\sin\theta, \qquad (5.23)\end{aligned}$$

这就是曲线 C 的测地曲率 κ_g 的 Liouville 公式.

曲线 C 的测地曲率 κ_g 的 Liouville 公式在理论上是重要的, 但是将它实际地用于计算曲线 C 的测地曲率却十分困难, 因为夹角函数 $\theta(s)$ 并不是容易求得的. 但是公式 (5.7) 却为我们提供了计算测地曲率的一条途径: 设 C 是曲面 S 上的一条曲线, 设法在曲面 S 上取一个适当的一阶标架场 $\{\boldsymbol{r};\boldsymbol{\alpha}_1,\boldsymbol{\alpha}_2,\boldsymbol{\alpha}_3\}$, 使得它限制在曲线 C 上时, $\boldsymbol{\alpha}_1$ 恰好是曲线 C 的单位切向量. 这样的标架场在曲线 C 的邻域内是容易取到的. 设这个一阶标架场的相对分量是 ω^1,ω^2, 然后按照定理 4.1 求联络形式 ω_1^2. 根据该一阶标架场的取法, 方向角函数 $\theta=0$, 所以由 (5.7) 式得到

$$\kappa_g = \frac{\omega_1^2}{\mathrm{d}s}.$$

需要指出的是, 在上面介绍的方法中, 并不要求在曲面 S 上已经取了正交参数系, 这正是活动标架场与曲面的参数系的关系比较松弛的妙处.

例 2 设曲面 S 的第一基本形式为

$$\mathrm{I} = (\mathrm{d}u)^2 + (u^2+a^2)(\mathrm{d}v)^2.$$

求曲线 $C: u+v=0$ 的测地曲率.

解 本例可以用 Liouville 公式来进行计算, 关键是计算夹角函数 θ. 在这里我们采用前面所介绍的方法.

首先在曲面 S 上引进新参数系 (ξ,η), 使得曲线 C 对应于该参数系下的参数曲线 $\eta=0$. 为此, 只要设

$$\xi=\frac{1}{2}(u-v),\quad \eta=\frac{1}{2}(u+v),$$

故

$$u=\xi+\eta,\quad v=-\xi+\eta.$$

曲面 S 的第一基本形式成为

$$\begin{aligned}
\mathrm{I}&=(\mathrm{d}\xi+\mathrm{d}\eta)^2+((\xi+\eta)^2+a^2)(-\mathrm{d}\xi+\mathrm{d}\eta)^2\\
&=(1+a^2+(\xi+\eta)^2)\mathrm{d}\xi^2+2(1-a^2-(\xi+\eta)^2)\mathrm{d}\xi\mathrm{d}\eta\\
&\quad+(1+a^2+(\xi+\eta)^2)\mathrm{d}\eta^2\\
&=(1+a^2+(\xi+\eta)^2)\cdot\left(\mathrm{d}\xi+\frac{1-a^2-(\xi+\eta)^2}{1+a^2+(\xi+\eta)^2}\mathrm{d}\eta\right)^2\\
&\quad+\left(-\frac{(1-a^2-(\xi+\eta)^2)^2}{1+a^2+(\xi+\eta)^2}+1+a^2+(\xi+\eta)^2\right)\mathrm{d}\eta^2\\
&=\left(\sqrt{1+a^2+(\xi+\eta)^2}\mathrm{d}\xi+\frac{1-a^2-(\xi+\eta)^2}{\sqrt{1+a^2+(\xi+\eta)^2}}\mathrm{d}\eta\right)^2\\
&\quad+\left(\frac{2\sqrt{a^2+(\xi+\eta)^2}}{\sqrt{1+a^2+(\xi+\eta)^2}}\mathrm{d}\eta\right)^2,
\end{aligned}$$

命

$$\omega^1=\sqrt{1+a^2+(\xi+\eta)^2}\mathrm{d}\xi+\frac{1-a^2-(\xi+\eta)^2}{\sqrt{1+a^2+(\xi+\eta)^2}}\mathrm{d}\eta,$$

$$\omega^2=\frac{2\sqrt{a^2+(\xi+\eta)^2}}{\sqrt{1+a^2+(\xi+\eta)^2}}\mathrm{d}\eta.$$

由此可见, ξ-曲线的方程是 $\eta=$ 常数, 它们满足微分方程 $\omega^2=0$. 因此, 对应的一阶标架场 $\{\boldsymbol{r};\boldsymbol{\alpha}_1,\boldsymbol{\alpha}_2,\boldsymbol{\alpha}_3\}$ 中的向量 $\boldsymbol{\alpha}_1$ 是 ξ-曲线的切向

量. 特别是, 当该标架场限制在曲线 C 上时, $\boldsymbol{\alpha}_1$ 是曲线 $C:\eta=0$ 的切向量. 所以, 要求的曲线 C 的测地曲率是

$$\kappa_g = \left.\frac{\omega_1^2}{\mathrm{d}s}\right|_{\eta=0}.$$

如果假设 $\omega_1^2 = p\mathrm{d}\xi + q\mathrm{d}\eta$, 则

$$\kappa_g = p\cdot\left.\frac{\mathrm{d}\xi}{\mathrm{d}s}\right|_{\eta=0},$$

因此我们只要求出 $p|_{\eta=0}$ 和 $\left.\dfrac{\mathrm{d}\xi}{\mathrm{d}s}\right|_{\eta=0}$ 即可.

对 ω^1 求外微分得到

$$\begin{aligned}\mathrm{d}\omega^1 =& \frac{\xi+\eta}{\sqrt{1+a^2+(\xi+\eta)^2}}\mathrm{d}(\xi+\eta)\wedge\mathrm{d}\xi + \left(\frac{-2(\xi+\eta)}{\sqrt{1+a^2+(\xi+\eta)^2}}\right.\\ &\left.- \frac{(1-a^2-(\xi+\eta)^2)(\xi+\eta)}{(\sqrt{1+a^2+(\xi+\eta)^2})^3}\right)\mathrm{d}(\xi+\eta)\wedge\mathrm{d}\eta\\ =& \left(\frac{-3(\xi+\eta)}{\sqrt{1+a^2+(\xi+\eta)^2}} - \frac{(1-a^2-(\xi+\eta)^2)(\xi+\eta)}{(\sqrt{1+a^2+(\xi+\eta)^2})^3}\right)\mathrm{d}\xi\wedge\mathrm{d}\eta.\end{aligned}$$

另外,

$$\omega^2\wedge\omega_2^1 = \omega_1^2\wedge\omega^2 = p\cdot\frac{2\sqrt{a^2+(\xi+\eta)^2}}{\sqrt{1+a^2+(\xi+\eta)^2}}\mathrm{d}\xi\wedge\mathrm{d}\eta,$$

故由结构方程 $\mathrm{d}\omega^1 = \omega^2\wedge\omega_2^1$ 得到

$$\begin{aligned}p|_{\eta=0} &= \frac{\sqrt{1+a^2+\xi^2}}{2\sqrt{a^2+\xi^2}}\cdot\left(\frac{-3\xi}{\sqrt{1+a^2+\xi^2}} - \frac{(1-a^2-\xi^2)\xi}{(\sqrt{1+a^2+\xi^2})^3}\right)\\ &= \frac{-\xi(2+a^2+\xi^2)}{\sqrt{a^2+\xi^2}(1+a^2+\xi^2)}.\end{aligned}$$

曲线 $C:\eta=0$ 的弧长元素是

$$\mathrm{d}s^2 = (\omega^1)^2+(\omega^2)^2 = (1+a^2+\xi^2)\mathrm{d}\xi^2,$$

因此

$$\left.\frac{\mathrm{d}\xi}{\mathrm{d}s}\right|_{\eta=0}=\frac{1}{\sqrt{1+a^2+\xi^2}},$$

由此得到曲线 $C:\eta=0$ 的测地曲率是

$$\begin{aligned}\kappa_g&=\frac{-\xi(2+a^2+\xi^2)}{\sqrt{a^2+\xi^2}\sqrt{(1+a^2+\xi^2)^3}}\\&=-\frac{2(u-v)(8+4a^2+(u-v)^2)}{\sqrt{4a^2+(u-v)^2}\sqrt{(4+4a^2+(u-v)^2)^3}}\\&=-\frac{u(2+a^2+u^2)}{\sqrt{a^2+u^2}\sqrt{(1+a^2+u^2)^3}},\end{aligned}$$

在最后的等号中用到了 $2\eta=u+v=0$, 即 $-v=u$ 的事实.

例 3 用活动标架和外微分法证明 Gauss-Bonnet 公式 (第六章定理 6.1).

证明 假定 C 是有向曲面 S 上一条连续可微的简单闭曲线, 它在曲面 S 上围成一个单连通区域 D, 并且具有从区域 D 诱导的定向. K 是曲面 S 的 Gauss 曲率, κ_g 是曲线 C 的测地曲率, s 是曲线 C 的弧长参数, $0\leqslant s\leqslant L$.

设 $\boldsymbol{e}_1,\boldsymbol{e}_2$ 是区域 D 上的两个单位正交的切向量场, 构成区域 D 上的一阶标架场 (对于有边的单连通区域, 这样的标架场总是存在的), 设 ω^1,ω^2 是该标架场的相对分量, $\omega_1^2=-\omega_2^1$ 是根据定理 4.1 确定的联络形式, θ 是曲线 C 的单位切向量 $\boldsymbol{\alpha}$ 与标架向量 $\boldsymbol{e}_1$ 的夹角, 则由 (5.7) 式得到

$$\kappa_g=\frac{\mathrm{d}\theta}{\mathrm{d}s}+\frac{\omega_1^2}{\mathrm{d}s},$$

故

$$\mathrm{d}\theta=\kappa_g\mathrm{d}s-\omega_1^2. \tag{5.24}$$

因为一阶标架场 $\{\boldsymbol{e}_1,\boldsymbol{e}_2\}$ 和曲线 C 的连续可微性, 方向角函数 θ 在每一点的邻域内是可微的. 又因为曲线 C 的紧致性, 可以取出方向角函数的一个连续分支 $\theta(s)$, 因而 $\theta=\theta(s),0\leqslant s\leqslant L$ 是一个连续可微函

数. 对 (5.24) 式两边取积分得到

$$\oint_C \mathrm{d}\theta = \theta(L) - \theta(0) = \oint_C \kappa_g \mathrm{d}s - \oint_C \omega_1^2$$
$$= \oint_C \kappa_g \mathrm{d}s - \iint_D \mathrm{d}\omega_1^2 = \oint_C \kappa_g \mathrm{d}s + \iint_D K\omega^1 \wedge \omega^2, \quad (5.25)$$

其中第三个等号用了 Stokes 公式 (2.30), 最后一个等号用了公式 (4.39). 注意到 $\theta(L) - \theta(0)$ 必定是 2π 的整数倍, 我们要证明该整数是 1.

为此, 在区域 D 的内部取一点 p, 以 p 为中心作半径为 ε 的测地圆周 C_ε, 它围成的区域记为 $D_\varepsilon \subset D$. 假定 C_ε 具有从区域 D_ε 诱导的定向, 那么 $\partial(D \setminus D_\varepsilon) = C - C_\varepsilon$(其中 $-C_\varepsilon$ 是指该圆周与圆周 C_ε 有相反的定向). 于是将 (5.24) 式两边在 $\partial(D \setminus D_\varepsilon) = C - C_\varepsilon$ 上积分得到

$$\int_{C-C_\varepsilon} \mathrm{d}\theta = \int_{C-C_\varepsilon} \kappa_g \mathrm{d}s - \int_{C-C_\varepsilon} \omega_1^2$$
$$= \int_{C-C_\varepsilon} \kappa_g \mathrm{d}s - \iint_{D\setminus D_\varepsilon} \mathrm{d}\omega_1^2$$
$$= \int_{C-C_\varepsilon} \kappa_g \mathrm{d}s + \iint_{D\setminus D_\varepsilon} K\omega^1 \wedge \omega^2. \quad (5.26)$$

但是, 终端的积分明显地与区域 $D \setminus D_\varepsilon$ 内的一阶标架场的取法无关. 若在区域 $D \setminus D_\varepsilon$ 内取一阶标架场 $\{\boldsymbol{\alpha}_1, \boldsymbol{\alpha}_2\}$, 使得标架向量 $\boldsymbol{\alpha}_1$ 限制在曲线 C 和 C_ε 上时分别是它们的切向量. 这样的标架场是可以取得到的. 实际上, 曲线 C 能够连续地形变为曲线 C_ε, 因此可以设想有一个单参数曲线族覆盖了区域 $D \setminus D_\varepsilon$, 它是从曲线 C 到 C_ε 的变分. 把其中的变分曲线的切向量记为 $\boldsymbol{\alpha}_1$, 再将它按正定向旋转 90° 得到 $\boldsymbol{\alpha}_2$, 这样便得到我们所要的定义在区域 $D \setminus D_\varepsilon$ 上的一阶标架场 $\{\boldsymbol{\alpha}_1, \boldsymbol{\alpha}_2\}$. 此时 $\theta \equiv 0$, 而公式 (5.26) 仍旧成立, 因此

$$\int_{C-C_\varepsilon} \kappa_g \mathrm{d}s + \iint_{D\setminus D_\varepsilon} K\omega^1 \wedge \omega^2 = 0. \quad (5.27)$$

将 (5.27) 式代入 (5.26) 式得到

$$\oint_C \mathrm{d}\theta = \oint_{C_\varepsilon} \mathrm{d}\theta, \quad (5.28)$$

其中 $\{\boldsymbol{e}_1, \boldsymbol{e}_2\}$ 是定义在区域 D 上的任意一个一阶标架场. 对于测地圆周 C_ε 来说, 在绕行一周时其切向量方向角的总变差和它的法向量方向角的总变差是一样的, 所以从直观上不难知道,(5.28) 式的右端的积分是 2π. 证毕.

习 题 7.5

1. 设曲面 S 的第一基本形式是

$$\mathrm{I} = (\mathrm{d}u)^2 + 2\cos\psi \mathrm{d}u\mathrm{d}v + (\mathrm{d}v)^2,$$

其中 ψ 是 u-曲线和 v-曲线的夹角. 试求:

(1) 曲面 S 的 Gauss 曲率 K;

(2) u-曲线和 v-曲线的测地曲率;

(3) u-曲线和 v-曲线的二等分角轨线的测地曲率.

2. 设曲面 S 的第一基本形式是

$$\mathrm{I} = \frac{a^2}{v^2}((\mathrm{d}u)^2 + (\mathrm{d}v)^2),$$

求曲线 $u = kv + b(k, b\text{是常数})$ 的测地曲率.

3. 设曲线 C 是欧氏空间 E^3 中的一条曲线, 其曲率处处不是零. 以曲线 C 上每一点为中心在曲线的法平面内作半径为 a 的圆周, 这些圆周生成一个曲面, 成为围绕曲线 C 的管状曲面, 记为 S_a. 试在管状曲面 S_a 上建立一个一阶标架场, 写出曲面 S_a 的第一基本形式和第二基本形式, 并且求管状曲面 S_a 的主方向和主曲率.

§7.6 应 用 举 例

在本节, 我们要举若干例题说明活动标架和外微分法在曲面之间的对应问题中的应用. 通过这些例题, 读者可以了解如何用活动标架和外微分法来解决微分几何问题, 并且能够体会到该方法的威力.

例 1 求曲面 S 的平行曲面的主曲率、平均曲率和 Gauss 曲率.

解 设 S 是一个正则参数曲面, 它的平均曲率是 H, Gauss 曲率是 K, 主曲率是 κ_1, κ_2. 沿曲面 S 在每一点的法线截取长度为 a(常数) 的线段, 其终端描出一个新的曲面, 记为 S_a, 称它为与曲面 S 平行的曲面. 我们要计算曲面 S_a 的平均曲率、Gauss 曲率和主曲率.

在曲面 S 上取二阶标架场 $\{\boldsymbol{r}; \boldsymbol{e}_1, \boldsymbol{e}_2, \boldsymbol{e}_3\}$, 设相对分量是 $\omega^1, \omega^2, \omega^3 = 0$, $\omega_1^3 = \kappa_1\omega^1, \omega_2^3 = \kappa_2\omega^2$, 于是曲面 S 的第一基本形式是

$$\mathrm{I} = (\omega^1)^2 + (\omega^2)^2, \tag{6.1}$$

第二基本形式是

$$\mathrm{II} = \kappa_1(\omega^1)^2 + \kappa_2(\omega^2)^2. \tag{6.2}$$

根据平行曲面 S_a 的定义, 它的向径是

$$\tilde{\boldsymbol{r}} = \boldsymbol{r} + a\boldsymbol{e}_3. \tag{6.3}$$

对它求微分得到

$$\mathrm{d}\tilde{\boldsymbol{r}} = \mathrm{d}\boldsymbol{r} + a\mathrm{d}\boldsymbol{e}_3 = (\omega^1 + a\omega_3^1)\boldsymbol{e}_1 + (\omega^2 + a\omega_3^2)\boldsymbol{e}_2. \tag{6.4}$$

因此沿曲面 S_a 可以取一阶标架场 $\{\tilde{\boldsymbol{r}}; \tilde{\boldsymbol{e}}_1, \tilde{\boldsymbol{e}}_2, \tilde{\boldsymbol{e}}_3\}$, 其中

$$\tilde{\boldsymbol{e}}_1 = \boldsymbol{e}_1, \quad \tilde{\boldsymbol{e}}_2 = \boldsymbol{e}_2, \quad \tilde{\boldsymbol{e}}_3 = \boldsymbol{e}_3,$$

并且从 (6.4) 式得到

$$\begin{aligned}
\tilde{\omega}^1 &= \omega^1 + a\omega_3^1 = (1 - a\kappa_1)\omega^1, \\
\tilde{\omega}^2 &= \omega^2 + a\omega_3^2 = (1 - a\kappa_2)\omega^2, \\
\tilde{\omega}^3 &= 0.
\end{aligned} \tag{6.5}$$

由此可见, 如果要平行曲面 S_a 是正则的, 则必须假定 $a \neq \dfrac{1}{\kappa_1}, \dfrac{1}{\kappa_2}$. 在此假定下, 曲面 S_a 的第一基本形式是

$$\begin{aligned}
\tilde{\mathrm{I}} &= (\tilde{\omega}^1)^2 + (\tilde{\omega}^2)^2 \\
&= (1 - a\kappa_1)^2(\omega^1)^2 + (1 - a\kappa_2)^2(\omega^2)^2,
\end{aligned} \tag{6.6}$$

面积元素是

$$\begin{aligned} \mathrm{d}\tilde{\sigma} &= \tilde{\omega}^1 \wedge \tilde{\omega}^2 = (1 - a\kappa_1)(1 - a\kappa_2)\omega^1 \wedge \omega^2 \\ &= (1 - 2aH + a^2 K)\omega^1 \wedge \omega^2. \end{aligned} \tag{6.7}$$

对 $\tilde{\boldsymbol{e}}_3 = \boldsymbol{e}_3$ 求微分得到

$$\begin{aligned} \mathrm{d}\tilde{\boldsymbol{e}}_3 &= \tilde{\omega}_3^1 \tilde{\boldsymbol{e}}_1 + \tilde{\omega}_3^2 \tilde{\boldsymbol{e}}_2 = \tilde{\omega}_3^1 \boldsymbol{e}_1 + \tilde{\omega}_3^2 \boldsymbol{e}_2 \\ &= \mathrm{d}\boldsymbol{e}_3 = \omega_3^1 \boldsymbol{e}_1 + \omega_3^2 \boldsymbol{e}_2, \end{aligned}$$

因此

$$\begin{aligned} \tilde{\omega}_3^1 &= \omega_3^1 = -\kappa_1 \omega^1 = -\frac{\kappa_1}{1 - a\kappa_1} \tilde{\omega}^1, \\ \tilde{\omega}_3^2 &= \omega_3^2 = -\kappa_2 \omega^2 = -\frac{\kappa_2}{1 - a\kappa_2} \tilde{\omega}^2, \end{aligned} \tag{6.8}$$

所以 $\{\tilde{\boldsymbol{r}}; \tilde{\boldsymbol{e}}_1, \tilde{\boldsymbol{e}}_2, \tilde{\boldsymbol{e}}_3\}$ 是曲面 S_a 的二阶标架场, 并且该曲面的主曲率是

$$\tilde{\kappa}_1 = \frac{\kappa_1}{1 - a\kappa_1}, \quad \tilde{\kappa}_2 = \frac{\kappa_2}{1 - a\kappa_2}, \tag{6.9}$$

平均曲率是

$$\begin{aligned} \tilde{H} &= \frac{1}{2}(\tilde{\kappa}_1 + \tilde{\kappa}_2) = \frac{1}{2} \cdot \frac{\kappa_1(1 - a\kappa_2) + \kappa_2(1 - a\kappa_1)}{(1 - a\kappa_1)(1 - a\kappa_2)} \\ &= \frac{H - aK}{1 - 2aH + a^2 K}, \end{aligned} \tag{6.10}$$

Gauss 曲率是

$$\tilde{K} = \tilde{\kappa}_1 \tilde{\kappa}_2 = \frac{\kappa_1 \kappa_2}{(1 - a\kappa_1)(1 - a\kappa_2)} = \frac{K}{1 - 2aH + a^2 K}. \tag{6.11}$$

例 2 试证 **Bäcklund 定理**: 设 $S, \tilde{S}$ 是欧氏空间 E^3 中的两张正则曲面, 如果存在一一对应 $\sigma : S \to \tilde{S}$, 使得连接曲面 S 上的每一点 p 和它的对应点 $\tilde{p} = \sigma(p)$ 的直线构成一个伪球线汇, 则 $S, \tilde{S}$ 必定是具有相同负常曲率的曲面.

所谓的**伪球线汇**是指: 如果在曲面 S 和 $\tilde{S}$ 之间存在一个一一对应 $\sigma : S \to \tilde{S}$, 使得对于曲面 S 上的每一点 p, 连接点 p 和它的对应点

$\tilde{p}=\sigma(p)$ 的直线段是曲面 S 和 $\tilde{S}$ 的长度为常数的公切线, 并且曲面 S 和 $\tilde{S}$ 在点 p 和对应点 $\tilde{p}=\sigma(p)$ 的法线的夹角也是常数.

伪球线汇是依赖两个参数的直线族, 曲面 S 和 $\tilde{S}$ 恰好是该直线族的包络面.

证明 设伪球线汇中公切线的长度是 l, 曲面 S 和 $\tilde{S}$ 在对应点的法线的夹角是 τ. 在曲面 S 上取一阶标架场 $\{\boldsymbol{r};\boldsymbol{e}_1,\boldsymbol{e}_2,\boldsymbol{e}_3\}$, 使得 $\boldsymbol{r}$ 是曲面 S 的向径, $\boldsymbol{e}_1$ 是连接点 p 和它的对应点 $\tilde{p}=\sigma(p)$ 的公切线的方向向量, 那么曲面 $\tilde{S}$ 的向径是

$$\tilde{\boldsymbol{r}}=\boldsymbol{r}+l\boldsymbol{e}_1, \tag{6.12}$$

单位法向量是

$$\tilde{\boldsymbol{e}}_3=\sin\tau\boldsymbol{e}_2+\cos\tau\boldsymbol{e}_3. \tag{6.13}$$

对 (6.12) 式求微分得到

$$\begin{aligned}\mathrm{d}\tilde{\boldsymbol{r}}&=\mathrm{d}\boldsymbol{r}+l\mathrm{d}\boldsymbol{e}_1=\omega^1\boldsymbol{e}_1+\omega^2\boldsymbol{e}_2+l(\omega_1^2\boldsymbol{e}_2+\omega_1^3\boldsymbol{e}_3)\\&=\omega^1\boldsymbol{e}_1+(\omega^2+l\omega_1^2)\boldsymbol{e}_2+l\omega_1^3\boldsymbol{e}_3.\end{aligned} \tag{6.14}$$

因为 $\mathrm{d}\tilde{\boldsymbol{r}}\cdot\tilde{\boldsymbol{e}}_3=0$, 从 (6.14),(6.13) 式得到

$$\sin\tau(\omega^2+l\omega_1^2)+l\cos\tau\omega_1^3=0,$$

因此

$$\omega_1^2=-\frac{1}{l}\omega^2-\cot\tau\omega_1^3. \tag{6.15}$$

求 (6.15) 式的外微分, 并且用一阶标架场的结构方程得到

$$\begin{aligned}\mathrm{d}\omega_1^2=-K\omega^1\wedge\omega^2&=-\frac{1}{l}\omega^1\wedge\omega_1^2-\cot\tau\omega_1^2\wedge\omega_2^3\\&=\left(-\frac{1}{l}\omega^1+\cot\tau\omega_2^3\right)\wedge\omega_1^2\\&=-\left(-\frac{1}{l}\omega^1+\cot\tau\omega_2^3\right)\wedge\left(\frac{1}{l}\omega^2+\cot\tau\omega_1^3\right)\\&=\frac{1}{l^2}\omega^1\wedge\omega^2+\cot^2\tau\omega_1^3\wedge\omega_2^3+\frac{\cot\tau}{l}(\omega^1\wedge\omega_1^3+\omega^2\wedge\omega_2^3)\\&=\left(\frac{1}{l^2}+\cot^2\tau\cdot K\right)\omega^1\wedge\omega^2,\end{aligned}$$

比较上式两端 $\omega^1 \wedge \omega^2$ 前面的系数得到

$$-K = \frac{1}{l^2} + \cot^2 \tau \cdot K, \quad K \cdot \frac{1}{\sin^2 \tau} = -\frac{1}{l^2},$$

因此

$$K = -\frac{\sin^2 \tau}{l^2}. \tag{6.16}$$

因为曲面 S 和 $\tilde{S}$ 的地位是对称的, 因此曲面 $\tilde{S}$ 的 Gauss 曲率同样是 $\tilde{K} = -\dfrac{\sin^2 \tau}{l^2}$. 证毕.

把 Bäcklund 定理作进一步的推广, 可以考虑其 Gauss 曲率和平均曲率满足线性关系 $K - 2mH + m^2 + l^2 = 0$ 的曲面以及所谓的 Darboux 线汇. 有兴趣的读者可以参考论文: Weihuan Chen & Haizhong Li, *A Remark on Bäcklund Transformation of Weingarten Surfaces*, Northeastern Mathematical Journal, 15(1999), 289—294.

例 3 试证: 在负常 Gauss 曲率 $K = -k^2$ 的曲面的每一点的邻域内总是存在参数系 (u, v), 使得该曲面的两个基本形式可以表示成

$$\begin{aligned} \mathrm{I} &= \frac{1}{k^2}\left(\cos^2 \frac{\varphi}{2}(\mathrm{d}u)^2 + \sin^2 \frac{\varphi}{2}(\mathrm{d}v)^2\right), \\ \mathrm{II} &= \frac{1}{k}\cos\frac{\varphi}{2}\sin\frac{\varphi}{2}((\mathrm{d}u)^2 - (\mathrm{d}v)^2), \end{aligned} \tag{6.17}$$

其中 φ 是曲面 S 在每一点的两个不同的渐近方向之间的夹角, 并且它满足方程

$$\varphi_{uu} - \varphi_{vv} = \sin\varphi. \tag{6.18}$$

微分方程 (6.18) 就是在可积系统理论中著名的 **Sine-Gordon 方程**.

反过来, 如果 φ 是 Sine-Gordon 方程 (6.18) 的任意一个解, 并且 k 是任意一个给定的正常数, 则在欧氏空间 E^3 中必定可以构造一个负常 Gauss 曲率 $K = -k^2$ 的曲面, 使得 φ 是该曲面在每一点的渐近方向的夹角.

证明 设 S 是欧氏空间 E^3 中 Gauss 曲率 K 是负常数的曲面. 很明显, 在曲面 S 上处处没有脐点. 在曲面 S 上取正交的曲率线网作为

参数曲线网, 因此它的两个基本形式能够写成

$$\mathrm{I} = A^2(\mathrm{d}u)^2 + B^2(\mathrm{d}v)^2, \quad \mathrm{II} = \kappa_1 A^2(\mathrm{d}u)^2 + \kappa_2 B^2(\mathrm{d}v)^2, \tag{6.19}$$

其中 κ_1, κ_2 是曲面 S 的主曲率. 在曲面 S 上取二阶标架场 $\{\boldsymbol{r}; \boldsymbol{e}_1, \boldsymbol{e}_2, \boldsymbol{e}_3\}$, 它的相对分量是

$$\omega^1 = A\mathrm{d}u, \quad \omega^2 = B\mathrm{d}v, \quad \omega_1^3 = \kappa_1 A\mathrm{d}u, \quad \omega_2^3 = \kappa_2 B\mathrm{d}v. \tag{6.20}$$

设联络形式是

$$\omega_1^2 = -\omega_2^1 = p\mathrm{d}u + q\mathrm{d}v,$$

将上式代入结构方程 (定理 4.1) 得到

$$\begin{aligned} \mathrm{d}\omega^1 &= -A_v \mathrm{d}u \wedge \mathrm{d}v = \omega^2 \wedge \omega_2^1 = pB\mathrm{d}u \wedge \mathrm{d}v, \\ \mathrm{d}\omega^2 &= B_u \mathrm{d}u \wedge \mathrm{d}v = \omega^1 \wedge \omega_1^2 = qA\mathrm{d}u \wedge \mathrm{d}v, \end{aligned}$$

因此

$$p = -\frac{A_v}{B}, \quad q = \frac{B_u}{A}, \quad \omega_1^2 = -\frac{A_v}{B}\mathrm{d}u + \frac{B_u}{A}\mathrm{d}v. \tag{6.21}$$

对前面的 ω_1^3, ω_2^3 的表达式求外微分, 并且用结构方程得到

$$\begin{aligned} \mathrm{d}\omega_1^3 &= -(\kappa_1 A)_v \mathrm{d}u \wedge \mathrm{d}v = \omega_1^2 \wedge \omega_2^3 = -\kappa_2 A_v \mathrm{d}u \wedge \mathrm{d}v, \\ \mathrm{d}\omega_2^3 &= (\kappa_2 B)_u \mathrm{d}u \wedge \mathrm{d}v = \omega_2^1 \wedge \omega_1^3 = \kappa_1 B_u \mathrm{d}u \wedge \mathrm{d}v, \end{aligned}$$

因此 Codazzi 方程是

$$(\kappa_1 - \kappa_2)A_v + (\kappa_1)_v A = 0, \quad (\kappa_1 - \kappa_2)B_u - (\kappa_2)_u B = 0. \tag{6.22}$$

设 $K = \kappa_1\kappa_2 = -k^2, k =$ 常数 > 0, 则可以假定

$$\kappa_1 = k\tan\frac{\varphi}{2}, \quad \kappa_2 = -k\cot\frac{\varphi}{2}, \tag{6.23}$$

那么

$$\kappa_1 - \kappa_2 = k\left(\tan\frac{\varphi}{2} + \cot\frac{\varphi}{2}\right) = \frac{k}{\sin\frac{\varphi}{2}\cos\frac{\varphi}{2}}. \tag{6.24}$$

将上式代入 Codazzi 方程得到

$$(\log A)_v = \left(\log\cos\frac{\varphi}{2}\right)_v, \quad (\log B)_u = \left(\log\sin\frac{\varphi}{2}\right)_u,$$

因此

$$A = \cos\frac{\varphi}{2}\cdot a(u), \quad B = \sin\frac{\varphi}{2}\cdot b(v). \tag{6.25}$$

作参数变换

$$\tilde{u} = k\int a(u)\mathrm{d}u, \quad \tilde{v} = k\int b(v)\mathrm{d}v, \tag{6.26}$$

并且把新自变量 $\tilde{u},\tilde{v}$ 仍旧记成 u,v, 则曲面 S 的两个基本形式成为 (6.17) 式, 其中 φ 是 u,v 的函数. 容易证明, 函数 φ 恰好是曲面 S 在每一点的两个不同的渐近方向的夹角. 由 (6.21) 式得到联络形式是

$$\omega_1^2 = -\omega_2^1 = \frac{1}{2}(\varphi_v\mathrm{d}u + \varphi_u\mathrm{d}v), \tag{6.27}$$

同时

$$\omega_1^3 = \sin\frac{\varphi}{2}\mathrm{d}u, \quad \omega_2^3 = -\cos\frac{\varphi}{2}\mathrm{d}v. \tag{6.28}$$

容易验证, 在曲面 S 的上述参数系下, Codazzi 方程是自动成立的, 而 Gauss 方程成为

$$\mathrm{d}\omega_1^2 = \frac{1}{2}(\varphi_{uu} - \varphi_{vv})\mathrm{d}u\wedge\mathrm{d}v = \omega_1^3\wedge\omega_3^2 = \sin\frac{\varphi}{2}\cos\frac{\varphi}{2}\mathrm{d}u\wedge\mathrm{d}v,$$

即

$$\varphi_{uu} - \varphi_{vv} = \sin\varphi.$$

逆命题的证明留给读者作为练习. 证毕.

附　　录

这个附录主要包括三部分. 第一部分是关于本书中用到的微分方程的定理, 特别是一阶偏微分方程组的可积性定理. 这个定理在微分方程的课程中往往因为各种原因被忽略了, 而在微分几何课程中却十分重要, 因此我们在这里叙述并且证明这个定理. 进一步, 我们要指出这个定理实际上与一次微分形式方程组的 Frobenius 定理是一回事. 第二部分是关于自共轭线性变换的特征值和特征向量的理论. 附录的第三部分是介绍把数学软件 MATHEMATICA 用于微分几何课的几个课件. 数学软件有非常强大的功能, 包括数值计算、符号运算以及绘图和编程等等. 在微分几何课上借助于数学软件的绘图功能使我们能够看到一些具体曲面的形状, 从而丰富了我们的空间想象能力, 并且学习该软件的使用方法为我们提供了新的研究工具.

§1　关于微分方程的几个定理

1.1　线性齐次常微分方程的解

在第二章证明曲线的存在定理以及在第六章讲述切向量沿曲线的平行移动时, 都用到了下面的一阶线性齐次常微分方程组的解的存在性和唯一性定理. 要紧的是, 该方程组的解定义在整个指定的区间上, 而不仅仅是定义在一点的某个充分小的邻域上.

定理 1.1　已知常微分方程组

$$\frac{\mathrm{d}x_i}{\mathrm{d}t}=\sum_{j=1}^{n}a_{ij}(t)x_j,\quad 1\leqslant i\leqslant n, \tag{1.1}$$

其中系数 $a_{ij}(t)$ 是闭区间 $[a,b]$ 上的连续函数, 则对于任意给定的一组实数 $x_i^0(1\leqslant i\leqslant n)$, 存在唯一的一组定义在闭区间 $[a,b]$ 上的连续可微

函数 $x_i(t), 1 \leqslant i \leqslant n$, 满足方程组 (1.1) 和初始条件

$$x_i(a) = x_i^0, \quad 1 \leqslant i \leqslant n. \tag{1.2}$$

证明 命

$$\begin{aligned} x_i^{(1)}(t) =& \ x_i^0 + \int_a^t \sum_{j=1}^n a_{ij}(t) x_j^0 \mathrm{d}t, \\ x_i^{(2)}(t) =& \ x_i^0 + \int_a^t \sum_{j=1}^n a_{ij}(t) x_j^{(1)}(t) \mathrm{d}t, \\ &\cdots\cdots\cdots\cdots\cdots\cdots \\ x_i^{(r)}(t) =& \ x_i^0 + \int_a^t \sum_{j=1}^n a_{ij}(t) x_j^{(r-1)}(t) \mathrm{d}t. \end{aligned} \tag{1.3}$$

假定 $|a_{ij}(t)|$ 在区间 $[a,b]$ 上的上界是 $\dfrac{1}{n}A > 0$; $|x_i^0|$ 的上界是 $B > 0$. 于是

$$\begin{aligned} \left|x_i^{(1)}(t) - x_i^0\right| &\leqslant \int_a^t \sum_{j=1}^n |a_{ij}(t)| \cdot \left|x_j^0\right| \mathrm{d}t \leqslant AB(t-a), \\ \left|x_i^{(2)}(t) - x_i^{(1)}(t)\right| &\leqslant \int_a^t \sum_{j=1}^n |a_{ij}(t)| \cdot \left|x_j^{(1)}(t) - x_j^0\right| \mathrm{d}t \\ &\leqslant A^2 B \int_a^t (t-a) \mathrm{d}t \leqslant B \cdot \frac{A^2(t-a)^2}{2}, \end{aligned}$$

用数学归纳法容易证明

$$\left|x_i^{(r)}(t) - x_i^{(r-1)}(t)\right| \leqslant B \cdot \frac{A^r(t-a)^r}{r!} \leqslant B \cdot \frac{A^r(b-a)^r}{r!}. \tag{1.4}$$

很明显,

$$\sum_{r=0}^{\infty} B \cdot \frac{A^r(b-a)^r}{r!} = B \cdot \mathrm{e}^{A(b-a)}, \tag{1.5}$$

所以对每一个固定的指标 i, 级数

$$x_i^0 + (x_i^{(1)}(t) - x_i^0) + \cdots + (x_i^{(r)}(t) - x_i^{(r-1)}(t)) + \cdots \tag{1.6}$$

在区间 $[a,b]$ 上是绝对一致收敛的. 然而级数 (1.6) 的前 $r+1$ 项的和是 $x_i^{(r)}(t)$, 因此在区间 $[a,b]$ 上存在连续函数 $x_i(t)$ 使得

$$\lim_{r\to\infty} x_i^{(r)}(t) = x_i(t). \tag{1.7}$$

现在要证明函数组 $x_i(t), 1 \leqslant i \leqslant n$ 满足微分方程组 (1.1) 和初始条件 (1.2). 根据 (1.3) 式得到

$$\begin{aligned}
&x_i(t) - x_i^0 - \int_a^t \sum_{j=1}^n a_{ij}(t)x_j(t)\mathrm{d}t \\
&= (x_i(t) - x_i^{(r)}(t)) + (x_i^{(r)}(t) - x_i^0) - \int_a^t \sum_{j=1}^n a_{ij}(t)x_j(t)\mathrm{d}t \\
&= (x_i(t) - x_i^{(r)}(t)) - \int_a^t \sum_{j=1}^n a_{ij}(t)(x_j(t) - x_j^{(r-1)}(t))\mathrm{d}t.
\end{aligned} \tag{1.8}$$

因为 (1.7) 式中的极限在区间 $[a,b]$ 上是一致收敛的, 故对于任意给定的 $\varepsilon > 0$, 必能找到正整数 N, 则当 $r-1 \geqslant N$ 时对于区间 $[a,b]$ 内任意的 t 一致地有

$$\left|x_i(t) - x_i^{(r-1)}(t)\right| < \varepsilon, \quad 1 \leqslant i \leqslant n.$$

所以由 (1.8) 式得到

$$\begin{aligned}
&\left|x_i(t) - x_i^0 - \int_a^t \sum_{j=1}^n a_{ij}(t)x_j(t)\mathrm{d}t\right| \\
&\leqslant \left|x_i(t) - x_i^{(r)}(t)\right| + \int_a^t \sum_{j=1}^n |a_{ij}(t)| \cdot \left|x_j(t) - x_j^{(r-1)}(t)\right| \mathrm{d}t \\
&< \varepsilon + \varepsilon A(t-a) \leqslant \varepsilon(1 + A(b-a)).
\end{aligned}$$

由于 ε 可以任意地小, 而 $1 + A(b-a)$ 是常数, 所以有

$$x_i(t) = x_i^0 + \int_a^t \sum_{j=1}^n a_{ij}(t)x_j(t)\mathrm{d}t.$$

因此函数组 $x_i(t), 1 \leqslant i \leqslant n$ 满足微分方程组 (1.1) 和初始条件 (1.2).

假定有另一组连续函数 $\tilde{x}_i(t), 1 \leqslant i \leqslant n$ 满足微分方程组 (1.1) 和初始条件 (1.2). 命

$$f_i(t) = x_i(t) - \tilde{x}_i(t), \tag{1.9}$$

则 $f_i(a) = 0, 1 \leqslant i \leqslant n$, 并且

$$f_i(t) = \int_a^t \sum_{j=1}^n a_{ij}(t) f_j(t) \mathrm{d}t. \tag{1.10}$$

不妨设 $|f_i(t)|$ 在区间 $[a,b]$ 上有上界 $C > 0$, 则由 (1.10) 式得到

$$|f_i(t)| \leqslant AC(t-a),$$

将上式再次代入 (1.10) 式右边得到

$$|f_i(t)| \leqslant A^2 C \int_a^t (t-a)\mathrm{d}t = C \cdot \frac{A^2(t-a)^2}{2},$$

在 r 次迭代之后得到

$$|f_i(t)| \leqslant C \cdot \frac{A^r(t-a)^r}{r!} \leqslant C \cdot \frac{A^r(b-a)^r}{r!}. \tag{1.11}$$

因为 (1.11) 式右端是收敛级数

$$C \cdot \sum_{r=0}^{\infty} \frac{A^r(b-a)^r}{r!}$$

的通项, 故它在 $r \to \infty$ 时趋于零, 所以 $f_i(t) = 0, \forall i$. 证毕.

1.2 一次微分式积分因子的存在性

在常微分方程初等积分法的课程中经常提到, 微分方程

$$f(x,y)\mathrm{d}x + g(x,y)\mathrm{d}y = 0 \tag{1.12}$$

在某些特殊情形, 可以容易地求得只依赖变量 x, 或者只依赖变量 y 的积分因子. 但是, 在常微分方程的课程中关于方程 (1.12) 在一般情形

下积分因子的存在性却没有明确地阐述过. 然而, 该问题在几何学中是十分重要的, 例如第三章 §3.4 中定理 4.2 的证明即依赖这个事实.

设 $f(x,y),g(x,y)$ 是定义在区域 $D\subset E^2$ 上的两个连续可微函数. 如果在区域 D 上存在连续函数 $\lambda(x,y)$ 和连续可微函数 $k(x,y)$ 使得

$$\lambda(x,y)\cdot(f(x,y)\mathrm{d}x+g(x,y)\mathrm{d}y)=\mathrm{d}k(x,y), \tag{1.13}$$

则称 $\lambda(x,y)$ 是方程 (1.12) 的**积分因子**. 此时, 方程 (1.12) 有首次积分

$$k(x,y)=c.$$

关于方程 (1.12) 的积分因子的存在性有下面的定理:

定理 1.2 设 $f(x,y),g(x,y)$ 是定义在区域 $D\subset E^2$ 上的两个连续可微函数. 若在点 $(x_0,y_0)\in D$ 处 $f(x_0,y_0),g(x_0,y_0)$ 不全为零, 则必有 (x_0,y_0) 的一个邻域 $U\subset D$, 以及定义在 U 上的处处非零的连续函数 $\lambda(x,y)$, 使得 $\lambda(x,y)$ 是方程 (1.12) 在区域 U 上的积分因子.

证明 上述定理实际上是下面的定理 1.4 的推论, 在那里我们给出任意多个变量的一次微分式的积分因子存在的充分必要条件. 本定理说: 对于只有两个变量的一次微分式, 它的积分因子总是存在的. 在这里要给出一个直接的初等证明.

根据假定, 不妨设 $g(x_0,y_0)\neq 0$, 于是方程 (1.12) 在 (x_0,y_0) 的一个邻域内可以写成

$$\frac{\mathrm{d}y}{\mathrm{d}x}=-\frac{f(x,y)}{g(x,y)}. \tag{1.14}$$

根据常微分方程解关于初始值的连续依赖性 (见参考文献 [7], 第 138 页, 定理 2), 必有 x_0 的一个邻域 I 和 y_0 的一个邻域 J, 使得 $I\times J\subset D$, 并且对于任意给定的 $y_1\in J$, 方程 (1.14) 有唯一解

$$y=t(x,y_1),\quad x\in I,$$

即它满足方程

$$\frac{\partial t(x,y_1)}{\partial x}=-\frac{f(x,t(x,y_1))}{g(x,t(x,y_1))}, \tag{1.15}$$

并且满足初始条件

$$t(x_0, y_1) = y_1. \tag{1.16}$$

另外, 函数 $t(x, y_1)$ 对于变量 x, y_1 是连续可微依赖的. 由 (1.16) 式可知

$$\left.\frac{\partial t(x, y_1)}{\partial y_1}\right|_{x=x_0} = \frac{\partial t(x_0, y_1)}{\partial y_1} = 1 \neq 0,$$

故有 x_0 的一个邻域 $I' \subset I$ 使得

$$\frac{\partial t(x, y_1)}{\partial y_1} \neq 0, \quad \forall (x, y_1) \in I' \times J. \tag{1.17}$$

在区域 $I' \times J$ 上考虑函数组

$$x = s(x_1, y_1) \equiv x_1, \quad y = t(x_1, y_1), \tag{1.18}$$

它们的 Jacobi 行列式是

$$\frac{\partial(x, y)}{\partial(x_1, y_1)} = \begin{vmatrix} 1 & 0 \\ \dfrac{\partial t(x_1, y_1)}{\partial x_1} & \dfrac{\partial t(x_1, y_1)}{\partial y_1} \end{vmatrix} = \frac{\partial t(x_1, y_1)}{\partial y_1} \neq 0. \tag{1.19}$$

根据反函数定理, 存在函数组

$$x_1 = h(x, y), \quad y_1 = k(x, y), \quad I_1 \times J_1 \subset I' \times J \tag{1.20}$$

满足恒等式

$$s(h(x, y), k(x, y)) = h(x, y) \equiv x, \quad t(h(x, y), k(x, y)) \equiv y,$$

即

$$t(x, k(x, y)) \equiv y. \tag{1.21}$$

对函数 $y = t(x, y_1)$ 求全微分得到

$$\begin{aligned} \mathrm{d}y = &\ \frac{\partial t(x, y_1)}{\partial x}\mathrm{d}x + \frac{\partial t(x, y_1)}{\partial y_1}\mathrm{d}y_1 \\ = &-\frac{f(x, t(x, y_1))}{g(x, t(x, y_1))}\mathrm{d}x + \frac{\partial t(x, y_1)}{\partial y_1}\mathrm{d}y_1, \end{aligned}$$

所以

$$\begin{aligned}\mathrm{d}y_1 &= \frac{1}{\dfrac{\partial t(x,y_1)}{\partial y_1}}\cdot\left(\frac{f(x,t(x,y_1))}{g(x,t(x,y_1))}\mathrm{d}x+\mathrm{d}y\right)\\ &= \frac{1}{\dfrac{\partial t(x,y_1)}{\partial y_1}\cdot g(x,t(x,y_1))}\cdot(f(x,t(x,y_1))\mathrm{d}x+g(x,t(x,y_1))\mathrm{d}y).\end{aligned}$$

用 $y_1=k(x,y)$ 代入上式, 并且由 (1.21) 式得到

$$\mathrm{d}k(x,y)=\lambda(x,y)\cdot(f(x,y)\mathrm{d}x+g(x,y)\mathrm{d}y),$$

其中

$$\lambda(x,y)=\frac{1}{\dfrac{\partial t}{\partial y_1}(x,k(x,y))\cdot g(x,y)}.$$

证毕.

1.3 一阶偏微分方程组的可积性

我们要考虑的一阶偏微分方程组是

$$\frac{\partial y^i}{\partial x^\alpha}=f^i_\alpha(x^1,\cdots,x^m,y^1,\cdots,y^n),\quad 1\leqslant\alpha\leqslant m,\ 1\leqslant i\leqslant n. \tag{1.22}$$

假定 $f^i_\alpha(x^\beta,y^j)$ 是定义在区域 $D=\tilde{D}\times\mathbb{R}^n$ 上的连续可微函数, $\tilde{D}$ 是 $\mathbb{R}^m$ 中的一个区域.

方程组 (1.22) 有如下的几何意义: 将 (1.22) 式写成

$$\mathrm{d}y^i=f^i_\alpha(x^1,\cdots,x^m,y^1,\cdots,y^n)\mathrm{d}x^\alpha,\quad 1\leqslant i\leqslant n, \tag{1.23}$$

在这里我们运用了 Einstein 和式约定. 对于每一个固定点 $(x^1,\cdots,x^m,y^1,\cdots,y^n)$, 方程组 (1.23) 给出了区域 D 在该点的切空间的一个 m 维子空间, 它与区域 $\tilde{D}$ 在点 $(x^1,\cdots,x^m)$ 的切空间是线性同构的. 由此可见, 方程组 (1.22) 实际上是在区域 D 上给定了一个 m 维切子空间场. 如果

$$y^i=y^i(x^1,\cdots,x^m),\quad 1\leqslant i\leqslant n$$

是方程组 (1.22) 的解, 则它是区域 D 中的一张 m 维曲面, 它的切平面恰好属于方程组 (1.22) 给出的 m 维切子空间场. 然而, 这样的解不总是存在的. 下面是方程组 (1.22) 可积的条件.

定理 1.3 对于任意给定的初始值

$$(x_0^1,\cdots,x_0^m,y_0^1,\cdots,y_0^n)\in D,$$

方程组 (1.22) 在点 $(x_0^1,\cdots,x_0^m)\in\tilde{D}$ 的一个邻域 $U\subset\tilde{D}$ 内有连续可微解

$$y^i=y^i(x^1,\cdots,x^m),\quad 1\leqslant i\leqslant n,\tag{1.24}$$

并满足初始条件

$$y^i(x_0^1,\cdots,x_0^m)=y_0^i,\quad 1\leqslant i\leqslant n\tag{1.25}$$

(此时简称该方程组完全可积) 的充分必要条件是, 在区域 D 上下述恒等式

$$\frac{\partial f_\alpha^i}{\partial x^\beta}-\frac{\partial f_\beta^i}{\partial x^\alpha}+\frac{\partial f_\alpha^i}{\partial y^j}f_\beta^j-\frac{\partial f_\beta^i}{\partial y^j}f_\alpha^j=0,\quad\forall i,\alpha,\beta\tag{1.26}$$

成立. 在此时, 方程组 (1.22) 在该点邻域内满足初始条件 (1.25) 的解是唯一的. 如果区域 $\tilde{D}$ 是单连通的, 则函数 (1.24) 能够延拓成为方程组 (1.22) 在整个区域 $\tilde{D}$ 上的解.

证明 先证明必要性. 假定方程组 (1.22) 在点 (x_0^α) 的邻域内有满足初始条件 (1.25) 的解 $y^i=y^i(x^\alpha)$, 由于 f_α^i 是连续可微的, 因此函数 $y^i=y^i(x^\alpha)$ 必定是二次以上连续可微的, 所以 $y^i=y^i(x^\alpha)$ 的二次偏导数与求导的次序无关, 即

$$\frac{\partial^2y^i}{\partial x^\alpha\partial x^\beta}=\frac{\partial^2y^i}{\partial x^\beta\partial x^\alpha}.\tag{1.27}$$

由于函数 $y^i=y^i(x^\alpha)$ 满足方程组 (1.22), 所以

$$\begin{aligned}\frac{\partial^2y^i}{\partial x^\alpha\partial x^\beta}&=\frac{\partial}{\partial x^\beta}\left(\frac{\partial y^i}{\partial x^\alpha}\right)=\frac{\partial f_\alpha^i(x^\gamma,y^j(x^\gamma))}{\partial x^\beta}\\&=\frac{\partial f_\alpha^i}{\partial x^\beta}+\frac{\partial f_\alpha^i}{\partial y^j}\frac{\partial y^j}{\partial x^\beta}=\frac{\partial f_\alpha^i}{\partial x^\beta}+\frac{\partial f_\alpha^i}{\partial y^j}f_\beta^j.\end{aligned}$$

将上式代入 (1.27) 式得到在点 (x_0^γ, y_0^j) 处下式

$$\frac{\partial f_\alpha^i}{\partial x^\beta}+\frac{\partial f_\alpha^i}{\partial y^j}f_\beta^j=\frac{\partial f_\beta^i}{\partial x^\alpha}+\frac{\partial f_\beta^i}{\partial y^j}f_\alpha^j$$

成立, 此即 (1.26) 式.

现证明充分性. 为简便起见, 不妨设 $x_0^i=0, \forall i$. 我们的方法是把偏微分方程组的问题化为常微分方程的问题来做, 具体地说, 就是在区域 $\tilde{D}$ 内以点 $x_0=0$ 为始点, 沿由平行于坐标轴的线段构成的折线对相应的常微分方程组进行积分, 逐步证明所得的解函数是偏微分方程组 (1.22) 的解.

首先考虑常微分方程组问题

$$\begin{cases}\dfrac{\mathrm{d}\xi^i}{\mathrm{d}t}=f_1^i(t,0,\cdots,0,\xi^1,\cdots,\xi^n),\\ \xi^i|_{t=0}=y_0^i,\quad \forall i,\end{cases}\tag{1.28}$$

它在某个区间 $|t|<\varepsilon_1$ 内有唯一解, 记为 $\xi_1^i(t)$. 命

$$y_1^i(x^1,0,\cdots,0)=\xi_1^i(x^1).\tag{1.29}$$

于是函数 $y_1^i(x^1,0,\cdots,0)$ 满足方程组

$$\frac{\partial y_1^i(x^1,0,\cdots,0)}{\partial x^1}=f_1^i(x^1,0,\cdots,0,y_1(x^1,0,\cdots,0)),y_1^i(0)=y_0^i.\tag{1.30}$$

接着任意固定 x^1 的值, 使得 $|x^1|<\varepsilon_1$, 考虑常微分方程组问题

$$\begin{cases}\dfrac{\mathrm{d}\xi^i}{\mathrm{d}t}=f_2^i(x^1,t,0,\cdots,0,\xi^1,\cdots,\xi^n),\\ \xi^i|_{t=0}=y_1^i(x^1,0,\cdots,0),\quad \forall i,\end{cases}\tag{1.31}$$

它在某个区间 $|t|<\varepsilon_2$ 内有唯一解, 记为 $\xi_2^i(t;x^1)$, 它关于 t, x^1 是连续可微的. 命

$$y_2^i(x^1,x^2,0,\cdots,0)=\xi_2^i(x^2;x^1),\quad |x^1|<\varepsilon_1,\ |x^2|<\varepsilon_2.\tag{1.32}$$

于是函数 $y_2^i(x^1, x^2, 0, \cdots, 0)$ 满足方程组

$$\begin{cases} \dfrac{\partial y_2^i(x^1, x^2, 0, \cdots, 0)}{\partial x^2} = f_2^i(x^1, x^2, 0, \cdots, 0, y_2(x^1, x^2, 0, \cdots, 0)), \\ y_2^i(x^1, 0, \cdots, 0) = y_1^i(x^1, 0, \cdots, 0). \end{cases} \tag{1.33}$$

但是, 我们需要证明函数 $y_2^i(x^1, x^2, 0, \cdots, 0)$ 关于 x^1 的偏导数也满足相应的方程组. 命

$$\begin{aligned} g^i(x^1, x^2) = & \frac{\partial y_2^i(x^1, x^2, 0, \cdots, 0)}{\partial x^1} \\ & - f_1^i(x^1, x^2, 0, \cdots, 0, y_2(x^1, x^2, 0, \cdots, 0)). \end{aligned}$$

我们先让 $x^2 = 0$, 则由方程组 (1.33) 中的初始条件以及方程组 (1.30) 得到

$$\begin{aligned} g^i(x^1, 0) = & \frac{\partial y_2^i(x^1, 0, \cdots, 0)}{\partial x^1} - f_1^i(x^1, 0, \cdots, 0, y_2(x^1, 0, \cdots, 0)) \\ = & \frac{\partial y_1^i(x^1, 0, \cdots, 0)}{\partial x^1} - f_1^i(x^1, 0, \cdots, 0, y_1(x^1, 0, \cdots, 0)) \\ = & 0. \end{aligned} \tag{1.34}$$

另外, 再将函数 $g^i(x^1, x^2)$ 对 x^2 求导得到

$$\begin{aligned} \frac{\partial g^i(x^1, x^2)}{\partial x^2} = & \frac{\partial}{\partial x^1}\left(\frac{\partial y_2^i(x^1, x^2, 0, \cdots, 0)}{\partial x^2}\right) \\ & - \frac{\partial f_1^i(x^1, x^2, 0, \cdots, 0, y_2(x^1, x^2, 0, \cdots, 0))}{\partial x^2} \\ = & \frac{\partial f_2^i}{\partial x^1} + \frac{\partial f_2^i}{\partial y^j}\frac{\partial y_2^j(x^1, x^2, 0, \cdots, 0)}{\partial x^1} \\ & - \frac{\partial f_1^i}{\partial x^2} - \frac{\partial f_1^i}{\partial y^j}\frac{\partial y_2^j(x^1, x^2, 0, \cdots, 0)}{\partial x^2} \\ = & \frac{\partial f_2^i}{\partial y^j} \cdot g^j(x^1, x^2) + \frac{\partial f_2^i}{\partial x^1} + \frac{\partial f_2^i}{\partial y^j} \cdot f_1^j - \frac{\partial f_1^i}{\partial x^2} - \frac{\partial f_1^i}{\partial y^j} \cdot f_2^j. \end{aligned}$$

上式末端的函数 f_α^i 及其偏导数都在点 $(x^1, x^2, 0, \cdots, 0)$ 处求值. 利用可积条件 (1.26) 得到

$$\frac{\partial g^i(x^1, x^2)}{\partial x^2} = \frac{\partial f_2^i}{\partial y^j} \cdot g^j(x^1, x^2). \tag{1.35}$$

因此, 把 $g^i(x^1,x^2)$ 看作 x^2 的函数满足一阶线性齐次方程组 (1.35) 和初始条件 (1.34). 由解的唯一性得到 $g^i(x^1,x^2)\equiv 0$, 即

$$\frac{\partial y_2^i(x^1,x^2,0,\cdots,0)}{\partial x^1}-f_1^i(x^1,x^2,0,\cdots,0,y_2(x^1,x^2,0,\cdots,0))=0. \tag{1.36}$$

下一步, 任意固定 x^1,x^2 的值, 使得 $|x^1|<\varepsilon_1$, $|x^2|<\varepsilon_2$, 考虑常微分方程组问题

$$\begin{cases}\dfrac{\mathrm{d}\xi^i}{\mathrm{d}t}=f_3^i(x^1,x^2,t,0,\cdots,0,\xi),\\ \xi^i|_{t=0}=y_2^i(x^1,x^2,0,\cdots,0),\quad\forall i,\end{cases} \tag{1.37}$$

它在某个区间 $|t|<\varepsilon_3$ 内有唯一解, 记为 $\xi_3^i(t;x^1,x^2)$, 它关于 t,x^1,x^2 是连续可微的. 命

$$y_3^i(x^1,x^2,x^3,0,\cdots,0)=\xi_3^i(x^3;x^1,x^2),\quad |x^1|<\varepsilon_1,\ |x^2|<\varepsilon_2. \tag{1.38}$$

利用 $\xi_3^i(t;x^1,x^2)$ 所满足的方程组 (1.37) 以及可积条件 (1.26), 再遵照与前面所述的相同方法, 即可以证明函数 $y_3^i(x^1,x^2,x^3,0)$ 满足下述方程组:

$$\begin{cases}\dfrac{\partial y_3^i(x^1,x^2,x^3,0)}{\partial x^\lambda}=f_\lambda^i(x^1,x^2,x^3,0,y_3(x^1,x^2,x^3,0)),\quad 1\leqslant\lambda\leqslant 3,\\ y_3^i(x^1,x^2,0,\cdots,0)=y_2^i(x^1,x^2,0,\cdots,0).\end{cases} \tag{1.39}$$

继续这个过程, 最后得到定义在 $(-\varepsilon_1,\varepsilon_1)\times\cdots\times(-\varepsilon_m,\varepsilon_m)\subset\tilde{D}$ 上的函数 $y^i(x^1,\cdots,x^m)=y_m^i(x^1,\cdots,x^m)$, 它满足方程组

$$\begin{cases}\dfrac{\partial y^i(x)}{\partial x^\alpha}=f_\alpha^i(x,y(x)),\quad 1\leqslant i\leqslant n,\ 1\leqslant\alpha\leqslant m,\\ y^i(0)=y_0^i.\end{cases}$$

由上述构造不难知道, 该解函数是唯一的. 证毕.

1.4 Frobenius 定理

通常, 一阶偏微分方程组以一次微分式的方程组的形式出现, 例如方程组 (1.23). 一般地, 假定 D 是欧氏空间 $\mathbb{R}^n$ 中的一个区域, $\omega^\alpha(1 \leqslant \alpha \leqslant r)$ 是定义在区域 D 上的 r 个处处线性无关的一次微分式, 则方程组

$$\omega^\alpha \equiv \sum_{i=1}^n a_i^\alpha(x^1, \cdots, x^n)\mathrm{d}x^i = 0, \quad 1 \leqslant \alpha \leqslant r \tag{1.40}$$

称为 Pfaff 方程组. 其实, Pfaff 方程组也能改写成一阶偏微分方程组. 既然 ω^α 是处处线性无关的, 不妨设系数矩阵 (a_i^α) 的前 r 列的行列式不为零, 即方阵 (a_β^α) 是可逆的, 设它的逆矩阵是 (b_β^α). 因此, 方程组 (1.40) 等价于

$$\theta^\alpha = \sum_{\beta=1}^r b_\beta^\alpha \omega^\beta = 0, \quad 1 \leqslant \alpha \leqslant r,$$

即

$$\theta^\alpha = \mathrm{d}x^\alpha + \sum_{\eta=r+1}^n c_\eta^\alpha \mathrm{d}x^\eta = 0, \quad 1 \leqslant \alpha \leqslant r, \tag{1.41}$$

其中

$$c_\eta^\alpha = \sum_{\beta=1}^r b_\beta^\alpha a_\eta^\beta.$$

由此可见, Pfaff 方程组 (1.40) 等价于一阶偏微分方程组

$$\frac{\partial x^\alpha}{\partial x^\eta} = -c_\eta^\alpha(x^1, \cdots, x^n), \quad 1 \leqslant \alpha \leqslant r,\ r+1 \leqslant \eta \leqslant n. \tag{1.42}$$

定理 1.4 (Frobenius 定理) 如果对于 Pfaff 方程组 (1.40) 存在一次微分式 φ_β^α, 使得

$$\mathrm{d}\omega^\alpha = \sum_{\beta=1}^r \varphi_\beta^\alpha \wedge \omega^\beta, \quad 1 \leqslant \alpha \leqslant r, \tag{1.43}$$

则经过任意一点 $(x_0^1, \cdots, x_0^n) \in D$, 必有一张 $n-r$ 维曲面, 使得 r 个一次微分式 ω^α 在该曲面上的限制恒等于零. 条件 (1.43) 称为 Pfaff 方程组 (1.40) 所满足的 Frobenius 条件.

证明 首先证明 Frobenius 条件 (1.43) 在一次微分式组 ω^α 经过一个非退化线性变换时是保持不变的. 设有一组连续可微函数 b^α_β 使得 $\det(b^\alpha_\beta)\neq 0$. 命

$$\theta^\alpha=\sum_{\beta=1}^r b^\alpha_\beta\omega^\beta,\quad 1\leqslant\alpha\leqslant r,$$

求它的外微分, 并且用 (1.43) 式代入得到

$$\begin{aligned}
\mathrm{d}\theta^\alpha&=\sum_{\beta=1}^r(\mathrm{d}b^\alpha_\beta\wedge\omega^\beta+b^\alpha_\beta\mathrm{d}\omega^\beta)\\
&=\sum_{\beta=1}^r\left(\mathrm{d}b^\alpha_\beta+\sum_{\gamma=1}^r b^\alpha_\gamma\varphi^\gamma_\beta\right)\wedge\omega^\beta\\
&=\sum_{\beta,\delta=1}^r c^\beta_\delta\left(\mathrm{d}b^\alpha_\beta+\sum_{\gamma=1}^r b^\alpha_\gamma\varphi^\gamma_\beta\right)\wedge\theta^\delta,
\end{aligned}$$

其中 (c^α_β) 是 (b^α_β) 的逆矩阵, 故 θ^α 仍旧满足 Frobenius 条件.

由此可见, 当 Pfaff 方程组 (1.40) 转换成等价的方程组 (1.41) 时, Frobenius 条件仍然成立. 对 (1.41) 式求外微分得到

$$\begin{aligned}
\mathrm{d}\theta^\alpha&=\sum_{\eta=r+1}^n\mathrm{d}c^\alpha_\eta\wedge\mathrm{d}x^\eta\\
&=\sum_{\eta=r+1}^n\left(\sum_{\beta=1}^r\frac{\partial c^\alpha_\eta}{\partial x^\beta}\mathrm{d}x^\beta\wedge\mathrm{d}x^\eta+\sum_{\xi=r+1}^n\frac{\partial c^\alpha_\eta}{\partial x^\xi}\mathrm{d}x^\xi\wedge\mathrm{d}x^\eta\right)\\
&=\sum_{\eta=r+1}^n\sum_{\beta=1}^r\frac{\partial c^\alpha_\eta}{\partial x^\beta}\theta^\beta\wedge\mathrm{d}x^\eta\\
&\quad+\sum_{\eta,\xi=r+1}^n\left(-\sum_{\beta=1}^r\frac{\partial c^\alpha_\eta}{\partial x^\beta}c^\beta_\xi+\frac{\partial c^\alpha_\eta}{\partial x^\xi}\right)\mathrm{d}x^\xi\wedge\mathrm{d}x^\eta.
\end{aligned}$$

因为一次微分式组 $\theta^1,\cdots,\theta^r,\mathrm{d}x^{r+1},\cdots,\mathrm{d}x^n$ 是线性无关的, 所以一次微分式组 $\theta^\alpha,1\leqslant\alpha\leqslant r$ 满足 Frobenius 条件的充分必要条件是

$$\sum_{\eta,\xi=r+1}^{n}\left(-\sum_{\beta=1}^{r}\frac{\partial c_{\eta}^{\alpha}}{\partial x^{\beta}}c_{\xi}^{\beta}+\frac{\partial c_{\eta}^{\alpha}}{\partial x^{\xi}}\right)\mathrm{d}x^{\xi}\wedge\mathrm{d}x^{\eta}$$
$$=\sum_{\xi<\eta}\left(\sum_{\beta=1}^{r}\frac{\partial c_{\xi}^{\alpha}}{\partial x^{\beta}}c_{\eta}^{\beta}-\sum_{\beta=1}^{r}\frac{\partial c_{\eta}^{\alpha}}{\partial x^{\beta}}c_{\xi}^{\beta}+\frac{\partial c_{\eta}^{\alpha}}{\partial x^{\xi}}-\frac{\partial c_{\xi}^{\alpha}}{\partial x^{\eta}}\right)\mathrm{d}x^{\xi}\wedge\mathrm{d}x^{\eta}$$
$$=0,$$

即
$$\frac{\partial c_{\eta}^{\alpha}}{\partial x^{\xi}}-\frac{\partial c_{\xi}^{\alpha}}{\partial x^{\eta}}+\sum_{\beta=1}^{r}\frac{\partial c_{\xi}^{\alpha}}{\partial x^{\beta}}c_{\eta}^{\beta}-\sum_{\beta=1}^{r}\frac{\partial c_{\eta}^{\alpha}}{\partial x^{\beta}}c_{\xi}^{\beta}=0,$$
这正好是定理 1.3 中的可积条件 (1.26). 因此, 对于任意给定的 $(x_0^1,\cdots,x_0^n)\in D$, 必有方程 (1.42) 的解

$$x^{\alpha}=f^{\alpha}(x^{r+1},\cdots,x^{n}),\quad 1\leqslant\alpha\leqslant r,\tag{1.44}$$

即
$$\frac{\partial f^{\alpha}(x^{r+1},\cdots,x^{n})}{\partial x^{\eta}}=-c_{\eta}^{\alpha}(f^1,\cdots,f^r,x^{r+1},\cdots,x^n),$$
并且满足初始条件
$$f^{\alpha}(x_0^{r+1},\cdots,x_0^{n})=x_0^{\alpha}.$$
在 $n-r$ 维曲面 (1.44) 上

$$\theta^{\alpha}=\mathrm{d}f^{\alpha}(x^{r+1},\cdots,x^{n})+\sum_{\eta=r+1}^{n}c_{\eta}^{\alpha}\mathrm{d}x^{\eta}=0,$$

故 $\omega^{\alpha}=0$, $1\leqslant\alpha\leqslant r$. 证毕.

作为定理 1.4 的应用, 我们来证明第七章的定理 3.3, 即下面的:

定理 1.5 任意给定 12 个依赖自变量 $(u^1,\cdots,u^r)\in\tilde{D}\subset\mathbb{R}^r$ 的一次微分式 ω^j, ω_i^j, $1\leqslant i,j\leqslant 3$, 如果它们满足结构方程

$$\mathrm{d}\omega^j=\sum_{k=1}^{3}\omega^k\wedge\omega_k^j,\qquad \mathrm{d}\omega_i^j=\sum_{k=1}^{3}\omega_i^k\wedge\omega_k^j,\tag{1.45}$$

则在欧氏空间 E^3 中有依赖 r 个参数 $u^1, \cdots, u^r$ 的右手标架族 $\{p(u^\alpha); \boldsymbol{e}_1(u^\alpha), \boldsymbol{e}_2(u^\alpha), \boldsymbol{e}_3(u^\alpha)\}$ 以 ω^j, ω_i^j 为它的相对分量.

证明 用 (a_i, a_{ij}) 表示欧氏空间 E^3 上的右手标架空间的坐标系, 其中 $\det(a_{ij}) > 0$. 标架空间的相对分量 Ω^j, Ω_i^j 是 a_i, a_{ij} 的一次微分式, 如第七章的公式 (3.9) 所示. 现在考虑 $\mathbb{R}^{12+r}$ 的一个区域 $D = \tilde{D} \times \mathbb{R}^{12}$ 上的 Pfaff 方程组

$$\theta^j = \Omega^j - \omega^j = 0, \quad \theta_i^j = \Omega_i^j - \omega_i^j = 0. \tag{1.46}$$

由于 Ω^j, Ω_i^j 和 ω^j, ω_i^j 分别满足结构方程 (1.45), 所以

$$\begin{aligned}
\mathrm{d}\theta^j =& \ \mathrm{d}\Omega^j - \mathrm{d}\omega^j = \sum_{k=1}^{3} \Omega^k \wedge \Omega_k^j - \sum_{k=1}^{3} \omega^k \wedge \omega_k^j \\
=& \ \sum_{k=1}^{3} (\theta^k \wedge \Omega_k^j + \omega^k \wedge \theta_k^j), \\
\mathrm{d}\theta_i^j =& \ \mathrm{d}\Omega_i^j - \mathrm{d}\omega_i^j = \sum_{k=1}^{3} \Omega_i^k \wedge \Omega_k^j - \sum_{k=1}^{3} \omega_i^k \wedge \omega_k^j \\
=& \sum_{k=1}^{3} (\theta_i^k \wedge \Omega_k^j + \omega_i^k \wedge \theta_k^j),
\end{aligned}$$

于是 Frobenius 条件成立. 然而, Pfaff 方程组 (1.46) 等价于

$$\mathrm{d}a_i = \sum_{k=1}^{3} a_{ki} \omega^k, \quad \mathrm{d}a_{ij} = \sum_{k=1}^{3} a_{kj} \omega_i^k. \tag{1.47}$$

根据定理 1.4, 存在一组函数 $a_i = a_i(u^1, \cdots, u^r)$, $a_{ij} = a_{ij}(u^1, \cdots, u^r)$ 使方程组 (1.47) 成立. 换言之, 这给出欧氏空间 E^3 中依赖 r 个参数 $u^1, \cdots, u^r$ 的右手标架族, 它的相对分量是 ω^j, ω_i^j. 证毕.

1.5 系数为复数值解析函数的一次微分式的积分因子的存在性

在第三章 §3.5 证明定理 5.5 时, 需要用到系数为复数值解析函数的一次微分式的积分因子的存在性. 在这里, 我们要给出这个存在性

定理的证明. 首先, 我们要介绍复解析函数的概念, 并且证明关于复解析函数的微分方程解的存在性定理.

假定 $f(x,y)$ 是依赖实变量 x,y 的复数值函数. 如果 $f(x,y)$ 在点 $(x_0,y_0)\in\mathbb{R}^2$ 的一个邻域 $U\subset\mathbb{R}^2$ 内能够展开成实变量 x,y 的收敛幂级数

$$f(x,y)=\sum_{i,j=0}^{\infty} f_{ij}(x-x_0)^i(y-y_0)^j, \tag{1.48}$$

其中 f_{ij} 是复数, 则称复数值函数 $f(x,y)$ 在点 $(x_0,y_0)\in\mathbb{R}^2$ 是实解析的. 类似地, 假定 $f(z,w)$ 是依赖复变量 z,w 的函数. 如果 $f(z,w)$ 在点 $(z_0,w_0)\in\mathbb{C}^2$ 的一个邻域 $U\subset\mathbb{C}^2$ 内能够展开成复变量 z,w 的收敛幂级数

$$f(z,w)=\sum_{i,j=0}^{\infty} f_{ij}(z-z_0)^i(w-w_0)^j, \tag{1.49}$$

则称 $f(z,w)$ 在点 $(z_0,w_0)\in\mathbb{C}^2$ 是复解析的. 由此可见, 如果把复数值实变量解析函数 $f(x,y)$ 中的变量 x,y 看成复变量时, 它必定是复解析函数. 反过来, 设 $(x_0,y_0)\in\mathbb{R}^2$, 如果复变量函数 $f(z,w)$ 在点 (x_0,y_0) 是复解析的, 则当变量 $(z,w)\in\mathbb{C}^2$ 限制在 $\mathbb{R}^2$ 上时, 该函数在点 (x_0,y_0) 必定是实解析的.

很明显, 复解析函数 $f(z,w)$ 有偏导数 $\dfrac{\partial f}{\partial z},\dfrac{\partial f}{\partial w}$, 并且它们仍然是复解析的. 另外在复变函数论的课程中, 关于复解析函数有如下的等价条件: 设

$$f(z,w)=f_1(z,w)+\sqrt{-1}f_2(z,w), \tag{1.50}$$

其中 $f_1(z,w),f_2(z,w)$ 分别是复数值函数 $f(z,w)$ 的实部和虚部. 同时把复变量 z,w 也分解成实部和虚部:

$$z=z_1+\sqrt{-1}z_2,\quad w=w_1+\sqrt{-1}w_2.$$

那么, 函数 $f(z,w)$ 是复解析的, 当且仅当它的实部和虚部满足下面的 Cauchy-Riemann 方程:

$$\frac{\partial f_1}{\partial z_1}=\frac{\partial f_2}{\partial z_2},\quad \frac{\partial f_1}{\partial z_2}=-\frac{\partial f_2}{\partial z_1},\quad \frac{\partial f_1}{\partial w_1}=\frac{\partial f_2}{\partial w_2},\quad \frac{\partial f_1}{\partial w_2}=-\frac{\partial f_2}{\partial w_1}. \tag{1.51}$$

定理 1.6 设 $f: \mathbb{C}\times\mathbb{C}\to\mathbb{C}$ 是复解析函数, 则对于任意给定的 $(z_0, w_0)\in\mathbb{C}\times\mathbb{C}$, 微分方程

$$\frac{\mathrm{d}w}{\mathrm{d}z} = f(z, w) \tag{1.52}$$

在点 $z_0\in\mathbb{C}$ 的一个邻域内必有复解析函数解 $w = w(z)$ 满足初始条件

$$w(z_0) = w_0. \tag{1.53}$$

证明 此定理可以作为定理 1.3 的应用. 将 f, z, w 分解成实部和虚部, 则方程 (1.52) 成为

$$\frac{\partial w_1}{\partial z_1} = \frac{\partial w_2}{\partial z_2} = f_1(z_1, z_2, w_1, w_2), \quad \frac{\partial w_2}{\partial z_1} = -\frac{\partial w_1}{\partial z_2} = f_2(z_1, z_2, w_1, w_2). \tag{1.52$'$}$$

若命

$$f_{11} = f_{22} = f_1, \quad f_{12} = -f_{21} = -f_2, \tag{1.54}$$

则上面的方程组成为

$$\frac{\partial w_i}{\partial z_j} = f_{ij}(z_1, z_2, w_1, w_2), \quad 1\leqslant i, j\leqslant 2. \tag{1.55}$$

根据定理 1.3, 方程组 (1.55) 完全可积的充分必要条件是, 函数 f_{ij} 在 $\mathbb{R}^4$ 上满足下述恒等式:

$$\frac{\partial f_{ij}}{\partial z_k} - \frac{\partial f_{ik}}{\partial z_j} + \sum_{l=1}^{2}\frac{\partial f_{ij}}{\partial w_l}f_{lk} - \sum_{l=1}^{2}\frac{\partial f_{ik}}{\partial w_l}f_{lj} \equiv 0, \quad \forall i, j, k = 1, 2. \tag{1.56}$$

上面的恒等式在 $j = k$ 是自然成立的, 所以只要考虑 $j = 1,\ k = 2$ 的情形. 分别让 $i = 1, 2$, 则条件 (1.56) 成为

$$\frac{\partial f_{11}}{\partial z_2} - \frac{\partial f_{12}}{\partial z_1} + \sum_{l=1}^{2}\frac{\partial f_{11}}{\partial w_l}f_{l2} - \sum_{l=1}^{2}\frac{\partial f_{12}}{\partial w_l}f_{l1} = 0,$$

$$\frac{\partial f_{21}}{\partial z_2} - \frac{\partial f_{22}}{\partial z_1} + \sum_{l=1}^{2}\frac{\partial f_{21}}{\partial w_l}f_{l2} - \sum_{l=1}^{2}\frac{\partial f_{22}}{\partial w_l}f_{l1} = 0,$$

用 (1.54) 式代入上式得到

$$\left(\frac{\partial f_1}{\partial z_2}+\frac{\partial f_2}{\partial z_1}\right)+\left(-\frac{\partial f_1}{\partial w_1}+\frac{\partial f_2}{\partial w_2}\right)f_2+\left(\frac{\partial f_1}{\partial w_2}+\frac{\partial f_2}{\partial w_1}\right)f_1=0,$$
$$\left(\frac{\partial f_2}{\partial z_2}-\frac{\partial f_1}{\partial z_1}\right)-\left(\frac{\partial f_2}{\partial w_1}+\frac{\partial f_1}{\partial w_2}\right)f_2+\left(\frac{\partial f_2}{\partial w_2}-\frac{\partial f_1}{\partial w_1}\right)f_1=0.$$

由于 $f(z,w)$ 是复变量 z,w 的解析函数, 根据 Cauchy-Riemann 条件, 上式是自动成立的, 于是方程组 (1.55) 完全可积. 设方程组 (1.55) 的经过点 (z_0,w_0) 的解是 $(w_1(z),w_2(z))$, 即它满足方程组 (1.55), 并且

$$w_1(z_0)+\sqrt{-1}w_2(z_0)=w_0.$$

命

$$w(z)=w_1(z)+\sqrt{-1}w_2(z),$$

则由方程组 (1.52′) 得知 $w(z)$ 是复解析函数, 并且

$$\begin{aligned}\frac{\mathrm{d}w(z)}{\mathrm{d}z}&=\frac{\partial w_1(z)}{\partial z_1}+\sqrt{-1}\frac{\partial w_2(z)}{\partial z_1}\\&=f_1(z,w(z))+\sqrt{-1}f_2(z,w(z))=f(z,w(z)).\end{aligned}$$

这就是说, 函数 $w=w(z)$ 是方程 (1.52) 的满足初始条件 (1.53) 的解. 证毕.

定理 1.7 设 $f(x,y),g(x,y)$ 是区域 $D\subset\mathbb{R}^2$ 上的复数值实解析函数. 若在点 $(x_0,y_0)\in D$, $f(x_0,y_0),g(x_0,y_0)$ 不全为零, 则在点 (x_0,y_0) 的某个邻域 $U\subset D$ 内存在处处非零的复数值实解析函数 $\lambda(x,y)$ 作为一次微分式

$$\omega=f(x,y)\mathrm{d}x+g(x,y)\mathrm{d}y$$

的积分因子, 也就是在邻域 U 上存在复数值实解析函数 $k(x,y)$ 使得

$$\lambda(x,y)\cdot(f(x,y)\mathrm{d}x+g(x,y)\mathrm{d}y)=\mathrm{d}k(x,y).$$

证明 不妨设 $g(x_0,y_0)\neq 0$, 故在点 (x_0,y_0) 的某个邻域 $\tilde{D}\subset D$ 内 $g(x,y)$ 处处不为零. 这样, 微分方程

$$f(x,y)\mathrm{d}x+g(x,y)\mathrm{d}y=0$$

等价于

$$\frac{\mathrm{d}y}{\mathrm{d}x}=-\frac{f(x,y)}{g(x,y)}. \tag{1.57}$$

记 $F(x,y)=-\dfrac{f(x,y)}{g(x,y)}$, 则它是复数值实解析函数. 现在把 x,y 看作复变量, 则 $F(x,y)$ 是复解析函数. 根据定理 1.6, 在点 $(x_0,y_0)\in\mathbb{R}^2\subset\mathbb{C}^2$ 的邻域 $\tilde{U}\subset\mathbb{C}^2$ 内任意指定一个点 (x_0,y_1), 都有方程 (1.57) 的复解析函数解 $y=t(x,y_1)$, 即它满足方程

$$\frac{\mathrm{d}t(x,y_1)}{\mathrm{d}x}=F(x,t(x,y_1)),$$

以及初始条件

$$t(x_0,y_1)=y_1,$$

其中 x,y_1 都是复变量. 很明显, 反函数定理可以用于复解析函数组

$$x=s(x_1,y_1)\equiv x_1,\quad y=t(x_1,y_1).$$

其余的证明过程和定理 1.2 一样, 故存在复解析函数 $\lambda(x,y)$ 和 $k(x,y)$ 使得

$$\lambda(x,y)\cdot(f(x,y)\mathrm{d}x+g(x,y)\mathrm{d}y)=\mathrm{d}k(x,y).$$

最后, 将变量 x,y 限制在实数域 $\mathbb{R}$ 上, $\lambda(x,y)$ 和 $k(x,y)$ 是复数值实解析函数, 而上面的式子仍然成立. 证毕.

§2 自共轭线性变换的特征值

2.1 线性变换的特征值

假定 V 是 n 维实向量空间. 在 V 中取定一个基底 $\{\boldsymbol{e}_1,\cdots,\boldsymbol{e}_n\}$, 则 V 中的任意一个成员 $\boldsymbol{v}$ 能够唯一地表示成

$$\boldsymbol{v}=v^1\boldsymbol{e}_1+\cdots+v^n\boldsymbol{e}_n. \tag{2.1}$$

所谓向量空间 V 的一个线性变换 $\boldsymbol{A}$ 是指从 V 到它自身的一个映射 $\boldsymbol{A}: V \to V$, 满足下列条件:

(1) 对于任意的 $\boldsymbol{u}, \boldsymbol{v} \in V$, 有 $\boldsymbol{A}(\boldsymbol{u}+\boldsymbol{v}) = \boldsymbol{A}(\boldsymbol{u}) + \boldsymbol{A}(\boldsymbol{v})$;

(2) 对于任意的 $\boldsymbol{u} \in V$ 和 $\lambda \in \mathbb{R}$, 有 $\boldsymbol{A}(\lambda \boldsymbol{u}) = \lambda \boldsymbol{A}(\boldsymbol{u})$.

由此可见, 当向量 $\boldsymbol{v}$ 表示成 (2.1) 式时, 我们有

$$\boldsymbol{A}(\boldsymbol{v}) = v^1 \boldsymbol{A}(\boldsymbol{e}_1) + \cdots + v^n \boldsymbol{A}(\boldsymbol{e}_n), \tag{2.2}$$

因此线性变换 $\boldsymbol{A}$ 是由它在各基底向量 $\boldsymbol{e}_1, \cdots, \boldsymbol{e}_n$ 上的值 $\boldsymbol{A}(\boldsymbol{e}_1), \cdots, \boldsymbol{A}(\boldsymbol{e}_n)$ 来确定. 设

$$\boldsymbol{A}(\boldsymbol{e}_i) = \sum_{j=1}^{n} a_i^j \boldsymbol{e}_j, \tag{2.3}$$

其中 a_i^j 是实数, 它们构成矩阵

$$A = \begin{pmatrix} a_1^1 & \cdots & a_1^n \\ \vdots & & \vdots \\ a_n^1 & \cdots & a_n^n \end{pmatrix}. \tag{2.4}$$

通常, 称 A 为线性变换 $\boldsymbol{A}$ 在基底 $\{\boldsymbol{e}_1, \cdots, \boldsymbol{e}_n\}$ 下的矩阵. 此时, (2.3) 式可以写成

$$\boldsymbol{A} \begin{pmatrix} \boldsymbol{e}_1 \\ \vdots \\ \boldsymbol{e}_n \end{pmatrix} = A \cdot \begin{pmatrix} \boldsymbol{e}_1 \\ \vdots \\ \boldsymbol{e}_n \end{pmatrix}, \tag{2.5}$$

并且 (2.2) 式成为

$$\boldsymbol{A}(\boldsymbol{v}) = (v^1, \cdots, v^n) \cdot A \cdot \begin{pmatrix} \boldsymbol{e}_1 \\ \vdots \\ \boldsymbol{e}_n \end{pmatrix}. \tag{2.6}$$

其中右端的 “·” 是指矩阵的乘法.

如果存在数 λ 以及非零向量 $\boldsymbol{v}$, 使得

$$\boldsymbol{A}\boldsymbol{v} = \lambda \boldsymbol{v}, \tag{2.7}$$

则称 λ 是线性变换 $\boldsymbol{A}$ 的**特征值**, 并且称 $\boldsymbol{v}$ 是它的**特征向量**. 按照 (2.6) 式,(2.7) 式成为

$$\boldsymbol{A}(\boldsymbol{v})=(v^1,\cdots,v^n)\cdot A\cdot\begin{pmatrix}\boldsymbol{e}_1\\ \vdots\\ \boldsymbol{e}_n\end{pmatrix}=\lambda(v^1,\cdots,v^n)\cdot\begin{pmatrix}\boldsymbol{e}_1\\ \vdots\\ \boldsymbol{e}_n\end{pmatrix},$$

即

$$(v^1,\cdots,v^n)\cdot A=\lambda(v^1,\cdots,v^n). \tag{2.8}$$

用 I 表示 $n\times n$ 单位矩阵, 则 (2.8) 式成为

$$(v^1,\cdots,v^n)\cdot(\lambda I-A)=\mathbf{0}. \tag{2.9}$$

这是关于未知数 $v^1,\cdots,v^n$ 的线性方程组, 其系数矩阵是 $\lambda I-A$. 根据克莱姆法则, 线性方程组 (2.9) 有非零解 $(v^1,\cdots,v^n)$ 的充分必要条件是, 它的系数矩阵 $\lambda I-A$ 的行列式为零, 即

$$\det(\lambda I-A)=\begin{vmatrix}\lambda-a_1^1 & \cdots & -a_1^n\\ \vdots & & \vdots\\ -a_n^1 & \cdots & \lambda-a_n^n\end{vmatrix}=0. \tag{2.10}$$

这是关于未知数 λ 的 n 次方程. 根据代数基本定理, 它在复数域上有 n 个根. 这意味着, 一般说来, 线性变换 $\boldsymbol{A}$ 的特征值是复数; 相应地, 用复数特征值 λ 代入线性方程组 (2.9), 得到的解 $(v^1,\cdots,v^n)$ 也是由复数组成的, 因此线性变换 $\boldsymbol{A}$ 的特征向量, 一般说来, 是基底向量 $\boldsymbol{e}_1,\cdots,\boldsymbol{e}_n$ 的复线性组合.

取 (2.8) 式的复共轭, 则得

$$(\overline{v^1},\cdots,\overline{v^n})\cdot A=\overline{\lambda}(\overline{v^1},\cdots,\overline{v^n}).$$

这就是说, 如果 λ 是线性变换 $\boldsymbol{A}$ 的特征值, $\boldsymbol{v}$ 为对应的特征向量, 那么 $\overline{\lambda}$ 也是线性变换 $\boldsymbol{A}$ 的特征值, 并且对应的特征向量是 $\overline{\boldsymbol{v}}$.

2.2 自共轭线性变换

设 V 是 n 维实向量空间. 如果在 V 上给定了一个对称的正定的双线性函数 $g: V \times V \to \mathbb{R}$, 则称 (V, g) 是一个 n 维欧氏向量空间, 称 g 为内积, 并且通常把内积记为

$$g(\boldsymbol{u}, \boldsymbol{v}) = \boldsymbol{u} \cdot \boldsymbol{v}, \quad \forall \boldsymbol{u}, \boldsymbol{v} \in V. \tag{2.11}$$

设 $\boldsymbol{A}$ 是欧氏向量空间 V 上的一个线性变换. 如果对于任意的 $\boldsymbol{u}, \boldsymbol{v} \in V$ 都有

$$\boldsymbol{A}(\boldsymbol{u}) \cdot \boldsymbol{v} = \boldsymbol{u} \cdot \boldsymbol{A}(\boldsymbol{v}), \tag{2.12}$$

则称 $\boldsymbol{A}$ 是欧氏向量空间 V 上的**自共轭线性变换**.

定理 2.1 在欧氏向量空间 V 上自共轭线性变换 $\boldsymbol{A}$ 的特征值都是实数, 对应的特征向量是基底向量 $\boldsymbol{e}_1, \cdots, \boldsymbol{e}_n$ 的实线性组合.

证明 设 λ 是自共轭线性变换 $\boldsymbol{A}$ 的特征值, $\boldsymbol{v}$ 是对应的特征向量, 于是 $\overline{\lambda}$ 也是线性变换 $\boldsymbol{A}$ 的特征值, 并且对应的特征向量是 $\overline{\boldsymbol{v}}$. 这样, 根据自共轭的条件 (2.12) 得到

$$\boldsymbol{A}(\boldsymbol{v}) \cdot \overline{\boldsymbol{v}} = \lambda \boldsymbol{v} \cdot \overline{\boldsymbol{v}} = \boldsymbol{v} \cdot \boldsymbol{A}(\overline{\boldsymbol{v}}) = \overline{\lambda} \boldsymbol{v} \cdot \overline{\boldsymbol{v}},$$

故

$$(\overline{\lambda} - \lambda) \boldsymbol{v} \cdot \overline{\boldsymbol{v}} = 0. \tag{2.13}$$

将向量 $\boldsymbol{v}$ 分解成实部和虚部, 得到

$$\boldsymbol{v} = \boldsymbol{v}_1 + \sqrt{-1} \boldsymbol{v}_2,$$

其中 $\boldsymbol{v}_1, \boldsymbol{v}_2 \in V$, 那么

$$\overline{\boldsymbol{v}} = \boldsymbol{v}_1 - \sqrt{-1} \boldsymbol{v}_2,$$

并且

$$\boldsymbol{v} \cdot \overline{\boldsymbol{v}} = (\boldsymbol{v}_1 + \sqrt{-1} \boldsymbol{v}_2) \cdot (\boldsymbol{v}_1 - \sqrt{-1} \boldsymbol{v}_2) = \boldsymbol{v}_1 \cdot \boldsymbol{v}_1 + \boldsymbol{v}_2 \cdot \boldsymbol{v}_2 > 0.$$

由 (2.13) 式得到

$$\overline{\lambda} = \lambda,$$

即特征值 λ 必定是实数. 用实数特征值 λ 代入线性方程组 (2.9), 得到的解 $(v^1, \cdots, v^n)$ 也是由实数组成的, 因此自共轭线性变换 $\boldsymbol{A}$ 的特征向量是基底向量 $\boldsymbol{e}_1, \cdots, \boldsymbol{e}_n$ 的实线性组合. 证毕.

定理 2.2 设 λ_1 和 λ_2 是自共轭线性变换 $\boldsymbol{A}: V \to V$ 的两个不同的特征值, 其对应的特征向量分别是 $\boldsymbol{v}_1$ 和 $\boldsymbol{v}_2$, 则 $\boldsymbol{v}_1$ 和 $\boldsymbol{v}_2$ 必定彼此正交.

证明 根据定义, 我们有

$$\boldsymbol{A}(\boldsymbol{v}_1) = \lambda_1 \boldsymbol{v}_1, \quad \boldsymbol{A}(\boldsymbol{v}_2) = \lambda_2 \boldsymbol{v}_2. \tag{2.14}$$

因为 $\boldsymbol{A}: V \to V$ 是自共轭线性变换, 故

$$\boldsymbol{A}(\boldsymbol{v}_1) \cdot \boldsymbol{v}_2 = \boldsymbol{v}_1 \cdot \boldsymbol{A}(\boldsymbol{v}_2).$$

用 (2.14) 式代入上面的式子得到

$$\lambda_1 \boldsymbol{v}_1 \cdot \boldsymbol{v}_2 = \lambda_2 \boldsymbol{v}_1 \cdot \boldsymbol{v}_2,$$

即

$$(\lambda_1 - \lambda_2) \boldsymbol{v}_1 \cdot \boldsymbol{v}_2 = 0.$$

由于 $\lambda_1 - \lambda_2 \neq 0$, 因此 $\boldsymbol{v}_1 \cdot \boldsymbol{v}_2 = 0$. 证毕.

定理 2.3 设 $\boldsymbol{v}$ 是自共轭线性变换 $\boldsymbol{A}: V \to V$ 对应于特征值 λ 的特征向量, 记 $V_1 = \boldsymbol{v}^{\perp} = \{\boldsymbol{u} \in V : \boldsymbol{u} \cdot \boldsymbol{v} = 0\}$, 则 V_1 是向量空间 V 在自共轭线性变换 $\boldsymbol{A}$ 的作用下不变的子空间, 即对于任意的 $\boldsymbol{u} \perp \boldsymbol{v}$, 都有 $\boldsymbol{A}(\boldsymbol{u}) \perp \boldsymbol{v}$.

证明 设 $\boldsymbol{u} \cdot \boldsymbol{v} = 0$, 则

$$\boldsymbol{A}(\boldsymbol{u}) \cdot \boldsymbol{v} = \boldsymbol{u} \cdot \boldsymbol{A}(\boldsymbol{v}) = \lambda \boldsymbol{u} \cdot \boldsymbol{v} = 0,$$

故 $\boldsymbol{A}(\boldsymbol{u}) \perp \boldsymbol{v}$. 证毕.

定理 2.4 假定 $\boldsymbol{A}$ 是 n 维欧氏向量空间 V 上的自共轭线性变换, 则它必定有 n 个实特征值 $\lambda_1, \cdots, \lambda_n$, 并且对应地有 n 个彼此正交的特征向量 $\boldsymbol{v}_1, \cdots, \boldsymbol{v}_n$, 它们构成欧氏向量空间 V 的单位正交基底.

证明 根据定理 2.1, 自共轭线性变换 $\boldsymbol{A}$ 的特征值都是实数, 设实数 λ_1 是它的一个特征值, 对应的特征向量是单位向量 $\boldsymbol{v}_1$. 命 $V_1=(\boldsymbol{v}_1)^{\perp}$, 则 V_1 是 $n-1$ 维欧氏向量空间, 并且线性变换 $\boldsymbol{A}$ 在 V_1 上的作用是封闭的, 并且它在 V_1 上的限制 $\boldsymbol{A}_1=\boldsymbol{A}|_{V_1}$ 仍然是自共轭线性变换. 接着, 对于欧氏向量空间 V_1 和自共轭线性变换 $\boldsymbol{A}_1: V_1\rightarrow V_1$ 重复上面的过程. 最终, 我们便得到定理所要求的结论. 证毕.

从定理 2.4 不难看出, 如果 λ 是自共轭线性变换 $\boldsymbol{A}$ 的 r 重特征值, 则对应的特征向量构成向量空间 V 的 r 维子空间.

§3 用 MATHEMATICA 做的课件

在这个附录中, 我们打算简要地介绍 MATHEMATICA 的一些功能, 并且用于建立微分几何课程的几个课件. 当然, 现在有若干强大的数学软件, 如 MATLAB, MAPLE 等具有类似的功能. 我们对于 MATHEMATICA 没有特别的偏好, 只是以 MATHEMATICA 为例向读者介绍一些有关的课件, 希望读者借以熟悉一些特殊曲线和特殊曲面的形状, 获得更多的感性知识. 熟悉别的软件的读者完全可以用别的软件达到同样的目的.

3.1 MATHEMATICA 的使用指南

MATHEMATICA 是美国 Wolfram 研究公司开发的一种计算机系统, 它有强大的数学功能, 主要包括符号演算、数值计算和图形显示功能.

在符号演算方面, 能做多项式四则运算、展开、化简和因式分解; 有理式的各种运算; 向量、矩阵的运算; 求函数的极限、求导、求积分、幂级数展开等. 在数值计算方面, 能求多项式方程、有理式方程、超越方程的精确解和近似解, 求定积分的近似值. 在图形显示方面, 能画一元函数、二元函数的图像, 参数曲线、参数曲面的二维图形等. 在这里, 我们主要关注 MATHEMATICA 的图形显示功能. 在 MATHEMATICA 中所有的指令都是以函数的形式出现.

在这个指南中, 我们要介绍一些最基本的注意事项. 要进一步了解 MATHEMATICA 可以看参考文献 [8]. 在初步了解 MATHEMATICA 之后, 可以通过 MATHEMATICA 软件本身内含的说明来熟悉它的高级功能.

1. MATHEMATICA 中的数学表达式.

算术运算符号: + (加号), − (减号), ∗ (乘号), / (除号), ^ (乘方), 乘号 ∗ 亦可以用空格代替.

数学常数: Pi (圆周率 π), E(自然对数的底 e), Degree (例如 1° 角, 即 $\frac{\pi}{180}$ 弧度).

常用的数学函数: 平方根函数: Sqrt; 以 e 为底的指数函数: Exp; 自然对数函数: Log; 以 a 为底的对数函数: Log[a,].

三角函数 (自变量以弧度为单位): Sin, Cos, Tan, Cot, Sec, Csc.

反三角函数 (值以弧度为单位): ArcSin, ArcCos, ArcTan, ArcCot, ArcSec, ArcCsc.

双曲函数: Sinh, Cosh, Tanh, Coth, Sech, Csch.

反双曲函数: ArcSinh, ArcCosh, ArcTanh, ArcCoth, ArcSech, ArcCsch.

函数名是字符串, 在字符之间不能有空格, 大、小写要按规定书写. 函数的自变量用方括号 [ ] 括起来. 圆括号 ( ) 只用来表示运算的先后.

变量也用字符串表示, 不能用下标来区分. 例如 x_1, x_2, x_3 要写成 $x1, x2, x3$, 等等. 在表示相乘的表达式时, 变量和变量之间必须有空格, 或者乘号 ∗.

2. MATHEMATICA 的启动和退出.

启动的步骤: 假定已经在 Windows 操作系统下安装了 Mathematica 4.0 版软件, 并且在屏幕上设立了 "快捷键", 则只要直接双击此键即可. 不然的话, 可以从 "程序" 中寻找 "Mathematica 4.0" 并点击. 此时, 你将会看到一个 "窗口", 第一行的左边是 "Mathematica" 及其图标, 右边是通常的 "极小化" "复原" "关闭" 等按键. 另外, 还打开一个笔记本窗口, 暂时命名为 "untitled 1", 其意思是你还没有为该文件起名, 以后可以给它一个文件名. 这是你的工作区域. 在原 "窗口" 上方

第二行有 “File” , “Edit” , “Cell” , “Format” 等, 它们是对于笔记本窗口 “untitled 1” 文件进行操作的命令.

在 MATHEMATICA 环境下工作: 把光标移到笔记本窗口内, 键入要操作的表达式 (按软件要求的格式), 例如:

Sqrt[2]

然后按 “Shift” + “Enter” , 计算机将进行处理, 最后在屏幕上显示:

In[1]:=Sqrt[2]

Out[1]=$\sqrt{2}$

表示第一次操作的结果是 “$\sqrt{2}$” , 这是精确值. 若要得到有 18 位有效数字的近似值, 则需输入:

N[%1,18]

然后按 “Shift” + “Enter” , 计算机将进行处理, 最后在屏幕上显示:

In[2]:=N[%1,18]

Out[2]=1.41421356237309505

其中的 “%1” 代表第一次操作的表达式.

退出 MATHEMATICA: 要保存本次操作的结果, 可以点击 “File” 拉出菜单, 然后在菜单中找到 “Save as” , 点击后弹出对话框, 在 “文件名” 一栏填入你给要保存的文件所起的名字, 例如: “abc.nb” , 然后点击 “保存” , 则计算机会把当前的文件名从 “untitled 1.nb” 改为 “abc.nb” 并存入硬盘. 要退出程序, 点击 “File” 拉出菜单, 找到 “Close” 点击即可.

3. 代数运算的语句.

代数运算的语句如下:

Expand[表达式]　把多项式的乘积展开成乘积之和;

Factor[表达式]　做多项式的因式分解;

Simplify[表达式]　把表达式化简, 得到最简单的等价形式;

Collect[表达式, 变量名]　把表达式展开, 并且按照指定的变量的幂次进行集项;

Together[表达式]　对分式表达式进行通分;

Apart[表达式]　把分式表达式分项成为简单分式之和;

Cancel[表达式] 约分, 消去分子、分母中的公因式.

4. 求解方程.

最基本的求解代数方程的语句是:

Solve[方程, 求解变量名]

它有两个参数: 第一个参数是要解的方程, 方程中的等号用 “==” 表示; 第二个参数表示该方程对哪个变量求解. 运行结果是精确解, 例如:

In[1]:=Solve[$x\hat{}2 - x + 1 == 0, x$]

Out[1]={{$x->\frac{1}{2}(1-\mathrm{I}\sqrt{3})$}, {$x->\frac{1}{2}(1+\mathrm{I}\sqrt{3})$}}

这里给出 x 的两个解, 其中 I 是虚数单位. 要得到数值解, 再用函数 N[ ], 例如:

In[2]:=N[%1] Out[2]={{0.5-0.866025I},{0.5+0.866025I}}

解联立方程组用表的形式, 例如:

In[3]:=Solve[{$x - 2y == 0, x\hat{}2 - y == 1$},{$x, y$}]

Out[3]={{$y->\frac{1}{8}(1-\sqrt{17}), x->\frac{1}{4}(1-\sqrt{17})$}, {$y->\frac{1}{8}(1+\sqrt{17}), x->\frac{1}{4}(1+\sqrt{17})$}}

对方程化简的语句是如下两个:

Eliminate[方程式, 变量名] 从方程式中消去指定的变量;

Reduce[方程式] 把方程式化成简单的等价形式.

解更复杂的方程用语句:

FindRoot[方程式,{变量名, 初始值}]

因为该求解函数用的是 Newton 法求近似解, 需要指定所求根附近的一个数值 (初始值), 该数值可以通过画图 (参看下一段) 来确定.

5. 求导、积分和解微分方程.

求导数的基本语句是:

D[函数表达式, 求导变量名]

要求高阶导数, 则用语句:

D[函数表达式, {求导变量名, 求导次数}]

如果求多元函数的混合偏导数, 则把各求导变量的名称都列上. 例如求函数 Sin[a x]Cos[x y] 关于 x, y 的混合偏导数, 所用语句是:

D[Sin[a x]Cos[x y], x, y]

其意义是先求函数 Sin[a x]Cos[x y] 关于 y 的偏导数, 然后将所得结果再对 x 求偏导数.

求不定积分的基本语句是:

Integrate[被积函数表达式, 积分变量名]

若求定积分的值, 则需要指定积分的范围, 基本语句是:

Integrate[被积函数表达式, {积分变量名, 下限, 上限}]

求微分方程数值解的基本语句是:

NDSolve[{微分方程组}, 解函数名,{自变量名, 下限, 上限}]

6. 作图.

(1) 画一元函数图像的命令是:

Plot[表达式, {自变量名, 下限, 上限}]

例如:

In[1]:=Plot[Sin[x], $\{x, 0, 2\ Pi\}$]

按 Shift+Enter 键之后得到的是函数 Sin x 在区间 [0,2π] 上的图像.

如果要画一个复杂的函数的图像, 并且该函数还需要用多次, 则可以先采用自定义函数语句, 例如:

In[2]:=fn[$x\_$]:=Sin[x]Exp[2 x]−Cos[x]

In[3]:=Plot[fn[y], $\{y, -2, 2\}$]

在这里 fn 是一个字符串, 它的第一个字母必须是小写, 代表我们要定义的函数的名称. 自定义函数的自变量要写成 "$x\_$" , 这里的下划线记号 "_" 是必需的, 它表示后面的定义式是关于 x 的一个表达式, 如果 x 本身是一个表达式, 例如 $x = y\hat{}2$, 则 fn[$y\hat{}2$] 代表函数 Sin[$y\hat{}2$]Exp[2 $y\hat{}2$] −Cos[$y\hat{}2$]. 对于 In[3], 按 Shift+Enter 键之后得到函数 fn[y] 的图像, 由此可见方程 fn[y]=0 的两个解为, 一个在 $(-2, -1)$ 之间, 另一个在 (0,1) 之间. 若要求第一个解, 可以用语句:

In[4]:=FindRoot[fn[y] $== 0, \{y, -2\}$]

得到 $\{y-> -1.61068\}$.

(2) 画二元函数图像的命令是:

Plot3D[二元函数表达式, {第一个自变量名, 下限, 上限}, {第二个自变量名, 下限, 上限}]

例如:

In[5]:=Plot3D[x^2+$y^{3,}\{x,-3,3\},\{y,-3,3\}$]

(3) 所显示的图像可能会失真, 此时需要考虑调整坐标轴的位置, 如何选取坐标轴上单位的长度, 是否在坐标轴上做标记, 等等. 在三维情形, 还要调整观察者的位置 (即坐标原点, 坐标轴的方向等). 这些可选项在不选时有默认值. 下面是几个重要的可选项:

PlotRange− >{下限, 上限} 用于 Plot 语句, 表示对函数图像的范围给以限制. 默认值是 “PlotRange− >Automatic” (不必输入), 此时计算机视情况自动处理;

AspectRatio− > $a:b$ 用于 Plot 语句, 表示指定所作图的纵横方向的比例. 默认值是 “AspectRatio− > 0.618:1” (不必输入). 如果按函数的实际尺寸作图, 可用选项 “AspectRatio − > Automatic” ;

Axes− > $\{a,b\}$ 表示画出坐标轴, 并将坐标轴交叉点放在坐标为 (a,b) 的点处. 默认值是 “Axes− >Automatic” (不必输入), 意思是画出坐标轴, 其位置自动确定. 不设坐标轴则是 “Axes− >None” ;

AxesLabel− >{自变量名, 因变量名} 表示在坐标轴上做标记. 默认值是 “AxesLabel− >None” (不必输入).

例如:

In[6]:=Plot[Sin[x],$\{x,0,2$ Pi$\}$, PlotRange− >All, AspectRatio− > Automatic, AxcesLabel− > $\{x,t\}$]

Plot3D 有下面的重要可选项:

Boxed− >False(或 True) 说明不给 (或给) 图形加一个立体框, 默认值是 True;

BoxRatios− > $\{a,b,c\}$ 说明图形立体框在三个方向上的长度比, 默认值是 {1,1,0.4};

ViewPoint− > $\{a,b,c\}$ 表示在将三维图形投影到平面上时使用的观察点. 我们得到的视图都是中心投影图 (以观察点为中心). 如果 a,b,c 三个数取得比较大, 则所得图形差不多是平行投影图. a,b,c 三者的比例的不同反映了观察的方向的变化;

Mesh− >False(或 True) 说明在曲面上不画 (或画) 网格, 默认值是 True.

此外, 还有:

Shading− >True(默认值) 或 False, 即是否加阴影;

LightSources(设置照明光源), 默认值是设置了三个红、绿、蓝点光源, 位置在曲面的右边 45° 角的地方;Lighting− >True(默认值) 或 False, 指是否打开已经设置的光源.

(4) 画平面参数曲线的命令是:

ParametricPlot[$\{x[t], y[t]\}, \{t, a, b\}$, 可选项]

其中 $\{x[t], y[t]\}$ 是平面参数曲线的方程, $\{t, a, b\}$ 指出参数名称及下、上限, "可选项" 可以是 AspectRatio, Axes, AxesLabel 等. 例如:

In[7]:=ParametricPlot[{Cos[t],Sin[t]},{t, 0, 2 Pi}]

画出的是一个椭圆, 因为 AspectRatio 的默认值是 0.618:1. 如果你要得到一个真正的圆周, 则用命令:

In[8]:=ParametricPlot[{Cos[t],Sin[t]}, {t, 0, 2 Pi}, AspectRatio− > Automatic]

(5) 画参数曲面的命令是:

ParametricPlot3D[$\{x[u, v], y[u, v], z[u, v]\}, \{u, a, b\}, \{v, c, d\}$, 可选项]

其中 $\{x[u, v], y[u, v], z[u, v]\}$ 是参数曲面的参数方程,$\{u, a, b\}, \{v, c, d\}$ 分别是参数 u, v 的下限和上限.

(6) 如果已经画了好几个图形, 现在需要把它们一起显示出来, 则可以用语句:

Show[%a,%b,$\cdots$]

结果是把第 a 次操作, 第 b 次操作 $\cdots\cdots$ 的图形在一个坐标系下一起显示出来.

3.2 用 MATHEMATICA 做微分几何课件

Alfred Gray 写过一本微分几何的教科书 (参看参考文献 [8]), 用 MATHEMATICA 的语言把书中所有的公式表示出来, 并且用 MATHEMATICA 画出漂亮的图形. 我们在这里给出几个课件 (它们没有完全包含在 Alfred Gray 的书中), 说明 MATHEMATICA 如何用于微分几何课. 要知道更多的详情, 读者可以参考 Alfred Gray 的书.

1. 画特殊的平面曲线.

常见的特殊平面曲线有:

椭圆: $\text{ellips}[a\_, b\_][t\_] := \{a\ \text{Cos}[t], b\ \text{Sin}[t]\}$

双曲线: $\text{hyperbola}[a\_, b\_][t\_] := \{a\ \text{Cosh}[t], b\ \text{Sinh}[t]\}$

抛物线: $\text{parabola}[a\_][t\_] := \{2\ a\ t, a\ t\hat{}2\}$

对数螺线: $\text{logapiral}[a\_, b\_][t\_] := a\{\text{E}\hat{}(b\ t)\text{Cos}[t], \text{E}\hat{}(b\ t)\text{Sin}[t]\}$

旋轮线 (摆线): $\text{cycloid}[a\_, b\_][t\_] := \{a\ t - b\ \text{Sin}[t], ab\ \text{Cos}[t]\}$

双纽线: $\text{lemniscate}[a\_][t\_] := a\{\text{Cos}[t], \text{Sin}[t]\text{Cos}[t]\}/(1 + \text{Sin}[t]\hat{}2)$

心脏线: $\text{cardioid}[a\_][t\_] := 2a(1 + \text{Cos}[t])\{\text{Cos}[t], \text{Sin}[t]\}$

蚶线: $\text{limaçn}[a\_, b\_][t\_] := (2\ a\ \text{Cos}[t] + b)\{\text{Cos}[t], \text{Sin}[t]\}$

悬链线: $\text{catenary}[a\_][t\_] := \{a\ \text{Cosh}[t/a], t\}$

蔓叶线: $\text{cissoid}[a\_][t\_] := 2\ a\{t\hat{}2, t\hat{}3\}/(1 + t\hat{}2)$

曳物线: $\text{tractrix}[a\_][t\_] := a\{\text{Sin}[t], \text{Cos}[t] + \text{Log}[\text{Tan}[t/2]]\}$

……

把它们画出来的语句是:

$\text{ParametricPlot}[\text{alpha}[a, b][t]//\text{Evaluate}, \{t, tmin, tmax\},$

$\text{AspectRatio}-> \text{Automatic}]$

其中 $\text{alpha}[a, b][t]$ 可以用前面给出的平面曲线参数方程代替, 并且让参数 a, b 取定具体的数值, $\{t, tmin, tmax\}$ 指出了自变量 t 的变化范围.

2. 生成平面曲线的动画.

曲线可以看作一个动点按照一定的规律运动的轨迹. 例如, 旋轮线 $\text{cycloid}[1, 1][t]$ 是半径为 1 的圆盘沿着 x 轴滚动时, 圆盘边缘上一点描出的轨迹. 用 MATHEMATICA 可以用动画的形式把它生成的情况表现出来, 相应的语句是:

$\text{circ}[a\_, b\_, r\_][t\_] := \{a + r\text{Cos}[t], b + r\text{Sin}[t]\};$

$\text{Do}[\text{ParametricPlot}[\text{Evaluate}[\{\text{cycloid}[1, 1][t], \text{circ}[a, 1, 1][t],$

$\text{circ}[0, 1, 1][t], \text{circ}[2\text{Pi}, 1, 1][t]\}, \{t, 0, 2\text{Pi}\}],$

$\text{Epilog}-> \{\text{AbsoluteThickness}[2],$

$\text{Line}[\{\{a, 0\}, \{a, 1\}, \text{cycloid}[1, 1][a]\}], \text{AbsolutePointSize}[6],$

$\text{Point}[cycloid[1,1][a]], \text{Point}[\{a,0\}], \text{Point}[\{a,1\}], \text{Point}[\{2Pi,0\}]\}$,

$\text{AspectRatio}->\text{Automatic}], \{a,0,2\text{Pi},\text{Pi}/5\}]$

其中 Line[{{a,0},{a,1},cycloid[1,1][a]}] 的意思是把 {a,0},{a,1}, cycloid[1,1][a] 三点依次连接起来.

3. 已知空间曲线的曲率和挠率, 画出该曲线的图.

根据曲线论基本定理, 已知曲率和挠率作为弧长的函数, 能够在三维欧氏空间中求得空间曲线以给定的函数作为它的曲率和挠率. 一般来说, 求解相应的微分方程是困难的, 但是利用 MATHEMATICA 强大的求微分方程数值解和绘图功能可以把该曲线轻易地求出来. 下面是已知曲率和挠率求该曲线的子程序:

```
plotintrinsic3d[{kk, tt},
{a, {p1, p2, p3}, {q1, q2, q3}, {r1, r2, r3}},
{smin, smax}, opts___] :=
ParametricPlot3D[
Module[{x1, x2, x3, t1, t2, t3, n1, n2, n3, b1, b2, b3},
{x1[s], x2[s], x3[s]}/.
NDSolve[{x1'[ss] == t1[ss], x2'[ss] == t2[ss],
x3'[ss] == t3[ss], t1'[ss] == kk[ss]n1[ss],
t2'[ss] == kk[ss]n2[ss], t3'[ss] == kk[ss]n3[ss],
n1'[ss] == -kk[ss]t1[ss] + tt[ss]b1[ss],
n2'[ss] == -kk[ss]t2[ss] + tt[ss]b2[ss],
n3'[ss] == -kk[ss]t3[ss] + tt[ss]b3[ss],
b1'[ss] == -tt[ss]n1[ss], b2'[ss] == -tt[ss]n2[ss],
b3'[ss] == -tt[ss]n3[ss], x1[a] == p1, x2[a] == p2,
x3[a] == p3, t1[a] == q1, t2[a] == q2, t3[a] == q3,
n1[a] == r1, n2[a] == r2, n3[a] == r3,
b1[a] == q2 r3 - q3 r2, b2[a] == q3 r1 - q1 r3,
b3[a] == q1 r2 - q2 r1},
{x1, x2, x3, t1, t2, t3, n1, n2, n3, b1, b2, b3},
{ss, smin, smax}]]/.ss-> s//Evaluate,
```

$\{s, smin, smax\}, opts]$;

其中语句:

NDSolve$[eqns, \{y1, y2, cdots\}, \{x, xmin, xmax\}]$

表示求微分方程的数值解 $y1, y2, \cdots$. 所含的常微分方程组正好是根据曲线论基本定理的存在性要求解的方程, 即曲线的 Frenet 公式. 如果要求曲率是 $kk[s] = |s|$, 挠率 $tt[s] = 0.3$ 的曲线, 只要运行下面的子程序:

plotintrinsic3d[{Abs[#]&, 0.3&}, {0, {0, 0, 0}, {1, 0, 0}, {0, 1, 0},

{−10, 10}}, Axes−> None,PlotPoints−> 500]

其中 # 代表自变量, 如 Abs[#]& 直接给出绝对值函数 |#|, 该自变量的正弦函数直接记成 Sin[#]&, 这里的 "&" 表示该表达式的终端. 初始值 $\{q1, q2, q3\}, \{r1, r2, r3\}$ 是所求曲线在初始点 $\{p1, p2, p3\}$ 的切向量和主法向量, 它们必须是单位正交向量.

4. 画参数曲面的图形.

常见曲面的参数方程有:

球面: sphere$[a_, b_, c_, r_][u_, v_] :=$

$\{a + r\ \mathrm{Cos}[u]\mathrm{Cos}[v], b + r\ \mathrm{Cos}[u]\mathrm{Sin}[v], c + r\ \mathrm{Sin}[u]\}$

圆柱面: circylinder$[a_, b_][u_, v_] := \{a\ \mathrm{Cos}[u], a\ \mathrm{Sin}[u], b\ v\}$

椭圆环面: torus$[a_, b_, c_][u_, v_] :=$

$\{(a + b\ \mathrm{Cos}[u])\mathrm{Cos}[v], (a + b\ \mathrm{Cos}[u])\mathrm{Sin}[v], c\ \mathrm{Sin}[u]\}$

八字结旋转面: eightsurface$[u_, v_] :=$

$\{\mathrm{Cos}[u]\mathrm{Cos}[v]\mathrm{Sin}[v], \mathrm{Sin}[u]\mathrm{Cos}[v]\mathrm{Sin}[v], \mathrm{Sin}[v]\}$

椭球面: ellipsoid$[a_, b_, c_][u_, v_] :=$

$\{a\ \mathrm{Cos}[u]\mathrm{Cos}[v], b\ \mathrm{Cos}[u]\mathrm{Sin}[v], c\ \mathrm{Sin}[u]\}$

单叶双曲面: hyperboloid1sheet$[a_, b_, c_][u_, v_] :=$

$\{a\ \mathrm{Cosh}[u]\mathrm{Cos}[v], b\ \mathrm{Cosh}[u]\mathrm{Sin}[v], c\ \mathrm{Sinh}[u]\}$

双叶双曲面: hyperboloid2sheet$[a_, b_, c_][u_, v_] :=$

$\{a\ \mathrm{Sinh}[u]\mathrm{Cos}[v], b\ \mathrm{Sinh}[u]\mathrm{Sin}[v], c\ \mathrm{Cosh}[u]\}$

椭圆抛物面: ellipticparaboloid$[a_, b_, c_][u_, v_] :=$

$\{a\ v\ \mathrm{Cos}[u], b\ v\ \mathrm{Sin}[u], c\ v\hat{\ }2\}$

或者是:

paraboloid$[a_, b_][u_, v_] := \{u, v, a\ u\hat{\ }2 + b\ v\hat{\ }2\}$

双曲抛物面: hyperbolicparaboloid$[a_, b_, c_][u_, v_] :=$

$\{a\ v\ \mathrm{Cosh}[u], b\ v\ \mathrm{Sinh}[u], c\ v\hat{\ }2\}$

或者是:

hyperparaboloid$[u_, v_] := \{u, v, u\ v\}$

猴鞍面: monkeysaddle$[u_, v_] := \{u, v, u\hat{\ }3 - 3\ u\ v\hat{\ }2\}$

Möbius 带: moebiusstir$[a_][u_, v_] :=$

$a\{\mathrm{Cos}[u] + v\ \mathrm{Cos}[u/2]\mathrm{Cos}[u], \mathrm{Sin}[u] + v\ \mathrm{Cos}[u/2]\mathrm{Sin}[u], v\ \mathrm{Sin}[u/2]\}$

悬链面: catenoid$[a_][u_, v_] := a\{\mathrm{Cosh}[u]\mathrm{Cos}[v], \mathrm{Cosh}[u]\mathrm{Sin}[v], u\}$

正螺旋面: helicoid$[a_][u_, v_] := \{u\ \mathrm{Cos}[v], u\ \mathrm{Sin}[v], a\ v\}$

Enneper 极小曲面: ennepersurf$[u_, v_] :=$

$\{u + u\ v\hat{\ }2 - \frac{1}{3}u\hat{\ }3, -v - u\hat{\ }2\ v + \frac{1}{3}v\hat{\ }3, u\hat{\ }2 - v\hat{\ }2\}$

Scherk 极小曲面: scherksurf$[u_, v_] := \{u, v, \mathrm{Log}[\mathrm{Cos}[u]]-$

$\mathrm{Log}[\mathrm{Cos}[v]]\}$

......

把它们画出来的语句是:

ParametricPlot3D[Evaluate[alpha$[a, b, c][u, v]$], $\{u, umin, umax\}$,

$\{v, vmin, vmax\}$, ViewPoint$->$ $\{130, -240, 200\}$, Axes$->$ None,

Boxed$->$ False, AspectRatio$->$ Automatic]

其中 alpha$[a, b, c][u, v]$ 可以用前面给出的曲面参数方程代替, 并且让参数 a, b, c 取定具体的数值, $\{u, umin, umax\}$ 指出了自变量 u 的变化范围,$\{v, vmin, vmax\}$ 指出了自变量 v 的变化范围.

5. 曲面的保长对应.

如果两个曲面上的参数都记作 u, v, 并且它们的第一基本形式相同, 则根据第三章的定理 5.2, 在这两个曲面之间能够建立保长对应. 我们知道, 悬链面和正螺旋面都是极小曲面, 并且选择一定的参数可以使它们有相同的第一基本形式, 因此在它们之间有保长对应 (参看习题 3.5 的第 1 题). 不仅如此, 我们还可以引进一个单参数极小曲面族, 实现从悬链面到正螺旋面的保长变形, 并且利用 MATHEMATICA 的绘图功能以动画的形式来表现这个保长变形的过程.

计算曲面的第一类基本量的公式是:

ee[x_][u_, v_] := Simplify[D[x[uu, vv], uu].D[x[uu, vv], uu]]/.
{uu−> u, vv−> v}
ff[x_][u_, v_] := Simplify[D[x[uu, vv], uu].D[x[uu, vv], vv]]/.
{uu−> u, vv−> v}
gg[x_][u_, v_] := Simplify[D[x[uu, vv], vv].D[x[uu, vv], vv]]/.
{uu−> u, vv−> v}

其中 $x[uu, vv]$ 表示曲面的参数方程, D[$x[uu, vv], uu$] 是曲面参数方程 $x[uu, vv]$ 关于自变量 uu 求偏导数. 这里 uu, vv 都是将自变量 u, v 写成内部的局部变量的形式, 只在作内部运算时有效, 在运算结束之后还原成外部变量 u, v, 这样的操作可以避免不必要的错误. 将它们用于悬链面和正螺旋面的第一类基本量的计算, 得到悬链面的第一基本形式是

$$\mathrm{I} = a^2 \cosh^2 u((\mathrm{d}u)^2 + (\mathrm{d}v)^2),$$

正螺旋面的第一基本形式是

$$\tilde{\mathrm{I}} = (\mathrm{d}u)^2 + (a^2 + u^2)(\mathrm{d}v)^2.$$

对于正螺旋面引进新的参数 $u = a\sinh\tilde{u},\ v = \tilde{v}$, 则它的参数方程成为 $(a\sinh\tilde{u}\cos\tilde{v}, a\sinh u\tilde{u}\sin\tilde{v}, a\tilde{v})$, 第一基本形式成为

$$\tilde{\mathrm{I}} = a^2\cosh^2\tilde{u}(\mathrm{d}\tilde{u}^2 + \mathrm{d}\tilde{v}^2).$$

由此可见在对应 $\tilde{u} = u,\ \tilde{v} = v$ 下, 悬链面和正螺旋面是保持第一基本形式不变的.

现在引进单参数曲面族:

catenoidhelicoid[θ_][a_][u_, v_] := Cos[θ]catenoid[a][u, v]
+Sin[θ]helicoid[a][a Sinh[u], v]

容易验证, 对于 θ 的每一个确定的值, 它都给出一个极小曲面, 而且它的第一基本形式都相同. 获得变形动画的语句是:

```
Do[ParametricPlot3D[Evaluate[catenoidhelicoid[θ][1, 1][u, v],
{u, -2, 2}, {v, 0, 2Pi}], AspectRatio-> Automatic, Axes->
None, Boxed-> False, ViewPoint-> {130, -240, 200}],
{θ, 0, Pi/2, Pi/100}]
```

6. 求曲面的 Gauss 曲率和 Christoffel 记号.

Gauss 曲率的公式和 Christoffel 记号的公式都是微分几何中最重要的公式, 但是在实际计算时比较繁杂. MATHEMATICA 的强大的符号演算功能可以使实际计算变得十分简单. 根据习题 5.5 的第 6 题的公式, 求 Gauss 曲率的语句是:

```
gausscurvature[x_][u_, v_] := Simplify[(Det[{
{-D[ee[x][uu, vv], {vv, 2}]/2 + D[ff[x][uu, vv], uu, vv]-
D[gg[x][uu, vv], {uu, 2}]/2, D[ee[x][uu, vv], uu]/2,
D[ff[x][uu, vv], uu] - D[ee[x][uu, vv], vv]/2}, {D[ff[x][uu, vv], vv]-
D[gg[x][uu, vv], uu]/2, ee[x][uu, vv], ff[x][uu, vv]},
{D[gg[x][uu, vv], vv]/2, ff[x][uu, vv], gg[x][uu, vv]}}] - Det[{
{0, D[ee[x][uu, vv], vv]/2, D[gg[x][uu, vv], uu]/2},
{D[ee[x][uu, vv], vv]/2, ee[x][uu, vv], ff[x][uu, vv]},
{D[gg[x][uu, vv], uu]/2, ff[x][uu, vv], gg[x][uu, vv]}}])/
(ee[x][uu, vv]gg[x][uu, vv] - ff[x][uu, vv]^2)^2]/.
{uu-> u, vv-> v}
```

在正交参数系下, 可以直接用下面的语句:

```
gausscurvatureorthonet[x_][u_, v_] :=
-Simplify[(D[D[Sqrt[gg[x][uu, vv]], uu]/Sqrt[ee[x][uu, vv]], uu]+
D[D[Sqrt[ee[x][uu, vv]], vv]/Sqrt[gg[x][uu, vv]], vv])
Sqrt[ee[x][uu, vv] * gg[x][uu, vv]]]/.{uu-> u, vv-> v}
```

我们把 Christoffel 记号 $\Gamma^{\alpha}_{\beta\gamma}$ 记为 christoffell[α, β, γ], 它们的计算公式是:

```
christoffell[1, 1, 1][x_][u_, v_] := Simplify[(D[ee[x][u, v], vv]*
ff[x][uu, vv] - 2ff[x][uu, vv] * D[ff[x][uu, vv], uu]+
D[ee[x][uu, vv], uu] * gg[x][uu, vv])/
```

$(2*(\mathrm{ee}[x][uu,vv]\mathrm{gg}[x][uu,vv]-\mathrm{ff}[x][uu,vv]\hat{\ }2))]/.$
$\{uu->u,vv->v\}$

$\mathrm{christoffell}[2,1,1][x\_][u\_,v\_]:=\mathrm{Simplify}[(-\mathrm{D}[\mathrm{ee}[x][u,v],vv]$
$\mathrm{ee}[x][uu,vv]+2\mathrm{ee}[x][uu,vv]*\mathrm{D}[\mathrm{ff}[x][uu,vv],uu]-$
$\mathrm{D}[\mathrm{ee}[x][uu,vv],uu]*\mathrm{ff}[x][uu,vv])/$
$(2*(\mathrm{ee}[x][uu,vv]\mathrm{gg}[x][uu,vv]-\mathrm{ff}[x][uu,vv]\hat{\ }2))]/.$
$\{uu->u,vv->v\}$

$\mathrm{christoffell}[1,1,2][x\_][u\_,v\_]:=\mathrm{Simplify}[(\mathrm{D}[\mathrm{ee}[x][u,v],vv]*$
$\mathrm{gg}[x][uu,vv]-\mathrm{D}[\mathrm{gg}[x][uu,vv],uu]*\mathrm{ff}[x][uu,vv])/$
$(2*(\mathrm{ee}[x][uu,vv]\mathrm{gg}[x][uu,vv]-$
$\mathrm{ff}[x][uu,vv]\hat{\ }2))]/.\{uu->u,vv->v\}$

$\mathrm{christoffell}[2,2,1][x\_][u\_,v\_]:=\mathrm{Simplify}[(\mathrm{D}[\mathrm{gg}[x][u,v],uu]*$
$\mathrm{ee}[x][uu,vv]-\mathrm{D}[\mathrm{ee}[x][uu,vv],vv]*\mathrm{ff}[x][uu,vv])/$
$(2*(\mathrm{ee}[x][uu,vv]\mathrm{gg}[x][uu,vv]-$
$\mathrm{ff}[x][uu,vv]\hat{\ }2))]/.\{uu->u,vv->v\}$

$\mathrm{christoffell}[1,2,2][x\_][u\_,v\_]:=\mathrm{Simplify}[(-\mathrm{D}[\mathrm{gg}[x][u,v],uu]$
$\mathrm{gg}[x][uu,vv]+2\mathrm{gg}[x][uu,vv]*\mathrm{D}[\mathrm{ff}[x][uu,vv],vv]-$
$\mathrm{D}[\mathrm{gg}[x][uu,vv],vv]*\mathrm{ff}[x][uu,vv])/$
$(2*(\mathrm{ee}[x][uu,vv]\mathrm{gg}[x][uu,vv]-\mathrm{ff}[x][uu,vv]\hat{\ }2))]/.$
$\{uu->u,vv->v\}$

$\mathrm{christoffell}[2,2,2][x\_][u\_,v\_]:=\mathrm{Simplify}[(\mathrm{D}[\mathrm{gg}[x][u,v],uu]*$
$\mathrm{ff}[x][uu,vv]-2\mathrm{ff}[x][uu,vv]*\mathrm{D}[\mathrm{ff}[x][uu,vv],vv]+$
$\mathrm{D}[\mathrm{gg}[x][uu,vv],vv]*\mathrm{ee}[x][uu,vv])/$
$(2*(\mathrm{ee}[x][uu,vv]\mathrm{gg}[x][uu,vv]-\mathrm{ff}[x][uu,vv]\hat{\ }2))]/.$
$\{uu->u,vv->v\}$

现在, 不难利用 MATHEMATICA 来验证曲面的两个基本微分形式是否满足 Gauss-Codazzi 方程. 具体的做法留给读者自己作为练习.

习题解答和提示

§2.1

1. 设动圆盘圆心是 p, 圆盘上一点为 $q, |pq| = a$. 假定动圆盘初始位置与 x 轴相切于原点 O, 并且点 p, q 落在 y 轴上, 记为 p', q'. 于是 $\overrightarrow{Op'} = (0, r), \overrightarrow{Oq'} = (0, a)$. 设动圆盘滚动到与 x 轴相切于 x 处, 转过的圆心角是 θ. 故 $x = r\theta$, 而圆心 p 的向径是 $\overrightarrow{Op} = (x, r)$, $\overrightarrow{pq} = (a\sin\theta, -a\cos\theta)$, 所以

$$\overrightarrow{Oq} = \overrightarrow{Op} + \overrightarrow{pq} = (r\theta + a\sin\theta, r - a\cos\theta).$$

3. 命 $f(t) = \rho^2(t) = |\boldsymbol{r}(t) - \overrightarrow{Op}|^2$. 假定 $\rho(t)$ 在 $t = t_0$ 达到极值, 故

$$f'(t_0) = 2(\boldsymbol{r}(t_0) - \overrightarrow{Op}) \cdot \boldsymbol{r}'(t_0) = 0.$$

5. 设直线 l 的法向量是 $\boldsymbol{n}$, 命 $f(t) = (\boldsymbol{r}(t) - \boldsymbol{r}(t_0)) \cdot \boldsymbol{n}$, 则当 $t \neq t_0$ 时总是有 $f(t) > 0$. 比较函数 $f(t)$ 在 t_0 处的左、右导数, 得到 $f'(t_0) = 0$.

§2.3

5. 直接计算得到曲线的切向量和次法向量分别是

$$\begin{aligned}\boldsymbol{\alpha}(t) &= \left(\frac{1}{1+2t^2}, \frac{2t}{1+2t^2}, \frac{2t^2}{1+2t^2}\right),\\ \boldsymbol{\gamma}(t) &= \left(\frac{2t^2}{1+2t^2}, -\frac{2t}{1+2t^2}, \frac{1}{1+2t^2}\right),\end{aligned}$$

切线和次法线的夹角平分线的方向向量是 $\boldsymbol{\alpha}(t) + \boldsymbol{\gamma}(t) = (1, 0, 1)$.

7. 设曲线的参数方程是 $\boldsymbol{r}(t), t$ 是弧长参数. 不妨设所有的切线经过原点 O, 故有函数 $\lambda(t)$ 使得 $\boldsymbol{r}(t) + \lambda(t)\boldsymbol{r}'(t) \equiv \boldsymbol{0}$. 求导, 并且利用 Frenet 公式得到

$$1 + \lambda(t) = 0, \quad \lambda(t)\kappa(t) = 0,$$

故 $\kappa(t) \equiv 0$.

8. 设曲线的参数方程是 $\boldsymbol{r}(t), t$ 是弧长参数. 不妨设所有的法平面经过原点 O, 于是 $\boldsymbol{r}(t) \cdot \boldsymbol{\alpha}(t) \equiv 0$. 命 $f(t) = |\boldsymbol{r}(t)|^2$, 求导得到 $f'(t) \equiv 0$.

§2.4

4. 对已知条件求导得到

$$\frac{\tau}{\kappa}+\frac{\mathrm{d}}{\mathrm{d}s}\left(\frac{1}{\tau}\frac{\mathrm{d}}{\mathrm{d}s}\left(\frac{1}{\kappa}\right)\right)\equiv 0.$$

命

$$\boldsymbol{c}(s)=\boldsymbol{r}(s)+\frac{1}{\kappa}\boldsymbol{\beta}(s)+\frac{1}{\tau}\frac{\mathrm{d}}{\mathrm{d}s}\left(\frac{1}{\kappa}\right)\boldsymbol{\gamma}(s),$$

对上式求导, 并且用前面的公式得到 $\boldsymbol{c}'(s)\equiv\mathbf{0}, \boldsymbol{c}(s)=\boldsymbol{r}_0$.

5. 设曲线的参数方程是 $\boldsymbol{r}(t), t$ 是弧长参数. 不妨设所有的密切平面经过原点 O, 于是 $\boldsymbol{r}(t)\cdot\boldsymbol{\gamma}(t)\equiv 0$. 用反证法, 若假定 $\tau\neq 0$, 则逐次求导得到 $\boldsymbol{r}(t)\cdot\boldsymbol{\beta}(t)\equiv 0$, $\boldsymbol{r}(t)\cdot\boldsymbol{\alpha}(t)\equiv 0$, 故 $\boldsymbol{r}(t)\equiv\mathbf{0}$.

§2.5

1. 设有单位常向量 $\boldsymbol{a}$ 使得 $\boldsymbol{a}\cdot\boldsymbol{\alpha}(s)=c$(常数), 求导得到 $\boldsymbol{a}\cdot\boldsymbol{\beta}(s)=0$, 故可设 $\boldsymbol{a}=c\boldsymbol{\alpha}(s)+\sqrt{1-c^2}\boldsymbol{\gamma}(s)$. 再次求导得到 $c\kappa-\sqrt{1-c^2}\tau=0$. 反过来, 若 $\tau/\kappa=c$, 命 $\boldsymbol{a}(s)=c\boldsymbol{\alpha}(s)+\boldsymbol{\gamma}(s)$, 求导得到 $\boldsymbol{a}'(s)\equiv\mathbf{0}$.

2. 作变量替换 $t=\int\kappa(s)\mathrm{d}s$, 则 Frenet 公式成为

$$\begin{aligned}\frac{\mathrm{d}\boldsymbol{\alpha}}{\mathrm{d}t}&=\qquad\quad\boldsymbol{\beta},\\ \frac{\mathrm{d}\boldsymbol{\beta}}{\mathrm{d}t}&=-\boldsymbol{\alpha}\qquad\quad+c\boldsymbol{\gamma},\\ \frac{\mathrm{d}\boldsymbol{\gamma}}{\mathrm{d}t}&=\qquad -c\boldsymbol{\beta},\end{aligned}$$

对上式第二式求导, 并且用其他两式得到

$$\frac{\mathrm{d}^2\boldsymbol{\beta}}{\mathrm{d}t^2}=-(1+c^2)\boldsymbol{\beta}.$$

这是常系数二阶线性齐次常微分方程组. 在 $\{\boldsymbol{\alpha}_0,\boldsymbol{\beta}_0,\boldsymbol{\gamma}_0\}$ 构成右手单位正交标架的初始假定下, 解上面的方程组. 最后积分方程

$$\frac{\mathrm{d}\boldsymbol{r}}{\mathrm{d}t}=\frac{1}{\kappa}\boldsymbol{\alpha},$$

得到我们所求的曲线的参数方程.

6. 设固定平面的法向量是 $\boldsymbol{n}$, 曲线的主法线平行于该平面的意思是, 它的主法向量 $\boldsymbol{\beta}(s)$ 与平面的法向量 $\boldsymbol{n}$ 正交, 根据第一章的定理 2.2(3), 该断言成立的充分必要条件是 $\det(\boldsymbol{\beta}(s),\boldsymbol{\beta}'(s),\boldsymbol{\beta}''(s))=0$. 经直接计算得到

$$\begin{aligned}&\det(\boldsymbol{\beta}(s),\boldsymbol{\beta}'(s),\boldsymbol{\beta}''(s))\\&\quad=\det(\boldsymbol{\beta},-\kappa\boldsymbol{\alpha}+\tau\boldsymbol{\gamma},-\kappa'\boldsymbol{\alpha}+\tau'\boldsymbol{\gamma}-(\kappa^2+\tau^2)\boldsymbol{\beta})\\&\quad=\kappa\tau'-\tau\kappa'=\kappa^2\cdot\frac{\mathrm{d}}{\mathrm{d}s}\left(\frac{\tau}{\kappa}\right)=0.\end{aligned}$$

§2.6

2. 设曲线 C 和曲线 C^* 是关于坐标平面 $z=0$ 对称的, 如果设曲线 C 的参数方程是 $\boldsymbol{r}(s)=(x(s),y(s),z(s))$, 其中 s 是曲线 C 的弧长参数, 则曲线 C^* 的参数方程是 $\boldsymbol{r}^*(s)=(x(s),y(s),-z(s))$. 直接计算得到 s 亦为曲线 C^* 的弧长参数, 并且 $\kappa^*=\kappa,\tau^*=-\tau$.

4. 密切球心是

$$\boldsymbol{c}(s)=\boldsymbol{r}(s)+\frac{1}{\kappa}\boldsymbol{\beta}(s)+\frac{1}{\tau}\frac{\mathrm{d}}{\mathrm{d}s}\left(\frac{1}{\kappa}\right)\boldsymbol{\gamma}(s)=\boldsymbol{r}_0,$$

对其求导得到

$$\frac{\tau}{\kappa}+\frac{\mathrm{d}}{\mathrm{d}s}\left(\frac{1}{\tau}\frac{\mathrm{d}}{\mathrm{d}s}\left(\frac{1}{\kappa}\right)\right)\equiv 0.$$

容易证明 $|\boldsymbol{r}-\boldsymbol{r}_0|^2$ 是常数.

§2.7

4. 不妨把 s 取作曲线 $\tilde{C}$ 上的参数, 使得曲线 C 和曲线 $\tilde{C}$ 的对应是有相同参数的点之间的对应. 这样, 题设条件成为有函数 $\lambda(s)$ 使得

$$\tilde{\boldsymbol{r}}(s)=\boldsymbol{r}(s)+\lambda(s)\boldsymbol{\beta}(s),\quad \tilde{\boldsymbol{\gamma}}(s)=\boldsymbol{\beta}(s).$$

对上面的第一式求导得到

$$\begin{aligned}\tilde{\boldsymbol{r}}'(s)&=\boldsymbol{\alpha}(s)+\lambda'(s)\boldsymbol{\beta}(s)+\lambda(s)(-\kappa(s)\boldsymbol{\alpha}(s)+\tau(s)\boldsymbol{\gamma}(s))\\&=(1-\lambda(s)\kappa(s))\boldsymbol{\alpha}(s)+\lambda'(s)\boldsymbol{\beta}(s)+\lambda(s)\tau(s)\boldsymbol{\gamma}(s),\\\tilde{\boldsymbol{r}}''(s)&=-(2\lambda'\kappa+\lambda\kappa')\boldsymbol{\alpha}+(\lambda''+\kappa-\lambda(\kappa^2+\tau^2))\boldsymbol{\beta}+(2\lambda'\tau+\lambda\tau')\boldsymbol{\gamma}.\end{aligned}$$

因为 $\tilde{\gamma}(s)=\boldsymbol{\beta}(s)$ 蕴涵着 $\tilde{\boldsymbol{r}}'(s)\perp\boldsymbol{\beta}$, $\tilde{\boldsymbol{r}}''(s)\perp\boldsymbol{\beta}$, 故有

$$\tilde{\boldsymbol{r}}'(s)\cdot\boldsymbol{\beta}=\lambda'=0,$$
$$\tilde{\boldsymbol{r}}''(s)\cdot\boldsymbol{\beta}=\lambda''+\kappa-\lambda(\kappa^2+\tau^2)=0.$$

§2.8

4. 设 $Q(x,y)\neq 0$, 则 $\dfrac{\mathrm{d}y}{\mathrm{d}x}=-\dfrac{P(x,y)}{Q(x,y)}$. 把 x 作为曲线 C 的参数, 则它的相对曲率是

$$\kappa_r=\frac{y''}{\sqrt{(1+(y')^2)^3}}.$$

很明显

$$\frac{\mathrm{d}^2y}{\mathrm{d}x^2}=-\frac{\partial}{\partial x}\left(\frac{P(x,y)}{Q(x,y)}\right)+\frac{\partial}{\partial y}\left(\frac{P(x,y)}{Q(x,y)}\right)\frac{\mathrm{d}y}{\mathrm{d}x},$$

经直接计算便得我们所要的结果.

§3.2

1. 充分性. 由已知条件得到

$$\boldsymbol{r}(u,v)+\lambda(u,v)\boldsymbol{n}(u,v)=\boldsymbol{r}_0.$$

对上式求偏导数得到

$$\boldsymbol{r}_u+\lambda\boldsymbol{n}_u+\lambda_u\boldsymbol{n}=\mathbf{0},\quad \boldsymbol{r}_v+\lambda\boldsymbol{n}_v+\lambda_v\boldsymbol{n}=\mathbf{0},$$

将上面两式与 $\boldsymbol{n}$ 作内积得到 $\lambda_u=0,\lambda_v=0$, 故 $\lambda=$ 常数.

2. 充分性. 假定正则参数曲面 S 的切平面都经过固定点 p. 在曲面 S 上任意取定一点 $q(\neq p)$, 由点 p 和曲面 S 在点 q 的法线张成的平面 Π 与曲面 S 相交成曲线 C. 需要证明: 对于 C 上任意一点 $\tilde{q}$, 连接点 p 和 $\tilde{q}$ 的直线必定是曲线 C 的切线. 再根据 §2.3 习题 7 得知 C 是直线, 所以曲面 S 是由经过点 p 的一些直线组成的.

3. 充分性. 不妨假定这条固定的直线是 z 轴. 用经过 z 轴、且与 Oxz 平面夹角为 θ 的平面与已知曲面相交, 设交线为 C_θ, 它的参数方程是 $\rho=\rho(z,\theta)$. 于是, 已知曲面的参数方程可以写成

$$\boldsymbol{r}=(\rho(t,\theta)\cos\theta,\rho(t,\theta)\sin\theta,t).$$

根据已知条件, 已知曲面的法向量 $\boldsymbol{r}_t \times \boldsymbol{r}_\theta$, 位置向量 $\boldsymbol{r}$ 及 $(0,0,1)$ 必须共面, 从而证明函数 $\rho(t,\theta)$ 与 θ 无关.

§3.4

2. 先求曲面的第一基本形式 $\mathrm{I} = 2(\mathrm{d}u)^2 + 2\mathrm{d}u\mathrm{d}v + (u^2+1)(\mathrm{d}v)^2$. 将它配方消去交叉项得

$$\mathrm{I} = 2\left(\mathrm{d}u + \frac{1}{2}\mathrm{d}v\right)^2 + \left(u^2 + \frac{1}{2}\right)(\mathrm{d}v)^2.$$

作参数变换 $\tilde{u} = u + \dfrac{1}{2}v, \tilde{v} = v$, 重写曲面的参数方程.

§3.5

2. 首先在曲面上建立正交参数系. 利用三角函数的和差化积公式把曲面的参数方程写成

$$\boldsymbol{r} = \left(2a\cos\frac{u+v}{2}\cos\frac{u-v}{2}, 2a\sin\frac{u+v}{2}\cos\frac{u-v}{2}, b(u+v)\right),$$

命

$$\tilde{u} = \frac{u+v}{2}, \quad \tilde{v} = \frac{u-v}{2},$$

则上面的曲面参数方程成为

$$\boldsymbol{r} = (2a\cos\tilde{u}\cos\tilde{v}, 2a\sin\tilde{u}\cos\tilde{v}, 2b\tilde{u}).$$

计算它的第一基本形式, 然后与待定的旋转曲面的第一基本形式相比较, 确定所要的旋转曲面.

3. 设 (x,y) 是平面上的笛卡儿直角坐标系. 假定平面到它自身的一个保长对应是

$$u = u(x,y), \quad v = v(x,y),$$

故它们满足条件 $(\mathrm{d}u)^2 + (\mathrm{d}v)^2 = \mathrm{d}x^2 + \mathrm{d}y^2$. 将该条件展开得到

$$\left(\frac{\partial u}{\partial x}\right)^2 + \left(\frac{\partial v}{\partial x}\right)^2 = 1,$$

$$\frac{\partial u}{\partial x}\frac{\partial u}{\partial y} + \frac{\partial v}{\partial x}\frac{\partial v}{\partial y} = 0,$$

$$\left(\frac{\partial u}{\partial y}\right)^2 + \left(\frac{\partial v}{\partial y}\right)^2 = 1,$$

写成矩阵的等式是

$$\begin{pmatrix} \dfrac{\partial u}{\partial x} & \dfrac{\partial v}{\partial x} \\ \dfrac{\partial u}{\partial y} & \dfrac{\partial v}{\partial y} \end{pmatrix} \cdot \begin{pmatrix} \dfrac{\partial u}{\partial x} & \dfrac{\partial u}{\partial y} \\ \dfrac{\partial v}{\partial x} & \dfrac{\partial v}{\partial y} \end{pmatrix} = \begin{pmatrix} 1 & 0 \\ 0 & 1 \end{pmatrix}.$$

所以保长对应的 Jacobi 矩阵是正交矩阵, 假定

$$\begin{pmatrix} \dfrac{\partial u}{\partial x} & \dfrac{\partial v}{\partial x} \\ \dfrac{\partial u}{\partial y} & \dfrac{\partial v}{\partial y} \end{pmatrix} = \pm \begin{pmatrix} \cos\theta & \sin\theta \\ -\sin\theta & \cos\theta \end{pmatrix}.$$

对保长变换的条件求导数, 能够证明 $\dfrac{\partial^2 u}{\partial x \partial y} = \dfrac{\partial^2 v}{\partial x \partial y} = 0$, 用 $\dfrac{\partial u}{\partial x}, \cdots, \dfrac{\partial v}{\partial y}$ 等假定的表达式代入上面的等式, 得到 $\theta_x = \theta_y = 0$, 故 θ 是常数.

§3.6

2. (1) 假定 $v = v(u)$, 将对应的直纹面方程写成

$$\boldsymbol{r} = \left(uz + v, vz + \frac{u^3}{3}, z \right) = \left(v, \frac{u^3}{3}, 0 \right) + z(u, v, 1).$$

设

$$\boldsymbol{a}(u) = \left(v, \frac{u^3}{3}, 0 \right), \quad \boldsymbol{l}(u) = (u, v, 1),$$

则该直纹面是可展曲面的条件是 $\det(\boldsymbol{a}'(u), \boldsymbol{l}(u), \boldsymbol{l}'(u)) = 0$. 由此解出函数 $v(u)$.

6. 设曲线的参数方程是 $\boldsymbol{r}(s)$, 其中 s 是曲线的弧长参数. 考虑由曲面的法线族张成的直纹面

$$\boldsymbol{r} = \boldsymbol{r}(s) + t(\boldsymbol{\beta}(s) + \lambda(s)\boldsymbol{\gamma}(s)),$$

其中 $\lambda(s)$ 是待定的函数, 使得该直纹面是可展曲面. 利用可展曲面的条件能够导出函数 $\lambda(s)$ 满足的方程, 并且能够得到该方程的解.

11. 我们考虑平面是由它所经过的一点以及它的法向量确定的. 于是, 单参数平面族是由一条空间曲线 $C : \boldsymbol{r}(t)$ 和一个单位向量函数 $\boldsymbol{n}(t)$ 确定的, 并且该平面族的方程是

$$(\boldsymbol{X} - \boldsymbol{r}(t)) \cdot \boldsymbol{n}(t) = 0,$$

其中 $\boldsymbol{X}$ 是平面上的点的向径. 包络面的特征线是

$$(\boldsymbol{X}-\boldsymbol{r}(t))\cdot\boldsymbol{n}(t)=0,$$
$$(\boldsymbol{X}-\boldsymbol{r}'(t))\cdot\boldsymbol{n}'(t)=0.$$

对于每一个固定的 t, 这是两个平面的交线, 故特征线是直线, 即包络面是直纹面. 沿直母线该包络面和族中的平面相切, 即这个直纹面沿直母线的切平面是不变的, 所以它是可展曲面.

12. 设曲线 C 的参数方程是 $\boldsymbol{a}(t)$, 把它看成两个可展曲面的公共的准线, 于是这两个可展曲面的参数方程可以假设为

$$\boldsymbol{r}(t,u)=\boldsymbol{a}(t)+u\boldsymbol{l}(t),\quad \tilde{\boldsymbol{r}}(t,\tilde{u})=\boldsymbol{a}(t)+\tilde{u}\tilde{\boldsymbol{l}}(t),$$

其中 $\boldsymbol{l}(t),\tilde{\boldsymbol{l}}(t)$ 都是单位向量函数, 且 $\boldsymbol{l}(t)\cdot\boldsymbol{a}'(t)=0$, $\tilde{\boldsymbol{l}}(t)\cdot\boldsymbol{a}'(t)=0$. 由此可见 $\boldsymbol{l}(t)\times\tilde{\boldsymbol{l}}(t)//\boldsymbol{a}'(t)$, 并且

$$\det(\boldsymbol{a}'(t),\boldsymbol{l}(t),\boldsymbol{l}'(t))=0,\quad \det(\boldsymbol{a}'(t),\tilde{\boldsymbol{l}}(t),\tilde{\boldsymbol{l}}'(t))=0.$$

现在容易证明:

$$\boldsymbol{l}'(t)\cdot\tilde{\boldsymbol{l}}(t)=0,\quad \boldsymbol{l}(t)\cdot\tilde{\boldsymbol{l}}'(t)=0.$$

§4.1

6. 在曲面 S 上取参数系 (u,v) 使得参数曲线都是直线, 所以 $\boldsymbol{r}_{uu}\times\boldsymbol{r}_u=\boldsymbol{0}$, $\boldsymbol{r}_{vv}\times\boldsymbol{r}_v=\boldsymbol{0}$. 由此可见

$$L=\boldsymbol{r}_{uu}\cdot\boldsymbol{n}=0,\quad N=\boldsymbol{r}_{vv}\cdot\boldsymbol{n}=0.$$

任意取定一点 p, 设它对应于参数 (u_0,v_0). 那么该曲面的参数方程可以改写为

$$\boldsymbol{r}=\boldsymbol{r}(u,v_0)+t\boldsymbol{r}_v(u,v_0).$$

根据曲面 S 是可展曲面的条件, 在点 (u,v_0) 处下述等式

$$\det(\boldsymbol{r}_u(u,v_0),\boldsymbol{r}_v(u,v_0),\boldsymbol{r}_{uv}(u,v_0))=0$$

成立, 故有 $M(u,v_0)=0$. 由于点 (u_0,v_0) 的任意性, 得知 $M\equiv 0$.

§4.2

3. 设曲面上的一条曲线 C 的参数方程是 $\boldsymbol{r}(s)$, s 是曲线的弧长参数, 点 p 对应于 $s=0$. 假定曲面在点 p 的法向量是 $\boldsymbol{n}_0$, 曲线在点 p 的单位切向量是 $\boldsymbol{\alpha}_0$. 命 $\boldsymbol{a}=\boldsymbol{\alpha}_0\times\boldsymbol{n}_0$, 那么曲线 C 在由 $\boldsymbol{n}_0$ 和 $\boldsymbol{\alpha}_0$ 所张的法截面上的投影曲线 $\tilde{C}$ 显然是

$$\tilde{\boldsymbol{r}}(s)=\boldsymbol{r}(s)-(\boldsymbol{r}(s)\cdot\boldsymbol{a})\boldsymbol{a}.$$

由于 $|\tilde{\boldsymbol{r}}'(0)|=|\boldsymbol{r}'(0)|=1$, 所以, 根据定义, 曲线 $\tilde{C}$ 在点 p 的相对曲率是 $\kappa_r=\tilde{\boldsymbol{r}}''(0)\cdot\boldsymbol{n}_0$.

4. 设曲线 C 在点 p 的主法向量与曲面 S_i 的法向量的夹角是 $\theta_i, i=1,2$, 于是 $\kappa_i=\kappa\cos\theta_i$. 由于 $\theta=\theta_1-\theta_2$, 故

$$\begin{aligned}\kappa^2\cos\theta&=\kappa^2(\cos\theta_1\cos\theta_2+\sin\theta_1\sin\theta_2)\\&=\kappa_1\kappa_2+\sqrt{\kappa^2-\kappa_1^2}\sqrt{\kappa^2-\kappa_2^2}.\end{aligned}$$

将 $\kappa_1\kappa_2$ 移至左端, 并且将两边取平方得到

$$(\kappa^2\cos\theta-\kappa_1\kappa_2)^2=(\kappa^2-\kappa_1^2)(\kappa^2-\kappa_2^2).$$

由此不难解出 κ.

§4.3

3. 设 $C:\boldsymbol{r}(s)$ 是曲面 S 上的一条曲率线, s 是曲线的弧长参数, 因此 $\boldsymbol{n}'(s)//\boldsymbol{r}'(s)$, 其中 $\boldsymbol{n}(s)$ 是曲面 S 沿曲线 C 的单位法向量. 由于曲线 C 不是曲面 S 的渐近曲线, 故 $\boldsymbol{\beta}(s)\cdot\boldsymbol{n}(s)\neq 0$. 根据假定, $\boldsymbol{\gamma}(s)\cdot\boldsymbol{n}(s)=$ 常数, 对其求导, 并且利用已知条件容易得到 $\tau\equiv 0$.

§4.4

6. 不妨假定参数系 (u,v) 的参数曲线网是曲面 S 的正交曲率线网.

7. 曲面 $z=f(x,y)$ 上的脐点必须满足条件

$$\frac{f_{xx}}{1+f_x^2}=\frac{f_{xy}}{f_xf_y}=\frac{f_{yy}}{1+f_y^2}.$$

8. 利用第 7 题的结论.

§4.5

1. 设旋转曲面的参数方程是

$$\boldsymbol{r}(u,v)=(f(u)\cos v,f(u)\sin v,g(u)),$$

它的旋转轴是 z 轴, 经线是 u-曲线. 经线在 u 处的切线与旋转轴垂直的条件是 $g'(u)=0$.

4. 设 (u,v) 是曲面的正交曲率线网给出的参数系. 用 θ_1 表示渐近方向与 u-曲线的夹角, 那么两个渐近方向之间的夹角是 $\theta=2\theta_1$. 按照定义和 Euler 公式, θ_1 满足条件 $\kappa_1\cos^2\theta_1+\kappa_2\sin^2\theta_1=0$, 然后利用三角公式求得所要的结论.

5. 设 (u,v) 是曲面的正交曲率线网给出的参数系. 用 θ_1 表示渐近方向与 u-曲线的夹角, 那么两个渐近方向之间的夹角是 $\theta=2\theta_1$. 如果 θ 是常数, 则 θ_1 是常数. 已知 θ_1 满足条件 $\kappa_1\cos^2\theta_1+\kappa_2\sin^2\theta_1=0$, 故 $\dfrac{\kappa_1}{\kappa_2}$ 是常数. 显然,

$$\frac{4H^2}{K}=\frac{(\kappa_1+\kappa_2)^2}{\kappa_1\kappa_2}=\frac{\kappa_1}{\kappa_2}+2+\frac{\kappa_2}{\kappa_1}.$$

8. 用反证法. 若 p 不是平点, 则在点 p 有

$$K=\kappa_1\kappa_2\neq 0,$$

于是渐近方向与 κ_1 所对应的主方向的夹角 θ 满足条件 $\kappa_1\cos^2\theta+\kappa_2\sin^2\theta=0$, 因此

$$\tan\theta=\pm\sqrt{-\frac{\kappa_1}{\kappa_2}}.$$

§4.6

3. (2) 经过计算得知, Enneper 曲面的参数曲线网正好是曲率线网, 所以要证明曲率线是平面曲线, 只要证明:

$$(\boldsymbol{r}_u,\boldsymbol{r}_{uu},\boldsymbol{r}_{uuu})=\boldsymbol{0},\quad (\boldsymbol{r}_v,\boldsymbol{r}_{vv},\boldsymbol{r}_{vvv})=\boldsymbol{0}.$$

7. (1) 设旋转曲面 S 的旋转轴是 z 轴, 则它沿 z 轴平移得到的单参数曲面族的方程可以假设为

$$\boldsymbol{r}_\lambda=(f(u)\cos v,f(u)\sin v,u+\lambda),$$

于是所求的共轴旋转曲面 S^* 应该由函数 $\lambda=\lambda(u)$ 代入上式得到. 由曲面 S_λ 和 S^* 的正交性要求能够得到

$$\lambda(u)=-u-\int f'^2(u)\mathrm{d}u.$$

§5.1

1. 因为 $\boldsymbol{r}_{v^\alpha}=\boldsymbol{r}_{u^\gamma}\dfrac{\partial u^\gamma}{\partial v^\alpha}=\boldsymbol{r}_{u^\gamma}a_\alpha^\gamma$, 因此 $\tilde{g}_{\alpha\beta}=\boldsymbol{r}_{v^\alpha}\cdot\boldsymbol{r}_{v^\beta}=a_\alpha^\gamma a_\beta^\delta\boldsymbol{r}_{u^\gamma}\cdot\boldsymbol{r}_{u^\beta}=a_\alpha^\gamma a_\beta^\delta g_{\gamma\delta}$.

2. 先将第 1 题中的第一式写成 $\tilde{g}_{\alpha\delta}A_\beta^\delta=a_\alpha^\delta g_{\delta\beta}$, 其中 $A_\beta^\delta=\dfrac{\partial v^\delta}{\partial u^\beta}$ 构成 (a_β^δ) 的逆矩阵. 然后两边乘以 $\tilde{g}^{\alpha\gamma}g^{\beta\eta}$, 并且对 γ,η 求和.

5. (1) 对 $g^{\alpha\beta}g_{\beta\eta}=\delta_\eta^\alpha$ 求导得到

$$\frac{\partial g^{\alpha\beta}}{\partial u^\gamma}g_{\beta\eta}+g^{\alpha\beta}\frac{\partial g_{\beta\eta}}{\partial u^\gamma}=0,$$

然后用第五章的公式 (1.23) 代入, 再化简.

(2) 回忆行列式求导的公式.

§5.3

3. 设曲面 S 上没有脐点, 假定 $\kappa_1>H>\kappa>2$. 在曲面 S 上取正交曲率线网作为参数曲线网, 则曲面 S 的两个基本形式分别为

$$\mathrm{I}=E(\mathrm{d}u)^2+G(\mathrm{d}v)^2,\quad \mathrm{II}=\kappa_1E(\mathrm{d}u)^2+\kappa_2G(\mathrm{d}v)^2.$$

因为 $\kappa_2=2H-\kappa_1$, H 是常数, 因此 Codazzi 方程成为

$$\frac{\partial\kappa_1}{\partial v}=\frac{E_v}{E}(H-\kappa_1),\quad \frac{\partial\kappa_2}{\partial u}=-\frac{\partial\kappa_1}{\partial u}=-\frac{G_u}{G}(H-\kappa_1),$$

于是

$$\frac{\partial\log E}{\partial v}=-\frac{\partial\log(\kappa_1-H)}{\partial v},\quad \frac{\partial\log G}{\partial u}=-\frac{\partial\log(\kappa_1-H)}{\partial u},$$

故

$$E(\kappa_1-H)=\mu^2(u),\quad G(\kappa_1-H)=\nu^2(v).$$

作变量替换 $\tilde{u}=\displaystyle\int\mu(u)\mathrm{d}u,\tilde{v}=\int\nu(v)\mathrm{d}v$, 并且命 $\lambda=\dfrac{1}{\kappa_1-H}$.

4. 用第 2 题的结论和 Gauss 方程.

§5.4

3. 直接解曲面的微分方程比较难. 观察曲面的两个基本形式, 发现 $F = M = 0$, 并且其余系数只是参数 u 的函数, 于是可以假定该曲面是一个旋转面, 它的参数方程是

$$\boldsymbol{r} = (f(u)\cos v, f(u)\sin v, u),$$

然后利用已知条件求函数 $f(u)$.

§5.5

2. 这三个曲面的 Gauss 曲率分别 $> 0, = 0, < 0$.

4. 求曲面 S 和 $\tilde{S}$ 的第一基本形式和 Gauss 曲率. 由此得知, 如果在曲面 S 和 $\tilde{S}$ 之间存在保长对应, 则必定有 $\tilde{u} = u$, 而这不可能保持它们的第一基本形式相等.

6. 已知 $K = \dfrac{LN - M^2}{EG - F^2}$, 其中

$$\begin{aligned} L = \boldsymbol{r}_{uu} \cdot \boldsymbol{n} = \frac{(\boldsymbol{r}_{uu}, \boldsymbol{r}_u, \boldsymbol{r}_v)}{|\boldsymbol{r}_u \times \boldsymbol{r}_v|} = \frac{(\boldsymbol{r}_{uu}, \boldsymbol{r}_u, \boldsymbol{r}_v)}{\sqrt{EG - F^2}}, \\ M = \boldsymbol{r}_{uv} \cdot \boldsymbol{n} = \frac{(\boldsymbol{r}_{uv}, \boldsymbol{r}_u, \boldsymbol{r}_v)}{|\boldsymbol{r}_u \times \boldsymbol{r}_v|} = \frac{(\boldsymbol{r}_{uv}, \boldsymbol{r}_u, \boldsymbol{r}_v)}{\sqrt{EG - F^2}}, \\ N = \boldsymbol{r}_{vv} \cdot \boldsymbol{n} = \frac{(\boldsymbol{r}_{vv}, \boldsymbol{r}_u, \boldsymbol{r}_v)}{|\boldsymbol{r}_u \times \boldsymbol{r}_v|} = \frac{(\boldsymbol{r}_{vv}, \boldsymbol{r}_u, \boldsymbol{r}_v)}{\sqrt{EG - F^2}}, \end{aligned}$$

因此

$$\begin{aligned} K &= \frac{LN - M^2}{EG - F^2} \\ &= \frac{1}{(EG - F^2)^2}((\boldsymbol{r}_{uu}, \boldsymbol{r}_u, \boldsymbol{r}_v) \cdot (\boldsymbol{r}_{vv}, \boldsymbol{r}_u, \boldsymbol{r}_v) - (\boldsymbol{r}_{uv}, \boldsymbol{r}_u, \boldsymbol{r}_v)^2) \\ &= \frac{1}{(EG - F^2)^2} \left\{ \det \begin{pmatrix} \boldsymbol{r}_{uu} \cdot \boldsymbol{r}_{vv} & \boldsymbol{r}_{uu} \cdot \boldsymbol{r}_u & \boldsymbol{r}_{uu} \cdot \boldsymbol{r}_v \\ \boldsymbol{r}_u \cdot \boldsymbol{r}_{vv} & \boldsymbol{r}_u \cdot \boldsymbol{r}_u & \boldsymbol{r}_u \cdot \boldsymbol{r}_v \\ \boldsymbol{r}_v \cdot \boldsymbol{r}_{vv} & \boldsymbol{r}_v \cdot \boldsymbol{r}_u & \boldsymbol{r}_v \cdot \boldsymbol{r}_v \end{pmatrix} \right. \\ &\qquad \left. - \det \begin{pmatrix} \boldsymbol{r}_{uv} \cdot \boldsymbol{r}_{uv} & \boldsymbol{r}_{uv} \cdot \boldsymbol{r}_u & \boldsymbol{r}_{uv} \cdot \boldsymbol{r}_v \\ \boldsymbol{r}_u \cdot \boldsymbol{r}_{uv} & \boldsymbol{r}_u \cdot \boldsymbol{r}_u & \boldsymbol{r}_u \cdot \boldsymbol{r}_v \\ \boldsymbol{r}_v \cdot \boldsymbol{r}_{uv} & \boldsymbol{r}_v \cdot \boldsymbol{r}_u & \boldsymbol{r}_v \cdot \boldsymbol{r}_v \end{pmatrix} \right\} \end{aligned}$$

$$= \frac{1}{(EG-F^2)^2}\left\{\det\begin{pmatrix} \boldsymbol{r}_{uu}\cdot\boldsymbol{r}_{vv} & E_u/2 & F_u - E_v/2 \\ F_v - G_u/2 & E & F \\ G_v/2 & F & G \end{pmatrix}\right.$$
$$\left. - \det\begin{pmatrix} \boldsymbol{r}_{uv}\cdot\boldsymbol{r}_{uv} & E_v/2 & G_u/2 \\ E_v/2 & E & F \\ G_u/2 & F & G \end{pmatrix}\right\}.$$

将行列式按第一行展开、整理, 然后再证明

$$\boldsymbol{r}_{uu}\cdot\boldsymbol{r}_{vv} - \boldsymbol{r}_{uv}\cdot\boldsymbol{r}_{uv} = -\frac{1}{2}E_{vv} + F_{uv} - \frac{1}{2}G_{uu}.$$

§6.1

2. 写出截线的参数方程, 并且注意到椭球面在点 A 的法向量是 $(1,0,0)$, 设法利用第六章的公式 (1.6) 进行计算.

7. 在曲面 S 上取参数系 (u,v), 使得在点 p 的参数曲线的方向恰好是曲面 S 在该点的彼此正交的主方向. 然后利用第六章中测地挠率的公式 (1.25).

8. 利用定理 1.4 和本节第 7 题的结论.

9. 在曲线 C 上任意取定一点 p, 然后在曲面 S 上取参数系 (u,v), 使得在点 p 的参数曲线的方向恰好是曲面 S 在该点的彼此正交的主方向. 用 Euler 公式和本节第 7 题的结论.

§6.2

3. 假定旋转面 S 的参数方程是

$$\boldsymbol{r} = (f(u)\cos v, f(u)\sin v, u).$$

证明 $f(u)$ 是常值函数.

7. 利用 §6.1 的有关结论和关系式.

10. 在曲面 S 上取正交参数系 (u,v), 使得 u-曲线都是测地线, 曲面的第一基本形式为 $\mathrm{I} = E(\mathrm{d}u)^2 + G(\mathrm{d}v)^2$. 很明显 $E_v = 0$. 在任意取定的一点 p 考虑另一族中经过点 p 的测地线, 利用已知条件和测地曲率的 Liouville 公式证明 $G_u = 0$. 由此得到 $K = 0$.

§6.4

3. 所证关系式的意义如下: 在 $K>0$ 的情形, 可以把该常曲率曲面设想为球心在坐标原点的球面, 要证明的关系式恰好表明测地线落在经过球心的平面上. 在 $K<0$ 的情形, 可以把该常曲率曲面设想为洛伦兹空间中的伪球面 (双叶双曲面的一支), 要证明的关系式恰好表明测地线落在经过坐标原点的平面上.

6. 引进复坐标, 命 $w=u+\sqrt{-1}v, z=x+\sqrt{-1}y$. 考虑分式线性变换

$$z=\sqrt{-1}\cdot\frac{1-w}{1+w}.$$

7. (2) 把 I 写成 $\mathrm{e}^{2u}(\mathrm{e}^{-2u}(\mathrm{d}u)^2+(\mathrm{d}v)^2)$, 命 $x=v, y=\mathrm{e}^{-u}$, 则

$$\mathrm{I}=\frac{1}{y^2}((\mathrm{d}x)^2+(\mathrm{d}y)^2).$$

(3) 同理, 把 I 写成

$$\mathrm{I}=\cosh^2 u\left(\frac{1}{\cosh^2 u}(\mathrm{d}u)^2+(\mathrm{d}v)^2\right).$$

作变量替换

$$\tilde{u}=v,\quad \tilde{v}=\int\frac{\mathrm{d}u}{\cosh u}=2\arctan\mathrm{e}^u,$$

则

$$\mathrm{I}=\frac{1}{\sin^2\tilde{v}}((\mathrm{d}\tilde{u})^2+(\mathrm{d}\tilde{v})^2).$$

下面要把它化为 $\mathrm{I}=\frac{1}{y^2}((\mathrm{d}x)^2+(\mathrm{d}y)^2)$. 注意到后者的定义域是上半平面 $\{(x,y): -\infty<x<\infty,\ y>0\}$, 前者的定义域是带形 $\{(\tilde{u},\tilde{v}): -\infty<\tilde{u}<\infty, 0<\tilde{v}<\pi\}$, 因此可以尝试变量替换

$$x=f(\tilde{u})\cos\tilde{v},\quad y=f(\tilde{u})\sin\tilde{v},$$

让这两个二次微分式相等来确定函数 $f(\tilde{u})$.

另一种办法是假设 $x=x(\tilde{u},\tilde{v}), y=y(\tilde{u},\tilde{v})$, 将它们代入下式:

$$\frac{1}{y^2}((\mathrm{d}x)^2+(\mathrm{d}y)^2)=\frac{1}{\sin^2\tilde{v}}((\mathrm{d}\tilde{u})^2+(\mathrm{d}\tilde{v})^2),$$

得到

$$\left(\frac{\partial x}{\partial\tilde{u}}\right)^2+\left(\frac{\partial y}{\partial\tilde{u}}\right)^2=\left(\frac{\partial x}{\partial\tilde{v}}\right)^2+\left(\frac{\partial y}{\partial\tilde{v}}\right)^2=\frac{y^2}{\sin^2\tilde{v}},$$
$$\frac{\partial x}{\partial\tilde{u}}\frac{\partial x}{\partial\tilde{v}}+\frac{\partial y}{\partial\tilde{u}}\frac{\partial y}{\partial\tilde{v}}=0,$$

因此可设

$$\begin{aligned}\frac{\partial x}{\partial \tilde{u}} &= \frac{y}{\sin \tilde{v}} \cos \theta(\tilde{u}, \tilde{v}), \quad & \frac{\partial x}{\partial \tilde{v}} &= \frac{y}{\sin \tilde{v}} \sin \theta(\tilde{u}, \tilde{v}), \\ \frac{\partial y}{\partial \tilde{u}} &= -\frac{y}{\sin \tilde{v}} \sin \theta(\tilde{u}, \tilde{v}), \quad & \frac{\partial y}{\partial \tilde{v}} &= \frac{y}{\sin \tilde{v}} \cos \theta(\tilde{u}, \tilde{v}).\end{aligned}$$

然后利用可积条件

$$\frac{\partial}{\partial \tilde{v}}\left(\frac{\partial x}{\partial \tilde{u}}\right) = \frac{\partial}{\partial \tilde{u}}\left(\frac{\partial x}{\partial \tilde{v}}\right), \quad \frac{\partial}{\partial \tilde{v}}\left(\frac{\partial y}{\partial \tilde{u}}\right) = \frac{\partial}{\partial \tilde{u}}\left(\frac{\partial y}{\partial \tilde{v}}\right)$$

求函数 $\theta(\tilde{u}, \tilde{v})$.

§6.5

2. 因为平行移动的切向量场保持长度不变, 故可设 $\boldsymbol{e}_1$ 是在曲面 S 上与路径无关的单位平行切向量场, 在将它按正向旋转 90° 得到另一个单位切向量场 $\boldsymbol{e}_2$, 它也是平行切向量场. 取曲面 S 的参数系 (u, v) 使得 $\boldsymbol{e}_1, \boldsymbol{e}_2$ 分别与参数曲线相切. 由此得知参数曲线都是测地线, 从而 Gauss 曲率为零.

参 考 文 献

[1] 陈维桓. 微分几何初步. 北京: 北京大学出版社, 1990.

[2] 陈维桓. 微分流形初步. 2 版. 北京: 高等教育出版社, 2001.

[3] 陈维桓. 流形上的微积分. 北京: 高等教育出版社, 2003.

[4] 陈维桓. 微分几何例题详解和习题汇编. 北京: 高等教育出版社, 2010.

[5] 陈省身, 陈维桓. 微分几何讲义. 2 版. 北京: 北京大学出版社, 2001.

[6] 陈维桓, 李兴校. 黎曼几何引论 (上册). 北京: 北京大学出版社, 2003.

[7] 丁同仁, 李承治. 常微分方程教程. 北京: 高等教育出版社, 1991.

[8] Alfred Gray. Modern Differential Geometry of Curves and Surfaces with MATHEMATICA®. Second Edition. New York: CRC Press, 1998.

[9] 裘宗燕. Mathematica 数学软件系统的应用及其程序设计. 北京: 北京大学出版社, 1994.

索　引

(以拼音为序)